中国小城镇市政与环境工程技术丛书

小城镇污水厂设计与运行管理

张可方　荣宏伟　编著

中国建筑工业出版社

图书在版编目（CIP）数据

小城镇污水厂设计与运行管理/张可方，荣宏伟编著.
北京：中国建筑工业出版社，2008
（中国小城镇市政与环境工程技术丛书）
ISBN 978-7-112-10202-0

Ⅰ．小… Ⅱ．①张…②荣… Ⅲ．①城市污水-污水处理厂-设计②城市污水-污水处理厂-运行③城市污水-污水处理厂-管理 Ⅳ．X505

中国版本图书馆 CIP 数据核字（2008）第 098401 号

本书结合我国小城镇污水厂设计和运行管理的一些实践经验，根据国内外城市污水处理工程的先进技术和管理方法，针对我国小城镇的特点，以工程应用为目标，理论与实际相结合，系统阐述了小城镇污水处理厂建设的主要工作内容和工艺方案的选择；并集中体现了目前城市污水处理应用技术的最新发展动态和工程设计方法；针对污水厂建成投产后的日常管理工作，较为详实地阐述了关于运行控制和管理工作的技术性和法规性等实用内容。

本书可作为小城镇污水处理工程的建设、设计、管理等技术人员，以及城市规划、环境保护和污水处理厂的决策、管理人员的参考用书，也可以作为高等学校给水排水工程专业、环境工程专业及相关专业教师和研究生、本科生、专科生的教学参考书。

*　　*　　*

责任编辑：于　莉　王　磊　田启铭
责任设计：董建平
责任校对：兰曼利　王　爽

中国小城镇市政与环境工程技术丛书
小城镇污水厂设计与运行管理
张可方　荣宏伟　编著

*

中国建筑工业出版社出版、发行（北京西郊百万庄）
各地新华书店、建筑书店经销
北京千辰公司制版
北京云浩印刷有限责任公司印刷

*

开本：787×1092 毫米　1/16　印张：22¾　字数：568 千字
2008 年 12 月第一版　2008 年 12 月第一次印刷
定价：**55.00** 元
ISBN 978-7-112-10202-0
（17005）

中国小城镇市政与环境工程技术丛书

总　序

中国小城镇市政与环境工程技术丛书主要针对我国城市化进程的总体思路，结合我国经济建设的总目标，并对我国中小城镇近年来的建设及发展前景进行了充分的市场调查和了解，在此基础上确定了丛书的选题和分类选题，其主要分类选题为：《小城镇饮用水处理技术》、《小城镇污水处理技术》、《小城镇给水厂设计与运行管理》、《小城镇污水厂设计与运行管理》、《小城镇给水排水管网设计与计算》、《小城镇水资源利用与保护》、《小城镇给水排水工程规划》。丛书基本包含了我国中小城镇市政与环境工程方面迫切需要的技术内容，本着理论联系实际、深入浅出、适用性强并充分考虑新技术应用的原则制定了编写大纲及编写内容，本丛书的出版将会对我国中小城镇市政与环境工程建设与发展起到推动和指导作用。

本丛书可作为有关中小城镇市政与环境工程技术人员、建设者专业技术提高用书及工具书，同时可作为从事给水排水工程专业及环境工程专业的科研及工程技术人员的参考书，也可以作为高等学校给水排水工程专业、环境工程专业及相关专业教师及研究生、本科生的教学参考书。

中国小城镇市政与环境工程技术丛书编委会

前　言

《小城镇污水厂设计与运行管理》结合我国小城镇给水厂设计和运行管理的一些实践经验，针对我国小城镇的特点及发展，本书在编写过程中主要考虑以工程应用为目的，注重理论与实际相结合，系统阐述了小城镇污水处理厂建设的主要工作内容和工艺方案的选择；体现了目前城市污水处理应用技术的最新发展动态和工程设计方法；针对污水厂建成投产后的日常管理工作，较为详实地阐述了关于运行控制和管理工作的技术性和法规性等内容。全书共分6章，第1章　小城镇水污染现状与分析，主要包括：小城镇水资源状况、小城镇水污染现状与存在问题、小城镇污水处理的发展状况及其对策；第2章　小城镇污水处理厂的建设，主要包括：污水处理厂建设项目的前期工作、污水处理工程的设计依据、污水处理工程设计资料、污水处理工程建设的工作内容、污水处理设施建设的投融资控制；第3章　小城镇污水处理系统及其选择，主要包括：小城镇污水处理系统的类型及其组成、污泥的处理与处置系统、沼气利用系统、小城镇污水处理工艺及其选择；第4章　小城镇污水厂设计，主要包括：小城镇污水厂设计内容及其原则、小城镇污水厂厂址选择、小城镇污水厂的总体布置；第5章　小城镇污水厂的典型工艺设计，主要包括：化学强化一级处理工艺、传统活性污泥工艺、氧化沟工艺、SBR工艺、AB法、曝气生物滤池、膜生物反应器、其他生物处理技术；第6章　小城镇污水厂的运行与管理，主要包括：污水处理厂的运行操作、污水处理厂的设备运行与管理、污水处理厂测量仪表、污水处理厂自动控制系统、污水处理厂安全技术管理等内容。

在编写过程中，根据我国小城镇给水厂的现状与实际，总结了近年来针对小城镇污水厂的设计及运行经验，并结合实际应用情况，引用了先进运行管理技术。所以，书中内容范围较广，体现了目前小城镇污水处理厂应用技术的最新发展动态。

本书可作为小城镇污水处理工程的建设、设计、管理等技术人员，以及城市规划、环境保护、管理人员的参考用书，也可作为高等学校给水排水工程专业、环境工程专业及相关专业教师和研究生、本科生、专科生的教学参考书。

本书由广州大学张可方教授、荣宏伟副教授编写，各章作者为：第1章：张可方、荣宏伟；第2章：荣宏伟；第3章：张可方；第4章：荣宏伟；第5章：张可方、荣宏伟；第6章：张可方、荣宏伟；在编写过程中王勤为本书的编写做了大量资料收集及资料整理的有关工作。全书由张可方教授统编定稿。

在编写过程中参考引用了许多参考书及参考文献。在此对这些作者一并表示衷心感谢。

本书在编写过程中得到了中国建筑工业出版社及有关人员的热忱帮助和鼎力支持，在此致以诚挚的谢意。

由于小城镇污水厂设计与运行管理特点比较突出，涉及的有关内容与大型污水厂不完全相同，有些内容还要不断地总结和探讨，另外由于编写人员水平所限，书中缺点和不妥之处在所难免，恳请读者提出宝贵意见，以使本书在使用中不断更新和完善。

编 者

目　　录

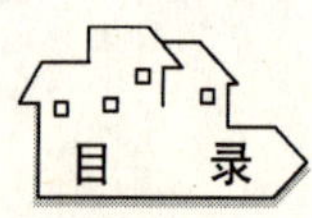
目 录

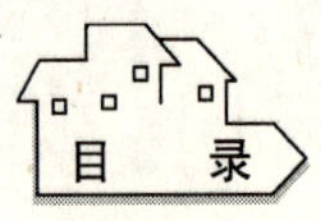

第1章　小城镇水污染现状与分析

1.1　小城镇水资源状况

1.1.1　我国水资源自然状况

我国是一个干旱缺水严重的国家，全国拥有水资源约为28000亿m^3，居世界第六位，但人均占有水资源量仅为2220m^3，只有世界平均水平的1/4，平均每公顷占有水资源29万m^3，仅为世界平均的8%。而且水资源在地区分布上极不均匀，约有80%以上分布在长江流域及以南地区，与人口、耕地资源的分布不相匹配：南方水多、人多、耕地少；北方水少、人多、耕地多。北方有9个省（自治区、直辖市）人均水资源占有量少于500m^3，常年干旱缺水，水资源的供需矛盾十分突出。中国城市缺水现象始于20世纪70年代末，从北方和沿海城市开始，逐步蔓延到内地。到1995年，全国620多座城市中有近320座城市缺水，严重缺水的有110多座，日缺水超过1600万m^3，年缺水量60多亿m^3，造成工业产值损失2000多亿元。进入21世纪，我国人口继续增长，根据有关方面预测，2030年前后将达到16亿高峰，其中城镇人口将占一半左右。要满足16亿人的基本需求，并达到中等发达国家的水平，土地资源的开发将达到临界状态，而对水的需求也将进一步增加。1993年全国工农业生产和城乡居民生活用水已达到5250亿m^3，人均用水约450m^3。根据人口增长、工农业生产发展，初步估计2030年需增加供水2000亿~2500亿m^3才能满足各方面的需要。

而水资源的贫乏已严重地制约着我国社会经济的发展，广大地区工农业生产的发展在很大程度上受制于缺水，不少地区因此出现了剧烈的城乡间、地区间的争水矛盾。近年来黄河下游断流均在100天以上，给下游人民生活和经济发展带来了严重影响，这已逐渐引起全社会的关注。水旱灾害不断出现，水环境遭到人为的破坏，再加上开源节流的投入不足，水利经济没有理顺，使水资源问题日益成为我国社会经济发展的重要制约因素。

工业和城市污水大量任意排放，又使水质污染日趋严重，全国主要江河湖库的水质已受到不同程度污染，符合标准的可供水源急剧减少，进一步加剧了城市缺水的矛盾。城市缺水不仅影响居民生活，造成经济损失，还严重制约着城市发展。

由于我国耕地的开发潜力主要在北方，新增加的供水有相当大的部分将用于北方。除了东北和西北内陆河流域在区域内尚有部分水源可调配外，黄河、淮河、海河三流域自2010年以后，随着人口的增加，人均水资源将不足400m^3，当地水资源也将无潜力可挖。从20世纪80年代开始，海河、黄河流域的干旱断断续续已经20多年，海河流域是我国水资源极度短缺的地区，全流域人均水资源占有量为348m^3，为全国平均水平的15.7%。

1.1.2 小城镇水资源利用现状

小城镇的水资源状况，与该城镇所在流域的水资源情况大体相当。就淮河、海河、辽河等缺水地区而言，这些地区小城镇数量很多，但几乎都同时面临着严重的水资源短缺状况。

小城镇同时又是乡镇企业的聚集地，乡镇工业废水治理还不完善，其造成的水质污染又直接影响着当地水资源的利用。比如淮河流域由于乡镇企业密布，由20世纪70年代开始经过近30年长期的污染，到1993年淮河流域280个监测断面中高锰酸盐指数、氨氮、溶解氧、BOD_5和挥发酚超Ⅴ类的断面，分别有130个、128个、85个、39个和27个，乡镇企业排放的污水造成的污染直接造成了我国淮河中下游地区用水紧张，甚至人畜饮水都困难的局面。

1.2 小城镇水污染现状与存在问题

1.2.1 我国城市水污染的总体状况

水资源短缺问题的产生一方面是源于人类用水量的增加所导致的，另一方面则由于水环境的污染，使水资源的水质恶化和水生态系统遭到破坏。改革开放以来，随着城市化进程的加快，人口不断增加，工农业生产规模的扩大，生活污水和工业废水的排放量迅速增加。在我国大部分城市和地区，由于资金和技术的原因，污水处理设施严重不足，近80%的污水未经有效处理就直接排入自然水体，已使全国近40%的河段遭受污染，90%以上的城市水域被严重污染，近50%的重点城镇水源不符合饮用水标准。据调查统计，在全国设有监测系统的1200多条河流中，已有850条遭受不同程度的污染，全国约有7亿~8亿人饮用污染超标水。根据国家环保局《2002年环境公报》，2002年全国工业和城镇生活废水排放总量为439.5亿t，比上年增加1.5%。其中工业废水排放量207.2亿t，比上年增加2.3%；城镇生活污水排放量232.3亿t，比上年增加0.9%。废水中化学需氧量（COD）排放总量1366.9万t，其中工业废水中COD排放量584.0万t，城镇生活污水中COD排放量782.9万t。

2002年，七大水系741个重点监测断面中，29.1%的断面满足Ⅰ~Ⅲ类水质要求，30.0%的断面属Ⅳ、Ⅴ类水质，40.9%的断面属劣Ⅴ类水质。除个别水系支流和部分内陆河流外，总体上呈加重趋势，其中七大水系干流及主要一级支流的199个国控断面中，Ⅰ~Ⅲ类水质断面占46.3%，Ⅳ、Ⅴ类水质断面占26.1%，劣Ⅴ类水质断面占27.6%。七大水系污染程度由重到轻依次为：海河、辽河、黄河、淮河、松花江、珠江、长江。主要污染指标是石油类、生化需氧量、氨氮、高锰酸盐指数、挥发酚和汞等。

按照近20年来城市的发展趋势，预计到2010年，我国城市人口将增加到4.5亿左右，人均污水排放量将增加到170L/d。由此可以推出，预计到2010年，全国城市污水排放量将达到约7650万m^3/d，年排放量可达279亿m^3左右。

1.2.2 小城镇水污染现状

1999年，小城镇422座，参照1995年我国各类型城市人口的统计资料，取小城镇非农业人口平均为5万人，设1999年我国小城镇所占比重为20%，则我国小城镇人口总数约为10550万人。由于小城镇的平均经济发展水平落后于大城市，故取人均排放生活污水量比大城市略少，1999年我国人均排放生活污水量，包括居住生活污水和公共建筑排放量为148L/(人·d)，故取小城镇人均排放生活污水量为130L/(人·d)，则平均每个小城镇日排放污水量为3.25万m^3/d，小城镇年污水排放总量约为50亿m^3。虽然每个小城镇排放污水量无法与大城市相比，但我国小城镇数量很多，因此其污水排放量占全国城市污水排放量的55.6%，而且小城镇布局分散，每个小城镇的生活污水都影响到当地的城市和自然环境，必须对小城镇水污染进行控制才能实现可持续发展的目标。

1.2.3 小城镇污水的特点

1. 小城镇污水水量变化较大。由于小城镇面积较小，农业人口占比重较大，人们大多从事同一生产活动，生活规律基本相同，用水时间相对一致，其污水排放时间也相对集中，污水量变化较大。而且农业人口具有较强的不稳定性和流动性，一年内有可能随农业生产的季节需要（如农忙季节和农闲季节）发生较大的变化。因此，小城镇一年内不同时期及一日的不同时间污水水量都不相同。

2. 小城镇污水水质变化较大。小城镇污水主要由生活污水和工业废水组成，生活污水成分比较固定。但小城镇同大城市相比，不具备建立完善的工业体系，许多小城镇都有其主导的产业，产业结构的单一导致产生的工业废水水质单一。不同的地方，不同发展目标的小城镇的工业废水的成分则多种多样，其废水需要用不同的处理方法。例如一些以轻纺为发展经济的城镇，排出的废水中就含有变色的废水，电镀厂则排出含有氰化物的废水，造纸厂排出的纸浆。工业废水中往往含有大量的有害物质，大大超过了收纳生活污水的一般污水厂水质状况，造成污水厂超负荷运行，运行费用增加，出水水质变差的后果。表1-1为生产污水中有害物质的来源。

生产污水中有害物质的来源 **表1-1**

有害物质	主要排放工厂
游离氯	造纸厂、织物漂白
氨	煤气厂、焦化厂、化工厂
氰化物	电镀厂、焦化厂、煤气厂、有机玻璃厂、金属加工厂
氟化物	玻璃制品厂、半导体原件厂
硫化物	皮革厂、染料厂、炼油厂、煤气厂、橡胶厂
六价铬化合物	电镀厂、化工颜料厂、合金制造厂、冶炼厂
铅及其化合物	电池厂、油漆化工厂、冶炼厂、铅再生厂、矿山
汞及其化合物	电解食盐厂、炸药制造厂、医用仪表厂、汞精炼厂、农药厂
镉及其化合物	有色金属冶炼、电镀厂、化工厂、特种玻璃制造厂
砷及其化合物	矿石处理、农药制造厂、化肥厂、玻璃厂、涂料厂
有机磷化合物	农药厂
酚	煤气厂、焦化厂、炼油厂、合成树脂厂
酸	化工厂、钢铁厂、铜及金属酸洗、矿山
碱	化学纤维厂、制碱厂、造纸厂
醛	合成树脂厂、青霉素药厂、合成橡胶厂、合成纤维厂
油	石油炼厂、皮革厂、毛纺厂、食品加工厂、防腐厂
亚硫酸盐	纸浆工厂、粘胶纤维厂
放射性物质	原子能工业、放射性同位素实验室、医院、疗养院

3. 小城镇污水受雨天影响较大。据统计，我国的排水系统中约有70%都采用了合流制的排水体制，小城镇的排水系统多采用的是合流制的排水体制，这种排水体制造成污水厂受气候影响尤其是降雨的影响很大。因此，我国已有的小城镇污水处理厂，在雨季时大量的雨水进入污水处理厂，就会造成污水厂超负荷运转，同时也会导致大量的污水未经要求的处理即排入受纳水体中。

1.2.4 小城镇污水处理面临的主要问题

（1）小城镇缺乏污水处理专项规划　　我国小城镇虽然已建成了不少污水处理厂，但是大部分小城镇还没有专项污水处理的系统规划，有的城镇也只是在总体规划上，简单地进行描述或在总体规划图上有个污水处理厂位置的选择，一般都没有污水收集系统的规划。

（2）小城镇污水处理缺乏资金来源　　小城镇污水处理工程建设往往使当地主管部门“望而生畏”，因为小城镇污水处理工程建设缺乏资金来源。

（3）小城镇污水处理工艺设计标准、规范不配套　　我国现有建设标准最小规模，即第Ⅴ类，在（1~5）$\times 10^4 m^3/d$，而小城镇污水处理规模最常见的是$1\times 10^4 m^3/d$以下，通常是在2000~5000m^3/d，所以现有设计规范标准不配套。

（4）小城镇污水处理受工业污水的冲击大　　部分工业企业以已缴纳污水处理费为由，超标、超总量排污，而小城镇污水处理厂难以接纳。据全国城市污水处理厂运行调查，COD浓度超标的占40%，总磷、总氮超标占60%，已成为主要污染因素。

（5）小城镇污水处理厂的运营缺乏有效约束机制，环境监管难到位　　已建成的小城镇污水处理厂95%以上仍由政府包办，半数以上污水处理厂未按规定安装在线监测装置。

（6）污水收集管网建设滞后，雨污不分，生活与工业污水不分，使污水处理厂系统的整体效率低下。据调查已投运的污水处理厂的处理能力不到设计能力的66%，其中因污水收集管网不配套而难以运行的占36%之多。

（7）污水处理厂污泥处理问题严重　　小城镇污水处理厂的污泥最终处置往往不落实，一些污水处理厂随意堆放污泥，无害化处理能力不足，使污水处理厂本身成为污染区。

（8）现有小城镇污水处理工艺难以达到新的污水处理标准　　现在小城镇污水处理工艺选择往往“一阵风”，脱离实际现象严重，往往未考虑或落实除磷、脱氮、消毒及污水回用等相关设计，难以达到新标准要求。

1.3 小城镇污水处理的发展状况及其对策

1.3.1 小城镇污水处理的发展状况

截至1998年年底，我国共有16615个小城镇。根据统计，目前我国总的废水排放量约600亿m^3，其中工业废水量约200亿m^3，小城镇生活污水量约200亿m^3，而小城镇生活污水处理率不到1%，因此小城镇污水的直接排放不仅造成小城镇本身的环境污染日趋严重，而且成为区域性水环境的重要污染源，加剧了我国水资源严重缺乏的现状。

我国现有人口有两个发展趋势。一方面，为缓解城市的人口压力，城市人口正逐渐向小城镇迁移，这必将促进卫星城镇的发展；另一方面，我国现在80%的人口在农村，随着小康社会的建设，农村大量的剩余劳动力要找出路，他们不能都到大城市去发展，其科学的办法就是农村人口小城镇化，即无论从规模上还是数量上，小城镇的发展空间还是很大的。据统计，今后我国80%以上的生活污水来自小城镇。因此小城镇的水污染问题不仅是目前的问题，更是将来的大问题。

另外，随着综合国力的提高，我国每年投入环保的资金逐步增加。目前已达到GDP的2.0%左右。但这些钱绝大多数用于大城市的污水处理工程，根本无力顾及小城镇。同时农村生态环境质量也正迅速持续恶化，已成为区域性水环境的重要污染源。因此小城镇污水处理的这一现状更加突出了该问题的严重性。

从小城镇的污水处理工艺来看，尚缺乏系统的研究。城市二级污水处理工艺存在着投资大、运转费用高等问题，这些问题对于财政并不富裕的小城镇来讲是致命的，与城市污水处理相比，小城镇污水处理有以下特点。

(1) 污水量较小。一般在 $(0.5\sim3)\times10^4 m^3/d$，且各个小城镇排放规律也很不相同，导致水量波动较大。

(2) 由于各个小城镇都有自身的特色产业，特色产业废水的大量排入，导致各小城镇水质波动也很大，并存在复合污染物问题。

(3) 城市污水处理厂的污水是经过长距离管网输送的，有一定的“预处理”时间，小城镇污水不具备这一有利条件。

(4) 小城镇污水处理工艺应与小城镇的财力和具体情况相适应，应是低投入、高效的处理工艺。

(5) 小城镇污水处理产生的污泥出路也应有别于城市污水处理厂，应分类别就近处置及资源化。

因此，针对小城镇污水水量小、水质复杂、波动性大等特性，并结合小城镇所在地的具体情况，开展小城镇污水处理工艺的系统研究是当务之急。

1.3.2 小城镇污水处理对策

污水的最终出路有三种，即排入江、河、湖泊，灌溉农田或重复使用。没有经过处理的污水直接排放到水体，会使水体性质发生改变。江、河、湖泊等水体对污水有一定的稀释能力，通常把水体的这种能力叫水体的自净。水体的自净是有一定限度的，自净的过程是缓慢的。随着生产的发展，污水量将不断增加，污水的成分日益复杂，各种各样的污水排入水体后，会造成上游河流受到污染没有得到净化，又再次受到下游河流附近工厂排放污水的污染，以致整个河流始终处于污染状态。长此下去，水体水质会逐渐变坏，如变黑、变臭，溶解氧减少，各种有毒重金属离子增多，会给人们的生活带来很大的危害。

1. 对人体健康的危害。污水中致病的病毒、病菌、寄生虫进入人体中易引起疾病蔓延，含有的各种有毒物质会引起人体中毒。

2. 对农业生产的危害。污水中存在大量的溶解固体，如溶解盐。污水流入农田会使溶解盐聚存于土壤之中，而使土壤逐渐盐化。一些污染物含量过多，影响农作物的生存，甚至于中毒不能食用。

3. 对渔业的危害。水中有毒物质会使鱼类中毒或积存于鱼体内，通过食物链的作用对人体产生危害。同时水中溶解氧缺乏，鱼会窒息而死，造成许多地方“地上无草，水中无鱼”的荒凉景象。

水体是国家的主要资源，在人民生活与经济建设中起着重大的作用。水体的污染正逐步引起人们的关注。为了保证人民生活、工业生产的用水，防止水体污染是目前刻不容缓的工作。水体防护可从三个方面考虑：

（1）加强水质管理，严格控制污水的排放。污水事先应经过处理后才能排入水体；当污水排入地面后，下游最近的用水点的水体水质应符合表1-2的规定和要求。

地面水水质卫生要求 **表1-2**

指　标	卫　生　要　求
悬浮物质、色、臭、味	含有大量悬浮物质的工业废水，不得直接排入地面水体，不得呈现工业废水和生活污水所特有的颜色、异臭或异味
漂浮物质	水面上不得出现较明显的油膜和浮沫
pH	6.5~8.5
生化需氧量（5d、20℃）	不超过3~4mg/L
溶解氧	不低于4mg/L
有害物质	不超过规定的最高容许浓度
病原体	含有病原体的工业废水和医院废水，必须经过处理和严格消毒，彻底消灭病原体后方准排入地面水体

注：1. 最近用水点是指排出口下游最近的城镇、工业企业集中式给水取水点上游1000m断面处，或农村生活饮用水集中取水点。

2. 在城镇、工业企业集中给水取水点的上游1000m及下游100m的范围内，不得排入工业废水和生活污水。

3. 地面水的流量应按最枯流量或95%保证率的最旱年最旱月的平均小时流量计算。污水按排出时最高小时流量计算。

（2）在“防”上下功夫。改革生产工艺，发展无污染新工艺，重复利用废水，回收有害物质，减少污水排放量。如在电镀工业方面实行无氰电镀和微氰电镀，消除或减轻氰化物的污染；对造纸废水回收纸浆废液，利用回收的碱。

（3）综合治理建立小型污水处理厂。工业废水在厂内经过必要的处理后再排入排水管网与生活污水共同处理。还可考虑合理利用环境的自净能力，以减轻污水处理投资，节省能源。

第2章　小城镇污水处理厂的建设

2.1　污水处理厂建设项目的前期工作

城市污水处理厂是城市的基础设施，其工程质量直接影响城市经济的发展和人民生活质量。国务院办公厅为此向各地各部门发出通知，要求加强城市基础设施工程质量的管理，通知中特别强调"要严格把好建设前期工作质量关"。建设项目的前期工作内容很多，一般都要投入一定的人力和财力才能完成。城市污水处理厂建设前期工作可分成三个阶段：项目建议书、可行性研究报告和初步设计。实践证明，要保证工程质量就必须在前期工作的每个阶段，按照国家规定的工作内容，达到规定的工作深度，编制合格的建议书、报告和设计文件。

2.1.1　城市污水处理厂的项目建议书

项目建议书是建设单位向国家提出要求建设某一地区污水处理厂的建议文件，是建设程序中最初阶段的工作，是投资决策前对拟建污水处理项目的轮廓设想。

1. 项目建议书的编制方法

城市污水处理厂项目建议书的编制由业主委托设计单位负责，通过初步的考察和分析，提出项目的设想。

（1）论证重点　　城市污水处理厂建设的必要性，能否达到国家对流域水污染控制的相关要求，污水厂的建设规模、工程分期、建设地点、处理标准和污染物削减总量、配套城市排水管网建设。

（2）宏观信息　　国民经济和社会发展规划、城市总体规划、上级或主管部门有关方针政策方面的文件等。

（3）估算误差　　项目建议书阶段的分析、测算，对数据精度要求较粗，内容相对简单、往往可以参考同等规模和水质条件的城市污水处理厂的有关数据或其他经验数据进行投资估算和占地面积测算。项目建议书阶段的投资估算误差控制在±20%以内。

（4）最终结论　　项目设想有前途的肯定性推荐意见。

2. 城市污水处理厂项目建议书内容

项目建议书一般包括以下内容：

（1）城市污水处理厂项目建设的必要性和依据

说明项目提出的背景，列出城市排水系统的规划资料，上级或主管部门对城市污水治理的要求，说明项目建设的必要性。需引进技术和进口设备的项目，应说明国内外技术差距和概况以及引进和进口的理由。

（2）项目内容与范围，拟建规模和建设地点的初步设想城市污水处理厂项目是否包括配套城市排水管道的干管和主干管（或截流干管）、处理水回用深度处理设施以及回用水输水干管等项目；各自的规模和工程分期；污水厂的厂址、排水干管和主干管的走向和长度、回用水对象以及回用水输水管网的走向和长度等。

（3）资源情况、建设条件、协作关系和引进国别、厂商的初步分析

拟利用资源供应的可能性和可靠性；拟建地点供水、供电及其他公用设施的情况；主要协作条件情况；如果需引进国外技术，应说明引进国别、与国内技术的差距以及技术来源、技术鉴定和转让等概况；需进口主要设备，要说明选择理由、国外厂商的概况等。

（4）投资估算和资金筹措设想

投资估算中应包括建设期利息、投资方向调节税等，并适当考虑一定时期的涨价因素影响；资金筹措计划中应说明资金来源，利用外资项目要说明利用外资的理由和可能性，以及偿还贷款能力的初步测算。

（5）项目的进度设想

建设前期的工作计划，包括涉外项目的询价、考察、谈判、设计等进度粗略计划；项目建设进度安排。

（6）经济效益、环境效益和社会效益的初步分析。

3. 城市污水处理工程项目建议书示例

某市城市污水处理工程项目建议书（目录）

1. 项目概况

（1）项目名称、委托单位及编制单位

（2）项目内容提要

2. 项目建设的必要性及依据

（1）项目建设的必要性

（2）编制依据

3. 项目内容与范围，拟建规模和建设地点

（1）城市概况

（2）项目内容与范围

（3）城市污水处理厂建设规模

（4）城市污水处理厂厂址选择

（5）城市污水干管和主干管建设规模及定线

（6）回用水深度处理工程的建设规模

（7）回用水对象及回用水主干管定线

4. 工艺方案及主要设备的选择

（1）城市污水水质及治理目标

(2) 污水处理工艺流程

(3) 回用水深度处理工艺流程

(4) 国际招标设备及仪表

5. 建设工期安排

6. 投资估算及资金筹措计划

(1) 估算范围及依据

(2) 投资估算表

(3) 资金筹措计划

7. 财务评价

(1) 污水处理运行成本

(2) 回用水处理运行成本

(3) 财务收入

(4) 财务指标

2.1.2 城市污水处理厂的可行性研究报告

污水处理厂的可行性研究是多学科综合运用的决策过程，是建设项目前期工作的核心。城市污水处理厂是城市的基础设施，必须选择最佳的建设决策，因此要对污水处理厂所涉及的城市发展、经济条件、社会效益及环境效益等各个方向进行论证，并要对项目本身的规模、选址、运行情况、投资和效益等技术与经济问题进行规划和测算，最后据此作出客观、科学的论证和评价，以判断该项目是否可行，作为领导部门决策的依据，避免和减少决策的失误，提高国家对城市基础设施投资的综合效益。

根据严格执行建设程序，确保建设前期工作质量的要求，项目法人应依据批准的项目建议书委托具有与建设项目要求相应资质等级和业绩的单位开展工程可行性研究工作，最后提出工程项目的可行性研究报告。

1. 可行性研究报告的目的与任务

可行性研究的主要任务是在项目建议书批准之后，对在工程项目的可行性进行论证。根据任务的工程目的和基础资料，运用工程学和经济学原理，对技术、经济以及效益等诸方面进行综合分析、论证、评价和方案比较，提出本工程的最佳可行方案。可行性研究是项目前期工作的最重要内容，它从项目建设和生产经营的全过程考察分析项目的可行性，目的是回答项目是否有必要建设、是否可能建设和如何进行建设的问题。

城市污水处理厂项目可行性研究报告的组成及深度应符合市政工程设计前期工作一般规定的要求：

(1) 工程可行性研究应以批准的项目建议书和委托书为依据，其主要任务是：在充分调查研究、掌握现状和必要的试验工作和勘察工作的基础上，对项目建设的必要性、经济合理性、技术可行性、实施可能性进行综合性的研究和论证，对不同建设方案进行比较，提出推荐建设方案。

(2) 可行性研究的工作成果是提出可行性研究报告，批准后的可行性研究报告是进行初步设计的依据。

（3）可行性研究的投资估算与初步设计概算之差，应控制在 ±10% 以内。

可行性研究报告是工程建设前期工作中最为重要的环节，因为工程建设的规模、标准、工艺方案、工程投资等都将在此阶段经研究论证后确定。其初稿又是进行项目建议、环境评价的依据，以便最后根据项目的环境评价结论对可行性研究报告进行修正及定稿。批准后的可行性研究报告是进行初步设计的依据。

2. 可行性研究阶段工作程序

（1）业主的工作程序

项目业主通常委托有资质的设计单位进行可行性研究并编制可行性研究报告。业主则负责提供必要的设计依据和协助工作，委托有资质的人员审查可行性研究报告。业主在该阶段的工作程序如图 2-1 所示。

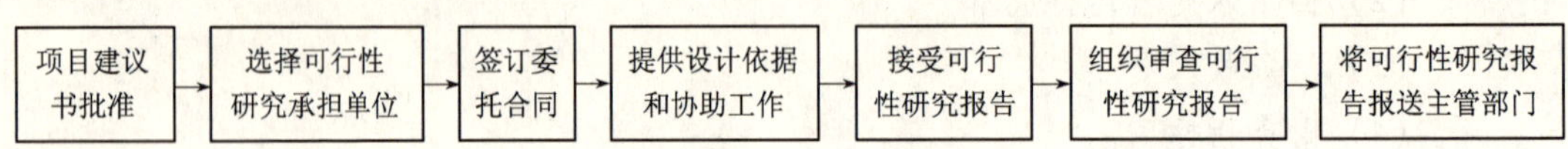

图 2-1　业主的可行性研究阶段工作程序

（2）设计单位的工作程序

1）准备工作　由项目负责人领导各专业负责人组织进行，一般包括下列工作内容：

① 了解主管部门批准的项目建议书、委托书及有关文件的内容与要求。

② 现场勘察，在业主的配合下向有关单位收集和核查各种资料。

③ 整理基础资料及外部条件，有关专业互提设计资料。

④ 拟定设计基本原则，明确控制条件，估计总体工作量。

2）编制可行性研究工作大纲和开工报告　在完成准备工作的基础上，有关专业负责人拟定本专业可行性研究工作大纲，项目总负责人汇总后编制开工报告，其内容一般包括：工程意义、任务要求、方针政策、设计依据、设计原则、设计标准、投资控制与分解、设计进度综合计划，设计分工、质量目标等。开工报告由总工审定，作为可行性研究报告编制工作的指导性文件。

3）设计方案及优选　根据总体开工报告确定的原则，各专业负责人组织本专业的方案设计，进行方案比较，要求数据准确、论证充分，经综合分析提出推荐的设计方案。

4）方案设计中间审查　由总工主持方案审议，编发会议纪要。

5）编制可行性研究报告　根据中间审查结果，各专业负责人组织设计人员编制设计文件，项目总负责人汇总为成品文件最终稿。

6）设计文件终审　技术管理部门对成品文件最终稿进行技术审查，合格后送交总工审定并签署。

7）可行性研究报告上报后，项目负责人应组织审批汇报的准备工作（包括编写汇报提纲、确定汇报人员等），总工领导有关设计人员参加可行性研究报告审批会。

当主管部门审批意见与所报文件内容有较大变动时，应根据审批意见，补编修正可行性研究报告，报原审批单位批准。

设计单位可行性研究阶段工作程序如图 2-2 所示。

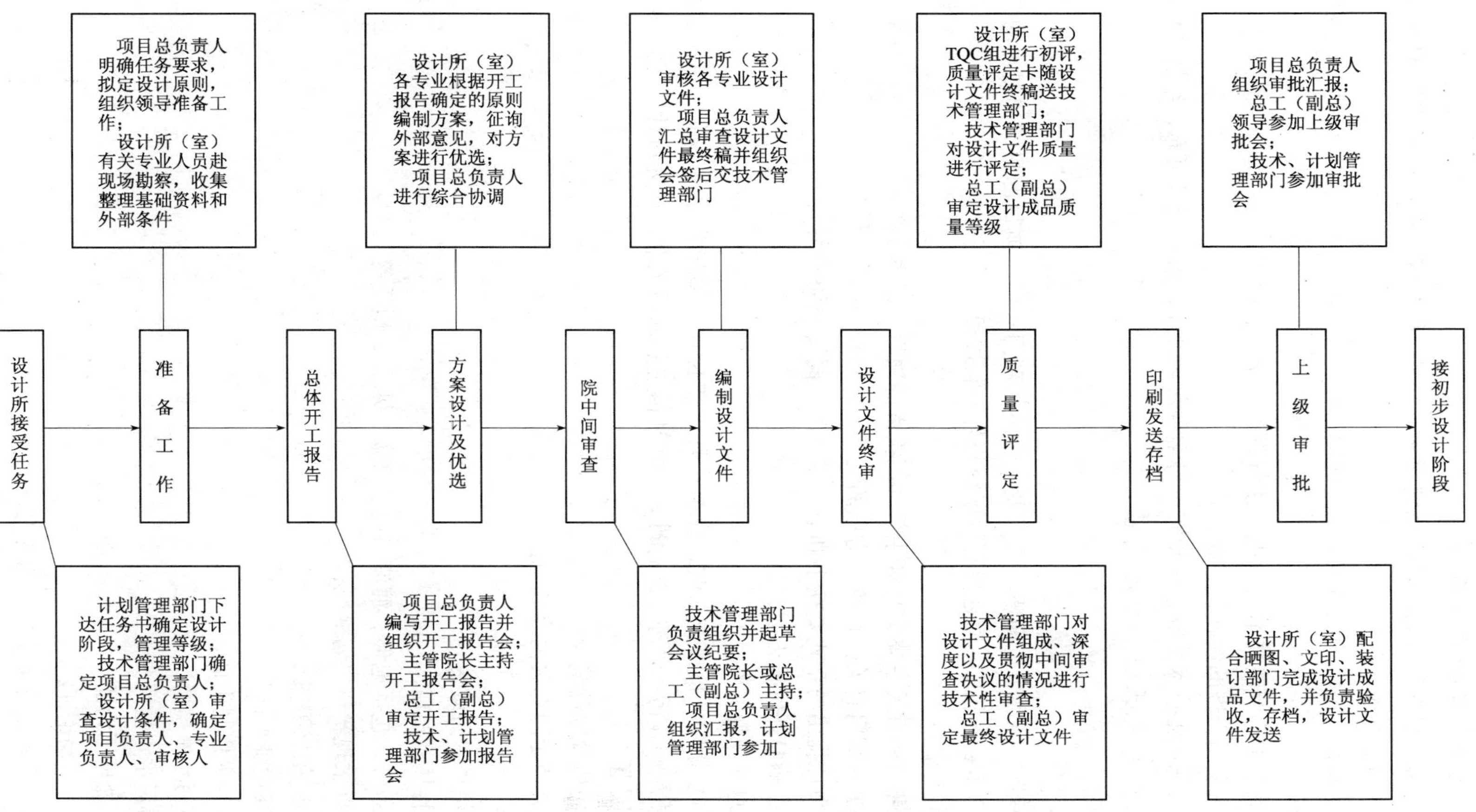

图2-2　设计单位可行性研究阶段工作程序

注：摘自原建设部城市建设司主编的《市政工程设计技术管理标准》

3. 可行性研究报告编制原则

（1）在城市污水处理与利用总体规划指导下，实行排水统一排除规划，严格保护城市水源（地面水和地下水）和环境；

（2）发展和推广污水处理高效节能、简便易行的新工艺、新技术以及污水和污泥的综合利用技术；

（3）发展和推广节能技术（节电、沼气发电、余热利用等）；

（4）发展采用先进的新材料、新设备；

（5）采用现代化技术手段，逐步实现科学自动化管理，做到技术可靠，经济合理。

4. 可行性研究报告的基本内容

（1）总论

1）前言

说明工程项目承办单位即项目法人及项目主管部门；建设项目的目的和提出的背景，建设的必要性和经济意义。简述可行性研究报告编制过程。

2）编制依据

① 上级部门的有关主要文件和主管部门批准的项目建议书；

② 上级主管部门有关方针政策方面的文件；

③ 委托单位提出的正式委托书和双方签订的合同（或协议书）；

④ 环境影响自评价报告书；

⑤ 城市总体规划文件。

当缺少环境影响评价报告书时，应委托环评单位提供城市污水的水质、点源治理情况，近期水质预测和污水处理排放标准，并经环保主管部门批准，作为设计依据。

3）编制范围

① 合同中所规定的范围；

② 经双方商定的有关内容和范围

4）城市概况

① 历史沿革，行政区划；

② 城市性质及规模；

③ 自然条件，包括地形、河流与湖泊气象、水文、地质等；

④ 城市排水现状与规划概况；

⑤ 城市水域污染概况

（2）方案论证

1）城市排水体制论证；

2）城市污水水质情况论证：

3）城市污水水量情况论证；

4）污水处理厂论证

① 位置与布局论证；

② 污水、污泥处理与处置工艺的论证

（3）工程方案内容

1）设计原则；

2）城市污水处理厂及配套管网的方案比较，通过各方案的技术经济比较论证，提出方案的初步选择意见；

3）污水处理工程规模与分期，合流系统截流倍数的确定，干管的断面尺寸、定线和长度，泵站的数量；回用水规模与分期，回用水干管直径、定线和长度，泵站数量及扬程；

4）污水水质及处理程度的确定，回用水水质及深度处理程度的确定；

5）污水处理厂的污水、污泥处理工艺流程、回用水深度处理工艺流程以及污泥综合利用的说明；

6）供电安全程度，自动化管理水平等；

7）厂、站的绿化及卫生防护。

（4）管理机构、劳动定员及建设进度设想

1）管理机构及定员

① 污水处理厂的管理机构设置；

② 人员编制（附定员表）及生产班次的划分。

2）建设进度

① 工程项目的建设进度要求和总的安排；

② 建设阶段的划分（附建设进度设想表）。

（5）投资估算及资金筹措

1）投资估算

① 编制依据与说明；

② 工程投资估算表（按子项列表）；

③ 近期工程投资估算表（按子项列表）。

2）资金筹措

① 资金来源（申请国家投资；地方自筹，贷款及偿付方式等）；

② 资金的构成（列表）。

（6）财务效益及工程效益分析

1）财务预测

① 资金专用预测（列表说明），根据建设进度设想表确定项目的分年投资；

② 固定资产折旧（列表说明）；

③ 污水处理生产成本（列表说明），算出单位水量的费用（元/m^3），生产成本结构为：药剂费用；动力费用；工资福利费；固定资产综合折旧（包括折旧费用及大修费用）；养护维修折旧；其他费用（行政管理费等）；排水收费标准的建议等。

2）财务效益分析

① 算出投资效益；

② 投资回收期（列表）。

3）工程效益分析

① 节能效益分析；

② 经济效益分析；

③ 环境效益和社会效益分析。

（7）结论和存在问题

1）结论 在技术、经济、效益等方面论证的基础上，提出城市污水处理工程项目的总评价和推荐方案意见。

2）存在问题 说明有待进一步研究解决的主要问题。

（8）附图及附件

附1：附图

1）总体布置图；2）主要工艺流程图；3）污水厂总平面图；4）对比方案示意图。

附2：附件（各类批件和附件）。

5. 可行性研究报告的质量要求

当主管部门审批意见与所上报的可行性研究报告文件内容有较大变化时，应根据审批意见，由可行性研究报告的编制单位补编、修正可行性研究报告，报原审批单位批准。

对可行性研究报告的质量有以下要求：

① 可行性研究报告的设计依据应符合国家方针政策，符合项目建议书、设计委托书及有关协议、合同等的要求。

② 研究报告所掌握的基础资料齐全可靠，研究中使用正确无误。

③ 在工程内容分析与论证中对工程特点、作用、资源、发展预测、建设必要性、工程可行性、建设条件和总体布局等方面分析论证充分，结论正确。

④ 在工程方案必选中，对不同建设方案进行了充分的技术经济比较及论证，并具有准确的分析与评价资料，最后提出标准适宜、技术先进、经济合理并切实可行的推荐方案。

⑤ 所做投资估算符合有关的工程管理、财务、税务、价格等方面的现行法规和政策要求，估算中项目齐全、指标正确、计算可靠，并提出资金筹措方式。

⑥ 对工程效益（包括经济、环境、社会效益）和财务效益分析方法正确，符合实际，结论可靠。

⑦ 所定项目实施方案计划周全、切合实际，建设阶段划分合理，对工程施工条件及制约因素有充分分析。

⑧ 研究报告文件内容完整，深度符合要求、文字通顺，论证清楚，逻辑性强；附图附表齐全，图文并茂，正确无误。

⑨ 附件中项目主管部门的批文以及国土规划、电力及其他部门的文件齐全。

应当指出，在以往工程中，出于前期工作中有关问题没有落实，如因防洪、供电或国土规划等问题的出现，造成污水处理厂厂址迁移的事例都有发生，这种情况一旦出现或造成损失，或贻误工期，甚至影响工程质量。

6. 项目评估

项目评估是对项目可行性研究报告进行评价、审查与核实的过程。评估工作由具有相应资质的咨询机构进行，对于重要项目、有时由多个咨询机构同时进行评估。评估须经技术经济分析、比较与论证，以求得建设项目最优投资方案、最佳质量目标和最短的建设周期。项目评估应提出评估报告，对项目是否可行作出公正客观具有科学性的评价。评估报告经上级有关部门审核批准后作出项目投资的决策。

项目决策应根据国民经济发展的中长期计划和资源条件，正确处理局部与整体、近期与远期、社会效益与经济效益之间的关系，全面分析，搞好综合平衡；合理地控制投资规模与速度，讲究投资效益，预测投资回收期。

对技术引进项目决策时，要从我国实际情况出发，选择技术引进的内容和引进的方式，要从有利于产品产业的调整，能够发展和生产新产品，能提高产品质量和性能，能充分利用本国资源扩大出口和增加外汇，能节约能源和材料，有利于环境保护和安全生产，有利于改善经营管理，提高科学校术水平等角度出发。

7. 项目建议书与可行性研究的区别

项目建议书与可行性研究报告尽管在报告书中所涉及的内容大致相同，但由于工作的目的和作用不同，因而在研究重点、深度、评价方法等方面有重大区别。

（1）两者的目的和作用不同

项目建议书是国家批准立项的依据，经批准立项的项目，才能列入国家长远计划，组织可行性研究。对于利用外资或有引进内容的项目，批准立项后才可以对外进行初步询价；可行性研究报告是项目决策的依据；批准决策的项目，才能列入国家近期发展计划；开展设计工作。利用外资或有引进内容的项目，批准决策后方可对外进行正式谈判，签订合同。

（2）研究论证的侧重点不同

项目建议书从宏观角度分析城市污水处理工程项目建设的必要性，依据城市规划初步确定项目的建设地点，建设规模，建设范围和具体工艺路线，用类比分析法匡算建设投资，允许误差在20%左右，提出资金筹措的设想方案；可行性研究报告则具体分析建设城市污水处理工程对城市水域污染的削减，是否为城市可持续发展所必须，在对城市污水的水量及水质现状调查和预测的基础上提出污水厂的建设规模与分期、污水处理程度和具体工艺方案，根据城市排水现状和市场需求，确定配套城市排水管网及回用水工程建设规模和方案，按工程方案和总图情况估算土建工程、安装工程及设备等直接费和间接费，确定总投资的估算误差应在10%以内。对资金来源和筹措方式、贷款偿还方式等进行系统的分析评价。

（3）方案论证的深度不同

项目建议书是对影响立项的建设地点、规模、重大技术方案、资金筹措方式进行技术经济比较，采用类比指标计算费用法；可行性研究报告则对影响项目决策的重大方案和重要的局部方案均要进行技术经济比较和优化论证。如选址、建设规模、工艺方案、污水处理程度、构筑物及设备选择、还贷方式等。经济比较采用净现值，技术比较包括技术先进性、运行稳定性、操作管理难度、占地等环节。

（4）经济评价的要求不同

项目建议书对项目的经济效益、环境效益和社会效益进行初步评价，财务效益只审查投资利税率、投资利润率和投资回收期三项指标，且以静态估算为主；可行性研究报告则要对项目的经济效益、环境效益和社会效益进行全面的测算和评价。财务效益评价包括投资利税率、投资利润率、投资回收期、贷款偿还期、内部收益率或净现值五项指标，应以动态分析为主。还应进行不确定性分析，如敏感性分析、盈亏平衡分析等，以判定项目的经济效益、抗风险能力和可靠性。工程效益评价则包括节能效益、社会效益和环境效益。

(5) 审查结果不同

项目建议书通过审查判断投资机会是否有前途，以决定拟建项目是否可行；可行性研究报告则通过审查确定采用哪种方案实施项目建设更为有利，进而确定设计任务书的内容。

8. 城市污水厂项目可行性研究报告示例

某市城市污水处理厂可行性研究报告（目录）

(1) 总论
1) 前言（项目提出的背景及建设的必要性，可行性研究报告的编制过程）
2) 编制依据
3) 编制范围
4) 可行性研究结果概要
(2) 城市概况
1) 社会政治经济概况
2) 自然条件
3) 城市排水系统现状与规划
4) 城市水域污染概况
(3) 城市污水量及城市污水处理工程建设规模
1) 城市污水现状排放量
2) 城市污水量预测
3) 城市污水处理工程建设规模与分期
(4) 城市污水的水质和治理目标
1) 城市污水现状水质
2) 重点污染源治理与城市污水水质预测
3) 城市污水处理排放标准
4) 城市纳污河流污染物削减量及水质改善程度
(5) 城市污水处理厂厂址选择
(6) 回用水对象、水质及规模
1) 主要回用水对象
2) 回用水水质要求
3) 回用水深度处理系统的建设规模
(7) 污水处理厂工艺方案比较
1) 污水及污泥处理工艺方案分析
2) 对比方案工艺流程框图
3) 对比方案工艺构筑物及设备
4) 技术经济比较
5) 回用水深度处理工艺选择

(8) 城市污水处理厂设计方案
1) 设计原则
2) 总图布置
3) 污水处理系统
4) 污泥处理系统
5) 回用水深度处理系统
6) 主要工艺设备及仪表
7) 土建工程
8) 公用工程
9) 自动控制
(9) 节能
(10) 环境保护及安全生产
1) 噪声源的控制及其影响
2) 厂区的绿化及卫生防护
3) 安全生产措施
(11) 管理机构及劳动定员
1) 管理机构的设置
2) 人员编制
(12) 投资估算
1) 编制依据与说明
2) 工程总投资估算表
3) 一期工程投资估算表
(13) 建设进度及资金筹措计划
1) 建设工程安排
2) 资金筹措计划
(14) 经济评价
1) 基础数据
2) 总投资构成、资金来源及使用计划
3) 污水处理生产成本估算
4) 财务评价
(15) 结论和存在问题
1) 结论
2) 存在问题
附件1：附图
附图一、某市污水处理工程规划图
附图二、氧化沟方案总平面图
附图三、普通活性污泥法方案总正面图
附图四、氧化沟工艺流程示意图
附件2：附件（各类批件和附件）

2.1.3 污水处理厂的初步设计

1999 年 2 月，国务院办公厅发出通知，要求各地各部门加强基础设施工程质量管理。通知要求，“严格执行建设程序，按照国家规定履行报批手续”。城市污水处理厂作为基础设施项目，其建设程序包括项目建议书、可行性研究报告、初步设计、开工报告和竣工验收等工作环节。通知强调，“严格把好建设前期工作质量关。建设项目的项目建议书、可行性研究报告和初步设计文件，必须按照国家规定的内容，达到规定的工作深度。各级项目审批机关对初期工作达不到规定要求和工作深度的项目不得审批”。

1. 初步设计程序

(1) 基本任务与要求

初步设计应根据批准的可行性研究报告进行，其主要任务是明确工程规划、设计原则和设计标准，深化可行性研究报告提出的推荐方案并进行必要的局部方案比较，解决主要工程技术问题，提出拆迁、征地范围和数量，以及主要工程数量、主要材料设备数量及工程概算。

初步设计的主要依据是批准的可行性研究报告（方案设计）。对没有可行性研究（方案设计）的设计项目，初步阶段应进行方案比选工作，并且达到规定的深度。批准的初步设计是进行施工图设计的依据。初步设计文件应满足主要设备订货、工程招标及进行施工准备的要求。

(2) 工作程序

初步设计阶段的工作程序见图 2-3。

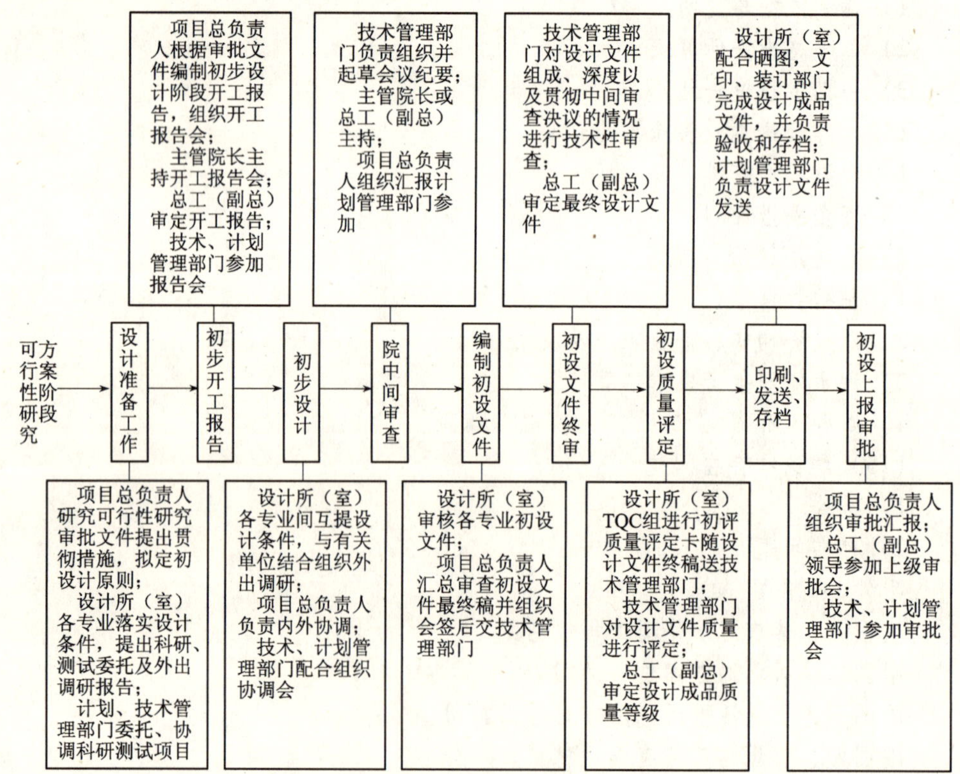

图 2-3 初步设计阶段工作程序

2. 初步设计的基本内容

初步设计文件应包括：设计说明书、设计图纸、主工程数量、主要材料设备规格与数量和工程概算。

（1）设计说明书

1）概述

① 设计依据　说明设计任务书或委托书及选厂报告等的批准机关、文号、日期、批准的主要内容，设计委托单位的主要要求。

② 主要设计资料　资料名称、来源、编制单位及日期（除有关资料外），一般包括用水、用电协议，环保部门的批准书，区域水环境和重点水污染源治理可行性研究报告等。

③ 城市概况及自然条件　建设现状、总体规划、分期计划及有关情况，概述地情、地貌、工程地质、水文地质、气象水文等有关情况。

④ 现有排水工程概况　现有污水、雨水管渠泵站，处理厂的位置、水量、处理工艺、设施利用情况、存在问题等。

2）设计概要

① 总体设计　说明城市污水水量、水质，若水质有碍生化处理或污水管道的运行时，应采取的解决措施。

处理后污水排入水体的名称、卫生情况、水文情况，现在使用功能及当地环保部门及其他有关部门对水体的排放要求。

新建污水管渠设计说明：与现有排水系统的关系，管渠设计的布置原则、干管走向、长度、管渠尺寸、埋设深度、管渠材料等；泵站设计的位置、型式、主要尺寸、埋深、设备选型与数量、运行要求等。

② 污水处理厂设计

a. 说明污水厂位置的选择考虑的因素，如地理位置、地形、地质条件、防洪标准、卫生防护距离、占地面积等。

b. 根据进厂的污水量和污水水质，说明污水处理和污泥处置采用方法的选择，工程总平面布置原则，预计处理后达到的标准。

c. 按流程顺序说明各构筑物的方案比较或选型，工艺布置，主要设计数据、尺寸、构造材料及所需设备选型、台数与性能，采用新技术的工艺原理特点。

d. 说明采用的污水消毒方法或深度处理的工艺及其有关说明。

e. 根据情况说明处理后的污水、污泥的综合利用等情况。

f. 简要说明厂内主要辅助建筑物及生活福利设施的建筑面积及使用功能。

g. 说明厂内结水管及消水栓的布置，排水管布置及雨水排除措施、道路标准、绿化设计。

③ 建筑设计

a. 说明根据生产工艺要求或使用功能确定的建筑平面布置、层数、层高、装修标准、对室内热工、通风、消防、节能所采取的措施；

b. 说明建筑物的立面造型及周围环境的关系；

c. 辅助建筑物及职工宿舍的建筑面积和标准。

④ 结构设计

a. 工程所在地区的风荷、雪荷、工程地质条件、地下水位、冰冻深度、地震基本限度。对场地的特殊地质条件（如软弱地基、膨胀土、滑坡、溶洞、冻土、采室区、防震的不利地段等）应分别予以说明。

b. 根据构筑物使用功能，生产需要所确定的使用荷载、土壤允许承载力度等，阐述对结构设计的特殊要求（如抗浮、防水、防爆、防震、防蚀等）。

c. 阐述主要构筑物和大型管渠结构设计的方案比较和确定，如结构选型，地基处理及基础型式、伸缩缝、沉降缝和防震缝的设置，为满足特殊使用要求的结构处理、主要材料的选用，新技术、新结构、新材料的采用。

⑤ 采暖、通风设计

a. 说明室外主要气象参数，各构（建）筑物的计算温度，采暖系统的形式及其组成，管道敷设方式、采暖热媒、耗热量、节能措施。

b. 计算总热负荷量，确定锅炉设备选型（或其他热源）供热介质及设计参数，锅炉用水水质软化及消烟除尘措施，简述锅炉组成，附属设备间设备的布置。

c. 通风系统及其设备选型，降低噪声措施。

⑥ 供电设计

a. 说明设计范围及电源资料概况。

b. 说明电源电压、供电来源，备用电源的运行方式，内部电压选择。

c. 说明用电设备种类，并以表格表明设备容量、计算负荷数值和自然功率因数、功率因数补偿方法，补偿设备的数量以及补偿后功率因数结果。

d. 说明供电系统负荷性质及其对供电电源可靠程度的要求，内部配电方式，变电所容量、位置、变压器容量和数量的选定及其安装方式（室内或室外）、备用电源，工作电源及其切换方法、照明要求。

e. 说明采用继电保护方式、控制的工艺过程、各种遥测仪表的传递方法、信号反映、操作电源等、简要动作管理和联锁装置、确定防雷保护措施和接地装置。

f. 泵房操作以及变、配电建筑物的布置，结构型式和要求。

g. 说明安装作业计算及生产管理用各类仪表。

⑦ 仪表、自动控制及通信设计

a. 说明仪表、自动控制设计的原则和标准，仪表、测定自动控制的内容，各系统的数据采集和调度系统。

b. 说明通信设计范围及通信设计内容，有线及无线通信。

⑧ 机械设计

a. 说明所选用标准机械设备的规格、性能、安装位置及操作方式，非标准机械的构造形式、原理、特点以及有关设计参数。

b. 说明维修车间承担的维修范围，车间设备的型号、数量和布置。

⑨ 环境保护

a. 处理厂对附近居民点的卫生环境影响。

b. 污水排入水体的影响以及用于污水灌溉的可能性。

c. 污水回用、污泥综合利用的可能性或出路。

d. 处理厂处理效果的监测手段。

e. 锅炉房消烟除尘措施和预期效果。

f. 降低噪声措施。

3）人员编制及经营管理

① 提出需要的运行管理机构和人员编制的建议。

② 提出年总成本费用，并计算每立方米的污水处理成本费用。

③ 单位污水量的投资指标。

④ 安全措施。

⑤ 关于分期投资的确定。

4）对于阶段设计要求

① 需提请在设计阶段审批或确定的主要问题。

② 施工图设计阶段需要的资料和勘测要求。

（2）设计图纸

1）污水处理厂总体布置图

① 污水处理厂平面图　比例一般采用 1∶200～1∶500，图上表示出坐标轴线、等高线、风玫瑰（指北针）、四周尺寸。绘出现有和设计的构筑物及主要管渠、围墙、道路及相关位置，列出构筑物和辅助建筑物一览表和工程量表。

② 污水、污泥流程断面图　采用比例竖向 1∶100～1∶200，表示出生产流程中各构筑物及其水位标高关系，主要规模指标。

③ 建筑总平面图　对于较大的厂应绘制，并附厂区主要技术经济指标。

2）主要构筑物工艺图

采用比例一般为 1∶100～1∶200，图上表示出工艺布置，设备、仪表及管道等安装尺寸、相关位置、标高（绝对标高）。列出主要设备一览表，并注明主要设计技术数据。

3）主要构筑物建筑图

采用比例一般为 1∶100～1∶200，图上表示出结构型式、基础做法，建筑材料、室内外主要装修门窗等建筑轮廓尺寸标高，并附技术经济指标。

4）主要辅助建筑物图

如综合楼、车间、仓库、车库，可参照上述要求。

5）供电系统和主要变、配电设备布置图

表示变电、配电、用电起动保护等设备位置、名称、符号及型号规格，附主要设备材料表。

6）自动控制仪表系统布置图

仪表数量多时，绘制系统控制流程图，当采用微机时，绘制微机系统框图。

7）通风、锅炉房及供热系统布置图

8）机械设备布置图

采用 1∶50～1∶200，图上表示出工艺设置，设备位置，标注主要部件名称和尺寸提出采用的设备规格和数量。

9）非标机械设备总装简图

采用比例 1∶50～1∶200，图上注明主要部件名称、外廓尺寸及传动设备功率等。

（3）主要设备及材料表

提出全部工程及分期建设需要的三材（木材、钢材、水泥）、管材及其他主要设备、材料的名称、规格（型号）、数量等（以表格方式列出清单）。应能满足工程施工招标、施工准备及主要设备订货的需要。

（4）工程概算书

初步设计概算是控制和确定建设项目造价的文件。设计概算批准后，就成为固定资产投资计划和建设项目总包合同的依据。

概算文件应完整地反映工程初步设计内容，严格执行国家有关制度，实事求是地考虑影响造价的各种因素，正确地依据定额、规定进行编制。

概算文件包括：编制说明，总概算书，综合概算书，主要建筑材料，技术经济指标。

3. 初步设计的质量要求

项目法人将初步设计文件上报后，当主管部门的审批意见与所报文件内容有较大变动时，应根据审批意见补编、修正初步设计文件后上报，待批准后再进行施工图设计。当审批意见变动较小时，经主管部门批准，可不补编、修正初步设计文件，而直接按审批意见进行施工图设计。

初步设计应达到以下的质量要求：

（1）初步设计应符合国家方针政策和批准的可行性研究报告，符合现行的设计规范、标准及有关规定。

（2）初步设计所掌握的基础资料齐全、可靠，使用正确无误。

（3）设计方案的设计原则和技术标准正确，总体布置合理；对工艺流程、结构选型、主要材料设备选型等重要技术环节进行了多方案比较论证，选用方案技术先进、经济合理、切实可行；主要配套项目布置齐全。

（4）设计按规定进行了必要的计算分析，所采用的计算理论和电算程序合理，计算依据和结果正确无误。

（5）初步设计中各相关专业协作配合及时，设计衔接正确无误。

（6）技术经济分析中工程数量基本准确，无漏项，概算符合规定，采用定额及取费标准正确、计算无误，技术经济指标分析合理，评价正确。

2.1.4 城市污水处理厂的建设程序

城市污水处理厂是城市基础设施，必须严格执行建设程序，按国家规定履行报批手续。城市污水处理厂的建设应在城市排水规划的基础上，按项目建议书和可行性研究报告的编制及工程初步设计文件编制的程序进行建设前期工作；在此基础上再上报开工报告并进行施工图设计，经开工建设最后竣工验收、交付使用。工程前期工作做得完善，则建设工作就顺利。否则，前期工作问题没有解决，在建设过程中再重新研究，小则停工误时，大则造成返工及经济损失。因此，按建设程序办事，加强工程建设的前期工作，严格把好建设前期工作质量关就显得至关重要。

2.2 污水处理工程的设计依据

城市污水处理工程项目进入设计阶段，设计的依据、除了设计任务书（或委托书）、项目可行性研究报告（或工程设计方案）提供的基本资料外，还包括许多技术资料，且需进一步核实，或通过实验和勘测取得。

2.2.1 污水处理厂工程基本情况资料

城市污水处理厂工程项目基本情况资料、一般由项目可行性研究报告或工程设计方案，环境评价报告等提供，作为工程设计的依据，亦作为设计人员对项目的了解、一般包括以下几方面内容：

（1）国家各级政府有关水污染防治的政策、法规、污染控制规划、水污染排放标准等。如国家对区域水污染综合治理的规划和任务目标、区域水污染总量控制规划和限期治理目标；国家及某些行业的环境质量标准、污水排放标准等。

（2）省（部）级政府的关于区域的任务、限期目标、区域水污染总量控制规划等。

（3）地方政府的水污染治理规划。

（4）城市水污染治理规划目标，包括城市和工业水污染治理的限期任务与内容拟达到的目标，尤其是污水处理工程设计服务范围内的污水排放特征、现有和规划的点源污染治理情况。

（5）污水处理厂工程的建设范围、建设规模和建设地址，分期建设计划等。

（6）污水处理后拟达到的排放标准，污水和污泥的综合利用目标，污水和污泥处理的总体工艺方案。

（7）城市或企业概况和自然情况，包括水文地质、工程地质、地形地貌等；城市排水系统基本资料，包括城市排水系统现状、规划、发展目标与分期建设计划。

2.2.2 设计任务书

明确设计任务书或委托书的批准机关、文号、日期。设计任务书需明确污水处理工程规模、建设范围、进水水质、出水水质，并说明设计委托单位的主要要求，包括工程设计内容、处理工艺方案、工程建设标准与投资控制、设计文件交付时间。写明设计单位与设计委托单位双方的责任、权利和义务。

2.2.3 污水处理工程技术资料

污水处理工程的技术资料主要包括工程地质、水文地质等方面的勘察报告。对于采用新技术或特殊污水的处理，技术资料还应包括新工艺、新设备、新药剂的技术资料和针对本项目的污水处理的技术实验资料。

2.3 污水处理工程设计资料

2.3.1 污水处理工程设计基础资料

污水处理工程设计应在实际基础资料的前提下完成。设计基础资料应由建设单位提供或由城市专业职能部门提供，其中包括气象、水文与工程地质、地形图、排水系统、污染源、地震、供水供电、概算资料、城市或企业现状和规划资料。设计所用基础资料应由专门设计人员深入实际了解调查，以保证设计基础资料的准确性。

1. 城市或企业现状和规划资料

（1）城市或企业现状地形图、现状排水管网图。

（2）城市或企业总体规划图和排水规划图，及其说明书。

（3）城市或企业概况。了解城市的性质与规模，人口及其分布，功能区别与布局，给水排水系统状况，污染源分布，城市水体分布及其功能，城市水污染治理规划等。了解企业的产品与规模、占地与固定资产、生产经营状况、技术水平、生产工艺与污染源、供水与排水系统、污染控制治理与综合利用、需处理污水水质、水量、排放去向及标准等。

2. 自然资料

（1）气象资料

1）气温　绝对最高、最低气温，历年逐月平均气温。

2）风向与风速　历年风向频率（或以风改表示）、最大风速。

3）降水量　历年平均降水量、最大降雨量、历年平均降雨天数。

4）蒸发量　历年年蒸发量、最大蒸发量。

5）土地冰冻深度历年冰冻深度、最大冰冻深度，历年冰冻期天数平均值、最小值。

（2）水文与工程地质

1）地表水体

纳污水体功能与流向、水体流域的纳污状况与污染趋势，本污染源对纳污水体的污染贡献、排入口及其水质状况，河流的历年逐月最高、平均、最低水位及相应的流量、流速、水质指标、河流供水水位、淹没范围，河流冰冻期限与厚度，湖泊、水库的水位与容量（包括环境污染状况及容量）。

2）地下水

含水层的厚度与分布、与补给水源的关系、地下水水质状况与指标。

3）工程地质

土壤物理分析、力学试验资料，应有钻孔柱状图及水文地质剖面图，并附说明。

（3）地震资料建厂（站）地区地震设防烈度。

3. 供水、供电及交通运输资料

（1）供水资料

城市供水管网及供水范围与能力，对本项目供水指标及价格，建筑地区地下水涌水量、可供水量及水质。

（2）供电资料

供电电源的电压、可靠程度，供电方式，供电点至用电点距离，供电部门对用电的要求及收费价格。

（3）供汽资料

城市能提供的热媒蒸汽的能力、价格。

（4）交通运输

建筑与城市及其他区域的交通状况。

4. 污水源资料

在对城市或企业供水排水、生产工艺及排放基本情况了解的基础上，应重点调查或监测主要污染源情况、排放口或纳污口水质、水量资料。应重点调查污染源污水排放周期并监测不同时段的污水水质。

5. 概算资料

建厂（站）地区的土建、市政工程概算定额，当地市场主要建材供应价格，征地及拆迁费用，劳动力工资标准及其他管理费用规定等。

6. 其他资料

（1）初步设计或可研报告或方案设计批准文件。

（2）与有关单位的协议文件。

（3）某些订购设备样本。

2.3.2 现场查勘

设计人员为提出符合实际的污水处理方案，需搜集有关真实客观的基础资料。因此，须深入现场，了解实地情况，必要时应作实际勘测与监测。

1. 现场查勘的目的与内容

（1）了解城市或企业现状和发展规划；

（2）了解现有排水设施和观察污水状况，增加对污水的感性认识，必要时确定重点污染源，监测其排放周期及其水质；

（3）了解处理厂（站）选址现场地形情况，需要时对选场形状、尺寸、高程、污水进出口等进行测量；

（4）搜集和核实必要的设计基础资料；

（5）确定污水处理排放应达到的标准；

（6）提出可能的方案，并征求当地有关单位的意见；

（7）了解有关部门协议内容；

（8）为现场勘测、监测做准备（协作关系、现场工作条件、工器具等）。

2. 现场查勘的步骤

（1）了解项目建议书，可行性研究报告内容；

（2）分析或调查城市或企业有关资料，列出现场查勘计划；

（3）现场调查，听取建设单位及有关部门意见，进一步搜集落实设计基础资料；

（4）现场查勘、监测；

（5）现场查勘资料的整理。

3. 现场查勘应注意的事项

（1）在初期资料收集分析的基础上，尽早确定查勘的范围及重点，使查勘工作有针对性，起到补充作用。

（2）城市发展状况或企业生产经营状况与技术管理水平，会影响总体设计方案选择及具体工程设计。

（3）在书面资料的基础上，须注意与有关部门专家、领导的意见交流。

（4）对污水性质与特征的分析，不仅要看指标数据，还需对生产工艺深入分析，仔细观察污水的感官状况。

（5）不但要调查处理进水口，同样要仔细调查出水口，既要重视污染源调查，也要深入进行选址调查。

（6）对同类污水及其处理工程调查，了解其污水性质特征、处理方法与效果、运转经验和存在的问题。

（7）及时分析整理现场查勘资料，提出对方案设计的意见，并做好资料的分类和保管，不应随意使之扩散和丢失。

2.3.3 污染源调查

城市污水一般包括生活污水、工业废水和市政污水，工业废水可分为生产污水和生产废水。一般情况下生活污水、市政污水、生产废水（未被生产工艺过程直接污染的水）水质比较稳定，而生产污水则随生产品种、生产工艺、生产运行状况有很大的变化，即使同一种产品，同种工艺排出污水水质也会有较大变化，因此明确掌握污水的水质是重要的工作。污染源调查就是要查清主要污染企业的排污状况。

1. 污染源调查的目的

（1）了解需处理的污水的水质水量、确定需处理污水的污染源组成；

（2）污染源排污种类、污染危害强度、排污规律、确定主要污染源；

（3）对重点污染源和混合污水进行现场监侧，掌握其污水排放量和污水水质。

2. 污染源调查的步骤

污染源调查主要是对工业污染源进行调查，应建立在对生产工艺和排污工艺初步了解的基础上。污染源调查可分为三个阶段，即准备阶段、调查阶段和总结阶段。

（1）准备阶段

1）明确调查目的；

2）制定调查计划　明确污染源调查的范围与重点、内容与浓度、方法与频次。

3）调查准备　组织好专业人员、分工协作，准备采样与测试的器具、交通工具、准备记录与计算图表，准备采样及分析测试所用药品，准备水样保存方法及容器、药品。

（2）调查阶段

1）定点采样　按拟定的采样点、时间、频率、项目（如pH、温度及流量等）采样或测试，做好记录。

2）样品分析　按计划的水质测试项目、测试方法对样品分析。

3）数据处理　对现场测试结果、室内分析结果进行整理、计算，去除错误数据。

（3）总结阶段

1）评价　评价调查结果的客观性、代表性、评价需处理的污水及重点污染源的性质与特征、水质水理指标，并与其他途径所得数据进行比较。

2）建立档案　将现场记录、分析结果、计算结果分类归档保存。

3）调查报告。

3. 污染源调查的方法与内容

（1）调查方法

污水源调查的方法有实测法、资料分析法、类比调查法及物料衡算法。对于现有企业可以用资料分析法、实测法进行。对新建企业可采用类比调查法、实测法（实测同类生产企业），新建企业无同类企业生产工艺参考时，只有以物料衡算法进行。一般情况宜将资料分析法与实测法结合进行。

1）资料分析法

搜集现有生产企业原材料消耗、用水排水、污染源及排污口监测数据等资料，搜集环境监测部门的排污监测资料，分析整理可得到企业污水总排放量及其水质、重点污染源排水规律及其水质资料。

2）类比调查法

对同产品、同工艺、同原料的企业有关生产与排污水工艺、用水排水、污染源及混合污水资料分析整理，可得到新建企业污染源资料。

3）物料衡算法

确定生产工艺的化学反应方程式，确定生产所用原辅材料及其消耗量，确定污染物的品种与存在形态，确定原辅材料、产品、副产品、污染物之间的物质的量关系，确定产品、副产品、污染物收集与转化率，确定污染物在产品、副产品及工艺转化定额，确定污染物排放定额，确定用水量、排水量、污水量和污水水质。

4）实测法

实测法是在重点污染源排污口和总排放口设立监测采样点，连续进行3～5d，每日数次（一般为2h一次，可根据生产和污水排水变化规律确定）采样和测试，从而获得污水水质水量数据，然后进行数据整理，可得知污水水量和水质变化曲线，水量和水质指标的取值范围、最大值、最小值、平均值等。

在排污口或总排放口实测所得数据的客观性和真实性，取决于生产状态是否正常，监测是否按技术要求明确操作。对监测所得数据可利用资料分析法和类比调查法进行校核。

污水水量的测试方法有容器法、浮标法、插板法及流速仪法，各种方法的操作与计算详见环境监测相关国家标准。

污水水质的采样与分析测试方法，详见有关国家标准。

（2）调查内容

对于工业污染源的调查有自身特色，一般包括水质、水量调查，必要时可作污水中污染物成分调查。

1）水量调查

① 各排污点处　污水的来源及组成，一个生产周期内的排水周期，一个排水周期内排污总量、最大流量、平均流量。

② 总出水口处　应在企业总排放口监测污水的平均日流量、最大日流量、最大日最大时流量、平均日最大时流量，掌握总排放口污水水量变化规律。

2）水质调查

① 物理指标　温度、漂浮物、悬浮物、色度、泡沫度、气味等。

② 化学指标　pH、酸（碱）度、氯和磷、油类、含盐量、总溶固、重金属离子、有毒有机物等。

③ 可生物降解有机物指标　BOD、COD_{Cr}、TOC。

④ 生物指标　各种病原菌、细菌指标。

⑤ 特殊指标 如放射性指标。

2.3.4 现场勘测

在可行性研究报告或方案设计通过论证之后，为保证工程设计的质量，应有建址现场准确的工程勘测资料。现场勘测之前，应搜集已有的勘测资料，在保证质量的前提下尽量加以利用，以缩小新的勘测范围，减少勘测工作量。

1. 地形测量

(1) 区域总平面图

比例尺（1∶10000～1∶50000），应包括地形、地物、等高线、坐标等。

(2) 建址平面图

比例尺（1∶200～1∶1000），应包括地形、地物、等高线等，实测范围应包括场内与厂外相关部分内容（如道路、进出水口、拆迁物等），视具体情况确定。

(3) 管渠测量

与本工程有关，需利用其改造或在其附近施工的管渠，应测出地形、管道定线、纵断面高程及交叉点等，比例尺视测量范围而定。

2. 工作地质勘察

(1) 工程勘察要求

1）工程范围内勘察的地形、地物概述。

2）地下水概述包括勘测时实测水位，历年地下水水位及其变幅、地下水侵蚀性。

3）土壤物理分析及力学试验资料。

4）钻孔布置主要构筑物（如调节池、泵房、沉淀池、曝气池、浓缩池、厌氧消化池等）和大型建筑物（如综合办公楼、鼓风机房、脱水机房等），一般应布置2～4个钻孔，其深度决定于构（建）筑物基础下受力层的深度。一般应钻至基底下3～6m。水中构筑物的钻孔深度应达到河床最大冲刷深度以下不小于5m或钻至中等风化岩石为止。

5）测成果除满足上述要求外，应对设计构筑物的基础砌置深度、基础及上层结构的设计要求、施工排水、基槽处理以及特殊地区的地基（如淤泥、湿土、高填土等）提出必要的处理建议。

(2) 不同设计阶段对勘察内容的要求

1）初步设计阶段 要求勘察部门对工程场地稳定性作出评价，对主要构筑物地基基础方案及对不良地质防治工程方案提供工程地质资料及处理建议。

2）施工图设计阶段 要求勘察部门根据设计确定的构筑物位置，在初步设计勘察结论的基础上，勘察部门认为需要进行的补充勘察工作，并提出补充报告。

2.4 污水处理工程建设的工作内容

2.4.1 污水处理厂的工艺流程选择

1. 污水处理工艺流程的选择

污水处理工艺流程是指在污水处理厂中，污水沿程流经的各处理单元的顺序组合。选择工艺流程首先应能在设计进水水质水量条件下，保证处理水符合规定的排放标准；其次是经济技术比较，在工程投资、运行成本、运行稳定性、操作、维护难易程度等诸方面综合评价最优。

对于城市污水处理，工艺流程的选择以去除悬浮物和各种形态的有机污染物为目标，总的工艺路线已经成熟，即本着从易到难的原则，进行一级物理处理与二级生化处理的组合。一级处理主要是去除悬浮物，减轻二级处理的负荷，同时起保护后续处理单元的作用；二级处理则以溶解性或胶体状有机污染物为去除对象。

典型的城市污水处理工艺流程有普通活性污泥法、氧化沟法以及 AB 法和 CAST 工艺等。普通活性污泥法一级处理比较完善，在进水悬浮物浓度较高的场合使用，有利于降低运行费用。在合流制条件下，增加较少的投资，即可使初雨径流量得到充分的一级处理；氧化沟法具有低能耗的高比内回流带来的处理优势，适合完全氧化或脱氮工艺需要，集污水处理和污泥稳定于一体，运行管理简单、但运行能耗稍大；AB 法效率高，有利于节省投资，但工艺流程较复杂；序批式活性污泥法如 CAST 工艺，单池间歇进、出水，整体连续进水，构筑物单一，COD 去除率显著提高，但设备利用率低，水头损失大。可见，上述方法各有优势与不足，只能视具体条件，包括进水水质、排放标准、回用水要求、场地条件、施工条件等因素，综合比较后方可确定。

2. 污泥处理工艺流程的选择

污泥处理工艺流程一般包含污泥稳定、污泥浓缩和污泥脱水三个单元。污泥稳定通常有厌氧消化和好氧氧化两种方式。厌氧消化在普通活性污泥法工艺中普遍采用，稳定污泥的效果好，但投资大，往往污泥处理的投资占污水厂投资的一半，而且沼气利用在中小规模城市污水厂中也有困难；氧化沟法采用的泥龄较长，污泥经过了初步的好氧氧化稳定，故能将剩余污泥直接进行浓缩脱水。对于有除磷要求的场合，富磷剩余污泥不能处于厌氧状态，无法采用厌氧消化，则氧化沟工艺污泥处理的优点更为突出；污泥浓缩分为重力浓缩、气浮浓缩和机械浓缩。当采用污泥消化工艺时，常选择重力浓缩。消化工艺的第二级消化实际上也是重力浓缩池，只不过利用一级消化的余热继续发挥着消化作用。氧化沟法污泥浓缩可以选择上述三种浓缩方式，若有除磷要求时，只能选择气浮浓缩或机械浓缩；污泥脱水可采用污泥干化场或机械脱水设备，目前城市污水厂新建项目一般均采用机械脱水设备。

2.4.2 总平面布局

城市污水处理厂的平面布置关系到工程是否安全可靠、运行管理是否便利合理、厂区环境卫生与美化等因素。为了使平面布置与工艺流程相互协调，更加经济合理，必须遵循处理厂平面布置的基本原则：

（1）平面布置须遵守《室外排水设计规范》；

（2）工艺构（建）筑物的布置能结合厂址地形，满足功能与流程要求，便于运行管理；

（3）各单元处理构筑物的数量视具体条件而定，但每一单元处理构筑物不少于两座；各处理构筑物布置要紧凑，既减少占地，又缩短连接管线，减少水头损失，但构筑物之间宜留有5~10m间距；若工程分期建设，应为远期建设项目的布置作出安排。

（4）办公区宜集中布置，应从环境、卫生、美观、交通便利、风向和朝向等方面创造条件，与处理构筑物保持一定距离，有条件时，应尽量与噪声小，又较清洁的构筑物如二沉池临近，远离污泥区或鼓风机房。

（5）污泥处理构筑物应尽量集中布置，消化池与沼气罐等特殊构筑物的间距则应按防火规范要求及有关规定确定。

（6）厂区内应设连通各构（建）筑物的道路，加强绿化，要求厂区绿化面积比例不低于30%。

2.4.3 污水及污泥利用方式

1. 污水回用方式

城市污水处理厂处理水的回用越来越受到重视。鉴于我国淡水资源严重匮乏的现状，污水资源的开发已成为社会的需要。城市污水回用范围很广，从我国的经济技术现状出发，目前主要适合回用作为生活杂用水、农田灌溉、工业用冷却水、地下水回灌、绿化用水、景观用水等项。我国对回用水的深度处理多采用吸附、混凝沉淀、过滤、接触过滤和加氯消毒等工艺。也采用土地处理利用工艺和微滤膜与超滤膜处理工艺。当回用水要求水质较高时，污水处理工艺往往采用A/O或A^2/O等除磷脱氮工艺，不仅N、P等营养物质大大减少，出水COD也进一步降低，使得采用上述深度处理工艺实现回用水水质标准成为可能。污水回用的难度不仅在污水厂内，更主要的是回用水管网的建设以及用户的确定，一些污水厂虽然设计有回用水深度处理系统，有的甚至已经建成，但是未能解决好回用水配套管网的建设及落实用户，而迟迟不能运营。

2. 城市污泥利用方式

我国在较长时期内，主要的城市污泥利用途径是用作农肥。城市污泥可否作为农肥，主要是看重金属浓度及有毒有害难降解有机污染物浓度是否超标。《农用污泥中污染物控制标准》（GB 4284—84）对镉、汞、铅、铬、砷、硼、矿物油、苯并〔a〕芘、铜、锌、镍等作了最高含量限制，但尚未制订限制有机毒物的标准。此外，污泥作肥还应防止沙门氏菌及蛔虫卵等生物方面的污染，要求热处理、消化处理或堆肥处理。

城市污泥用作肥主要有以下四种方式：

（1）浓缩污泥肥料　直接将消化污泥或浓缩污泥经过低温灭菌后施放农田。使用成本低，且肥效好，但由于不便运输，只能就近利用，且受季节影响。

（2）脱水污泥肥料　将脱水污泥直接作肥，便于运输、肥效持久，在砂性土壤上施用可以逐渐改良田地。

（3）堆肥污泥肥料　将生污泥或消化污泥脱水后与填充物料如木屑混合堆肥，或与城市有机垃圾混合堆肥，经发酵后筛分利用。

（4）制造复合肥　将脱水污泥进一步干燥至含水率30%~40%，同时渗入无机肥并颗粒化，即为可以出售的复合肥。河南省许昌市污水处理厂已采用了城市污泥生产复合肥工艺，作为三产创收的一个重要途径。

2.5 污水处理设施建设的投融资控制

2.5.1 项目投资的基本概念

1. 项目投资是某项目自立项到竣工投产全过程所花费的全部费用，即包括进行固定资产再生产和形成相应无形资产和铺底流动资金的一次性费用总和。

(1) 建筑安装工程投资：用于工程项目中建筑和安装工程的投资。对于城市污水处理工程，是指所有土建、安装工程投资。厂区包括：六通一平、建构筑物工程、工艺管线铺设、道路排水和中水工程、围墙和各类安装工程等；输配系统包括：加压泵站的土建安装工程和管线铺设工程等。

(2) 设备工器具购置投资：按照项目设计文件要求，建设单位购置达到国家资产标准的设备、工器具及生产家具所需的投资。其购置过程中发生的运杂费、保管费、服务费等均摊入购置物资的价值中。

(3) 工程建设的其他投资：工程建设的其他投资指未纳入以上两项，由项目投资支付的为保证工程建设胜利完成相交付使用后能够正常发挥效益而发生的各项费用总和，它分为五类费用。

第一类：土地转让费和拆迁补偿费。

第二类：项目建设有关的费用，包括建设单位管理费、监理费、勘察设计费、研究试验费、财务费用（建设期贷款利息）等。

第三类：投产前的试车费、培训费及其他生产推备费用。

第四类：预备费，包括基本预备费和工程造价调整预备费。

第五类：应缴纳的固定资产投资方面调节税。

2. 静、动态投资

静态投资：编制的预期造价，即估算、概算和预算造价的总称。

动态投资：指完成一个建设项目所预计需要投资的总和，包括静态投资、价格上涨等风险因素而需要增加的投资以及预计所需的利息支出。

2.5.2 我国小城镇污水处理厂建设投融资的特点

1. 投融资的金额较少

与大城市相比，由于小城镇的城市规模不大，不需要建设处理能力较大（50 万 t/d 以上）的污水处理厂，因而所需的建设资金较少，相对容易筹集。

2. 投融资的回收比较缓慢

与大城市相比较，大多数小城镇的经济发展水平较低，城市居民的平均收入比大城市的居民要低。因此，考虑人们的经济状况，在大多数小城镇中不可能收取与大城市一样的污水处理费，收益的降低导致了投资回收期的延长。

3. 民众的水环境意识较低

与大城市相比，小城镇居民的受教育程度明显偏低，环境意识也不够强。在这种情况下，居民就会对水环境改善的重要性认识不足，这会导致居民对污水处理设施建设支持不足，甚至反对（如不交污水处理费）。这会影响污水处理厂的经济效益，因而降低了投资者的投资热情。

2.5.3 建设资金的传统融资

城市污水处理厂是现代化城市中重要的基础设施建设项目，投资数额大。因此，筹措、管理建设资金是建设城市污水处理厂的关键问题之一。

城市污水处理厂总投资目标的确定与资金筹措：

(1) 总投资目标的确定　污水处理厂在总体规划、立项阶段就提出了最初的投资目标。经过项目的可行性研究，使投资目标得到进一步确定。在项目初步设计完成后，编制工程总概算，经专家论证，报请国家计划部门批准，即确定了污水处理厂总投资目标。

(2) 建设资金的筹措　项目建议书、可行性研究报告、初步设计都将关于建设资金筹措的内容专项列出。小城镇污水处理厂建设的传统融资渠道与我国的计划体制有着密切联系，筹措的主要方式包括：自筹资金、国内贷款、利用外国政府贷款等。

1. 自筹资金

自筹资金是指各地区、各部门、各单位按财政制度管理的自行分配用于污水处理厂的建设资金。随着经济的发展和体制改革的深化，地方财权的扩大，预算外资金逐年增多，资金已成为筹措建设资金的重要渠道。

(1) 自筹资金的原则

自筹资金必须纳入国家计划，而且资金来源必须正当，要保证资金的用途。

自筹资金必须专户存入银行，“先存后批、先批后用”，存到污水厂建设开始时才能使用。

自筹资金不得少于总投资的30%。

(2) 自筹资金的来源

污水处理项目属于公益事业，自筹资金主要有以下几个途径：

1) 污水处理费　1997年国家计委、财政部、原建设部（现为住房和城乡建设部）、原国家环保总局（现为环境保护部，后同），联合下发了收取城市污水处理费的通知。规定污水处理费在城市污水处理厂建设期间可作为建设资金。

2) 城建配套费　污水处理厂是现代化城市必需的配套项目、城建配套费可以用在污水处理建设上。

3) 其他资金　如城建维护税、排污费等，也可以用于污水处理的建设。

2. 国内贷款

污水处理项目是实施可持续发展战略的环保项目，投资数额大，国内银行都很支持。现在使用国家开发银行、国家建设银行的贷款居多。许多市污水处理厂就是争取的国家开发银行贷款。

(1) 国家开发银行的性质和任务

国家开发银行是直属国务院领导的政策性金融机构，以集中必要的资金保证国家重点建设，缓解经济发展的“瓶颈”制约，对投资规模实行总量控制，加强国家对固定资产的宏观调控能力。

国家开发银行的主要任务是建立长期稳定的资金来源，筹集、引导社会资金用于重点建设，办理政策性重点建设贷款和贴息业务，投资项目不留资金缺口，从资金来源上对固定资产投资总额及结算进行控制和调节，按社会主义市场经济的原则，提高投资效益，促进国民经济的持续、快速、健康发展。

（2）国家开发银行贷款的条件

①污水处理厂必须具有法人资格，在经济上实行独立核算，能承担经济责任；②项目必须具备批准的项目建议书、可行性研究报告和经国家开发银行确认的初步设计等文件；③贷款项目列入国家固定资产投资计划和信贷计划；④项目总投资中各项建设资金来源必须落实，自筹资金一般不少于总投资的30%；⑤项目经评估，经济效益和财务效益较好，具有偿还贷款本息的能力；⑥污水处理厂有健全稳定的管理机构和技术人员，管理制度健全，运转状况良好；⑦项目有承担风险的可靠保证，政府财政出具还款承诺和落实具有法人资格、实行独立核算、有偿还能力的第三方保证人。

（3）贷款申请和审批程序

①污水处理工程项目在报批可行性研究报告的同时，将报批的可行性研究报告副本，已批准的项目建议书和要求开发银行安排贷款的文件一并送交开发银行，开发银行根据此情况进行贷款前调查；②开发银行参与对贷款项目的评估，并独立进行贷款条件审查和财务评估论证，在此基础上提出选择意见和资金配置方案；③开发银行根据项目的初步设计纳入信贷计划后，业主向开发银行提交《污水处理厂建设贷款申请书》及有关文件，项目建设准备情况和其他资金落实情况的报告；④工程建设进度计划和贷款资金安排计划等；⑤借款申请经开发银行审查同意后，开发银行与业主签订借款合同。

（4）借款合同的签订和贷款期限及利率

1）签订借款合同　贷款数额不论大小，都应签订借款合同；借款合同应有的条款包括借款依据、用途、期限、利率、用款计划、还款计划、还款方式、违约责任、扣保条款和双方商订的其他条款；签订借款合同前，借款单位必须办理担保手续，必须办理公证。

2）贷款期限和利率　贷款期限是指借款合同生效之日起至借款单位全部还清贷款本息的时间。一般不超过10年。贷款利率按中国人民银行的规定执行，贷款利息按年计收。

（5）贷款管理

污水处理厂工程项目使用开发银行贷款，必须专款专用，必须按照国家规定对主体工程设计、施工、监理和设备采购实行招标，招标文件及合同经开行审核确定；合同执行期间，开发银行有权了解、检查贷款的使用、工程建设和竣工验收情况；借款单位应定期向开发银行提供贷款使用、工程建设情况的报告及有关统计、财务会计报表等资料；开发银行发现超计划、超标准、挪用贷款和其他危及贷款安全的重要问题，有权采取停止用款等措施；开发银行参与工程的竣工验收，借款单位应在竣工验收前将有关文件送交开发银行；开发银行对贷款项目进行评价；工程全部竣工验收12个月内，贷款单位向开发银行提交项目执行报告。

（6）贷款回收措施

为了确保贷款数回收计划的实施，开发银行采用收贷挂钩的方式。对不按借款合同期限归还的单位，可运用法律手段依法清收贷款。又可按政策协调和部门协调收贷。实行担保制度、担保单位应具有偿还本息的能力。被担保单位无力偿还债务时，开发银行有权依法向担保单位追索、扣款、拍卖、转让抵押品。

（7）国家开发银行项目运行流程图

流程见图2-4。

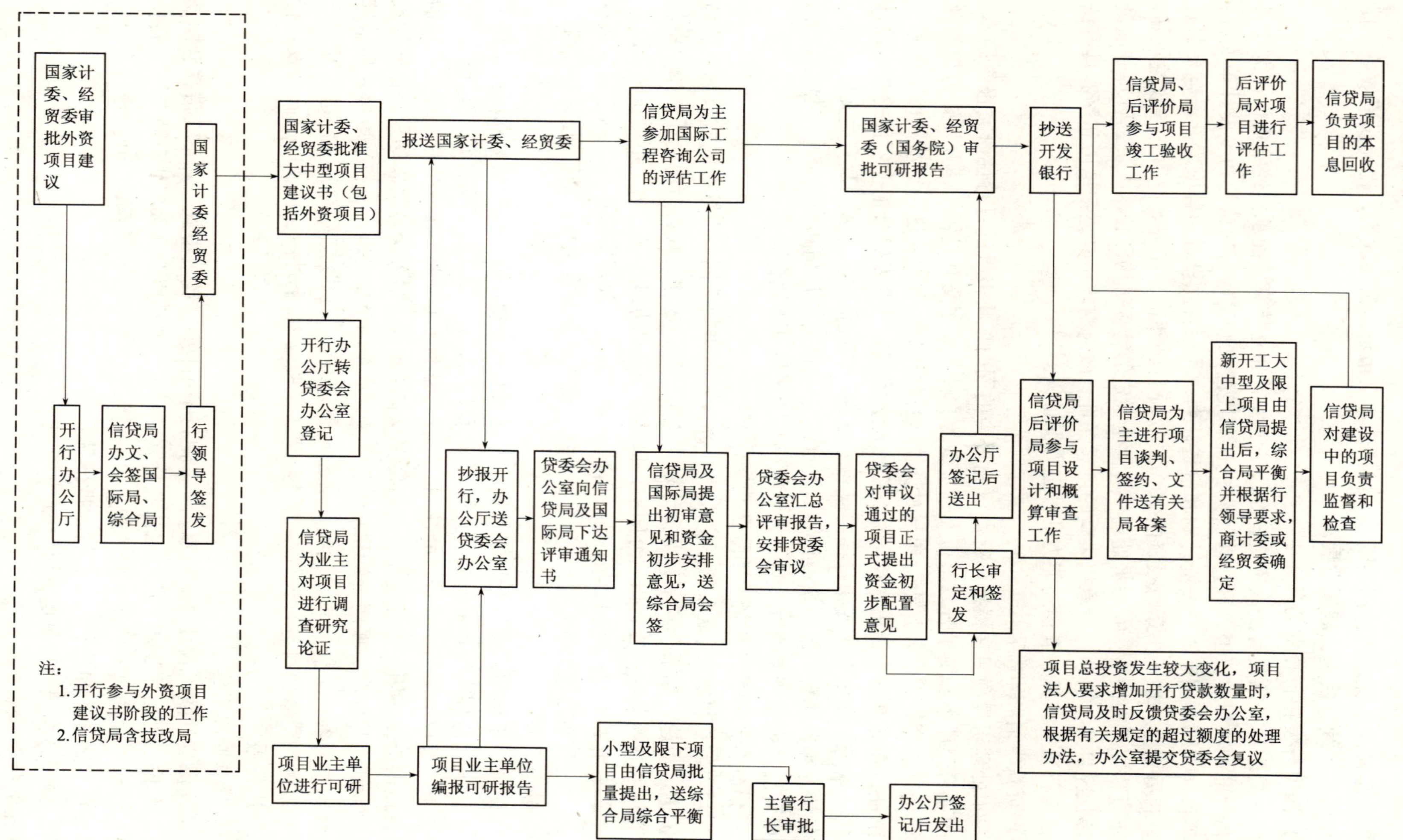

图2-4 国家开发银行项目运行流程图

3. 利用外国政府贷款

利用外国政府贷款作为我国对外开放利用国外资金的一环，发展较快。城市污水处理厂投资数额大，技术含量高，利用外国政府贷款，可以缓解建设资金不足，引进国外先进技术、先进设备。

(1) 外国政府贷款的种类及条件

外国政府贷款是指外国政府向我国提供的长期优惠贷款，带有政府开发援助性质，其赠与成分一般在35%以上，我国利用外国政府贷款主要有以下几个方面：

1) 日本协力银行贷款　主要用于农业、水利、电力、交通、通信、化肥、城市基础设施及环保等基础设施项目，贷款年利率2.5%～3.5%，还款期30年（含10年宽限期），1998年优惠至年利率0.75%，还款期40年（含10年宽限期），要求用国际招标方式采购。

2) 日本能源贷款　专门用于石油、天然气、煤炭资源开发项目。

3) 日本"黑字还流"贷款　条件与协力银行贷款基本相同，但可以自由采购。

4) 其他政府贷款　是指日本国以外的国家向我国提供的政府贷款，除科威特贷款采取国际招标方式采购外，均规定必须购买贷款回的资本货物，通常以混合贷款形式提供，即按一定比例的政府软贷款与出口信贷搭配使用。软贷款一般占30%～50%，年利率在0～2%之间，还款期20～40年（含5～10年宽限期），出口信贷占50%～70%，年利率由OECD成员国每半年协商调整一次，目前为5.95%，还款期为10年。

(2) 利用外国政府贷款的一般程序

利用外国政府贷款的程序因贷款国别不同而有所区别，一般可归纳为以下几步：

1) 首先由贷款国有关机构向我国对外窗口部门提出贷款意向，窗口部门将贷款国的意向及要求报国家发展计划委员会。

2) 国家计委根据贷款条件、贷款国特点以及各地方、部门上报的项目，或批准的项目建议书、可行性研究报告，按照国家产业政策、行业规划、地区政策、项目建设条件及贷款偿还还能力等选择备选项目，并下达备选项目安排计划。

3) 对外窗口单位按照国家计委下达的备选项目方案对外提出，并进行谈判。对方承诺贷款和项目，双方签署贷款备忘录或贷款协议。

4) 国家计委负责审批限额以上项目可行性研究报告或利用外资方案。限额以下项目按隶属关系由主管部门或者省市（区）计划部门审批项目可行性研究报告。

5) 承担采购任务的外贸公司按照国内有关规定及贷款国有关规定对外进行技术和商务谈判，或进行国际招标，并签订商务合同。

6) 有关金融机构根据政府贷款协议和商务合同与对方签订金融协议，并办理国内转贷手续。

7) 商务合同生效，项目进行实施阶段。

综合以上情况，可将利用外国政府贷款项目的一般程序简要归纳如下（图2-5）。

(3) 日本协力银行贷款

近年来，国内污水处理项目使用日本协力银行的贷款居多，特作专门介绍：

1) 日本协力银行简介

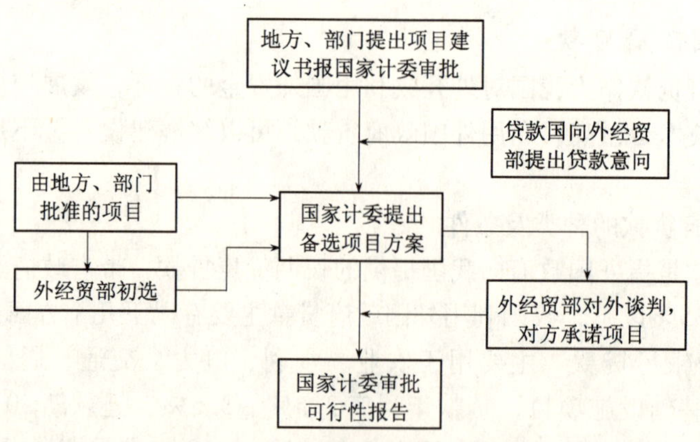

图 2-5 外国政府贷款项目流程图

日本协力银行，原称“日本海外经济协力基金”，2000 年更名。它是根据日本“海外经济协力基金法”于 1961 年 3 月 16 日成立，归日本经济企划所领导，总部设在东京，1985 年 5 月设立北京办事处。资金来源由政府资金和自筹资金两部分组成，主要来源于日本官方开发援助资金，由日本大藏省提供。主要目的为了促进海外经济协力，为帮助东南亚地区及其他发展中国家的产业开发和发展提供项目所需资金，该贷款比较优惠，年利率 2.5% ~3.5%，还款期 30 年（含 10 年宽限期，宽限期内只付息不还本），环保项目 1998 年调整为年利率 0.75%，宽限期 40 年。该贷款一般用于项目所需的设备技术、材料（主要是钢材、木材、水泥）的采购。一般来说，所安排的贷款额为项目总投资的30% ~50%。

2）贷款程序（图 2-6）

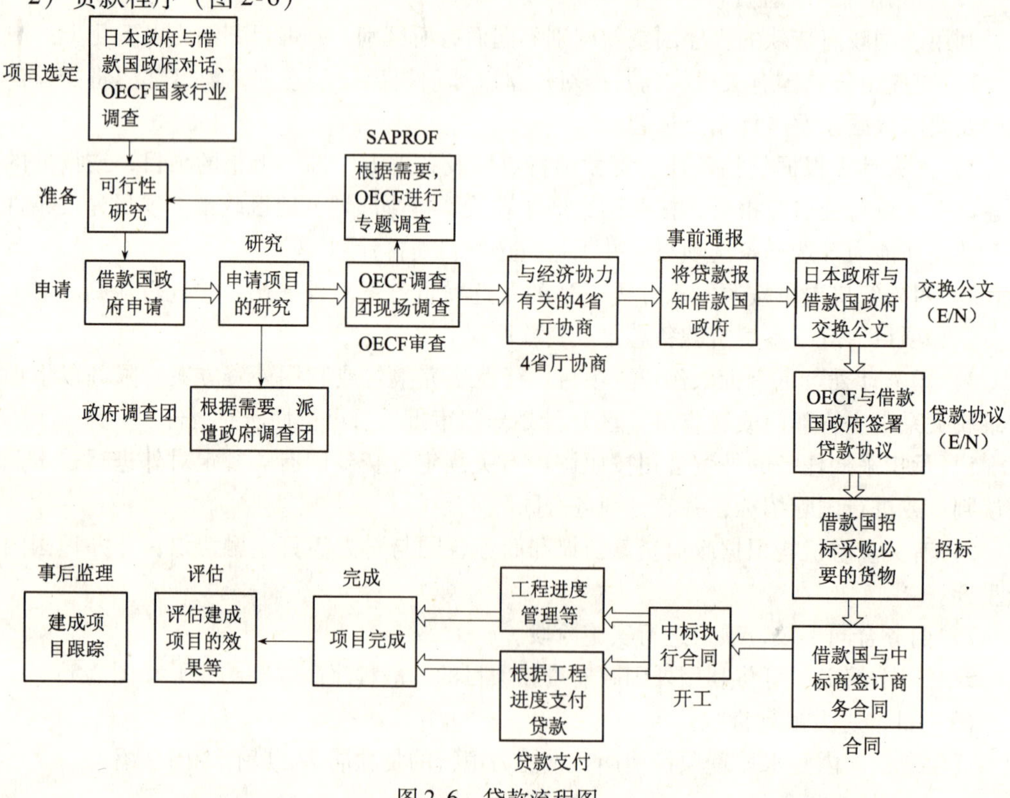

图 2-6 贷款流程图

3）贷款的困难和风险

审批手续复杂，审查周期长。使用该贷款进行ICB（国际竞争招标）采购时，每一项设备和材料从清单的编制到合同的签订，都要经过银行审查。ICB方式使招投标周期加长。由于ICB鼓励世界范围内的供货商参加投标竞争，给评标工作增大了工作量，使评标周期加长。

该银行规定在商务和技术招标书全部满足招标书要求的前提下，评估价格最低者中标。这样一方面使评标结果容易明确，另一方面给产品选择带来风险，包括汇率风险。

2.5.4 市场机制下新的融资渠道

按照国务院要求，“十五”期间，所有的城市都必须建设污水处理厂。2005年，50万人口以上的城市，污水处理率应达到60%以上；到2010年，所有城市的污水处理率不得低于60%。要实观这个目标，预计至少要新建设1000座污水处理厂，每年要新增污水处理能力5000万~6000万t，所需的建设投资就高达2000亿~3000亿元，这还不包括每年上百亿元的运行费用。

在这种状况下，如果仍按照传统的方式由政府来投资兴建污水处理厂的话，那会使政府背上沉重的财政包袱，因此，应该拓宽污水处理厂的融资渠道，积极应用一些市场机制的融资方式，如BOT方式、ABS方式、股票市场融资、建立污水处理基金等。这样既可以减轻政府的财政负担，同时还可以带动国内建设项目的工程需求，促进国民经济的发展。

1. BOT方式的融资

BOT是英文Build—Operate-Transfer的缩写，意思是“建设—运营—转让”，它是指利用私人资金承建某些基础设施项目的一种投资模式。政府机构与私营公司之间形成一种“伙伴关系”，以此在互惠互利、商业化、社会化的基础上分配与项目的计划和实施有关的资源、风险和利益。

（1）国际融资领域的BOT

在采用BOT方式实施基础设施项目建设中，首先要成立一个由承建人组成的项目公司（多属私营部门）。项目公司一般只对项目总造价的20%~30%进行股本投资，项目所需的绝大多数资金（一般达到70%~80%）是通过项目公司从国际金融市场上以国际信贷的融资方式取得的。BOT需要较为复杂的信用担保结构，如筹资中要取得双边或多边金融机构、出口信贷担保机构和政府等多个部门的支持。特别是政府要在不可抗力、汇率变化、通货膨胀等方面提供担保。如果BOT项目缺少东道国实质性的担保承诺，纯粹的私经资本业务是不可能实现的。政府必须承担政策法规方向的风险，发挥协调控制作用。另外，由于此类项目一般都涉及巨额资金的投入。项目周期长、风险大，而项目的建设和经营是私营部门。贷款机构对项目的审查就会比政府的审查更加严格。

因此，在国际融资领域BOT不仅包含了建设、运营和移交的过程，更主要的是项目融资的一种方式，具有有限追索的特性。

所谓项目融资是指以项目本身信用为基础的融资，是与企业融资相对应的。通过项目融资方式融资时，银行只能依靠项目资产或项目收入回收贷款的本金和利息。在这种融资方式中，银行承担的风险较企业融资大得多，如果项目失败了，银行可能无法收回贷款本息，因此项目结构往往比较复杂。为实现这种复杂结构，需要做大量前期工作，前期费用较高。

上述所说的只能依靠项目资产或项目收入回收本金和利息，就是无追索权的概念。在实际国际融资意义下的BOT项目运作过程中，政府或项目公司的股东都或多或少地为项目提供一定程度的支持，银行对政府或项目公司股东的追索只限于这种支持的程度，而不能无限地追索，因此项目融资经常是有限追索权的融资。

由于国际融资意义下的BOT项目具有有限追索的特征，其债务不计入项目公司股东的资产负债表，这样项目公司股东可以为更多项目筹集建设资金，所以受到股本投标人的欢迎而被广泛应用。

(2)"准BOT"

我国近年来正处于经济发展的高速期，各项基础设施建设飞速发展。这其中各级政府部门委托国内机构，投资建设了很多"BOT"项目。从本质上讲，这些"BOT"项目都不是国际融资领域里所说的BOT项目，因为它们都只有"建设—运营—移交"的过程，而不是具备有限追索的特性。因此，一般有人建议将这种方式称为"准BOT"，这种区分将有助于业内的沟通和交通，尤其是在国际交流中，将提高BOT项目的运作效率。

这种"准BOT"与"BOT"相比，有了较大的外延，或者说其包括了BOT方式。事实上，"准BOT"应该是一种发展，一种创新，更符合中国国情，是具有中国特色的BOT。"准BOT"回避了有限追索权问题，简化了项目结构，适合中小项目的融资。而且，多数国内银行没有有限追索融资的经验和规定，实施"准BOT"方式是目前国内资本市场条件下的选择之一。为了安排有限追索权，BOT项目的前期费用较高，因此，只有规模较大的项目才适合做BOT。

由于"准BOT"不具备有限追索的特性，有时项目贷款就是股东贷款，因此，项目贷款需要计入项目公司股东的资产负债表，这就限制了股东为其他项目融资的能力，这是其不利的一面。

(3) 小城镇污水处理工程的BOT

由于小城镇污水处理工程属中小项目，投资与大型污水处理厂相差较大；根据近年的发展状况，该类项目的BOT亦是不具备有限追索的特性，因此，严格意义上的小城镇污水处理工程的BOT是"准BOT"形式。

2. ABS方式融资

ABS融资即资产证券化融资（Asset Backed Securitization），是指以目标项目所拥有的资产为基础，以该项目未来的收益为保证，通过在国际资本市场上发行高档债券来筹集资金的一种项目证券融资方式。在ABS方式中，项目资产的所有权根据双方签订的买卖合同而由原始权益人即项目公司转至特设信托机构SPV，SPV通过证券承销商销售资产支持证券，取得发行收入后，再按资产买卖合同规定的价格把发行收入的大部分作为出售资产的交换支付给原始权益人，从而将原始权益人缺乏流动性但能够产生可预见未来现金流收入的资产构造转卖成为资本市场可销售和流通的金融产品。这种融资方式的特点在于通过其特有的信用等级提高方式，使原来信用等级较低的项目照样可以进入国际高档债券市场，利用该市场信用等级高、债券安全性和流动性高、债券利率低的优势，大幅度降低项目融资成本。

3. 股票市场融资

从目前的运作来看，股票市场是吸收社会闲散资金进行污水处理厂建设融资的比较好的手段，是一种完全市场化的融资方式。在法律和规范化的操作约束下，应充分挖掘股票市场的融资潜力。通过股票市场融资，一方面可以减轻政府进行污水处理厂建设投资的财政压力；另一方面可以减轻企业进行污染防治的资金负担，为上市公司进行污水处理厂建设投资也提供了更多的选择，同时利用股票市场融资，还可促进我国污水处埋事业的产业化。因此应该鼓励污水处理企业上市，积极参加市场的竞争。政府应对一些开展污水处理厂建设的企业，提供较为优惠的上市条件。目前国内环保上市公司（包括污水处理行业）的表现相当不错，这有助于进行股票市场融资用于污水处理厂建设。

第 3 章　小城镇污水处理系统及其选择

3.1　小城镇污水处理系统的类型及其组成

3.1.1　小城镇污水治理途径

我国小城镇基础设施相对薄弱，城市水处理厂不能很好地满足社会的进步和人民生活水平日益提高所带来的污水排放问题。污水处理技术没有得到普遍应用，污水处理效率低，结果造成大量未经处理的污水排入江河湖海。污水直接排放会将大量无机性污染物和有机性污染物带入水体，造成水体感官污染（漂浮的杂物、浑浊、气味、色度等）、油类污染（隔绝水体复氧）、酸（或碱）污染、重金属污染（直接或间接致死水生生物）、有机物污染（使水体发臭）、植物营养性污染（水体中藻类异常大量增殖），使水体利用价值降低甚至完全丧失。随着人口的剧增和工业的迅猛发展，大量污水排入水体，造成地表水质降低，失去饮用、娱乐、灌溉、养殖作用，还会使地下水中的有害物质增加，影响地下水的利用。因此，小城镇污水应实行点源控制与城市污水集中处理相结合的技术路线，必须尽力保护水资源，减少水污染，净化和再生受污染的水，从而实现水资源可持续利用的长远目标。

根据我国环境保护远景目标纲要，2010 年全国城镇的城市污水处理率应达到 50%；50 万人以上的城市及重点流域和水源保护区内的中小城市及村镇，都将建设污水处理厂；水资源短缺地区，还将积极发展污水再生利用事业。

3.1.2　小城镇污水处理系统的组成

污水处理系统就是处理和利用污水的一系列处理构筑物（或设备）及附属构筑物的综合体系，其任务是避免水环境被污染，促进水资源的良性利用。污水处理系统或设施可以按污水来源、设施功能、对水的处理程度来划分，污水处理系统应按污水处理后达标排放，或对处理后污水和污泥加以利用的要求来进行设置，系统方案的确定应做到工艺技术先进可靠、工程投资经济合理、运行管理方便且费用低。

小城镇污水处理系统通常可分为预处理系统、一级处理系统、二级处理系统和污泥的处理与处置系统，见图 3-1。

预处理系统通常包括格栅处理、污水提升和沉砂处理。格栅处理的目的是截留大块物质以保护后续水泵、管线、设备的正常运行。污水提升的目的是提高污水水位，以保证污水可以靠重力流过后续建在地面上的各个处理构筑物。沉砂处理的目的是去除污水中裹携的砂、石与大块颗粒物，以减少它们在后续构筑物中的沉降和在后续管线中的沉淀，避免堵塞；防止造成后续设施淤砂，避免形成死区，影响构筑物的处理功效。

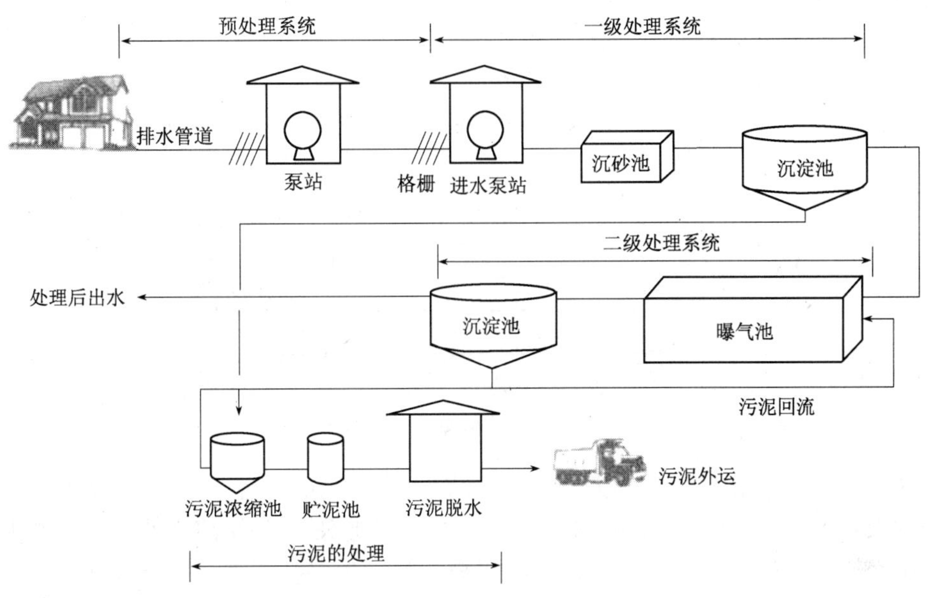

图 3-1 小城镇污水处理系统组成

一级处理系统主要是初次沉淀池，目的是将污水中悬浮物尽可能地沉降去除，一般初次沉淀池可去除 50% 左右的悬浮物和 25% 左右的 BOD_5。

二级处理系统：主要是由曝气池和二次沉淀池构成，主要目的是通过微生物的新陈代谢将污水中的大部分污染物变成 CO_2 和 H_2O。曝气池内微生物在反应过后与水一起源源不断地流入二次沉淀池，微生物沉在池底，并通过管道和泵回送到曝气池前端与新流入的污水混合；二次沉淀池上面澄清的处理水则源源不断地通过出水堰流出污水厂。

污泥处理和污泥最终处置系统主要包括浓缩、消化、脱水、堆肥或农用填埋。浓缩有机械浓缩或重力浓缩，后续的消化通常是厌氧中温消化，消化产生的沼气可作为能源燃烧或发电，或用于制作化工产品等。消化产生的污泥性质稳定，具有肥效，经过脱水，减少体积成饼成形，有利运输。为了进一步改善污泥的卫生学质量，还可以进行人工堆肥或机械堆肥。堆肥后的污泥是一种很好的土壤改良剂。对于重金属含量超标的污泥，经脱水处理后要慎重处置，一般需要将其填埋封闭起来。

3.1.3 预处理和一级处理系统

城市污水的预处理和一级处理主要采用栅网拦截或沉淀等简单的物理方法。预处理和一级处理主要由格栅、污水提升泵房、沉砂池和初次沉淀池等设施组成，主要去除污水中从大块垃圾到粒径为数毫米的无机和有机悬浮物，在污水水质或水量变化较大的处理厂，还设有均合池（调节池），但大部分处理厂都采用进水总干管直接调节水质或水量。污水经一级处理后的处理效率为 SS 去除 40% ~55%，BOD_5 去除 25% ~35%。

1. 格栅（图 3-2）

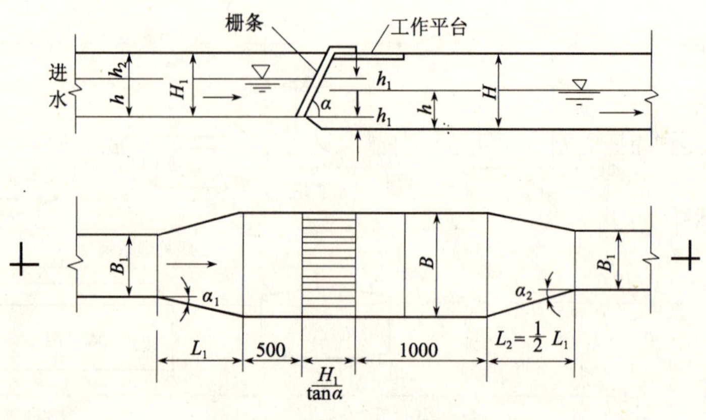

图 3-2 格栅示意图

格栅的作用是截留大块物质以保护后续水泵设备管线正常运行，典型一级处理系统在污水进水泵前和污水处理系统前均须设置格栅，格栅按栅条间隙大小，可分为粗格栅（50~100mm）、中格栅（10~40mm）、细格栅（3~10mm）三种。一般情况下，粗格栅主要设于泵前，拦截一些非常大的污物，对水泵起保护作用，有效地保护中格栅的正常运行。中格栅对栅渣的拦截发挥主要作用，绝大部分栅渣将在中格栅被拦截下来，细格栅将进一步拦截剩余的栅渣，主要截留细软栅渣，防止缠绕物通过。国内有的处理厂只设置一道中格栅，有的厂则设一粗一中，也有的处理厂设一中一细。格栅如何设置，取决于上游排水系统的情况以及处理厂内后续处理单元的要求。如污水厂上游排水系统为合流制，处理厂内有大量易堵塞的设备和工艺管线，那么最好粗中细格栅各设一道。

目前，多数城市污水处理厂设置两道格栅，将粗格栅设置于进水泵站前，中格栅设置于进水泵站后。格栅的种类有很多，有链条式格栅、钢丝绳式格栅、液压式格栅、回转式格栅、步进式格栅、辐射式格栅和弧形格栅。

2. 污水提升泵站

污水提升泵站的作用是将上游来水提升至后续处理单元所要求的高度，使其实现重力自流。污水泵站的基本组成包括机器间、集水池、格栅、辅助间，有时还附设有变电所。城市污水处理厂泵站的形式多种多样，按水泵启动前能否自流充水分为自灌式泵站和非自灌式泵站；按泵房的平面形状，可以分为圆形泵站和矩形泵站；按集水池与机器间的组合情况，可以分为合建式泵站和分建式泵站；按水泵控制的方式又可分为人工控制、自动控制和遥控控制。

污水泵站的类型取决于进水管渠的埋设深度、污水流量、水泵机组的型号与数量、水文地质条件以及施工方法等因素。实际应用中采取何种类型，应根据具体情况，经多方案技术经济比较后决定。根据我国设计和运行经验，凡水泵台数不多于 4 台的污水泵站，其地下部分结构采用圆形最为经济，其地面以上构筑物的形式必须与周围建筑物相适应。当水泵台数超过上述数量时，地下及地上部分都可以采用矩形或由矩形组合成的多边形；地下部分有时为了发挥圆形结构比较经济和便于沉井施工的优点，也可以采取将集水池和机器间分开为两个构筑物的布置方式，或者将水泵分设在两个地下的圆形构筑物内，地上部分可以处理为矩形或腰圆形。这种布置适用于流量较大的合流泵站。对于抽送会产生易燃易爆和有毒气体的污水泵站，必须设计为单独的建筑物，并应采取相应的防护措施。

3. 沉砂池

沉砂池是采用物理原理将砂从污水中分离出来的一个预处理单元，其功能是去除污水中密度比较大的无机颗粒，如污水中裹携的砂石、煤渣和大块颗粒物等，这些杂质的相对密度约为2.65，一般设于初沉池前，以减轻沉淀池负荷，减少在后续管线中的沉淀，避免堵塞，降低设备的磨损和损坏，改善污泥处理构筑物的处理条件。按照物理原理或结构形式的差别，沉砂池分为平流沉砂池、竖流沉砂池、曝气沉砂池和涡流沉砂池。过去的沉砂池大都是平流沉砂池，新建的处理厂则以曝气沉砂池为主，近年来涡流沉砂池逐渐增多，竖流沉砂池一般采用较少。

（1）平流沉砂池

平流沉砂池由入流渠、出流渠、闸板、水流部分及沉砂斗组成，从构造上看类似一个加深加宽的明渠，它具有截留无机颗粒效果较好、工作稳定、构造简单、排沉砂较方便等优点。平流沉砂池的示意见图3-3。

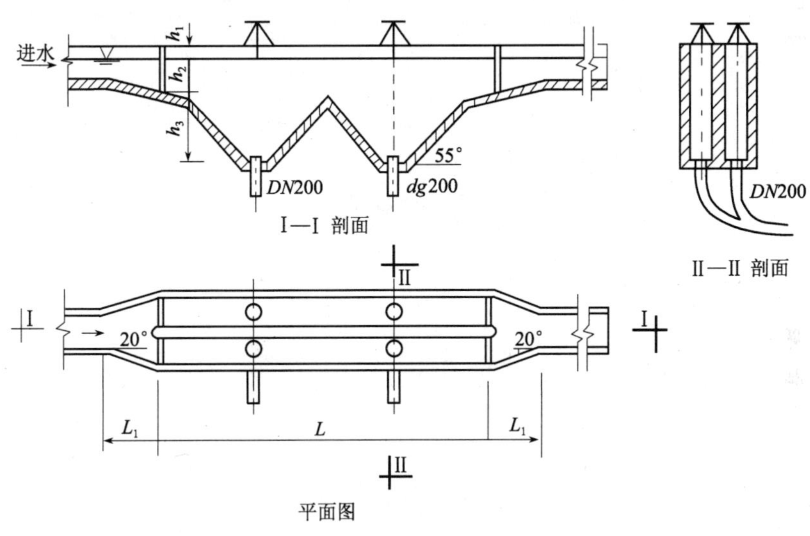

图3-3 平流沉砂池

当污水流过沉砂池时，由于过水断面增大，水流速度下降，污水中挟带的无机颗粒将在重力作用下下沉，而相对密度较小的有机物则处于悬浮状态，并随水流走，从而达到从水中分离无机颗粒的目的。

（2）曝气沉砂池（图3-4）

曝气沉砂池在我国污水处理厂中使用广泛，除砂效果好。普通沉砂池的最大缺点在于其截留的沉砂中夹杂着一些有机物，而对被少量有机物包裹的砂粒截留效果也不高。使用曝气沉砂池能够在一定程

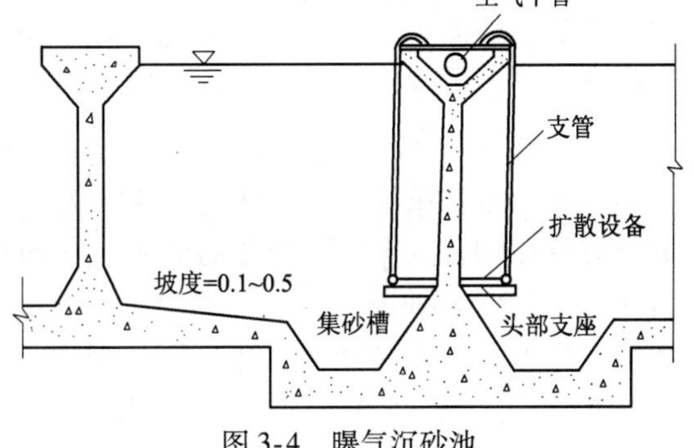

图3-4 曝气沉砂池

度上克服上述缺点。曝气沉砂池是在沉砂池侧墙上设置一排空气扩散器，水流沿池流动的同时，在空气提升作用下使水产生横向流动，合流形成螺旋形的推流流态。曝气沉砂池这一特殊的流态可以使有机悬浮物保持悬浮状态，不随砂粒下沉。同时，由于砂粒密度比污水大，通过旋流产生的离心力作用，砂粒被旋至旋流的外围而下沉，并在旋转过程中与污水产生旋转摩擦，砂粒表面附着的黏性有机物被冲洗到污水中，成为较为纯净的砂粒。

（3）涡流沉砂池

涡流沉砂池又称钟式沉砂池，是利用机械力控制水流流态与流速，加速砂粒的沉淀，并使有机物被水流带走的圆形沉砂装置。其构造如图3-5所示。

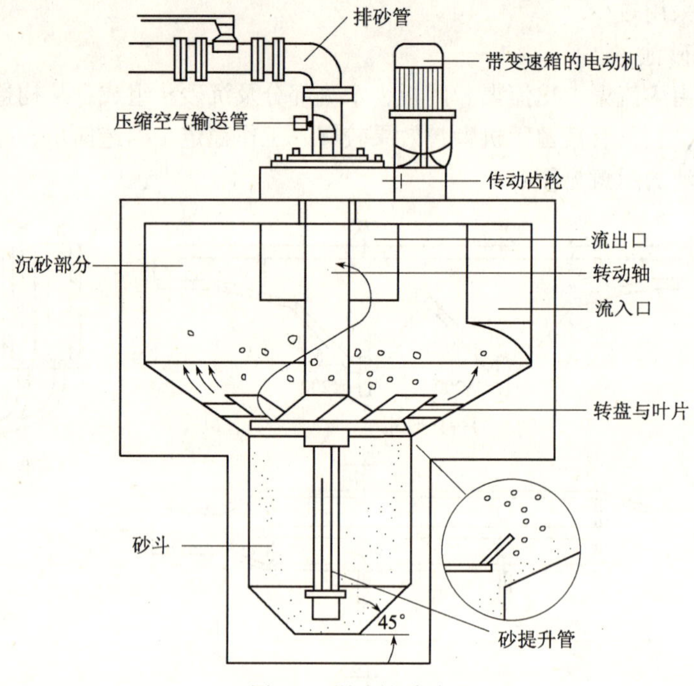

图3-5 涡流沉砂池

污水由流入口切线方向流入沉砂池，电动机及传动装置带动转盘和和斜坡式叶片转动，由于污水和砂粒所受离心力不同，砂粒被甩向池壁并掉入砂斗，有机物则被送回污水中。沉砂用压缩空气经砂提升管、排砂管压出并经清洗后排除，清洗水回流至沉淀区。涡流沉砂池除砂效率约为95%（砂粒粒径大于0.29mm），有机物分离效率50%～70%。涡流沉砂池设计由处理水量来选定其型号。

4. 初次沉淀池

初次沉淀池是城市污水处理的主体构筑物，设置初次沉淀池的目的是通过沉淀去除水中的可沉悬浮物，减少后续处理的能耗。在城市生活污水中的悬浮物SS中，可沉悬浮物约占60%，其余约40%为不可沉胶体物质。初沉池对可沉悬浮物的去除率可达90%以上，并能将约为10%的胶体物质由于粘附作用而去除，总SS去除率为50%～60%，可使污水中的BOD_5降低25%～35%。另外，初沉池还能起到均合池的作用，使入流污水水质水量的波动不至于对后续生物处理单元造成大的冲击。

在污水处理中常采用的初沉池的种类有平流式沉淀池、竖流式沉淀池、辐流式沉淀池和斜板（管）沉淀池。它们的示意见图3-6。

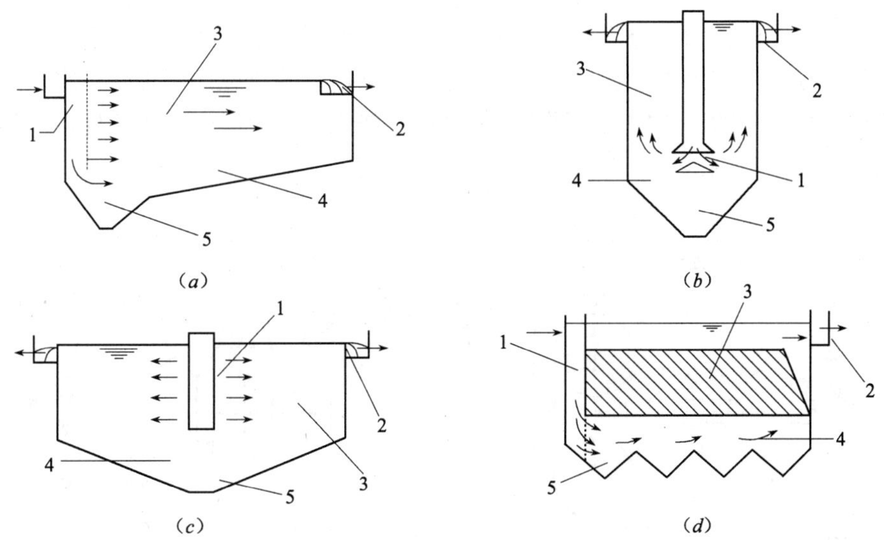

图3-6　污水处理中常采用的沉淀池及其结构

（*a*）平流式沉淀池；（*b*）竖流式沉淀池；（*c*）辐流式沉淀池；（*d*）斜板（管）沉淀池

1—进水区；2—出水区；3—沉淀区；4—缓冲区；5—贮泥区

沉淀池按功能可分为进水区、沉淀区、贮泥区、出水区及缓冲区五部分。进水区和出水区是使水流均匀地流过沉淀池。沉淀区亦称澄清区（即工作区）是可沉颗粒与污水分离的区域。贮泥区是污泥贮存、浓缩和排出的区域。缓冲区是分隔沉淀区和贮泥区的水层，保证已沉颗粒不因水流搅动而再行浮起。

平流式沉淀池呈长方形，污水从沉淀池的一端流入，水流以水平方向在池内流动，沉淀后的水从池的另一端流出。在池的底部设有污泥斗，用来贮存从污水中沉淀下来的悬浮物。池底有一定的坡度，能使沉下的污泥流入污泥斗中。污泥斗外接排泥管，定期将泥斗中的污泥排出。平流式沉淀池施工简单、造价低，但占地面积比较大、适合于大、中、小型的污水处理厂或处理站。

竖流式沉淀池多呈圆形，废水从设在池中心的导流筒进入，再经过导流筒下部的反射板后均匀缓慢地分布进入池内。由于出水口设在池面的周围，所以池中水的流向为由下向上流动。沉淀下来的悬浮物贮存在池底部的污泥斗中。竖流式沉淀池占地面积小，管理简单，但池体的深度较大，造价高，对污水水量和水温变化适应性较差，只适用于小型污水处理厂。

辐流式沉淀池一般为圆形，废水从池中心的进水管进入，通过中心管再使水在池内均匀分布，沉淀后的水在池面四周溢出。水流在池中呈水平方向流动，污泥沉于池底，通常采用刮泥机或吸泥机将泥排出。辐流式沉淀池池体深度较小，管理方便，但占地面积大，施工复杂，一般适用于大、中型的污水处理厂。

斜板（管）沉淀池是在上述沉淀池基础上发展形成的，由于增加了沉淀面积，可以大大提高沉淀的效果。斜板可用塑料板、玻璃钢板或木板等制作。斜管一般做成六角形，除可采用上述材料制作外，还可用经酚醛树脂涂刷的纸质材料制成。

3.1.4 二级处理系统

二级处理又称生物处理，就是利用微生物的生命活动，将污水中呈溶解和胶体状态的有机污染物进行降解并转化为稳定无害的无机物，使污水得以净化。一般是由生物处理构筑物或设备与二次沉淀组成，它的主要作用是通过微生物的新陈代谢去除污水中呈胶体和溶解状态的有机污染物。生物处理通常为活性污泥法或生物膜法。常规活性污泥法二级处理工艺流程见图 3-7。

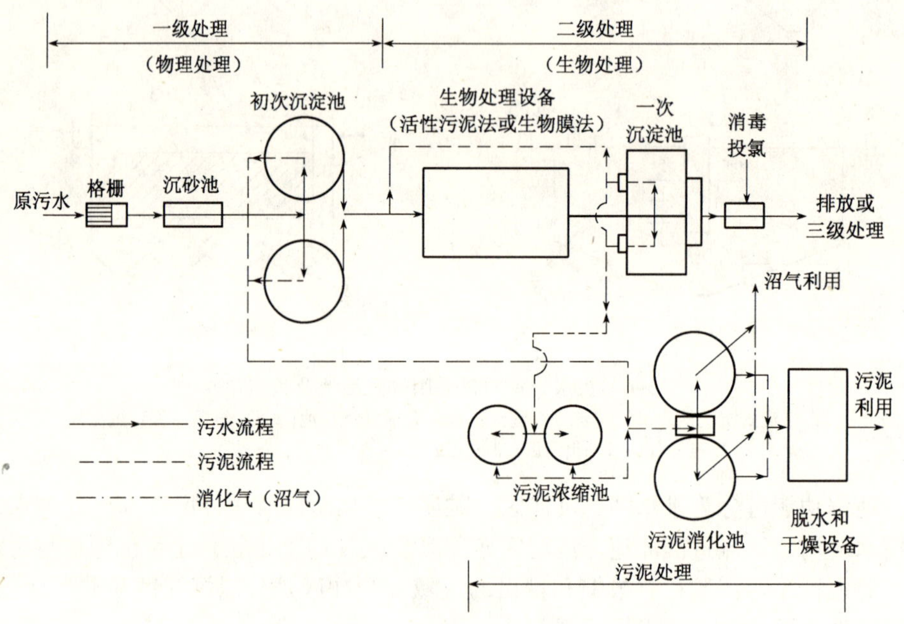

图 3-7 常规活性污泥法二级处理工艺流程图

1. 活性污泥法

活性污泥法是目前使用很广泛的一种好氧生物处理法，如果将空气连续鼓入曝气池的污水中，经过一段时间，水中即形成含有大量好氧性微生物的絮凝体，这就是活性污泥。由于活性污泥具有巨大的比表面积，能吸附污水中的有机物；同时活性污泥中的具有活性的微生物以有机物为食料，对有机物进行氧化分解获得能量并不断生长繁殖，从而将有机物去除，使污水得到净化。它处理能力大，效率高，已广泛应用于城市污水和各种有机工业废水的处理。

活性污泥法的主要构筑物是曝气池和二次沉淀池。需处理的污水与从二次沉淀池回流的活性污泥同时进入曝气池，然后注入压缩空气进行曝气，使污水与活性污泥充分混合接触，并供给混合液以足够的溶解氧，在好氧状态下，污水中的有机物被活性污泥中的微生物群体所摄取、分解而得到稳定。混合液再流入二次沉淀池进行分离。沉淀分离后的活性污泥一部分回流到曝气池作为种泥，剩余部分需从系统中排除；澄清水则从池中溢流排放。活性污泥法处理污水流程示意如图 3-8 所示。

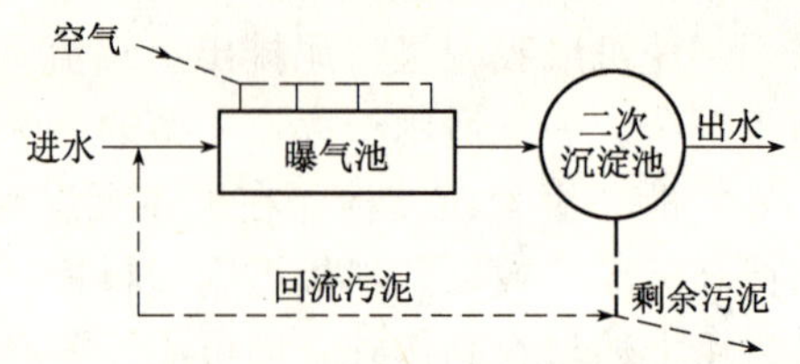

图 3-8 活性污泥法处理污水流程图

活性污泥法经不断革新发展已有多种运行方

式，如传统活性污泥法、阶段曝气活性污泥法、吸附再生活性污泥法、延时曝气活性污泥法、纯氧曝气活性污泥法、深井曝气活性污泥法、氧化沟活性污泥法、二段曝气活性污泥法（AB法）、厌氧/好氧活性污泥法、间歇式活性污泥法（SBR）等，但其原理和工艺过程没有根本性的改变。

（1）传统活性污泥法：这种方法是最早采用的活性污泥法，被广泛使用，是许多污水厂的主流工艺。传统活性污泥法是将污水和回流污泥从池首端引入，呈推流式至池末端流出，采用空气曝气且沿池长均匀曝气，其处理效果好，BOD_5 和 SS 的总处理效率均为 90%～95%。但曝气池前段供氧不足，后段供氧过剩。同时耐冲击负荷能力弱，曝气时间较长，一般为 6～8h，曝气池容积较大，占地面积多，适于大中型城市污水厂。在此基础上，发展出一些改良形式。

（2）阶段曝气活性污泥法：也叫逐点进水活性污泥法（图 3-9），它是在传统工艺的基础上，将污水沿池长多点进入，使 BOD_5 负荷沿池长得到了均衡，增强了耐冲击负荷的能力，并克服了传统活性污泥法的上述缺点，既能降低能耗，又能充分发挥活性污泥的降解功能。而且污泥浓度沿池长逐渐降低，曝气池出口处排入二沉池的混合液 MLSS 浓度较低，有利于二沉池的固液分离。

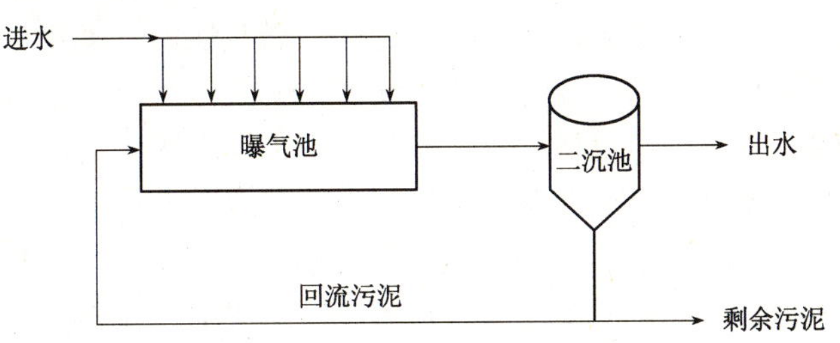

图 3-9　逐点进水活性污泥法工艺

（3）吸附再生活性污泥法：使活性污泥的吸附和降解功能分别在两个不同的水池或一个水池的两个不同部分中进行（图 3-10 和图 3-11）。污水从沿曝气池长方向的某一点进入，而回流污泥则进入池首，在再生段进行曝气再生，而再生后的活性污泥在吸附段迅速吸附污水中的有机物。该工艺具有较强的耐冲击负荷的能力，且曝气时间较短，一般为 3～5h，故曝气池容较小，对处理污水中悬浮性有机物浓度较高的污水，其处理效果较好，而对处理溶解性有机物较多的污水，其处理效果低于传统活性污泥法，一般 BOD_5 和 SS 的总处理效率均为 80%～90%。

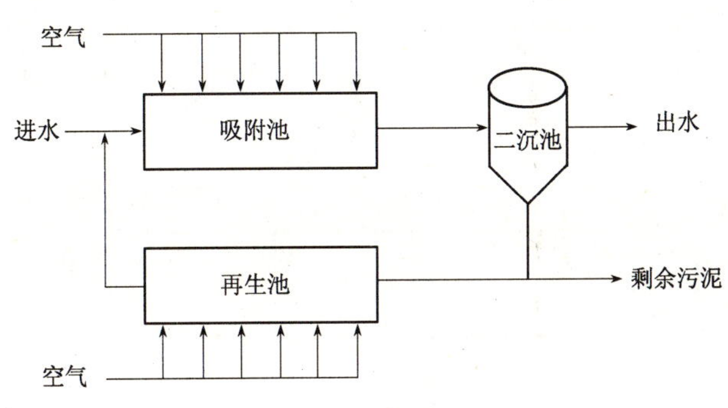

图 3-10　分建式吸附再生工艺

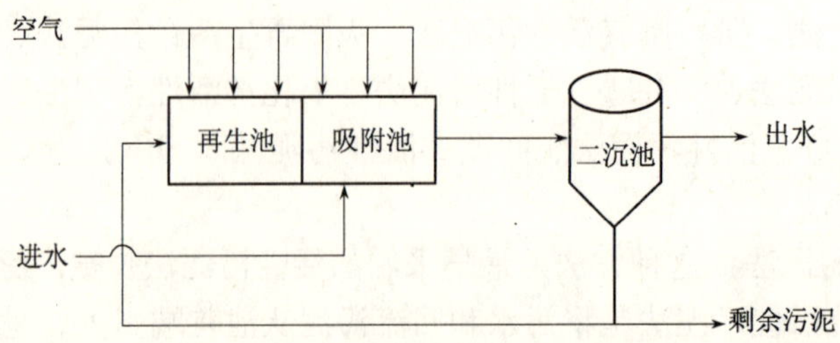

图 3-11 合建式吸附再生工艺

(4) 完全混合式活性污泥法：常用的池型是将二沉池和曝气池合建的曝气沉淀池，采用表曝机曝气，污泥回流比为100%~500%，污水和回流污泥一进入曝气池即与池中所有混合液立即均匀混合，使有机物浓度稀释而迅速降至最低值，污水在池内的水力停留时间为3~5h。该工艺优点是无需鼓风机房和管道，对入流水质水量的耐冲击负荷能力强。缺点是处理效率比普通活性污泥法低，BOD_5和SS的总处理效率都只有80%~90%，活性污泥较易产生污泥膨胀，当搅拌混合效果不佳时易发生短流，此外运行安全性比鼓风曝气低。该工艺主要适用于小城市或居民区的污水处理，也常用于工业废水处理。

(5) 延时曝气活性污泥法：又称完全氧化活性污泥法。该法延长曝气时间，使活性污泥处于完全氧化状态，所有悬浮态的有机污染物均在曝气池内被氧化分解，剩余污泥排放量少，臭味小，但电耗相对较高。延时曝气活性污泥法处理水质稳定性较高，对污水冲击负荷有较强的适应性，一般可不设初沉池。一般适用于处理水质要求高且不宜采用污泥处理的小型城镇污水和工业废水。后面介绍的氧化沟工艺一般采用延时曝气。

(6) 厌氧/好氧活性污泥法：为了在去除有机物质（COD）的同时有效地去除氮、磷等营养物质，人们把厌氧、缺氧的条件组合到活性污泥法中，在不同反应池或同一反应池内不同部位实现厌氧、缺氧和好氧状况，分别形成了厌氧—好氧活性污泥（An/O）法（图3-13）、缺氧好氧活性污泥（A/O）法（图3-12）、厌氧—缺氧—好氧活性污泥（A^2/O）法（图3-14）等工艺，在去除有机物质的同时分别达到生物除磷、生物脱氮、同步生物脱氮除磷的目的。

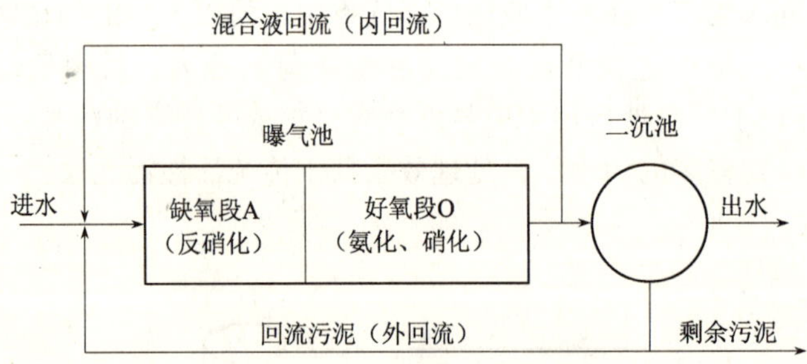

图 3-12 A/O 生物脱氮工艺流程

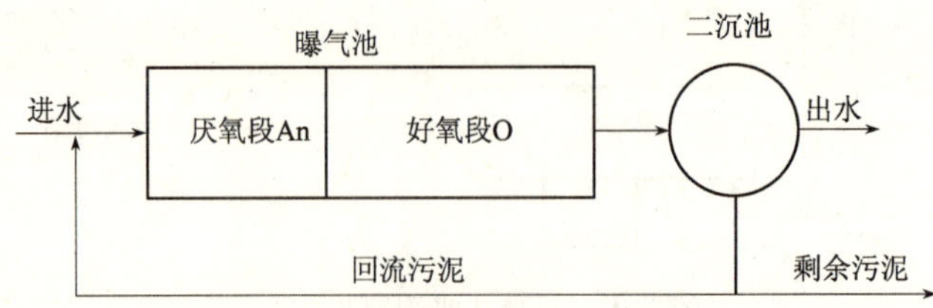

图 3-13 An/O 生物除磷工艺流程

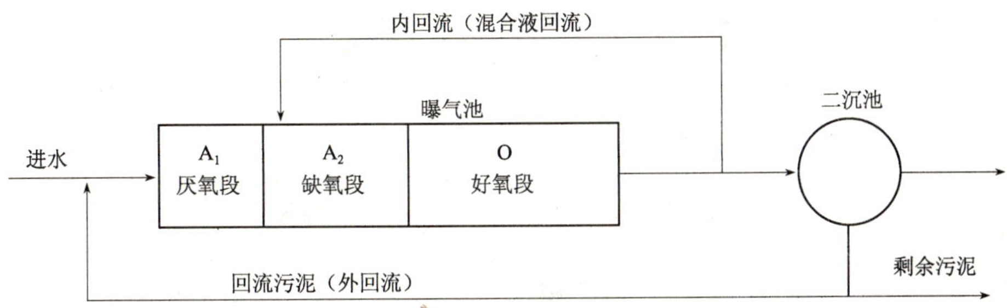

图 3-14　A^2/O 生物脱氮除磷工艺流程

（7）间歇式活性污泥法（SBR）：又称序批式活性污泥法，这种方法的运行方式是间歇式的，污水不是顺序流经各处理单元，而是在一个反应池内按时间通过自动化设备控制各过程。在反应池的一个工作周期内，运行程序依次为进水、反应、沉淀、出水和待机等过程（图 3-15）。该法适于水量较小和出水水质要求较高场合，有利于自动化控制，通过对各运行阶段的调整，该池也可进行除磷脱氮，并有利于污水回用。传统的 SBR 工艺系完全间歇运行，即周期进水，周期排水及周期曝气；目前这仍是最普遍的运行方式。近年来，出现了一种新的 SBR 运行方式：连续进水，周期排水，周期曝气，见图 3-16。以这种运行的 SBR 工艺有很多名称，如 IDEA 工艺、DAT－DAT 工艺及 ICEAS 工艺等，但本质上都大同小异，其核心均为连续进水、周期排水。

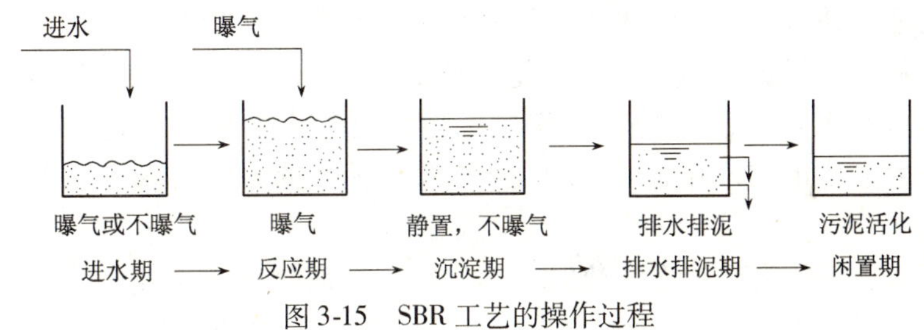

图 3-15　SBR 工艺的操作过程

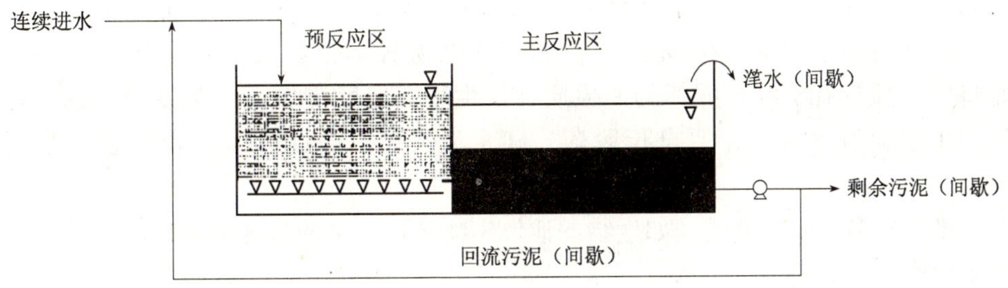

图 3-16　连续进水周期出水的 SBR 工艺

（8）AB 法：AB 法是吸附降解工艺的简称，属超高负荷活性污泥法，它是由 A 段和 B 段两个活性污泥系统的串联运行，两者各有独立的二次沉淀池流程见图 3-17。该法抗冲击负荷能力强，特别适于处理浓度较高、水质水量变化大的污水。污水经预处理之后，直接进入 A 段曝气池，A 曝排出的混合液在中沉池进行泥水分离，A 曝、中沉及其回流和排泥组成 A 段处理系统。中沉池出水进入 B 段曝气池继续进行处理，B 曝混合液排入二沉池进行泥水分离，B 曝、二沉及其回流和排泥组成 B 段处理系统。

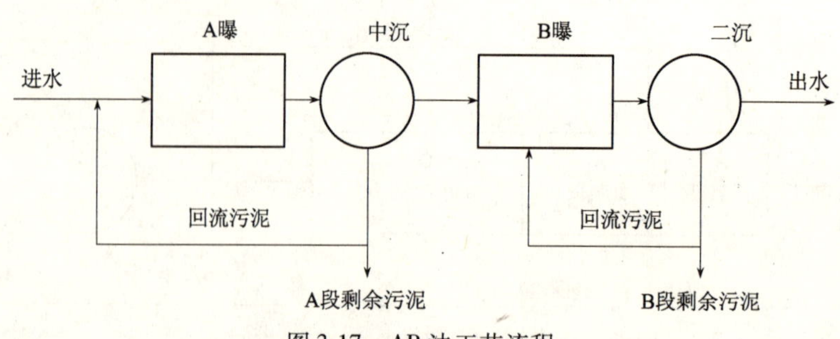

图 3-17 AB 法工艺流程

(9) 氧化沟法：氧化沟为连续循环曝气池，属于延时曝气法的一种具体运转形式。其池体呈环形沟渠状，池深较浅，流态介于完全混合与推流之间，见图 3-18。污水和混合液在沟内进行连续循环，一股污水进入沟内，通常平均要循环几十圈，才能流出沟外。目前国内外常用的氧化沟系统有卡鲁塞尔氧化沟、奥贝尔氧化沟、三沟氧化沟等。氧化沟是低成本、构造简单，易于维护管理的处理技术，出水水质好，污泥产量低，耐冲击负荷能力强。

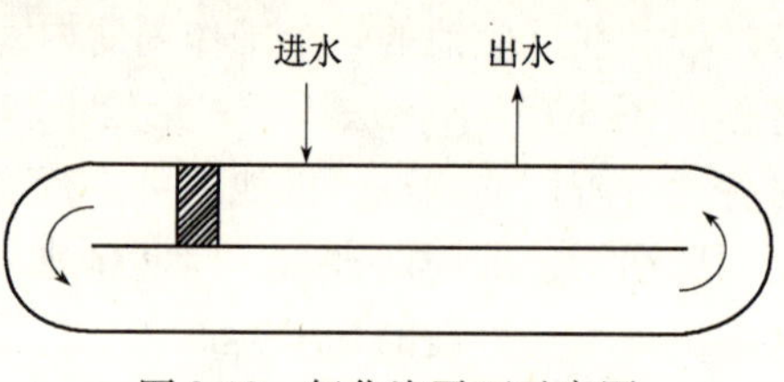

图 3-18 氧化沟平面示意图

2. 生物膜法

生物膜处理法是与活性污泥法并列的一种好氧生物处理技术。它是使污水连续流经固体填料或某种载体（如碎石、炉渣或塑料蜂窝等），在填料表面逐渐形成一层污泥状黏膜，黏膜中生长着各种微生物，该膜状生物污泥称为生物膜。它由大量菌胶团、真菌、藻类和原生动物组成，并有巨大表面积，能吸附污水中呈各种状态的有机物，并使之得到降解。

当污水不断从填料表面向下滴流时，与生物膜外面附着水层接触，污水中的有机物进入附着水层，成为生物膜上微生物的食物，同时空气中的氧从填料孔隙中进入生物膜，于是微生物在有氧条件下进行分解氧化附着水层中的有机物，其分解氧化产物排泄入河流中去，使污水净化。生物膜将一部分有机物氧化分解成简单的无机物和二氧化碳，而将另一部分有机物合成新的原生质，使生物膜厚度增加。当厚度增加到一定程度时，里层出现缺氧、老化，便自行脱落，随水流排出。与此同时，新的生物膜又逐渐形成。

生物膜法有多种运行形式，如生物滤池、生物转盘、生物接触氧化法、生物流化床以及曝气生物滤池等。

(1) 生物滤池：生物滤池是以土壤自净原理为依据发展起来的。滤池内设固定填料，污水流过与滤料相接触，微生物在滤料表面形成生物膜，微生物吸附污水中悬浮的、胶体的和溶解状态的物质，使污水得到净化。生物滤池由供微生物生长栖息的滤床、使污水均匀分布的布水设备及排水系统组成。生物滤池操作简单，费用低，适用于村镇和边远地区。生物滤池分为普通生物滤池（滴滤池）、高负荷生物滤池和塔式生物滤池等。

(2) 生物转盘：也是合理利用自然界中微生物群新陈代谢的生理功能对有机废水净化

的生物处理法。其原理与生物滤池相类似。生物转盘法是污水处于半静止状态，微生物生长在转盘的盘面上，转盘在污水中不断缓慢地转动，交替地与空气和污水接触，每一周期完成吸附→吸氧→氧化分解的过程，通过不断转动，使污水中的污染物不断分解氧化。生物转盘流程中除了生物转盘外，还有初次沉淀池和二次沉淀池。生物转盘的适应范围广泛，除了用于处理生活污水外，还用于处理各种行业的生产污水。生物转盘的动力消耗低，抗冲击负荷能力强，管理维护简单。多段式生物转盘见图 3-19。

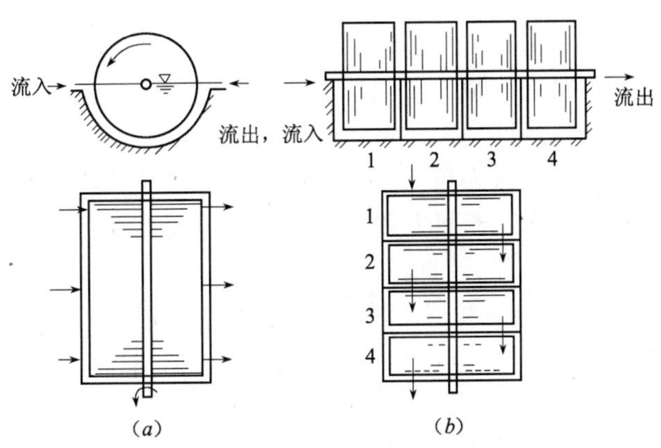

图 3-19　多段式生物转盘图

(a) 1 轴 1 段，轴直角流；(b) 1 轴 4 段，轴平行流

（3）生物接触氧化：在池内设置填料，已经充氧的污水浸没全部填料、并以一定的速度流经填料。填料上长满生物膜，污水与生物膜相接触，水中有机物被微生物吸附，氧化分解和转化成新的生物膜。从填料上脱落的生物膜，随水流经二沉池后被去除，污水得到净化。生物接触氧化池又称“接触曝气池”。生物接触氧化法对冲击负荷有较强的适应力，污泥生产量少，能保证出水水质。

（4）生物流化床：采用相对密度大于 1 的细小惰性颗粒如砂、焦炭、活性炭、陶粒等作为载体，微生物在载体表面附着生长，形成生物膜。充氧污水自下而上流动使载体处于流化状态，使生物膜与污水充分接触。由于流化床内生物固体浓度很高，氧和有机物的传质效率也高，因此生物流化床处理效率高，能适应较大冲击负荷，占地小。

（5）生物接触氧化法：生物接触氧化法是一种介于活性污泥与生物滤池之间的生物膜法工艺。接触氧化池内设有填料，部分微生物以生物膜的形式固着生长于填料表面，部分则是絮状悬浮生长于水中；因此它兼有活性污泥法与生物滤池二者的特点。由于其中滤料及其上生物膜均淹没于水中，它又被称为淹没式生物滤池，基本流程见图 3-20。

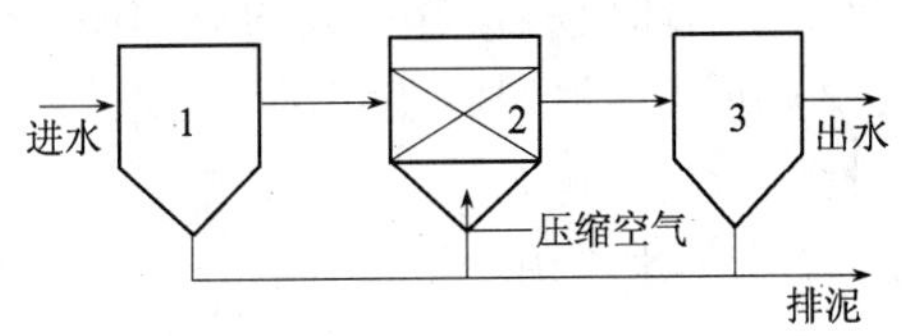

图 3-20　生物接触氧化法基本流程

1—初次沉淀池；2—生物接触氧化池；3—二次沉淀池

（6）曝气生物滤池：曝气生物滤池是近年来在普通生物滤池的基础上，并借鉴给水滤池工艺而开发的一种污水生物处理技术。它是集生物降解、固液分离于一体的污水处理设备。曝气生物滤池是普通生物滤池的一种变形形式，也可看成是生物接触氧化法的一种特

殊形式，即在生物反应器内装填高比表面积的颗粒填料，以提供微生物膜生长的载体，并根据污水流向不同分为下向流或上向流，污水由上向下或由下向上流过滤料层，在滤料层下部鼓风曝气，使空气与污水逆向或同向接触，使污水中的有机物与填料表面生物膜通过生化反应得到稳定，填料同时起到物理过滤作用。

3.1.5 污水深度处理及回用

1. 污水深度处理的目的

污水深度处理，主要是去除常规二级处理工艺所不能完全去除的污染物质，其目的是为了减轻受纳水体的污染达到回用。

我国是一个缺水的国家，按人口平均，水资源拥有量相当世界平均数的1/4，居世界第84位。我国有45%的地区处于干旱和半干旱地带。降水量年度变化大，季节变化大，不少地区连续干旱。因而开发和利用有限的水资源十分重要。污水再生回用的必要性已认识多年，直到近些年才有了新的发展，随着城市污水处理厂的不断建设，污水再生的回用，特别在一些缺水的地区是大有可为的。

2. 污水回用的目标

城市污水经不同程度的处理后可回用于农业灌溉、工业用水、市政绿化、生活洗涤、娱乐场所、地下水回灌和补充地下水等用途。

（1）污水用于农业灌溉

这是一个古老但永不过时的方向，世界上许多国家都将污水回用于农田灌溉。大约从19世纪60年代起，世界许多地方如德、英、俄等国就将城市污水用于大面积草地灌溉。现今美国洛杉矶等加州西部一些城市、亚利桑那州、得克萨斯州等都在将处理后的污水用于农业灌溉。前苏联曾计划在1980年底有50%的城市污水处理后用于农灌。在以色列，污水回用于农业的比例达85%～100%。阿曼约15亿m^3的年用水量中85%用于灌溉。我国自20世纪60年代以来，许多地方积极推行污灌，积累了正反两方面丰富经验。90年代，北京市污水灌溉面积为100多万亩，年利用污水量可达2.0亿m^3。西安市每日污水排放量为46万m^3，其中36万m^3用于农田灌溉。污水回用往往将农业灌溉作为首选对象，其理由主要有两点：1）农业灌溉需要的水量很大，污水回用于农业有广阔天地。全球淡水总量中大约有70%～80%用于农业；不到20%用于工业，6%用于生活；2）污水灌溉对农业和污水处理都有好处。仅就对农业而言，能够很方便地将水与肥同时供应到农田。

（2）污水再用于工业

每个城市，从用水量和排水量看，工业都是大户。一些城市的污水二级处理厂的出水，经适当的深度净化后送至工厂用作冷却水、水力输送炉灰渣、生产工艺用水和油田注水等。据统计，美国357个城市污水回用总量中的40.5%是回用于工业的；伯利恒钢厂几十年来一直利用城市污水作为工业用水。前苏联有36个工厂利用处理后的城市污水，每天回用量达555万m^3。日本东京三河岛污水处理厂日处理污水138万m^3，其中11万m^3/d的出水供应340个工厂的工业用水。名古屋市的污水经混凝、沉淀、过滤后供给12个工厂再用。我国大连春柳污水厂污水回用工程是我国的第一个废水回用示范工程，处理规模是 1000m^3/d，以作为工业冷却水为回用目标，处理后水质良好，其出水已成为附近大连红星化工厂的冷却水及热电厂、染料厂的稳定水源。太原北郊污水厂将其出水回用作太钢补充冷却水已有多年。太原市北郊污水净化厂污水回用工程自 1992 年运行以来，每年为太原钢铁公司提供再生水 180 万 m^3 作为钢铁公司循环冷却水的一部分，经实践表明使用效果良好，各项水质指标均能达到或接近使用要求。

（3）污水回用于城市生活

城市生活用水虽然只占城市总用量 20% 左右，其中有 1/3 以上是用于公共建筑、绿化和浇洒，其余为居民生活用水。城市道路喷洒、园林绿地灌溉的用水量随着人民生活质量的不断提高，用水量逐年加大。如果不分场合地使用淡水，就会造成不必要的浪费。在人们生活中，不同用途的水对水质的要求也不一样，饮用水要求的水质最高，而对于冲洗厕所用的水质相对要低得多。对于污水回用作为饮用水源，在世界各地有一些显然不同的意见。一般情况下，当有其他水源可以利用时，人们都不愿意用再生的污水作为饮用水源。虽然直接回用没有发现丝毫的卫生问题，但由于有些溶解物质没有被二级处理除掉，水呈浅黄色，并有泡沫，故用户不爱用。当前，最慎重的做法是把回收的污水用于非饮用水，在这方面水质是肯定能满足的。对于体育运动（包括和水接触）的游乐用水，必须外观清澈，不含毒物和刺激皮肤的物质，病原菌必须少于合理的数值。回收污水作为游乐用水的适宜性，在很多地区已得到证实。如美国加利福尼亚州的阿尔平县的邱第安溪水库就是用污水厂排出的回收污水充满的。对于那些对水质要求不高，又不与人体直接接触的杂用水，则可用中水来代替。"中水"一词起源于日本，是指生活污水经过处理以后，达到了规定的杂用水水质标准，可作为冲洗厕所、园林浇灌、道路保洁、清洗汽车以及喷水池、冷却设备补充用水等用途的杂用水。1960 年科罗拉多州修建了一套中水回用系统提供高尔夫球场、公园、高速公路等的景观用水。近年来我国城市缺水每天约 $1\times10^7 \sim 2\times10^7 m^3$，另据资料显示，我国城市生活污水的排放量每天约为 $4\times10^7 m^3$，占废水总排放量的 40%，这部分污水水量大而且稳定，如果能将这些污水中的一部分经过适当的处理作为中水加以回用，就可解决缺水城市和地区的用水问题。

日本的建筑中水开展较早，发展也很快，在办公楼、商场、学校、生活小区等处都有了中水回用设施，但其处理规模通常较小，每天处理生活污水量 50 ~ 500m^3。随后，美国、印度等国家都相继开展了建筑中水的建设，大大推动了中水回用技术的发展。我国从 20 世纪 70 年代以后，建筑中水事业得到了快速发展，在北京、深圳、大连等城市都开展了中水系统的建设。中水设施的建设，既减少了因生活污水的排放而造成的环境污染，又节约了水资源，实现了污水的资源化，因而受到了社会的重视。

（4）污水回用于地下水回灌

当前中国许多城市，尤其是北方城市由于水资源紧缺和地下水的过量开采，导致地下水位急剧下降。例如，石家庄市的地下水位从 20 世纪 50 年代的 3 ~ 5m 下降至 90 年代的 34 ~ 45m，这是由于随着用水量的不断增加而过量开采所致。因此城市污水厂出水用于地下水回灌通过慢速渗滤进入地下水，既保证了水质，也补充了地下水量，是一种最适宜的地下水补充方式。利用再生水回灌地下水在控制海水入侵上也有许多优点，如能增加地下水蓄水量，改善地下水质，恢复被海水污染的地下水蓄水层，节省优质地面水，不必远距离调水等。通过地下水回灌而间接回用，然后排放到其他城镇使用的地表水源中，这是人们能接受的一种办法。

3. 深度处理去除的对象

在任何正常运行的二级处理厂的出水中，仍含有下列几类物质：

（1）溶解性的有机化合物；

（2）溶解性无机化合物；

（3）固体颗粒；

（4）病原菌。

常规的二级生物处理主要是去除城市污水中所有可以生物降解的溶解性有机物质。一般来说，可生物降解有机物的总去除率在90%左右，仍存在10%左右的有机物质不能完全去除。而且不可降解的有机物质通过二级生物处理也不能去除。这些物质都能给下游的给水造成异臭、异味等。

对于二级处理厂出水仍含有大量的N、P，都会使下游水体产生藻类。而且水在城市使用过程当中，如进去了很多的无机盐类，如钙、镁、钾、钠、氯化物、硫酸盐和磷酸盐等，结果使水体的溶解性固体含量增高，一般来说5000mg/L的溶解性固体是饮用水的上限，而过量的可溶性固体含于水体，饮用则会有异味。钙和镁会增加水的硬度等。

非常高效的二级污水处理厂的悬浮固体去除率为90%～95%，对于回用水来说，90%～95%的去除率是不够的，悬浮固体能干扰出水的消毒，造成病原菌的排放，因此，正确地应用城市污水高级处理技术可以去除全部的悬浮固体。

病原菌在二级处理出水中是大量存在的，有些病毒可在清水中生存10周之久。因此，对于回用来说，进行适当的消毒是必须的。一级、二级和三级处理有效性对比见表3-1。

一级、二级和三级处理有效性的对比（去除百分比） **表3-1**

成　分	一　级	二　级	三　级
悬浮固体	60～70	80～95	90～95
生物耗氧量	20～40	70～90	>95
磷	10～30	20～40	85～97
氮	10～20	20～40	20～40
大肠杆菌	60～90	90～99	>99
病菌	30～70	90～99	>99
镉和锌	5～20	20～40	40～60
铜、铅和铬	40～60	70～90	80～89

4. 污水深度处理

（1）混凝沉淀

混凝沉淀就是将化学药剂投入以去除水中的固体物质，先是快速混合使化学药剂分散在水中，然后慢速混合促使絮体凝聚长大，最后沉淀在池底。用作混凝剂的化学药剂有四种类型：石灰、铝盐、铁盐和聚合物。

（2）过滤

它是使水通过粒状滤料滤床，从而由水中去除悬浮和胶体杂质的一种物理化学过程，水充满滤料的空隙，杂质则被滤料表面所吸附，或在空隙中被截留，主要去除经生物絮凝和化学絮凝都不能沉降的颗粒和胶体物质。

（3）活性炭吸附再生

活性炭是从水中去除大部分有机物和某些无机物的最有效工艺的一种，而且对生物处理中不能去除的难降解的物质也能够去除。活性炭靠吸附过程由水中去除有机物和无机物，吸附也就是把一种物质吸引并聚集到另一种物质的表面上去的过程。

（4）消毒

污水处理的最后一步是灭菌，杀死有害细菌和病毒。最常用的是加氯灭菌法，但是近些年来，人们对这种方法的某些副作用表示关注。氯能与有机物产生反应，形成危险的有机氯化合物。一系列的研究发现，在污水处理厂出水口周围的水域，含氯的污水处理水对鱼类是致命的，在较远的下游地区使水生种群发生了变化。加拿大现在把含氯的污水处理水定为是有毒的。同样，英国国家河流管理局认为有充分的证据表明“I 类清单”中的危险物质是由于用氯进行污水灭菌造成的。污水处理水在排出以前，用脱氯，加二氧化硫、偏亚硫酸氢钠、亚硫酸氢钠、大苏打或过氧化氢，或者通过使用活性炭的办法能降低或消除这些副作用。

也有一些可以替代氯化作用而不产生有害化合物的方法，如紫外辐射法和臭氧氧化法。浸在污水中的灯泡产生紫外辐射，随着水的流过，紫外辐射破坏有害病毒和细菌的DNA，达到灭菌的作用。要使这种方法有效，水必须相对较清（悬浮固体过多会阻碍紫外线穿透）。水的流量必须精心控制，使灯泡始终浸在污水中。一套紫外辐射装置的成本和氯化/脱氯装置的成本差不多。

臭氧是有效可靠杀死细菌和病毒的氧化剂。让空气或纯氧通过放电器在现场产生臭氧。由于臭氧消毒需要大量的能量，因此它比紫外辐射或氯化硼消毒法的成本要高。和紫外辐射法一样，臭氧消毒法也需要污水至少经过了二级处理。

5. 污水再生和回用

随着世界人口的增长、工业与农业的发展，水资源的供需矛盾在很多地区凸显出来。为了解决水资源日益紧张的问题，水的再生和回用将成为第二水源，越来越受到人们的重视。在我国华北及西北等干旱地区、半干旱地区，年降雨量较少，水资源短缺，不能满足工农业发展及人们生活的需要，问题尤为突出。污水作为第二水源，进行再生和回用，是值得我们重视的问题。

（1）水的回用的限制因素

① 对健康影响的认识；

② 立法机构的批准；

③ 公众的接受程度；

④ 水的价格和取水难易程度。

（2）回用水的水质

任何一个可能实施的回用水工程，都有必须保证在运行中提供满足水质要求的水，处理过程的失效和水质恶化都是不能接受的。处理设备及运行程序都必须留有余量以提高水保证率。用于灌溉作物的水使用水质较低的水时，并不会产生不良影响，但当用于地下水回灌等系统时，水质标准要求较高，水质必须要有可靠性。因此，用于市政、农业、工业和娱乐性用水以及其他用途的水都有一定的水质要求。如地表水水质标准、农田灌溉水水质标准、景观娱乐用水水质标准、生活杂用水水质标准等。

经污水处理厂处理的污水转变为清水，是一种资源，可用于农业灌溉、养殖和工业生产用水，亦可用以美化城市环境，作为园林景观用水或第二种生活用水，介于上水和下水之间的中水即非饮用生活用水，称为生活杂用水。利用这些再生水已作为开源节流和可持续发展的方针，并积极制订相关政策和标准。

1）养殖和农业用水：经处理后的污水可以用于农业灌溉，但应考虑公共卫生、农学方面存在的问题。这主要是水中的致病生物和有害物质及重金属在土壤中的积累等问题。用于养殖业的水质要求更加严格。

我国规定了关于《农田灌溉用水的水质标准》(GB 5084—2005)。该标准适用于全国的地下水、地面水和处理后的养殖业废水及以农产品为原料加工的工业废水作为水源的农田灌溉用水。但严禁使用回用的污水浇灌生食的蔬菜和瓜果。

我国的二级城市污水处理厂的出水水质一般都可达到用于农业大田作物的灌溉要求，用于蔬菜生产上应有较严格的消毒措施，确保致病菌的数量控制在国家标准以内。用处理后的工业废水灌溉农田时还应注意水中的盐度和硼、钠、氯化物等物质对农作物及土壤的影响。

重金属在土壤中会渐渐积累，一旦土壤中的重金属超标，则不能再用于农业生产，恢复土壤的生机将变得十分复杂。这是农业灌溉中应十分注意的一个问题。

城市污水处理后可作养殖用水应符合我国渔业水质标准，该标准由原国家环保局于1990年3月10日批准实施。标准号为GB 11607—89。该标准在重金属含量、有害物质含量等各方面均比农业用水标准更加严格。城市二级污水处理厂的出水如果重金属含量合格，则应更加注意有机毒害物方面的指标。

2）工业用水：污水经处理也可以用于工业生产，城市二级处理厂的出水主要可用于①工业冷却水；②蒸汽发电冷却用水；③其他工业用途。

污水作为工业冷却水可用于很多的领域，如焦化厂的熄焦冷却水、化肥厂合成车间的冷却用水，其用水量与这些工业的规模、采用的工艺很有关系。

蒸汽发电冷却用水主要用于发电机组的蒸汽冷凝器用水和其他冷却用水。一座普通的发电厂其蒸汽冷凝器的热负荷约占到总热量的一半，为了使低压（作功以后）蒸汽冷凝成水再进入锅炉系统需要一套庞大的冷却塔，每天将消耗大量的水。

这是因为在冷却塔中，循环水的冷却是通过空气自下而上的增湿和被加热完成的，大量的水在这里会蒸发掉。一般每发电1kWh约需1.7kg水。一座10万kW的发电厂每天约需5000m^3的冷却水被蒸发。国外已有成功的经验将二级污水处理厂的出水用于电厂冷却用水。根据报道的资料可以得出以下结论：

① 城市二级污水处理厂的出水可以用来作为发电厂中冷却塔的补充水，并在浓缩达到大约4倍时，几乎没有出现任何问题（图3-21）。

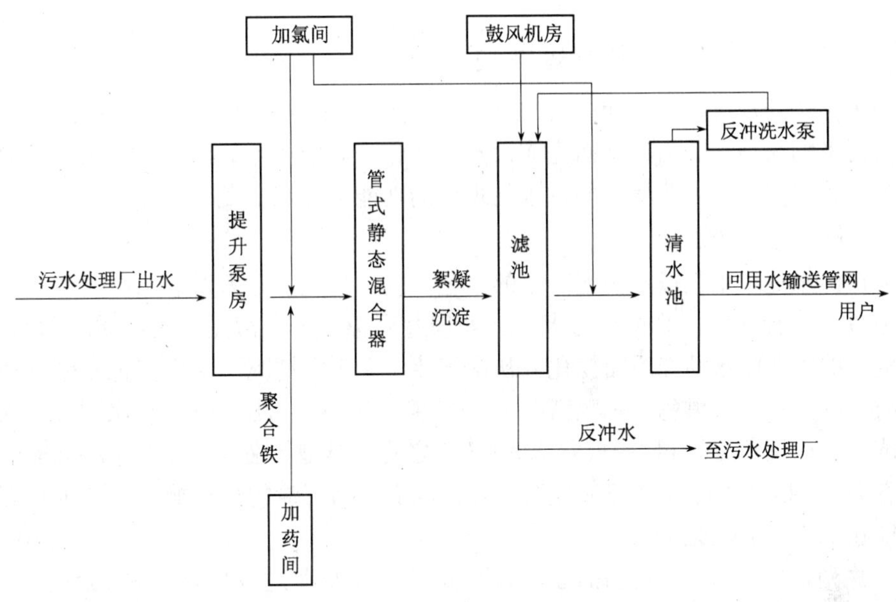

图 3-21　二级城市污水处理厂出水回用的深度处理工艺流程

② 磷酸钙垢可通过化学的方法来控制，同时无论用这个地区的什么样的水，磷酸钙结垢的问题总是要控制的。

③ 污水中的氨也不会成为问题，氨不是被浓缩就是被分解，往往硝化后更可以控制磷酸钙的生成。

④ 其他有关微生物的繁殖、生物膜的生成问题可通过加氯的方法来解决。

其他工业用途用水还可用于造纸、印染等轻工业领域或化工领域。在氯碱工业中可用于制备食盐水和冷却用水。

工业用水的标准可参照杂用水标准或根据工业门类的要求提出具体的水质要求。

⑤ 绿化和景观用水：城市污水处理厂处理的水可用于城市绿化和城市景观用水。绿化用水如是用于直接灌溉，应达到 GB 5084—2005 标准，如用于喷淋，其水质标准应相应提高，可参照城市污水再生利用——景观环境用水标准（GB/T 18921—2002）。

原建设部在 2000 年颁布了关于再生水回用于景观水体的水质标准 CJ/T 95—2000。该标准在我国制定尚属首次。

3.2　污泥的处理与处置系统

城市污水处理厂在对污水处理过程中，会产生大量的污泥，其数量约为处理水量的 0.3% ~0.5%（含水率以 97% 计）。污泥是污水处理的必然产物，污泥中集聚了很多有毒物质，如细菌、病原微生物、寄生虫卵以及重金属离子等；也有很多有用物质，如植物营养素，氮、磷、钾、有机物等。由于污泥的数量大，成分复杂，有一定的臭味，性质不很稳定，处置不当将会造成二次污染。因此，污水处理的同时必须解决污泥的处置与利用问题。

3.2.1 污泥的特性与一般处理方法

在城市污水处理过程中，无时无刻不在产生着大量的污泥。正是这些污泥的不断产生，才使污染物与污水分离，从而完成污水的净化。对于产生的污泥，如果不予以有效地处理和处置，仍然会污染环境，使污水处理厂的功能不能完全发挥。

1. 污泥种类与特性

在城市污水处理中，按照污泥产生的工艺不同，污泥可分为以下几种类型：

（1）初次沉淀污泥　系指在污水一级处理过程中产生的污泥。其性质随污水的成分，特别是混入的工业废水的性质而变化。初次沉淀污泥正常情况下为棕褐色略带灰色，当发生腐败时，则为灰色或黑色，一般情况下，有难闻的气味。当工业废水比例较大时，气味会有所降低。初沉污泥的 pH 一般在 5.5 ~ 7.5 之间，典型值在 6.5 左右，略显酸性。含固量一般在 2% ~4% 之间，常在 3% 左右，具体取决于初沉池的排泥操作。初沉污泥的有机成分一般在 55% ~70% 之间。

（2）腐殖污泥与剩余活性污泥　指污水在二级处理过程中产生的污泥。生物膜法（生物滤池、生物转盘等）后的二次沉淀池的沉淀物称腐殖污泥；剩余活性污泥系活性污泥法生物处理系统中排放的剩余污泥。剩余活性污泥外观为黄褐色絮状，有土腥味，含固量一般在 0.5% ~0.8% 之间，具体取决于所采用的污水处理生化工艺。有机成分常在 70% ~ 85% 之间，与污水处理中是否设有初沉池及泥龄的长短有关系。活性污泥的 pH 在 6.5 ~ 7.5 之间，具体也取决于污水处理系统的工艺及控制状态。例如，当采用硝化工艺时，活性污泥的 pH 有时会低于 6.5。

由于剩余活性污泥的含固量一般都小于 1%，因而其流动性能及混合性能与污水基本一致。活性污泥的产量取决于污水处理所采用的生化工艺类型。

（3）消化污泥　初次沉淀污泥、腐殖污泥与剩余活性污泥经消化处理后，称消化污泥或熟污泥。

（4）化学污泥　用混凝、化学沉淀等化学方法处理废水所产生的污泥称为化学污泥，深度处理（或三级处理）也产生化学污泥。其性质取决于采用的混凝剂种类。当采用铁盐混凝剂时，可能略显暗红色。一般来说，化学污泥气味较小，且极易浓缩或脱水。由于其中有机成分含量不高，所以一般不需要消化处理。

2. 污泥处理的方法

污泥处置和利用的目的是要达到使污泥减量化、稳定化、无害化和资源化。

（1）污泥的减量化

由于污泥含水量很高，体积大，且呈流动性，需进行浓缩、脱水等，使污泥含水率由 99% 逐步减至 20% 左右，且由液态转化为固态，便于运输和消纳。

（2）污泥的稳定化

污泥中有机物含量很高，极易腐败并产生恶臭，需进行生物稳定或化学稳定。生物稳定法主要有厌氧消化、好氧消化、两段消化（先好氧、后厌氧）以及堆肥法。化学稳定法则以加石灰处理比较普遍，也有加氯、加氯化物和有机杀菌剂等。

（3）污泥的无害化

污泥中含有大量的病原菌、寄生虫卵及病毒，易造成传染病大面积传播。污泥进行消化处理，可以杀死大部分的虫卵，病原菌和病毒，也可进行热干燥、高温消化、热处理、β射线、α射线、巴氏灭菌、污泥堆肥等，大大提高污泥的卫生指标。

（4）污泥的资源化

污泥是一种资源，其含有很多热量，其热值在10000～15000kJ/kg（干泥）之间，高于煤和焦炭。另外，污泥中含有丰富的氮磷钾，是具有较高肥效的有机肥。

为了使污泥得到合适的最终处置，必须对污水处理厂的污泥进行处理。常用的处理方法包括污泥浓缩、污泥消化、污泥脱水和污泥处置。

1）污泥浓缩

含水率很高（一般为96%～99.8%）的污泥一般先进行浓缩，污泥的浓缩是初步降低污泥的含水率，去除污泥颗粒间的水分，使含水率降低到95%～97%，但未能改变污泥的流态。污泥浓缩常采用重力浓缩、离心浓缩和气浮浓缩等。

2）污泥消化

浓缩后的污泥一般采用消化处理，进一步降低污泥中的含固量，提高污水脱水性能。通过消化，污泥中的有机物分解，从而减少污泥体积。污泥消化分为厌氧消化和好氧消化。

3）污泥脱水

经消化后的污泥含水率仍很高。为了把流态变为固态污泥，便于利用或外运，还要进行进一步的脱水处理。污泥脱水的主要方法有自然脱水和机械脱水两种。

4）污泥处置

污泥经浓缩、消化、脱水处理后，脱水后应对其进行最终处置和利用。污泥的最终处置和利用可分为污泥填埋、污泥焚烧、污泥堆肥等。

3. 污泥处理的一般工艺

典型的污泥处理工艺流程如图3-22所示，包括四个处理或处置阶段。第一阶段为污泥浓缩，主要目的是使污泥初步减容，缩小后续处理构筑物的容积或设备容量；第二阶段为污泥消化，使污泥中的有机物分解；第三阶段为污泥脱水，使污泥进一步减容；第四阶段为污泥处置，采用某种途径将最终的污泥予以消纳。以上各阶段产生的清液或滤液中仍含有大量的污染物质，因而应送回到污水处理系统中加以处理。以上典型污泥处理工艺流程，可使污泥经处理后，实现“四化”。

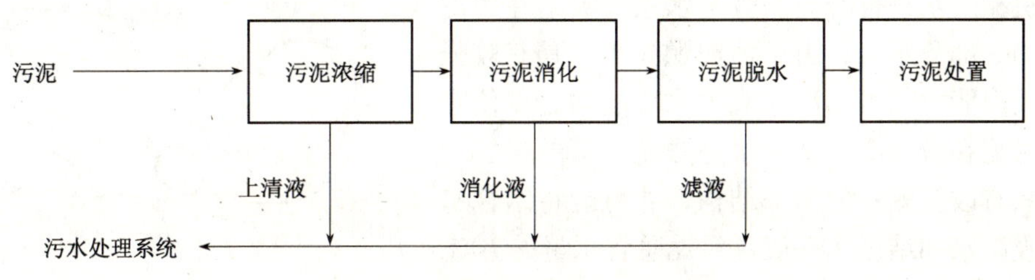

图3-22　典型的污泥处理工艺流程

以上为典型的污泥处理工艺流程，在各地得到了普通采用。但由于各地的条件不同，具体情况可能不同，尚有一些简化流程。当污泥采用自然干化方法脱水时，可采用以下工艺流程：

污泥→污泥浓缩→干化场→处置

也可进一步简化为：

污泥→干化场→处置

当污泥处置采用卫生填埋工艺时，可采用以下流程：

污泥→浓缩→脱水→卫生填埋

我国早期建成的处理厂中，尚有很多厂不采用脱水工艺，直接将湿污泥用做农肥，工艺流程如下：

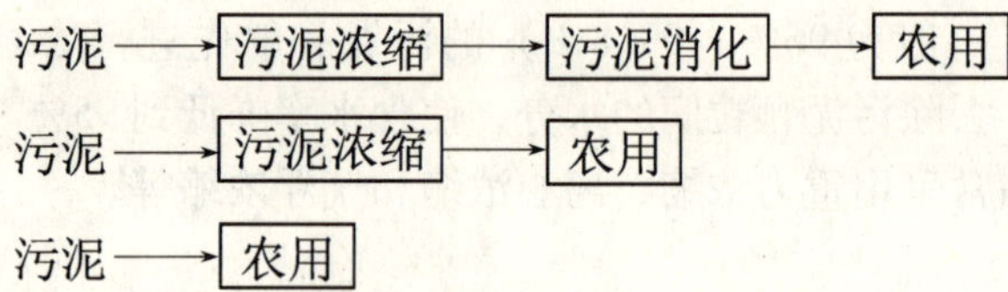

国外很多处理厂采用焚烧工艺，其中很多不设消化阶段，流程如下：

污泥→浓缩→脱水→焚烧

省去消化的原因，是不降低污泥的热值，使焚烧阶段尽量少耗或不耗另外的燃料。

3.2.2 污泥浓缩

污泥处理系统产生的污泥，含水率很高，体积很大，输送、处理或处置都不方便。污泥浓缩可使污泥初步减容，使其体积减小为原来的几分之一，从而为后续处理或处置带来方便。首先，经浓缩之后，可使污泥管的管径减小，输送泵的容量减小。浓缩之后采用消化工艺时，可减小消化池容积，并降低加热量；浓缩之后直接脱水，可减少脱水机台数，并降低污泥调质所需的絮凝剂投加量。

污泥浓缩使体积减小的原因，是浓缩将污泥颗粒中的一部分水从污泥中分离出来。从微观看，污泥中所含的水分包括空隙水、毛细水、吸附水和结合水四部分，如图3-23所示。空隙水系指存在于污泥颗粒之间的一部分游离水，占污泥中总含水量的65%～85%之间；污泥浓缩可将绝大部分空隙水从污泥中分离出来。毛细水系指污泥颗粒之间的毛细管水，约占污泥中总含水量的15%～25%之间；浓缩作用不能将毛细水分离，必须采用自然干化或机械脱水进行分离。吸附水系指吸附在污泥颗粒上的一部分水分，由于污泥颗粒小，具有较强的表面吸附能力，因而浓缩或脱水方法均难以使吸附水与污泥颗粒分离。结合水是颗粒内部的化学结合水，只有改变颗粒的内部结构，才可能将结合水分离。吸附水和结合水一般占污泥总含水量的10%左右，只有通过高温加热或焚烧等方法，才能将这两部分水分离出来。

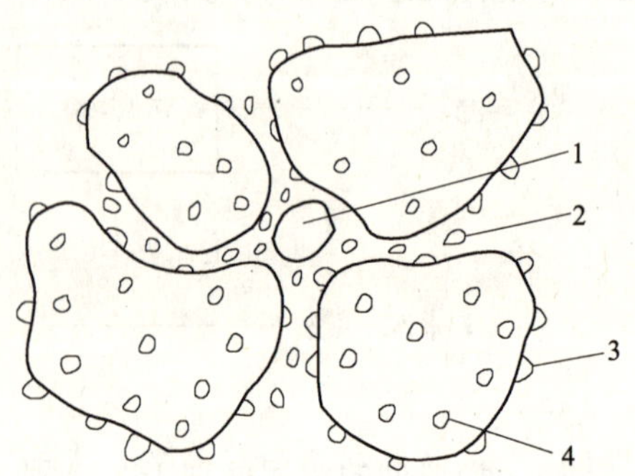

图3-23 污泥内的水分
1—空隙水；2—毛细水；3—吸附水；4—结合水

污泥浓缩主要有重力浓缩，气浮浓缩和离心浓缩三种工艺形式。

1. 重力浓缩工艺

重力浓缩本质上是一种沉淀工艺，是依靠污泥的重力作用而达到污泥浓缩的目的，属于压缩沉淀。浓缩前由于污泥浓度很高，颗粒之间彼此接触支撑。浓缩开始以后，在上层颗粒的重力作用下，下层颗粒间隙中的水被挤出界面，颗粒之间相互拥挤得更加紧密。通过这种拥挤和压缩过程，污泥浓度进一步提高，从而实现污泥浓缩。

污泥浓缩一般采用圆形池，如图 3-24 所示。进泥管一般在池中心，进泥点一般在池深一半处。排泥管设在池中心底部的最低点，上清液自液面池周的溢流堰溢流排出。较大的浓缩池一般都设有污泥浓缩机，污泥浓缩机系一底部带刮板的回转式刮泥机，底部污泥刮板可将污泥刮至排泥斗，便于排泥。上部的浮渣刮板可将浮渣刮至浮渣槽排出。刮泥机上装设一些栅条，可起到助浓作用。主要原理是，随着刮泥机转动，栅条将搅拌污泥，有利于空隙水与污泥颗粒的分离。对浓缩机转速的要求不像二沉池和初沉池那样严格，一般可控制在 1 ~ 4r/h，周边线速度一般控制在 1 ~ 4m/min。浓缩池排泥方式可用泵排，也可直接重力排泥。后续工艺采用厌氧消化时，常用泵排，因可直接将排除的污泥泵送至消化池。

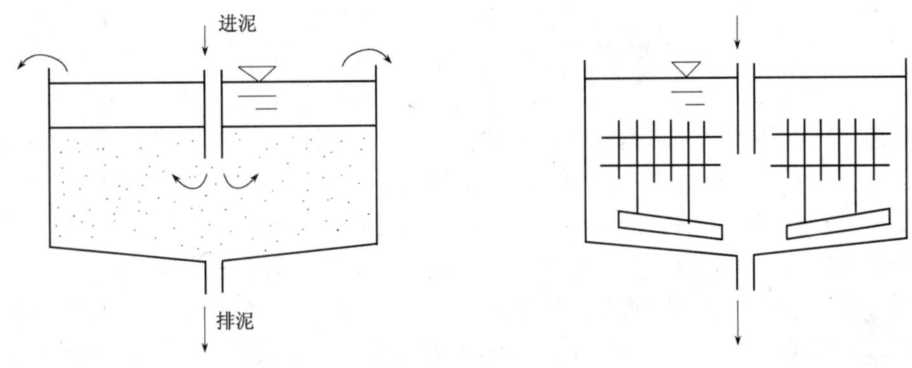

图 3-24　重力浓缩池示意图

重力浓缩法按运行方式可分为间歇式污泥浓缩池和连续式污泥浓缩池。间歇式浓缩池一般可为圆形或矩形，适用于小型污水处理厂。连续式污泥浓缩池一般为竖流式或辐流式。

重力浓缩池的设计参数可根据实验数据进行设计，但为了达到使池中上清液澄清且排出的污泥固体浓度达到设计要求，应先进行污泥浓缩试验，掌握污泥特性，得出各种设计参数。重力浓缩池的设计参数包括固体通量、水力负荷和水力停留时间。初沉池污泥的水力负荷为 $1.2 \sim 1.6m^3/(m^2 \cdot h)$，剩余活性污泥的水力负荷为 $0.2 \sim 0.4m^3/(m^2 \cdot h)$。

2. 气浮浓缩工艺

气浮浓缩是依靠微小气泡与污泥颗粒产生粘附作用，使污泥颗粒的密度小于水的密度而上浮，并得到浓缩。气浮法对于密度接近于水的、疏水的污泥尤其适用，对于浓缩时易发生污泥膨胀的、易发酵的剩余污泥，其效果尤为显著。由于气浮池中的污泥含有溶解氧，因而其恶臭要较重力浓缩低得多。另外，好氧消化后的污泥重力浓缩性很差，也可用气浮浓缩工艺进行泥水分离，对于氧化沟或硝化等长泥龄工艺所产生的剩余活性污泥，气浮浓缩的优势将更加突出。

气浮浓缩工艺分为加压溶气装置和气浮分离装置。气浮浓缩工艺流程如图3-25所示。活性污泥含水率一般为99%~99.5%，宜采用气浮浓缩工艺。

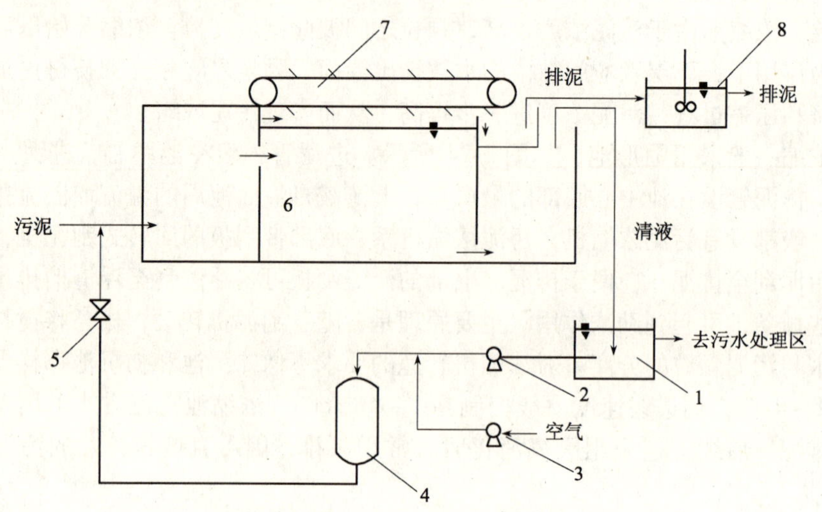

图3-25 气浮浓缩系统流程图
1—清液池；2—加压泵；3—空压机；4—溶气罐；
5—减压阀；6—气浮池；7—刮泥机；8—脱气池

加压溶气气浮系统气浮浓缩池分离出的上清液（实际为下清液）进入贮存池，部分清液排至污水处理系统进行处理，另外一部分被加压泵抽取加压。加压后的污水在管路内与空压机压入的空气混合之后，进入溶气罐。在溶气罐内，空气将大部分溶入污水。溶气后的污水与进入的污泥在管道内混合后进入气浮池。入池后，由于压力剧减，溶气会形成大量的细微气泡，这些气泡将附着在污泥絮体上，使絮体随之一起上升。升至液面的絮体大量积累后形成浓缩污泥，从而实现了污泥的浓缩。常用链条式刮泥机将污泥刮至积泥槽，然后进入脱气池搅拌脱气。脱气的目的是将污泥中的溶气全部释放出来，否则会干扰后续的厌氧消化或脱水。

气浮浓缩池有矩形平流式和圆形辐流式两种，泥量较少时常采用矩形平流式，泥量较大时常采用圆形辐流气浮池。气浮浓缩池的设计参数有污泥负荷、气固比、水力负荷和回流比等。气浮浓缩池污泥负荷为50~150kg/(m^2·d)，气固比为0.01~0.04，水力负荷为40~80m^3/(m^2·d)，回流比为25%~35%。

3. 离心浓缩工艺

离心浓缩工艺对于轻质污泥也能获得较好的处理效果。它是基于污泥中的固体颗粒和水的密度不同，在高速旋转的离心机中，由于所受离心力大小不同从而使二者得到分离。离心浓缩的最大优点是效率高、需时短、占地少。因离心力比密度力大几千倍，它能在很短的时间内就完成浓缩工作。此外，离心浓缩工艺工作场所卫生条件好，这一切都使得离心浓缩工艺的应用越来越广泛。

衡量离心浓缩效果的主要指标有出泥含固率和固体回收率等。固体回收率越高，分离液中SS的浓度则越低，泥水分离效果越好，浓缩效果亦越好。

用于污泥浓缩的离心机种类有转盘式离心机、篮式离心机和转鼓离心机等。各种离心浓缩的运行效果（所处理污泥均为剩余活性污泥）见表3-2。

各种离心浓缩的运行效果　　表3-2

离心机	Q_0（L/s）	c_0（%）	c_u（%）	固体回收率（%）
转盘式	9.5	0.75～1.0	5.0～5.5	90
转盘式	3.2～5.1	0.7	5.0～7.0	93～87
篮　式	2.1～4.4	0.7	9.0～1.0	90～70
转鼓式	4.75～6.30	0.44～0.78	5～7	90～80
转鼓式	6.9～10.1	0.5～0.7	5～8	65 85（加少许混凝剂）

图3-26是一种常用的离心设备——离心筛网浓缩器。它是将污泥从中心分配管输入浓缩器，在筛网笼低速旋转下，隔滤污泥。浓缩污泥由底部排出，清液由筛网从出水集水室排出。

离心筛网浓缩器可作为活性污泥法混合液的浓缩，能减少二沉池的负荷和曝气池的体积，浓缩后的污泥回流到曝气池，分离液因固体浓度较高，直接流入二沉池作沉淀处理。离心筛网浓缩器因回收率较低，出水浑浊，不能作为单独的浓缩设备，因此常与其他污泥浓缩设备合用。

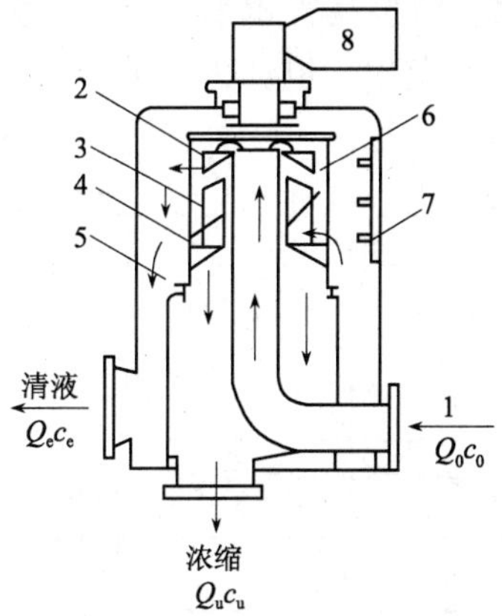

图3-26　离心筛网浓缩器

1—中心分配管；2—进水布水器；3—排出器；4—旋转筛网笼；5—出水集水室；6—调节流量转向器；7—反冲洗系统；8—电动机

3.2.3　污泥消化

污泥消化处理是利用微生物分解污泥中有机物质，进一步降低污泥中的含固量，提高污泥脱水性能的方法。污泥消化分为厌氧消化和好氧消化，采用好氧消化，其能耗太大，一般采用厌氧消化。

厌氧消化是利用兼性菌和厌氧菌进行厌氧生化反应，分解污泥中有机物质的一种污泥处理工艺。厌氧消化是使污泥实现“四化”（减量化、稳定化、无害化、资源化）的主要环节。首先，有机物被厌氧消化分解，可使污泥稳定化，使之不易腐败；其次，通过厌氧消化，大部分病原菌或蛔虫卵被杀灭或作为有机物被分解，使污泥无害化。第三，随着污泥被稳定化，将产生大量高热值的甲烷（沼气），作为能源利用，使污泥资源化；另外，污泥经消化以后，其中的部分有机氮转化成了氨氮，提高了污泥的肥效。污泥的减量化虽然主要借浓缩脱水，但有机物被厌氧分解，转化成沼气，这本身也是一种减量过程。

1. 厌氧消化的机理

厌氧消化是在厌氧条件下，由多种微生物共同作用，使有机物降解并产生CH_4和CO_2的过程。污泥厌氧消化过程概括为三个阶段。第一阶段，称为水解发酵阶段，即酸性阶段。在水解与发酵细菌作用下，使碳水化合物、蛋白质与脂肪水解与发酵，转化成单糖、氨基酸、脂肪酸及乙醇等；第二阶段，称为产氢、产乙酸阶段。是由产氢、产乙酸菌将脂肪酸和乙醇转化为乙酸、CO_2 及 H_2；第三阶段，称产甲烷阶段。由产甲烷菌利用乙酸、CO_2 及 H_2 产生 CH_4。其中 70% CH_4 由乙酸脱羧形成，约 30% 由 CO_2 及 H_2 合成。降解每千克有机物，沼气产量不小于 $0.75m^3$，其中 CH_4 占 55% 以上。

2. 厌氧消化系统

污泥厌氧消化系统由消化池、加热系统、搅拌系统、进排泥系统及集气系统组成。

（1）厌氧消化池

厌氧消化的主要的处理构筑物就是消化池。它是一种人工处理污泥的构筑物，在处理过程中加热搅拌，保持泥温，达到使污泥加速消化分解的目的。

消化池按其容积是否可变，分为定容式和动容式两类。定容式系指消化池的容积在运行中不变化，也称为固定盖式。这种消化池往往需附设可变容的湿式气柜，用以调节沼气产量的变化。动容式消化池的顶盖可上下移动，因而消化池的气相容积可随气量的变化而变化，该种消化池也称为移动盖式消化池，如图 3-27 所示，其后一般不需设置气柜。

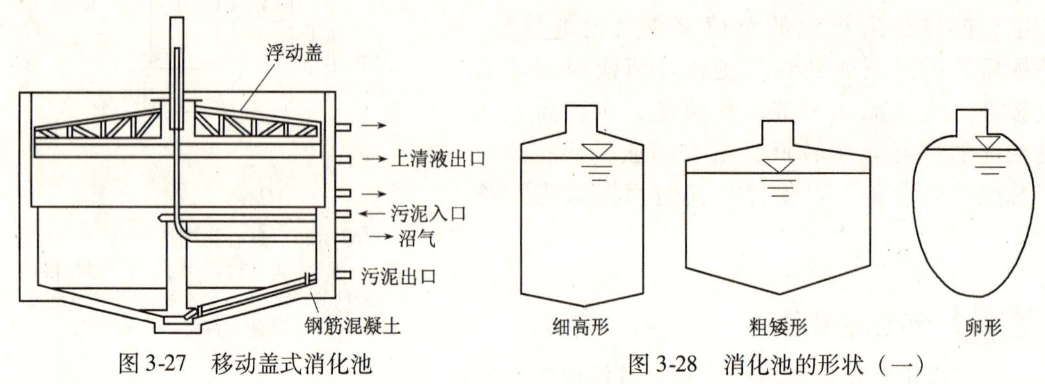

图 3-27 移动盖式消化池

图 3-28 消化池的形状（一）

动容式消化池适于小型处理厂的污泥消化，国外采用较多。国内目前普遍采用的为定容式消化池。它按照池体形状。可分为细高柱锥形、粗矮柱锥形以及卵形，如图 3-28 所示。细高柱锥形的直墙高一般大于直径，而粗矮形直墙高则一般小于直径，卵形消化池外型极像卵。日本和德国采用卵形消化池较多，近年来，国内已经有处理厂开始采用了卵形消化池。与柱锥形相比，卵形消化池具有以下特点：

1）池底不易积砂或积泥，因而不会使有效池容缩小。

2）易搅拌混合，池内无死区，可使有效池容增至最大；对于同样的混合效果，混合搅拌的能耗低于其他池形。

3）上部不易集结浮渣。

4）对于同样的容积，其表面积较其他池形小，因而热损失小。

5）结构稳定，不易产生裂缝。

6）对于同样的容积，其混凝土用量少，这一方面是因为表面积小，另一方面是由于其结构稳定，厚度可减薄。

7）较其他池形美观。

消化池的进泥与排泥形式有多种，包括上部进泥下部直排、上部进泥下部溢流排泥、下部进泥上部溢流排泥等形式，分别如图 3-29 所示。这三种方式，国内处理厂都有采用，有的处理厂还同时设有三种进排泥方式，可任意选择，并于进口设溢流排泥器。从运行管理的角度看，第二种即上部进泥下部溢流排泥方式为最佳。当采用下部直接排泥时，需要严格控制进排泥量平衡，稍有差别，时间长了即会引起工作液位的变化。如果排泥量大于进泥量，工作液位将下降，池内气相存在产生真空的危险；如果排泥量小于进泥量，则工作液位将上升，缩小气相的容积或污泥从溢流管流走。当采用上部溢流排泥时，会降低消化效果。因为经充分消化的污泥，其颗粒密度增大，当停止搅拌时，会沉至下部，而未经充分消化的污泥会浮至上部被溢流排走。上部进泥下部溢流排泥能克服以上缺点，既不需控制排泥，也不会将未经充分消化的污泥排走。

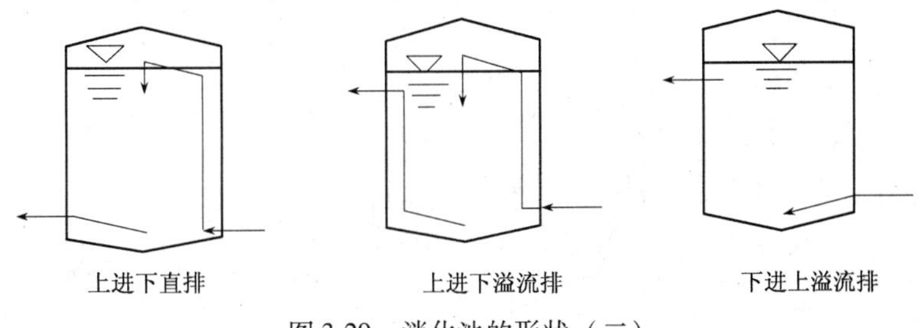

图 3-29　消化池的形状（二）

（2）搅拌系统

为了使消化池中厌氧微生物和有机物得到充分均匀的接触，提高厌氧微生物降解有机物的能力，常常在消化池内需保持良好的混合搅拌。搅拌能起到以下几方面作用：

1）使污泥颗粒与厌氧微生物均匀地混合接触。

2）使消化池各处的污泥浓度、pH、微生物种群等保持均匀一致。

3）及时将热量传递至池内各部位，使加热均匀。

4）在出现有机物冲击负荷或有毒物质进入时，均匀地搅拌混合可使其冲击或毒性降至最低。

5）通过以上几个方面的作用，可使消化池有效容积增至最大。

6）有效的搅拌混合，可大大降低池底泥砂的沉积及液面浮渣的形成。

常用的混合搅拌方式一般有三大类：机械搅拌、泵循环搅拌和沼气搅拌。机械搅拌系在消化池内装设搅拌桨或搅拌涡轮，如图 3-30 所示。泵循环搅拌在消化池内设导流筒，在筒内安装螺旋推进器，使污泥在池内实现循环，如图 3-31 所示。沼气搅拌系将消化池气相的部分沼气抽出，经压缩后再输回池内对污泥进行搅拌。沼气搅拌有自由释放和限制性释放两种形式，如图 3-32 所示。常用的空压设备有罗茨鼓风机、滑片式压缩机和水环式压缩机。以上搅拌方式各有利弊，具体与消化池的形状有关系。一般来说，细高形消化池适合用机械搅拌，粗矮形适合用沼气搅拌，但设计上对此也有不同的意见，具体与搅拌设备的布置形式及设备本身的性能有关；但卵形消化池肯定用沼气搅拌最佳。

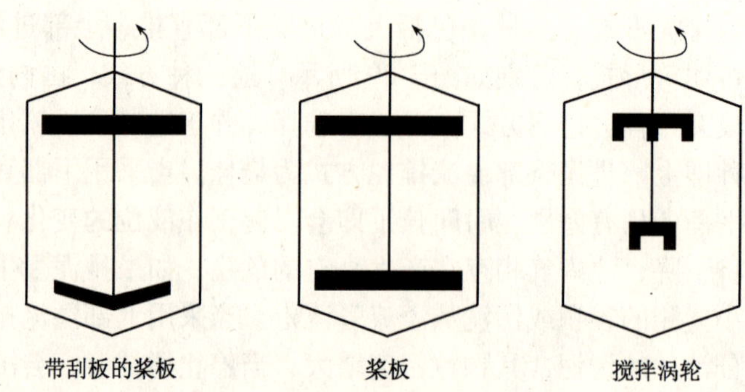

图 3-30　消化池机械搅拌示意图

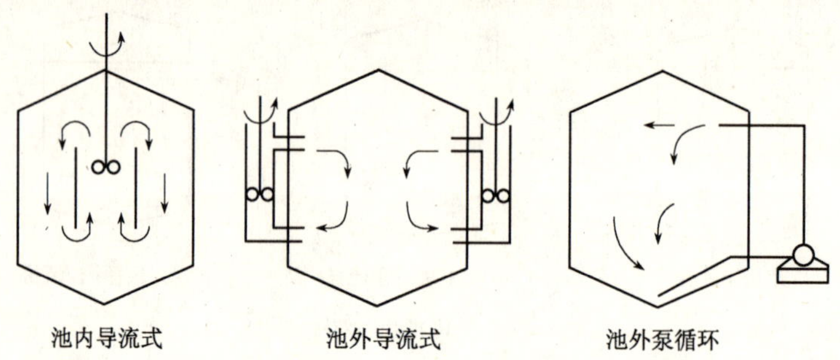

图 3-31　水力循环搅拌示意图

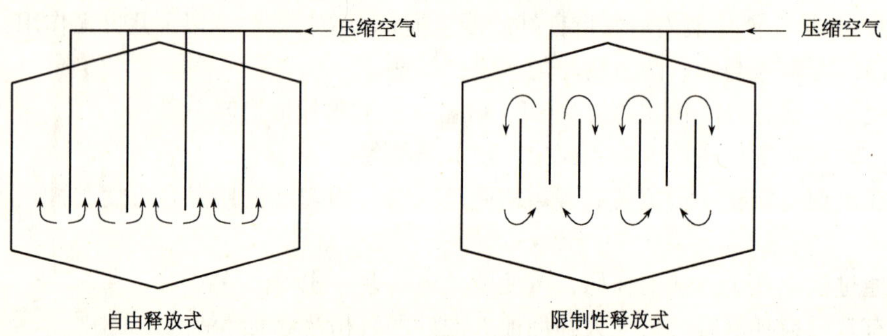

图 3-32　沼气搅拌示意图

使消化液保持在所要求的温度，就必须对消化池进行加热。加热方法分池内加热和池外加热两种。

（3）加热系统

为保证污泥消化达到良好的效果，污泥消化常采用二级中温消化。污泥消化池一般都装有加热设备。加热方式分池内加热和池外加热两类。池内加热系热量直接通入消化池内，对污泥进行加热，有热水循环和蒸汽直接加热两种方法，如图 3-33 所示。前一种方法的缺点是热效率较低，循环热水管外层易结泥壳，使热传递效率进一步降低；后一种方法热效率较高，但能使污泥的含水率升高，增大污泥量。两种方法一般均需保持良好的混合搅拌。池外加热系指将污泥在池外进行加热，有生污泥预热和循环加热两种方法，如图3-34所示。前者系将生污泥在预热池内首先加热到所要求的温度，再进入消化池；后者系将池内污泥抽出，加热至要求的温度后再打回池内。循环加热方法采用的热交换器有三种：套管式、管壳式、螺旋板式。前两种为常见的形式，因有360°转弯，易堵塞；螺旋板式系，近年来出现的新型热交换器，不易堵塞，尤其适合于污泥处理。在很多污泥处理系统中，以上加热方法常联合采用。例如，利用沼气发动机的循环冷却水对消化池进行池外循环加热，同时还采用热水或蒸汽进行加热；以池内蒸汽加热为主，并在预热池进行池外初步预热。

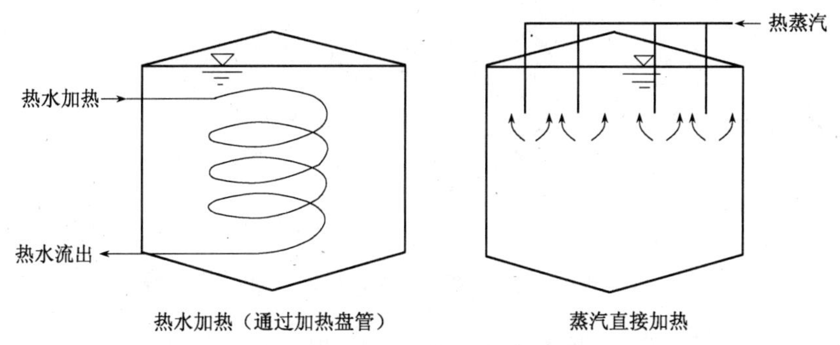

图3-33　池内加热系统示意图

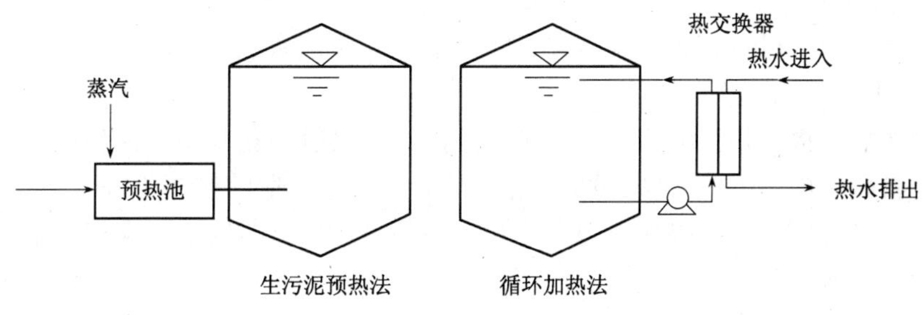

图3-34　污泥池外加热系统示意图

（4）沼气的收集与贮存系统

污泥消化沼气由50%～70%甲烷气、20%～30% CO_2 及少量 N_2、H_2S 和CO所组成。沼气产量与污泥投配率及污泥含水率有关，当生污泥含水率为96%左右时，在中温消化及采用每天污泥投配率6%～8%情况下，生污泥产气量为10～12m^3/m^3。

消化池顶部集气罩应有足够的空间，沼气管流速不超过7～8m/s，平均4～5m/s。气柜的进出气管道应设水封器，水封器也有调整消化池及气柜中压力的作用；贮气柜的容积一般按日平均产气量的25%～40%确定。贮气柜如图3-35所示。

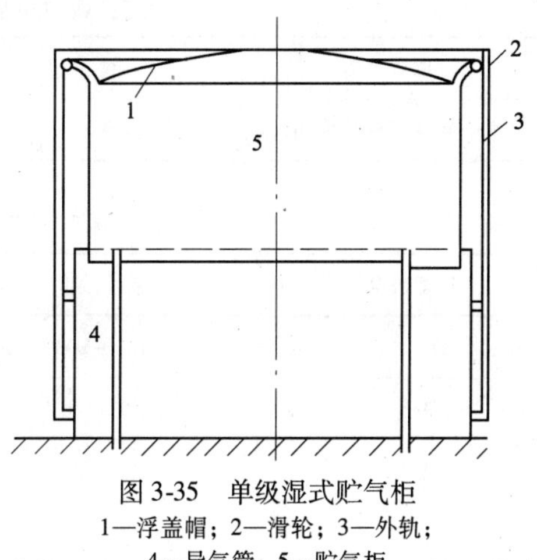

图3-35　单级湿式贮气柜
1—浮盖帽；2—滑轮；3—外轨；
4—导气管；5—贮气柜

3. 影响厌氧消化的因素

影响厌氧消化的因素主要有温度、负荷、搅拌效果和有毒有害物浓度等。

(1) 温度因素

污泥厌氧消化受温度影响很大，如图3-36所示。温度不同，污泥中占优势的厌氧菌群不同，反应速率和产气率也不同。随着温度升高，反应速率和产气速率逐渐加大，在50~55℃时，反应速率最快，产气速率最高，杀灭病原微生物的效果最好。

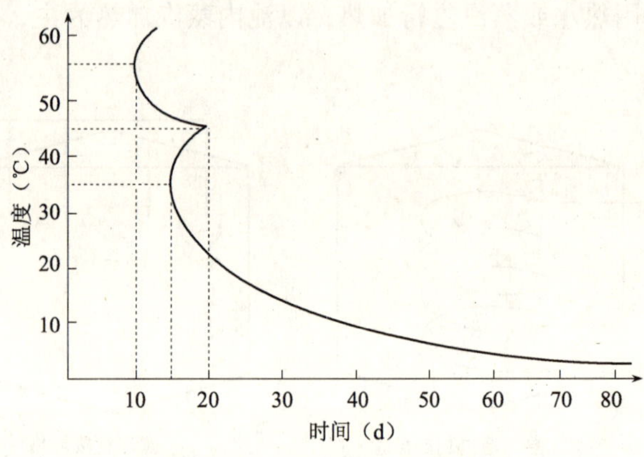

图3-36 温度与消化时间的关系

(2) 容积负荷

厌氧消化池中有机物容积负荷越高，污泥消化反应速率也越高。

(3) 污泥搅拌和混合

污泥的搅拌对提高污泥消化效率影响很大，由于厌氧消化是由细菌体的内酶和外酶与底物进行的接触反应，因此必须是两者充分混合。选择合适的搅拌方式，设备选用合理，就可以大大提高厌氧微生物降解能力，缩短有机物稳定所需时间，提高产气率。

(4) 有毒物质

有毒有害物质会对厌氧微生物产生毒害作用，抑制其降解反应，因此，应设法将污泥中的有毒有害物质浓度控制在最高允许浓度以下（表3-3、表3-4）。

重金属对甲烷菌的致毒含量（%） **表3-3**

重金属离子	铜	镉	锌	铁	三价铬	六价铬
重金属在干污泥中的含量	0.93	1.08	0.97	9.56	2.60	2.20

轻金属对甲烷菌的致毒浓度（mg/L） **表3-4**

致毒浓度	激发浓度	中等抑制浓度	严重抑制浓度
Ca^{2+}	100~200	2500~4500	8000
Mg^{2+}	75~150	1000~1500	3000
K^{+}	200~400	2500~4500	12000
Na^{+}	100~200	3500~5500	8000

3.2.4 污泥脱水

污泥脱水是指利用物理、化学的方法去除污泥中的水分，从而缩小污泥体积，减轻污泥重量，以便于运输和进一步处理。

污泥经浓缩之后，其含水率仍在94%以上，呈流动状，体积很大。浓缩污泥经消化之后，如果排放上清液，其含水率与消化前基本相当或略有降低；如不排放上清液，则含水率会升高。总之，污泥经浓缩或消化之后，仍为液态，体积很大，难以处置消纳，因此还需进行污泥脱水。浓缩主要是分离污泥中的空隙水，而脱水则主要是将污泥中的吸附水和毛细水分离出来，这部分水分约占污泥中总含水量的15%～25%。假设某处理厂有1000m^3由初沉污泥和活性污泥组成的混合污泥，其含水量为97.5%，含固量为2.5%，经浓缩之后，含水率一般可降为95%，含固量增至5%，污泥体积则降至500m^3。此时体积仍很大，外运处置仍很困难。如经过脱水，则可进一步减量，使含水率降至75%，含固量增至2%，体积则减至100m^3。因此，污泥经脱水以后，其体积减至浓缩前的1/10，减至脱水前的1/5，大大降低了后续污泥处置的难度。

污泥脱水的主要方法分为自然干化脱水和机械脱水两大类。

1. 污泥的自然干化

污泥自然干化系将污泥摊置到由级配砂石铺垫的干化场上，通过污泥在自然界的蒸发、渗透和清液溢流等方式，实现脱水。自然干化方法简单、经济，因此这种脱水方式适于气候比较干燥，占地不紧张，以及环境卫生条件允许的小城镇污水处理厂的污泥处理。

污泥自然干化的主要构筑物是干化场。

（1）干化场的分类与构造

干化场可分为自然滤层干化场与人工滤层干化场两种。前者适用于自然土质渗透性能好，地下水位低的地区。人工滤层干化场的滤层是人工铺设的，又可分为敞开式干化场和有盖式干化场两种。

人工滤层干化场的构造示意如图3-37所示，它由不透水底层、排水系统、滤水层、输泥管、隔墙及围堤等部分组成。有盖式的，还有可移开（晴天）或盖上（雨天）的顶盖，顶盖一般用弓形覆有塑料薄膜制成，移置方便。

滤水层由上层的细矿渣或砂层铺设厚度200～300mm，下层用粗矿渣或砾石层厚200～300mm组成，滤水容易。

排水管道系统用100～150mm陶土管或盲沟铺成，管子接头不密封，以便排水。管道之间中心距4～8m，纵坡为0.002～0.003。排水管起点覆土深（至砂层顶面）为0.6m。

不透水底板由200～400mm厚的黏土层或150～300mm厚三七灰土夯实而成，也可用100～500mm厚的素混凝土铺成。底板有0.01～0.03的坡度坡向排水管。

隔墙与围堤，把干化场分隔成若干分块，轮流使用，以便提高干化场利用率。

近来在干燥、蒸发量大的地区，采用由沥青或混凝土铺成的不透水层而无滤水层的干化场，依靠蒸发脱水。这种干化场的优点是泥饼容易铲除。

（2）干化场的脱水特点及影响因素

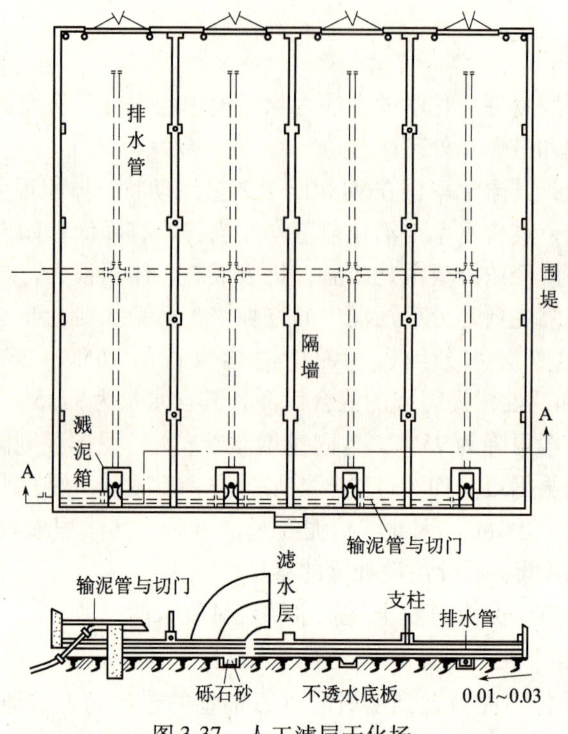

图 3-37 人工滤层干化场

干化场脱水主要依靠渗透、蒸发与人工撇除，渗透过程约在污泥排入干化场最初的2～3d内完成，可使污泥含水率降低至85%左右，此后水分不能再被渗透，只能依靠蒸发脱水，约经1周或数周（决定于当地气候条件）后，含水率可降低至75%左右。研究表明，水分从污泥中蒸发的数量约等于从清水中直接蒸发量的75%。降雨量的57%左右要被污泥所吸收，因此在干化场的蒸发量中必须考虑所吸收的降雨量，但有盖式干化场可不考虑。我国幅员辽阔，上述各数值应视当地天气条件加以调整或通过试验决定。

影响污泥干化场脱水的因素主要是气候条件和污泥性质：

1）气候条件：当地的降雨量、蒸发量、相对湿度、风速和年冰冻期。

2）污泥性质：污泥干化时，污泥中所含的气体起着重要作用。如消化污泥在消化池中承受着高于大气压的压力，污泥中并含有很多沼气泡，一旦排到干化场后，压力降低，气体迅速释出，可把污泥颗粒挟带到污泥层的表面，使水的渗透阻力减小，提高了渗透脱水性能；而初次沉淀污泥或经浓缩后的活性污泥，由于比阻较大，水分不易从稠密的污泥层中渗透过去，往往会形成沉淀，分离出上清液，故这类污泥主要依靠自然蒸发脱水，可在围堤或围墙的一定高度上开设水窗，撇除上清液，加速脱水过程。

2. 污泥的机械脱水

机械脱水系利用机械设备进行污泥脱水，本质上属于过滤脱水的范畴，其原理是利用过滤介质两面压力差作为推动力，使水分强制通过介质，固体颗粒被截留在介质上，达到脱水目的。

机械脱水的种类很多，主要方法有真空过滤脱水、压滤脱水和离心脱水等。国外目前正在开发螺旋压榨脱水，但尚未大量推广。

（1）真空过滤

真空过滤脱水是早期经常使用的污泥脱水方法。目前由于其脱水性能较差，已很少使用。

真空过滤脱水使用的机械是真空过滤机（图3-38），主要用于初次沉淀污泥及消化污泥的脱水。真空过滤机一般为旋转鼓型，除真空过滤机的主机外，还包括真空设备、空气压缩设备和调理投药设备。

在实际应用中，应根据所需脱水的污泥量以及真空过滤机所需达到的处理能力，来选择真空过滤机的型号规格、数量和平面布置。

真空过滤机可以连续运行，自动化程度较高，可以达到处理要求，但是由于真空过滤机所需附属设备较多，设备占地面积较大，工程投资较大，而且运行管理工序复杂，耗电量较大，造成运行费用较高。因此，逐渐被其他机械脱水方法代替。

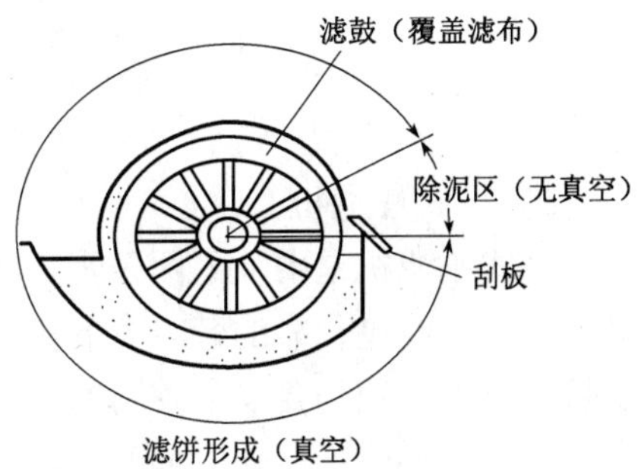

图3-38　污泥真空脱水装置示意图

（2）压滤脱水

压滤脱水在工程上应用较多，压滤脱水的机械有板框压滤机和带式压滤机两种。

1）板框压滤机

如图3-39所示，板框压滤机由滤布覆盖，板框内有一定间隙，以便滤出液通过。板框过滤脱水的过程包括进泥、加压及滤饼去除。板框压滤机适用于各种性质的污泥，压滤的滤饼含水率较低，处理效率高，滤液清澈，固化物质回收率高，污泥调理所需的药剂较少，因此运行费用低。但板框压滤机一般为间歇操作，基建设备投资较大，操作管理难度较大。

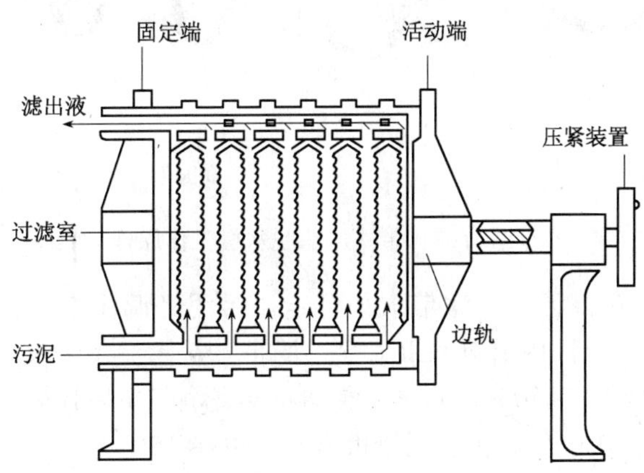

图3-39　板框压滤机示意图

板框压滤机可分为人工板框压滤机和自动板框压滤机两种。自动板框压滤机是指滤饼剥落、滤布清洗再生、板框压滤自动化。因此，劳动强度较小。自动板框压滤机板边长度为1.0m左右，一般滤板与滤框之和为30块，总过滤面积30m^2。

板框压滤机除主机外，还包括进泥系统、投药系统和压缩空气系统。板框压滤机及附属设备见图3-40。

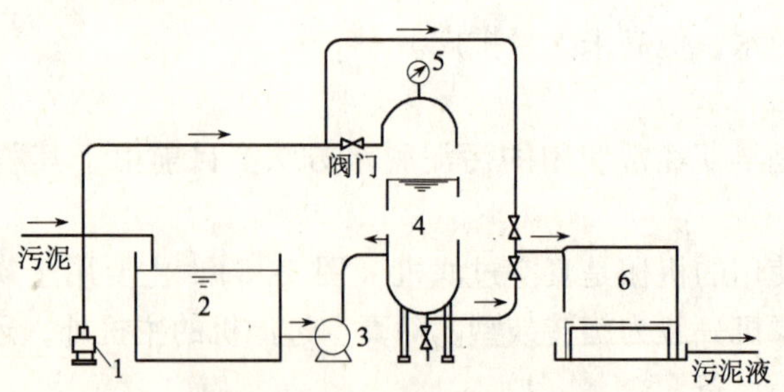

图 3-40 板框压滤机及附属设备的一种布置方式示意图

1—空气压缩机；2—混凝池；3—污泥泵；
4—气压馈泥罐；5—气压表；6—板框压滤机

2）带式压滤机

带式压滤机是由上下两条张紧的滤带夹带着污泥层，从一连串按规律排列的辊压筒中呈 S 形弯曲经过，靠滤带本身的张力形成对污泥层的压榨力和剪切力，把污泥层中的毛细水挤压出来，获得含固量较高的泥饼，从而实现污泥脱水，如图 3-41 所示。带式压滤脱水机有很多形式，但一般都分成以下四个工作区：

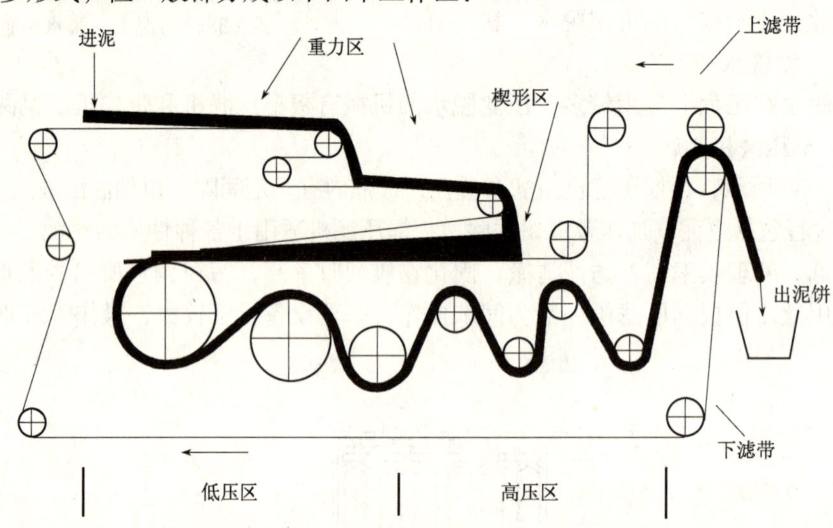

图 3-41 带式压滤脱水机工作原理

① 重力脱水区：在该区内，滤带水平行走。污泥经调质之后，部分毛细水转化成了游离水，这部分水分在该区内借自身重力穿过滤带，从污泥中分离出来。一般来说，重力脱水区可脱去污泥中 50% ~70% 的水分。使含固量增加 7% ~10%。例如，脱水机进泥含固量为 5%，经重力脱水区之后，含固量可升至 12% ~15%。

② 楔形脱水区：楔形区是一个三角形的空间，滤带在该区内逐渐靠拢，污泥在两条滤带之间逐步开始受到挤压。在该段内，污泥的含固量进一步提高，并由半固态向固态转变，为进入压力脱水区作准备。

③ 低压脱水区：污泥经楔形区后，被夹在两条滤带之间绕辊压筒作 S 形上下移动。施加到泥层上的压榨力取决于滤带张力和辊压筒直径。在张力一定时，辊压筒直径越大，压榨力越小。脱水机前边三个辊压筒直径较大，一般在 50cm 以上，施加到泥层上的压力较小，因此称为低压区。污泥经低压区之后，含固量会进一步提高，但低压区的作用主要

是使污泥成饼，强度增大，为接受高压作准备。

④ 高压脱水区：经低压区之后的污泥，进入高压区之后，受到的压榨力逐渐增大，其原因是辊压筒的直径越来越小。至高压区的最后一个辊压筒，直径往往降至25cm以下，压榨力增至最大。污泥经高压区之后，含固量进一步提高，一般大于20%，正常情况下在25%左右。

各种形式的带式压滤机一般都由滤带、辊压筒、滤带张紧系统、滤带调偏系统、滤带冲洗系统和滤带驱动系统组成。

滤带，也称为滤布，一般用单丝聚酯纤维材质编织而成，这种材质具有抗拉强度大、耐曲折、耐酸碱、耐温度变化等特点。滤带常编织成多种纹理结构，如图3-42所示。不同的纹理结构，其透气性能相对污泥颗粒的拦截性能不同，应根据污泥性质选择合适的滤带。一般来说，活性污泥脱水时，应选择透气性能和拦截性能较好的滤带；而初沉污泥脱水时，对滤带的性能要求可较低一些。有的滤带没有接头，但大部分有接头。无接头的滤带寿命可能长一些，因为滤带往往首先从接头处损坏，但该种滤带安装不方便。

图3-42 滤带的纹理结构

脱水机一般设5~7个辊压筒，国外一些新型机设8个。这些辊压筒的直径沿污泥走向由大到小，由90~20cm不等。滤带张紧系统的主要作用是调节控制滤带的张力，即调整滤带的松紧，以达到调节施加到泥层上的压榨力和剪切力，这是运行中的一种重要工艺控制手段。滤带调偏系统的作用是时刻调整滤带的行走方向，保证运行正常。滤带冲洗系统的作用是将挤入滤带的污泥冲洗掉，以保证其正常的过滤性能。一般定期用高压水反方向冲洗。

（3）离心脱水

离心脱水是利用离心力使污泥中的固体和液体分离。离心机械产生的离心力可以达到一般用于沉淀的重力场的1000倍以上，远远超过了重力沉淀池中由于重力所产生的重力加速度，这样在短时间内，使污泥中很细小的颗粒与水分离。离心力的大小比较容易控制，因此脱水效果好。与其他脱水技术相比，还具有处理量大、基建费用少、占地少、工作环境卫生、操作简单、自动化程度高等优点，特别是可以不投加或少投加化学调理剂。

离心脱水的机械应用的是离心机，目前普遍采用的是卧螺离心机。这种离心机有很多英文名字，例如 Solid-bowl Centrifuge、Conveyor Centrifuge、Scroll Centrifuge、Decanter Centrifuge等，相应的中文名字有转筒式离心机，碗式离心机、卧螺式离心机、涡转式离心机、螺旋输送式离心机等。本节在以下介绍中统一简称为离心脱水机。

离心脱水机主要由转筒、螺旋卸料器、空心转轴（进料管）、变速箱、驱动轮、机罩和机架等部件组成，如图3-43所示。污泥由空心转轴送入转筒后，在高速旋转产生的离心力作用下，立即被甩入转鼓腔内。污泥颗粒由于密度较大，离心力也大，因此被甩贴在转鼓内壁上，形成固体层（因为环状，称为固环层）；水分由于密度较小，离心力小，因此只能在环层内侧形成液体层，称为液环层。固环层的污泥在螺旋卸料器的缓慢推动下，被输送到转鼓的锥端，经转鼓周围的出口连续排出；液环层的液体则由堰口连续“溢流”排至转鼓外，形成分离液，然后汇集起来，靠重力排出脱水机外。进泥方向与污泥固体的输送方向一致，即进泥口和出泥口分别在转筒的两端时，它称为顺流式离心脱水机，如图 3-44 所示；当进泥方向与污泥固体的输送方向相反，即进泥口和排泥口在转筒的同一端时，它称为逆流式离心脱水机，如图 3-45 所示。

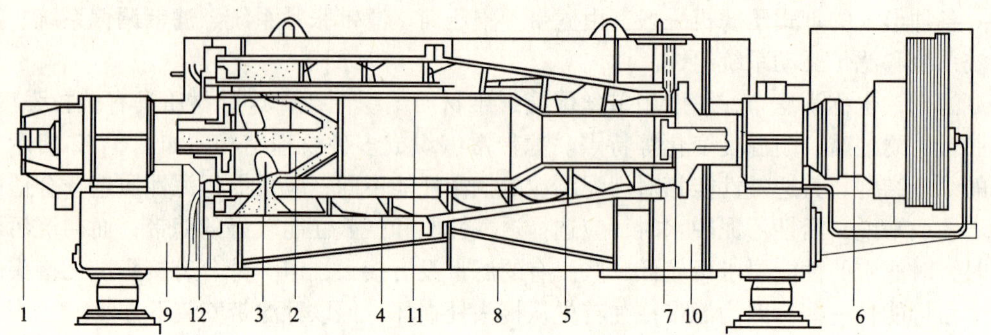

图 3-43 转筒式离心机构造图

1—进料管；2—入口容器；3—输料孔；4—转筒；5—螺旋卸料器；6—变速箱；7—固体物料排放口；8—机罩；9—机架；10—斜槽；11—回流管；12—堰板

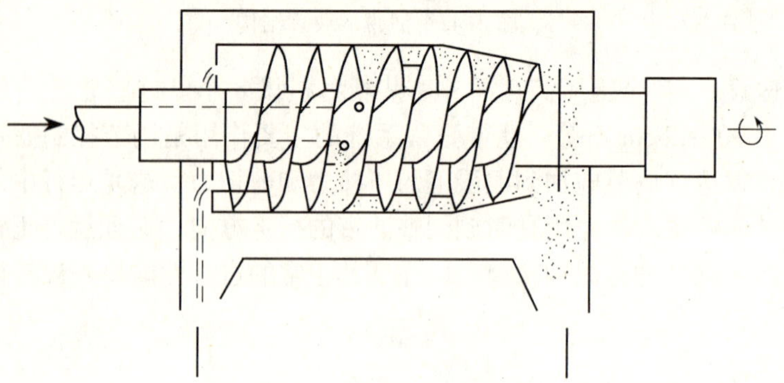

图 3-44 顺流式离心脱水机

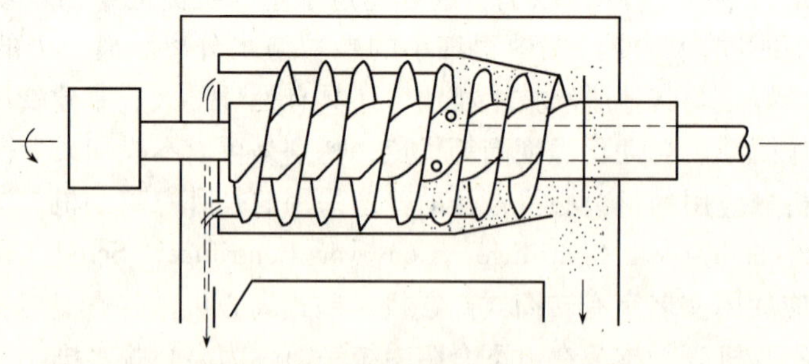

图 3-45 逆流式离心脱水机

顺流式离心机和逆流式离心机各有优缺点。逆流式由于污泥中途改变方向，对转鼓内流态产生水力扰动，因而在同样条件下，泥饼含固量较顺流式略低，分离液的含固量略高，总体脱水效果略低于顺流式。但逆流式的磨损程度低于顺流式，因为顺流式转鼓与螺旋之间通过介质全程存在磨损，而逆流式只在部分长度上产生磨损。一些产品在逆流离心机的进泥口处作了一些改造，从而能降低污泥改变方向产生的扰动程度。目前，顺逆流两种离心机都采用较多，但顺流式略多于逆流式。国产污泥脱水用离心机种类很少，基本上都为顺流式。

3.2.5 污泥处置

污泥经过浓缩、消化、脱水处理后，应对其进行最终处置。污泥的最终处置可分为污泥填埋、污泥焚烧、污泥堆肥和污泥工业利用。在实际处理时，应根据当地环境进行选用。

1. 污泥填埋

污泥填埋是一种较常见的处理方法，广泛用于城市固体废弃物的处理，选择地点很重要，应远离城市和水源地等，需要建造有防渗漏的地下构筑物，避免对地下水造成污染，最终实现无机化、无害化。该方法简单、易行，但需占用土地。对于填埋时间较长的污泥，常有渗滤液流出，如不进行处理，将严重污染地下水和地面水。

2. 污泥焚烧

污泥焚烧是将脱水的污泥（一般不经过消化，保留其热值），送至焚烧炉中和燃料一起燃烧，迅速实现污泥的无机化。污泥焚烧占地少，是最为有效的污泥处置方法，但由于污泥焚烧设备投资大、运行费用较高，国内目前采用较少。在美国、日本还提倡这种做法。它不仅绝对减量化，而且能在焚烧过程中收集释放能源，再利用于生产过程中去。

污泥焚烧设备种类较多，常用设备包括转筒式焚化炉、多层床焚化炉和流化床焚化炉等。

3. 污泥堆肥

污泥堆肥利用嗜温菌、嗜热菌对有机物进行分解的过程，使污泥的有机物和水分好氧分解，从而达到腐化稳定有机物、杀死病原体、破坏污泥中恶臭成分和脱水的目的。通常污泥要和脱水剂相混合，以增加空隙使通气良好，减少含水率和改善 C/N 比。在微生物作用下产生的高温并分解有机物。杀死虫卵和有害微生物，达到无害化、稳定化和资源化，最后形成像腐渣质一样棕黑色的土肥，施于土壤中有益于改良土壤，是一种提高农作物产量和质量的优质肥料，亦称生物肥。

4. 污泥的综合利用

（1）能量利用。利用污泥消化过程中产生的沼气发电，有效解决能源短缺，但对污泥处置投资大，成本高。

（2）制造建筑材料。一般指稳定过的污泥，因其有机成分不高，可作为道路土基，或混入黏土中烧结成砖。作为制砖和建材的材料，一般掺入量不宜过大，重金属尽管可固化，但需取谨慎态度。

（3）作为农林用肥。这是目前较为普遍的最终处置方法，主要是利用污泥中丰富的有机质，氮、磷、钾等植物营养元素的肥效，但尚应注意的问题也不可忽视：

1）农田使用污泥前应查清过去使用污泥情况和当地土壤中主要营养元素及有害元素的含量，应遵守农田污泥标准，不得过量使用。由于污泥带入的有害元素，使土地中这种有害元素达到限值后，即应停止使用这种污泥。

2）因土制宜，先非农耕地，后农田；先旱地，后水田；先贫瘠地，后肥沃地；先碱性地，后偏酸性地。

3）对作物而言，先森林、花卉、草坪、绿化树种等，后禾谷及蔬菜地使用。

4）控制用量，根据各种营养元素的平衡和农作物的需肥特点来确定，每年施污泥的数量不要过量，否则会带来不良后果。许多国家都制定了《农田污泥中污染物控制标准》及《土壤中容许的重金属最高含量》。我国于1984年颁布了《农田污泥中污染物控制标准》，对农田污泥中许多种污染物最高容许量作了限制性规定。

3.3 沼气利用系统

3.3.1 沼气的性质及一般用途

沼气，泛指有机物质通过微生物厌氧分解产生的混合气体。在污水处理厂中，指污泥厌氧消化产生的消化气（或称为污泥气）。它的主要化学成分为甲烷 CH_4 和二氧化碳 CO_2。另外，沼气还含有微量氢气（H_2）、氮气（N_2）、氨气（NH_3）和硫化氢（H_2S）气体，其中值得注意的是 H_2S 气体。因为 H_2S 不仅溶于水汽中产生氢硫酸能腐蚀管道或设备，同时还是一种有毒气体。城市污水污泥消化产生的沼气中，H_2S 的含量一般在0.005%～0.08%的范围内，常在0.01%～0.02%，具体取决于污水中有机物的成分。H_2S 有两个来源，一是蛋白质水解后发生脱硫化氢脱氨基反应，生成 H_2S，二是污泥中的硫酸盐 SO_4^{2-} 发生还原反应，生成 H_2S。当污水或污泥中含有大量粪便时，由于蛋白质大量增加，H_2S 的含量有时会高达1.0%。

沼气的性质主要受消化污泥性质、所含物质情况的影响。通常沼气中 CH_4 含量一般为55%～75%，CO_2 含量一般为25%～40%，沼气的热值约为6.0～7.0kWh/m³，具体取决于其中 CH_4 的含量。一般来说，其热值高于城市煤气，而低于天然气。虽然 CH_4 和 CO_2 为无色无味无毒的气体，但由于少量的 H_2S 存在，沼气略有臭味并具有毒性。中温消化所产生的沼气含有饱和水蒸气，遇冷在沼气管道和设备中会释放出凝结水；沼气呈酸性，其pH一般介于1～4之间，具有腐蚀性。沼气的主要物理参数见表3-5。

沼气的主要物理参数表 **表3-5**

物理参数	主要成分			污泥气（65% CH_4）
	CH_4	CO_2	H_2S	
含量（%）	55～75	24～44	0.1～0.7	100
热值（kWh/m³）	10		6.3	6.5
燃烧值（kWh/m³）	11.1			7.2
爆炸点（空气中含量）（%）	5～15		4～45	6～12
燃烧点（℃）	700		270	650～750
临界压力（MPa）	4.7	7.5	9.0	7.5～8.9
临界温度（℃）	81.5	31	100	－82.5
密度（kg/m³）	0.72	1.96	1.54	1.2
相对密度（空气＝1.0）	0.55	1.5	1.2	0.83
火焰速率（cm/s）	43			36～38

沼气的综合利用途径很广泛。其中的 CH_4 可作为生产四氯化碳或有机玻璃树脂的原料，也可用于制造甲醛；其中的 CO_2 可以用于生产纯碱。这些化工利用途径在国内外都有一定程度的实践。国外一些大型处理厂还将产生的沼气直接与城市煤气并网，或适当去除 CO_2，提高 CH_4 的纯度，使之与城市天然气管线并网。但到目前为止，沼气的主要利用途径还是在污水处理厂内进行综合利用，主要包括沼气发电、驱动鼓风机或水泵，以及直接采用沼气锅炉进行污泥加热等方面。下面主要将着重介绍沼气在污水处理厂内综合利用。

3.3.2 沼气的收集与净化

消化池气相的沼气，需通过一些设备及管路稳定安全地输配至发动机、锅炉或燃烧器等利用。这些设备及管路称为沼气的收集与净化系统，主要由收集、净化、储存和输配安全四部分组成。

1. 沼气的收集

沼气在消化池顶部的集气罩中聚集，并由此进入沼气收集管路系统。集气罩要保持一定的容积，能维持沼气压力的相对稳定，能防止浮渣或消化液进入沼气排出管。集气罩要有良好的气密性，防止沼气外溢和空气渗入。收集管路应尽可能设在集气罩的顶部，以避免在产生泡沫时将污泥带入集气管中。由于沼气是比较脏的而且水蒸气是饱和的，所以在使用点和沼气贮气罐的管路中应设置净化装置和排凝结水的管道。贮气柜的大小应根据沼气的利用情况确定。如果仅仅是为了气量平衡，贮气柜可设在支管路上，如果是用于沼气质量的平衡（如沼气用于沼气发动机），则贮气柜应设在主管路中，沼气首先通过贮气柜，然后至用气点。

2. 沼气的净化

气中所含有的成分对沼气的收集、输送、贮存、利用均会产生不利的影响。消化池中产生的沼气含有饱和水蒸气，而且或多或少含有污泥颗粒和泡沫。水蒸气或者凝结水、污泥颗粒和泡沫对沼气系统的正常运行是不利的，同时凝结水也具有腐蚀性。沼气中含有的 H_2S 是毒性很大的气体，当含量超过0.4%（体积）时就会使人致死。此外，H_2S 会使沼气发动机等的润滑油酸化，在燃烧产物冷凝时会产生硫酸或者含硫的酸，对设备造成腐蚀。

沼气净化的目的就是减少或者去除沼气中的有害和对运行有干扰的物质，以利沼气系统的正常运行。沼气的净化主要包括脱硫、除湿和过滤。

（1）脱硫

脱硫是将沼气中的 H_2S 去除，否则 H_2S 与水汽形成的氢硫酸将对设备或管道产生腐蚀，降低其使用年限。另外，脱硫还可降低大气污染程度，因为 H_2S 随着沼气在发动机或锅炉内燃烧后将转化成 SO_2 被排入大气。脱硫有干法和湿法两类。

干法脱硫系在脱硫塔内装填多层吸收材料，将 H_2S 吸收并脱去。有多种吸收材料，处理厂常用的为铁填料吸附法。当沼气通过以褐铁矿或者铁屑为填料的滤罐或者滤塔时，H_2S 被铁吸收，生成硫化铁，使沼气得到净化。吸收材料应定期更换，更换周期取决于沼气中 H_2S 的含量。沼气流过吸收材料的速度宜控制在0.6m/min以下，接触时间大于2min。干法脱硫的优点是占地面积小，维护管理简单，但脱硫效率一般较低。图3-46是一种采用铁填料滤塔去除 H_2S 的流程图。

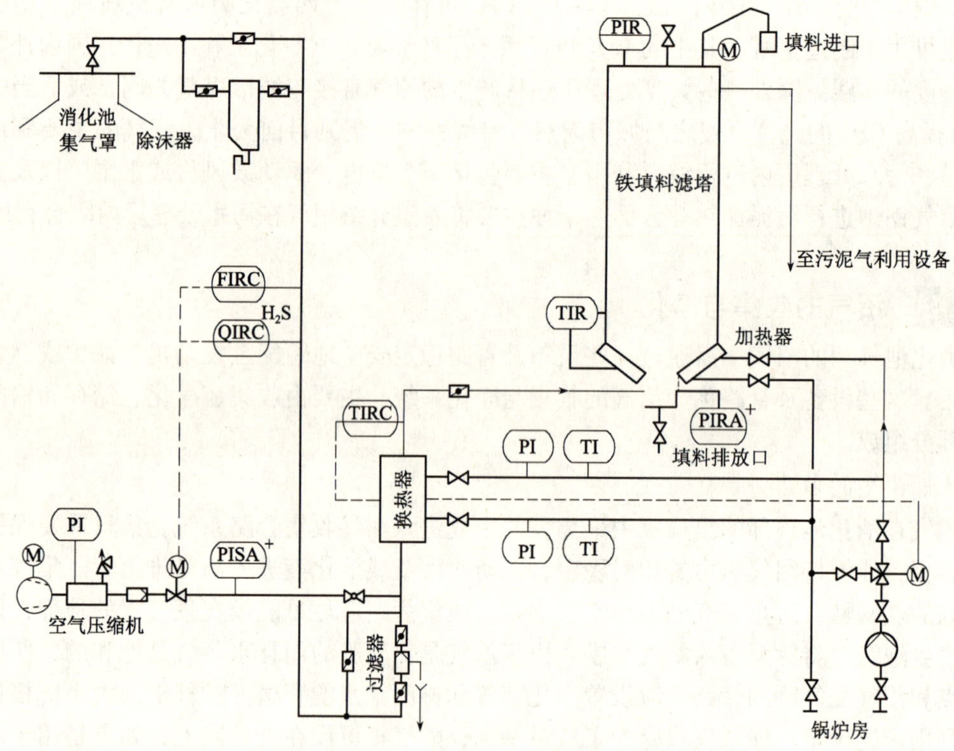

图 3-46 采用铁填料滤塔去除污泥气中 H_2S 的流程简图

当要求较高的脱硫效率时，脱硫设备规模或数量将增至很大，不经济，应考虑采用湿法脱硫。湿法脱硫一般用液体吸收剂在脱硫塔内吸收沼气中的 H_2S。吸收液一般从塔顶向下喷淋，沼气自塔底上升，其中的 H_2S 进入吸收液内。常用的吸收液有 2% ~3% 的碳酸钠溶液，有的处理厂还采用稀 NaOH 溶液；用过的废液一般应考虑再生或回收。湿法脱硫的优点是脱硫效率较高，一般在 90% 以上；适当延长接触时间，还可实现完全脱硫，但运行管理较复杂，占地面积较干法大。不管哪种脱硫方法，都应定期检查脱硫效果，根据情况及时更换填料或调整吸收液的浓度。

（2）除湿

消化池内的工作温度一般为 35℃。此时，消化池气相的沼气处于气水饱和状态，其中会携有大量水分，使之具有较高的湿度。沼气的湿度能产生以下不良影响；水分与沼气中的 H_2S 产生氢硫酸腐蚀管道和设备；水分凝聚在检查阀、安全阀、流量计、调节器等设备的膜片和隔膜上影响其准确性；水分能增大管路的气流阻力；水分能降低沼气的热值。因此，沼气的输配系统中应采取除湿措施。

沼气除湿方法一般是在管道低点设凝水器，如图 3-47 所示。其工作原理是沼气出消化池后，随着沼气温度的降低，其中的水汽凝结成水流，沿管底流入凝水器被排走，因此沼气管道总体上应保持 0.5% ~1.0% 的坡降。另外，沼气的流速不可太大，否则会由于挟带水汽而降低除湿效

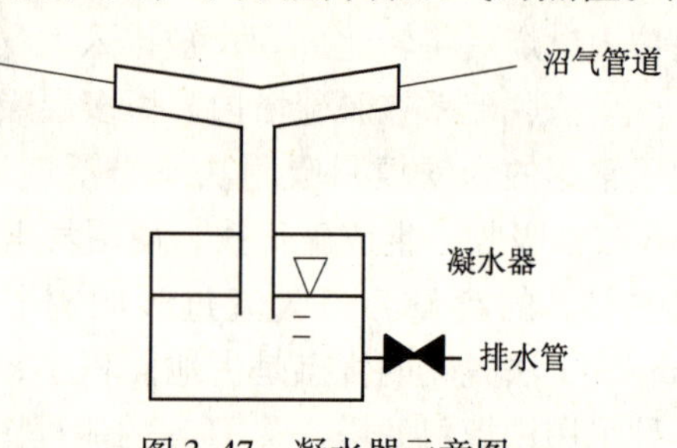

图 3-47 凝水器示意图

果。国内经验是沼气流速不能大于7m/s，国外经验是不能大于3.7m/s。由于沼气刚离开消化池时温降最大，凝结出的水分最多，因而第一道除湿装置应尽量靠近消化池，以便将形成的冷凝水尽快排除，降低对管路的腐蚀程度。

冷凝水应定期及时排除，否则可能增大管路的阻力，影响整个沼气利用系统工作的稳定性。冷凝水的排放量与排放次数可以计算得出，也可以在管路上设压力计，压力增大时说明应排放。

有些地区，夏季的温度较高，不利于冷凝水的形成，可采用冷却型凝水器。即在凝水器及其附近的管道上设冷水予以冷却，以利水汽的凝结。

（3）过滤

沼气中常携有一些杂质，尤其在消化池运行初期或消化状态不稳定时杂质较多。因此进入内燃机前一般应采取过滤措施。滤网可设在沼气管路上，一些发动机在设备内部也设有滤网，应定期清洗。

3. 沼气的储存

由于消化池本身工作状态的波动及进泥泥质和泥量的变化，消化池的产气量也一直处于变化状态。因此，要保证各用气点连续均匀供气，应在系统中设置沼气储存设备，以均和沼气流量。常用的储存设备有低压柜和中压柜两种（图3-48）。前者维持的沼气压力为0.98~2.94kPa，后者的压力为392~588kPa。

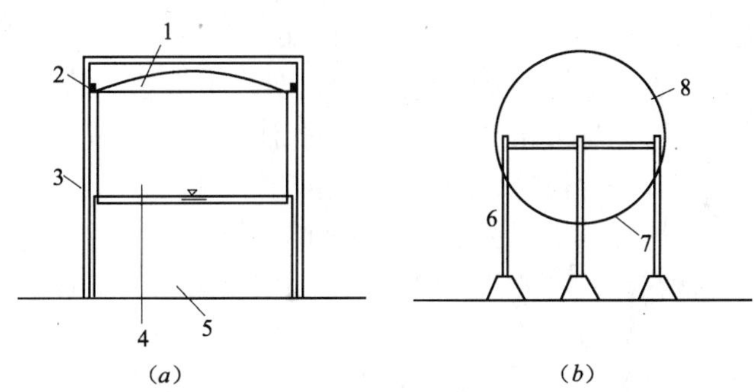

图3-48 贮气柜

（a）低压贮气柜；（b）中压贮气柜

1—浮罩；2—滑轮；3—导向柱；4—沼气管；5—水封池；6—支架；7—沼气管；8—气柜

浮罩式低压湿式气柜在国内应用最广。它由水封池和浮罩组成。水封池是一个由钢板和其他材料制作的有顶盖的圆筒，筒壁插入水池内。进出气管由池底伸入浮罩。当沼气进入时浮罩上升，而当沼气排出时，浮罩下降。浮罩筒壁与水封池壁的间隙很小，为了保持浮罩的垂直升降，通常设有导向装置，即在池周围固定数个导杆，连于浮罩外缘的导轮沿导杆上下滑动。此外，浮罩顶经常放置许多重块（铸铁或混凝土块），一来保证沼气所需的压力，二来移动重块的位置，可调节浮罩的平衡，有利于垂直升降；贮气柜应设置安全阀，进出气管上应装止火器。

在气柜的运行维护中应注意以下三个方面的问题：一是时刻保证压力安全阀处于良好工作状态。如果气柜的进气量大于出气量，浮盖升至高位时压力安全阀不能及时打开泄压，则由于压力超载而损坏气柜。二是应保证气柜内水封冬季不结冰，否则将影响浮盖的正常升降或造成沼气的泄漏。三是应注意外力对浮盖的影响，并及时采取有效措施。例如，风力较大时，将影响浮盖的正常升降，严重时会损坏气柜。风力特别大时，应考虑在气柜迎风面设移动式风障。遇雪天应及时清除浮盖上的积雪，以免影响气柜的正常工作压力；如果积雪长时间不清，则有可能在朝阳部分先融化，造成浮盖受力不均匀，影响其正常升降。另外，当消化系统停止运行时，应将气柜内气体完全放空，严禁气柜载满气体搁置，否则温度升高时将由于气体膨胀而损坏设备。

一般要求能够储存消化系统6~8h的产气量，以便充分保证供气的连续均匀。对于大型处理厂，由于产气量很大，所以要求气柜的容量很大或数量很多。鉴于该种情况，一些大型处理厂还采用中压球罐储存沼气，以便减小储存设备的容量。中压球罐常用的工作压力一般为0.4~0.6MPa。

4. 沼气输配系统的安全

沼气输配的安全包括压力控制与阻火两个方面。

(1) 压力控制

压力是沼气系统正常稳定运行的重要参数，一是要保持压力的稳定；二是要将压力控制在合适的范围内。低压湿式气柜除贮存沼气以外，另外一个重要作用就是保持系统的压力恒定，使压力不随沼气产量的改变而波动。适当调整气柜浮盖的配重块，可将沼气系统的工作压力控制在合适的范围内，常为300~400mmH_2O。

由于气流在管道内阻力的影响，消化池气相的实际工作压力与气相的压力是不同的，消化池气相压力要高于气柜的压力。具体高多少，取决于流速及管道的直径、长度及材质。差别太大，即使气柜工作压力正常，也会使消化池气相处于超压工作状态，后者应采取设风机抽取或增大管道直径等措施，降低消化池气相的压力。

沼气系统内无论是超压还是出现负压，都将影响系统的正常运行，或对系统造成某些破坏，产生危险，因此常在系统内的某些部位设压力安全阀和负压防止阀。例如消化池顶部以及气柜浮盖上部一般均设有压力安全阀和负压防止阀，实际运行中应对其定期检查，使这些安全装置时刻保持良好，如有可能，应定期送专业单位标定。

大型处理厂的沼气利用系统一般较复杂，应根据条件对其各工作点的压力进行在线连续监视或控制，以保证系统的安全运行。

(2) 沼气管道的阻火

沼气与一定比例的空气混合，遇明火或达到燃点温度之后即开始燃烧。如果沼气系统存在负压，负压防止阀将开启，使部分空气进入沼气系统，空气与沼气组成的这些混合气体通过输配系统到达锅炉、发动机和燃烧器等燃烧点之后，将在沼气管道内产生回火。回火会使温度升高，产生气体膨胀，从而破坏管道和设备，严重时会导致沼气泄漏并产生爆炸，因此，沼气系统内应在锅炉、发动机和燃烧器之前的管路上设置阻火装置。

常用的阻火装置有三类，一是铝网阻火器；二是水封阻火罐；三是砾石阻火箱。

铝网阻火器也称消焰器，即在管道内装设一个可拆卸铝网。其阻火原理是铝丝能迅速吸收和消耗热量，使正在燃烧的气体的温度降低至其燃点以下，火焰就此消灭，从而达到阻火的目的。

当沼气内混入的空气较少时，在阻火器与燃烧点之间的管道内会很快将空气耗尽，火焰自动熄灭。但当沼气中混入的空气较多时，火焰会将单层铝网熔化，继续向前燃烧。因此，一些新型的阻火器由多层铝丝网组成，这些丝网一旦熔化，会形成一个封堵，将火焰完全封住。多层丝网阻火器的缺点是阻力大，并且熔化后将使系统完全停止工作。阻火器的金属丝网应定期取出用洗涤剂清洗，目的是防止其阻力增大，更重要的是丝网上污垢太多时。其吸热速度及效率降低，影响其阻火功能。高碑店污水处理厂所用的阻火器要求每月清洗一次。另外，阻火器安装应尽量靠近燃烧点，以缩短回火在沼气管路内的行走距离。一般要求离燃烧点不应超过9m。

水封阻火实际上是一个水封筒，沼气从中心管底口进入，穿过水层，从侧管流出，沼气经过罐内水层而被阻火的作用，如图3-49所示。水封阻火的缺点是增大了管路的阻力损失，并有可能增加沼气的水分。运行管理中，应经常检查水封罐内的水位，随时补充蒸发掉或被沼气带走的水分。图中的液位差 h 不可太大，否则将增大管路气流阻力，使消化池气相压力增大；但也不可太小，否则会使补水次数大大增加，并可能由于补水不及时，导致液位下降，使进气管露出液面，失去阻火功能。h 一般应控制在50～100mm范围内。

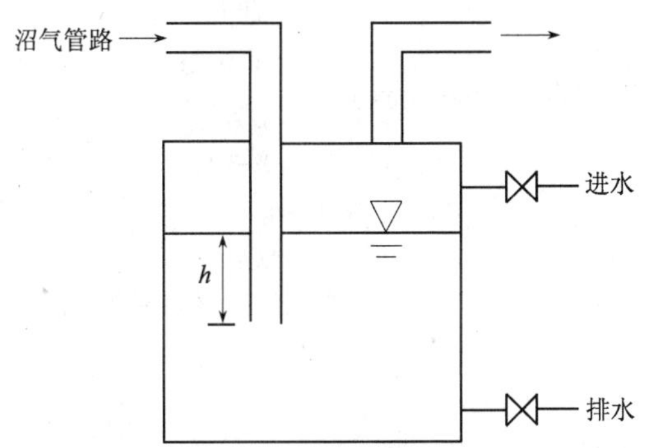

图3-49　水封阻火罐示意图

另外一些处理厂采用砾石箱阻火，即在管线上设置一填满砾石的箱，沼气通过砾石时，砾石能有效地起到阻火作用。

3.3.3 常见沼气利用系统

沼气利用的目的是满足污水厂对热能、机械能和电能的需求。沼气的利用方式应根据污水处理厂的规模、污水处理和污泥处理工艺的形式及所在地的条件来确定。

沼气在污水处理厂内的利用途径主要是作为动力燃料，通过沼气发动机和沼气锅炉加以利用。另外，为避免剩余的沼气直排造成空气污染或产生爆炸危险，一般还应设置废气燃烧器，将剩余沼气烧掉。

1. 沼气发动机

沼气发动机有两种具体的利用形式。一种是驱动发电机发电，供给厂内使用或送入电网；另一种是直接驱动鼓风机或污水提升泵，以便节省能源。这两种形式各有利弊，前者的优点是较后者运行灵活，而当用于直接驱动鼓风机或水泵时，发动机一般应能采用双燃料或备份电动机驱动的鼓风机组。另外，两种形式的机械效率不同。沼气发动机的机械效率一般在20%～30%之间，即沼气中的能量有20%～30%转化成了电能。发电机—电动机组的机械效率约为75%，因而采用沼气发电系统时，其总的机械效率约为15%～23%，即沼气中的能量只有15%～23%转化成了有效的机械能。当采用发动机直接驱动鼓风机或水泵时，其总机械效率为20%～30%。对于沼气发动机来说，沼气中的能量除20%～30%转化成了机械能以外，还有30%～35%以热量的形式转化到冷却水中，30%～35%以热量的形式随烟气带走，另有10%为机体本身热损耗和振动能耗。综上所述，沼气中能量的60%～70%转化成了热量。实际中，常将这部分热量继续回收，作为消化池加热的热源。一般来说，通过有效的热交换，冷却水中热量的90%以上、废烟气中热量的60%～70%可被回收用于污泥加热，两者共计47%～55%，即沼气中能量的47%～55%被回收用于污泥加热。可见，沼气中能量的实际总利用效率为67%～85%。以上分析简明地表示为图3-50。

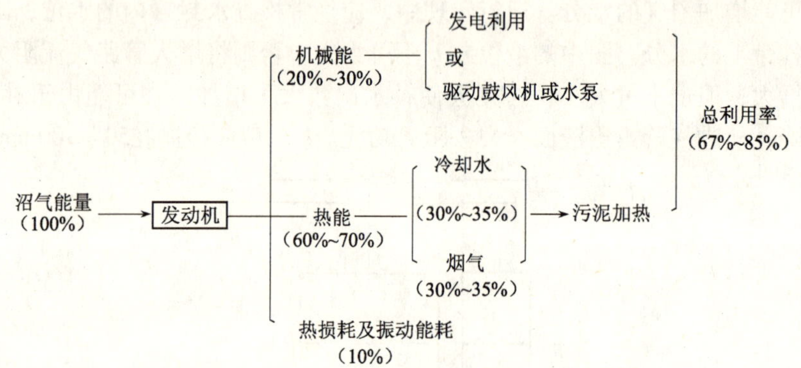

图3-50　沼气发动机系统的能量分配和流向

2. 沼气锅炉

沼气锅炉的主要用途是为消化污泥加热，可采用热水锅炉，也可采用蒸汽锅炉，主要取决于消化池的加热方式。其各种附属设备，如泵、鼓风机等与锅炉都是组合成一体，燃料的供给、切换、空气量的调节均是自动进行的。沼气锅炉的热效率较高，一般在90%以上，即能把沼气中能量的90%转化为热水或蒸汽中的热能对污泥进行加热。

沼气发动机和沼气锅炉这两种沼气利用方式各有利弊，采用何种方式取决于处理厂的具体情况。一般来说，在北方地区，对于典型的城市污水污泥，沼气发动机的余热在春夏秋三季均能满足污泥加热的需要，且有较多的剩余热量；而在冬季却不能满足加热要求，因而还必须另设燃煤锅炉。如采用沼气锅炉，则一年四季均能满足污泥加热需要，但在春秋夏三季均会剩余较多的热量。一些处理厂的沼气系统，既设有沼气发动机，又设有沼气锅炉。在冬季将沼气全部用于沼气锅炉为消化池加热，在春夏秋三季则全部用于沼气发电，这样既可省去燃煤锅炉，又可使沼气得以最大限度地利用。在南方地区，沼气发动机的余热一般可满足一年四季污泥加热所需的热量，因而一般不需设置沼气锅炉。当然，以上只是一般分析，具体还与消化池进泥的泥质及含水量、消化效率以及系统的保温情况等因素有关系，实际中应视情况进行具体分析。

3. 废气燃烧器

废气燃烧器的燃气量一般应为消化系统的最大产气量，即保证在不利用沼气时，应将产生的所有沼气燃烧掉。废气燃烧器应按消化池平均小时产气量的1.5倍来选择。废气燃烧器种类有多种，处理厂常采用的为自动点火混合式燃烧器。实际运行中，应注意控制进入每台燃烧器的沼气流速小于火焰的传播速度，否则火焰将熄灭，导致沼气直排大气。沼气燃烧产生的火焰的传播速度一般在 0.65～0.70m/s 之间，具体取决于沼气中甲烷含量。

3.4 小城镇污水处理工艺及其选择

3.4.1 污水处理工艺方案确定的依据

1. 污水处理工艺方案的内容

（1）污水处理工艺基本路线的确定（例如，根据处理要求确定处理级别，是采用一级处理还是二级处理，或是需要三级处理）。

（2）主要净化处理构筑物或设施的选择与工艺流程的确定。

（3）净化处理构筑物或设施及其相关设备的计算及其选定（例如二沉池及其刮泥机，曝气池以及曝气扩散器）。

（4）其他处理构筑物或设施、辅助构筑物或设施的计算及选定（例如污泥处理系统与相关设施，鼓风机房、泵房、回流污泥泵房等）。

2. 确定污水处理工艺方案的依据

确定污水处理工艺的依据有以下几点：①污水处理程度；②处理规模和原污水水质水量变化规律；③新工艺、新技术或类似污水处理厂的资料；④工程造价与运行费用；⑤建址条件；⑥对计量、水质检验及自控的要求；⑦污泥处理工艺。

（1）污水处理程度

这是污水处理工艺选定的主要依据，决定于原污水水质和处理后出水水质。处理程度涉及到处理的项目和处理要求。第一，究竟哪些水质项目必须处理，一般来说，凡是原污水水质指标不符合污水排放标准的项目都要进行处理。但是，有时某一个水质项目（如印染废水的色度、农药废水的有机磷等），要使其处理后达标排放很困难，需要经过深度处理或某些特殊预处理，会使工程投资和运行管理费用增加。解决途径除了针对性地增加处理设施以外，还可能通过其他辅助达标措施，其高浓度或处理后不达标是暂时的。第二，满足哪些水质项目的处理要求。每一种处理方法，一般同时对几种水质项目均有去除效果，例如，沉淀法对城市污水及其类似污水，可去除 SS、COD_{Cr}和 BOD_5，对于选煤厂废水却只能去除 SS；生物化学法对城市污水或类似污水，不仅对 COD_{Cr}、BOD_5 有较高去除率，对 SS 亦有好的去除率。而且几种水质项目中，只要一种项目能达到处理要求，其他项目也可达到处理要求。如采用生化处理法处理可生化工业废水时，COD_{Cr}指标能达标，则 BOD_5 肯定能达标，则应选 COD_{Cr}作为首选设计处理项目。第三，当原污水水质变化很大时，究竟用哪个数值作为处理的依据，也是应选择的。选值太高，会使工程投资和运行费用增加很多，若这种选值出现频率较低，则应不选。选值太低，可能会使处理不能达标。

处理后出水水质决定于出水的去向或用途。当排放水体时，污水出水指标可按以下几种方法确定：

1）按水体的水质标准确定，即根据当地政府环境保护部门对受纳水体规定的水质标准进行确定。

2）按城市污水处理厂所能达到的处理程度确定，即以二级处理工艺处理一般城市污水所能达到的处理程度作为依据。如美国规定 $BOD_5 \leqslant 30mg/L$，$SS \leqslant 30mg/L$，且任何时候处理去除率不得低于85%。我国综合城市污水特征和一般二级处理工艺能力，也规定污水处理厂排放标准，即《污水综合排放标准》(GB 8978—1996) 表2中规定 $COD_{Cr} \leqslant 120mg/L$，$BOD_5 \leqslant 30mg/L$，$SS \leqslant 30mg/L$。

3）考虑受纳水体的自净能力、稀释能力，这样可能在一定程度上降低对处理水水质的要求，降低处理程度，但对此应采取慎审态度，取得当地环境保护部门的同意。

(2) 处理规模和原污水水质水量变化规律

污水处理规模也是影响工艺选择的重要因素。某些处理工艺，如完全混合曝气池、塔式生物滤池和竖流沉淀池只适用于水量不大的小型污水处理厂，因此处理方案的选择也要随处理规模调整。

原污水水质水量变化很大时，处理方案中应考虑对水质水量的调节（如设调节池）或选用承受冲击负荷能力较强的处理工艺，以尽量减少不利影响。

(3) 新工艺、新技术或类似污水处理厂的资料

采用先进技术，应做到技术上先进可靠，经济上高效节能。对于采用新工艺、新技术的设计，应对其设计参数和技术经济指标作精心选择。如采用钟式沉砂池，沉砂效果、砂与水或有机物分离率、沉砂池占地面积均优于一般沉砂池。采用氧化沟工艺在脱氮除磷效果、剩余的污泥稳定性、运行管理复杂程度、节省工程投资方面均优于普通活性污泥法工艺。这些新工艺的采用会改变污水与污泥处理工艺，但应对工艺性能、设计参数和技术经济指标，通过试验或调研确定。

类似污水处理工程的相关资料，如工艺流程、工程投资、运行效果、建设管理情况以及相关参数、经验值和指标等都可作为确定处理工艺的依据。

(4) 工程造价与运行费用

不同的污水污泥处理工艺方案，以原污水水质水量、相同自然条件下，若处理出水均达到排放标准为约束条件，处理系统的最低的总造价和运行费用是选择处理系统方案的依据。

(5) 建址条件

建址地区的气候、地形等自然条件也是污水处理工艺选定的影响因素。如太冷或太热地区，不适合采用普通生物滤池和生物转盘工艺。降雨量明显高于蒸发量的地区，不宜采用污泥干化场。某些特殊的地形，如旧河道、洼地、沼泽地等，可以考虑采用稳定塘、土地处理等工艺。

建址地区水文、工程地质、原材料、电力供应等具体问题，也要求考虑一些特殊的工艺和土建结构技术。

(6) 对计量、水质检验及自控的要求

计量、水质检验及自控所需的仪器设备的设置不单纯是管理工作的需要，更重要的是为了做到严格控制工艺过程达到高效、安全、经济的目的。而且某些工艺在此方面有特殊要求、如三沟式氧化沟的选用需要随时检测氧化沟的水位、水质；新型间歇式活性污泥法要求随时检测曝气池水位、水质（如DO）、运行时间等，并采用计算机进行自动控制。

（7）污泥处理工艺

污泥处理工艺作为污水处理系统方案的一部分，决定于污泥的性质与污泥的出路（农用、填地、排海等）。污水处理构筑物排出的剩余污泥性质不同，对选用污泥处理工艺会产生较大影响，如采用普通活性污泥法工艺，污泥一般需进行消化处理，采用低负荷的氧化沟工艺，剩余污泥处理可不进行厌氧消化。

3.4.2 污水特征与处理程度

1. 污水特征

（1）城市污水的组成

由城市排水管网收集的污水称为城市污水，是由居住区等区域排出的生活污水和城市排水系统集水范围内工业企业工业污水组成，在雨季还包括部分雨水。详细组成如下：

城市污水
- 生活污水
  - 家庭污水
  - 公共场所污水（如宾馆）
  - 医院污水（经消毒预处理）
- 工业污水（经预处理达标排放）和工业废水
- 初期雨水

（2）城市污水水质

功能综合的城市，排水系统接纳的生活污水约占总污水量的45%～65%，相应城市污水具有生活污水的特征。城市污水的水质随接纳的工业污水水量和工业企业生产性质的不同而有所变化，尤其是一些特殊的污染物指标，如重金属离子与冶金工业，有毒有机物与农药、染料等工业等，但由于特殊工业企业的数量与其排水量所占比例很小，因而对城市污水整体影响不大（特别是工业污水经预处理后）。

典型的生活污水水质变化范围可参考表3-6。

典型生活污水水质 **表3-6**

序号	指标	浓度（mg/L）		
		高	中	低
1	总固体（TS）	1200	720	350
2	溶解性总固体	850	500	250
3	非挥发性	525	300	145
4	挥发性	325	200	105
5	悬浮物（SS）	350	220	100
6	非挥发性	75	55	20
7	挥发性	275	165	80
8	可沉降物	20	10	5
9	生化需氧量（BOD_5）	400	200	100
10	溶解性	200	100	50
11	悬浮性	200	100	50
12	总有机碳（TOC）	200	60	80
13	化学需氧量（COD）	1000	400	250
14	溶解性	400	150	100
15	悬浮性	600	250	150

续表

序号	指标	浓度（mg/L）		
		高	中	低
16	可生物降解部分	750	300	200
17	溶解性	325	150	100
18	悬浮性	325	150	100
19	总氮（N）	85	40	20
20	有机氮	35	15	8
21	游离氮	50	25	12
22	亚硝酸氮	0	0	0
23	硝酸氮	0	0	0
24	总磷（P）	15	8	4
25	有机磷	5	3	1
26	无机磷	10	5	3
27	氯化物（Cl）	200	100	60
28	碱度（$CaCO_3$）	200	100	50
29	油脂	150	100	50

2. 污水设计水量

城市污水处理厂设计时，有以下几种设计水量。

（1）平均日流量（m^3/d）　用来表示污水厂的公称规模，并用以计算污水厂抽升电耗、耗药量、处理总水量、总泥量等。

（2）最大时、最大日流量（m^3/h 或 m^3/d）　用来确定管渠和泵站、风机房等设备容量的基本数据。一般情况下，污水厂各构筑物（除水力停留时间超过 5.0h 的构筑物外）应按此流量设计。

（3）平均日的平均时流量（m^3/h）　当污水厂构筑物水力停留时间大于 4.0h 时，该构筑物及其后续处理构筑物按此流量校核。

（4）降雨时的设计流量（m^3/h 或 L/s）　包括旱季流量和截流（n 倍的初期雨水）流量。须用这种流量校核初沉池及其以前的构筑物或设施，此时初沉池水力停留时间不小于 30min。

（5）当污水厂为分期建设时，设计流量用相应的各期流量。

3. 污水设计进出水水质设计

（1）设计进水水质

1）生活污水　根据我国近年实测资料，生活污水的 BOD_5 和 SS 设计值可取为：BOD_5 为 20～35g/(人·d)，SS 为 35～50g/(人·d)。

2）工业废水　工业废水的设计水质按企业实际排水水质数据计算，可由当地环境保护部门或市政部门提供。

3）城市污水厂设计进水水质　应根据工业废水和生活污水所占比例确定设计进水水质范围，并根据城市污水水质常年监测资料进行对比、参考重点工业企业污染源监测资料，确定污水厂设计进水水质范围。

（2）出水水质标准

1）《污水综合排放标准》(GB 8978—1996)

2）《国家地面水环境质量标准》(GB 3838—2002)

3）《城市污水再生利用城市杂用水水质》(GB/T 18920—2002)

4）《农田灌溉水质标准》(GB 5084—2005)

出水水质校准应根据排放去向、接纳污水体功能、与被保护水体的关系由第1）或2）确定，亦可根据第4）或3）确定。

4. 污水处理程度的确定

城市污水处理程度可按下式计算：

$$\eta_t = \frac{S_{i0} - S_{ie}}{S_{i0}} \times 100\%$$

式中 η_t——污水某水质项目需处理的程度，%；

S_{i0}——污水某水质项目进水指标，mg/L；

S_{ie}——污水某水质项目出水指标，mg/L。

3.4.3 污水处理工艺的方法

1. 水中杂质与处理工艺

从处理方法的作用原理来看，各种方法适合处理不同状态、性质的污染物，如沉淀池适合于处理悬浮液污水，而生物滤池、活性炭吸附则适合于处理溶解性污水。水中杂质与处理工艺的关系详见图3-51。

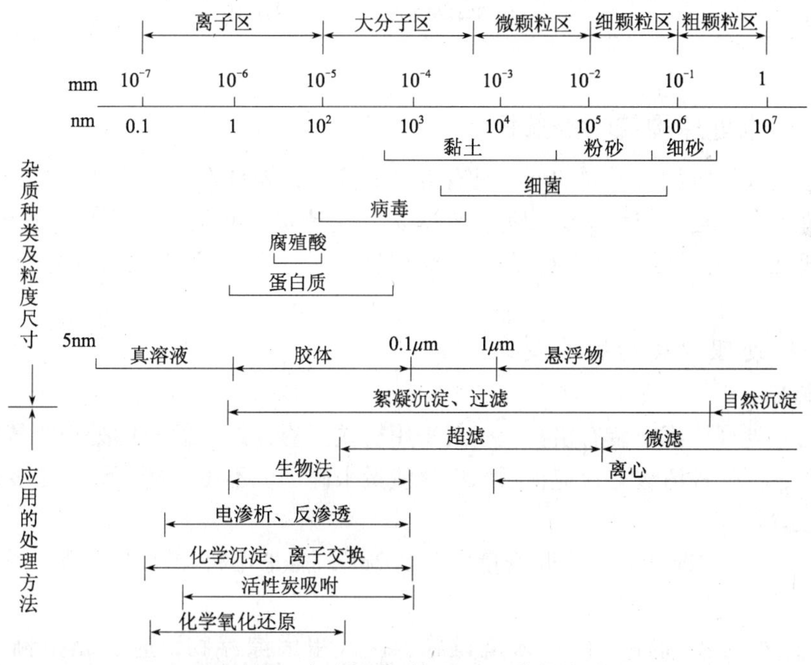

图3-51 水中的杂质与处理工艺的关系

2. 城市污水处理工艺典型流程

由于污水来源的多样性和其组成的复杂性，采用的处理方法一般是几种方法的组合而不是单纯一种方法。图3-52是城市污水处理的典型工艺流程。其中三级处理一般城市污水厂可能不设置，只有污水需要回用时才设置该级处理。

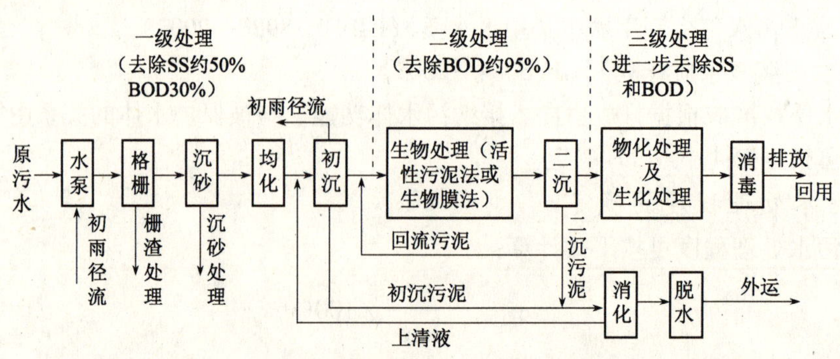

图 3-52 城市污水处理工艺典型流程

3. 各级处理方法与处理效果

城市污水各级处理方法和效果见表 3-7。

各级处理方法与处理效果 表 3-7

级别	去除的主要污染物	处理方法	处理效果
一级	悬浮固体	沉砂、沉淀	SS 50%、BOD_5 30%
二级	胶体和溶解性有机物、悬浮物	好氧生化处理	SS 80%、BOD_5 85% TN 30%、TP 10%
三级	悬浮物、溶解性有机物和无机盐氮和磷	混凝、过滤、吸附、电渗析、生物接触氧化、A/O 或 A^2/O 法	SS 40%、BOD_5 60% TN 80%、TP 65%

3.4.4 污水处理构筑物的选择

同一级处理构筑物，不同的型式具有各自的特点，表现在它的工艺系统、形式、适应性能、处理效果、运行与维护管理等。同时，其建造费用和运行费用也存在差异。因此，确定了处理工艺流程后，应进行处理构筑物型式的选择，必要时可通过技术经济比较确定。

1. 一级处理构筑物的选型

（1）格栅

多数污水处理厂都安装有格栅，一般采用机械清渣方式，但有的处于闲置状态。是否安装格栅及选择何种清渣方式应视污水中浮渣量来确定，不可一概而论，必要时可预留格栅的安装位置。

1）按清渣方式选择 每日栅渣量大于 0.2m^3，需采用机械清渣格栅；否则采用人工清渣格栅。

2）按保护对象选择 保护人流设施、拦截粗大漂浮物，应选粗格栅，栅条间距 50～100mm。由于栅渣量小、多为尺寸大的物品，故采用人工清渣格栅；保护污水提升泵房，选中格栅，栅条间距 10～40mm（一般为 25mm）；保护曝气扩散器或填料等装置，选细格栅，栅条间条距 3～10mm。

3）按占地面积选择 立式格栅，安装倾角 75°～95°，节省占地；倾斜格栅，安装倾角 45°～55°，占地面积大，尤其是大型污水厂，由于格栅井垂直深度大，采用倾斜格栅占地面积会很大。

4）按栅渣处理方式选择　重力分离渣含水，人工除渣卫生条件差，劳动强度大，投资低；离心分离渣含水，机械破碎、包装栅渣，卫生条件好，机械自动操作，投资高。

5）按运行维护来选择　机械格栅运行费用较高，操作与维修较复杂；非机械格栅操作与维修简单，费用较低。

（2）沉砂池

沉砂池主要是为去除粒径为 0.2mm 以上的砂粒，去除率要求达到 80%。常用沉砂池有平流沉砂池、曝气沉砂池、钟式沉砂池。三者的技术特征见表 3-8 所示。

沉砂池的比较　　**表 3-8**

池　型	优　点	缺　点	适用条件
平流沉砂池	构造简单、沉砂效果较好且稳定，运行费用低、重力排砂方便	重力排砂时施工困难，沉砂含有机物多、不易脱水	小、中型污水厂
曝气沉砂池	构造简单，沉砂效果较好，沉砂清洁易于脱水、机械排砂、能起预曝气作用	占地面积大 投资大 运行费用较高	中、大型污水厂
钟式沉砂池	沉砂效果好且可调节，适应性强，占地少、投资省	构造复杂 运行费用高	大、中、小型污水厂

（3）沉淀池

按水流形式划分，沉淀池可分为平流式沉淀池、竖流式沉淀池、辐流式沉淀池和斜板（管）沉淀池。平流沉淀池静压排泥时，若不设刮泥机，采用多斗则构造复杂。竖流沉淀池一般可采用单斗静压排泥，不需排泥机械。辐流沉淀池一般采用刮泥机或吸泥机。大型污水处理厂用平流沉淀池和辐流沉淀池作二沉池时，须采用吸泥机排泥，排泥系统较复杂。

各种沉淀池的详细比较见表 3-9。

沉淀池的比较　　**表 3-9**

池　型	优　点	缺　点	适用条件
平流式	沉淀效果较好 耐冲击负荷 平底单斗时施工容易造价低	配水不易均匀 多斗式构造复杂，排泥操作不方便，造价高 链带式刮泥机维护困难	适用地下水位高，大中小型污水厂
竖流式	静压排泥系统简单 排泥方便 占地面积小	池深池径比值大、施工较困难 高冲击负荷能力差 池径大时，布水不均匀	适用地下水位低，小型污水厂
辐流式	沉淀效果较好 周边配水时容积利用率高 排泥设备成套性能好管理简单	中心进水时配水不易均匀 机械排泥系统复杂、安装要求高 进出配水设施施工困难	适用地下水位高地质条件好，大中型污水厂
斜板式	沉淀效果效率高 停留时间短 占地面积小 维护方便	构造比较复杂 造价较高	适用于地下水位低、小型污水厂

沉淀池产生的污泥常用静压重力法排泥，机械设备排泥法，各种排泥方法的比较见表3-10。

沉淀池排泥方法比较　　表3-10

方　法	优　点	缺　点	适用对象
斗式静压排泥	单斗时操作方便不易堵塞 设施简单造价低	增加池深池底构造复杂 多斗时操作不方便 排泥不彻底	中小型、含泥量少的污水厂
穿孔管排泥	操作简便排泥历时短 系统简单造价低	孔眼易堵塞，池宽太大时不宜采用，泥砂量大时效果差 有时需配排泥泵	小型、含泥砂量少的污水厂
吸泥机	排泥效果好 可连续排泥 操作简便	机械构造复杂，安装困难 造价高 故障不多但维修麻烦	大、中型污水厂
刮泥机	排泥彻底效果好 可连续排泥 操作简便	机械构造较复杂 水力部分设备维修最大 还需配排泥管或泵	大、中型泥水厂

2. 二级处理构筑物选型

城市污水二级处理的主要方法有活性污泥法和生物膜法两类，两类又有很多具体工艺形式，选用时应根据城市污水构成和水质指标精心论证，尤其是工艺参数的确定最好通过试验来确定。

（1）活性污泥法

活性污泥法的运行工艺有很多种形式，如传统活性污泥法、阶段曝气活性污泥法、吸附—再生活性污泥法、延时曝气活性污泥法、高负荷活性污泥法、完全混合活性污泥法、深水曝气活性污泥法、深井曝气活性污泥法、纯氧曝气活性污泥法等。这些方法中传统活性污泥法、吸附—再生活性污泥法、完全混合活性污泥法、延时曝气活性污泥法（又称为氧化沟）四种方法常用。

常用的几种活性污泥比较见表3-11，表中占地面积、投资、构造等仅指曝气池，不包括初沉池、二沉池、污泥回流设施等。

活性污泥法工艺比较　　表3-11

方　法	优　点	缺　点	适用对象
传统 活性污泥法	BOD 去除率高达90% ~95% 工作稳定 构造简单 维护方便	占地大投资高 产泥多且稳定性差 抗冲击能力较差 运行费用较高	出水要求高的大中型污水厂
吸附再生 活性污泥法	构造简单维护方便 具有抗冲击负荷能力 运行费用较低 占地少投资省	BOD 去除率80% ~90% 剩余污泥量大且稳定性较差	悬浮性有机物含量高的大中型污水厂

续表

方　法	优　点	缺　点	适用对象
完全混合活性污泥法	抗冲击负荷能力强 运行费用较低 占地不多投资较省	BOD 去除率 80% ~90% 构造较复杂 污泥易膨胀 设备维修工作量大	污水浓度高的中小型污水厂
氧化沟法	BOD 去除率 95% 以上 有较高脱氮效果 系统简单管理方便 产泥少且稳定性好	曝气池占地多投资高 运行费用较高	悬浮性 BOD 低有脱氮要求的中小型污水厂

除以上几种常用活性污泥法之外，随着城市污水厂出水中 N、P 控制标准的提高（为了防止受纳污水体富营养化），A/O 活性污泥法与 A^2/O 活性污泥法得到广泛应用，包括氧化沟法（因具有硝化—反硝化脱氮作用），也得到广泛应用。

1）生物脱氮（A/O）工艺　该工艺是将曝气池分为前段缺氧（DO≤0.5mg/L）和后段好氧（DO=2.0mg/L）。将好氧段出水（氨氮已被硝化），部分回流到缺氧段。在微生物作用下，利用进水中 BOD_5 作碳源，利用硝酸盐中的结合氧，使硝酸氮还原成 N_2 由水中逸出，完成脱氮。进而在好氧段完成 BOD_5 的去除和氨氮的硝化。处理效率，BOD_5 和 SS 为 90% ~95%，总氮为 70% 以上。低温时脱氮效果明显下降。

该工艺的基建费高于传统活性污泥法，主要是反应池的总停留时间增加（一般为 8~12h），并增加了内回流系统及搅拌设备，扩大了鼓风曝气系统。

该工艺的用电量和运行费用均高于传统活性污泥法，主要是因为增加了硝化需氧量，按一般城市污水水质计算，总用电量要增加 50% 以上。该工艺适用于大中型污水厂。

2）生物除磷脱氮（A^2/O）工艺　该工艺是将曝气池分为厌氧段、缺氧段和好氧段，在厌氧段（DO<0.2mg/L），回流污泥与进水混合（$BOD_5/P \geq 10$），活性污泥向污水中释放磷，同时进水 BOD 下降约 50%，在好氧段污泥又过量吸磷，最后通过排放剩余污泥的方式。将磷去除。而污水在好氧段的氨氮被硝化，和通过内回流在向缺氧段的脱氮过程，与 A/O 脱氮工艺一样。处理效率，BOD_5 和 SS 为 90% ~95%，总氮为 70% 以上，磷为 90%。

该工艺适用于受纳污水体对水质要求（包括对氮和磷的要求）很高时的大型污水厂。由于基建费、用电量和运行费均高于传统活性污泥法，目前从国情考虑，不宜大力推广。

（2）生物膜法

生物膜法处理工艺有生物滤池、生物转盘、生物接触氧化三种形式。它们在工艺构造、运行管理、要求的水质与环境条件、配套设施等方面均有较大差异。

1）生物滤池　具体形式有普通生物滤池、高负荷生物滤池、塔式生物滤池。尽管它们在工艺构造和运行负荷方面有所差异。另外单个塔式生物滤池可能节省占地，但三者均存在占地面积大、卫生条件差、易堵塞、不适宜低温环境等缺点。尽管有运行过程比较省电、进水悬浮性有机物浓度低时管理简单的优点，其应用还是受到限制，仅适用于低浓度、低悬浮物的小型污水厂。

2）生物转盘　其优点是构造简单、动力消耗低、抗冲击负荷能力强、操作管理方便、污泥净生长量小且稳定性比较好、不发生污泥膨胀，不需污泥回流，具有脱氮和除磷能力。其缺点是盘片数量多、材料贵，水深较浅、占地面积大、基建投资大，处理效率易受环境条件影响，卫生条件差（或需加保护罩）。适用于气候温和的地区、水量小的污水厂。

3）生物接触氧化　其优点是处理能力较大、占地面积省，对冲击负荷适应性强。不发生污泥膨胀现象，污泥产量少且稳定性（比活性污泥）稍好，不需污泥回流，出水水质较好。缺点是布水、布气不易均匀，填料价格昂贵影响建设投资，运行不当易堵塞，适用于悬浮性有机物浓度低的中小型污水厂。

3. 三级处理工艺选择

城市污水经二级处理后，一般能达标排放，但要满足更高水质要求，还需进行混凝法或过滤法、吸附法、臭氧氧化法、电渗析、液氯或次氯酸钠氧化等方法处理。其中混凝、过滤是常用的三级处理方法，有时也使用吸附（如处理水用作循环冷却水系统补充水），而其他方法使用较少。

污水三级处理，又称为深度处理，其目的有以下几方面：①去除处理水中残余的悬浮物（包括微生物絮体）；脱色、脱臭，使水进一步得到澄清。②进一步降低 BOD_5、COD、TOC 等指标，使水质进一步稳定。③脱氮除磷，消除能够导致水体富营养化的因素。④消毒杀菌，去除水中的有毒有害物质。

要达到上述第一个目的，可采用过滤、混凝等技术，满足第二个目的可采用混凝、过滤、吸附、臭氧氧化等技术。脱氮除磷则使用 A/O 法或 A^2/O 法，一般与去除 BOD、COD 的活性污泥法一起运行。消毒杀菌，可用臭氧氧化、液氯或次氯酸钠消毒法。

混凝、过滤与吸附方法的比较见表 3-12。表中处理效果是指一般城市污水厂二级处理水采用该法能达到的效果。占地面积、投资、运行费用包括整个系统，而不仅仅是滤池或吸附池。括号内指接触过滤时的效果。

常用三级处理方法比较　　**表 3-12**

方法	净化对象	处理效果（%）			工艺系统与设施	运行管理	占地面积	投资	运行成本
		SS	BOD	COD					
混凝	悬浮物有机物	70	40	25	混合、反应、沉淀	简单	大	低	中
过滤	悬浮物有机物	65 (80)	35 (50)	20 (35)	（混合、反应）过滤	复杂	中	中	中
吸附	有机物悬浮物	90	90	80	过滤、吸附	复杂	大	高	高

当城市污水二级处理效果不好，或受纳水体卫生条件要求高时（如水源保护地区）须采用消毒法进行处理。常用消毒方法的比较见表 3-13。

常用消毒方法比较 **表 3-13**

方法	优点	缺点	适用对象
液氯消毒	效果可靠稳定 投配设备简单 造价运行费低	可能形成有害的氯化有机物	大、中型污水厂
漂白粉消毒	漂白粉直投设备简单 运行控制简单 价格低	含氯量低，用量多	小型污水厂
臭氧氧化	效率高并能降解有机物、色、味等 接触时间短且不受 pH 与温度影响 不产生有害副产物	设备复杂、投资高 消耗电能多，运行费用高 需避免残余臭氧	受纳水体卫生条件要求高的大、中、小型污水厂
紫外线消毒	效率高 接触时间短 无气味产生 不改变水的理化性质	消耗电能多，运行费用高 照射灯具消耗较高	小型污水厂

第4章　小城镇污水厂设计

4.1　小城镇污水厂设计内容及其原则

4.1.1　污水厂设计内容

污水要达标排放，一般需经预处理、一级处理、二级处理才能达到要求，甚至需要三级处理才能达到目的。

污水厂的设施，一般可以分为处理构筑物、辅助生产构（建）筑物、附属生活建筑物。

根据污水的特征、水质、水量、处理后排放标准，比较确定了污水处理方案之后，就应根据批准的设计方案，完成设计计算与绘图工作。

污水处理工艺设计一般包括以下内容：根据城市或企业的总体规划或现状与设计方案选择处理厂厂址；处理工艺流程设计说明；处理构筑物型式选型说明；处理构筑物或设施的设计计算；主要辅助构（建）筑物设计计算；主要设备设计计算选择；污水厂总体布置（平面或竖向）及厂区道路、绿化和管线综合布置；处理构（建）筑物、主要辅助构（建）筑物、非标设备设计图绘制；编制主要设备材料表。

4.1.2　污水厂设计原则

1. 污水厂的设计和其他工程设计一样，应符合适用的要求，首先必须确保污水厂处理后达到排放要求。考虑现实的经济和技术条件，以及当地的具体情况（如施工条件），在可能的基础上，选择的处理工艺流程、构（建）筑物型式、主要设备、设计标准和数据等。应最大限度地满足污水厂功能的实现，使处理后污水符合水质要求。

2. 污水厂设计采用的各项设计参数必须可靠。设计时必须充分掌握和认真研究各项自然条件，如水质水量资料、同类工程资料。按照工程的处理要求，全面地分析各种因素，选择好各项设计数据，在设计中一定要遵守现行的设计规范，保证必要的安全系数，对新工艺、新技术、新结构和新材料的采用持积极慎重的态度。

3. 污水处理厂（站）设计必须符合经济的要求。污水处理工程方案设计完成后，总体布置、个体设计及药剂选用等要尽可能采取合理措施降低工程造价和运行管理费用。

4. 污水厂设计应当力求技术合理。在经济合理的原则下，必须根据需要，尽可能采用先进的工艺、机械和自控技术，但要确保安全可靠。

5. 污水厂设计必须注意近远期的结合，不宜分期建设的部分，如配水井、泵房及加药间等，其土建部分应一次建成；在无远期规划的情况下，设计时应为今后发展留有挖潜和扩建的条件。

6. 污水厂设计必须考虑安全运行的条件，如适当设置分流设施、超越管线、甲烷气的安全贮存等。

7. 污水厂的设计在经济条件允许情况下，厂内布局、构（建）筑物外观、环境及卫生等可以适当注意美观和绿化。

8. 建设规模应考虑近期的投资能力

从城市污水处理总体上来说，根据排水出路确定污水处理厂规模，也不考虑投资能力，单纯从经济上分析。当然污水处理厂规模大，其单方造价、管理费用都比修建小型污水处理厂显得经济。但是，要修建大型污水处理厂，首先要建设一个庞大的排水系统，包括几百至几千公里管道及许多中途泵站，才能将污水收集后集中输送到污水处理厂。这个污水收集系统的投资将超过污水处理厂，而如果近期又缺乏资金，污水收集系统建不起来就更谈不上建污水处理厂。为此，应该根据城市近期的投资能力，从修改排污水规划入手，适当缩小排水系统，争取用较少的资金使系统完善起来，并随城镇建设的发展，逐年修建一批小型廉价的污水处理厂。

9. 城市污水就近处理、就近排放有利于污水再生回用被证实是可靠的水资源，而随着水处理技术的进步，污水再生技术已经广为应用。在这种情况下，增加一些投资，改善污水处理厂本身的环境保护条件，使城市污水可就近处理、就近回用是非常值得的。因为城市污水就近处理，可以节省大量管道投资；而处理达标后就近排放，为污水资源化、进行再生回用创造了条件。如果污水处理厂的出口远离再生水的回用点，又将出现回用水工程的管道投资过大问题，使本来就不容易推行的污水再生回用事业更加困难，这一点是十分清楚的。

4.1.3 污水厂设计应达到的标准

1. 设计应符合污水处理达标排政标准；
2. 选择的工艺流程、建（构）筑物布置、设备等能满足生产需要；
3. 设计中采用的数据、公式和标准必须正确可靠；
4. 设计中在满足生产需要的基础上，在经济合理的原则下，尽可能地采用先进技术；
5. 在设计中要尽可能降低工程造价，使工程取得最大的经济效益和社会环境效益；
6. 设计应注意近远期相结合，一般采用分期建设；
7. 设计时应适当考虑厂区的美观和绿化。

4.2 小城镇污水厂厂址选择

污水厂厂址选择是进行设计的前提，应根据选址条件和要求综合考虑，选出适用可靠、管道系统优化、工程造价低、施工及管理条件好的厂址。选址时，应考虑下列因素。

污水处理厂的厂址应根据当地有关水资源情况、受纳水体的功能划分类别、污染与自净状况、城市和工厂厂区的总体规划与自然条件等因素确定。此外，处理后污水与污泥利用的可能性与途径及出路，以及所选定的污水处理工艺流程等对厂址的选择也有一定的影响。污水处理厂位置选择十分复杂，各种因素互相矛盾，通常不可能各方面要求都得到满足，选择中要抓主要矛盾，分清主次条件，进行深入调查研究、分析比较。特别对于不能满足的某些条件，分析其影响大小及有无解决办法及弥补措施。一般的做法是提出多种可行的方案，进行技术经济的比较和定量的最优化分析，并通过专家的多次反复论证后再确定。具体来讲，污水厂厂址的选样应当考虑以下几项原则：

1. 应符合城市或企业现状和规划对厂址的要求；厂址必须位于集中给水水源下游，并应设在城镇与工厂区及居住区的下游。为保证卫生要求，厂址应与城镇工业区、居住区保持约300m以上距离。但也不宜太远，以免增加管道长度，提高造价。

2. 应与选定的污水处理工艺相适应，如选定氧化沟、稳定塘或土地处理系统为处理工艺时，必须有适当可利用的土地面积。

3. 无论采用何种工艺，必须从支援农业出发，要求厂址尽可能少占或不占农田，选择在有扩建条件的地方，为今后发展留有余地；同时考虑便于污水灌溉农田，污泥作农肥的利用。厂址最好靠近灌溉区域，以缩短输送距离。

4. 厂址应在工程地质条件较好的地方，在有防震要求的地区还应考虑地层、地质条件。目的是减少基础处理和排水费用，降低工程造价并有利于施工。一般应选在地下水位较低，地基承载力较大，湿陷性等级不高，岩石无断裂带，以及对工程防震有利的地段。

5. 要充分利用地形，应选择有适当坡度的地区，以满足污水处理构筑物高程布置的需要，减少土方工程量。若有可能，宜采用污水不经水泵提升而自流进入处理构筑物的方案，以节省动力费用，降低处理成本。

6. 厂址宜设在城市夏季最小频率风向的上风侧及主导风向下风侧。

7. 厂址应尽量选在交通方便的地方，以利施工运输和运行管理，否则就要增加道路，增加工程量和工程造价。

8. 结合污水管道系统布置及出水口位置，污水处理厂的位置选择应与污水管道系统布局统一考虑。当污水处理厂位置确定后，主干管的流向也就定了；反之，根据地形及其他条件确定排水方向后，污水处理厂选址方向也就决定了。从利于污水自流排放出发，厂址宜选在城市低处，沿途尽量不设或少设提升泵站；当处理后的污水或污泥用于农业、工业或市政时，厂址应考虑与用户靠近，或方便运输。此外，当处理水排放时，通常污水处理厂应设在水体附近，便于处理后的出水就近排入水体，减少排放渠道的长度。

9. 厂址不宜设在雨季易受水淹的低洼处，靠近水体的处理厂，要考虑不受洪水威胁。

10. 厂址应尽量靠近供电电源，以利安全运行和降低输电线路费用。对大型或不允许间断供水的工程需要连接两路电源。

4.3 小城镇污水厂的总体布置

污水厂的总体布置包括平面布置和高程布置。

1. 平面布置

平面布置的内容主要包括：各种构（建）筑物的平面定位；各种输水管道、阀门的布置；排水灌渠及检查井的布置；各种管道交叉位置；供电线路位置；道路、绿化、围墙及辅助建筑的布置等。

2. 高程布置

高程布置的内容主要包括：各处理构（建）筑物的标高（例如池顶、池底、水面等）；管线埋深或标高；阀门井、检查井井底标高，管道交叉处的管线标高；各种主要设备机组的标高；道路、地坪的标高和构筑物的覆土标高。

4.3.1 污水处理厂的平面布置

1. 污水处理厂的平面布置原则

在污水处理厂厂区内有：各处理单元构筑物；连通各处理构筑物之间的管、渠及其他管线；辅助性建筑物；道路以及绿地等。在进行处理厂厂区平面规划、布置时，应考虑的一般原则阐述于下。

（1）按功能分区，配置得当

主要是指对生产、辅助生产、生产管理、生活福利等各部分布置，要做到分区明确、配置得当而又不过分独立分散。既有利于生产，又避免非生产人员在生产区通行或逗留，确保安全生产。在有条件时，最好把生产区和生活区分开，但两者之间不必设置围墙。

（2）功能明确、布置紧凑

处理构筑物是污水处理厂的主体建筑物，在平面布置时，应根据各构筑物的功能要求和水力要求，结合地形和地质条件，尽量减少占地面积，减少连接管（渠）的长度，便于操作管理。

（3）顺流排列，流程简洁

处理构筑物尽量按流程方向布置，避免与进出水方向安排相反；各构筑物连接管线（渠）应尽量避免不必要的转弯和用水泵提升，严禁将管线埋在构筑物下面，减少能量损失、节省管材、便于施工和检修。

（4）充分利用地形，平衡土方，降低工程费用

要充分利用地形，结合处理构筑物高程布置的需要，尽量使土方量基本平衡，减少土方工程量，并避开劣质土壤地段。

（5）在处理构筑物之间，应保持一定的间距，以保证敷设连接管、渠的要求，一般的间距可取值5～10m，某些有特殊要求的构筑物，如污泥消化池、消化气贮罐等，其间距应按有关规定确定。必要时应预留适当余地，考虑扩建和施工可能。

（6）构（建）筑物布置应注意风向和朝向

将排放异味、有害气体的构（建）筑物布置在居住与办公场所的下风向；为保证良好的自然通风条件，构（建）筑物布置应考虑主导风向。

2. 污水处理厂的平面布置

污水厂的平面布置是在工艺设计计算之后进行的，根据工艺流程、单体功能要求及单体平面图形进行。

（1）首先对处理构筑物和建筑物进行组合安排，布置时对其平面位置、方位、操作条件、走向、面积等统筹考虑，并应对高程、管线和道路等进行协调。

为了便于管理和节省用地、避免平面上的分散和零乱，往往可以考虑把几个构筑物和建筑物在平面、高程上组合起来，进行组合布置。

1）对工艺过程有利或无害，同时从结构、施工角度看也是允许的，可以组合。如曝

气池与沉淀池的组合、反应池与沉淀池的组合，调节池与浓缩池的组合。

2）从生产上看，关系密切的构筑物可以组合成一座构筑物，如调节池和泵房、变配电室与鼓风机房、投药间与药剂仓库等。

（2）生产辅助建筑物的布置　污水处理厂内的辅助建筑物有：泵房、鼓风机房、办公室、集中控制室、水质分析化验室、变电所、机修、仓库、食堂等。它们是污水处理厂不可缺少的组成部分。其建筑面积大小应按具体情况与条件而定。辅助建筑物的位置应根据方便、安全等原则确定。如鼓风机房应设于曝气池附近，以节省管道与动力；变电所宜设于耗电量大的构筑物附近等。应尽量考虑组合布置，如机修间与材料库的组合，控制室、值班室、化验室、办公室的组合等。

（3）生活附属建筑物的布置　宜尽量与处理构筑物分开单独设置，可能时应尽量置于厂前区。应避免处理构（建）筑物与附属生活设施的风向干扰。化验室应远离机器间和污泥干化场，以保证良好的工作条件。办公室、化验室等均应与处理构筑物保持适当距离，并应位于处理构筑物的夏季主风向的上风向处。操作工人的值班室应尽量布置在使工人能够便于观察各处理构筑物运行情况的位置。

（4）道路、围墙及绿化带的布置　在污水处理厂内应合理地修筑道路，方便运输。通向一般构（建）筑物应设置人行道，宽度1.5~2.0m；通向库、检修间等应设车行道，其路面宽为3~4m，转弯半径为6m，厂区主要车行道宽5~6m；车行道边缘至房屋或构筑物外墙面的最小距离为1.5m。道路纵坡一般为1%~2%，不大于3%。

污水厂布置除应保证生产安全和整洁卫生外，还应注意美观，充分绿化，改变人们对污水处理厂“不卫生”的传统看法。在构（建）筑物处理上，应因地制宜，与周围情况相称；应合理规划花坛、草坪、林荫等，使厂区景色园林化。按规定，污水处理厂厂区的绿化面积不得少于30%。但曝气池、沉淀池等露天水池周围不宜种植乔木，以免落叶入池。

（5）污泥区的布置　由于污泥的处理和处置一般与污水处理相互独立，且污泥处理过程卫生条件比污水处理差，一般将污泥处理放在厂区后部；若污泥处理过程中产生沼气，则应按消防要求设置防火间距。由于污泥来自污水处理部分，而污泥处理脱出的水分又要送回调节池或初沉池中，必要时，可考虑某些污泥处理设施与污水处理设施的组合。

（6）管、渠的平面布置　在各处理构筑物之间，设有贯通、连接的管、渠。此外，还应设有能够使各处理构筑物独立运行的管、渠。当某一处理构筑物因故停止工作时，使其后接处理构筑物，仍能够保持正常的运行，污水厂应设超越全部或部分处理构筑物、直接排放水体的超越管。

在厂区内还设有给水管、空气管、消化气管、蒸汽管以及输配电线路。这些管线有的敷设在地下，但大部分都在地上，对它们的安排，既要便于施工和维护管理，但也要紧凑，少占用地，也可以考虑采用架空的方式敷设。

在污水处理厂区内，应有完善的排雨水管道系统，必要时应考虑设防洪沟渠。

3. 辅助建筑物

图4-1为A市污水处理厂总平面布置图。该厂主要的处理构筑物有：机械除污物格栅、曝气沉砂池、初次沉淀池与二次沉淀池（均设斜板）、鼓风式深层曝气池、消化池等及若干辅助建筑物。

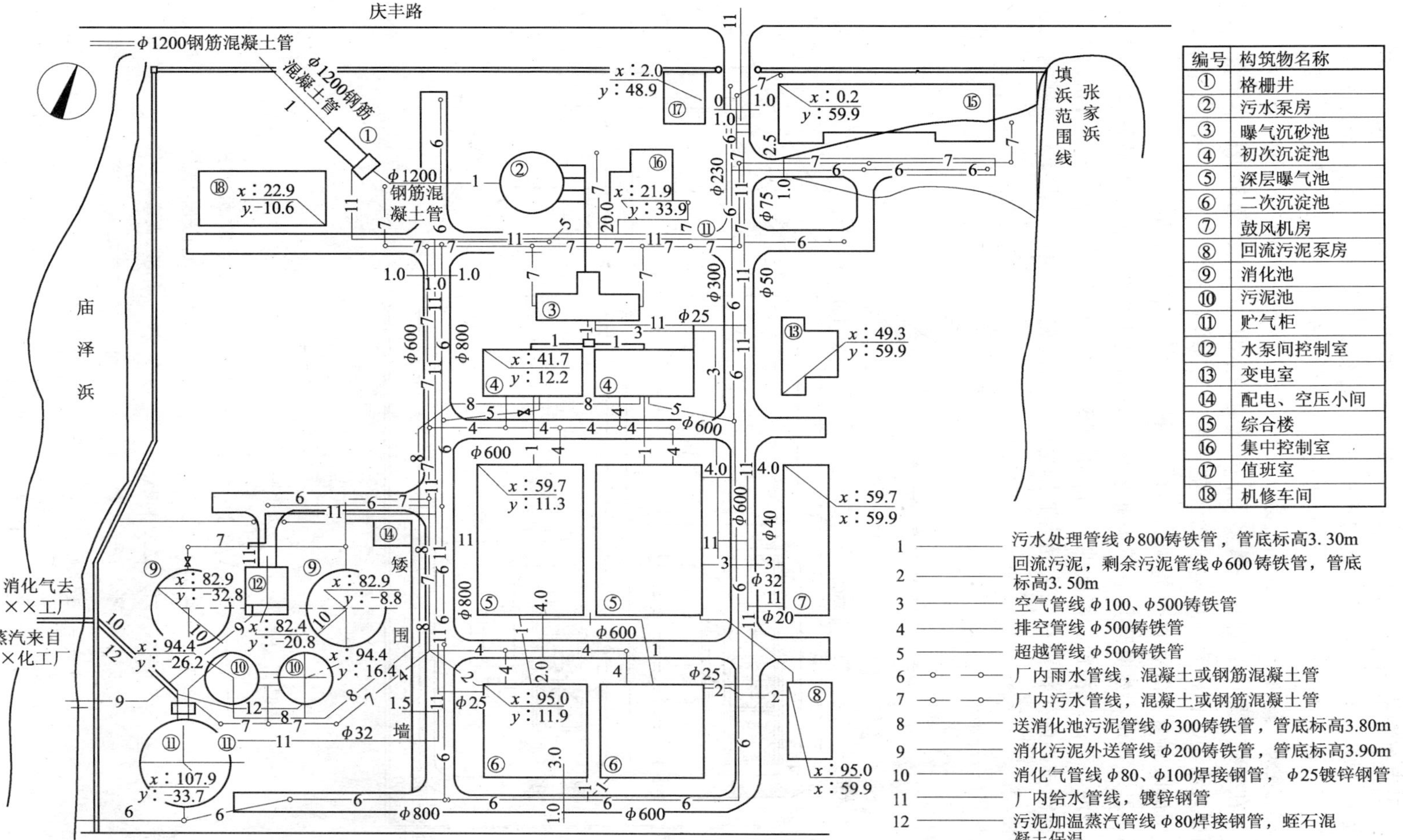

图4-1 A市污水处理厂总平面布置图

该厂平面布置特点为：流线清楚，布置紧凑。鼓风机房和回流污泥泵房位于曝气池和二次沉淀池一侧，节约了管道与动力费用，便于操作管理。污泥消化系统构筑物靠近四氯化碳制造厂（即在处理厂西侧），使消化气、蒸汽输送管较短，节约了建设投资。办公室、生活住房与处理构筑物、鼓风机房、泵房、消化池等保持一定距离，卫生条件与工作条件均较好。在管线布置上，尽量一管多用，如超越管、处理水出厂管都借雨水管泄入附近水体，而剩余污泥、污泥水、各构筑物放空管等，又都与厂内污水管合并流入泵房集水井。但因受用地限制（厂东西两侧均为河浜），远期发展余地尚感不足。

图 4-2 为 B 市污水处理厂总平面布置图。泵站设于厂外，主要处理构筑物有：格栅、曝气沉砂池、初次沉淀池、曝气池、二次沉淀池等。该厂未设污泥处理系统，污泥（包括初次沉淀池排出的生污泥和二次沉淀池排出的剩余污泥），通过污泥泵房直接送往农田作为肥料使用。

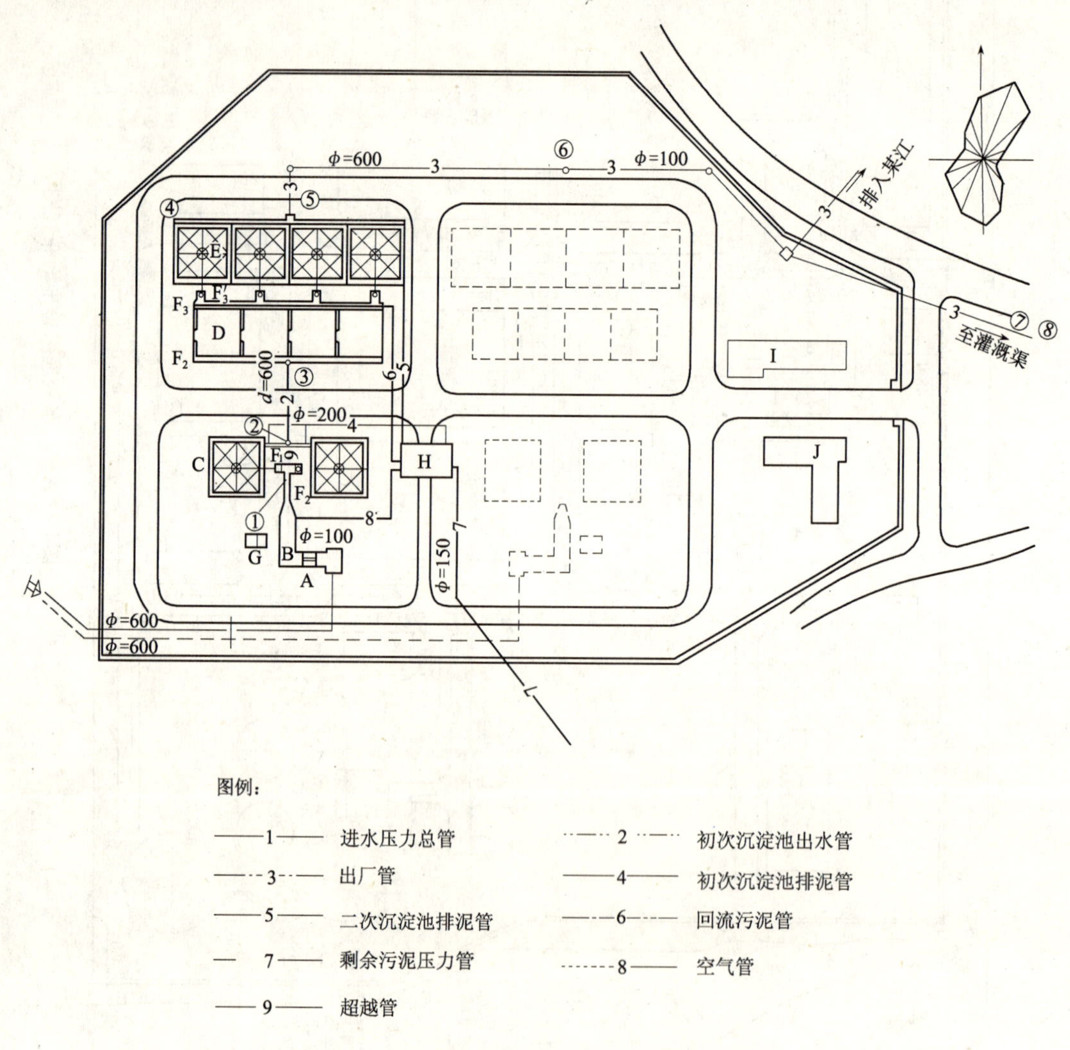

图 4-2 B 市污水处理厂总平面布置图

A—格栅；B—曝气沉砂池；C—初次沉淀池；D—曝气池；E—二次沉淀池；F_1、F_2、F_3—计量堰；G—除渣池；H—污泥泵房；I—机修车间；J—办公及化验室等

该厂平面布置的持点是：布置整齐、紧凑。两期工程各自成独立系统，对设计与运行相互干扰较少。办公室等建筑物均位于常年主风向的上风向，且与处理构筑物有一定距离，卫生、工作条件较好，在污水流入初次沉淀池、曝气池与二次沉淀池时，先后经三次计量，为分析构筑物的运行情况创造了条件。利用构筑物本身的管渠设立超越管线，既节省了管道，运行又较灵活。

第二期工程预留地设在一期工程与厂前区之间，若二期工程改用不同的工艺流程或另选池型时，在平面布置上将受到一定的限制。泵站与湿污泥池均设于厂外，管理不甚方便。此外，三次计量增加了水头损失。

4.3.2 污水处理厂的高程布置

污水处理厂污水处理流程高程布置的主要任务是：确定各处理构筑物和泵房的标高，确定处理构筑物之间连接管渠的尺寸及其标高，通过计算确定各部位的水面标高，从而能够使污水沿处理流程在处理构筑物之间通畅地流动，保证污水处理厂的正常运行。

1. 污水厂高程布置原则

（1）污水厂高程布置时，为了降低运行费用和便于维护管理，污水在处理构筑物之间的流动，以按重力流考虑为宜（污泥流动不在此例），为此，必须精确地计算构筑物高度和污水流动中的水头损失。在处理流程中，相邻构筑物的相对高差取决于两个构筑物之间的水面高差，这个水面高差的数值就是流程中的水头损失（表4-1）。它主要由三部分组成，即构筑物本身、连接管（渠）以及计量设备的水头损失等。因此进行高程布置时，应首先计算这些水头损失，而且计算所得的数值应考虑一些安全因素，以便留有余地。

污水流经各处理构筑物的水头损失 **表4-1**

构筑物名称	水头损失（cm）	构筑物名称	水头损失（cm）
格　栅	10～25	生物滤池（工作高度为2m时）：	
沉砂池	10～25		
沉淀池：平　流	20～40	1）装有旋转式布水器	270～280
竖　流	40～50	2）装有固定喷洒布水器	450～475
辐　流	50～60	混合池或接触池	10～30
双层沉淀池	10～20	污泥干化场	200～350
曝气池：污水潜流入池	25～50		
污水跌水入池	50～150		

（2）考虑远期发屣，水量增加的应该预留水头。

（3）避免处理构筑物之间跌水等浪费水头的现象，充分利用地形高差，实现自流。

（4）在计算并留有余量的前提下，力求缩小全程水头损失及提升泵站的扬程，以降低运行费用。

（5）需要排放的处理水，常年大多数时间里能够自流排放进入水体，注意排放水位一定不能选取每年的最高水位，因为其出现时间较短，易造成常年水头浪费，而应选取经常出现的高水位作为排放水位。

(6) 应尽可能使污水处理工程的出水管（渠）高程不受洪水顶托，并能自流。

(7) 构筑物连接管（渠）的水头损失，包括沿程与局部水头损失，可按下列公式计算：

$$h = h_1 + h_2 = \sum iL + \sum \xi \frac{v^2}{2g} \text{ (m)} \tag{4-1}$$

式中 h_1——沿程水头损失，m；

h_2——局部水头损失，m；

i——单位管长的水头损失（水力坡度）；

L——连接管段长度，m；

ξ——局部阻力系数；

g——重力加速度，m/s^2；

v——连接管中流速，m/s。

连接管中流速一般取0.7～1.5m/s，进入沉淀池时流速可以低些；进入曝气池或反应池时，流速可以高些。流速太低时，会使管径过大，相应管件及附属构筑物规格亦增大；流速太高时，则要求管（渠）坡度较大，水头损失增大，会增加填、挖土方量等。正确确定连接管（渠）时，可考虑留有水量发展的余地。

(8) 计量设施的水头损失。污水处理厂中计量槽、薄壁计量堰、流量计的水头损失应通过计量设施有关计算公式、图表或者设备说明书来确定。一般污水厂进、出水管上计量表中水头损失可按0.2m计算。

2. 高程布置时的注意事项

在对污水处理厂污水处理流程的高程布置时，应考虑下列事项：

(1) 选择一条距离最长，水头损失最大的流程进行水力计算，并应适当留有余地，以保证在任何情况下，处理系统都能够运行正常。

(2) 计算水头损失时，一般应以近期最大流量（或泵的最大出水量）作为构筑物和管渠的设计流量；计算涉及远期流量的管渠和设备时，应以远期最大流量为设计流量，并酌加扩建时的备用水头。

(3) 设置终点泵站的污水处理厂，污水尽量经一次提升就应能靠重力通过处理构筑物，而中间不应再经加压提升。水力计算常以接纳处理后污水水体的最高水位作为起点，逆污水处理流程向上倒推计算，以使处理后污水在洪水季节（一般按25年1遇防洪标准考虑）也能自流排出，而水泵需要的扬程则较小，运行费用也较低。

(4) 进行构筑物高程布置时，应与厂区的地形、地质条件相联系。应考虑到构筑物的挖土深度不宜过大，以免土建投资过大和增加施工上的困难。此外，还应考虑到某些处理构筑物（如沉淀池、调节池、沉砂池等）因维修等原因需将池水放空而在高程上提出的要求。当地形有自然坡度时，有利于高程布置；当地形平坦时，既要避免二沉池埋入地下过深，又应避免沉砂池在地面上架得过高，这样会导致构筑物造价的增加，尤其是地质条件较差、地下水位较高时。

(5) 在作高程布置时还应注意污水流程和污泥流程的结合，尽量减少需提升的污泥量；污泥浓缩池、消化池等构筑物高程的确定，应注意它们的污泥能排入污水井或者其他构筑物的可能性。污水流程与污泥流程的配合，尽量减少需抽升的污泥量。在决定污泥干化场、污泥浓缩池（湿污泥池）、消化池等构筑物的高程时，应注意它们的污泥水能自动排入污水干管或其他构筑物的可能。

现以图4-2所示B市污水处理厂为例，说明污水处理厂污水处理流程高程计算过程。

该厂初次沉淀池和二次沉淀池均为方形，周边均匀出水。曝气池为四座方形池，完全混合式，用表面机械曝气器充氧与搅拌。曝气池，如四池串连，则可按推流式运行，也可按阶段曝气法运行。这种系统兼具推流与完全混合两种运行方式的优点。

在初沉池、曝气池和二沉池之前，分别各设薄壁计量堰（F_1为梯形堰，底宽0.5m，F_3为矩形堰，堰宽0.7m）。

该厂设计流量为：

近期　$Q_{avg}=174L/s$

　　　$Q_{max}=300L/s$

远期　$Q_{avg}=348L/s$

　　　$Q_{max}=600L/s$

回流污泥量按污水量的100%计算。

各处理构筑物间连接管渠的水力计算见表4-2。

处理构筑物之间连接管渠水力计算表　　**表4-2**

设计点编号	管渠名称	设计流量（L/s）	管渠设计参数					
			尺寸 D（mm）或 $B\times H$（m）	$\frac{h}{D}$	水深 h（m）	i	流速 v（m/s）	长度 l（m）
1	2	3	4	5	6	7	8	9
⑧～⑦	出厂管入灌溉渠	600	1000	0.8	0.8			
⑦～⑥	出厂管	600	1000	0.8	0.8	0.001	1.01	390
⑥～⑤	出厂管	300	600	0.75	0.45	0.0035	1.37	100
⑤～④	沉淀池出水总渠	150	0.6×1.0		0.35～0.25④			28
④～E	沉淀池集水槽	75/2	0.30×0.53③		0.38⑤			28
E～F_3'	沉淀池入流管	150①	450			0.0028	0.94	10
F_3'～F_3	计量堰	150						
F_3～D	曝气池出水总渠	600	0.84×1.0		0.64～0.42			48
	曝气池集水槽	150	0.6×0.55		0.26⑥			
D～F_2	计量堰	300						
F_2～③	曝气池配水渠	300②	0.84×0.85		0.62～0.54			
③～②	往曝气池配水渠	300	600			0.0024	1.07	27
②～C	沉淀池出水总渠	150	0.6×1.0		0.35～0.25			5
	沉淀池集水槽	150/2	0.35×0.53		0.44			28

处理后的污水排入农田灌溉渠道以供农田灌溉，农田不需水时排入某江。由于某江水位远低于渠道水位，故构筑物高程受灌溉渠水位控制，计算时，以灌溉渠水位作为起点，

逆流程向上计算各水面标高。考虑到二次沉淀池挖土太深时不利于施工，故排水总管的管底标高与灌溉渠中的设计水位平接（跌水 0.8m）。

污水处理厂的设计地面高程为 50.00m。

高程计算中，沟管的沿程水头损失按所定的坡度计算，局部水头损失按流速水头的倍数计算。堰上水头按有关堰流公式计算，沉淀池、曝气池集水槽系平底，且为均匀集水，自由跌水出流，故按下列公式计算：

$$B = 0.9Q^{0.4} \tag{4-2}$$

$$h_0 = 1.25B \tag{4-3}$$

式中 Q——集水槽设计流量，为确保安全，对设计流量再乘以 1.2～1.5 的安全系数，m^3/s；

B——给水槽宽，m；

h_0——集水槽起端水深，m。

高程计算如表 4-3 所示：

污水高程计算表 表 4-3

水位名称	水头损失（m）						水面标高（m）
	沿程损失	局部损失	自由跌落	构筑物	集水槽起端水深	合计	
灌溉渠道（点8）水位							49.25
排水总管（点7）水位			0.8			0.8	50.05
管井 6 后水位	$0.001 \times 390 = 0.39$					0.39	50.44
管井 6 前水位			管顶平接，两端水位差 0.05			0.05	50.49
二次沉淀池出水井水位	$0.0035 \times 100 = 0.35$					0.35	50.84
二次沉淀池出水总渠起端水位	$0.35 - 0.25 = 0.10$					0.10	50.94
二次沉淀池中水位		堰上水头 0.02	0.10		0.38	0.50	51.44
堰 F_3 后水位	$0.0028 \times 10 = 0.03$	$6.0 \times \frac{0.94^2}{2g} = 0.28$				0.31	51.75
堰 F_3 前水位		堰上水头 0.26	0.15			0.41	52.16
曝气池出水总渠起端水位	$0.64 - 0.42 = 0.22$					0.22	52.38
曝气池中水位					0.26	0.26	52.64
堰 F_2 前水位		堰上水头 0.38	0.2			0.58	53.22

续表

水位名称	水头损失（m）						水面标高（m）
	沿程损失	局部损失	自由跌落	构筑物	集水槽起端水深	合计	
点3水位	0.62－0.54＝0.08	$5.85\times\frac{0.69^2}{2g}=0.14$				0.22	53.44
初次沉淀池出水井（点2）水位	0.0024×27＝0.07	$2.46\times\frac{1.07^2}{2g}=0.15$				0.22	53.66
初次沉淀池中水位	0.35－0.25＝0.10	堰上水头0.03	0.1		0.44	0.67	54.33
堰F_1后水位	0.0028×11＝0.04	$6.0\times\frac{0.94^2}{2g}=0.28$				0.32	54.65
堰F_1前水位		堰上水头0.30	0.15			0.45	55.10
沉砂池起端水位	0.48－0.38＝0.10	0.05		0.20		0.35	55.45
格栅前（A点）水位				0.15		0.15	55.60

上述计算中，沉淀池集水槽中的水头损失由堰上水头、自由跌落和槽起端水深三部分组成，见图4-3。

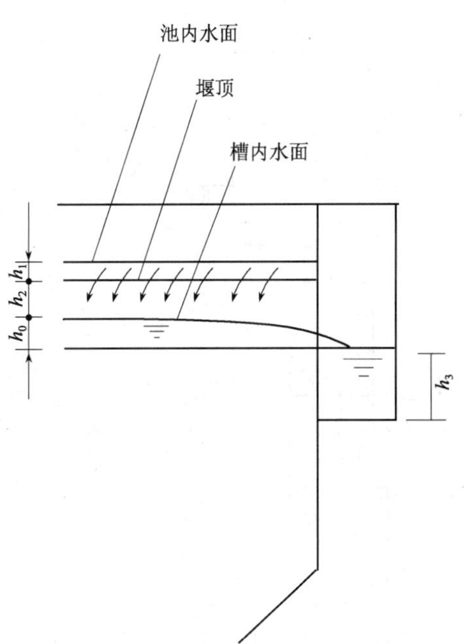

图4-3 沉淀池集水槽水头损失计算图

h_1—堰上水头；h_2—自由跌落；

h_0—集水槽起端水深；h_3—总渠起端水深

计算结果表明：终点泵站应将污水提升至标高55.52m处才能满足流程的水力要求。根据计算结果绘制了流程图，见图4-4。

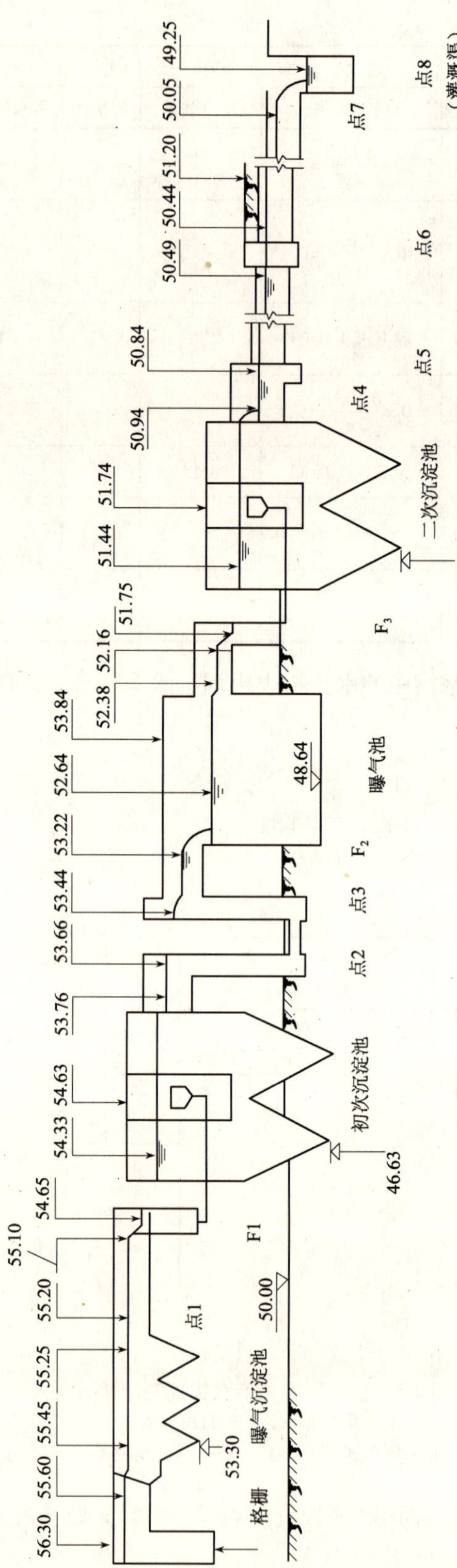

图4-4 污水处理厂污水处理流程高程图

从图4-4及上述高程计算结果可见，整个污水处理流程，从栅前水位55.60m开始到排放点（灌溉渠水位）49.25m，全部水头损失为6.35m，这是比较高的。应考虑降低其水头损失。从另一方面看，这一处理系统，在降低水头损失，节省能量方面，是有潜力可挖的。

该系统所采用的初次沉淀池、二次沉淀池，在形式上都是不带刮泥设备的多斗辐流式沉淀池，而且都是用配水井进行配水。曝气池采用的是四座完全混合型曝气池，而且污水由初次沉淀池采用的是水头损失较大的倒虹管进入曝气池。

初次沉淀池进水处的水位标高为54.33m，二次沉淀池出水处的标高为50.84m，这一区段的水头损失为3.49m，为整个系统水头损失的56%。

如将初次沉淀池和二次沉淀池都改用平流式，曝气池也改为廊道式的推流式。而且将初次沉淀池——曝气池——二次沉淀池这一区段直接串联连接，中间不用配水井，采用相同的宽度，这一措施将大大地降低水头损失。

经粗略估算，这一区段的水头损失可降至1.4m左右，可将水头损失降低2.09m，这样，整个系统的水头损失能够降至4.18m，这样能够显著地节省能量，降低运行成本，这是完全可行的。

以图4-1所示的A市污水处理厂的污泥处理流程为例，作污泥处理流程的高程计算。

该厂污泥处理流程为：

二次沉淀池 → 污泥泵站 → 初次沉淀池 → 污泥投配池 → 污泥泵站 →

污泥消化池 → 贮泥池 → 外　运

同污水处理流程，高程计算从控制点标高开始。

A市污水处理厂厂区地面标高为4.2m，初次沉淀池水面标高点为6.7m，二次沉淀池剩余污泥重力流排入污泥泵站。剩余污泥由污泥泵站打入初次沉淀池，在初次沉淀池起到生物凝聚作用，提高初次沉淀池的沉淀效果，并与初次沉淀池的沉淀污泥一道排入污泥投配池。

污泥处理流程的高程计算从初次沉淀池开始。

初次沉淀池排出的污泥，其含水率为97%，污泥消化后，经静沉，含水率降至96%。初次沉淀池至污泥投配池的管道用铸铁管，长150m，管径300mm。污泥在管内呈重力流，流速为1.5m/s，按下式求得其水头损失为：

$$h_f = 2.49\left(\frac{150}{0.3^{1.17}}\right)\left(\frac{1.5}{71}\right)^{1.85} = 1.2\text{m}$$

自由水头1.5m，则管道中心标高为：

$$6.7-(1.20+1.50)=4.0\text{m}$$

流入污泥投配池的管底标高为：

$$4.0-0.15=3.85\text{m}$$

污泥投配池的标高可据此确定，投配池及标高见图4-5。

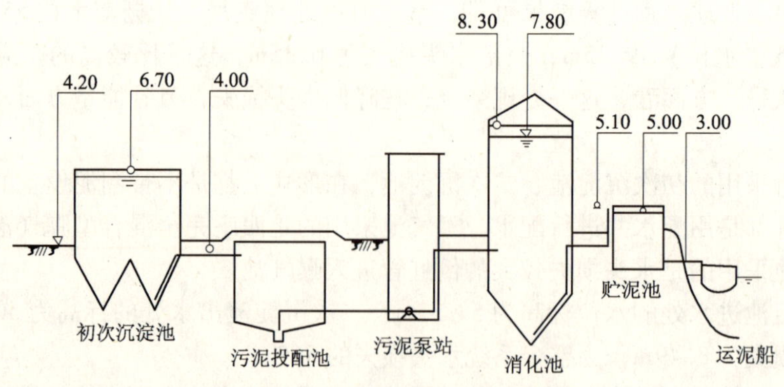

图 4-5 污泥处理流程高程图

消化池至贮泥池的各点标高受河水位的影响（即受河中运泥船高程的影响），故以此向上推算。设要求贮泥池排泥管管中心标高至少应为 3.0m 才能向运泥船排尽池中污泥，贮泥池有效深 2.0m。已知消化池至贮泥池的铸铁管管径为 200mm，管长 70m，并设管内流速为 1.5m/s，则根据上式已求得水头损失为 1.20m，自由水头设为 1.5m。消化池采用间歇式排泥运行方式，根据排泥量计算，一次排泥后池内泥面下降 0.5m 则排泥结束时消化池内泥面标高至少应为：

$$3.0+2.0+0.1+1.2-1.5=7.8\text{m}$$

开始排泥时的泥面标高：

$$7.8+0.5=8.3\text{m}$$

式中 0.1 为管道半径，即贮泥池中泥面与入流管底平。

应当注意的是：当采用在消化池内撇去上清液的运行方式时，此标高是撇去上清液后的泥面标高，而不是消化池正常运行时的池内泥面标高。

当需排除消化池中底部的污泥时，则需用排泥泵排除。

根据以上的计算结果，绘制污泥处理流程的高程图（图 4-5）。

第5章　小城镇污水厂的典型工艺设计

5.1　化学强化一级处理工艺

5.1.1　基本原理和技术特征

1. 化学强化一级处理的基本原理

化学强化一级处理（Chemical Enhanced Primary Treatment，简称 CEPT），是近些年来逐渐受到重视的实用污水处理工艺。强化一级处理工艺是基于传统的城市污水一级处理，通过在初沉池前加入化学药剂（铁盐等混凝剂和必要的助凝剂），经过沉淀去除有机物和悬浮物的污水处理工艺。它应用的目的主要有：

（1）仅用于污水处理的一级处理基础上的强化，即污水处理工艺为一级处理。但当工艺对象为处理城市污水，那么，以后还应当扩建为二级处理厂。

（2）用于进水污染物浓度过高的二级处理工艺或工业废水处理工艺中。在二级处理之前，采用强化一级处理，以确保后续生物处理的正常运行。

（3）用于其他情况下，这些场合以去除悬浮物、磷为主。如香港昂船洲污水处理厂、上海合流一期污水项目。

但无论应用的目的如何，仅从强化的原理和工艺条件来讲，并无质的区别，即都是利用化学药剂，增强或提高工艺沉淀效果以去除污染物。

在我国，化学强化一级处理目前受到重视的原因是采用此工艺后可降低污水处理厂的建造投资。据应用的结果表明，仅通过化学强化一级处理，大部分的出水水质指标能够基本接近二级处理厂的处理效果，如 BOD、COD、SS、TP 等，也即以较少的投资达到去除污染物的目的。

化学强化一级处理的运行费直接与药剂费相关。目前由于高效、廉价絮凝剂的出现，国外在城市污水处理中已经应用。瑞典有关部门曾对生物处理和化学处理中所需能量进行了比较，生物处理每降解 1kgBOD_5 需耗能 1.2kW·h，絮凝剂生产的原料、运输和形成终产品所需能耗为1kg 产品约耗能0.3kW·h。通常絮凝剂的投加量平均约为150g/m^3，化学处理的药耗能耗低于生物处理。

由污水处理设施建设费用的分析可知，城市污水一级处理的基建费和运行费约为二级处理的25%～30%和30%～50%，而一级处理对 BOD 和 SS 的去除率分别约为 20%～40%和50%～60%。因此，在相同的基建投资情况下，一级处理污水量可达二级处理的3～4 倍，SS 去除总量约为二级处理的 2～3 倍，BOD 去除总量约为二级处理的 1.5 倍。因此，从污染物总量去除的角度考虑，为达到同样的控制目标，建设化学强化一级污水处理厂比二级处理厂有经济上的优越性。所以在一定阶段内，城市化学强化污水一级处理工艺适合于发展中国家快速发展的城市基础设施建设的需要。

从我国现状看，二级污水处理厂的建设要一步到位，难度大。因为建设大批二级城市污水处理厂需要大量的投资和比较高的运行费，在当前的财政体制下，国家和地方难以承受，因此采用化学辅助强化一级处理的方法，在我国今后的一段时间内是有着重要的使用意义的。待条件成熟后，可将强化一级处理扩建成二级处理工艺。

2. 化学强化一级处理的技术特征

化学强化一级处理工艺通常以低剂量的金属盐（如 $FeCl_3$）与少量的阴离子聚合物联合使用，处理污水比较有效，产生的污泥量较少，可显著地去除城镇污水中各种有毒有害污染物，如 SS、重金属、磷等，它们的去除率可达 80% 以上，难降解有机物的去除率达到 80% 以上，虽然对 BOD 的去除效率低于传统二级生化处理工艺，但仍可去除 20% ~50%。表 5-1 为挪威的一级混凝沉淀处理厂平均处理结果（基于挪威运行的 23 个较大规模和 35 个较小规模的初级沉淀污水处理厂的运行情况）。我国深圳、上海、北京、山东、江苏、云南等省市对 COD 含量为 150 ~800mg/L、总磷含量为 4 ~10mg/L 的污水，进行化学强化一级处理试验表明：一般 SS 去除率可达 90% 以上，COD 去除率 47% ~76%，总磷去除率达 70% ~85%，总氮去除率为 20% ~30%，各类重金属离子去除率在 80% ~100%，处理后出水中的 8 种阴、阳离子浓度基本没有变化。因此，化学强化一级处理工艺达到了显着降低，水中大部分污染负荷的效果。另外通过强化一级处理沉降过程可去除大量寄生虫。

挪威的城市污水化学强化一级混凝沉淀处理厂平均处理效果　　表 5-1

参　数	平均进水浓度（mg/L）		平均出水浓度（mg/L）		平均处理率（%）	
	大　厂	小　厂	大　厂	小　厂	大　厂	小　厂
SS	233 ±171	226 ±150	17.3 ±10.0	22.3 ±16.6	92.0	90.1
COD	505 ±243	494 ±90	108 ±40	121 ±72	78.6	75.5
TP	5.40 ±3.01	5.33 ±2.26	0.28 ±0.14	0.50 ±0.46	94.8	90.6

一级处理工艺主要用于去除以悬浮状或胶体形式存在的污染物。胶体颗粒不能在静置中下沉，也不能用常规的物理处理法加以去除。胶体带有电性，能产生斥力并避免集结和沉降。如果是亲水胶体，还因为溶剂化作用在胶体之外包裹了一层水，阻止凝聚。金属盐的加入能引起凝聚和絮凝作用，增强了沉淀性能，使沉降速度加快。因此，化学强化一级处理工艺的处理效果与污水中的悬浮物和胶体物所占的比例密切相关。从研究和回用的结果看，经过化学强化一级处理，废水中 0.1 ~10μm 以上的胶体污染物和悬浮物能够快速凝聚成粗大絮体颗粒而沉降去除，见表 5-2。由表 5-2 可以看出，水中溶解性的有机物包括 NH_4^+-N 等污染物是化学强化一级处理工艺难以去除的，这也就从另一方面说明二级处理的优势，二级处理的污染物对象为粒径在 10^{-5}μm 以上的污染物，同时可硝化去除 NH_4^+-N。

污水中污染物存在形态　　表 5-2

颗粒直径（μm）	<10^{-5}	10^{-5}	10^{-4}	10^{-3}	10^{-2}	10^{-1}	1	10	100	1000	>1000
颗粒分类	溶解态			胶体态			大分子胶体态		超胶体态	悬浮态	
所占比例（%）	31			12			25			32	
常规一级处理难易程度				难沉淀			沉淀			易沉淀	
化学强化一级处理						能够沉淀去除					

化学强化一级处理与絮凝剂的发展密切相关，由于城市污水水量大，投加絮凝剂运行费用较高，故化学强化一级处理过去在一级处理中应用较少。目前世界各国、各地区城市污水化学强化一级处理工艺所用的絮凝剂大多采用传统铝、铁盐凝聚剂与石灰或有机高分子絮凝剂配合使用，与石灰配合使用时所需投加量大（100～300g/t）、生成污泥量也较多，而与有机聚合物配合使用可显著降低药剂投加量、减少污泥量，但因有机聚合物售价较高，运行费用并不能得到明显降低。我国主要采用具有资源和技术优势的无机高分子聚合铝或聚合铁絮凝剂，净化处理效果显著且运行费用低，尤其近年研制开发了高效价廉的矿物复合型无机高分子絮凝剂、管式涡旋反应器以及拦截沉淀等适配的强化絮凝工艺技术，效果显著。

1997 年 5 月香港建成了世界上最大的化学强化一级处理污水处理厂——香港昂船洲污水处理厂，该厂的兴建是为了处理到 2021 年时 350 万人口产生的污水，预计其平均及最高流量分别为 $19.97m^3/s$ 和 $39.75m^3/s$。在实施之前曾作了化学强化一级处理工艺与传统一级处理工艺的比较试验。试验表明，投加 10mg/L 的氯化铁和 0.15mg/L 聚合物能使 SS 的去除率从一级处理的 71% 提高到强化一级处理的 91%，BOD 的去除率从 42% 提高到 80%。处理同样水量时，化学强化一级处理工艺的沉淀池体积只需传统一级处理工艺的 70.4%。

5.1.2 化学强化一级处理主要使用类型

按化学药剂在污水处理过程中投加点的不同，化学强化一级处理主要有两种类型，即独立的化学强化一级处理工艺和化学强化一级处理结合生物处理工艺。

1. 独立的化学强化一级处理工艺

其工艺如图 5-1 所示。

由于曝气沉砂池的混合效果难以有效控制，目前通常设置专门的絮凝反应池，加入药剂并进行反应，形成沉降性能良好的污泥絮体，然后再进入后续的沉淀池进行沉淀。工艺图见图 5-2。

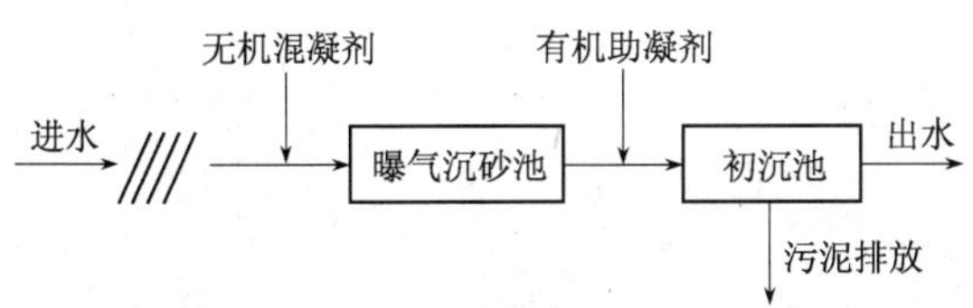

图 5-1 独立的化学强化一级处理工艺

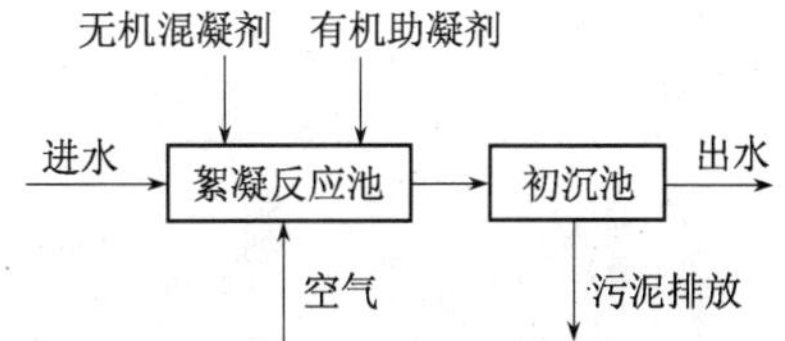

图 5-2 设置专门絮凝反应池的独立化学强化一级处理工艺

由絮凝的原理和过程我们知道，如果在污水的一级处理中引入适当大粒径的絮状颗粒物，利用其巨大的表面积对细微颗粒物质的絮凝吸附作用，能够提高絮体的沉降速度，减少污水的沉淀时间。而絮体又通过接触凝聚的原理，吸附水中的溶解性物质和悬浮固体，提高污染物的去除效果。根据上述机理，一般将沉淀池排放的一部分污泥回流到絮凝反应池中，以提高对细微颗粒物质的絮凝吸附效果。

2. 化学强化一级处理结合生物处理工艺

其工艺流程如图 5-3 所示。该工艺主要针对水中溶解性有机物、磷的去除，是在二级处城市污水一级处理基础上的强化，全流程有去除 BOD、TP、NH_4^+-N 的功能。

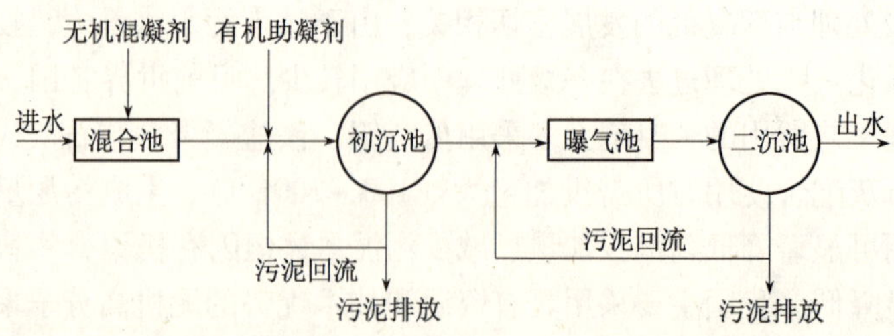

图 5-3 化学强化一级处理结合生物处理工艺流程

5.1.3 化学强化工艺系统设计

1. 药剂的选择

铁盐、铝盐和石灰都可用作化学强化一级处理。目前铁盐用得比较多。用石灰作为混凝剂，由于产生较多的污泥，并且石灰的贮存、石灰乳的配制比较麻烦，因此实际应用中较少。药剂的选择主要要考虑药剂的效果、可靠性和费用。通常在选用前还要对所选的药剂进行烧杯试验，以确定用药量和效果。

表 5-3 为美国和加拿大的几座独立化学强化一级污水处理厂的投药量和处理效果的数据，可供参考。

化学强化一级污水处理厂的投药量和处理效果　　表 5-3

污水处理厂	流量（m^3/d）	BOD			SS			药剂	
		进水（mg/L）	出水（mg/L）	去除率（%）	进水（mg/L）	出水（mg/L）	去除率（%）	种类	投加量（mg/L）
Point Loma（圣迭戈市，美国）	7230	276	119	56.9	305	60	80.3	$FeCl_3$	35
								阴离子助凝剂	0.26
第一处理厂（奥润之县，美国）	2270	263	162	38.4	229	81	64.6	$FeCl_3$	20
								阴离子助凝剂	0.25
第二处理厂（奥润之县，美国）	6964	248	134	46.0	232	71	69.4	$FeCl_3$	30
								阴离子助凝剂	0.14
JWPCP（洛杉矶县，美国）	14383	365	210	42.5	475	105	77.9	$FeCl_3$	30
								阴离子助凝剂	0.15
Hyperion（洛杉矶市，美国）	14000	300	145	51.7	270	45	83.3	$FeCl_3$	20
								阴离子助凝剂	0.25
Sarnia（安大略省，加拿大）	378	98	49	50.0	124	25	79.8	$FeCl_3$	17
								阴离子助凝剂	0.30

如要考虑去除总磷（TP），因进水 TP 浓度和要求的除磷率不同，相应的投药量也不同。如出水 TP 浓度为 0.5～1.0mg/L 时，典型的金属盐投加量变化范围是（1.0～2.0）：1（摩尔比，金属盐/去除的磷）；当要求出水 TP 浓度低于 0.5mg/L，所需投加量明显增大。根据化

学计量关系计算，去除 1mg 磷所需金属盐投加量为三氯化铁 5.2mg 和硫酸铝 9.6mg。投加高分子助凝剂（如 PAM），可提高金属盐的除盐性能，投加量一般为 0.1～0.5mg/L。

2. 工艺设计中的其他因素

为确保混凝药剂的有效作用的发挥，混合的强度和方式是非常重要的。按经验速度梯度 G 的要求为 300～1000m/(m·s)。可以采用机械混合、隔板混合、水泵等与给水处理相类似的混合方式。由于污水处理已有曝气沉砂池等设备，因此化学强化一级污水处理常采用空气混合搅拌的方式进行药剂的混合扩散。为提高絮凝效果，有必要加入助凝剂，加入点可放在沉淀池进水管道或专门的絮凝反应池中，絮凝反应时间控制在 30min 左右。另外，沉淀时间按 1.5h 设计考虑。

3. 产泥量估算

化学强化一级处理在提高悬浮物质去除效率的同时，由于加入混凝剂将会增加处理过程中产生的污泥量。在化学混凝沉淀过程中产生的污泥量主要由大径的悬浮物和混凝的药剂组成。单位处理水量可以用下面的公式来表示。

$$S_w = S_{in} - S_{out} + KD \tag{5-1}$$

式中 S_{in}，S_{out}——进水和出水中悬浮固体（SS）的浓度，g/m³；

S_w——单位处理水量污泥（SS）产生量，g/m³；

K——污泥产生系数，g/g，对于铁盐为 4～5，铝盐为 6～7；

D——金属混凝剂的用量，g/m³。

要在不降低悬浮固体的去除率的同时减少污泥产生量，只有设法减小 K 值或者 D 值。在实际应用中，混凝强化处理中混凝剂的投加量很大程度上决定于去除磷的要求，配合利用有机高分子助凝剂可以降低无机混凝剂的用量，这样在不降低混凝效果的同时减少了污泥产生量。

5.2 传统活性污泥工艺

5.2.1 传统活性污泥工艺的原理及过程

1. 活性污泥系统的组成

活性污泥系统主要由曝气池、曝气系统、二次沉淀池、污泥回流系统和剩余污泥排放系统组成，如图 5-4 所示。

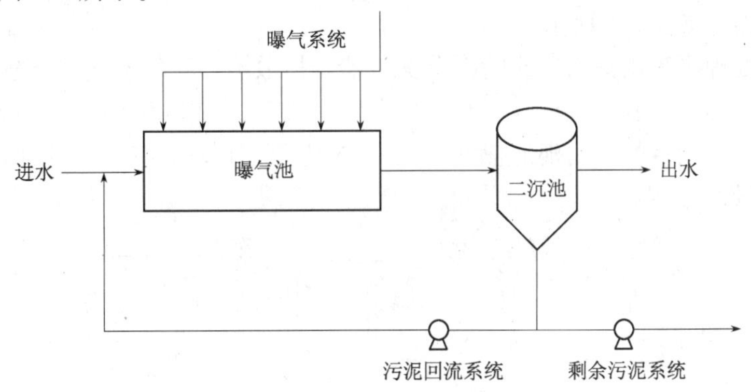

图 5-4 传统活性污泥工艺的组成

(1) 曝气池

曝气池是由微生物组成的活性污泥与污水中的有机污染物质充分混合接触，并进而将其吸收并分解的场所，它是活性污泥工艺的核心。

曝气池有推流式和完全混合式两种类型。推流式是在长方形的池内，污水和回流污泥从一端流入，水平推进，经另一端流出。而完全混合式是污水和回流污泥一进入曝气池就立即与池内其他混合液均匀混合，使有机污染物浓度因稀释而立即降至最低值。推流式的特点是池子不受大小限制，不易发生短流，出水质量较高；而完全混合式的特点是池子受池型和曝气手段的限制，池容不能太大，当搅拌混合效果不佳时易产生短流，但它对入流水质水量的适应能力较强。由于以上特点，城市污水处理一般采用推流式，而完全混合式则广泛应用于工业废水处理。

(2) 曝气系统

曝气系统的作用是向曝气池供给微生物增长及分解有机污染物所必须的氧气，并起混合搅拌作用，使活性污泥与有机污染物质充分接触。

曝气系统总体上可分为鼓风曝气和机械曝气两大类。鼓风曝气是将压缩空气通过管道送入曝气池的扩散设备，以气泡形式分散进入混合液，使气泡中的氧迅速扩散转移到混合液中，供给活性污泥中的微生物。鼓风曝气系统主要由空气净化系统、鼓风机、管路系统和空气扩散器组成。城市污水处理厂采用的鼓风机有多种，如罗茨风机和离心风机，离心风机又分为多级低速离心风机和单级高速离心风机。罗茨风机可以调节出口风压，满足曝气池水深变化的需要，但风量只能靠工作台数调节。离心风机风量可在一定范围内调节，以满足曝气池需氧量的变化，但要求曝气池水深相对恒定。一般来说，单级离心风机较多级离心风机较易调节气量。新建的城市污水处理厂大多采用离心式鼓风机。空气扩散器也有很多种类，按材质分有陶瓷扩散器、橡胶扩散器和塑料扩散器，国内有的处理厂还采用类似水龙带形式的软管扩散器。按扩散器形状分有钟罩形扩散器、长条板形扩散器和圆管式（或套管式）扩散器，另外还有固定双螺旋、双环伞形以及射流曝气器等特殊形式。国内新建处理厂一般都采用钟罩形式的陶瓷扩散器，如图5-5所示。

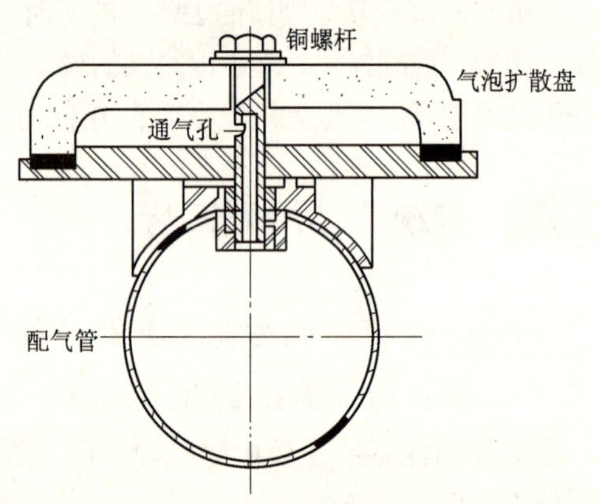

图5-5 钟罩形微孔扩散器

也有一些处理厂采用圆盘形式的橡胶扩散器。扩散器在曝气池内的布置形式区有很多种，如池底满布形式、旋转流形式、半水深布置形式等，如图5-6所示。国内新建处理厂扩散器的布置形式大多都采用池底满布方式。空气管线上一般应设空气计量和调节装置，以便控制曝气量。

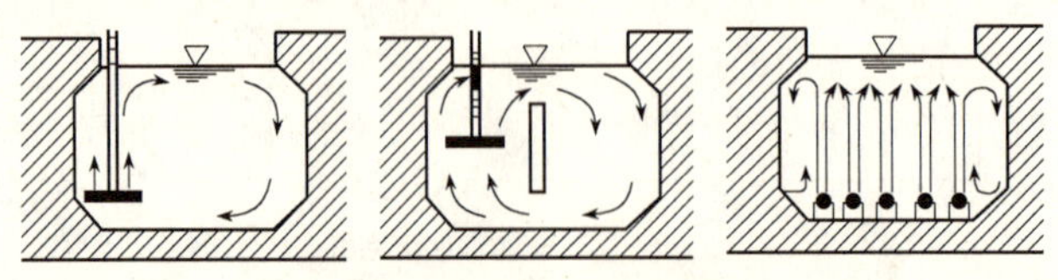
图5-6 扩散器的布置形式

机械曝气则是利用装设在曝气池内的叶轮转动，剧烈地搅动水面，使液体循环流动，不断更新液面并产生强烈的水跃，从而使空气中的氧与水滴或水跃的界面充分接触，转入到混合液中。因此，机械曝气也称作表面曝气，简称表曝。机械曝气机分为竖轴表曝和卧轴表曝两种形式。竖铀式表曝机多用于完全混合式的曝气池，转速一般为20～100r/min，并可有两级或三级的速度调节。卧轴表曝机一般用于氧化沟工艺，称为曝气转刷。

（3）二次沉淀池

二次沉淀池的作用是使活性污泥与处理完的污水分离，并使污泥得到一定程度的浓缩。二沉池内的沉淀形式较复杂，沉淀初期为絮凝沉淀，中期为成层沉淀，而后期则为压缩沉淀，即污泥浓缩。

二沉池的结构形式同初沉池一样，可分为平流沉淀池、竖流沉淀池和辐流沉淀池。国内现有城市污水处理厂二沉池绝大多数都采用辐流式，有些中小型处理厂也采用平流式，而竖流式二沉池尚不多见。

平流式二沉池的构造及布置形式与平流初沉池基本一样，只是工艺参数不同。平流初沉池的水平冲刷流速为50mm/s，而二沉池的水平冲刷流速为20mm/s时；当水平流速大于20mm/s或吸泥机的刮板行走速度大于20mm/s时，沉下的污泥将受扰动而更新浮起。除工艺参数不同以外，辐流式二沉池与辐流式初沉池构造形式也基本相似。

应该强调的是，二沉池的排泥方式与初沉池差别较大。初沉池一般都是先用刮泥机将污泥刮至泥斗，再将其间歇或连续排除。而二沉池一般直接用吸泥机将污泥连续排除。这主要是因为活性污泥易厌氧上浮，应及时尽快地从二沉池中分离出来。另外，曝气池本身也要求连续不断地补充回流污泥。平流二沉池一般采用行车式吸泥机，辐流式二沉池一般采用回转式吸泥机。常用的排泥方式有静压排泥、气提排泥、虹吸排泥或直接泵吸。

（4）回流污泥系统

回流污泥系统把二沉池中沉淀下来的绝大部分活性污泥再回流到曝气池。以保证曝气池有足够的微生物浓度。回流污泥系统包括回流污泥泵和回流污泥管道或渠道。回流污泥泵的形式有多种。有一般的离心泵、潜水泵，也有螺旋泵。螺旋泵的优点是转速较低，不易打碎活性污泥絮体，但效率较低。回流污泥泵的选择应充分考虑大流量、低扬程的特点，同时转速不能太快，以免破坏絮体。近年来出现的潜水式螺旋桨泵是较好的一种选择。

回流污泥渠道上一般应设置回流量的计量及调节装置，以准确控制及调节污泥回流量。

（5）剩余污泥排放系统

随着有机污染物质被分解，曝气池每天都净增一部分活性污泥。这部分活性污泥被称之为剩余活性污泥，应通过剩余污泥排放系统排出。有的污水处理厂用泵排放剩余污泥，有的则可直接用阀门排放。可以从回流污泥中排放剩余污泥，也可以从曝气池直接排放。从曝气池直接排放可减轻二沉池的部分负荷，但增大了浓缩池的负荷。在剩余污泥管线上应设置计量及调节装置，以便准确控制排泥。

2. 活性污泥工艺的机理

在曝气池内悬浮着大量肉眼可观察到的絮状污泥颗粒，叫做活性污泥絮体。每个絮体内包埋着成千上万个活性微生物。如图 5-7 所示，是一个丰富多彩的微生物世界。

絮体的尺寸大小不一，但正常的活性污泥絮体一般都在 20～800μm 范围内；将絮体在电子显微镜下放大 5000 倍，可得到图 5-8 所示的断面局部照片。图中 B 是一些细菌细胞、B_d 是一个细菌正在分裂成两个。P 是细菌分泌出的一些黏性荚膜物质，主要为聚糖，离细菌越近浓度越高。黏性荚膜物质将许多细菌粘合成一个近似球形的菌胶团 M，周围没有被粘合的细菌则以游离状态存在。B_f 是一些丝状细菌，在絮体内能起到骨架作用。如果将絮体放大 24000 倍，可得到图 5-9 所示的局部断面照片，该图更清楚地显示出了细菌在絮体内的存在状态。

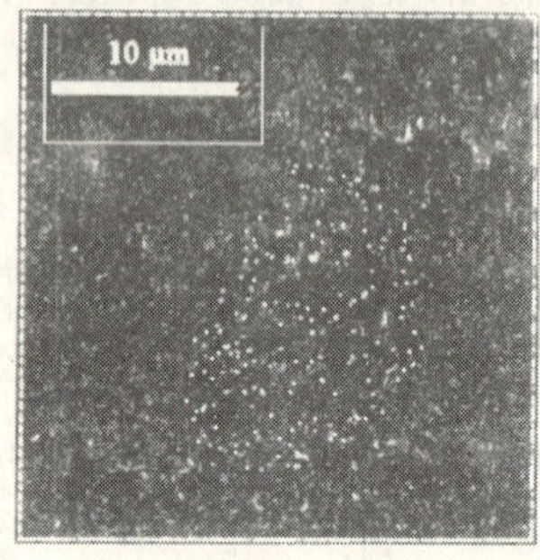

图 5-7 活性污泥絮体内的细菌分布照片

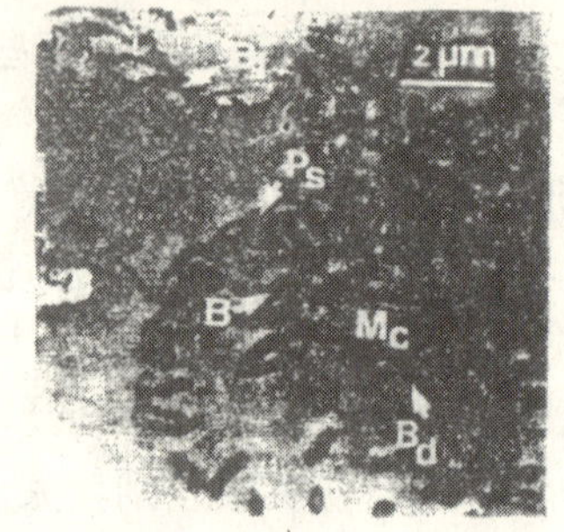

图 5-8 活性污泥絮体的内部结构

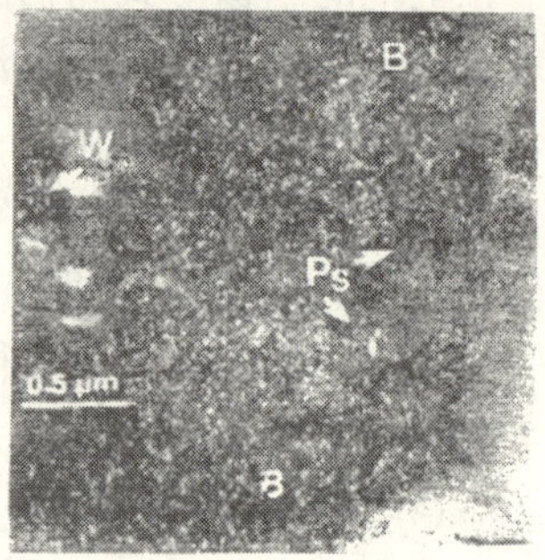

图 5-9 活性污泥絮体的内部结构

污染物质在污水中的三种存在状态，即溶解态、胶体态和悬浮态、胶态又分为细分散和粗分散两类。悬浮态污染物质主要为可沉固体，90% 以上在初沉池内去除，这部分约占 SS 的 50% ～60%。其余 50% ～40% 的 SS 主要是粗分散类的胶态污染物质，这部分物质中的有机部分应在活性污泥工艺中去除。另外，所有溶解态和细分散类的胶态污染物质中的有机部分也必须在活性污泥工艺中去除。

消解态的污染物质与胶态污染物质的去除机理略有不同。溶解态污染物质主要是通过扩散作用进入细菌体内的。首先，在曝气的混合搅拌作用下，溶解态污染物质可较快地扩散到活性的污泥絮体内。由于菌胶团内细菌之间的黏性荚膜物质浓度仅为 10% 左右，环境中绝大部分为水分，因此溶解性污染物质也可较顺利的穿过荚膜扩散到菌胶团内，并逼近细菌细胞的表面。然后，细菌体内的细胞质膜将首先选择污染物质的种类，只有那些对细菌有用且无毒的物质才被允许较容易地进入细菌细胞内，一些溶解性的有机污染物质如碳水化合物、有机酸等都是细菌所必须的营养物质，因而可进入细菌体内。一些溶解性无机物质如 O_2、NH_3、PO_4^{3-} 等也能顺利地进入细菌体内。上述物质穿过细胞膜进入细胞内的方式有单纯扩散、促进扩散、主动运输等形式。单纯扩散方式主要靠细胞内外的浓度差推动，当浓度差较小时，扩散速度很慢。溶解氧就是通过单纯扩散方式进入细胞内的。因此要使足够的溶解氧进入细胞，必须在混合液内维持足够的溶解氧浓度。促进扩散是细胞膜上的一些特殊物质能“帮助”膜外物质进入胞内，因而速度较快。大部分有机污染物是以促进扩散的方式进入细菌体内，主动运输是某些细菌对其特别需要的一些物质强行吸收到体内，因而速度比较快。除磷工艺中，不动菌属细菌（聚磷菌）对磷的吸收就是主动运输的一个例子。溶解态有机污染物通过上述过程进入细菌细胞内以后，在细胞质上通过细胞的新陈代谢，一部分被合成为新的细胞体，另一部分被分解成水、二氧化碳等简单物质被排出胞外。

以胶态存在的污染物质不能直接进入细胞内。它们首先被吸附到絮体表面，然后在絮体内逐渐移动到细菌的周围。细菌向体外分泌出一些叫做水解酶的生化物质，将胶态的污染物质水解成小分子的溶解性物质，然后这些小分子的溶解性物质可同其他溶解性污染物质一样，进入到细菌体内分解。

不设初沉池的污水处理厂，悬浮态的污染物质也将进入曝气池内。这些悬浮态颗粒首先在曝气涡动下变成小颗粒，然后同胶态物质一样，也是先被水解成溶解态小分子物质，才能进入细菌体内被分解。图 5-9 中的 W 值即为一个正等待水解的颗粒。

经过以上吸附、扩散、水解和代谢过程，污水中无论溶解态的有机污染物，还是悬浮态或胶态的有机污染物，都被转移到了活性污泥絮体内，一部分被合成为新的细胞体或细胞内储存物质，另一部分被分解成水、二氧化碳、硝酸盐和磷酸盐等无机物质。

活性污泥絮体与污水的混合物，一般称之为混合液。此时如测混合液的滤过性 BOD_5 可发现 BOD_5 已降至很低，说明有机物质基本上已被细菌分解。

实际上，以上过程在曝气池内是连续不断地进行的，某一股污水进入曝气池后，该股污水就与悬浮在其中的活性污泥絮体之间开始了吸附、扩散、水解和代谢过程，到该股污水连同其中的活性污泥絮体一起流出曝气池时，以上过程应刚好结束。刚进入曝气池的污水中的活性污泥絮体来自于回流活性污泥，只有保证充足的活性污泥及时回流到曝气池前端并与刚进入曝气池的污水保持充分的接触混合，才能使该股污水流出曝气池时得到充分的净化。

曝气池流出的混合液中，虽然滤过性 BOD_5 很低，但 SS 仍很高，这些 SS 就是生成的絮体，因而必须进入二次沉淀池进行有效的固液分离。正常的活性污泥具有良好的凝聚沉降性能。在混合液进入二沉池的初期，活性污泥絮体之间会相互凝聚，形成更大的絮体。随着凝聚过程的进行，会出现一个清晰的泥水界面，形成成层沉降。至此，泥水分离已完成，泥水界面之上为清澈的处理完的污水，BOD_5 和 SS 都已降至很低。但在二沉池内，应让污泥继续沉淀，泥水界面继续下降，进行一定程度的污泥浓缩，以便得到浓度较高的排泥。二沉池排泥浓度越高，回流污泥浓度也越高，在保持一定量的回流活性污泥的前提下，可降低回流比。回流比太大，可缩短污水在曝气池的实际停留时间，降低处理效果。

3. 活性污泥系统的工艺参数

活性污泥工艺是一个较复杂的工程化的生物系统，描述这个系统的工艺参数很多，可分为三大类。第一类是曝气池的工艺参数，主要包括污水在曝气池内的水力停留时间、曝气池内的活性污泥浓度、活性污泥的有机负荷。第二类是关于二沉池的工艺参数，主要包括混合液在二沉池内的停留时间、二沉池的水力表面负荷、出水堰的堰板溢流负荷、二沉池内污泥层深度、固体表面负荷。第三类是关于整个工艺系统的参数，包括入流水质水量、回流污泥量和回流比、回流污泥浓度、剩余污泥排放量、泥龄。以上工艺参数相互之间联系紧密，任一参数的变化都会影响到其他参数。

（1）入流水质水量

入流污水量 Q 必须充分利用所设置的计量设施准确计量，它是整个活性污泥系统运行控制的基础。Q 的计量不准确，必然导致运行控制的某些失误。

入流水质也直接影响到运行控制。传统活性污泥工艺的主要目标是降低污水中的 BOD_5，因此，入流污水的 BOD_5 必须准确测定，它是工艺调控的一个基础数据。

（2）回流污泥量与回流比

回流污泥量是从二沉池补充到曝气池的污泥量，常用 Q_R 表示。Q_R 是活性污泥系统的一个重要的控制参数，通过有效调节 Q_R。可以改变工艺运行状态，保证运行的正常。回流比是回流污泥量与入流污水量之比，常用 R 表示：

$$R=\frac{Q_R}{Q} \tag{5-2}$$

保持 R 的相对恒定是一种重要的运行方式。回流比 R 也可以根据实际运行需要加以调整。传统活性污泥工艺的 R 一般在25%～100%之间。

（3）混合液悬浮固体和回流污泥悬浮固体

混合液悬浮固体是指混合液中悬浮固体的浓度，通常用 MLSS 表示。MLSS 可以近似表示曝气池内活性微生物的浓度，这是运行管理的一个重要控制参数。当入流污水的 BOD_5 增高时，一般应提高 MLSS，即增大曝气池内的微生物量，去处理增多了的有机污染物质。实际测得的 MLSS，是混合液的滤过性残渣，活性污泥絮体内的活性微生物量、非活性的有机物和无机物都被滤纸截留而包括在所测得的 MLSS 中，因此 MLSS 值实际比活性微生物的浓度值要大。虽然人们对此做了很多努力，但到目前为止，尚不能直接测量混合液中活性微生物的实际浓度。另外一个指标，MLVSS 可能较 MLSS 值接近活性微生物浓度，它是 MLSS 中的有机部分，称为混合液的挥发性悬浮固体。MLVSS 的测量较 MLSS 稍麻烦一点，但处理厂运行管理中应尽量采用 MLVSS。

回流污泥悬浮固体是指回流污泥中悬浮固体的浓度，通常用 RSS 表示，它近似表示回流污泥中的活性微生物浓度。如上所述，运行管理中应尽量采用 RVSS，即回流污泥挥发性悬浮固体。

传统活性污泥法的 MLSS 在1500～3000mg/L之间，而 RSS 则取决于回流比 R 的大小，以及活性污泥的沉降性能和二沉池的运行状况。

（4）活性污泥的有机负荷

活性污泥的有机负荷是指单位质量的活性污泥，在单位时间内要保证一定的处理效果所能承受的有机污染物量，单位为 $kgBOD_5/(kgMLVSS \cdot d)$。活性污泥的有机负荷通常是用 BOD_5 代表有机污染物进行计算的，因而也称为 BOD 负荷。通常用 F/M 表示有机负荷，F 代表食物，即有机污染物，M 代表活性微生物量，即 MLVSS，而 F 与 M 的比值代表了微生物量与食物量之间的一种平衡关系，它直接影响活性污泥增长速率、有机污染物的去除效率、氧的利用率以及污泥的沉降性能。传统活性污泥工艺的 F/M 值一般在0.2～0.4$kgBOD_5/(kgMLVSS \cdot d)$ 之间，即每1000gMLVSS每天承受0.2～0.4$kgBOD_5$，这属于中负荷范围。F/M 较大时，由于食物较充足，活性污泥中的微生物增长速率较快，有机污染物被去除的速率也较快，但此时活性污泥的沉降性能可能较差。反之，F/M 较小时，由于食物不太充足，微生物增长速率较慢或基本不增长，甚至也可能减少，此时有机物被去除的速率也必然较慢，但这时活性污泥沉降性能往往较好。运行管理中应选择合适的 F/M 值，在有机物去除速率满足要求的前提下，污泥的沉降性能最佳。有机负荷可用下式计算：

$$F/M=\frac{Q\cdot \mathrm{BOD}_i}{\mathrm{MLVSS}\cdot V_a} \tag{5-3}$$

式中 Q——入流污水量，m^3/d；

BOD_i——入流污水的 BOD_5，mg/L；

V_a——曝气池的有效容积，m^3；

MLVSS——曝气池内活性污泥浓度，mg/L。

【例】某污水处理厂曝气池有效容积 $5000m^3$，曝气池内活性污泥浓度 MLVSS 为 3000mg/L，试计算当入流污水量为 $22500m^3/d$，入流污水 BOD_5 为 200mg/L 时，该厂的 F/M 值。

【解】$Q=22500m^3/d$，$BOD_i=200mg/L$，$V_a=5000m^3$，MLVSS = 3000mg/L 将这些数据带入式（5-3）得

$$F/M=\frac{22500\times 200}{3000\times 5000}=0.30\mathrm{kgBOD_5/(kgMLVSS\cdot d)}$$

（5）混合液溶解氧浓度

传统活性污泥工艺主要采用好氧过程，因而混合液中必须保持好氧状态，即混合液内必须维持一定的溶解氧 DO 浓度。前已述及，DO 是通过单纯扩散方式进入微生物细胞内的。因而混合液须有足够高的 DO 值，以保持强大的扩散推动力，将微生物好氧分解所需的氧强制“注入”微生物细胞体内。传统活性污泥法一般控制 DO > 2.0mg/L。

（6）剩余污泥排放量和污泥龄

剩余活性污泥的排放量用 Q_w 表示。如从曝气池排放剩余活性污泥，则其浓度为混合液的污泥浓度 MLVSS；如果从回流污泥系统内排放剩余活性污泥，则其浓度为 RSS。绝大部分处理厂都从回流污泥系统排泥，只有当二沉池入流固体量严重超负荷时，才考虑从曝气池直接排放。剩余污泥排放是活性污泥系统运行控制中一项最重要的操作，Q_w 的大小，直接决定污泥泥龄的长短。

污泥龄是指活性污泥在整个系统内的平均停留时间，一般用 SRT 表示。因为活性微生物基本上“包埋”在活性污泥絮体中，因此，污泥龄也就是微生物在活性污泥系统内的停留时间。控制污泥龄是选择活性污泥系统中微生物的种类的一种方法。不同种类的微生物，具有不同的世代期。所谓世代期，是指微生物繁殖一代所需的时间，如某种微生物群体从 10000 个繁殖成 20000 个需要 2d 的时间，则该种微生物的世代期就是 2d。如果某种微生物的世代期比活性污泥系统的泥龄长，则该类微生物在繁殖出下一代微生物之前，就被以剩余污泥的方式排走，该类微生物永远不会在系统内繁殖起来。反之，如果某种微生物的世代期比活性污泥系统的泥龄短，则该种微生物在被以剩余活性污泥的形式排走之前，可繁殖出下一代，因此这种微生物就能在系统内存活下来。分解有机污染物的绝大部分微生物，其世代期都小于 3d，因此只要控制污泥龄大于 3d，这些微生物就能在活性污泥系统生存下来并得以繁殖，用于处理污水。硝化杆菌的世代期一般

为5d，因此要在系统内培养出硝化杆菌，将 NH_3-N 硝化成 NO_3^--N，则必须控制 SRT 大于5d。

另外，SRT 直接决定着活性污泥系统中微生物的年龄大小。SRT 较大时，年长的微生物也能在系统中存在；而 SRT 较小时，只有年轻的微生物存在，它们的“父辈或祖辈”早已被作为剩余污泥排走。一般来说，年轻的污泥活性高，分解代谢有机污染物的能力强，但凝聚沉降性能较差；而年长的污泥有可能已老化，分解代谢能力较差，但凝聚沉降性能较好。通过调节 SRT 可以选择合适的微生物年龄，使活性污泥既有较强的分解代谢能力，又有良好的沉降性能。传统活性污泥工艺一般控制 SRT 在 3～5d。活性污泥龄准确地应按下式计算：

$$\mathrm{SRT}=\frac{\text{活性污泥系统内的总活性污泥量}}{\text{每天从系统内排出的活性污泥量}}=\frac{M_a+M_c+M_R}{M_w+M_e} \tag{5-4}$$

式中 M_a——为曝气池内的活性污泥量；

M_c——为二沉池内的污泥量；

M_R——回流系统的污泥量；

M_w——每天排放的剩余污泥量；

M_e——二沉池出水每天带走的污泥量。

上式为最准确的计算公式，在实际运行管理中，常根据不同的情况，采用不同的近似计算公式，详细内容在后叙运行管理中介绍。

（7）曝气池和二沉池的水力停留时间

污水在曝气池内的水力停留时间一般用 T_a 表示。T_a 与入流污水量及池容的大小有关系。对于一定流量的污水，必须保证足够的池容，以便维持污水在曝气池内足够的停留，否则有可能将处理尚不彻底的污水排出曝气池，影响处理效果。T_a 有时也叫污水的曝气时间。即污水在曝气池内被曝气的时间。T_a 有两种计算方法：

$$T_a=\frac{V_a}{Q+Q_r} \tag{5-5}$$

$$T_a=\frac{V_a}{Q} \tag{5-6}$$

式中 V_a——曝气池容积；

Q——入流污水量；

Q_r——回流污泥量。

前一种计算方法是污水在曝气池内的实际停留时间。后一种计算方法计算的时间实际上比实际停留的时间长，有时称之为名义停留时间。当回流比相对恒定或较小时，可采用第二种，因计算较简单。但当回流比较大时，应注意用第一种方法核算，检查污水实际接受曝气的时间是否充足。传统活性污泥工艺的曝气池名义水力停留时间一般为 6～9h，而实际停留时间则取决于回流比。

混合液在二沉池内的停留时间一般用 T_c 表示。T_c 也有名义停留时间和实际停留时间。计算如下：

$$T_c = \frac{V_c}{Q} \tag{5-7}$$

$$T_c = \frac{V_c}{Q + Q_r} \tag{5-8}$$

式中 V_c——二沉池的容积；

Q——入流污水流量；

Q_r——回流污泥量。

T_c 要足够大，以保证足够的时间进行泥水分离以及污泥浓缩。传统活性污泥工艺二沉池名义停留时间一般在2～3h之间，实际停留时间往往取决于回流比的大小。

（8）二沉池的水力表面负荷、固体表面负荷和出水堰溢流负荷

二沉池的水力表面负荷是指单位二沉池面积在单位时间内所能沉降分离的混合液流量，单位一般为$m^3/(m^2 \cdot h)$，它是衡量二沉池固液分离能力的一个指标。对于一定的活性污泥来说，二沉池的水力表面负荷越小，固液分离效果越好，二沉池出水越清澈。另外，控制水力表面负荷在多大值还取决于污泥的沉降性能，沉降性能良好的污泥即使水力表面负荷较大，也能得到较好的泥水分离效果。如果污泥沉降性能恶化、则必须降低水力表面负荷。水力表面负荷可用 q_h，计算如下：

$$q_h = \frac{Q}{A_c} \tag{5-9}$$

式中 Q——入流污水量；

A_c——二沉池的表面积。

传统活性污泥工艺中，q_h 一般不超过$1.2m^3/(m^2 \cdot h)$。

二沉池的固体表面负荷是指单位二沉池面积在单位时间内所能浓缩的混合液悬浮固体。单位一般为$kg/(m^2 \cdot h)$。它是衡量二沉池污泥浓缩能力的一个指标。对于一定的活性污泥来说，二沉池的固体表面负荷越小，污泥在二沉池的浓缩效果越好，即二沉池排泥浓度越高。对于浓缩性能良好的活性污泥，即使二沉池的固体表面负荷较大，也能得到较高的排泥浓度。反之，如果活性污泥浓缩性能较差，则必须降低二沉池的固体表面负荷。固体表面负荷可用 q_s 表示，计算如下：

$$q_s = \frac{(Q + Q_r) \cdot \text{MLSS}}{A} \tag{5-10}$$

式中 Q——入流污水流量；

Q_r——回流污泥量；

MLSS——混合液污泥浓度；

A——二沉池的面积。

传统活性污泥工艺的固体表面负荷最大不要超过$150kgMLSS/(m^2 \cdot d)$。

出水堰溢流负荷是指单位长度的出水堰板单位时间内溢流的污水量，单位为$m^3/(m \cdot h)$。出水堰溢流负荷不能太大，否则可导致出流不均匀，二沉池内发生短流，影响沉淀效果。另外，溢流负荷太大，还导致溢流流速太大，出水中易挟带污泥絮体。传统活性污泥工艺的二沉池堰板溢流负荷一般控制在$5 \sim 10m^3/(m \cdot h)$。

(9) 二沉池的泥位和污泥层厚度

二沉池的泥位是指泥水界面的水下深度，一般用 L_s 表示。如果泥位太高，即 L_s 太小，便增大了出水溢流漂泥的可能性，运行管理中一般控制恒定的泥位。

污泥层厚度一般用 H_s 表示。H_s 和 L_s 之和等于二沉池的水深，如图 5-10 所示。一般控制 H_s 不超过 L_s 的 1/3。

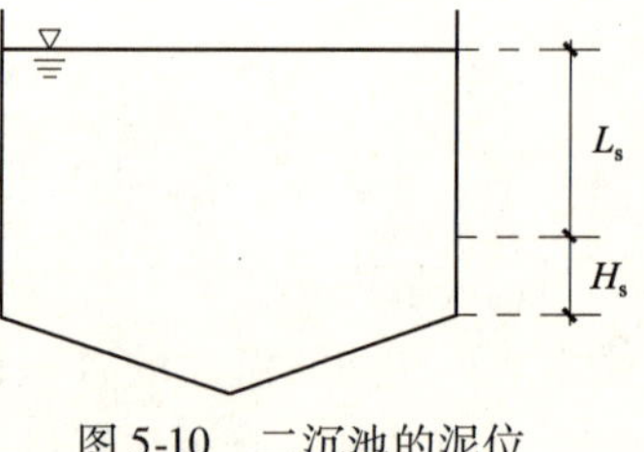

图 5-10 二沉池的泥位

4. 活性污泥的质量

在活性污泥系统中，要完成对入流污水中有机污染物质的处理，必须要在系统内维持足够量的活性污泥。然而对活性污泥只有数量上的要求是不够的，还必须考虑活性污泥的质量。高质量的活性污泥主要体现在四个方面：良好的吸附性能，较高的生物活性，良好的沉降性能以及良好的浓缩性能。前已述及，胶体状态的有机污染物首先必须被吸附到活性污泥絮体上，并进一步被吸附到细菌表面附近才能被分解代谢，因而吸附性能较差的活性污泥去除胶态污染物质的能力也差。活性污泥的生物活性系指污泥絮体内的微生物分解代谢有机污染物的能力，生物活性较差的活性污泥去除有机污染物的速度必然较慢。只有沉降性能良好的活性污泥才能在二沉池得以有效地泥水分离。反之，如果污泥沉降性能恶化，分离效果必然降低，导致二沉池出水混浊，SS 超标。严重时还可能导致活性污泥的大量流失，使系统内生物量不足。继而又影响对有机污染物的分解代谢效果。只有活性污泥具有良好的浓缩性能，才能在二沉池得到较高的排泥浓度。反之，如果浓缩性能较差，排泥浓度降低，要保证足够的回流污泥量、只能提高回流比。而由式（5-5）可知，提高回流比会缩短污水在曝气池内的实际停留时间，导致曝气时间不足，影响处理效果。通过以下污泥质量指标的分析，可以看出，上述四个方面是互相矛盾冲突的，不可兼得、实际运行时应综合平衡。

(1) 颜色和气味

正常的活性污泥外观为黄褐色，可闻到土腥味。土腥味是由微生物分解代谢过程中分泌出的土臭素和异冰片（龙脑）所致。在曝气作用下，这两种物质被吹脱到大气中，产生土腥味。微生物分解能力越强，即生物活性越高，土腥味越浓。这里应强调的是，黄褐色和土腥味只是活性污泥正常的指标之一，而不是唯一指标。应该这样认为，不是黄褐色或不是土腥味的活性污泥一定不正常，应分析产生的原因，但有土腥味是黄褐色的活性污泥不一定正常。如发生膨胀的活性污泥一般也是黄褐色，也具有土腥味。

(2) 活性污泥的耗氧速率

活性污泥的耗氧速率是指单位质量的活性污泥在单位时间内所能消耗的溶解氧量，一般用 SOUR 表示，单位常采用 $mgO_2/(gMLVSS \cdot h)$。SOUR 也称为活性污泥的呼吸速率或消化速率。它是衡量活性污泥的生物活性的一个重要指标。对于活性污泥处理系统而言，活性污泥 SOUR 值的大小及其变化趋势可指示处理系统负荷的变化情况和环境条件的改变。该参数用于评价活性污泥的生物活性和生理状况。传统活性污泥工艺的 SOUR 一般为 $8 \sim 20mgO_2/(gMLVSS \cdot h)$ 之间。

有很多专门测定 SOUR 的仪器可以使用。但应注意保持测定时活性污泥的温度。温度对 SOUR 值影响很大，不同温度下测得的 SOUR 是没有可比性的，也就不能利用 SOUR 值的变化有效地指示活性污泥的生物活性。一般应在20℃时测 SOUR 值。

（3）污泥沉降比

污泥沉降比又称 30min 沉淀率，是指曝气池的混合液在量筒中静置 30min 后所形成沉淀污泥的容积占原混合液容积的百分率，以%表示。

污泥沉降比能够反映生物反应器正常运行时的活性污泥量，可用于控制剩余污泥的排放量，还能够通过它及早发现污泥膨胀等异常现象的发生。污泥沉降比的测定方法比较简单，且能说明问题，应用广泛，是评定活性污泥质量的重要指标之一。

（4）污泥的体积指数和密度指数

污泥的体积指数是指曝气池混合液在 1000mL 的量筒中、静置 30min 以后，1g 活性污泥悬浮固体所占的体积，常用 SVI_{30} 表示，单位为 mL/g。SVI_{30} 与 SV_{30} 存在以下关系：

$$SVI_{30} = \frac{SV_{30}}{MLSS} \times 1000 \tag{5-11}$$

【例】 某厂曝气池活性污泥浓度 MLSS 为 3000mg/L，测得 SV_{30} 为 30%。试计算此时的 SVI_{30} 值。

【解】 将 MLSS 和 SV_{30} 值代入式（5-11），可得

$$SVI_{30} = \frac{30}{300} \times 1000 = 100mL/g$$

SV_{30} 值的概念不太直观，有的处理厂常采用污泥的密度指数。密度指数是指曝气池混合液在 1000mL 的量筒中静置 30min 后，含于 100mL 沉降污泥中的活性污泥悬浮固体的量，常用 SDI_{30} 表示，单位为 g/100mL。SDI_{30} 与 SV_{30} 存在以下关系：

$$SDI_{30} = \frac{MLSS}{100 \times SV_{30}} = \frac{100}{SVI_{30}} \tag{5-12}$$

【例】 某厂曝气池活性污泥浓度 MLSS 为 3000mg/L，刚测得 SV_{30} 值为 30%，试计算此时的 SDI_{30} 值。

【解】 将 MLSS 和 SV_{30} 值代入式（5-12），可得

$$SDI_{30} = \frac{3000}{100 \times 30} = 1g/100mL$$

SDI_{30} 的单位与通常密度相同，较易理解，且直观。

沉降比 SV 与污泥浓度有关，沉降及浓缩性能相同的污泥，当 MLSS 较大时，SV 值也大。当曝气池混合液 MLSS 变化较大时，SV 值就无法与历史数据比较。污泥指数 SVI 或 SDI 虽然从道理上看与 MLSS 无关。但实际测定仍受 MLSS 的影响，所以有的处理厂采用稀释污泥指数作为测定指际，用 DSVI 或 DSVI 表示。DSVI 是指将污泥稀释至 1500mg/L 测得的 SVI 值。DSVI 不再受 MLSS 大小的影响，不同浓度的污泥只要性能一样，DSVI 则相等，这样能较客观的反应污泥性能。DSVI 一般较 SVI 小。另外，测量 SV 或 SVI 的目的是反映污泥在二沉池内的沉降浓缩状况。而用 100mL 或 1000mL 的量筒测 SV 或 SVI 至少有两点与二沉池内的状况不同：一是边壁效应，由于量筒直径太小，筒壁会对污泥的沉降有阻碍；二是二沉池内有吸泥机在不断地回转，对污泥沉降有利。为使量筒试验更逼近二沉池的沉降状况，使测得的 SV 或 SVI 更准确地指导运行管理，近来有的处理厂采用搅拌污泥指数，用 SSVI 表示。SSVI 是指在量筒内设置低速搅拌装置搅拌污泥状态下，测得的

SVI 值，搅拌速度一般采用 5r/h。SSVI 值可有效地消除边壁效用，并更加接近二沉池的状况。SSVI 一般是 SVI 值的 70% ~80%。

虽然绝大部分处理厂运行管理中，仍采用 SV_{30} 和 SVI_{30}，但不妨结合本厂实际情况试一下 SV_5、DSVI、SSVI 这些指标，毕竟它们更具有科学性。

SVI 既是衡量污泥沉降性能的指标，也是衡量污泥吸附性能的一个指标。一般来说，SVI 值越大，沉降性能越差，但吸附性能越好；反之 SVI 越小，沉降性能越好，而吸附性能越差。一般认为，传统活性污泥工艺中，SVI 值在 100 左右，综合效果最好，太大或太小都不利于出水质量的提高。

（5）污泥的沉降速度

活性污泥混合液在量筒中的沉降过程可分为四个状态，如图 5-11 所示。其中（*a*）图为沉降初始状态，（*b*）图为形成泥水界面时的状态，（*c*）图为沉速开始下降的状态，（*d*）图为沉降最终状态。由（*a*）态到（*b*）态的过程为絮凝沉降类型，在这个过程中，无明显泥水界面，污泥絮体之间相互吸附，聚集成较大的絮体。正常的活性污泥絮凝性能良好，因此该过程历时很短，一般 1 ~2min 即可完成，并在上部出现澄清区，存在明显的泥水界面。由（*b*）态到（*c*）态为成层沉降阶段，可观察到泥水界面以恒定的速度下沉，这个速度称之为成层沉降速度。成层沉降过程的历时取决于污泥的沉降性能，沉降性能越好，成层沉降速度越大，历时也越短。出（*c*）态到（*d*）态的过程为压缩沉降，也就是污泥浓缩。特点是泥水界面的下降速度越来越慢，直至（*d*）态为零。该过程的历时取决于污泥的浓缩性能，浓缩性能较好的污泥历时较短。将（*a*）态到（*d*）态泥水界面高度随时间的变化绘成曲线，即为活性污泥的沉降曲线。图 5-12 为某处理厂测得一条典型的沉降曲线。沉降曲线能够综合反应污泥的沉降和浓缩性能。图中 bc 段直线的斜率为污泥的成层沉降速度，一般用 SZV 表示。沉降性能良好的活性污泥，其 SZV 一般都大于3m/h。浓缩性能较好的污泥，沉降曲线上的 cd 段较短。沉降曲线比 SV 和 SVI 的优越性在于它反映了沉降过程的全貌，而 SV 和 SVI 只是曲线上的一个点。

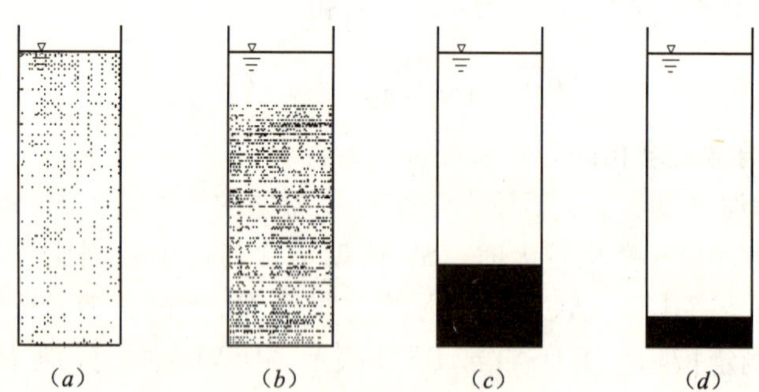

图 5-11　活性污泥的沉降过程

（*a*）沉降初始状态；（*b*）形成泥水界面时的状态；（*c*）沉速开始下降的状态；（*d*）沉降最终状态

（6）活性污泥的生物相

采用普通光学显微镜可以观察污泥的微观生物指标，即污泥的生物相。生物相包括两个部分，一部分是观察原生动物和后生动物等指示生物的数量及种类变化。不同质量的活性污泥中存在不同的指示生物，通过指示生物的观察，可以间接评价活性污泥质量。另一部分是观察活性污泥中丝状菌的数量。不同质量的活性污泥中丝状菌的量是不同的，通过丝状菌数量的测量。也可间接反映活性污泥的质量。下面主要介绍第二部分。

活性污泥丝状菌测量包括两种方法。一种是长度测量，另一种是丰度测量。

活性污泥丝状菌长度测量有一套标准的程序，大体上是取一定体积的混合液样，稀释至在显微镜下能辨清每一个菌丝为止，测量被稀释的样品中伸出污泥絮体的所有丝状菌的长度，乘以稀释倍数即为活性污泥丝状菌长度。有两种表示方法，一种是每毫升混合液内丝状菌长度，另一种是单位 MLSS 中的丝状菌长度。前一种方法与污泥浓度有关系，使用不方便，常采用后一种。一般来说，每 1gMLSS 对应的混合液中的丝状菌长度小于 10m/mL 时。该种活性污泥沉降性能良好，大于10m/mL时，沉降性能恶化。并不是丝状菌越少越好，因为丝状菌在污泥絮体中起骨架作用。当丝状菌长度小于 0.5m/(mL · MLSS) 时，该种活性污泥虽沉降速度非常快，但形不成泥水界面，出水混浊。

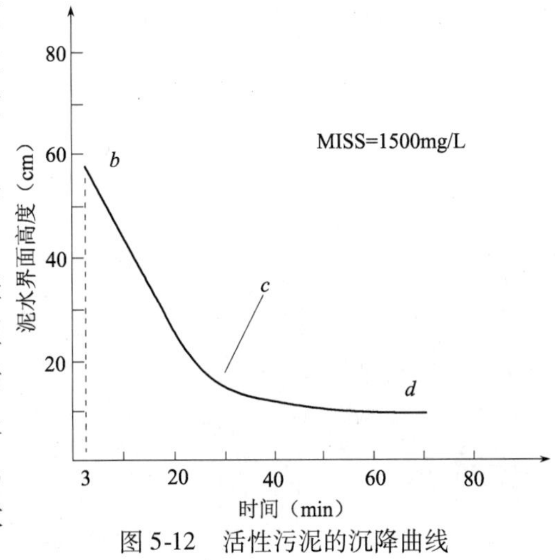

图 5-12　活性污泥的沉降曲线

丰度测量是将混合液在显微镜下直接观察丝状菌的多少。按照丝状菌在污泥絮体上的丰富程度，将丰度分为七级：

第 0 级：没有。所有絮体都未见到丝状菌。

第 *a* 级：很少。在个别絮体上发现丝状菌。

第 *b* 级：一些。不是所有絮体上都有丝状菌。

第 *c* 级：一般。所有絮体上都有菌丝，但密度较低。每个絮体上有 1 ~5 根菌丝。

第 *d* 级：较多。所有絮体上都有菌丝，中等密度。每个絮体上有 5 ~20 根菌丝。

第 *e* 级：丰富。所有絮体上都有菌丝。密度很高。每个絮体上菌丝超过 20 根。

第 *f* 级：大量。大量菌丝形成丝网。

a ~ *f* 级丰度如图 5-13 所示。当活性污泥丝状菌丰度在 *a* ~ *d* 级时，污泥沉降浓缩性能良好。当为 *e* 或 *f* 级时、活性污泥处于膨胀状态，沉降性能恶化。当处于 0 级，即未发现丝状菌时，活性污泥絮体较松散，极易被曝气设备和回流设备打碎而形成很小的絮体。这种污泥在沉降时很可能沉速较快，但往往形成不了泥水界面，上清液污浊。

5. 传统活性污泥工艺的功效及其影响因素

(1) 功能效率

传统活件污泥工艺的主要功效是去除城市污水中的有机污染物质。具体地说，这种工艺能非常有效地去除污水中悬浮态、胶态及溶解态的有机污染物。从水质指标上看，传统活性污泥工艺能有效地降低污水中的 BOD_5，并把初级处理中未去除的悬浮团体 SS 进一步去除。

传统活性污泥工艺处理污水的效果体现在处理效率和出水水质两个方面。一般情况下，对 SS 和 BOD_5 的处理效率都达到 85% 以上。设计与运行良好的活性污泥工艺，出水 SS 和 BOD_5 小于 20mg/L 一般是没有问题的，完全可以达到标准中 SS 和 BOD_5 小于 30mg/L的要求。传统活性污泥工艺具有使出水 SS < 15mg/L、BOD_5 < 10mg/L 的潜力，但需要精心设计与运行。在设计及运行上不能制定 SS < 15mg/L、BOD_5 < 10mg/L 的出水水质要求。

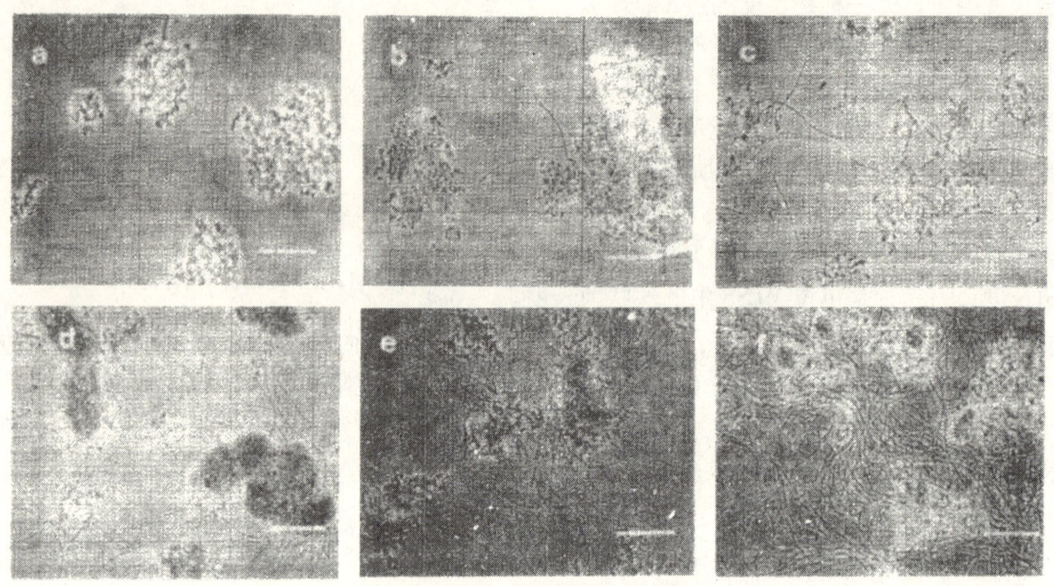

图 5-13 活性污泥絮体中丝状菌丰度

大量污水处理厂的统计资料表明，传统活性污泥工艺出水 SS 有 85% 的运行时间小于 50mg/L，有 50% 的时间小于 25mg/L，只有 5% 的时间小于 10mg/L。可以这样理解，如果处理厂运行 100d，其中有 85d 出水 SS < 50mg/L，有 50d 出水 SS < 25mg/L，只有 5d 出水 SS < 10mg/L。

传统活性污泥工艺出水 BOD_5 有 95% 的运行时间小于 50mg/L，有 50% 的时间小于 20mg/L，仅有 19% 的时间小于 10mg/L。

在去除有机污染物的同时，传统活性污泥工艺还能附带去除一定量的氮和磷。每降低 100mgBOD_5/L，可去除 5mgN/L，1mgP/L。如果曝气池入流污水 BOD_5 为 150mg/L，二沉池出水 20mg/L，则附带能去除 6. 5mgN/L、1. 3mgP/L。

另外，传统活性污泥工艺还能有效地去除污水中的病毒和一些病原细菌，对铁、铜、铅、镍、锌等金属或重金属离子化合物也有一定的去除作用，去除效率可在30% ~90% 之间。低 F/M 的活性污泥工艺能进行高效率的硝化，使大部分 NH_3-N 转化成 NO_3^--N。

（2）影响处理效果的因素

既然传统活性污泥工艺主要利用微生物处理污水，影响微生物活性的因素必然影响活性污泥工艺处理污水效果。

首先入流污水的水质会影响处理效果。一般城市污水中的氮、磷等营养元素都能够满足微生物需要，且过剩很多。但如果工业废水所占比例较大时，应注意核算碳氮磷的比例是否为 100 : 5 : 1。如果污水中缺氮，一般可加入无水氨或氨水，也可投加铵盐。如果污水中缺磷，可投加磷酸或磷酸盐。如果 pH 太高或太低，还应加入一定量的中和剂，常用的中和剂有石灰、氢氧化钠和硫酸。解决 pH 问题最根本的办法是加强对工厂排水的管理，严禁强酸强碱排入市政排水管道。同样，解决活性污泥中毒问题的根本办法也是加强对上游污染源的管理。污水中的油脂类物质也会影响活性污泥工艺的处理效果。当污水中油脂含量较高时，会使曝气设备的曝气效率降低，如不增大曝气量，处理效率也会降低。另外，污水中较高的油脂含量还会降低活性污泥的沉降性能，严重时会成为污泥膨胀的原因，导致出水 SS 超标。

温度对活性污泥工艺的影响是很广泛的。首先，温度会影响活性污泥中微生物的活性，冬季温度较低时，如不采取调控措施，处理效果会下降。其次，温度会像对初沉池的影响那样，影响二沉池的分离功能。例如，温度的变化会使二沉池产生异重流，导致短流；温度降低时，会使活性污泥由于黏度增大而降低沉降性能。另外，温度变化还会影响曝气系统的效率。夏季温度升高时，会由于溶解氧饱和浓度的降低，而使充氧困难，导致曝气效率下降。另一方面，温度升高，空气的密度降低，要保证供氧量不变，必须增大供气量。

风力也影响处理效果。风力较大时，辐流式二沉池会像辐流式初沉池那样，只从顺风边的堰板出水，使堰板溢流负荷增加，出水 SS 超标。

5.2.2 活性污泥反应动力学基础

1. 概述

活性污泥反应，是指在活性污泥反应器——曝气池内，在各项环境因素，如水温、溶解氧浓度、pH 等都满足要求的条件下，活性污泥（即活性污泥微生物）对混合液中有机污染物（有机底物）的代谢；活性污泥本身的增长（即活性污泥微生物的增殖）及活性污泥微生物对溶解氧的利用等生物化学反应。

对活性污泥反应动力学研究讨论目的之一是，明确各项因素，如有机底物浓度、活性污泥微生物量、溶解氧浓度等对反应速度的影响，使人们能够创造更适宜于活性污泥反应进行的环境条件，使反应能够在比较理想的速度下进行，使活性污泥处理系统的设计和运行更合理化和科学化。

对活性污泥反应动力学更深一层研讨的目的，则是对反应机理进行研究，探讨活性污泥对有机底物的代谢、降解过程，揭示这一反应过程的本质，使人们能够更自觉地对反应速度加以控制和调节。

当前，从活性污泥处理系统的工程实践要求考虑，对活性污泥反应动力学的研讨重点在于确定活性污泥反应速度与各项主要环境因素之间的关系，研讨的主要内容是：

（1）有机底物的降解速度与有机底物浓度、活性污泥微生物量等因素之间的关系；

（2）活性污泥微生物的增殖速度（亦即活性污泥的增长速度）与有机底物浓度、微生物量等因素之间的关系。

有关学者根据各自的研究成果，提出了描述上述两项关系的动力学表达式，本书择选其中主要名家的论述，作简要阐述。

2. 莫诺（monod）方程式

(1) 莫诺基本方程式

在建立活性污泥反应动力学模式的名家学者中应首推莫诺（Monod）。

莫诺于1942年用纯种的微生物在单一底物的培养基上进行了微生物增殖速率与底物浓度之间关系的试验。试验结果得出了如图5-14所示的形式。这个结果和米凯利斯—门坦（Michaelis-Menten）于1913年通过试验所取得的酶促反应速度与底物浓度之间关系的结果（图5-15）是相吻合的。因此，莫诺认为，可以通过经典的米—门方程式来描述底物浓度与微生物比增殖速度之间的关系，即：

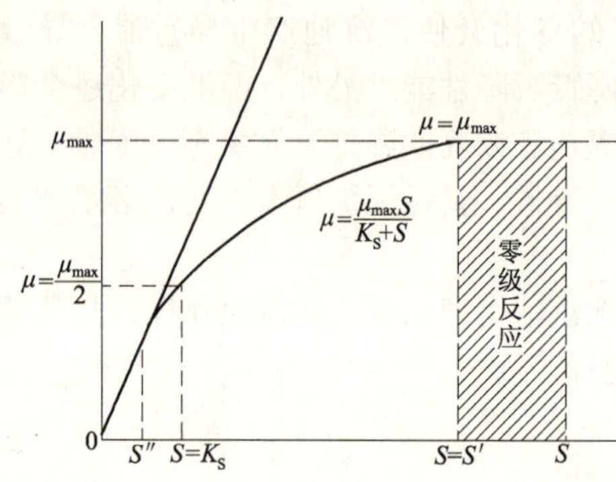

图5-14 莫诺方程式与其 $\mu=f(S)$ 关系曲线

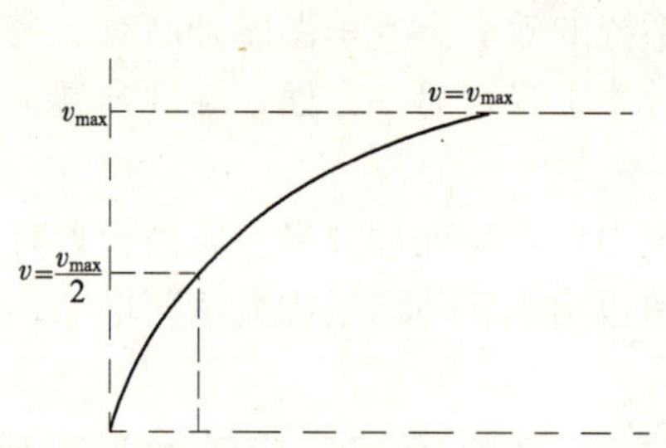

图5-15 米—门方程式与其 $v=f(S)$ 关系曲线

$$\mu=\mu_{\max}\frac{S}{K_S+S} \tag{5-13}$$

式中 μ——微生物的比增殖速度，即单位生物量的增殖速度，t^{-1}；

$\mu_{\max}$——微生物最大比增殖速度，t^{-1}；

K_S——饱和常数，为当 $\mu=\frac{1}{2}\mu_{\max}$ 时的底物浓度，也称之为半速度常数，质量/容积；

S——有机底物浓度。

可以设定，微生物的比增殖速度（μ）与底物的比降解速度（v）呈比例关系，即：

$$\mu\propto v$$

或

$$\mu=\gamma v$$

因此，与微生物比增殖速度 μ 相对应的有机底物比降解速度 v，也可以用米—门方程式描述，即：

$$v=v_{\max}\frac{S}{K_S+S} \tag{5-14}$$

式中 v——有机底物的比降解速度，t^{-1}；

$v_{\max}$——有机底物的最大比降解速度，t^{-1}；

其余各符号表示意思同前。

对污水处理领域来说，有机底物的比降解速度比微生物的比增殖速度更实际，应用性更强，是讨论研究的对象。

有机底物的比降解速度，按物理意义考虑，下式成立：

$$v = -\frac{1}{X}\frac{\mathrm{d}S}{\mathrm{d}t} = \frac{\mathrm{d}(S_0 - S)}{X\mathrm{d}t} \tag{5-15}$$

式中 S_0——原污水中有机底物的原始浓度；

S——经 t 时反应后混合液中残存的有机底物浓度；

t——活性污泥反应时间；

X——混合液中活性污泥总量。

根据式（5-14）及式（5-15），下式成立：

$$-\frac{\mathrm{d}S}{\mathrm{d}t} = v_{max}\frac{XS}{K_S + S} \tag{5-16}$$

式中 $\frac{\mathrm{d}S}{\mathrm{d}t}$——有机底物降解速度。

（2）莫诺方程式的推论

莫诺方程式是描述微生物比增殖速度（有机底物比降解速度）与有机底物浓度之间的函数关系。对这种函数关系在两种极限条件下，进行推论，能够得出如下结论。

1）在高底物浓度的条件下，$S \gg K_S$，式（5-14）与式（5-16）中分母中的 K_S 值与 S 值相比，可以忽略不计，于是式（5-14）可简化为：

$$v = v_{max} \tag{5-17}$$

而式（5-16）则简化为：

$$-\frac{\mathrm{d}S}{\mathrm{d}t} = v_{max}X = K_1X \tag{5-18}$$

式中 v_{max}为常数值，以 K_1 表示之。

式（5-17）及图 5-14 说明，在高浓度有机底物的条件下，有机底物以最大的速度进行降解，而与有机底物的浓度无关，分零级反应关系，即图 5-14 上所表示的 $S \sim S'$区段。有机底物的浓度再提高，降解速率也不会提高，因为在这条件下，微生物处于对数增殖期，其酶系统的活性位置都为有机底物所饱和。

式（5-18）说明，在高浓度有机底物的条件下，有机底物的降解速度与污泥浓度（生物量）有关，并且一级反应关系。

2）在低底物浓度的条件下，$S \ll K$，在式（5-14）和式（5-16）分母中，与 K_S 值相交，S 值可忽略不计，这样，式（5-14）及式（5-16）可分别简化为：

$$v = v_{max}\frac{S}{K_S} = K_2S \tag{5-19}$$

$$-\frac{\mathrm{d}S}{\mathrm{d}t} = K_2XS \tag{5-20}$$

式中 $K_2 = \frac{v_{max}}{K_S}$

对式（5-20）加以分析可见，有机底物降解遵循一级反应，有机底物的含量已成为有机底物降解的控制因素，因为在这种条件下，混合液中有机底物浓度已经不高，微生物增殖处于减速增殖期或内源呼吸期，微生物酶系统多未被饱和，在图（5-14）中即为横坐标 $S=0$ 到 $S=S''$这样的一个区段。这个区段的曲线在表现形式大为通过原点的直线，其斜率即为 K_2。

莫诺方程式是通过单一底物的纯菌种培养实验而得出的，而活性污泥处理系统的微生物是多种属微生物群体，污水中的有机底物也是多种类的，莫诺方程式是否实用于活性污泥处理系统。在20世纪六七十年代，劳伦斯（Lawrence）等人将莫诺方程式引入污水生物处理领域，证实本式是完全适用的。莫诺方程式得到越来越多的污水处理领域技术人员的接受。

城市污水属低底物浓度的污水，COD值一般在400mg/L以下，BOD_5值则在300mg/L以下，对此，埃肯费尔德（Eckenfelder）认为，对城市污水活性污泥系统处理，用式（5-20）描述有机底物的降解速度是适宜的。

将式（5-20）加以积分，得：

$$\ln\frac{S}{S_0}=K_2Xt \tag{5-21}$$

移向整理后，得：

$$S=S_0e^{-K_2Xt} \tag{5-22}$$

上式所表示的是在活性污泥反应系统中，经t时反应后，混合液中残存的有机底物值S与原污水中有机底物量S_0之间的关系。

式（5-22）有较强的实用价值。在对式（5-22）应用上的关键问题是正确地确定K_2值。

在完全混合曝气池内的活性污泥一般处在减速增长期。此外，池内混合液中的有机底物浓度是均匀的，并与出水的浓度（S_e）相同，其值较低，$S_e \ll S''$且为常数。对此，式（5-22）对其是成立的。

（3）莫诺方程式对完全混合曝气池的应用

图5-16所示为完全混合曝气池的活性污泥处理系统。

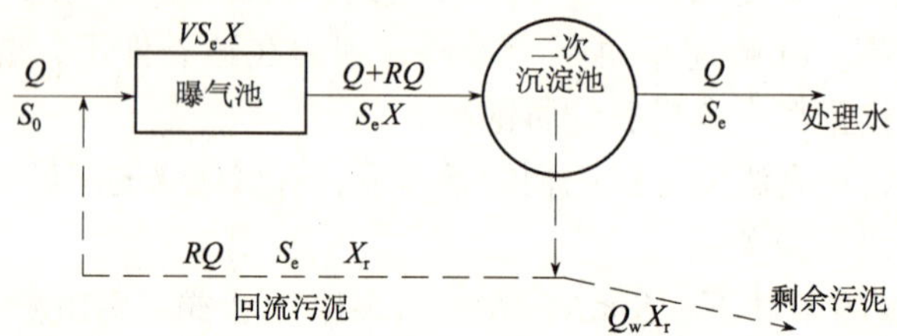

图5-16 完全混合活性污泥系统的物料平衡

在稳定条件下，对系统中的有机底物进行物料平衡，下式成立：

$$S_0Q=RQS_e-(Q+RQ)S_e+V\frac{dS}{dt}=0 \tag{5-23}$$

经整理后，得：

$$\frac{Q(S_0-S_e)}{V}=-\frac{dS}{dt} \tag{5-24}$$

式中 R——回流比；

RQ——回流污泥量；

V——曝气池容积，m^3；

其他符号表示意义同前。

在运行稳定的条件下，完全混合曝气池内各质点的有机底物降解速度是一个常数，其值如式（5-22）所示。

将式（5-22）代入式（5-24）中，得：

$$\frac{Q(S_0 - S_e)}{XV} = \frac{S_0 - S_e}{Xt} = K_2 S_e \tag{5-25}$$

根据完全混合曝气池的特征，式（5-16）可改写，即以 S_e 代式之 S，得

$$-\frac{dS}{dt} = v_{max}\frac{XS_e}{K_S + S_e} \tag{5-26}$$

代入式（5-24），得：

$$\frac{Q(S_0 - S_e)}{XV} = \frac{S_0 - S_e}{Xt} = v_{max}\frac{S_e}{K_S + S_e} \tag{5-27}$$

以 BOD 去除量为基础的 BOD—污泥去除负荷率(N_{rs})为：

$$N_{rs} = \frac{S_0 - S_e}{Xt} = K_2 S_e = v_{max}\frac{S_e}{K_S + S_e} \tag{5-28}$$

容积去除负荷率(N_{rv})

$$N_{rv} = \frac{S_0 - S_e}{t} = K_2 X S_e = v_{max}\frac{XS_e}{K_S + S_e} \tag{5-29}$$

对式(5-25)经过整理归纳后,可得：

$$\frac{S_e}{S_0} = \frac{1}{1 + K_2 Xt} \tag{5-30}$$

或

$$\eta = 1 - \frac{S_e}{S_0} = \frac{K_2 Xt}{1 + K_2 Xt} \tag{5-31}$$

式中 Q——污水流量,m^3/d；

V——曝气池容积,m^3；

$t = \frac{V}{Q}$——反应时,d；

$\eta = \frac{S_0 - S_e}{S_0}$——有机底物降解率,%。

上列式中的 K_2、v_{max} 及 K_s 等各值,对一定的污水来说,为一常数值,一般是通过对实际运行污水处理厂的运行数据或试验数据进行分析、加工推导出。

(4)常数值 K_2、v_{max} 及 K_2 的确定

1)常数值 K_2 的确定

对常数值 K_2 可用式(5-28)(BOD—污泥去除负荷值),通过图解法确定,方法如下：

将式$\frac{S_0 - S_e}{Xt} = K_2 S_e$ 按通过原点的直线方程式 $y = aX$ 的形式考虑。以$\frac{S_0 - S_e}{Xt}$为纵坐标，

以 S_e 值为横坐标。将从运行的污水处理厂或通过试验取得 S_0、S_e、X 及 t 等各项数据，加以整理分组，列入坐标图内，得如图 5-17 所示的图象。

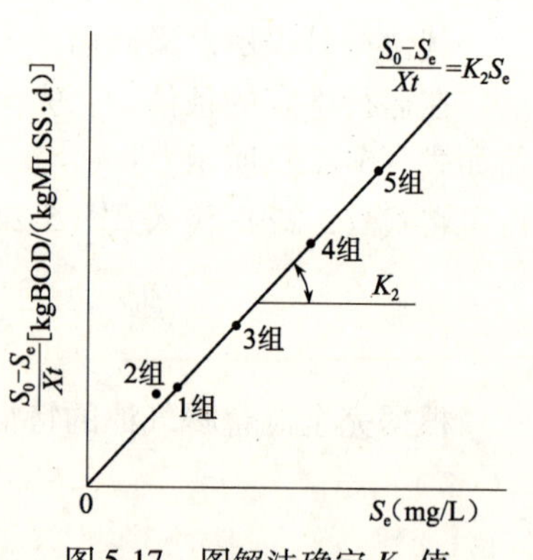

图 5-17 图解法确定 K_2 值

直线通至坐标原点，其斜率即为 K_2 值。

2）常数值 v_{max}、K_S 值的确定

对于 v_{max}、K_S 值，一般也用图解法确定，其方法如下

取式(5-26)的倒数，得：

$$\frac{Xt}{S_0-S_e}=\left(\frac{K_S}{v_{max}}\right)\left(\frac{1}{S_t}\right)+\frac{1}{v_{max}} \tag{5-32}$$

可以将上式按直线方程式 $y=aX+b$ 考虑，$\frac{Xt}{S_0-S_e}$项是随$\frac{1}{S_e}$项变化的线性函数。以$\frac{Xt}{S_0-S_e}$项为纵坐标，以$\frac{1}{S_e}$项为横坐标。同样将所取得的数据，按式（5-31）的格式加以归纳整理，并将所得到各组数据列入坐称图内，得出如图 5-18所示的坐标图。

直线的斜率为$\frac{K_S}{v_{max}}$，在纵坐标上的截距为$\frac{1}{v_{max}}$，在横坐标上的截距为 $-\frac{1}{K_S}$。通过这些数据求定出常数值 v_{max}、K_S。

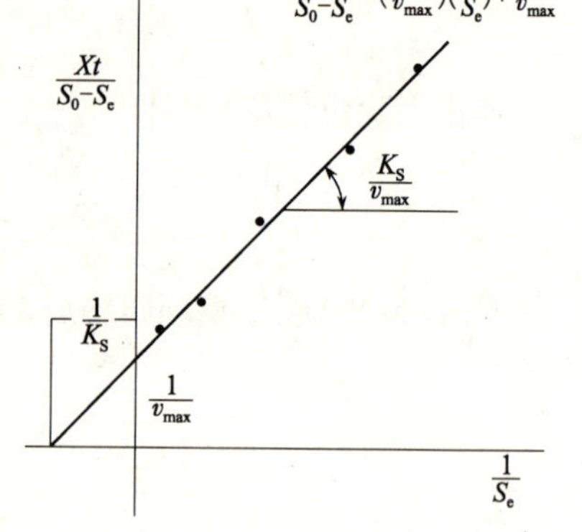

图 5-18 确定常数值 $v_{max}K_e$ 的图解法

3. 劳伦斯·麦卡蒂（Lawrence-Mc Carty）方程式

（1）概述

劳伦斯—麦卡蒂以微生物增殖和对有机底物的利用为基础，于 1970 年建立了活性污泥反应动力学方程式。

劳伦斯—麦卡蒂接受了莫诺的论点，并在自己的动力学方程式中纳入了莫诺方程式。

劳—麦氏对“污泥龄”这一参数，提出了新的概念，即：单位质量的微生物在活性污泥反应系统中的平均停留时间，并建议将其易名为“生物固体平均停留时间”或“细胞平均停留时间”，以 θ_c 表示之。

劳—麦氏还提出了“单位底物利用率”这一概念。即：单位微生物量的底物利用率为一常数，以 q 表示之，其表达式为：

$$\frac{\left(\frac{dS}{dt}\right)_u}{X_a}=q \tag{5-33}$$

式中 X_a——单位微生物量；

$\left(\frac{dS}{dt}\right)_u$——微生物对有机底物的利用（降解）速度。

劳伦斯—麦卡蒂方程式，是以生物固体平均停留时间（θ_c）及单位底物利用率（q），

作为基本参数，并以第一、第二两个基本方程式表达的。

劳—麦第一基本方程式是在表示微生物净增殖速度与有机底物被微生物利用速度之间关系的式（5-34）的基础上建立的。

$$\left(\frac{dX}{dt}\right)_g = Y\left(\frac{dS}{dt}\right)_u - K_d X_v \tag{5-34}$$

经过归纳整理，劳—麦第一基本方程式形成下列形式：

$$\frac{1}{\theta_c} = Yq - K_d \tag{5-35}$$

式中 θ_c——生物固体平均停留时间，d；

Y——微生物产率，1mg 微生物量/1mg 被微生物利用（降解）的有机底物；

q——单位有机底物利用率；

K_d——衰减系数，即微生物的自身氧化率，d^{-1}。

劳—麦第一基本方程式所表示的是：生物固体平均停留时间（θ_c）与产率（Y）、单位底物利用率（q）以及微生物的衰减系数（K_d）之间的关系。

劳伦斯—麦卡蒂第二基本方程式是在莫诺方程式的基础上建立的，其在概念上的基础是有机底物的降解速度等于其被微生物的利用速度，即：

$$v = q \tag{5-36}$$

式中 v——有机底物的降解速度。

经归纳整理，劳—麦第二基本方程式形成下列形式：

$$\left(\frac{dS}{dt}\right)_u = \frac{KX_a S}{K_S + S} \tag{5-37}$$

式中 $\left(\frac{dS}{dt}\right)_u$——有机底物的被微生物利用速度（降解速度）；

S——微生物周围的有机底物浓度，mg/L；

K——单位微生物量的最高底物利用速度，即莫诺方程式中的 v_{max}，t^{-1}；

K_S——系数，其值等于 $q = \frac{1}{2}K$ 时的有机底物浓度，因而又称为半速度系数；

X_a——反应器（曝气池）内微生物浓度，即活性污泥浓度，mg/L 或 g/m^3。

劳—麦第二基本方程式所表示的是：有机底物的利用量（降解率）与反应器（曝气池）内微生物浓度及微生物周围有机底物浓度之间的关系。

劳—麦方程式在污水生物处理学术界得到了比较广泛的接受。

（2）劳伦斯—麦卡蒂方程式的推论与应用

劳伦斯—麦卡蒂氏以自己提出的反应动力学方程式为基础，通过对活性污泥处理系统的物料衡算，导出了具有一定应用意义的各项关系式，现简介于后。

1）处理水有机底物浓度（S_e）与生物固体平均停留时间（θ_c）的关系：

$$S_e = \frac{K_S\left(\frac{1}{\theta_c} + K_d\right)}{Yv_{max} - \left(\frac{1}{\theta_c} + K_d\right)} \tag{5-38}$$

上式中的 K_S、K_d、Y 及 v_{max} 等各值均为常数值，处理水有机底数含量值 S_e，只取决于生物固体平均停留时间 θ_c 一项。对此，更说明正确地确定各常数值的重要意义了。

2）反应器内活性污泥浓度 X_a 与 θ_c 值之间的关系

$$X_a = \frac{\theta_c Y(S_0 - S_e)}{t(1 + K_d \theta_c)} \tag{5-39}$$

式中 t——污水在反应器内的反应时间，d；

其他符号表示意义同前。

3）污泥回流比 R 与 θ_c 值之间的关系

$$\frac{1}{\theta_c} = \frac{Q}{V}\left(1 + R - R\frac{X_r}{X_a}\right) \tag{5-40}$$

式中 X_r——从二次沉淀池底部流出，回流曝气池的活性污泥浓度。

X_r 值是活性污泥沉降特性和二次沉淀池沉淀效果的函数，可由式（5-41）求定其近似的最高浓度值。

$$(X_r)_{max} = \frac{10^6}{SVI} \tag{5-41}$$

用式（5-41）计算出的 X_r 值为悬浮固体值（即 MLSS），应对其进行换算为挥发性悬浮固体值（MLVSS）。

4）按莫诺方程式的推论，在低浓度有机底物的条件下，有机底物的降解速度遵循一级反应规律，即 $v = K_2 S$［式（5-19）］。

按劳—麦氏论点，有机底物的降解速度等于其被微生物的利用速度，即 $v = q$，故下式成立：

$$q = K_2 S \tag{5-42}$$

已知

$$q = \frac{\left(\frac{dS}{dt}\right)_u}{X_a}$$

故

$$\frac{\left(\frac{dS}{dt}\right)_u}{X_a} = K_2 S$$

或

$$\left(\frac{dS}{dt}\right)_u = K_2 S X_a \tag{5-43}$$

在稳定条件下，下式成立：

$$\left(\frac{dS}{dt}\right)_u = \frac{S_0 - S_e}{t} = \frac{Q(S_0 - S_e)}{V} \tag{5-44}$$

于是，对完全混合曝气池，可写成：

$$\frac{Q(S_0 - S_e)}{V} = K_2 X_a S_e \tag{5-45}$$

或
$$\frac{Q(S_0-S_e)}{X_aV}=K_2X_e=q \tag{5-46}$$

5）活性污泥的两种产率（合成产率 Y 与表观产率 Y_{obs}）、与 θ_c 值的关系

产率是活性污泥微生物摄取、利用、代谢一个质量单位有机底物而使自身增殖的质量，一般用 Y 表示。

Y 值所表示的是微生物增殖总量，没有去除由于微生物内源呼吸作用而使其本身质量消亡的那一部分，所以这个产率也称之为合成产率。

实测所得微生物增殖量，实际上都没有包括由于内源呼吸作用而减少的那部分微生物质量，也就是微生物的净增殖量，这一产率称之为表观产率。以 Y_{obs} 表示之。

经过推导，整理，Y、Y_{obs} 及 θ_c 值之间的关系用下列公式表示：

$$Y_{obs}=\frac{Y}{1+K_d\theta_c} \tag{5-47}$$

在工程实践中，Y_{obs} 是一项重要的参数，它对设计、运行管理都有较重要的意义，也有一定的理论价值。

有关劳伦斯—麦卡蒂方程式在计算上的应用，将通过例题加以阐述。

【例】 某城镇日排污水 10000m^3，决定采用活性污泥技术进行处理，并采用完全混合式曝气池。试用劳伦斯—麦卡蒂方程式进行计算。

原始数据：污水流量 $Q=100000\text{m}^3/\text{d}$；$S_0=\text{BOD}_5=200\text{mg/L}$；处理水要求达到 $S_e=\text{BOD}_5=10\text{mg/L}$。

其他各项参数值：$X_a=2000\text{mg/L}$；$Y=0.5$；$K_d=0.1$；$K_2=0.1$；$R=30\%\sim40\%$；MLVSS＝0.8MLSS。

求定：（1）曝气池容积 V；（2）运行的生物固体平均停留时间（θ_c）；（3）当 SVI 值在 80～160 之间变化时，在不调整运行 θ_c 的条件下，确定其对处理效果的影响。

【解】（1）计算曝气池容积（V），按式（5-42）及式（5-46）。

$$q=K_2S_e=0.1\times10=1.0$$
$$V=\frac{Q(S_0-S_e)}{X_a\cdot q}=\frac{10000(200-10)}{2000\times1.0}=950\text{m}^3$$

（2）求定运行的生物固体平均停留时间（θ_c），按式（5-35）计算

$$\frac{1}{\theta_c}=Y_q-K_d=0.5\times1.0-0.1=0.4$$

$$\theta_c=2.5\text{d}$$

（3）计算 X_r 值，按式（5-41）计算。

$$X_{max}=\frac{10^6}{\text{SVI}}$$

当 SVI＝80　　$X_{max}=12500\text{mg/L}$

当 SVI＝160　　$X_{max}=6250\text{mg/L}$

（4）确定在SVI值改变时，对处理效果的影响。

首先按 $\theta_c=2.5d$，用式（5-40）计算在不同的SVI值和 R 值条件下的 X_r 值及 X_B 值。计算结果列举于下表内。

SVI	R	$X_{max}=\frac{10^6}{SVI}$（mg/L）		X_a（mg/L）
		MLSS	MLVSS	
80	0.3	12500	10000	2376
80	0.4	12500	10000	2938
160	0.3	6250	5000	1188
160	0.4	6250	5000	1468

（5）求定在不同 X_a 值条件下的 q 值［按式（5-46）］，并根据求定的 q 值，计算 S_e 值。将式（5-46）改变为下列形式，并以 $\frac{q}{K_2}$ 代替 S_e。即：

$$q=\frac{\left[S_0-\left(\frac{q}{K_2}\right)\right]}{X_a\cdot V}$$

首先计算 X_a 为2376mg/L的 q 值及 S_e 值。代入各值：

$$q=\frac{10000\left[200-\left(\frac{q}{0.1}\right)\right]}{2376\times950}=0.88d^{-1}$$

于是：$S_e=0.88\times10=8.8mg/L$

用同样计算程序，求定其他各 X_a 值条件下的 q 值与 S_e 值，计算结果列于下表。

SVI	R	X_a（mg/L）	S_e（mg/L）
80	0.3	2376	8.8
80	0.4	2938	7.2
160	0.3	1188	16.6
160	0.4	1468	13.7

（6）对计算结果的分析

从上表所列数据可见，当SVI值为80时，在 $R=0.3\sim0.4$ 的条件下，X_a 值介于2376~2938mg/L之间，保持比较正常的MLVSS值，处理水的BOD值均在10mg/L以下。满足排放要求。

当SVI但提高到160时，X_a 值大为降低，随之处理水的 S_e 值均高于10mg/L，不能满足排放要求。

在这种情况下，或加大回流比 R 值，或调整生物固体平均停留时间 θ_c 值。

5.2.3 传统活性污泥工艺的变形

传统活性污泥工艺是最早采用的活性污泥法，它有以下几个特点：曝气池为推流式，采用空气曝气且沿池长均匀曝气，有机负荷 *F/M* 在 0.2～0.5kgBOD/(kgMLVSS·d) 之间。传统活性污泥工艺有时也称为标准活性污泥工艺或普通活性污泥工艺。随着活性污泥工艺的广泛应用，人们发现传统活性污泥工艺有很多缺点。在对这些缺点的改进过程中，出现工艺上的一些变形，或称为传统活性污泥法的变形工艺。

1. 完全混合活性污泥法

这种工艺是在传统工艺基础上，将曝气池由推流改成完全混合式，以便提高抗冲击负荷能力。前面已有讨论，完全混合法的一个缺点是易产生污泥膨胀。

2. 逐点进水工艺

逐点进水工艺，也叫阶段曝气工艺，该种工艺是在传统工艺基础上将曝气池一端进水改成沿池多点进水，如图 5-19 所示。传统工艺曝气池前端 *F/M* 高，可能产生供氧不足；而后段 *F/M* 很低，可能产生供氧过剩。逐点进水工艺能克服上述缺点，使全池 *F/M* 基本一致，从而使全池曝气效果均匀。该工艺另一个特点是污泥浓度沿池长逐渐降低，曝气池出口处排入二沉池的混合液 MLSS 浓度很低，有利于二沉池的固液沉降分离。

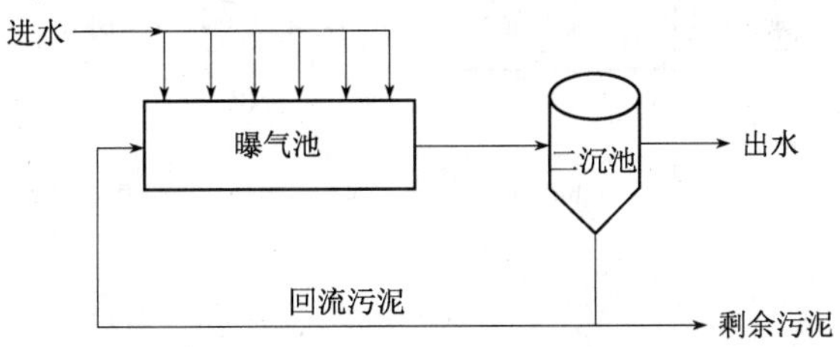

图 5-19　逐点进水活性污泥工艺

3. 渐减曝气工艺

传统工艺曝气量沿池长均匀分布，但实际需氧量则沿池长逐渐降低，造成沿池长氧量供需的反差。所谓渐减曝气工艺就是曝气量沿池长逐渐降低，与需氧量的变化相匹配，在保证供氧的前提下，降低能耗，如图 5-20 所示。实际上，新建的所有活性污泥工艺处理厂都设计成渐减曝气。对于典型的城市污水，如把曝气池等分成三段，则每段占总曝气量的比例一般分别为 50%、35%、15%。

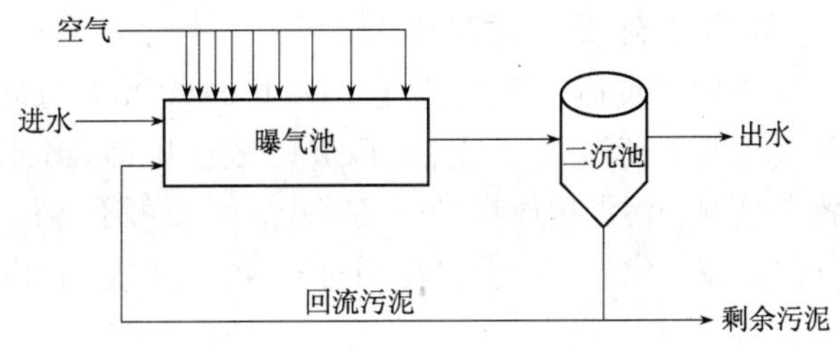

图 5-20　渐减曝气工艺

4. 吸附再生工艺

前已多次述及，有机污染物在污水中以悬浮态、胶态和溶解态三种形式存在。这三种形式的有机污染物分别间接表示为悬浮态 BOD_5、胶态 BOD_5 和溶解态 BOD_5。传统工艺对这三种形式的有机污染物的去除是在同一池内完成的。已经知道，活性污泥絮体以及絮体内的微生物对悬浮态和胶态物质的吸附过程是非常快的。对于悬浮态和胶态有机污染物含量较高的城市污水，可以利用上述道理将曝气池分成两部分，一部分为吸附池，另一部分为再生池。在吸附池内，活性污泥利用较短的时间迅速完成对胶态和悬浮态污染物质的吸附。在再生池内，活性污泥将吸附的有机污染物逐渐分解掉，这就是所谓的吸附再生工艺。与传统工艺相比，吸附再生工艺的 *F/M* 比可适当提高，从而缩小池容，降低投资。另外，再生池中基本没有营养物质，活性污泥处于“空曝”状态，这样一方面活性污泥微生物处于“饥饿”状态，进入吸附池后会产生更高的吸附速度，另一方面空曝状态能有效抑制丝状菌，使活性污泥不易产生膨胀现象。吸附池也叫接触池，再生池也叫稳定池，因此吸附再生工艺也称为接触稳定工艺；吸附池与再生池可以合建也可以分建，分别如图5-21和图 5-22 所示。

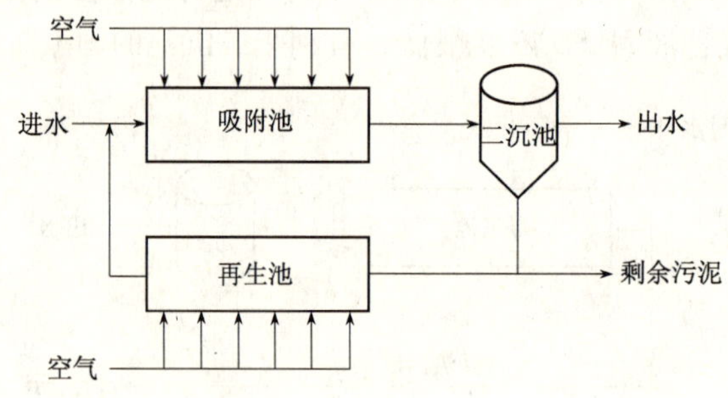

图 5-21 分建式吸附再生工艺

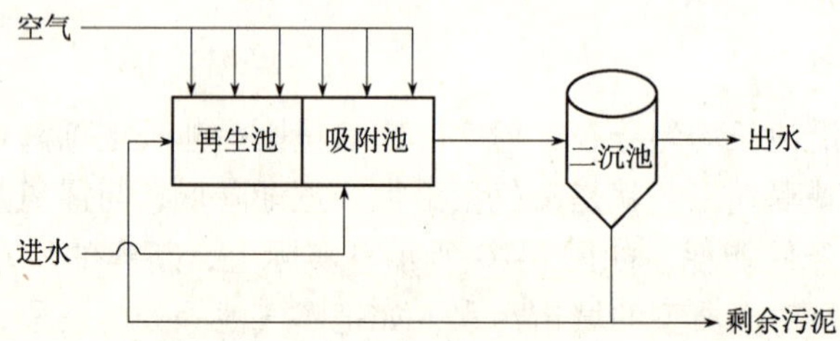

图 5-22 合建式吸附再生工艺

5. 延时曝气工艺与高负荷活性污泥法

传统活性污泥工艺属于中等负荷，*F/M* 比在 0.2 ~ 0.5kgBOD/(kgMLVSS · d) 之间。延时曝气工艺属于低负荷或超低负荷活性污泥法，*F/M* 一般在 0.15kgBOD/(kgMLVSS · d) 以下。延时曝气工艺的特点是剩余污泥排放量少，臭味小，一般可不设初沉池，所有悬浮态的有机污染物质均在曝气池内被氧化分解，但电耗相对较高。后面要介绍的氧化沟工艺一般都采用延时曝气。

高负荷活性污泥工艺的 *F/M* 比一般 0.5kgBOD/(kgMLVSS · d) 之上。高负荷工艺的特点是有机污染物去除速率较快，因此也称为高速曝气工艺，缺点是去除效率较低，产泥量较多。当 F/M 大于 1.5kgBOD/(kgMLVSS·d) 时，则为超高负荷工艺也称为修正曝气工艺。

6. 纯氧曝气工艺

纯氧曝气工艺是由传统工艺的空气供氧改为用氧气直接供氧。由于纯氧曝气可使污水中的饱和溶解氧浓度提高几倍以上，增大了扩散推动力，使曝气效率明显提高，电耗明显降低。另外，由于供氧速度不再成为微生物活性的限制因素，曝气池的 MLVSS 可以大幅度提高，从而降低 F/M，提高处理效果。纯氧曝气工艺总运转费用的高低主要取决于纯氧的来源。一种方式是由制氧厂集中供氧，污水处理厂内储存液态氧随时使用，这种方式一般适用 20000m^3/d 以下的小型污水处理厂。另一种方式是在处理厂内现场制氧。有低温制氧和交替加压吸附制氧等方法。前者一般适应于大型处理厂，后者适于中型处理厂。

目前，国内仅在石化行业的一些污水处理厂采用了纯氧曝气工艺，城市污水处理厂尚未采用。

7. 各种变形工艺的运行参数

以上各种变形工艺，实际上可理解为传统活性污泥工艺的各种运行方式。例如，只要进水管道稍加改造，传统活性污泥工艺、逐点进水工艺和吸附再生工艺之间即可根据实际需要相互转化。很多处理厂的运行管理中，实际 F/M 可以由低负荷调至中负荷或高负荷，从而实现传统工艺、延时曝气工艺和高负荷工艺之间的相互转化。各种变形工艺的典型运行参数见表 5-4。

传统活性污泥工艺及各种变形工艺的主要运行参数范围　　表 5-4

工艺 \ 参数	F/M [kgBOD/(kgMLVSS·d)]	SRT (d)	T_a (h)	MLSS (mg/L)	R (%)
传统工艺	0.2~0.5	5~15	4~8	1500~3000	25~75
完全混合	0.2~0.5	5~15	3~5	2500~4000	25~100
逐点进水	0.2~0.5	5~15	3~5	2000~3500	25~75
吸附再生	0.2~0.5	5~15	—	—	50~150
延时曝气	0.05~0.15	20~30	18~36	3000~6000	50~150
高速曝气	0.5~1.5	5~10	2~4	4000~10000	100~500
修正曝气	1.5~5.0	0.2~0.5	1.5~3	200~1000	5~50
纯氧曝气	0.25~1.0	3~10	1~3	2000~5000	25~50

注：1. 吸附再生工艺的吸附池 T_a 一般为 0.5~1.0h，接触池为 1.5~3h。
2. 再生池内 MLSS 一般为 4000~10000mg/L，吸附池内一般为 1000~3000mg/L。

5.2.4 传统活性污泥法工艺流程及设计运行参数

1. 传统活性污泥工艺流程

活性污泥系统主要由曝气池、曝气系统、二沉池、污泥回流系统和剩余污泥排放系统组成。其工艺流程如图 5-23 所示。

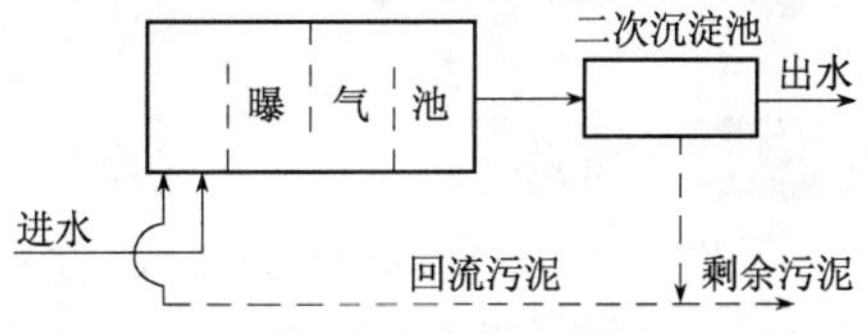

图 5-23　普通活性污泥法处理流程图

2. 活性污泥法有多种运行方式，各种运行方式的设计运行参数如表5-5。

活性污泥法各运行方式设计运行参数表 表5-5

项　目	活性污泥法	阶段曝气法（分步入流）	吸附再生	合建式表面曝气池	延时曝气法
曝气时间（h）	6~8	4~6	>5	2~3	16~24
MLSS（mg/L）	1500~2000	2000~3000	2000~8000	3000~6000	3000~6000
污泥回流比（%）	25~50	25~75	50~100	50~150	50~150
BOD容积负荷[kg/(m^3·d)]	0.3~0.8	0.4~1.4	0.8~1.4	0.6~2.4	0.15~0.25
BOD-MLSS负荷[kg/(kgMLSS·d)]	0.2~0.4	0.2~0.4	0.2~0.4	0.2~0.4	0.03~0.05
送气量（m^3/m^3污水）	3~7	3~7	>12	5~8	>15
污泥龄（d）	2~4	2~4	44	2~4	15~30
BOD去除率（%）	95	95	90	85~90	75~90

3. 活性污泥法基本计算公式见表5-6。

活性污泥法基本计算公式 表5-6

项　目	公　式	符　号　说　明
1. 处理效率	$\eta=\frac{S_a-S_e}{S_r}\times100\%$	η——BOD去除效率（%） S_a——进水BOD浓度（kg/m^3） S_e——出水BOD浓度（kg/m^3） S_r——去除BOD浓度（kg/m^3）
2. 曝气池容积 3. 混合液污泥浓度	$V=\frac{QS_a}{N_rX}$（m^3） $X=\frac{R}{1+R}\cdot X_r$	Q——污水设计流量（m^3/d） N_r——BOD—污泥负荷[$kgBOD_5/(kgMLSS\cdot d)$] X——污泥浓度MLSS（kg/m^3）
4. 水力停留时间	$T=\frac{V}{Q}$（h）	T——水力停留时间（h）
5. 污泥产量	干泥量： $W=aQS_e-bVX_v$（kg/d） 湿泥量： $Q_S=\frac{W}{fX_e}$（m^3/d） $X_r=\frac{10^6}{SVI}\cdot r$（mg/L）	W——系统每日排除剩余污泥量（kg/d） a——污泥增值系数，0.5~0.7 b——污泥自身氧化率0.04~0.1 X_v——挥发性悬浮固体浓度MLVSS（kg/m^3） $X_v=fX=0.75X$ X_e——回流污泥浓度（mg/L），SVI污泥指数
6. 泥龄	$\theta_c=\frac{X_vV}{W}$（d）	θ_c——泥龄，生物固体平均停留时间（d）
7. 曝气池需氧量	$O_2=a'QS_t+b'VX_V$	O_2——混合液每日需氧量（kgO_2/d） a'——氧化每公斤BOD需氧公斤数（$kgO_2/kgBOD$），一般取0.42~0.53 b'——污泥自身氧化需氧率（$kgO_2/kgMLVSS\cdot d$）一般取0.188~0.11

5.3 氧化沟工艺

5.3.1 概述

氧化沟（Oxidation Dictch，简称OD）也称氧化渠，是1950年由荷兰卫生工程研究所（TNO）的帕斯维尔（A. Pasveer）博士研究开发的一种污水处理工艺，是常规活性污泥法的一种改型和发展，其基本特征是曝气池呈封闭的沟渠型，污水和活性污泥的混合液在其中进行不断的循环流动，故又被称为连续循环式反应器（Continuous Loop Reactor，简称CLR）、循环曝气池、无终端的曝气系统。氧化沟属于延时曝气法，其水力停留时间长（10～40h），污泥龄长（10～30d），有机污泥负荷低［0.05～0.15kgBOD_5/(kgMLVSS·d)］。

帕斯维尔（A. Pasveer）于1954年在荷兰伏肖汀镇设计建成了第一座氧化沟污水处理厂，服务人口为360人。该处理厂将曝气、沉淀、污泥稳定处理过程集中于一体，BOD_5去除率可高达97%左右。该类型的氧化沟因设计者被命名为帕斯维尔（Pasveer）氧化沟。Pasveer氧化沟采用Kessener转刷作为曝气设备。受其限制，氧化沟设计的有效水深一般在1.5m以下。随着氧化沟技术的应用，在土地资源日趋紧张的情况下，氧化沟池深过浅，占地面积较大的缺点越来越突出，使得研究方向逐渐向深沟型氧化沟转移。

1967年，DHV公司综合了常规污水处理系统和氧化沟的优点，将立式低速表曝机应用于氧化沟，开发了第一代Carrousel氧化沟。这一工艺于1968年在荷兰的Oosterwolde首次应用获得成功，将氧化沟的沟深加大到4.5m以上。

1967年，Lecompt和Mandt首次提出将水下曝气和推动系统用于氧化沟，发明了射流曝气氧化沟（JAC），沟深可达7～8m。1970年，Huisman又在南非开发了使用转盘曝气机的奥贝尔（Orbal）氧化沟，不过在此期间，生产应用最多的还是转刷曝气氧化沟。同时，研究人员也没放弃对转刷曝气机的深入开发，在德国开发了大马氏（Mammoth）型曝气。Vonder Emde于1971年首次详细报道了将Mammoth转刷应用于氧化沟工艺，转刷直径为1000mm，氧化沟允许水深3～3.6m，充氧能力有了较大提高，并首次使用在维也纳Blumenthal的氧化沟污水处理厂。20世纪80年代，美国还开发了导管式氧化沟，以导管式曝气器代替传统的曝气转刷，水深可达4.8m，是一种高效的污水处理新技术。

目前，在荷兰出现了一种圆形缠绕式深型Carrousel氧化沟，沟深达到了7.5m，为了使表面曝气器能应用于深沟型反应池，使用了一种所谓的吸水管。这种吸水管是一只位于曝气器下的垂直圆管，几乎延伸到池底，可使曝气器将池底缺氧水抽上来，以保证全池适当的混合。但同时吸水管大大减弱了曝气器在氧化沟中的推进作用，设计通过在Carrousel反应池的廊道中安装推进装置来克服这一缺点，水下推进器的设置有利于产生足够大的流速，并促进池中混合及在曝气器暂时关闭时的反硝化。

自第一座氧化沟投入使用以来，经过多年的使用、研究、开发和改进，氧化沟系统在池形、结构、运行方式、曝气装置、处理规模、适用范围等方面取到了长足的进步，氧化沟技术被认为是出水水质好、运行可靠、基建投资费用和运转费用低的污水生物处理方法，特别是其封闭循环式的池型尤其适用于污水的脱氮除磷。美国环境保护署的报告指出："氧化沟能够通过最低限度的操作，稳定地达到BOD_5和TSS的去除率要求。另外，成本数据表明，在379～37850m^3/d的流量范围内，氧化沟处理厂与其他技术相比，在经济上具有竞争力。"而今已成为欧洲、大洋洲、南非和北美洲广泛使用的一种重要的污水生化处理技术。据不完全统计，在西欧有超过2000多座Pasveer氧化沟投入使用，荷兰DHV公司发明的Carrousel氧化沟在全世界范围已有800多座投入运行（1996），到目前英国共兴建了300多座氧化沟污水处理厂，丹麦已兴建了300多座氧化沟污水处理厂，占全国污水处理厂的40%，美国有500多座氧化沟污水处理厂。氧化沟技术的发展不仅体现在数量上，其处理厂规模的扩大和处理对象也在不断增加。氧化沟的处理能力可达

500 万~1000万人口当量，美国 Envirex 公司开发的 Orbal 氧化沟最大处理能力已达 90 万 m^3/d，而且氧化沟既能用于生活污水的处理，也能用于工业废水和城市污水的处理。目前，此项技术已被广泛地用于城市污水及石油废水、化工废水、造纸废水、印染废水、食品加工废水等工业废水处理中。

我国从 20 世纪 80 年代初起开展了对氧化沟工艺的研究和应用工作，并设计建造了一批氧化沟污水处理厂，到目前估计已有上百座氧化沟污水处理厂投入运行，如邯郸市城东污水处理厂、桂林市东区污水处理厂、珠海市香洲水质净化厂、福州马尾经济技术开发区污水厂、汕头市东区水质净化厂、昆明市污水处理厂、广东南海县污水厂、成都市天彭镇污水厂、抚顺石油二厂污水厂、广州石化公司污水厂、山西针织厂等污水处理厂都采用了此工艺。建成投入运行后，均取得了良好的处理效果，被普遍认为是一种工艺流程简单、运行管理方便、处理效果稳定、基建投资和运行费用较低且具有较强竞争力的二级处理工艺。

5.3.2 氧化沟工艺的技术特点

氧化沟污水处理技术作为一种革新的活性污泥法工艺能在近 30 年来取得迅速的发展，主要是它与其他生物处理技术相比，具有一些明显的技术、经济方面的特点，并具有区别于传统活性污泥法的一系列技术特征。

1. 工艺流程简单，构筑物少，运行管理方便

氧化沟处理工艺首先简化了预处理过程。一般的生物处理方法都要求污水先经格栅去除粗大的悬浮物质，经沉砂池去除无机悬浮颗粒，经初沉池去除有机悬浮物质。氧化沟的水力停留时间和污泥龄比一般的生物处理法长得多，悬浮状有机物可以在曝气池中与溶解性有机物同时得到较彻底的降解，所以氧化沟不要求设置初沉池。

其次简化了剩余污泥的后处理工艺。由于活性污泥在系统中的停留时间很长，有机物负荷较低，排出的剩余污泥已十分稳定，因此只需进行浓缩和脱水处理，而不需要进行厌氧消化处理，从而省去了污泥消化池。

再次通过采用将曝气池和二沉池合建在一起的一体式氧化沟，以及近年来发展的二池或三池交替运行的氧化沟，省去了二沉池和污泥回流系统，从而使处理流程更为简单。

常用的氧化沟技术处理城市污水的工艺流程如图 5-24 所示。

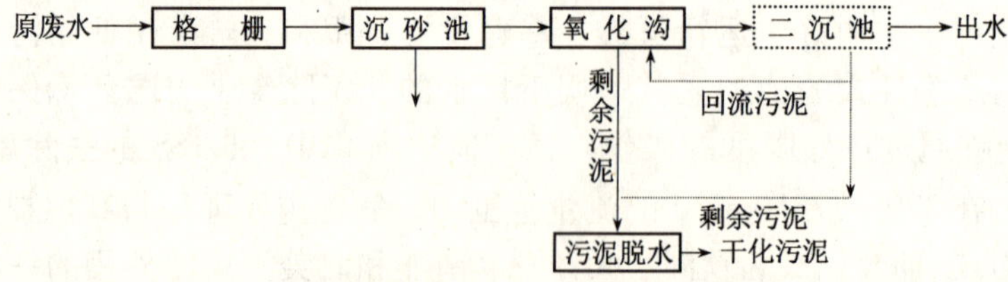

图 5-24 氧化沟处理城市污水工艺流程

当氧化沟和二沉池分建时，剩余污泥从二沉池底部排出（如图 5-24 中虚线所示）或从氧化沟排出；当氧化沟和二沉池合建时，剩余污泥从氧化沟排出。

处理流程的简化可节省基建费用，减少占地面积，并便于运行和管理。实际资料表

明，虽然氧化沟的水力停留时间较长，所需曝气池的容积比一般的活性污泥法大，但因在流程中省去了初沉池、污泥消化池，有时还省去了二沉池和相应的污泥回流系统，使污水处理厂的占地面积不仅没有增大，相反可能还会缩小。

2. 具有完全混合式和推流式流态的水流特征

氧化沟中的水流速度一般为0.3～0.5m/s，水流在环形沟渠中完成一个循环约需10～30min。由于此工艺的水力停留时间为10～40h，因此可知污水在其整个停留时间内要完成20～120个不等的循环，流态从整体上是完全混合的，但是在局部由于其流速较大又具有推流特性，这就赋予了氧化沟一种独特的水流特征，即氧化沟兼有完全混合式和推流式的特点。这样带来的好处之一是经过曝气的污水，在流到出水堰的过程中会形成良好的混合液生物絮凝体。絮凝体可以提高二沉池内的污泥沉降速度及澄清效果，另外，氧化沟的推流特性对除磷脱氮工艺也是极其重要的。在适宜的控制条件下，氧化沟内可以形成缺氧和好氧交替出现的区域，使沟内同时具有好氧区和缺氧区，从而使得这一技术具有净化深度高、耐冲击和能耗低的特点，取得良好的脱氮效果。

3. 构造形式多样性、运行灵活性

氧化沟的曝气池的基本形式呈封闭的沟渠形，而沟渠的形状和构造又有多种形式及多种运行方式。如图5-25所示，氧化沟可以呈圆形、椭圆形或马蹄形等；可以是单沟或多沟系统；多沟系统可以是一组同心的互相连通的沟渠（如Orbal氧化沟），也可以是互相平行、尺寸相同的一组沟渠（如三沟式氧化沟）；有与二沉池分建的，也有合建的氧化沟；合建的氧化沟又有体内式船型沉淀池和体外式侧沟式沉淀池等。此外还有Envirex公司的竖直式氧化沟。多种多样的构造形式赋予了氧化沟灵活的运行性能，使它能结合其他的工艺单元，满足不同的出水水质要求。

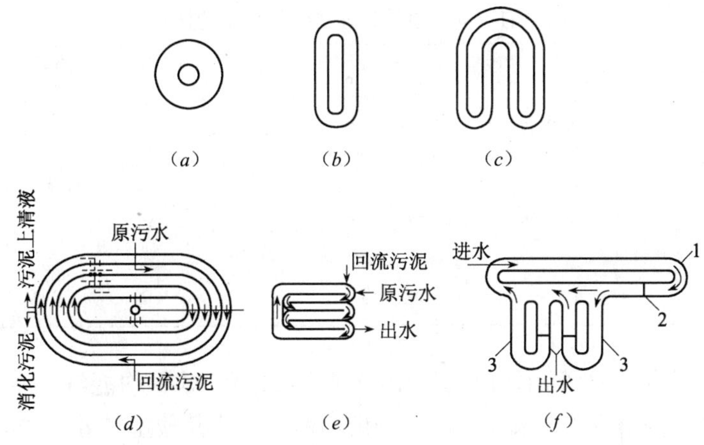

图5-25　常见的氧化沟构造形式
(a) 圆形；(b) 椭圆形；(c) 马蹄形；(d) 同心跑道形；
(e) 平行多渠形；(f) 以侧渠作二沉池的合建式

4. 曝气设备的多样性和可调节性

从氧化沟技术发展的历史来看，氧化沟技术的发展与高效曝气设备的发展是密切相关的。氧化沟曝气设备的发展，在一定程度上可以反映氧化沟工艺的发展情况。已有的实践证明，新的曝气设备的开发和应用，就意味着一种新的氧化沟工艺的诞生。常用的曝气设备有转刷、转盘、表面曝气和射流曝气等，不同的曝气装置导致了不同的氧化沟形式。如采用表曝机的卡鲁塞尔氧化沟，采用射流曝气的JAC氧化沟和采用转刷的帕斯维尔氧化沟。

虽然各种形式的氧化沟采取不同的曝气设备，但曝气强度均可以调节。氧化沟曝气强度的调节可以通过两种方法进行：一种是通过出水溢流堰调节堰的高度改变沟渠内水深和曝气装置的淹没深度，从而改变曝气强度，以适应运行的需要。另一种是调节曝气器的转速，从而调整曝气强度和推动力。

5. 处理效果稳定、出水水质好，并可实现脱氮

氧化沟大多按延时曝气方式运行，污泥负荷一般小于0.1kgBOD_5/(kgMLSS·d)，因此，氧化沟在去除BOD_5和SS方面，均取得了比传统活性污泥法更好的出水水质，运行也更加稳定、可靠。

表5-7和表5-8分别为美国EPA对29家氧化沟处理厂运行资料的统计结果和对其他生物处理法运行效果的统计资料。

美国29家氧化沟处理厂运行资料统计结果 **表5-7**

项目	出水浓度（mg/L）		去除率（%）	
	TSS	BOD_5	TSS	BOD_5
大厂	22.4	41	82	87
一般厂	10.5	12.3	94	93
小厂	2.4	1.5	98	99

氧化沟与其他生物处理法运行效果的比较 **表5-8**

项目	出水浓度（mg/L）		去除率（%）	
	TSS	BOD_5	TSS	BOD_5
活性污泥法	31	26	81	84
接触稳定法一体化厂	28	18	—	—
生物滤池	26	42	82	79
生物转盘	23	25	79	78
氧化沟	10.5	12.3	94	93

从表5-7中可以看出，氧化沟处理厂出水的BOD_5和SS平均能维持在15mg/L，最高也不超过60mg/L。从表5-7中可见，氧化沟的出水水质比其他生物处理法的出水要好。另外，调查研究还表明，运行情况处于平均水平的氧化沟污水厂的可靠性，明显优于其他生物处理工艺（表5-9）。氧化沟污水厂在65%的时间内都可得到TSS和BOD_5低于10mg/L的出水，如果出水BOD_5和SS的标准为30mg/L，则至少可以保证在94%的时间内满足出水水质要求。而传统的活性污泥法虽可在85%～90%的时间内获得TSS，BOD_5小于30mg/L的出水，但却只有25%～40%的时间可获得TSS，BOD_5小于10mg/L的出水。显然，对于控制的出水水质标准越高，氧化沟的优越性也就越突出。

氧化沟与其他生物处理法运行可靠性的比较 **表 5-9**

废水处理工艺	出水浓度低于下列数值的时间百分数					
	10mg/L		20mg/L		30mg/L	
	TSS	BOD_5	TSS	BOD_5	TSS	BOD_5
活性污泥法	40	25	75	70	90	85
生物滤池	—	2	—	3	—	15
生物转盘	22	30	45	60	70	90
氧化沟最好水平的厂	95	99	99	99	99	99
平均水平的厂	65	65	85	90	94	96
最差水平的厂	25	25	55	55	80	72

就脱氮效果而言，一般的氧化沟能使污水中的氨氮达到95% ~99%的硝化程度，设计恰当、运行良好的氧化沟可以实现脱氮。这是因为在氧化沟中有好氧区和缺氧区的存在，在缺氧区中，原污水中的有机物可作为反硝化菌的碳源，硝酸盐被反硝化菌还原而放出氮气；在好氧区中，有机物得到降解，氨氮被转化为硝酸盐氮。脱氮效果可达80%，如采用其他生物脱氮处理流程，则有时还需补充外加碳源，其基建和运行费用均较高。

6. 能承受水量、水质冲击负荷，对高浓度工业废水有很大的稀释能力

氧化沟因其水力停留时间和污泥龄较长，沟中水流不断循环等特点，对进水水量水质的变化有较大的适应性，能承受冲击负荷而不致影响处理性能。当处理高浓度工业废水时，进水能受到很大的稀释，对活性污泥细菌的抑制作用能减弱。

7. 基建投资省、运行费用低

美国 EPA 还对不同的生物处理工艺的基建和运行费用的进行了分析比较（表 5-10）。结果表明，当处理厂的规模分别为3785m^3/d 和 18925m^3/d 时，氧化沟法工艺的基建投资分别为传统活性污泥法基建投资的 83% 和 78%。当处理厂的规模较小时，其运行费用也较低，如处理水量为3785m^3/d 时，其年度运行费用约为传统活性污泥法污水厂的 83%，但当处理厂规模增至 18925m^3/d 时，其运行费用约为传统曝气法的 93%。

氧化沟和其他生物处理法基建投资和运行费用对比 **表 5-10**

要求脱氮的污水处理流程	基 建 投 资		运 行 费 用	
	3785m^3/d	18925m^3/d	3785m^3/d	18925m^3/d
传统活性污泥法	100	100	100	100
氧化沟	83	78	83	93
SBR	78	81	83	93

此外，当氧化沟处理出水有氨氮指标的要求时，一般不需增加很多投资和运行费用，而其他处理方法则不同，由此可显示出氧化沟的优越性。表 5-11 为钱易院士对根据美国 EPA 提供的资料而进行经济比较计算。结果表明，当氧化沟具有硝化功能时，处理水量分别为 3785m^3/d 和 37850m^3/d 时，其污水处理厂的基建费用为同等规模一级活性污泥法处理厂基建投资的 50% 和 65%，为二级活性污泥法处理厂的 40% 和 55%，其运行费用则分别为一级活性污泥法处理厂的 71% 和 124%，分别为二级活性污泥法处理厂的 61% 和

112%，可见，当处理厂的规模较大时，氧化沟所需的运行费用仍要比传统活性污泥法略高。但如果要求氧化沟具有脱氮功能，则其基建投资和运行费用比其他任何具有脱氮功能的生物处理工艺低，且处理规模越小，费用节省就越多。

各种不同脱氮处理工艺的经济比较 **表 5-11**

要求脱氮的污水处理流程	基建投资		运行费用	
	$3785m^3/d$	$37850m^3/d$	$3785m^3/d$	$37850m^3/d$
氧化沟	100	10	100	100
一级活性污泥法+混合反硝化池	291	221	210	137
二级活性污泥法+混合反硝化池	331	241	232	146
一级活性污泥法+固定膜反硝化池	308	221	208	123
二级活性污泥法+固定膜反硝化池	347	248	228	135
传统活性污泥法+折点加氯法	193	144	271	152
传统活性污泥法+选择性离子交换	248	204	189	123
传统活性污泥法+氯吹脱	215	182	147	105

综上所述，氧化沟生物处理工艺比其他生物处理工艺更为经济有效且运行灵活可靠，尤其在下列情况下应用更能显示出其优越性：当经济投资的来源十分有限时；当要求的处理出水水质十分严格时；当要求进行脱氮处理时；当处理的进水水质水量波动大时；当缺乏高水平的操作管理人员时。

5.3.3 氧化沟工艺的基本组成

氧化沟一般呈环状沟渠型，其平面可为圆形和椭圆形或与长方形的组合型，以氧化沟处理城市污水时，可不设初次沉淀池，悬浮状有机物可在氧化沟中得到好氧稳定，这比设立沉淀池及分离装置的污泥稳定系统要经济。但为防止无机沉渣在氧化沟中积累，污水应先经格栅及沉砂池预处理。氧化沟污水处理流程如图 5-26 所示。

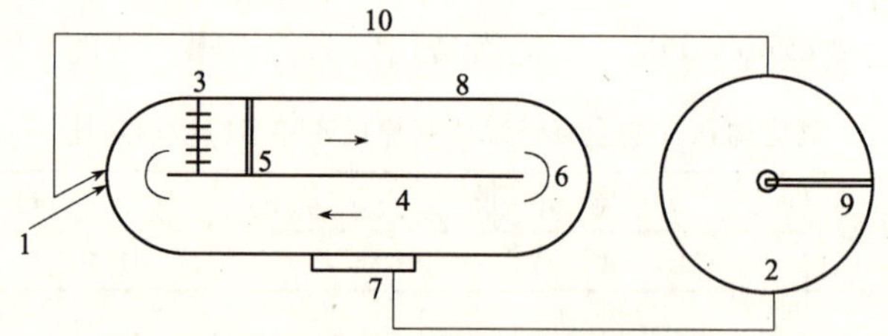

图 5-26 氧化沟构造和工艺流程图示

1—进水；2—沉淀池；3—转刷；4—中心墙；5—导流板；6—导流墙；7—出水堰；8—边壁；9—刮泥机；10—回流污泥

氧化沟系统的基本构成包括如下部分：氧化沟池体，曝气设备，进出水装置，导流和混合装置以及附属构筑物。

1. 氧化沟池体

氧化沟一般呈环形，平面上多为椭圆形或圆形，其四周池壁可为钢筋混凝土直墙，也可根据土质情况以素混凝土或石材作护坡，浇以 10cm 素混凝土砌成，以节省基建费用。水深与所采用的曝气设备有关，2.5～8m 不等。

2. 曝气设备

曝气装置是氧化沟工艺中重要的机械设备，曝气设备是氧化沟处理工艺中的重要设备，曝气设备性能的好坏，直接影响氧化沟的处理效率、动力消耗和运行稳定以及氧化沟处理系统的占地面积大小和基建投资的高低。曝气设备的主要功能是：（1）供氧；（2）推动水流在沟内作连续循环流动；（3）使有机物、微生物及氧之间充分混合接触；（4）保证沟中的活性污泥呈悬浮状态。一般保持氧化沟中固体呈悬浮状态而不致沉淀，沟内断面平均流速为 0.3m/s 以上，沟底流速不低于 0.1m/s。

曝气设备根据不同类型可分为机械曝气机、射流曝气机、导管式曝气机和混合曝气系统。下面分别对它们进行介绍。

（1）机械曝气机

1）水平轴曝气机

水平轴曝气机包括转刷曝气机和盘式曝气机，这两种曝气机是研究最多、应用最为广泛的一类氧化沟充氧设备，它具有充氧效率高、结构简单、安装维修较为方便等特点。整个系统由电机、调速装置和主轴等组成，主轴上装有放射状的叶片或两个半圆组成的盘片。

① 转刷曝气机

转刷曝气机简称曝气转刷，主要有 Kessener 转刷、笼型转刷和 Mammoth 转刷三种，其他产品均是这三种的派生型。如图 5-27 所示，这三种曝气机一般用于 Pasveer 氧化沟中。

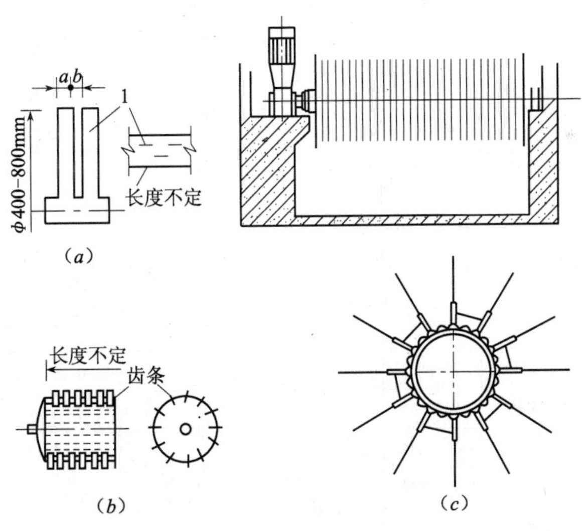

图 5-27　几种水平转刷曝气机
（a）Kessener 转刷；（b）TNO Cage 转刷；（c）Mamnoth 转刷

Kessener 转刷曝气机的水平轴上装有许多放射性的钢片，转刷直径一般为 400～800mm，浸没深度小于 0.1m，转速为 50～70r/min，动力效率可达 $2kgO_2/(kW \cdot h)$。笼型转刷沿中心轴周围装有径向分布的 T 形钢或角钢，直径小于 1.0m，浸没深度约为 0.15m，转速为 70r/min，动力效率可达 $2.5kgO_2/(kW \cdot h)$。采用上述两种转刷的氧化沟设计有效水深一般在 1.5m 以下。

Mamnoth 转刷是为了增加单位长度的推动力和充氧能力而开发的。叶片通过彼此直接紧箍在水平轴上，沿圆周均布成一组，每组叶片之间有间隔，轴为中空钢管，叶片沿轴呈螺旋状分布，在旋转过程中叶片顺序进入水中。转刷直径主要有 0.7m 和 1.0m 两种，转速为70～80r/min，浸没深度为 0.3m，目前最大有效长度可达 9.0m，充氧能力可达 8.0kgO_2/(m·h)，动力效率在 1.5～2.5kgO_2/(kW·h) 之间，氧化沟设计有效水深为 3.0～3.5m。

常见的曝气转刷叶片由普通钢板、不锈钢板、玻璃钢等材料做成，主轴一般为热轧无缝钢管和不锈钢管。叶片的形状也多种多样，有矩形、三角形、T 形、W 形、齿形、穿孔叶片等。表 5-12 是国内外一些生产厂家曝气转刷的参数，可供设计参考。

曝气转刷技术参数 表 5-12

转刷直径 (mm)	规格		有效长度 (mm)	转速 (r/min)	电机功率 (kW)	叶片浸深 (mm)	动力效率 [kgO_2/(kW·h)]	充氧能力 (kgO_2/h)	推动力 (m^3/m)
700			1500	70	5.5	15～25	2.0～3.0	4.0～4.5	
700			2500	70	7.5	15～25	2.0～3.0	4.0～4.5	
700	双速	高速	3000	40～80		15～25	2.0～3.0	4.0～4.5	155
		低速					2.0～3.0		
	单速						2.0～3.0		155
700	双速	高速	4500	72	22	25～30	2.0～3.0	6.5～8.5	155
		低速		40～80	15	15～20	2.0～3.0		
	单速						2.0～3.0		155
700	双速	高速	6000	48/72		25～30	2.0～3.0	6.5～8.5	155
		低速		72	30		2.0～3.0		
	单速						2.0～3.0		155
1000	双速	高速	3000	70	5.5	25～30	2.0～3.0	4.0～4.5	155
		低速		70			2.0～3.0		
	单速			40～80	7.5		2.0～3.0		155
1000	双速	高速	4500	83～85	22	25～30	2.0～3.0	6.5～8.5	155
		低速		72	15	15～20	2.0～3.0		
	单速			40～80			2.0～3.0		155
1000	双速	高速	6000	48/72	17/26	25～30	2.0～3.0	6.5～8.5	155
		低速		72			2.0～3.0		
	单速				30		2.0～3.0		155
1000	双速	高速	7500	48/72	24/34	25～30	2.0～3.0	6.5～8.5	265
		低速		72			2.0～3.0		
	单速				37		2.0～3.0		265
1000	双速	高速	9000	48/72	32/40	25～30	2.0～3.0	6.5～8.5	265
		低速		72			2.0～3.0		
	单速				45		2.0～3.0		265

② 盘式曝气机

盘式曝气机简称曝气转盘或曝气碟，主要用于 Orbal 型氧化沟，见图 5-28。它一般由抗腐性玻璃钢或高强度工程塑料制成。曝气转盘的盘片尽管很薄，但具备良好的混合功能。表面有大量的规则排列的三角突出物和不穿透小孔（曝气孔），使空气分散到液体中，用于增加推进混合和充氧效率。中心轴为碳钢实心轴体。为了使盘片便于从轴上卸下或重新组装，盘片由两个半圆断面构成，以半法兰与轴连接。曝气转盘的一个优点是可以借助配置在各槽中曝气盘数目的不同，变化输入每个槽的供氧量。曝气机一般转速为 43 ~ 55r/min，浸没深度为 0.23 ~ 0.53m。图 5-29 为美国 Envirex 公司生产的曝气转盘，其直径为 1.38m，厚度为 12.5mm，曝气孔直径为 12.5mm。表 5-13 为其在浸没深度 0.533m 时的充氧特性。表 5-14 是根据资料总结的国内生产厂家的单个曝气转盘的特性参数。

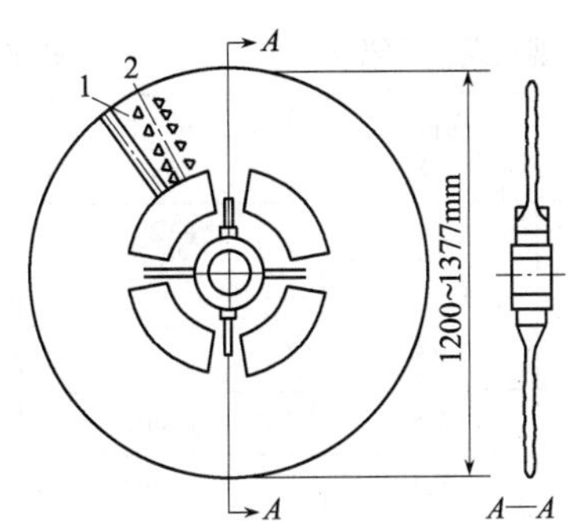

图 5-28 曝气转盘
1—三角块；2—曝气孔

图 5-29 Envirex 公司曝气转盘

美国 Envirex 公司和国内厂家单个曝气转盘的充氧特性 **表 5-13**

转速（r/min）	Envirex 公司资料					
	下转			上转		
	kgO_2（盘 h）	制动（kW/盘）	kgO_2/（kW·h）	kgO_2（盘 h）	制动（kW/盘）	kgO_2/（kW·h）
43	0.753	0.533	2.13	0.567	0.265	2.14
46	0.848	0.412	2.06	0.635	0.301	2.11
49	0.943	0.478	1.97	0.703	0.345	2.02
52	1.04	0.544	1.91	0.771	0.382	2.02
55	1.13	0.610	1.85	0.839	0.426	1.97

国内公司的曝气转盘技术参数 **表 5-14**

浸没深度（mm）	轴功率（kW/盘）	输入功率（kW/盘）	配用功率（kW·h/盘）
350	0.365	0.507	0.530
400	0.414	0.575	0.590
460	0.467	0.648	0.678
500	0.500	0.694	0.733
530	0.518	0.719	0.763

2）垂直轴表面曝气叶轮

垂直轴表面曝气叶轮又称立式低速表曝表面曝气叶轮，与活性污泥法中的表曝机的工作原理相同，是专为 Carrousel 型氧化沟设计的，见图 5-30。垂直轴表曝曝气叶轮的单机功率大（可达 150kW），使得设备数量少，一般每条沟安装一台，置于池的一端。它提升能力强，可增加氧化沟的水深，在不使用任何辅助推进器的情况下允许的沟深可达 4～5m，减少了占地面积，土建费用相应减少，适用于大流量污水处理，应用较为广泛。它的充氧能力随叶轮直径变化较大，动力效率一般为 1.8～2.3kgO_2/(kW·h)。表 5-15是国内某厂家垂直轴表面曝气叶轮的参数，可供设计参考。

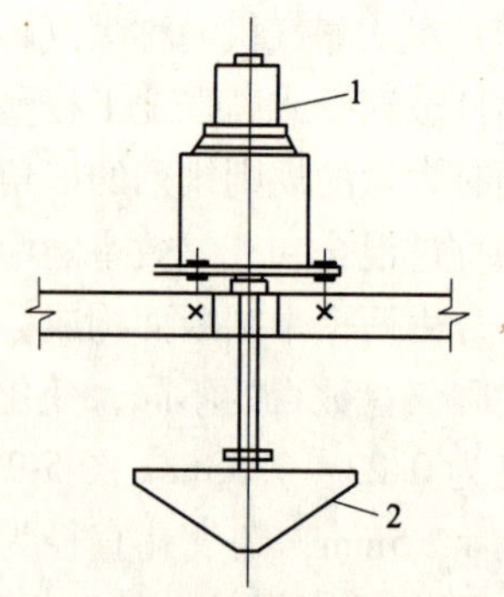

图 5-30 垂直轴表面曝气机
1—电机；2—叶轮

国内某厂家垂直轴表面曝气叶轮产品规格及技术参数 表 5-15

型号	叶轮直径(mm)	转速(r/min)	清水充氧量(kgO_2/h)	提升力(N)	电机功率(kW)	叶轮升降动程(mm)	质量(t)
普通	400	167～252	2.5～8.0	410～1400	2.2	+120 -80	0.6
调速		216	5	670	1.5	+120 -80	0.6
普通	760	88～126	8.4～23	1500～4500	7.5	±140	2.0
调速		110	15.5	3000	5.5	±140	2.0
普通	1000	67～95	14～39	2640～7670	15	±140	2.2
调速		85	27	5450	11	±140	2.2
普通	1240	57～79.5	21～62.5	4100～132000	22	±140	2.4
调速		70	43.5	9000	18.5	±140	2.4
普通	1500	44.5～63.9	30～82.5	6100～18000	30	±140	2.6
调速		55	54.5	11450	22	±140	2.6
普通	1720	39～54.8	38～102	8100～22530	45	±140	2.8
调速		55	74	16000	30	+180 -100	2.8
普通	1930	34.5～49.3	48～130	10200～29300	55	+180 -100	3.0
调速		45	96	22020	45	+180 -100	3.0

3）自吸螺旋曝气机

这是一种小型曝气装置，见图 5-31 所示。它一般以一定的角度倾斜安装在氧化沟中，利用螺旋转动产生负压吸入空气，并剪切空气呈微气泡扩散。螺旋器有不同的形状，它一方面切割空气成微气泡，一方面推动沟内水流循环流动。这种曝气装置适于小型氧化沟系统，一般需设置多台，它的动力效率在 1.90kgO_2/(kW·h) 左右。

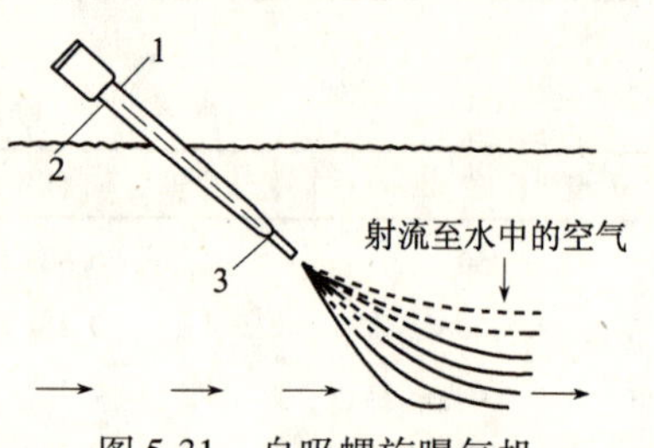

图 5-31 自吸螺旋曝气机
1—电机；2—吸入空气；3—螺旋桨

（2）射流曝气机

射流曝气机，见图 5-32。一般设在氧化沟的底部，吸入的压缩空气与加压水充分混合，向水平方向喷射，达到曝气充氧，推进水流及混合搅拌的目的。射流器应设置多个喷嘴，并沿沟宽方向均匀设置。射流器形成的水流冲力造成了水平方向的混合，然后又由于水流上升而形成了垂直方向的混合，因而沟深和沟宽效果相互独立，水深至 8m 依然能得到良好的混合效果。因为射流曝气机安装在沟底，回流污泥和原污水能够通过射流器与混合液高效混合，传质效果较好；同时由于产生的气泡较小，因而氧的转移效率较高。其缺点是需要对水、气加压，系统设备较复杂，对施工和维护不便。

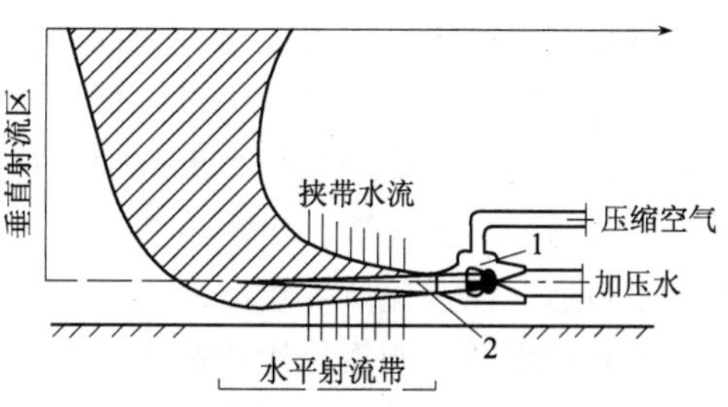

图 5-32 射流曝气机

1—混合室；2—等速中心区

（3）导管式曝气机

导管式曝气机由表曝机和上吸式鼓风管组成，见图 5-33，也称 U 形鼓风曝气系统。在氧化沟中采用导管式曝气机（简称 DTA），可对沟内流速和供氧量分别进行独立控制。通过改变叶轮转速可调节沟内流速，调节空气压缩机供气量可控制供氧量。采用 DTA 的氧化沟沟深可达 4～5m，占地面积较传统氧化沟少。由于所有污水都经过导管，污水、循环液、氧和微生物充分混合，传质效果好，有利于污水处理。其缺点是动力效率较低，一般为 0.67～0.73kgO_2/(kW·h)，设备系统较复杂，氧化沟的施工也较复杂。

（4）混合曝气系统

混合曝气系统如图 5-34 所示，也称低速混合鼓风曝气系统。这种曝气系统的原理与 DAT 系统相似，利用置于沟底的固定式曝气器（如微孔曝气器、穿孔管）和淹没式水平叶轮或射流以及利用抽吸和表面射流，来分别进行充氧和推进液体。与 DTA 相比，其动力效率较 DTA 有所提高，在 1.1kgO_2/(kW·h) 左右。但这种系统因为设备复杂，动力消耗也较大，在实际中不常用。

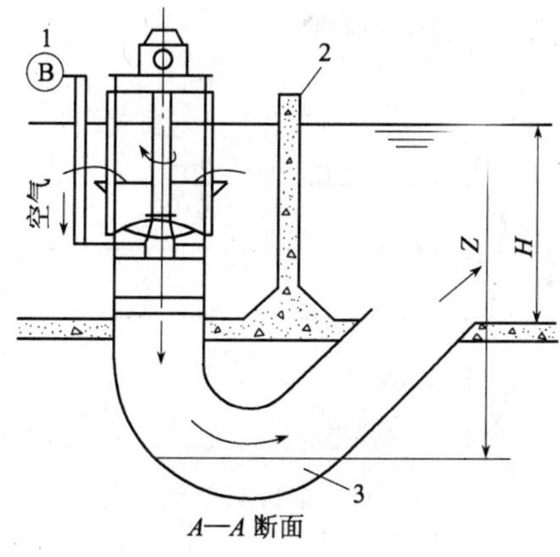

图 5-33 导管式曝气机

1—空压机；2—下部导管水深；3—下部导管；
Z—阻流墙；H—渠道水深

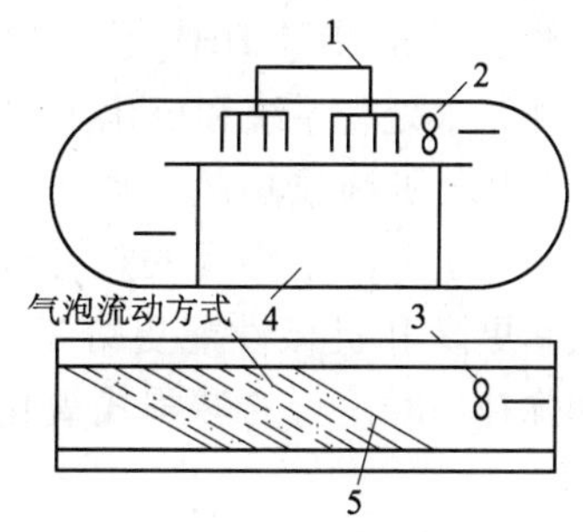

图 5-34 混合曝气系统

1—空气；2、3—混合器；4—沉淀池；5—空气扩散器

3. 进出水装置

氧化沟的进出水装置包括进水口、回流污泥口和出水调节堰等。从平面上看，进水及回流污泥位置宜布置在氧化沟曝气器的上游，与曝气器保持一定距离，使得它们与沟内混合液立即相混合，促使系统中形成缺氧区，使生物脱氮过程有一良好的反硝化阶段，并获得较低的污泥容积指数。出水位置应布置在进水区的另一侧，并且与进水点和回流活性污泥点足够远，以避免产生短流。

当有两组以上的氧化沟并联运行时，应设进水配水井以保证均匀配水。当采用交替工作的氧化沟系统时，进水配水井内应设自动控制配水堰或配水闸，按设计好的程序用定时器自动启闭各个进水孔，以变换氧化沟内的水流方向和控制流量。

4. 导流和混合装置

氧化沟的导流装置包括导流墙和导流板。为了保持氧化沟内具有污泥不沉积的流速，减少能量损失，使水流平稳转弯并维持一定流速，一般在氧化沟转折处设置导流墙与导流板。由于氧化沟中分隔内侧沟的弧度半径变化较快，其阻力系数也较高，为了平衡各分隔弯道间的流量，导流板可在弯道内设置。导流墙应设于偏向弯道的内侧，以使较多的水流向内侧汇集。为了使水流在横断面内分布均匀，增加水下流速，在距转刷之后一定距离内，在水面以下设置导流板。通常在曝气转刷上、下游设置导流板，目的是使表面较高流速转入池底，提高传氧效率。同时，为了保持沟内的流速可以根据需要设置水下推进器。

导流墙与导流板布置及其几何尺寸的确定尚无计算公式可循，一般需要经过水力模型试验来确定。

5. 附属构筑物

附属构筑物包括二沉池、刮泥机和污泥回流泵房等，这一部分构筑物与传统的活性污泥工艺相同。

5.3.4 氧化沟工艺的类型与设计

根据氧化沟的构造特征、曝气方式和运行方式的不同，并根据不同的发明者和专利情况可分为不同的类型。以下介绍几种常用的有代表性的氧化沟系统。

1. 卡鲁塞尔（Carrousel）氧化沟

卡鲁塞尔（Carrousel）氧化沟又称平行多渠化氧化沟，是由荷兰 DHV 公司的 Carrousel 综合了常规污水处理系统和氧化沟的优点于 20 世纪 60 年代末研制成功的，如图 5-35 所示。当时开发这一工艺的主要目的是寻求一种渠道更深、效率更高和机械性能更好的系统设备，来改善和弥补当时流行的转刷式氧化沟的技术弱点。

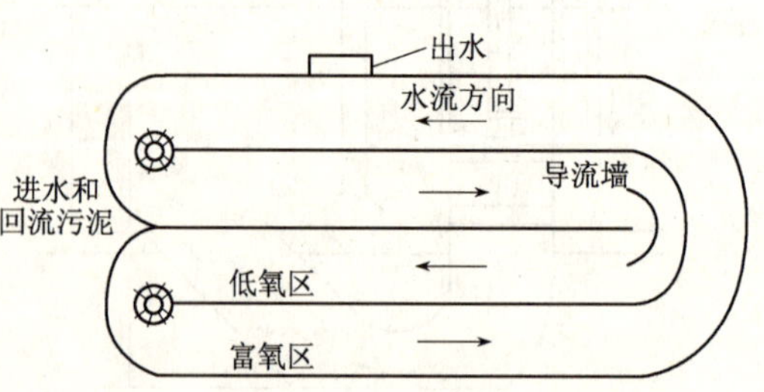

图 5-35 卡鲁塞尔氧化沟

(1) Carrousel 氧化沟的特点

由图5-35 可见，Carrousel 氧化沟是一个多沟串联的系统，进水与活性污泥混合后沿箭头方向在沟内作不停的循环流动。Carrousel 氧化沟采用垂直安装的低速表面曝气器，表面曝气机单机功率大（可达150kW），设备数量少，每组沟渠安装一个，均安装在同一端，其水深可达5m以上，使氧化沟占地面积减少10%~30%，降低土建费用。表曝机与导流墙的布局将混合液从上游经曝气区推进到下游，并保证足够的混合液渠道流速，在沟内形成了靠近曝气器下游的富氧区和曝气器上游以及外环的缺氧区。这不仅有利于生物凝聚，还使活性污泥易于沉淀。由于曝气机周围的局部地区能量强度比传统活性污泥曝气池中的强度高得多（约为96~192W/100m^3），使得氧的转移效率大大提高，平均传氧效率达到至少2.1kg/(kW·h)。因此，Carrousel氧化沟具有极强的混合搅拌耐冲击能力。当有机负荷较低时，可以停止某些曝气器的运行，在保证水流搅拌混合循环流动的前提下，节约能量消耗。

Carrousel氧化沟应用范围广泛，其规模小至20m^3/d，大至1140000m^3/d。目前全世界已有850多座Carrousel氧化沟。Carrousel氧化沟对BOD_5去除率可达95%~99%，脱氮效率约为90%，除磷效率约为50%。

（2）Carrousel氧化沟的发展

为了满足越来越严格的水质排放标准，Carrousel氧化沟在原有的基础上开发出了许多新的设计，实现了新的功能。这些新的Carrousel氧化沟在提高处理效率、降低运行能耗、改进活性污泥性能和生物脱氮除磷方面成为新沟型。主要包括单级标准Carrousel工艺、Carrousel denitIR/Carrousel 2000工艺、新型的四段和五段卡鲁塞尔Bardenpho工艺系统以及Carrousel3000氧化沟工艺。以下将对这些演变和新型工艺作一简介。

1）单级标准Carrousel工艺

单级标准Carrousel工艺为第一代Carrousel氧化沟，该种形式氧化沟以去除BOD为主要目的，并具一定的除磷脱氮效果。如图5-36所示，污水经过格栅和除砂池后，不经过预沉淀，直接与回流污泥一起进入氧化沟系统。在充分搅拌的曝气区下游，湍流减弱，逐渐形成活塞流。水流维持在最小流速，保证活性污泥处于悬浮状态（平均流速>0.3m/s）。水流由曝气区的湍流状态变成之后的平流状态，从而改善了污泥的沉降性能，提高了出水质量。在单级标准Carrousel氧化沟工艺系统中，BOD降解是一个连续过程，硝化作用和反硝化作用发生在同一池中，表面曝气机使混合液中溶解氧DO的浓度增加到大约2~3mg/L。在这种充分掺氧的条件下，微生物得到足够的溶解氧来去除BOD；同时，氨也被氧化成硝酸盐和亚硝酸盐（硝化作用），此时，混合液处于有氧状态。微生物的氧化过程消耗了水中溶解氧，直到DO值降为零，混合液呈缺氧状态，经过缺氧区的反硝化作用，混合液进入有氧区，完成一次循环。实际上，单级标准Carrousel工艺系统就是一个模糊的A/O工艺，该系统对BOD、COD、N、P的去除率分别可达95%，90%，75%和65%。

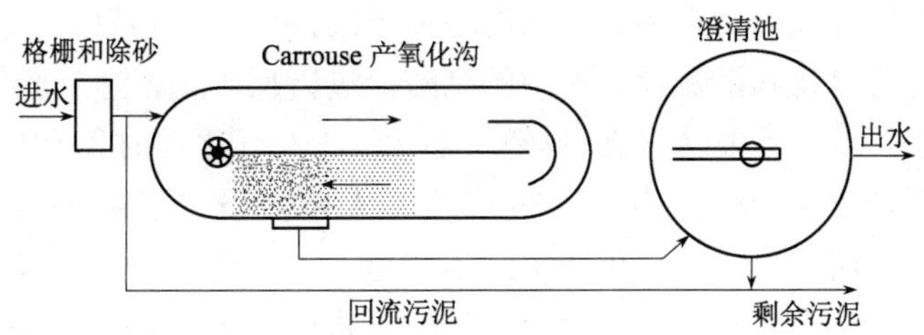

图5-36 单级标准Carrousel工艺

2）Carrousel denitIR/Carrousel 2000 工艺

Carrousel denitIR/Carrousel 2000 工艺系统是由美国盐湖市 EIMCO 设备公司开发的一种具有内部前置反硝化功能的氧化沟工艺，实现了更高要求的生物脱氮功能（图 5-37）。它是在普通 Carrousel 氧化沟前增加了一个厌氧区和缺氧区（又称前反硝化区）。由于其特殊的预反硝化区的设计（占氧化沟体积的 15%），通过设在曝气机周围的侧向导流渠，可充分利用氧化沟原有的渠道流速，在不增加任何回流提升动力的情况下，将相当于 400% 进水量以上的硝化液回流到前置缺氧池，在缺氧条件下进水与一定量的混合液混合（该量可通过内部回流控制阀调节）；剩余部分（体积的 85%）包括有氧和缺氧区，用于进行同时硝化反硝化，也用于磷的富集吸收。

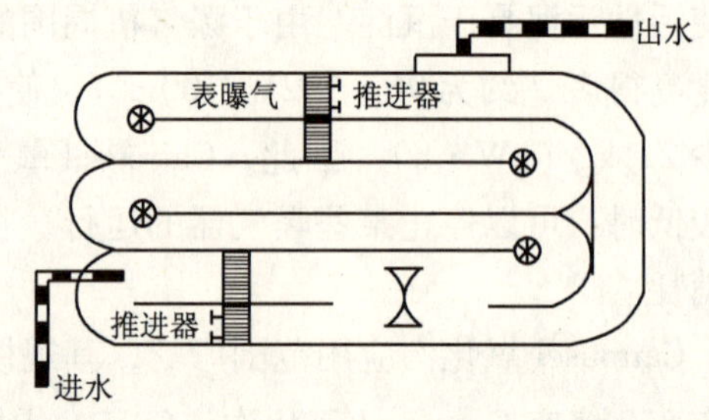

图 5-37 Carrousel denitIR/Carrousel 2000 工艺

Carrousel denitIR/Carrousel 2000 工艺系统保留了反硝化过程的所有优点，包括可恢复硝化阶段约为 50% 的碱度，可利用缺氧条件去除部分 BOD，从而节省曝气能耗，以及改进活性污泥性能。与其他反硝化工艺相比，最突出的优点是实现硝化液的高回流比，达到较高程度的总氮去除率，同时无需任何提升动力。

在 Carrousel denitIR/Carrousel 2000 工艺的基础上，美国 EMICO 公司和荷兰 DHV 公司联合推出了 Carrousel denitIR A_2C/Carrousel 2000 工艺，它将 A^2/O 工艺与氧化沟结合在一起的脱氮除磷的新工艺，如图 5-38 所示。

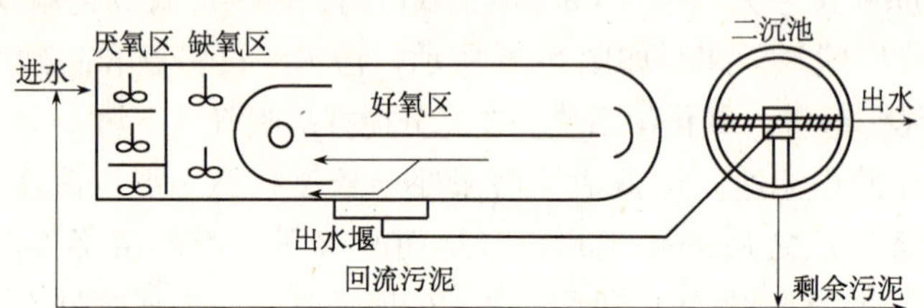

图 5-38 Carrousel denitIR A_2C/Carrousel 2000 工艺

污水首先进入厌氧池，水和澄清池回流污泥在厌氧池中搅拌混合。此时在厌氧池中的兼性反硝化菌异化原水和回流污泥中的硝酸盐和亚硝酸盐，得以脱氮；厌氧池中的兼性厌氧发酵菌将可溶性 BOD 转化成小分子的挥发性脂肪酸（VFA），聚磷菌吸收这些小分子有机物合成 PHB 并储存在细胞内，同时将细胞内的聚磷水解成正磷酸盐，并释放到水中，释放的能量可供专性好氧的聚磷菌在厌氧的环境下维持生存。随后污水进入缺氧池，反硝化菌利用污水中的有机物和回流混合液中的硝酸盐进行反硝化，达到脱氮的目的（脱氮效果可以达到 95%），同时还去除一部分碳；当污水进入氧化沟时，有机物浓度逐渐减小，此时，聚磷菌主要是依靠分解体内储存的 PHB 来获取能量供自身生长、繁殖，同时超量吸收污水中的溶解性磷以聚磷酸盐的形式储存在体内；随后污水进入二沉池，经过沉淀，含磷高的污泥从水中分离出来，并以剩余污泥的形式送至污泥脱水系统，从而达到除磷的效果（除磷效果可以达到 80%）。

3）四段和五段 Carrousel Bardenpho 工艺

四段 Carrousel Bardenph 工艺系统是在 Carrousel denitIR/Carrousel 2000 工艺系统的下游增加了第二缺氧池及再曝气池，实现更高程度脱氮。而五段 Carrousel Bardenpho 工艺系统是在 Carrousel DenitIRA_2C/Carrousel 2000 系统的下游增加了第二缺氧池及再曝气池，同样达到了脱氮除磷的目的，工艺流程如图 5-39 所示。

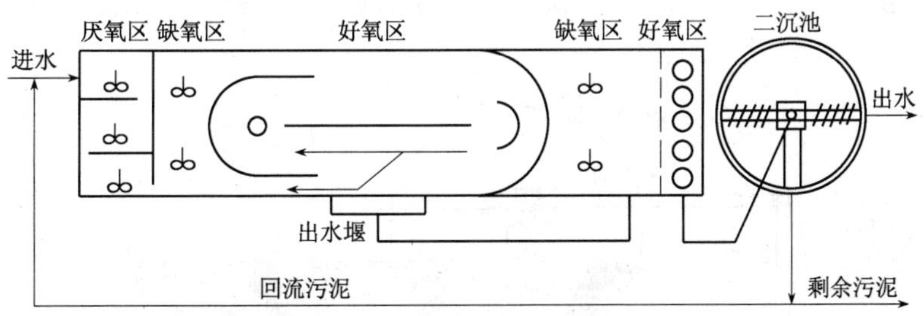

图 5-39 五段 Carrousel Bardenpho 工艺

从上面介绍可知，随着对环境要求的日益严格和去除污染物目标的增加，工艺流程也变得越来越复杂。对于脱磷脱氮卡鲁塞尔工艺有点过于复杂，这可能会增加应用的局限性。

4）Carrousel 3000 工艺

Carrousel 3000 氧化沟系统是在 Carrousel denitIR A_2C/Carrousel 2000 氧化沟系统前再加上一个生物选择区，见图 5-40。该生物选择区是利用高有机负荷筛选菌种，抑制丝状菌的增长，提高各污染物的去除率，其后的工艺原理同 Carrousel denitIR A_2C/Carrousel 2000 氧化沟系统。

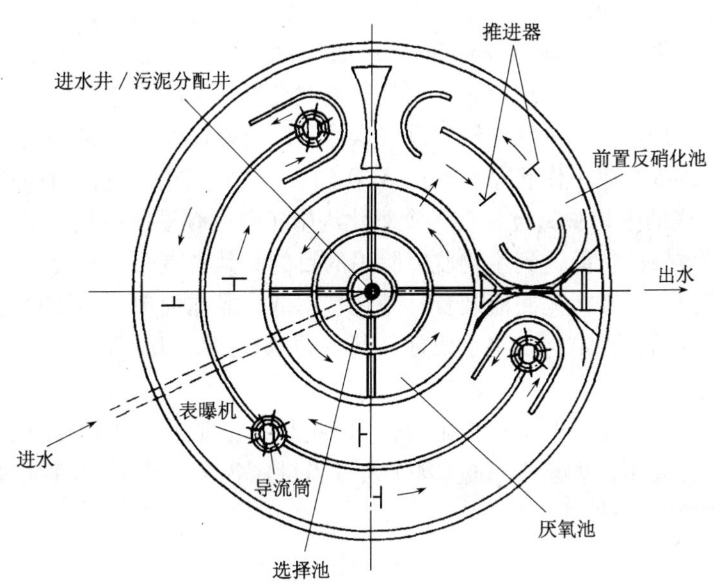

图 5-40 Carrousel 3000 工艺

但 Carrousel 3000 氧化沟系统的较大提高表现在：一是增加了池深，可达 7.5~8m，池体采用同心圆式一体化布置，池壁共用，减少了占地面积，降低造价，同时提高了耐低温能力（可达 7℃）；二是曝气设备的巧妙设计，采用 Oxyrator 表曝机（图 5-41），表曝机下安装导流筒，使表曝机能够从池底吸起缺氧的混合液，并在整个池长上保证充分的混合效果，并采用水下推进器解决流速问题；三是使用了先进的曝气控制器 QUTE（它采用一种多变量控制模式），可以在多个参数测量值的基础上进行调节，来达到预先确定的值。

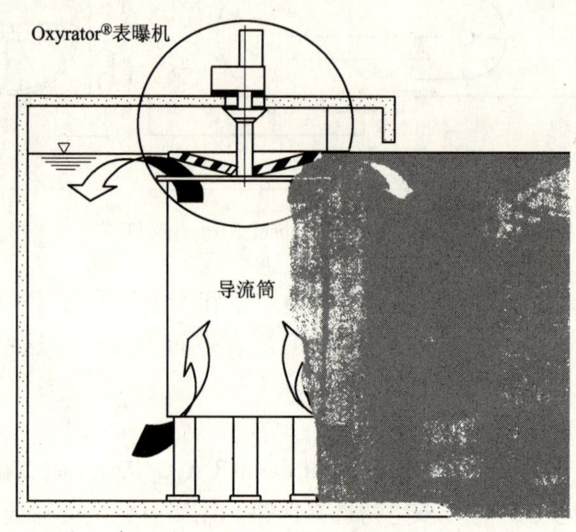

图 5-41 Oxyrator 表曝机

2. 交替运行式氧化沟

交替运行式氧化沟（Phased Isolation Ditch，简称 PID），是由丹麦工业大学和 Kruger 公司共同开发的废水氮、磷处理工艺，它是通过改变氧化沟的构造和操作方式，在一沟或多沟中按时间顺序在空间上对氧化沟的曝气操作和沉淀操作作出调整换位，氧化沟周期性处于好氧、缺氧或沉淀等工作状态，形成 A/O 和 A^2/O 的工艺环境，由硝化（好氧）和反硝化（缺氧）组成的生物脱氮过程在各个氧化沟中按时间顺序周期性的运行，以取得最佳的或要求的处理效果，从而达到生物脱氮除磷的目的。其特点是，氧化沟曝气、沉淀交替操作，不设二沉池，不需污泥回流装置，基建费用低，操作简单，运行稳定，易于维护管理，剩余污泥量少而且稳定，出水水质好。基本类型有：A、D、VR 和 T 型四种。

（1）A 型氧化沟

A 型氧化沟是单沟交替工作式氧化沟（图 5-42），主要用于 BOD 的去除和硝化，且限于较小的处理场合应用，规模不超过 2000 人口当量，各个工作时段持续时间的长短，取决于污水间歇排放的周期。

（2）D 型氧化沟

D 型氧化沟为双沟交替工作式氧化沟，一般由池容完全相同的 A、B 两个氧化沟组成，两沟串联运行，交替地作为曝气池和沉淀池，主要也是用于 BOD 的去除和硝化，一般以 8h 为一个运行周期，分为四个阶段。典型的 D 型氧化沟系统如图 5-43 所示。该系统其出水水质十分稳定，同样不需设污泥回流装置，但曝气转刷的实际利用率较低，仅为37.5%，处理能力在1500～20000人口当量之间。

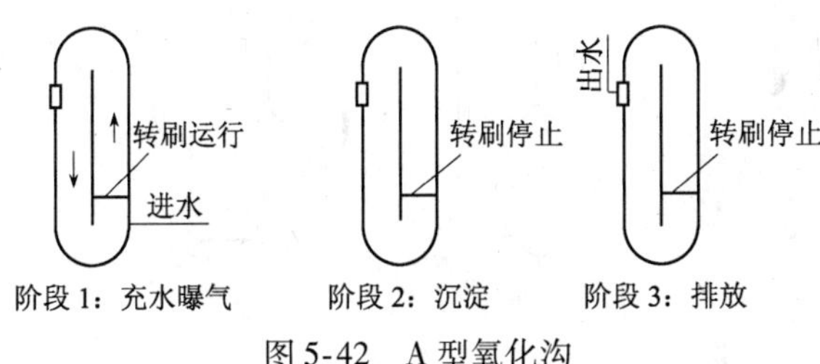

图5-42　A型氧化沟

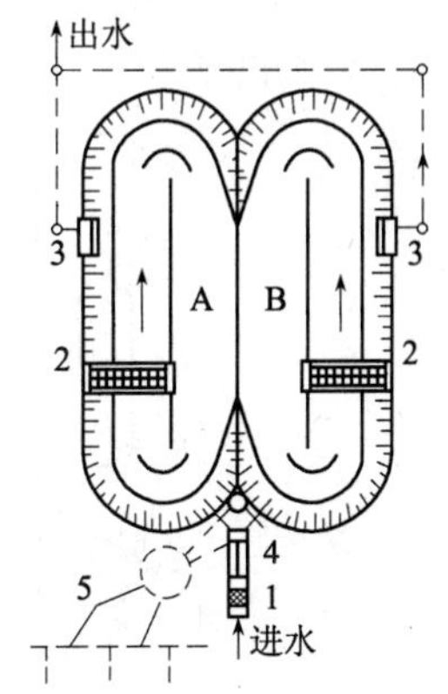

图5-43　D型氧化沟

1—沉砂池；2—曝气转刷；3—出水堰；4—排泥管；5—污泥井

(3) DE型氧化沟

DE型氧化沟是在D型氧化沟的基础上发展起来的，由两个串联的氧化沟（A和B）组成，在前后分别增设厌氧池和沉淀池，运行是基于时间控制，双沟交替工作循环曝气，达到同时脱氮除磷的目的，如图5-44所示。

DE型氧化沟的生物脱氮功能是通过改变进出水顺序和曝气转刷转速，使两沟交替在缺氧和好氧条件下，使硝化和反硝化在沟中交替发生而完成的。由于两沟交替工作，避免了A/O生物脱氮系统中的混合液内回流。双沟交替工作氧化沟生物脱氮系统工作程序与原理如下：

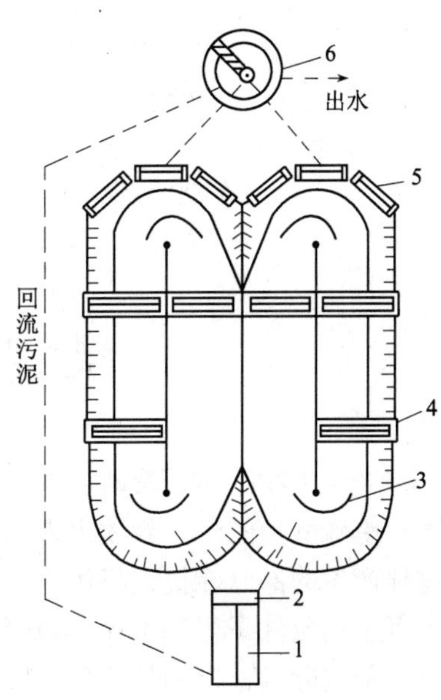

图5-44　DE型氧化沟

1—厌氧池；2—分配井；3—导流墙；4—转刷；5—可调堰；6—沉淀池

阶段A：污水和回流污泥先进入沟A，沟A中转刷低速转动，维持缺氧状态，进行反硝化作用即在缺氧的条件下硝态氮反硝化菌作用被还原成氮气，并去除一部分快速可生物降解BOD；然后进入沟B，沟B中转刷高速转动，维持好氧状态，在好氧条件下进行硝化作用，硝化菌将氨氮氧化为硝态氮（NO_3）并进一步去除有机物。沟B出水进入二沉池。此阶段运行1.5h。

阶段B：污水和回流污泥仍引入沟A，沟A和沟B转刷都高速旋转，两沟都进行含碳有机物的去除和硝化反应。此阶段运行0.5h。

阶段C：污水与回流污泥先进入沟B，沟B中转刷低速转动，维持缺氧状态，进行反硝化并去除一部分快速可生物降解BOD，然后污水进入沟A，沟A中转刷高速旋转，维持好氧状态，在好氧条件下进一步去除有机物并进行硝化，沟A出水进入二沉池，此阶段运行1.5h。

阶段D：污水和回流污泥仍然先进入沟B，两沟转刷都高速旋转，两沟都进行含碳有机物去除和硝化反应。此阶段运行 0.5h。

DE 氧化沟系统利用逻辑程控系统使污水交替进入 A、B 两个氧化沟，并利用双速转刷来控制溶解氧浓度，以达到在沟中交替进行硝化和反硝化作用，可以得到比 A/O 生物脱氮工艺更高的脱氮效果，一般可以达到95%的脱氮率。其工艺原理如图 5-45 所示。

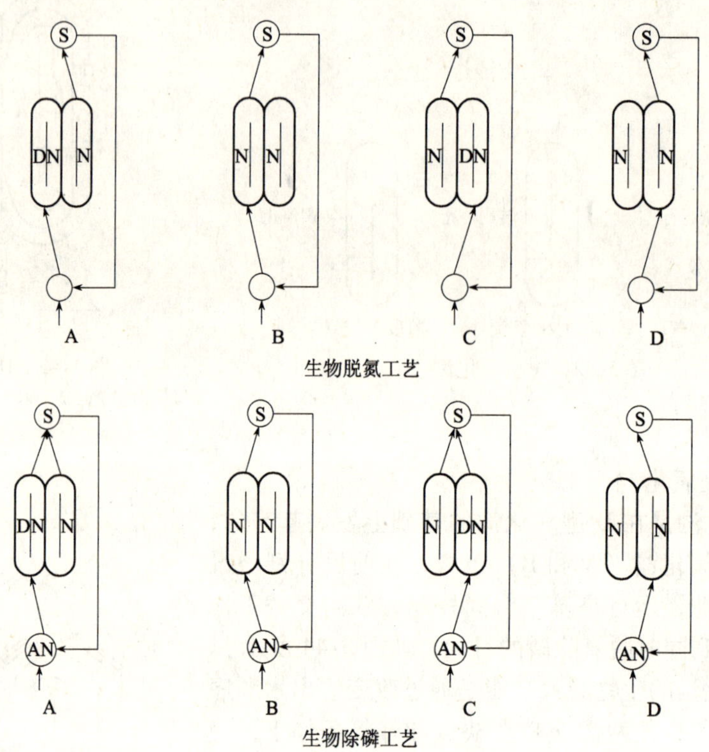

图 5-45 DE 氧化沟生物脱氮氧化沟工艺原理
N—好氧状态；DN—脱氮处理；AN—厌氧预处理；
S—沉淀；A、B、C、D—运行阶段

对于生物除磷，聚磷菌在厌氧环境中受到抑制，将储于体内的聚磷酸盐分解，并以溶解态单磷酸盐的形式释放出来。在聚磷分解和释放过程中伴有能量产生，聚磷菌利用释磷过程产生的部分能量，将污水中可溶性分子脂肪酸吸收，合成 PHB 后储于体内，使之在厌氧不利条件下得到生存，当聚磷菌进入好氧环境时，又将储于体内的 PHB 进行好氧分解，释放能量，以满足其自身繁殖生长和将污水中的溶解性磷吸收，合成聚磷酸盐储于体内。由于好氧吸磷比厌氧释磷要多，因此污水中的磷通过排放富磷剩余污泥来去除。双沟式氧化沟工艺正是基于此原理，通过在氧化沟前加厌氧池，达到除磷的目的。

（4）VR 型氧化沟

VR 型氧化沟是单沟交替工作式氧化沟，主要也是用于 BOD 的去除及硝化，其特点是将氧化沟分成容积基本相等 A、B 两部分，其间有单向活扳门。利用定时改变曝气转刷的旋转方向，来改变沟内水流方向，使两部分氧化沟交替地作为曝气区和沉淀区，因此可以不设二沉池，不需设污泥回流装置。典型的 VR 氧化沟系统如图 5-46 所示。VR 型系统简化了流程，节省了基建费用和运行费用，操作简便，机械设备少，出水水质稳定良好，其转刷实际利用率可达到 75%。

(5) T 型氧化沟

T 型氧化沟为三沟交替工作式氧化沟系统，是 Kruger 公司开发的生物脱氮的新工艺，如图 5-47 所示。该系统由三个等容量的氧化沟组建在一起作为一个单元运行，三个氧化沟之间相互双双连通，两侧氧化沟起曝气和沉淀的双重作用，中间的氧化沟始终进行曝气，不设二沉池及污泥回流装置。进水交替地引入 A 池或 C 池，出水相应地从 C 池或 A 池引出，这样做将曝气转刷的利用率提高到 58%，还有利于生物脱氮。三沟式氧化沟中每个池都配有可供污水曝气和环流（混合）的转刷，每池的进口均与经格栅和沉砂池处理的出水通过配水井相连接。进水的分配和出水调节堰完全靠自控装置控制。在此基础上三沟式氧化沟的脱氮是通过一种新开发的称之为动态顺序沉淀的 DSS 型系统双速电机来实现的，曝气转刷能起到混合器和曝气器的双重功能。当处于反硝化阶段时，转刷低速运转，仅仅保持池中污泥悬浮，而池内处于缺氧状态。好氧和缺氧阶段完全可由转刷转速的改变进行自动控制，其转刷的实际利用率可达 70%。

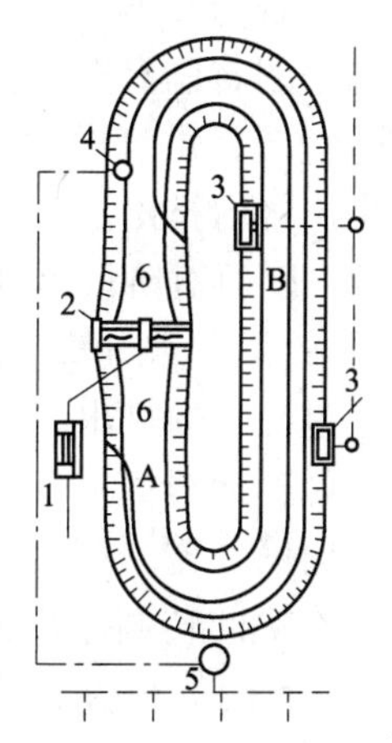

图 5-46 VR 型氧化沟

1—沉砂池；2—曝气转刷；3—出水堰；4—排泥管；5—污泥井；6—氧化沟

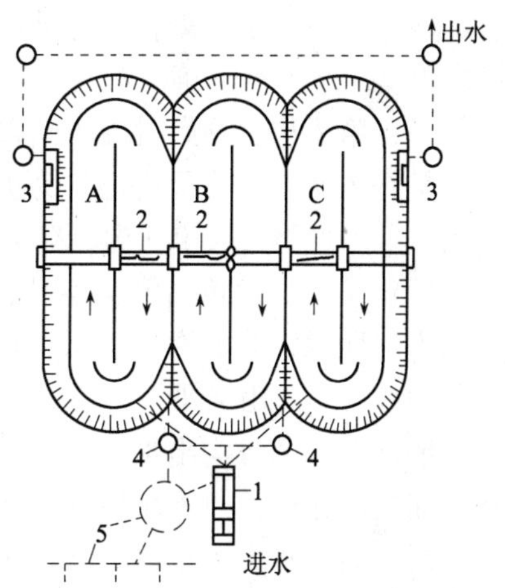

图 5-47 三池交替工作氧化沟系统（T 型）

1—沉砂池；2—曝气转刷；3—出水溢流堰；4—排泥井；5—污泥井

T 型氧化沟可按六个阶段运行，运行周期一般为 8h，其中各时段的长短，取决于需去除的氮量，具体运行过程如图 5-48 和表 5-16 所示。

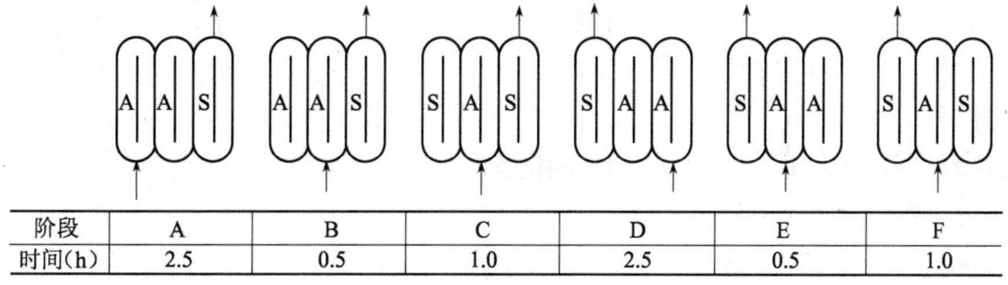

阶段	A	B	C	D	E	F
时间(h)	2.5	0.5	1.0	2.5	0.5	1.0

图 5-48 T 型氧化沟系统的运行过程

T 型氧化沟系统生物脱氮的运行过方式　　表 5-16

运行阶段	A			B			C			D			E			F		
各沟状态	Ⅰ沟	Ⅱ沟	Ⅲ沟	Ⅰ沟	Ⅱ沟	Ⅲ沟	Ⅰ沟	Ⅱ沟	Ⅲ沟	Ⅰ沟	Ⅱ沟	Ⅲ沟	Ⅰ沟	Ⅱ沟	Ⅲ沟	Ⅰ沟	Ⅱ沟	Ⅲ沟
	反硝化	硝化	沉淀	硝化	硝化	沉淀	沉淀	硝化	沉淀	沉淀	硝化	反硝化	沉淀	硝化	硝化	沉淀	硝化	沉淀
延续时间	2.5h			0.5h			1h			2.5h			0.5h			1h		

阶段 A：污水通过分配井流入第Ⅰ沟，第Ⅰ沟中的转刷处于低转速运行，被控制在仅能维持水中污泥的混合和推动水流循环流动，所供氧量不足以使沟内有机物氧化，故第Ⅰ沟处于缺氧状态，进行反硝化及有机物的部分降解；同时，沟内自动调节出水堰上升，第Ⅰ沟中的混合液经沟间的连通管进入第Ⅱ沟。第Ⅱ沟中的转刷在整个阶段均呈高速运转，保持沟中有足够的氧，使得第Ⅱ沟处于好氧状态，能进行有机物的进一步降解及氨氮的硝化作用；处理后的污水与活性污泥一起流入第Ⅲ沟，第Ⅲ沟沟内转刷处于闲置状态，此时作为沉淀池，使泥、水分离，上清液经自动降低的出水堰从第Ⅲ沟排出。

阶段 B：污水入流从第Ⅰ沟转向第Ⅱ沟，第Ⅰ、第Ⅱ沟中的转刷高速运转，第Ⅱ沟处于好氧状态，第Ⅰ沟在开始时处于缺氧状态，随着转刷高速运转，供氧增加，逐渐形成氧的过剩，呈好氧状态，第Ⅲ沟仍作为沉淀池，沉淀后的水由出水堰排出。

阶段 C：污水仍引入第Ⅱ沟，第Ⅱ沟在缺氧条件下运行，以便对阶段 B 中积累的硝酸盐进行反硝化，第Ⅰ沟转刷停止运转，呈静置沉淀状态，开始泥、水分离，至该阶段末。第Ⅲ沟仍为沉淀池，第Ⅱ沟中的水和污泥经第Ⅲ沟沉淀后通过出水堰排出。

阶段 D：污水改由第Ⅲ沟引入，同时启运第Ⅲ沟转刷，低速运行完成反硝化过程。第Ⅰ沟出水堰降低，第Ⅲ沟出水堰升高，污水污泥从第Ⅲ沟流向第Ⅱ沟，第Ⅱ沟中的转刷高速运转，完成硝化过程。处理后的污水再流入第Ⅰ沟，第Ⅰ沟中的转刷停止运转，作为沉淀池用，沉淀后的水由此排出。阶段 D 与阶段 A 相类似，所不同的仅仅是第Ⅰ沟和第Ⅲ沟的工作状态正好与第一阶段相反。

阶段 E：污水入流从第Ⅲ沟转向第Ⅱ沟，第Ⅱ、第Ⅲ沟中的转刷高速运行，供氧充足，以保证硝化过程的完成。第Ⅰ沟仍作为沉淀池用，处理水由此排出。

阶段 F：污水仍由Ⅱ沟引入，第Ⅰ沟出水。第Ⅱ沟中的转刷高速运行，第Ⅲ沟中的转刷停止运转，污泥任其沉降，为第二个周期开始作沉淀池而作准备。

从上述运行过程可以看出，中间沟（第Ⅱ沟）始终进行曝气，而外侧两沟（第Ⅰ、第Ⅲ沟）每隔 4h 交替运行一次，进行硝化—反硝化作用以及作为沉淀池出水。显然，三沟式氧化沟是一个 A/O 生物脱氮活性污泥系统，可以完成有机物的降解和硝化反硝化过程，取得良好的 BOD_5 去除效果和脱氮效果。依靠三池工作状态的转换，还可以免除污泥回流和混合液回流，从而大大节省了电耗和基建费用。

3. Orbal 氧化沟

Orbal 氧化沟是美国的 Envirex 公司的专有技术，又称同心沟型氧化沟，是一种多渠道的氧化沟系统，渠道呈圆形或椭圆形，沟中有若干多孔曝气圆盘的水平旋转装置，用来进行充氧和混合。该方法事实上是由南非的 Huisman 设想和提出的，后来该技术被转让给美国的 Envirex 公司加以推广。该公司于 1970 年开始将其投放市场，并在设计上进行了一些改进，

从而使该系统对大型处理厂在经济上更具吸引力，目前已有200多座Orbal氧化沟在运转。

（1）Orbal氧化沟的形式和特点

Orbal型氧化沟的构造如图5-49所示。氧化沟由多个同心的沟渠组成，沟渠呈圆形或椭圆形，进水先引入最外的沟渠，在其中不断循环的同时，依次引入下一个沟渠，每一条渠道都是一个完全混合的反应池，整个系统相当于一系列完全混合反应池串联在一起，最后从中心沟渠排出。但是n个串联的完全反应池与单个渠的动力学是不同的，Orbal系统中每一圆形沟渠均表现出单个反应器的特性。例如，对氧的吸收率进水渠最高，出水渠最低，相应溶解氧浓度从外沟到内沟依次增高，渠与渠之间有相当大的变化。整个Orbal系统具有接近推流反应器的特性，可以达到快速去除有机物和氨氮的效果。因此可以看出，Orbal氧化沟的这种串联形式，兼具了完全混合式与推流式的优点。

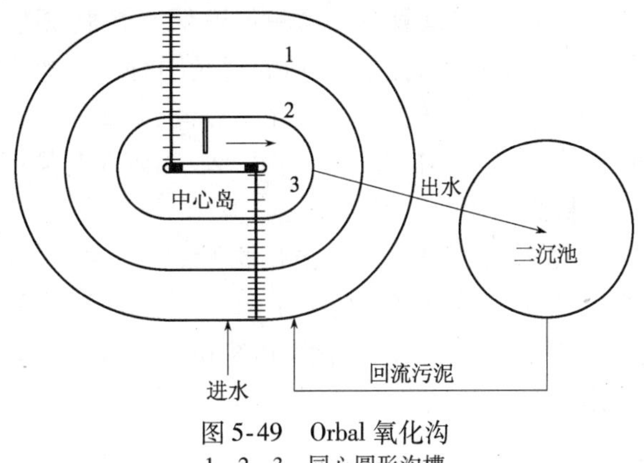

图5-49　Orbal氧化沟

1，2，3—同心圆形沟槽

Orbal氧化沟有两个主要的特点：其一是曝气设备均采用曝气转盘。由于曝气盘上有大量的曝气机和三角形突出物，有助于推进混合液和提高充氧效率。盘片尽管很薄，但具有良好的混合功能，水深可达3.5～4.5m，并保持沟底流速0.3～0.9m/s。同时可以借助配置各沟中不同的曝气盘数目，变化输入每一沟的供氧量。其二反应器的形式采用了圆形或椭圆形的平面形状，比渠道较长的氧化沟更能利用水流惯性，可节省推动水流的能耗。同时，多渠串联的形式还可减少水流短流现象。

（2）Orbal氧化沟的分区

尽管在Orbal氧化沟中进水很快地在单个反应器内通过扩散分布全池，但还不是真正的完全混合系统。实际上在氧化沟系统中流态呈现出推流式的环流，完全混和程度取决于氧化沟的设计。常用的Orbal型氧化沟由三条沟渠道组成，第一渠道的容积约为总容积的60%～70%；第二渠约为总容积的20%～30%，第三渠则仅占总容积的10%。在运行时，Orbal氧化沟系统中溶解氧浓度是分级的，应保持第一、二及三渠的溶解氧分别为0、1及2mg/L，即为所谓三沟DO的0-1-2梯度分布。第一渠中氧的吸收率很高，通常高于供氧速率，供给的大部分溶解氧立即被消耗掉，大部分BOD和氨氮在氧化沟的第一槽里被氧化，因此即使该段提供90%的需氧量，仍可将溶解氧的含量保持在0左右。在第二、三渠道中，氧的吸收率比较低，尽管反应池中供氧量比较低，溶解氧的量却可以保持较高的水平。为了保持Orbal氧化沟中这种浓度梯度，可简单地通过增减曝气盘的数量来达到调节溶解氧的目的。在氧化沟中保持0-1-2的浓度梯度，可达到以下目的：1）在第一渠内仅提供将 BOD 物质氧化稳定所需的氧，保持溶解氧为 0 或接近 0，既可节约供氧的能耗，也可为反硝化创造条件；2）在第一渠缺氧条件下，微生物可进行磷的释放，以便它们在好氧环境下吸收废水中的磷，达到除磷效果；3）在三条沟渠中形成较大的溶解氧阶梯，有利于提高充氧效率。

（3）Orbal 氧化沟的脱氮

根据硝化和反硝化原理，脱氮过程需先将氨氮在有氧条件下转化成硝态氮，然后在无分子态氧存在的条件下把硝态氮还原成氮气，这就要求创造一个好氧和缺氧环境。在具有脱氮功能的 Orbal 型氧化沟中三条串联的渠道形成了特有的溶解氧浓度呈 0—1—2mg/L 阶梯分布，创造了一个极好的脱氮条件，其独特之处是在第一渠道中提供全部需氧量的 70%，但第一渠道氧的吸收率很高，硝化和反硝化都在第一渠道溶解氧为 0 的情况下进行。硝化的程度取决于第一渠道的供氧量。第一渠道保持缺氧状态，也使微生物可释放磷，以便在好氧情况下微生物对磷进行过量吸收，达到同时脱氮和除磷的效果。在第二渠道中提供全部需氧量的 18%，第三渠道提供全部需氧量的 12%，由于第二、三渠道氧的吸收率低，尽管供氧量比第一渠道小得多，但溶解氧浓度都可以保持较高水平，氨氮可以达到完全的硝化，可以保持高的硝化作用。

Orbal 型氧化沟还可以通过分流进水方式强化脱氮效率。由于增加向第二渠道分流进水，减少了第一渠道有机负荷和需氧量，提高了第一渠道的硝化程度。第二渠道引入污水，减少第二渠道溶解氧浓度，增加了反硝化渠道容积。同时由于引入污水中含碳的有机物，也有利于提高反硝化速率。

4. 一体化氧化沟

（1）一体化氧化沟的发展与特点

一体化氧化沟又称合建式氧化沟（Combined Oxidation Ditches），它是集曝气、沉淀、泥水分离和污泥回流功能为一体，无需建造单独的二沉池。最早的一体式氧化沟是 Pasveer 教授 1954 年在荷兰 Voorschoten 研制成功的，用来处理 360 人口当量的污水，间歇运行，曝气和沉淀是利用一沟完成的。规模型开发研究始于 20 世纪 80 年代，近年来由丹麦引进的三沟（T 型及 DSS 型）氧化沟属于序批式（SBR）操作方式，占地面积大，设备利用率低，T 型沟为 58.3%、DSS 型沟为 70%，此外自动控制要求严格。这里所说的一体化氧化沟是指曝气净化与固液分离操作同在一个构筑物中完成，污泥自动回流，连续运行，设备和池容利用率为 100%。这种工艺除常规氧化沟所具有的优点外，还有以下主要特点：1）工艺流程短，构筑物和设备少，不设初沉池、调节池，二沉池与氧化沟合建，根据美国 EPA 调查可节省 20% ~30% 占地面积；2）污泥自动回流，省去污泥回流泵房及有关辅助设备和管道系统，节省基建投资、能耗低、降低运行维护费用，管理简便；3）造价低，建造快，设备事故率低，运行管理费用少；4）处理效果稳定可靠，其 BOD_5 和 SS 去除率均在 90% ~95% 或更高，COD 的去除率也在 85% 以上，并且硝化和脱氮作用明显；5）产生的剩余污泥量少，污泥不需消化，性质稳定，易脱水，不会带来二次污染；6）固液分离效率比一般二沉池高，池容小，能使整个系统在较大的流量和浓度范围内稳定运行；7）污泥回流及时，减少了污泥膨胀的可能。

一体化氧化沟技术开发至今迅速得到发展，并在实际生产中得到应用。据 1987 年统计，在美国已有92座合建式氧化沟，较有代表性的是联合工业公司（United Industries Inc）的船式沉淀器（Boat），Amrmco环境企业公司的BMTS系统，EIMCO公司的Carropusel渠内分离器，湖滨（Lakeside）设备公司的边墙分离器以及Lightnin公司的导管式曝气内渠和边渠沉淀分离器，此外是Envirex公司的竖直式氧化沟。

（2）固液分离器

固液分离器是一体化氧化沟的关键技术设备，目前已应用的固液分离方式多于8种，大体上可分为外置式和内置式两种。从本质上来说，外置式固液分离器是利用平流沉淀池的分离原理，而内置式则是利用竖流沉淀池和斜板沉淀池的工作原理。因此，如何在氧化沟内创造适合的水力条件是实现氧化沟内良好固液分离的前提。设计良好的分离器结构要有利于消除剧烈的紊动，保持较平稳的层流状态，有利于固液分离的良好效果。

1）内置式固液分离器

内置式固液分离器最为典型的是BMTS沟内分离器和船式（BOAT）分离器。

BMTS沉淀分离器是由美国的Burns and McDonnel技术咨询公司研究开发的，取其字首故名为BMTS系统（图5-50为其构造示意）。这种合建式氧化沟的中间隔墙不在池正中心，而是偏向一侧，使设有沉淀区一侧的沟宽大于另一侧。沉淀区横跨整个沟宽，循环混合液被强制从沉淀区底部流过，一部分混合液均匀地通过沉淀区底部构件之间的孔隙进入沉淀区，为了减少沉淀区内中下层水流的紊动，在其底部设置了一系列三角形挡板。澄清水通过淹没穿孔管或溢流堰排走，沉淀污泥自动返回循环混合液流中。

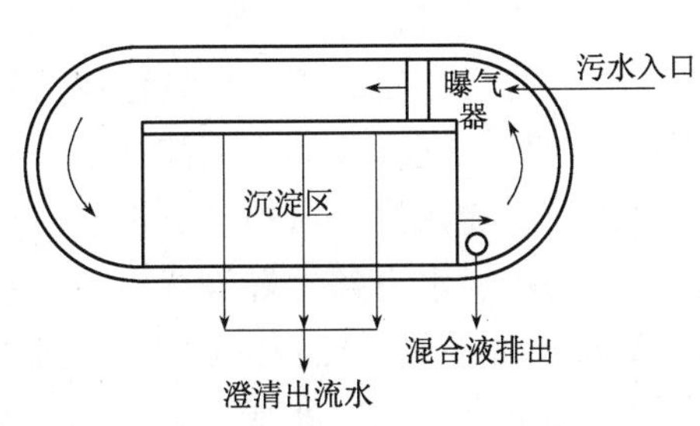

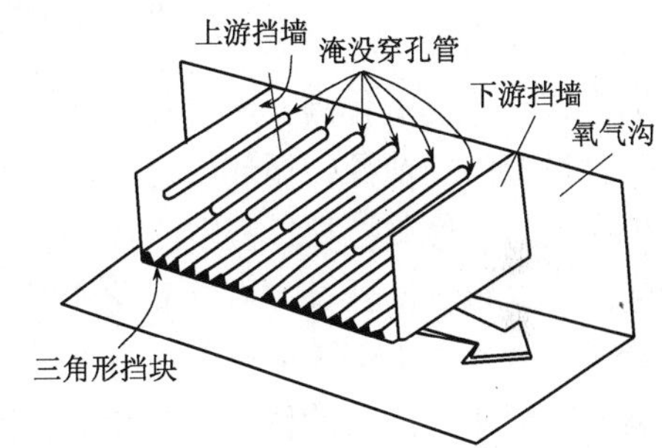

图5-50 BMTS一体式氧化沟

船式一体化氧化沟是由美国联合工业公司系统地研究开发船式沉淀器的合建式氧化沟工艺，在美国为40多家污水处理厂的氧化沟安装了船式沉淀器，英国Simon-Hartley公司也在欧洲应用了这一技术。图5-51为船式一体化氧化沟。船式沉淀器比沟窄，像一条悬架于氧化沟中的船，故名船式沉淀器（Boat Clarifier）。当船式沉淀器放置在氧化沟中时，船头迎向水流，船尾撇开进水，循环的沟流被限制于沉淀器与池壁、底板间，流过沉淀器的部分混合液从其尾部进入。沉淀区内泥、水分离后，沉淀污泥通过泥斗底部的短管回流到沟流混合液中，上清液则经沉淀器头

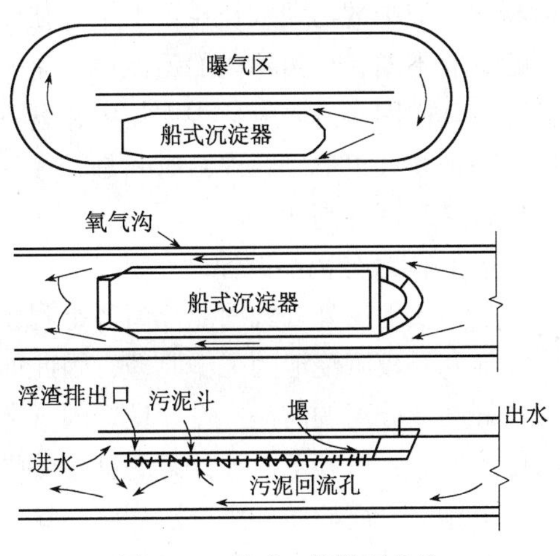

图5-51 船式一体化氧化沟

部的溢流堰排出。船式一体化氧化沟完全省去了普通二沉池所必需的机械电气设备，既无刮泥装置，也没有回流污泥设备。船式沉淀器所占氧化沟容积通常在8%～11%。由于进入沉淀器的混合液仍处于好氧状态，同时沉淀污泥能迅速回流，因此在氧化沟工艺设计中通常不考虑沉淀器所占的容积。而且船式沉淀器和主体的构筑物分别建造，极有利于传统氧化沟的改造。

这两种分离器横跨在整个沟断面上，氧化沟的混合液从其底部流过时，混合液向上流过分离器，当固相污泥上升速度小于混合液上升速度时，进行固液分离。污泥自动回流到反应器中，固液分离器内相对静止的水流和氧化沟内流动水流间产生的压力差所形成的抽吸作用，是回流作用的主要推动力，但是这种分离装置受沟内流动条件的影响较大。

2）外置式固液分离器

外置式固液分离器如中心岛及侧沟内式固液分离器。这种沉淀装置沟断面和沟内的正常流动不受剧烈装置的影响，水力条件较好。比较典型的是侧沟分离式沉淀器，这种形式的氧化沟构造见图5-52。

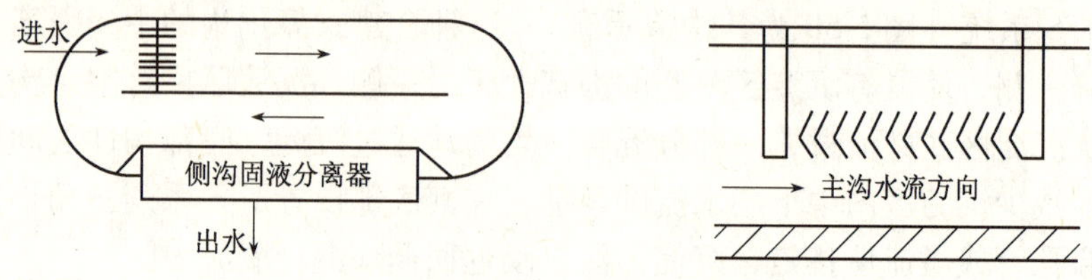

图5-52 侧沟式一体化氧化沟

侧沟式一体化氧化沟（Side-ditch Oxidition Ditch）实质上将沉淀区设在氧化沟一段沟的两侧且贯穿整个池深，循环混合液从两沉淀区间流过，部分混合液进入沉淀区底部的流孔，再向上通过倾斜挡板，澄清水用淹没式穿孔管排出，沉淀污泥则沿挡板下滑，由混合液挟带流走。该分离器具有占据氧化沟断面小、阻力损失小、水力条件好等优点，克服了船式分离器和沟内BMTS澄清器的一些弊端。侧沟固液分离器具有独特的固液分离机理，主要表现在由于分离器的特殊构造使混合液在分离器内的上升流速逐渐减小，污泥发生絮凝并靠重力沉降与水分离；絮凝的污泥形成一悬浮污泥层，起到了阻挡作用，将新进入分离器混合液中的污泥颗粒拦截下来，使泥、水分离。这一现象犹如悬浮澄清池的情况，但二者又有不同，分离器内的污泥层不是长时间留在分离器中，而是在回流作用的影响下呈循环流动并回流进入氧化沟主沟中，既不断有污泥回流，同时又不断有新的絮凝污泥层形成，污泥在分离器中的停留时间是较短的。由于独特的分离机理，使侧沟固液分离器的效率较普通二沉池高。

（3）固液分离器的原理

从本质上讲外置式固液分离器是利用平流沉淀池的分离原理，而内置式则是利用竖流沉淀池和斜板沉淀池的工作原理，因此如何在氧化沟内创造适合的水力条件是实现氧化沟内良好固液分离的前提。设计良好的分离器的结构要有利于消除剧烈的紊动，保持较平稳的层流状态，有利于固液分离的良好效果。

以船形分离器的分离原理为例，氧化沟的混合液从其底部流过时，混合液向上流过分离器，当上升速度小于混合液上升速度时，进行固液分离，污泥自动回流到反应器中。固液分离器内相对静止的水流和氧化沟内流动水流间产生的压力差所形成的抽吸作用，是回流作用的主要推动力。其底部采用一系列均匀排列的倒V形板，保证了混合液的均匀进入和沉淀污泥的迅速回流。其底部开孔很多，水流上升速度缓慢，对污泥缓冲层及污泥回流影响较小。流态处于层流状态，这有利于大颗粒絮体的形成；形成的污泥颗粒絮体在不断上升的水流带动下穿过底部的开孔，船型分离器的上方形成污泥悬浮层，不断上涌的混合液中污泥颗粒将被吸附，从而进一步提高出水水质。由于依靠重力沉降，沉淀的效率很大程度上取决于分离器内分离器混合液的上升流速和污泥沉速。只有在污泥沉速大于混合液上升流速时，分离器才能起到分离的作用。

5. 氧化沟工艺系统的设计

（1）设计的参数和选择

对于城市污水，氧化沟系统通常的预处理是采用粗、细格栅和沉砂池，一般不设初沉池。混合液在沟内的循环速度为0.25~0.35m/s，以确保混合液呈悬浮状态。氧化沟污泥回流比采用60%~200%，设计污泥（MLSS）浓度为1500~5000mg/L，氧化沟中的氧转移效率为1.5~2.1kg/(kW·h)。设计参数与进、出水水质密切相关，与是否脱氮脱磷密切相关。

氧化沟工艺的重要设计参数及相应取值如下。

泥龄，氧化沟的设计泥龄范围为4~48d，通常的泥龄取值为10~30d。泥龄与温度、脱氮、脱磷要求和污泥稳定的程度相关。

有机负荷氧化沟常用的设计BOD负荷取值0.16~0.35kg/(m^3·d)。

污泥负荷（BOD_5/MLSS）0.03~0.10kg/(kg·d)。

水力停留时间对于城市污水，采用的数值为6~30h。

（2）氧化沟工艺系统的设计

1）氧化沟工艺设计的一般原则

除考虑有机物的去除和污泥稳定的要求外，目前氧化沟的设计中通常要考虑脱氮，有时还要考虑脱磷的要求。脱氮时按如下步骤进行：

① 确定进水水质和出水水质。

② 调查进水的pH和营养物含量是否适合生物处理的要求；要求脱氮时，应考虑碳源的来源和质量。

③ 估算用于合成的总氮量和需要去除的总氮量。

④ 计算硝化菌的生长速率 μ_n 和在设计环境条件下硝化所需最小污泥平均停留时间 θ_{cm}。

具体过程如下：

$$\mu_n = 0.47e^{0.098(T-15)} \times \left[\frac{N}{N + 10^{0.051T-1.158}}\right] \times \left[\frac{DO}{K_{O_2} + DO}\right] \times [1 - 0.833(7.2 - pH)] \quad (5\text{-}48)$$

式中 μ_n——硝化菌的生长率，d^{-1}；

N——出水的NH_4^+-N的浓度，mg/L；

T——温度，℃；

DO——氧化沟中的溶解氧浓度，mg/L；

K_{O_2}——氧的半速常数，一般为0.45～2.0mg/L。

则最小污泥平均停留时间为：

$$\theta_{cm}=1/\mu_n \tag{5-49}$$

⑤ 选择安全系数来计算氧化沟设计污泥停留时间：

$$\theta_{cd}=SF\cdot\theta_{cm} \tag{5-50}$$

式中 θ_{cd}——设计污泥停留时间，d；

SF——安全系数，与水温、进出水水质、水量等因素有关，通常取2.0～3.0。

⑥ 计算去除有机物及硝化所需的氧化沟体积和水力停留时间：

$$V=\frac{YQ\ (S_0-S_e)\ \theta_{cd}}{X\ (1+K_d\theta_{cd})} \tag{5-51}$$

式中 V——用于硝化及氧化有机物所需的氧化沟有效体积，m^3；

Y——污泥产率系数（以VSS/去除BOD_5计），对城市污水取0.3～0.5kg/kg；

Q——处理水流量，m^3/d；

S_0——进水BOD_5浓度，mg/L；

S_e——出水BOD_5浓度，mg/L；

θ_{cd}——污泥龄，d，如考虑污泥稳定，θ_{cd}取30d左右；

K_d——污泥内源呼吸系数，d^{-1}，对城市污水，K_d取0.03～0.10d^{-1}；

X——混合液污泥MLVSS浓度，kg/L，考虑脱氮时，X取2.5～3.5kg/L。

⑦ 估算在硝化过程中所消耗的和在反硝化过程中所产生的碱度（以$CaCO_3$计）。通常系统中应保证有大于100mg/L的剩余碱度（即保持pH≥7.2），以保证硝化时所需的环境。计算如下：

剩余碱度(或出水碱度)=进水碱度(以$CaCO_3$计)+3.57反硝化NO_3^--N的量
+0.1×去除BOD_5的量-7.14×氧化沟氧化总氮的量 (5-52)

式中 3.57——反硝化NO_3^--N所产生的碱度，mg/mg；

0.1——去除BOD_5所产生的碱度，mg/mg；

7.14——氧化NH_4^+-N所消耗的碱度，mg/mg。

⑧ 选择反硝化速率，即：

$$r'_{DN}=r_{DN}\times1.09^{(T-20)}(1-DO) \tag{5-53}$$

式中 r'_{DN}——实际的反硝化速率（以NO_3^--N/VSS计），mg/(mg·d)；

r_{DN}——反硝化速率（以NO_3^--N/VSS计），mg/(mg·d)，在温度为15～27℃时城市污水取值范围为0.03～0.11mg/(mg·d)；

DO——反硝化条件下的溶解氧浓度，mg/L。

⑨ 依据硝化速率和*MLVSS*浓度，确定反硝化所要求增加的氧化沟的体积。即：

$$V'=\frac{\Delta S_{NO_3}}{Xr'_{DN}} \tag{5-54}$$

式中 V'——反硝化所需氧化沟的反应体积，m^3；

ΔS_{NO_3}——去除的硝酸盐氮量，kg/d；

其他符导同前。

因此，氧化沟总体积为：

$$V_{总} = V + V' \tag{5-55}$$

在同时有脱磷要求时，氧化沟前要设专门的厌氧池。厌氧池水力停留时间按1.0～2.0h考虑，如果进水中的快速可降解有机物含量高，水力停留时间可以取得小一些，生物反应系统的污泥停留时间不宜大于20d。

2）需氧量的确定

氧的供给是以需氧量为依据的，计算需氧量时，假定除了用于合成的那一部分有机物外，所有有机物都被氧化；同样除了用于合成的那部分氮外，其余的氮都需先被氧化，然后在反硝化的过程中再被还原，此过程还可获得一部分氧。因此，需氧量可以表示为：

需氧置 =［去除的BOD－剩余污泥的BOD］［去除氮的需氧量－剩余污泥含 NH_4^+-N 氧化所需氧量］－反硝化中获得的氧量 （5-56）

用公式可表示为：

$$D_{O2} = Q\frac{S_0 - S_e}{1 - e^{kt}} - 1.42\Delta X_{VSS} + 4.5Q(N_0 - N_e) - 0.56\Delta X_{VSS} - 2.6Q\Delta NO_3^- \tag{5-57}$$

式中 D_{O2}——同时去除 BOD_5 和脱氮所需的氧量，kg/d；

Q——污水流量（m^3/d）；

S_0——进水 BOD_5，mg/L；

S_e——出水 BOD_5，mg/L；

k——速率常数，d^{-1}；

t——BOD试验天数，d，对 BOD_5 而言，t=5d；

ΔX_{VSS}——每日产生的生物污泥（VSS）量，kg/d；

N_0——进水氮（TKN）浓度，mg/L；

N_e——出水氮（TKN）浓度，mg/L；

ΔNO_3^-——还原或反硝化的硝酸盐氮量，mg/L。

得到需氧量后，可根据工艺要求选择曝气设备。由于考虑厌氧或缺氧的要求，还需核算混合所需要的最小净输入功率（以确保沟内平均水流速度≥0.25m/s）。混合要求的最小功率可用下式计算：

$$P/V = 0.94\mu^{0.3}(MLSS)^{0.298} \tag{5-58}$$

式中 μ——绝对黏滞性系数，20℃时等于1.0087；

P/V——单位体积需要的净输入功率，W/m^3；

MLSS——氧化沟中混合液污泥浓度，mg/L。

3）沉淀池的设计

氧化沟工艺由于通常采用延时曝气工艺参数，因此污泥的沉降性能要优于普通活性污泥法工艺。典型的沉淀池设计参数见表5-17。

氧化沟工艺中沉淀池设计的推荐参数 **表5-17**

溢流率［m^3/(m^2·d)］	固体负荷［kg/(m^2·d)］	堰负荷率［m^3/(m·d)］
12.2～20.4	19.6～98.0	124～186

4）剩余污泥量的确定

针对我国城市污水的特点，在泥龄为10～30d时，氧化沟工艺的污泥产率（VSS/去除BOD_5）为0.3～0.5kg/kg，剩余活泥量的计算应考虑泥中惰性物质和沉淀池出水流失的固体，基本公式可表示为：

$$\Delta X = Q\Delta S[Y/f(1+K_d\theta_c)] + X_t Q - X_e Q \tag{5-59}$$

式中 ΔX——总的剩余污泥量，kg/d；

Q——污水流量，m^3/d；

ΔS——（进水BOD_5—出水BOD_5），mg/L；

Y——污泥产率，kg/kg；

f——$MLVSS/MLSS$之比；

K_d——污泥内源呼吸系数，d^{-1}；

θ_c——设计污泥停留时间，d；

X_i——污泥中的惰性物质浓度，为进水总悬浮物浓度（TSS）与挥发性悬浮物浓度（VSS）之差，mg/L。

6. 氧化沟设计计算例题

【例】城市污水设计流量$1.3\times10^5 m^3/d$；$K_z=1.3$；进水水质：COD=225mg/L；BOD_5=130mg/L；SS=150mg/L；NH_3-N=22mg/L；TN=38mg/L：TP=9.7mg/L设计三沟式氧化沟，要求脱氮、出水BOD_5=15mg/L；SS=20mg/L；NH_3-N=3mg/L；TN=6mg/L。

【解】（1）设计参数

污泥龄：$t_s=15d$

污泥浓度；4000mg/L

（2）氧化沟总容积（V）计算

1）碳氧化、氮硝化区容积V_1计算

Y查图5-53，$t_s=15d$时，$Y=0.56$，则

$$V_1 = \frac{YQL_r t_s}{X} = \frac{0.56\times130000\times(130-15)\times15}{1.3\times4000} = 24150m^3$$

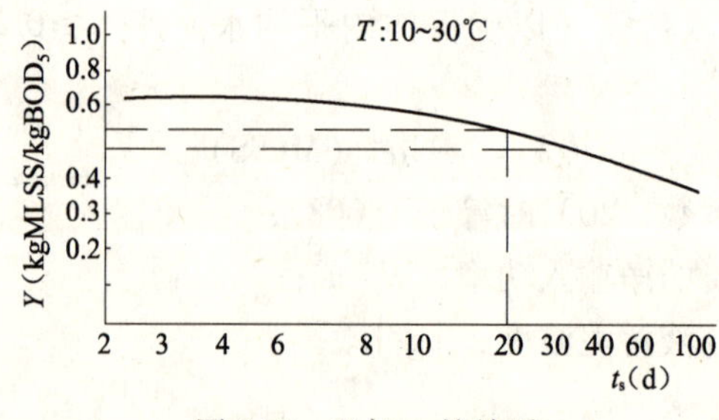

图5-53 Y与t_s的关系

2）反硝化区容积V_2

① 反硝化区脱氮量W计算（kgN/d）

W=进水总氮量－(随剩余污泥排放的氮量＋随水带走的氮量)

$$W = Q(N_0 - N_e) - 0.124YQL_r$$

式中 Q——污水平均日流量，m^3/d；

N_0、N_e——分别为进、出水中总氮浓度；

0.124——微生物细胞分子式 $C_5H_7NO_2$ 中氮占 12.4%；

其他同前。

$$W=\frac{130000}{1.3}\left(\frac{39-6}{1000}-0.56\times0.124\times\frac{130-15}{1000}\right)=2401.44\text{kg/d}$$

② 反硝化区所需污泥量 G(kg)

$$G=\frac{W}{V_{DN}}$$

式中 V_{DN} 则为反硝化速率 $kgNO_3^- \text{-N}/(kgMLSS\cdot d)$，在水温为 8℃时，氧化沟中 $X=4000mg/L$。

$$V_{DN}=0.026kgNO_3^- \text{-N}/(kgMLSS\cdot d)$$

$$G=\frac{2401.44}{0.026}=92363\text{kg}$$

③ 反硝化区容积 V_2

$$V_2=\frac{G}{X}=\frac{92363}{4}=23090.8m^3\approx23091m^3$$

④ 澄清沉淀区容积

三沟式氧化沟两条边沟是轮换作澄清沉淀用的。

⑤ 氧化沟总容积 V

$$V=\frac{V_1+V_2}{K}=\frac{24150+23091}{0.55}=85893m^3$$

K 为具有活性作用的污泥占总污泥量的比例 $K=0.55$（假设在沉淀过程中活性污泥无活性）。氧化沟分两组，则每组三沟式氧化沟容积为$\frac{V}{2}$

$$V'=\frac{V}{2}=42946.5m^2$$

氧化沟水深取 $H=3m$；则每组氧化沟平面面积为

$$S_1=\frac{V'}{H}=14316m^3$$

三沟中的每条沟的平面面积为

$$S_{11}=\frac{S_1}{3}=\frac{14316}{3}=4771.8m^2$$

取氧化沟为矩形断面，且单沟宽 $B=6m$，则单沟长

$$L_1=\frac{S_{11}}{B}=795.3m\approx796m$$

3）剩余污泥量计算

$$W_x=\frac{YQL_r}{1+K_at_s}=\frac{0.56\times130000\times\frac{130-15}{1000}}{1.3\times(1+0.05\times15)}=3680.32\text{kg/d}$$

湿泥量

$$Q_s=\frac{W_x}{(1-P)\times1000}=\frac{3680.32}{(1-0.992)\times1000}=460\text{m}^3/\text{d}=19.17\text{m}^3/\text{h}$$

校核：曝气时间最小时

$$t=\frac{24V}{Q}=\frac{24\times85893}{130000}=15.9\text{h}\approx16\text{h}(\text{符合要求})$$

污泥负荷

$$N_S=\frac{Q(L_0-L_e)}{VX_V}=\frac{130000\times(130-15)}{85893\times4000\times0.75}=0.058\text{kgBOD}_5/(\text{kgMLSS}\cdot\text{d})$$

符合要求。

4）需氧量计算

计算公式同 A_1/O 法；供氧量 R_0 的计算与传统活性污泥法相同；根据曝气转刷的充氧能力（kgO_2/h）来确定其台数，最后进行布置，并校核供氧量是否大于需氧量；

计算每条沟的曝气转刷输入能量，当输入能量大于 3～5W/m^3 时即能满足混合要求，以保证池内污泥不沉积，为安全起见，设计为 10W/m^3。再按混合功率 10W/m^3 复算其曝气转刷的台数。

常见的转刷曝气器特性见表 5-18、表 5-19。

常见的转刷曝气器特性 **表 5-18**

型号或类型	AkvaRotor midi	Mammurotoren	Mammurotoren	叶片式转刷	TNO 转刷	Mammoth 转刷	转刷	转刷	YHG-1000 型曝气转刷	YHG-700 型曝气转刷
厂家或科研单位	丹麦 Kruger 公司	德国 PASSAVANT	德国 PASSAVANT	日本	英国 Whitehend &poopl 公司	英国	原西德陶瓷化学公司	中南市政设计院	清华大学环工系	清华大学环工系
直径（mm）	860	700	1000	1000	500～700	970～1070	500	750	1000	700
转速（r/min）	78	85	72	60	—	—	70	77	70	70
浸深（m）	0.12～0.28	0.24	0.30	0.17	0.75～0.2	0.10～0.32	0.04～0.16	0.104～0.164	0.25～0.30	0.20
充氧能力[kgO_2/(m·h)]	3.0～7.0	3.75	8.3	3.75	1.2～3.7	2.0～9.0	0.4～1.9	1.15～1.67	6.0～8.0	4.1
动力效率[kgO_2/(kW·h)]	1.6～1.9	2.20	1.98	2.7	—	—	2.5～2.7	0.52～0.76	2.5～3.0	2.95
转刷有效长度（m）	2.0、3.0、4.0	1.0、1.5、2.5、3.0	3.0、4.5、6.0、7.5、9.0	—	—	—	—	3.0	4.5、6.0、7.5、9.50	1.5、2.5
氧化沟设计水深（m）	1.0～3.5	—	2.0～4.0	2.9	—	3.0～3.6	—	2.0	3.0～3.5	2.0～2.5

美国部分曝气转刷的技术参数　表 5-19

厂家	叶　　片	直径（mm）	轴	浸水深度（m）	转速（r/min）	材　料	单轴最大长度
Lakeside	水平牙形叶片	700	ϕ150 的扭力管	0.05~0.25	60~90	钢	4.87
Lakeside	7.6×36 的长方形叶片	1070	ϕ355 的扭力管	0.10~0.35	50~72	钢	9.14
Passavant	7.6×24 的长方形叶片	700	ϕ200 的扭力管	0.08~0.24	90	钢	3.66
Passavant	7.6×36 的长方形叶片	1000	ϕ355 的扭力管	0.10~0.30	70	钢	9.14
Walker	7.6×28 的长方形叶片	970	ϕ400 的扭力管	0.18~0.25	—	扭力钢管电镀叶片	3.7~7.6
Envlrex	13mm 厚的盘片	1320	ϕ125 的扭力管	0.28~0.53	56~58	钢筋塑料叶片	—
Cheme	穿孔玻璃纤维片	760	—	—	<100	玻璃纤维	2.1

5）澄清区沉淀池出水堰设计。

①澄清沉淀的水力停留时间和表面负荷率，应按最大流量和平均日流量计算。

②复算澄清沉淀池出水堰负荷，应按最大流量和平均日流量分别进行计算。一般计算出的出水堰负荷大于室外排水设计规范 1.7L/(s·m)，这对运行无影响。

5.4 SBR 工艺

5.4.1 SBR 工艺概述

序批式（间歇）活性污泥法（Sequencing Batch Reactor），简称 SBR，是近年来在国内外被引起广泛重视和研究日趋增多的一种废水处理工艺，在 20 世纪 80 年代，国外对其研究进入了工业化生产阶段。20 世纪 80 年代末我国的一些科研单位及大专院校也对其展开了研究，且目前已有一些在实际工程中开始应用。

其实，SBR 作为废水处理技术并非是污水处理的新工艺。早在 1914 年英国学者 Arden 和 Lackett 首次提出活性污泥法这一概念时，采用的就是这种处理系统。序批式活性污泥法（SBR 工艺）是从 Fill&Draw（充排式）反应器发展而来，称之为 Fill-and-draw（充排式）系统。1893 年 Wardle 处理生活污水所采用的就是这种充排式工艺。其工作过程是：在较短的时间内把污水加入到反应器中，并在反应器充满水后开始曝气，污水中的有机物通过生物降解达到排放要求后停止曝气，沉淀一定时间将上清液排出。上述过程可概括为：短时间进水—曝气反应—沉淀—短时间排水—进入下一个工作周期。第一座生产规模的活性污泥法污水处理厂采用的依然是充排式的运行方式，并且证明可以达到很好的处理效果。虽然这种运行方式效率较高，但由于当时的自动监控水平较低，而间歇处理的控制阀门十分复杂，工作量大且难以操作，特别是后来随着城市和工业废水处理规模的日趋大型化，间歇式活性污泥法逐渐被连续式活性污泥法所代替。因此，SBR 工艺在一段时间内未能得到推广应用。

近年来，随着计算机和自动控制技术的飞速发展，解决了活性污泥法开发初期间歇操作中的复杂问题，使该工艺的优势得到了逐步充分的发挥。而监控技术的自动化程度以及污水处理厂自动化管理要求的日益提高，又为间歇式活性污泥法的再度深入研究和应用提供了极为有利的先决条件。

20世纪50年代初，美国Hoover及其同事对SBR法处理制酪工业废水进行了探索。20世纪70年代，美国印第安纳州Natre大学的R. Irvine教授对SBR工艺进行了系统的研究，产了世界上第一个SBR法污水处理厂，并于1980年在美国国家环保局（USEPA）的资助下，在印第安纳州的Culver城改建并投产了世界上第一个SBR工艺的污水处理厂。1984年美国国家环保局通过了SBR技术评价。此后，由于联邦政府的资助，SBR工艺成为美国中小型污水处理厂的首选工艺。此后，日本、德国、澳大利亚和法国等国都对SBR处理工艺进行了应用研究。1985年日本下水道理事会公布对序批式活性污泥法的技术评价报告书，充分肯定了该工艺的优点。至今，日本采用SBR工艺的小型污水处理厂数量仍保持着世界第一的记录。20世纪80年代初澳大利亚新南威尔士大学和美国的Goronszy教授开发出ICEAS（Intermittent Cyclic Extended Aeration System）间歇式循环延时曝气活性污泥法，它是在SBR基础上发展起来的新的变型。在澳大利亚，公用事业部引入SBR工艺用于城市污水处理，是最多应用SBR法的国家之一，该国的BHP公司声称拥有世界上最先进的SBR法生物除磷脱氮工艺。目前，处理量$21 \times 10^4 m^3/d$的SBR法厂正在建设中。法国的Degre-ment水处理公司将SBR反应器作为定型产品供小型污水处理站。20世纪90年代，比利时的SEGHERS公司以SBR的运行模式为蓝本，开发了UNITANK系统，把SBR的时间推流与连续系统的空间推流结合起来。

SBR法已成为城市污水处理的主导工艺，近10年来已建成SBR污水处理厂近600座。我国于20世纪80年代中期开始对SBR进行系统研究与应用。1985年虞寿枢等为上海市吴淞肉联厂设计并投产了我国第一座SBR废水处理设施后，陆续在城市污水及工业废水处理领域得以推广应用，同时，在全国也掀起了研究SBR的热潮。湖南湘潭大学的刘永淞等人在含酚废水、肉联厂污水、啤酒废水、绝缘漆生产污水的SBR法处理的研究基础上，综合讨论分析了SBR的工艺特性。哈尔滨建筑大学的王福珍等对SBR法供气量的最优控制和曝气沉淀时间的最优分配及污泥膨胀问题进行了研究；北京工业大学彭永臻教授等人对SBR反应时间的计算机控制参数进行了研究。华北市政工程设计研究院在SBR的基础上开发出了一种称为DAT-IAT的新型SBR工艺。同济大学顾国维教授课题组还开发了新型的MSBR污水脱氮除磷工艺，并将其应用于工程实践。国家环保总局还把SBR专用设备的产业化和系列化列为了“八五”和“九五”科技攻关项目。目前，SBR工艺在我国工业废水处理领域应用比较广泛，已经建立的SBR工艺处理的污水包括：屠宰废水、苯胺废水、缫丝废水、含酚废水、啤酒废水、化工废水、淀粉废水等。北京、上海、广州、无锡、扬州、山西、福州、昆明等地已有多座SBR处理设施投入运行。从应用情况可以看出，SBR是一种高效、经济、管理简便，适用于中、小水量污水处理的工艺，符合我国的国情，具有广阔的应用前景。

5.4.2 SBR工艺的性能特点

1. SBR的工作原理

SBR是传统活性污泥法的一种变形，它的反应机制以及污染物质的去除机制和传统活性污泥法基本相同，仅运行操作不一样。活性污泥法利用微生物去除有机物。首先需要微生物将有机物转化成二氧化碳和水以及微生物菌体，反应后需要将微生物保存下来，在适当时间通过排除剩余污泥从系统中除去新增的微生物。连续流工艺是从空间上进行这一过程的，污水首先进入反应池（曝气池），然后进入沉淀池对混合液进行沉淀，与微生物分离后的上清液外排。而序批式活性污泥法工艺是由按一定时间顺序间歇操作运行的反应器组成，通过在时间上的交替实现这一过程，SBR 在时间上的交替运行就是它的工作方式。

SBR 是按周期运行的，一个完整的操作过程，亦即每个 SBR 反应器在处理废水时的操作过程包括进水、反应（曝气）、沉淀、排放和闲置等五个工序。从某个进水期开始到下一个进水期开始之前的一段时间称为一个工作周期。这种操作周期是周而复始反复进行的，以达到不断进行污水处理的目的。在一个运行周期中，各个阶段的运行时间、反应器内混合液体积的变化以及运行状态等都可以根据具体污水性质、出水质量与运行功能要求等灵活掌握。在 SBR 反应器的运行过程中，SBR 反应器内的混合液呈完全混合状态，但在时间序列上是一个理想的推流式反应器装置。这可从两方面加以说明。一是就单个运行过程而言，反应器在停止进水后，进行曝气使微生物对有机质进行生物降解。虽然就反应器本身而言是属于完全混合型的，但由于在反应过程中反应器不进水，因而在反应器内存在一个污染物的浓度梯度，即 *F/M* 梯度。犹如传统推流式活性污泥法中沿反应器池长存在一个 *F/M* 梯度，所不同的是 SBR 反应器的这种 *F/M* 梯度是按时间序列变化的，而推流式反应器中的这种 *F/M* 梯度是按污水在反应器内流经的位置变化的。二是就整个处理系统而言，SBR 处理工艺是严格地按推流式运行的。上一个运行周期内进入反应器的污水与下一个运行周期内进入反应器的污水是不相混的，即是按序批的方式进行反应的。因而 SBR 处理工艺是一种运行周期内完全混合、运行周期间序平推流的理想处理技术。可见对于某一单一的 SBR 反应器来说，不存在空间上控制的障碍，只在时间上进行有效地控制和变换，即能达到多种功能的要求，非常灵活。每个周期的循环过程它在流程上只设一个池子，将曝气池和二沉池的功能集中在该池子上，兼行水质水量调节、微生物降解有机物和固液分离等功能。

2. SBR 的操作过程

如图 5-54 所示，一个 SBR 反应器的运行中包括了五个阶段的操作过程即进水阶段——加入基质；反应阶段——基质降解；沉淀阶段——泥水分离；排放阶段——排上清液；闲置阶段——活性恢复。这五个阶段都在曝气池内完成，从第一次进水开始到第二次进水开始称为一个工作周期。每个阶段与特定的反应条件相联系（混合/静止，好氧/厌氧），这些反应条件促进污水物理和化学特性有选择的改变，这些改变使出水得到了完全的处理。下面就各个阶段的特征和作用具体描述如下。

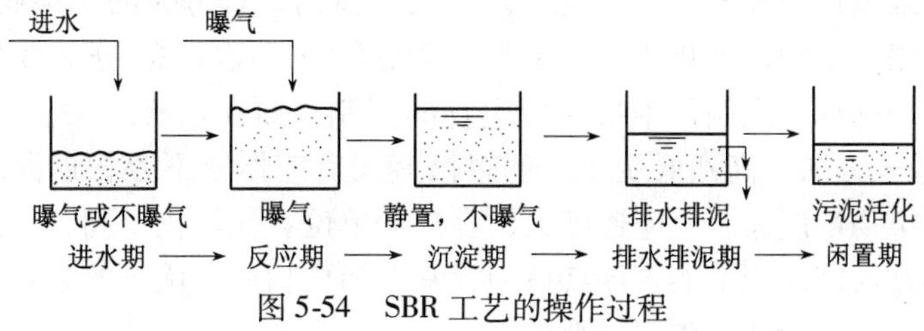

图 5-54　SBR 工艺的操作过程

（1）进水期

进水期是反应池接纳污水的过程，通常指从向反应器开始进水至到达反应器最大容积时的一段时间。由于SBR工艺间歇进水，充水开始之前是上一个周期的闲置期，所以此时的反应器中剩有高浓度的活性污泥混合液，这也就相当于传统活性污泥法中污泥回流的作用。因此，充水期内SBR池相当于一个变容反应器，混合液基质（污染物）浓度在存留污泥的上清液基质浓度的基础上逐步增大，直至充水期结束，曝气池充满，混合液基质浓度达到最大值。充水所需的时间随处理规模和反应器容积的大小及被处理污水的水质而定，一般为几个小时。SBR的充水过程，不仅仅是水位的升高，同时也进行着重要的生化反应。在充水期间可以考虑对SBR反应器进行曝气（好氧反应）、搅拌（厌氧反应）及静置。一般将SBR反应器在充水阶段采用的方式分为三类，即非限制曝气（一边曝气一边充水）、限制曝气（充水完毕后再开始曝气）、半限制曝气（充水后期曝气）。运行时可根据不同微生物的生长特点、废水的特性和要达到的处理目标，采用非限制曝气、半限制曝气和限制曝气方式进水。通过控制进水阶段的环境，就实现了在反应器不变的情况下完成多种处理功能。而连续流中由于各构筑物和水泵的大小规格已定，改变反应时间和反应条件是困难的。

采用非限制曝气时，在充水的同时进行曝气，使逐步向反应器投入的污染物能及时得到吸附、吸收和生物降解，从而限制了混合液中的污染物积累，并能在较短的时间内获得较高的处理效果。因此，非限制曝气是限制基质在混合液中积累的有效方法，尤其适用于有毒废水的处理，但对于污水浓度不高、无毒性污水或需要污水脱氮时不适用。如果污水的基质浓度不高，采用非限制曝气方式，在充水期也存在着基质降解，从而使混合液中基质浓度增加不多，在反应期不能形成明显的浓度梯度，也易引起污泥膨胀。采用限制曝气方式时，在充水的起始阶段可以最大限度地提高混合液中的基质浓度，使反应过程中有一个较大的浓度梯度，这对低浓度污水抑制丝状污泥膨胀是有利的，同时能进行反硝化脱氮。由于限制曝气时反应器混合液中的溶解氧为零，在曝气供氧时的推动力也要比平时高20%～30%，从而在一定程度上起着保持供氧和耗氧量的平衡和提高氧的利用率的作用。

（2）反应期

反应期是在进水期结束后或SBR反应器充满水后开始的反应，根据反应的目的决定进行曝气或搅拌，即进行好氧反应或缺氧反应。在SBR反应器的运行过程中，随反应器内反应时间的延长，其基质浓度也由高到低变化，活性污泥微生物周期性地处于高浓度及低浓度基质的环境中，反应器也相应地形成厌氧——缺氧——好氧的交替过程，使其不仅具有良好的有机物处理效能，而且具有良好的除磷脱氮效果。例如为达到脱氮的目的，通过好氧反应（曝气）进行氧化、硝化，然后通过厌氧反应（搅拌）而脱氮。有的为了沉淀工序效果好，在最后工序短时间内进行曝气，去除附着污泥上的氮气。

在反应阶段最值得一提的是，在完全混合反应器内，各部分的污染物浓度是均匀的，而且等于反应器出水中的污染物浓度。采用完全混合的方式可以对进入反应器的污染物浓度进行最大程度地稀释，限制污染物对微生物的抑制。而在推流式反应池内存在 F/M 梯度，即 F/M 沿池长方向从高到低变化。理想推流式反应器中不存在返混现象，因而在反应器起始端的污染物浓度大，反应速度大，全池的单位容积转化率高，保持了最大的推动力。SBR反应器在时间序列上的推流特性使得其对污染物质有优良的处理效果且具有良好的抗冲击负荷和防止活性污泥膨胀的性能。

（3）沉淀期

和传统活性污泥法处理工艺一样，沉淀的目的是固液分离，澄清出水、浓缩污泥。沉淀工序相应于传统活性污泥法的二沉池，在停止曝气和搅拌后，活性污泥絮体进行重力沉降和上清液分离。一般而言，构成活性污泥微生物的细菌可分为菌胶团和丝状菌，当菌胶团占优势时，污泥的絮凝和沉降性能较好；反之，当丝状菌占优势时，则污泥的沉降性能将出现恶化，易发生污泥的膨胀。SBR 反应器本身作为沉淀池，避免了在连续流活性污泥法中泥水混合液必须经过管道流入沉淀池沉淀的过程，从而也避免了使部分刚刚开始絮凝的活性污泥重新破碎的现象。而且在 SBR 法处理工艺中，由于污水是一次性投入反应器的，因而在反应的初期，有机基质的浓度较高，而反应的后期则污染物的浓度较低，反应器中存在着随时间而发生的较大的浓度梯度，这一浓度梯度较好地抑制了对基质贮存能力差的丝状菌的生长，而有利于菌胶团形成菌的生长，从而可有效地防止污泥的膨胀问题，利于污泥的沉降和泥水分离。此外，传统活性污泥法的二沉池是各种流向的沉降分离，而 SBR 工艺中污泥的沉降过程是在相对静止的状态下进行的，和理想沉淀池的假设条件十分相似，因而受外界的干扰甚小，具有沉降时间短、沉淀效率高的优点。

沉淀期所需的时间应根据污水的类型及处理要求而具体确定。沉淀时间一般在 1 ~2h。

随着测量仪器的发展，已经可自动监测污泥混液面，因此可根据污泥沉降性能而改变沉淀时间。可以预先在自动控制系统上设定一个值，一旦污泥界面计所监测到的污泥界面高度达到该数值便可结束沉淀工序。

（4）排水排泥期

排水的目的是从反应器中排除活性污泥沉淀后的上清液，作为处理出水，一直排放到最低水位。反应池底部沉降的活性污泥大部分作为下个处理周期的回流污泥使用，过剩污泥（反应过程中生长而产生的污泥）可在排水阶段排除。一般而言，SBR 法反应器中的活性污泥数量占反应器容积的 30% 左右。另外反应池中还剩下一部分处理水，可起循环水和稀释水的作用。

SBR 排水一般采用滗水器。滗水所用的时间由滗水能力来决定，一般不会影响下面的污泥层。现在也可在沉淀的同时就开始滗水，当然要控制好滗水速度以不影响沉淀为原则。这样就把沉淀和滗水两个阶段融合在一起。

（5）闲置期

沉淀之后到下个周期开始的期间称为待闲置期。闲置期的作用是根据需要通过搅拌、曝气或静置使微生物恢复活性，并起到一定的反硝化作用而进行脱氮，为下一个运行周期创造良好的初始条件。通过闲置期后的活性污泥处于一种营养物的饥饿状态，单位质量的活性污泥具有很大的吸附表面积，因而一当进入下个运行周期的进水期时，活性污泥便可充分发挥其较强的吸附能力而有效地发挥其初始去除作用。闲置期的设置是保证 SBR 工艺处理出水水质的重要内容。

闲置期所需的时间也取决于所处理的污水种类、处理负荷和所要达到的处理效果。

3. SBR 的运行方式

SBR 工艺运行时的相对关系是有次序的，也是间歇的，可根据所处理污水的性质及水量大小的不同，选择不同的运行方式，已达到进行污水处理的目的。图 5-55、图 5-56 和图 5-57 所示分别为以 BOD 去除为目的和以脱氮除磷为目的的 SBR 不同运行方式。

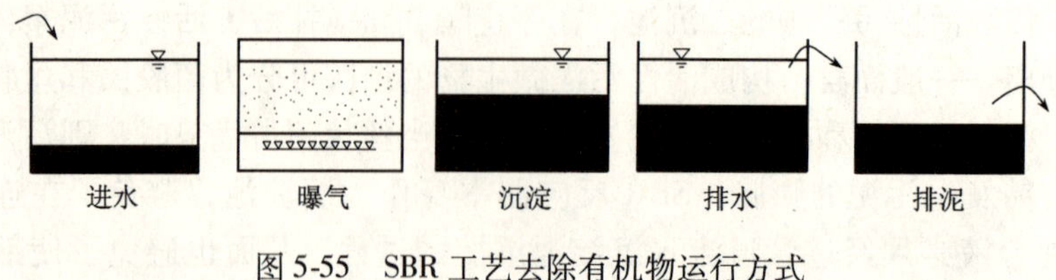

图 5-55 SBR 工艺去除有机物运行方式

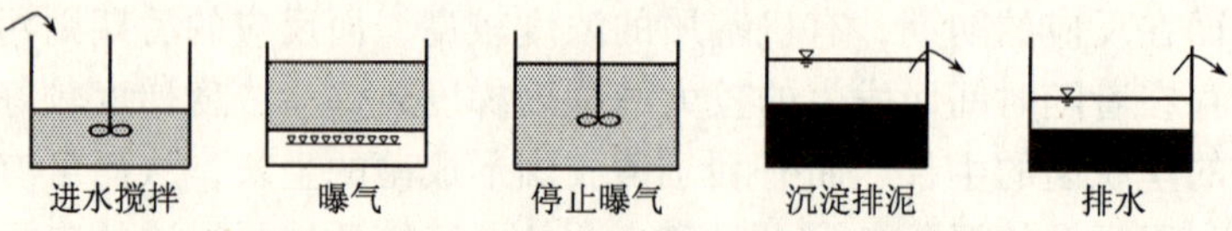

图 5-56 SBR 工艺脱氮运行方式

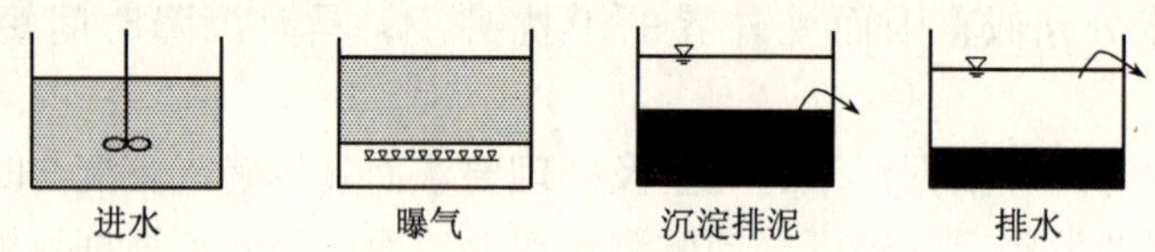

图 5-57 SBR 工艺生物除磷运行方式

(1) 去除 BOD 的运行方式

图 5-55 是 SBR 反应器以去除碳源有机物为目的的运行方式。由进水、曝气、沉淀、排水和排泥等五个过程组成一个运行周期。该周期的全部过程都在一个池子中完成，一般每昼夜为一个运行周期。有资料报道，SBR 系统中微生物所产生的 RNA 浓度比传统的连续式系统中的微生物所产生的 RNA 浓度高得多，而微生物的生长速率与 RNA 的浓度有直接的关系。这就意味着与传统的连续式系统相比，SBR 系统中的微生物可以更快的速率处理更多的基质。另外，在 SBR 系统中采用限量曝气方式可把丝状菌的生长降低到最低的程度，在连续式系统中也是这样。这些微生物的大量存在将导致污泥膨胀和起泡沫等问题，是不期望它们在活性污泥絮体中过量存在的，因此对丝状菌的控制是系统性能评价的一个重要指标。对难降解废水要适当延长曝气时间，一般采用非限制曝气方式运行。对有毒废水的处理，要根据废水的情况选择运行方式。

(2) 硝化和反硝化的运行方式

污水中的氮以有机氨和 NH_4^+-N 的形式进入系统，以 N_2 的形式从系统中去除。NH_4^+-N 转化为 N_2 的过程分为硝化和反硝化过程。硝化过程是在溶解氧充足的条件下进行，反硝化过程是在缺氧的情况下发生。为去除 SBR 系统中的 N，只要对处理厂的运行进行简单的调节（调节周期和曝气时间），而不用对处理厂的构筑物进行大的改造。在 SBR 中实现这一过程的操作方式见图 5-56。在进水期为了使微生物与基质充分接触，只进行搅拌混合而不曝气，保证混合液中缺氧状态，反硝化菌以污水中的含碳有机物为碳源进行反硝化。污水进入反应期进行曝气，实现污水中有机物的去除和硝化作用；在反应后期减少或停止曝气仅进行混合，利用内源碳进行反硝化。反应期的长短一般由所要求的处理程度决定。同时在沉淀期和排水期也可发生利用内源碳作为电子受体的反硝化作用。

(3) 生物除磷的运行方式

SBR 工艺的操作灵活性使其更易于实现厌氧/好氧生物除磷过程。生物除磷首先需要一个厌氧期（没有溶解氧和氧化态的氮），污水在进水期后进行混合而不曝气，创造厌氧发酵条件，便于磷的释放和易降解有机质的吸收。随后进行曝气，促使污泥摄取过量的磷。然后是曝气和混合都停止的沉淀过程，下一个厌氧期开始前从反应器中排除一定量的剩余污泥达到除磷目的。

4. SBR 工艺的性能特点

SBR 污水生物处理工艺与连续式活性污泥系统存在一定区别，并且有其独特的特点，是一项颇具竞争能力的技术。在 SBR 的研究过程中，不同的研究人员在不同的条件下得出了不同类型 SBR 反应器的特点。这些结果有很多共同点，也有一些不同点。1984 ~ 1985 年美国国家环保局和日本下水道协会分别发表了 SBR 污水生物处理技术的评价报告，确认与传统的活性污泥法相比，SBR 工艺具有如下特点：

（1）工艺流程简单、造价低

SBR 污水处理工艺的核心是其反应池，该池集水质均化、初次沉淀、生物降解、二次沉淀等功能于一体。与普通的活性污泥法相比，它不需要另设二次沉淀池、污泥回流及污泥回流设备，一般情况下也可不设调节池，多数情况下可省去初次沉淀池（图 5-58），整个工艺简洁，操作过程可通过自动控制装置完成，管理简单，投资较省。Arora 等人对加拿大、美国和澳大利亚等国的八个 SBR 法污水处理厂的调查结果表明，其中只有一个污水处理厂设置了调节池，另两个污水处理厂设置了初次沉淀池。纵观污水人工生物处理的各种工艺方法，像 SBR 法这样的简易工艺绝无仅有。Ketchum 等人的统计结果还表明，采用 SBR 法工艺处理小城镇污水时，要比普通活性污泥法节省基建投资 30% 以上。此外，采用如此简洁的 SBR 污水处理工艺，还具有布置紧凑、节省占地面积的优点。同时，SBR 工艺也具有一些问题，如对于单一的 SBR 反应器需要较大的池体；对于多个 SBR 反应器，进水和排水的阀门自动切换频繁，设备的闲置效率较高。

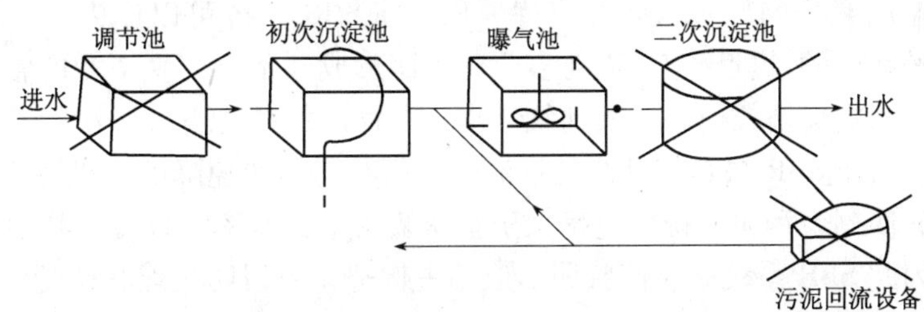

图 5-58　SBR 工艺与传统活性污泥法流程比较

（2）反应效率高，处理效果好

根据生化反应动力学，活性污泥生化反应速度与基质浓度有关。基质浓度越低，生化反应速度越慢。在完全混和反应器中，基质浓度等于出水基质浓度，因此生化反应推动力很小，反应速度慢。在理想的推流式反应器中，基质浓度从进水端的进水基质浓度沿反应器长度逐渐减少至出水端处理后出水基质浓度，因此很可能保持了最大的生化反应推动力，使推流式反应器全池的单位容积处理能力高于完全混合反应器。但在推流式曝气池中由于存在着返混，因此推流式反应器反应推动力大的优点难以充分发挥。在 SBR 系统中，虽然基质浓度在反应器中空间变化是完全混合型的，但反应器中的底物浓度和微生物浓度是随反应的时间而变化的，而且反应过程是不连续的，反应器中活性污泥处于一种交替的吸附、吸收及生物降解和活化过程的不断变化过程，因此其运行是典型的非稳态过程，在时间序列上却是理想的推流状态。

（3）生物环境多样性，具有较高的脱氮除磷效果

SBR法处理工艺可根据具体的净化处理要求，通过不同的控制手段而比较灵活地运行。由于其在运行时间上的灵活控制，SBR工艺不仅可以很容易地实现好氧、缺氧及厌氧状态等多种生物环境条件，有利于有机物的降解，而且很容易在时间序列上实现缺氧/好氧或厌氧/缺氧/好氧的组合并控制每一部分合适的时间比例，为其实现脱氮除磷提供极为有利的条件。在好氧条件下增大曝气量、反应时间和污泥龄来强化硝化反应及除磷菌过量摄磷过程的顺利完成；也可以在缺氧条件下方便地投加原污水（或甲醇等）或提高污泥浓度等方式以提供有机碳源作为电子供体使反硝化过程更快地完成；还可以在进水阶段通过搅拌维持厌氧条件以促进除磷菌充分地释放磷。

（4）沉淀效果好，污泥沉降性能好

SBR反应器在沉淀过程中没有进水的扰动，属于理想沉淀状态，由于充分利用了静态沉淀原理，沉淀效果好。

SBR工艺能有效地控制丝状菌的过量繁殖，使构成活性污泥细菌的菌胶团生长菌占优势，保持活性污泥具有良好的凝聚沉淀性能。首先，SBR系统在时间上存在着较大的有机物浓度梯度。在进水期，系统的有机物浓度高，有利于菌胶团形成菌的生长，使耐低基质浓度的丝状菌的生长处于竞争劣势。而当生化反应后期，虽然基质浓度低，但可以通过调整供氧量使溶解氧维持较低水平。因此，SBR法处理工艺活性污泥微生物周期性地处于进水基质浓度高和出水基质浓度低的环境变化，避免了丝状菌竞争优势的环境条件，从而抑制丝状菌的生长。其次，绝大多数丝状菌（如球衣菌属）都是专性好氧菌，而活性污泥中的菌胶团形成菌有半数以上是兼性菌。与普通活性污泥法不同的是，SBR法中进水与反应阶段的缺氧（或厌氧）与好氧状态的交替变化，使SBR系统可以作为一个生物选择器能抑制专性好氧丝状菌的过量繁殖，而对多数菌胶团形成菌不会产生不利的影响。第三，一般情形下，丝状菌的比增长速率比其他细菌小。在稳态的条件下，污泥龄的倒数即为污泥的比增长速率。由于SBR法具有理想的推流式运行状态及快速降解有机污染物的特点，使它在污泥龄短又使剩余污泥的排放速率大于丝状菌的生长速率，致使丝状菌无法在反应器中生长繁殖。因此SBR系统中仅菌胶团形成菌占优势，可以防止丝状菌膨胀现象。

（5）对进水水质水量的波动的适应性好

在小型城市污水处理厂中流量变化很大，一般的废水生物处理构筑物中，由于微生物对其生存环境条件要求比较严格，当进入处理系统的废水水质水量发生较大的波动时，处理效果将受到明显的影响。所以，在一般的废水生物处理工艺中，都要设置调节池以均化进水的水质水量。SBR反应器是集调节池、曝气池和沉淀池于一体的污（废）水处理工艺，由于SBR系统运行中有一定的充水期，在整个充水期内所进入反应器的污水同样都集中在一个池内而得到充分的混合。实际上，充水容积成了调节池容积，充水时间越长，污水的调节时间就越长。因此，即使是在充水时间里污水出现浓度的急剧波动，最终池内容纳的污水将处于充水时间内的平均浓度值水平上，对于短时间（比充水时间短）的浓度冲击负荷，其峰值得到了削减。另外，如果污水量短期内突然增大，仅仅缩短了充水时间而对反应过程并无多大的影响。如果不考虑进水阶段的生化反应，仅考虑稀释作用，进水后

反应池中污染物浓度一般为原水浓度的50%～70%。原污水浓度的变化虽然使每个运行周期投配到反应池中污染物总量不同，但由于SBR系统可以调整运行周期的长短。通过调整曝气时间，控制反应池的容积负荷或污泥负荷，使系统可以适应投配污染物总量的变化，保证良好的处理效果。

SBR的周期性运行也有利于增强其耐高浓度有机物浓度的能力。活性污泥之所以能去除污水中的有机污染物，其直接作用在于生物污泥对于有机物的吸附和吸收作用以及随之而发生的生物降解作用。有机物被微生物氧化降解的程度取决于活性污泥的吸附和吸收能力，即污泥活性的高低，从而决定了污染物被处理的程度。提高生物氧化程度，污泥活性越高，其吸附和吸收能力也越强；反之则弱。在SBR工艺系统中，同一曝气池同一运行周期内由于经一定时间的闲置过程，使污泥的活性得到了充分的恢复，而使其在下一个运行周期内具有较强的上述吸附和吸收能力。此外，同一曝气池在不同运行周期间，若上一周期的污染物负荷较高，而下一个周期的污染物负荷较低，则污泥的活性也可得到良好的恢复而保持其稳定的处理效果。

研究已表明，SBR法在每个运行周期之间以及同周期进水阶段内出现急剧的水质水量变化或处理负荷猛增到正常负荷的两倍以上的情况下，仍可获得良好的处理效果。

5.4.3 SBR工艺的设备与控制系统

随着科技的飞速发展，SBR工艺的各种新型的间歇运行曝气装置、出水装置和自动控制设备和软件得到了深入的研究与应用。同时，各种可控阀门、定时器、监测器的可靠程度提高，程控机、电子计算机，特别是微型电脑自动控制技术的发展以及溶解氧测定仪、ORP计、水位计等对过程控制比较经济而且精度高的水质检测仪表的应用，使得SBR工艺的运行可以完全实现自动化，并创造满足微生物生存的最佳环境。

1. SBR工艺的专用设备

（1）滗水器

SBR工艺中单个反应器的排水形式，均采用静止沉淀、集中排水的方式运行，由于集中排水时间较短，排水时池中的水位是变化的，因此每次排水的流量较大，这就需要在短时间大量排水的状态下，对反应器内的污泥不造成扰动，使排出上清液始终位于最上层。因而需安装一种特别能随水位变化而可调节出水堰的排水装置，称作滗水器或撇水器。

滗水器是随着SBR而发展起来的，早期的SBR系统采用手动形式进行滗水，如采用在反应器不同高度上安装排水阀门或排水泵，根据反应的周期要求定时、定量排出处理后的污水，这种滗水方式仅适用于小型的SBR污水处理设施，其滗水效果不理想，大型的污水处理系统无法采用。

目前SBR反应器中使用的滗水器的形式有很多。从传动形式上可分为机械式滗水器、自动式滗水器及两种方式的组合式滗水器；从运行方式上分有套筒式滗水器、虹吸式滗水器、浮筒式滗水器、旋转式滗水器（图5-59）；从堰口形式上分有直堰式滗水器和弧堰式滗水器等。除虹吸式滗水器只有自动式一种传动方式外，其余三种运行方式的滗水器都有机械、自动和组合的传动方式。机械式滗水器由于带有转动件需机械传动，动力消耗大，机械部分多，寿命较短，因此造价较高，使用有一定的限制。但该类型滗水器易于实现自动控制，且滗水能力大，适合大型污水处理厂使用。自动式滗水器由于堰的浮力很难于出水流量、水位变化的水流达到动态平衡，滗水能力小，且反应灵敏度低，不易控制，不适用于大型工程使用，其中套筒式滗水器容易出现因套管卡死而不能正常工作的现象。组合式滗水器在设计时，尽量使滗水器在各个运动位置时的重力与水的浮力相平衡，又采用小功率的机械装置，按一定的程序，控制出水口移动的速率，这样既利用了水的浮力，又能实行滗水器的随机控制。滗水器堰口以下都要求有一段能变形的特殊管道。浮筒式采用胶管、波纹管等实现变形；套筒式靠粗细两段管道之间的伸缩滑动来适应堰口的升降；而旋转式则是靠回转密封接头来连接两段管道以保证堰口的运动。因此组合式滗水器集中了机械式准确、易控制和自动式节能的优点。目前，国外大型污水厂多采用这种形式的滗水器。

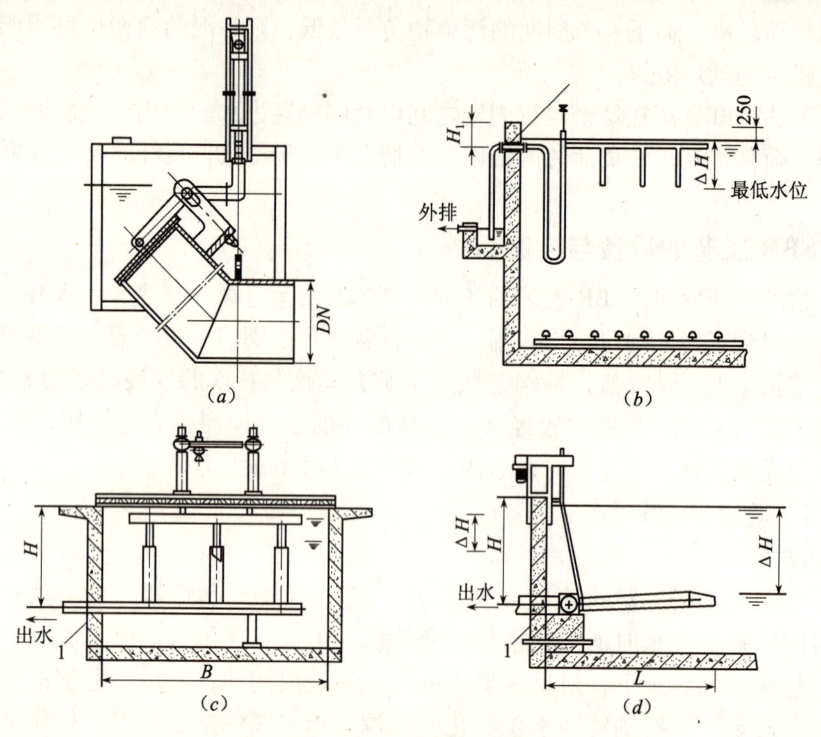

图 5-59 滗水器的形式
(*a*) 浮筒式；(*b*) 虹吸式；(*c*) 套筒式；(*d*) 旋转式

滗水器的组成一般为：收水装置、连接装置及传动装置。收水装置设有挡板、进水槽及浮子等，其主要作用是将处理好的上清液收集到滗水器中，再通过导管排放。由于滗水时瞬间流量较大，在滗水时既要使水顺利通过，又要使反应器中的沉淀污泥不受扰动，更不能使污泥随水流出，因此收水装置的设计十分重要，特别是在虹吸自流式滗水器中尤为重要。滗水器的连接装置是滗水器的又一关键部件。滗水器在排水中需要不断地转动，其连接装置既要保证运转自由，同时又要保证密闭性。滗水器的传动装置是保证滗水器正常动作的关键，不论是采用液压式还是机械式的传动，均需要同自控系统进行有机的结合，通过自动的程序控制滗水动作。

（2）曝气装置

SBR 曝气装置与活性污泥法基本相同，但由于 SBR 法采用的是时间控制上的厌氧—好氧操作的间歇运行，要求厌氧搅拌和好氧曝气在一个区间内完成。其曝气设施有其特殊的要求，如要求曝气器应具备防堵塞、抗瞬间强度冲击的特点等。SBR 工艺的曝气装置可分为机械曝气和鼓风曝气两大类。

1）机械曝气

SBR 机械曝气器可以分为两种类型，一类是表面曝气器，另一类是水下射流曝气。表面曝气器直接从空气中吸入氧气，其设备比较简单，但在 SBR 工艺中较少采用。水下射流曝气主要是从曝气池底部的空气分布系统引入的空气中吸取氧气。近年来，在射流曝气器的基础上，同相射流和异相射流（厌氧搅拌和好氧曝气）两用曝气器的研究有了很大发展，并成功地应用于 SBR 法处理城市污水中，尤其在除磷脱氮的深度污水处理中，更发挥出了它的作用。

两用曝气器是在异相射流（水—气）曝气器的基础上又增加了同相射流的功能，因此具有好氧曝气和厌氧搅拌的双重功能。它是由风机、水泵和喷嘴组成。其喷嘴为两用双层喷嘴。曝气时，水泵和风机同时工作，水和空气在两用喷嘴和混合室充分混合后由外层喷嘴喷出，释放微小气泡，达到曝气和混合的目的。在厌氧阶段，只开动水泵而关闭风机，此时只有水由内层喷嘴喷出，进行水—水射流，起搅拌作用。

2）鼓风曝气

SBR 工艺通常采用微孔曝气器作为鼓风曝气设备。微孔曝气器也称多孔性空气扩散装置，采用多孔性材料如陶粒、粗瓷等掺以适当的如酚醛树脂一类的胶粘剂，在高温下烧结成扩散板、扩散管及扩散罩的形式。它的主要性能特点是产生微小气泡，气、液接触面大，氧利用率高；缺点是气压损失大，易堵塞。

按照安装的形式，微孔曝气器可分为固定式和提升式两大类。固定式微孔曝气器主要有固定式平板型、固定式钟罩型及膜片式三种。当选用平板型、钟罩型等微孔曝气器时，应特别注意防止曝气器堵塞。对于 SBR 工艺应尽量采用可变孔式的曝气器，以防堵塞。膜片式微孔曝气器是由国外首先开发的，通过不断的改型应用于污水处理厂，不但动力效率高、应用效果好，而且不存在堵塞问题。提升式微孔曝气器是为了克服固定式微孔曝气器堵塞时清理困难而开发的，可在正常运行中，随时或定期地将曝气器从水中取出进行清洗。

SBR 工艺中微孔曝气器的布置，基本同传统活性污泥相同，即采用固定式微孔曝气器，一般都密布在池底，距池壁不小于 200mm，配气管间距一般为 300～750mm，按计算均匀布置。曝气器也可沿池长按实测的混合液吸氧速率分段采用不同的布置密度。曝气装置除了满足充氧要求外，还应满足搅拌要求。

（3）水下推进器

水下推进器的作用主要是搅拌和推流，与鼓风系统相结合应用于 SBR，一方面使混合液搅拌均匀；另一方面，在曝气供氧停止、系统转至兼氧状态下运行时，能使池中活性污泥处于悬浮状态。这种应用主要是由于射流曝气器一般适用于较小水量的曝气，而在较大水量的应用上有局限性。

（4）阀门、排泥系统

SBR 运行中其曝气、滗水及排泥等过程均采用计算机自动控制系统完成，因此需要配备相应的电动、气动阀门以便控制气、水的自动进出及关闭。剩余污泥的排放目前均采用潜水泵的自动排放方式实现。

2. 自动控制系统

SBR采用自动控制系统来达到工艺的复杂的控制要求，把用人工操作难以实现的控制通过计算机、软件、仪器设备的有机结合自动完成，并创造满足微生物生存的最佳环境。

（1）自动控制的软件、硬件系统设施

SBR工艺自控的硬件设施可分为计算机系统和仪器、仪表系统，其中计算机系统包括工控机的配置形式和层次，信息传输采用的输入、输出方式接口，仪器、仪表包括各种形式的一次仪表，如污泥浓度计、溶解氧仪、pH计、ORP计、液位计、流量计以及需要控制的阀门、水泵、风机、滗水器等。计算机控制系统也就是狭义上的自动控制系统，是自控系统的核心部分。

SBR工艺的计算机控制系统主要有PLC和DCS两种，最常见的是PLC控制系统。PLC系统主要由中控室主站和现场子站构成，利用网络相连，实现集中管理和分散控制。自动控制系统包括控制设备和控制对象两部分，控制设备由主机、打印机、可编程序控制器等组成，控制对象包括主反应池、风机及变配电间、污泥浓缩池、污泥池、沉砂池、提升泵站、脱水机房等。PLC的核心控制处理器对系统的多个开关量和模拟量进行控制。

目前SBR工艺的自控技术发展很快，但仍没有充分利用现有的计算机技术，如对反应时间的控制还不能随水质的改变而进行调整。未来的SBR自控技术需在以下几方面进行发展：

1）采用更灵敏、取样周期更短的水质监测仪器；

2）采用更有效的通信方式进行控制，如Lon Works现场总线系统，分散式的PLC节点进行通信等；

3）采用先进的网络系统软件。

控制系统的发展趋势是由集中式发展成为集散式（DCS）及目前流行的全分散式系统。

（2）自动控制过程

SBR的自动控制系统主要是以时间为基本控制参数，使工艺系统正常运转。控制过程中所需要的指令信息及反馈信息均利用各种水质、水量监测仪器仪表获得。

SBR主反应池的控制内容主要包括：

1）工序运行控制

一般是由PLC或单板机控制其进水、反应、沉淀、排水、待机五个工序。这五个工序顺序进行，运行一次为一个周期，周而复始。运行周期一般根据进水水质水量确定。通过编制程序在不同的条件下以不同的周期运行。其中运行参数可以在控制系统的人机界面上进行修改。

2）进水控制

按时间原则控制进水闸门。进水时间一般为整个周期的25%左右。当来水为连续时，用多池（n个池子）处理，进水时间为整个周期的$1/n$。有特殊处理要求的SBR，其进水阶段的控制较为复杂，一般不再采用时间顺序的方法。

3）反应控制

反应阶段通常采用时间控制，通过采集主反应池的溶解氧、污泥浓度、污泥界面参数设定反应时间。对于多池系统也可采用液位控制，当进水的池子的液位到达预先设定的水平时，反应结束。

4）沉淀和排水的控制

采用时间控制的方式控制沉淀和排水工序。为了充分利用池容，提高反应器体积的利用率，排水工序提前进行也值得研究。污泥界面计的出现使得该种设想成为一可能。这样可以缩短沉淀和排水的时间，可以减少连续系统进水时间，减少池容，从而降低投资。

5）排泥控制

SBR 排泥设在滗水阶段，也有设在沉淀阶段。通常采用潜水泵抽泥，也可采用电动阀门控制的方式排泥，通过设定排泥时间长短而控制排泥量。

6）采集主反应池设备的运行工况和异常情况的报警信号。

配电及鼓风机房的控制内容包括：

① 采集风量、风压、风温参数；

② 由主反应池溶解氧浓度反馈作用于控制风量；

③ 可根据阀位信号，灵活控制鼓风机出口阀门的开度，用于风量输出的调节；

④ 采集设备的运行工况和异常情况的报警信号。

3. 在线分析系统

由于目前对 SBR 的反应过程数据了解不够，SBR 目前采用的控制方式是时间控制。这种控制方式的问题是依赖于经验数据，不能适应进水水量和水质的变化，不能在保证出水水质的条件下，充分利用 SBR 工艺的特点达到出水稳定达标和节约能耗的目的。在现代监测仪表和控制技术的条件下，目前对于 SBR 的控制主要通过以下几种在线分析系统进行。

(1) COD（TOD）自动连续快速在线分析系统

通过对反应期内 COD 或 BOD 的在线监测，达到出水指标后就停止曝气，用这种方法来控制曝气是最理想的。测定 COD 一般用恒电流库仑法，库仑法是通过测量进行化学反应时所需的电荷数，从而测定被测组分的方法。由于以电子为基准，较易实现自动化，灵敏度和准确度较高。但采用 COD 仪要解决直接取混合液作为测试样的监测问题；而 BOD 仪的监测周期较长，并没有完全解决“在线”问题，无法满足 SBR 生化反应控制的需要。COD 自动连续快速在线分析仪国外已比较成熟，并有多种产品问世。国内尚无此类产品，处于探索阶段。目前在国外，TOD（总需氧量）在线分析首先是以快速（2min）胜过 BOD，COD 法。其次它包括了全部稳定的或不稳定的污染物。它测量精确度高，重现性好，TOD 与 BOD、COD 之间也呈相关系数。所以国内多以测 TOD 来预报 BOD 并随机控制风机、水泵等曝气搅拌水泵及曝气、沉淀时间。

(2) ORP 自动连续快速在线分析系统

在反应期内 SBR 池内的 COD 与 ORP 值有一定的相关关系。在曝气量恒定的情况下，当池内的易降解有机物消耗殆尽时，ORP 值会有一个突升，然后在一定的范围趋于稳定。可以根据 ORP 的这一变化特征用计算机控制反应时间。现在设计的 SBR 一般都是恒定曝气量；ORP 仪比较简单，价格便宜，响应迅速。但是，ORP 与 COD 的相关关系比较复杂，不同的污水和反应条件其关系不同。

(3) 溶解氧 (DO) 自动连续快速在线分析系统

SBR 法的底物浓度 (BOD) 和微生物 (MLSS) 变化是随时间的变化呈理想推流过程，耗氧速率 (OVR) 也应和底物浓度同步变化。即要求 DO 浓度尽可能维持一个常数，一般认为曝气阶段 DO 浓度应维持在 1.5～2mg/L 比较经济合理。这就要求在曝气阶段进行非均匀渐减供气。必须设置能自动连续快速在线监测 DO 浓度的分析仪表，反馈控制风机和水泵的开度，通过两用喷嘴实现非均匀渐减曝气并可大量节能。在易降解有机物的浓度消耗殆尽时，DO 浓度也会出现一个稳定的状态。

DO 的测定一般用薄膜法和碘量法，而这种在线分析仪就是利用了薄膜电极法。薄膜电极法可以克服碘量法无法克服的元素干扰，又适合于电极法测量。它是利用水中溶解氧与扩散电流呈正比的关系来测量电流或电压，从而获得 DO 的浓度。目前，DO 浓度在线分析仪国内外均有产品，但国内产品在测量精度和可靠性上不如国外产品。DO 浓度随温度变化而变化，选用仪器时必须有温度自动补偿装置，另外，还需有探头自动清扫装置。

5.4.4 SBR 工艺的发展与应用

最早的 SBR 工艺采用单池处理、间歇来水，按照进水、反应、沉淀、滗水、闲置五种工序完成一池水的处理。由于 SBR 是间歇进水，且工序繁杂对操作人员的要求高，在非进水工序无法处置来水。为了解决 SBR 无法处理连续来水的问题工程上采用了多池系统，使各个池子按进水顺次运行，进水在各个池子之间循环切换。但是，这样明显增加了 SBR 工艺操作的复杂性在工程应用上存在一定的局限性。而对出水水质有特殊要求，如脱氮、除磷等工艺，则需对 SBR 工艺进行适当的改进。因而，SBR 工艺在设计和运行中，根据不同的水质条件、使用场合和出水要求，有了许多新的变化和发展，形成了各种新的形式，以下介绍几种主要的 SBR 最新形式的发展和应用。

1. ICEAS 工艺

ICEAS (Intermittent Cyclic Extended Activated Sludge) 工艺，简称间歇式循环延时曝气活性污泥法是 20 世纪 80 年代初在澳大利亚发展起来的，1976 年建成世界上第一座 ICEAS 污水处理厂，随后在日本、美国、加拿大、澳大利亚等地得到推广应用。1986 年美国国家环保局正式批准 ICEAS 工艺为革新代用技术 (I/A)。1987 年，澳大利亚昆士兰大学联合美国、南非等地的专家对该工艺进行了改进，使之具有脱氮除磷的良好效果，并使废水达到三级处理的要求。1988 年，澳大利亚的 BHP 公司买下全部 ABJ 公司，在计算机技术的支持下，使该工艺进一步得到了发展和推广，成为目前计算机控制系统非常先进的废水生物脱氮除磷工艺。

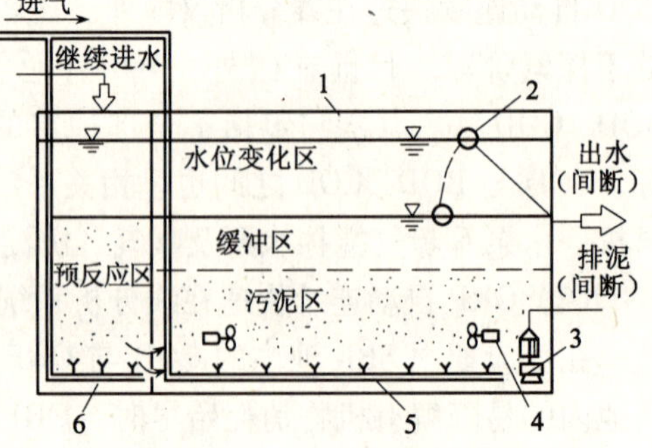

图 5-60 ICEAS 反应池

1—主反应区；2—滗水器；3—污泥泵；4—水下搅拌器；5—微孔曝气器；6—大气泡扩散器

ICEAS 工艺一般采用由两个矩形池为一组的 SBR 反应器，与传统的 SBR 相比，最大的特点是：在反应器的进水端增加了一个预反应区，每个池子分为预反应区和主反应区两部分 (图 5-60)。预反应区一般处于厌氧或缺氧状态，容积约占整个池子的 10% 左右。主反应区是曝气反应的主体，体积占反应器总池容的 85% ~90%。

ICEAS 是连续进水工艺，不但在反应阶段进水，也可以在沉淀和滗水阶段进水，间歇排水，没有明显的反应阶段和闲置阶段，如图 5-61 所示。污水通过渠道或管道连续进入预反应区，进水渠道或管道上不设阀门，可以减少操作的复杂程度。预反应区一般是不分格的，所以进水是连续不断地流入主反应区。ICEAS 的排水也是通过安装在反应器出水端的滗水器完成的。ICEAS 的运行工序由曝气、沉淀、滗水组成，运行周期比较短，一般为 4 ~6h，进水曝气时间为整个运行周期的一半。

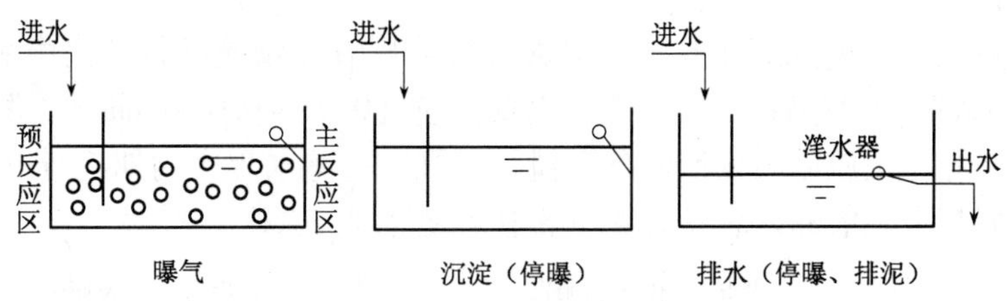

图 5-61　ICEAS 工艺的运行过程

ICEAS 工艺对污水预处理要求不高，只需设格栅和沉砂池。经预处理的污水连续不断地进入反应池前部的预反应区，在该区内污水中的大部分可溶性 BOD 被活性污泥微生物吸附，并一并从主、预反应区隔墙下部的孔眼以低速进入主反应区。在主反应区内按照“曝气、闲置、沉淀、滗水”程序周期运行。ICEAS 工艺集反应、沉淀、排水于一体，使污水在好氧—缺氧—厌氧不断交替的条件下完对有机物的降解，同时达到脱氮除磷的目的。各过程的历时和相应设备的运行均按事先编好的程序由计算机自动控制。

我国昆明市第三污水处理厂采用了澳大利亚 BHPE 公司专利技术“采用间歇反应器体系的连续进水、周期排水、延时曝气好氧活性污泥工艺”，简称 ICEAS 工艺。设计处理能力：旱季平均 15 万 m^3/d，旱季高峰 20 万 m^3/d，雨季高峰 30 万 m^3/d。远期总处理能力为 25 万 m^3/d。工程总投资 1.65 亿元，吨水投资 1100 元。全厂总占地面积 90 亩，其中工艺部分占地 54 亩；工艺部分装机总功率 3013.6kW，污水耗电指标 0.19（近期）~0.30kWh/m^3（远期）。

ICEAS 工艺流程如图 5-62 所示，设计进、出水水质如表 5-20 所示。

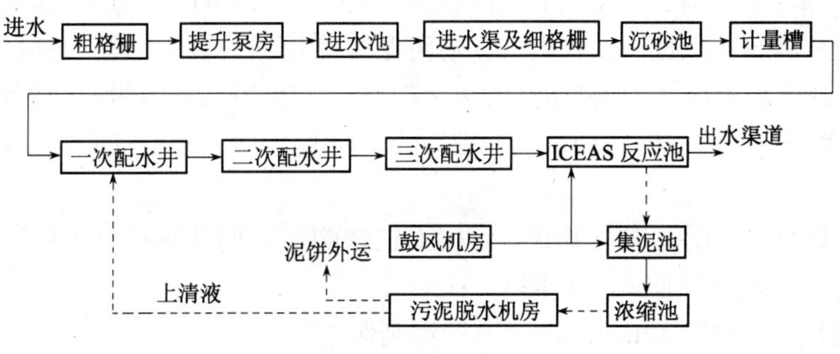

图 5-62　昆明第三污水厂 ICEAS 工艺流程图

设计进水、出水水质 **表 5-20**

项　　目	进水水质（近期）	进水水质（远期）	平均出水水质
BOD_5（mg/L）	75～125	135～225	≤15
SS（mg/L）	200	250	≤15
TN（mg/L）	30	40	≤7
TP（mg/L）	3～4	5～6	≤1

污水首先通过预处理系统包括进水渠、钟式沉砂池、计量槽等；然后通过配水，进水均匀地分配到各个并联运行的ICEAS反应池，采用倒虹吸井方式分三次配水，各配水井出水口均设堰板调。

污水连续进入预反应区，在此水中大部分可溶性有机物被活行性泥中的微生物吸附(作为反硝化的碳源)，然后从隔墙下孔洞以低流速（0.03～0.06m/min）进入主反应区，不搅动污泥层。在主反应区内依照曝气—搅拌—沉淀—滗水程序周期运行（图5-63）使污水在反复的好氧—缺氧和好氧—厌氧环境中完成脱氮、除磷。

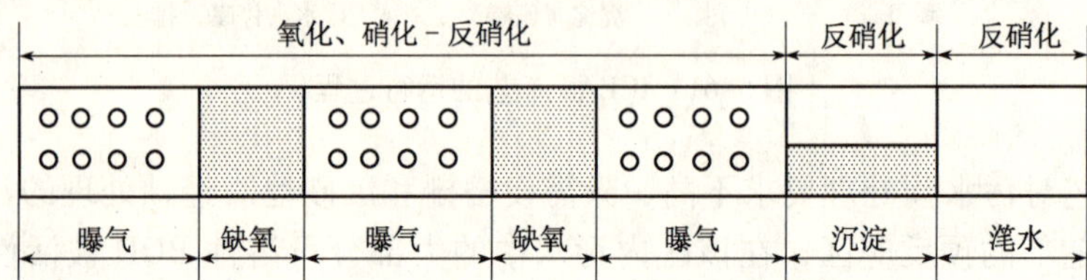

图5-63　ICEAS工艺一个周期内的操作过程

ICEAS反应池主要的技术参数（按近期 BOD_5 = 100mg/L设计）如下。

ICEAS反应池共16座（近期使用14座）并联运行，每座44m×32m×5m，设纵向隔墙以防水流短路，每池处理水量9000～12000m^3/d。

污泥负荷：0.08kgBOD_5/(kgMLSS·d)。

MLSS：2983～4612mg/L。

水力停留时间（HRT）：0.57d（13.7h）。

周期：整个周期为4.8h（曝气2h，搅拌0.8h，沉淀0.8h，滗水1h），每日5个周期，总曝气时间10h。

污泥处理设计：去除1kgBOD（含挥发性物质60%～65%）的剩余污泥为0.4～0.6kg干泥，含水率0.7%～0.85%，稀泥从ICEAS池泵入贮泥池（HRT=7d），在池中间歇曝气和间歇浓缩（交替进行）以放磷的析出，并使污泥浓缩至含固率1.5%，然后泵送至混合反应槽，加入高分子絮凝剂（干泥量的0.3%～0.4%），反应后进入带式增稠机使含固率提高到3%，接着进入带式压滤机脱水至含固率为20%的泥饼，外运（近期与城市垃圾一起卫生填埋）。

与工艺配套的主要设备均由BHPE公司承包选购，它们分别产自美国、英国、德国、澳大利亚、瑞典、韩国等国家。具体如下：

（1）机械格栅：栅距15mm，5304不锈钢制作，ABS齿耙。

（2）除砂池设备：包括中央搅拌器、砂泵、分砂器和输砂机等。

（3）鼓风机：德国产单级高速离心风机4台（3用1备），风量（标准状态下）24000m^3/h，风压 49kPa，电机功率 500kW。

（4）曝气器：美国 ABJ 公司出产的橡胶微孔扩散器，PVC 盘体，每池安装 3120 个。

（5）水下搅拌器：叶片 $D=650$mm，5.5kW，每池 4 台。

（6）滗水器：每池 1 台双排滗水器，周期排水量 2320m^3，由控制中心通过变速电机控制，滗水器堰口保持低于水位 15～20mm，使浮渣不进入堰内，滗水器可在 2m 内工作。

（7）污泥脱水设备：包括絮凝剂投加装置、混合反应槽、带式浓缩机、带式压滤机等。

2. DAT-IAT 工艺

DAT-IAT 工艺的主体构筑物由两个串联的反应池组成，即需氧池（Demand Aeration Tank 简称 DAT 池）和间歇曝气池（Intermittent Aeration Tank 简称 IAT 池）组成，一般情况下 DAT 池连续进水、连续曝气（也可间歇曝气），其出水进入 IAT 池；IAT 池连续进水，间歇曝气，和传统的 SBR 反应池一样，在此完成曝气、沉淀、滗水和排出剩余污泥等工序，是 SBR 法的又一种变型，其典型的工艺流程如图 5-64 所示。

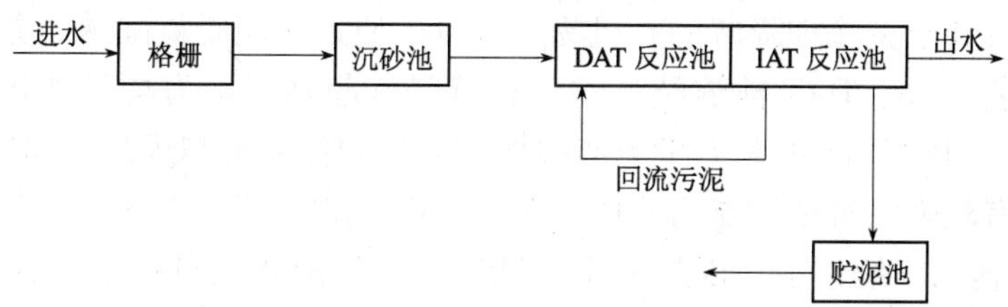

图 5-64　DAT-IAT 工艺流程图

DAT-IAT 工艺的反应机理及污染物的去除机理与传统活性污泥法、SBR 基本相同，仅是构筑物的构成方式和运行操作不同。它是在一组反应池中，在时间上进行各种目的不同的操作。每组反应池中 DAT 区和 IAT 区体积相同，中间设两道导流墙。DAT-IAT 的平面布置见图 5-65。

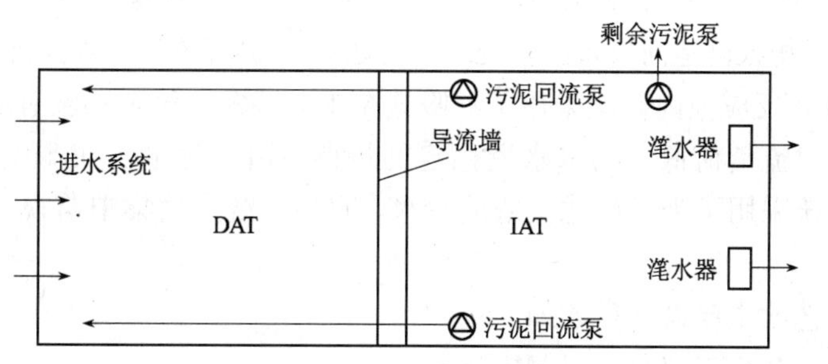

图 5-65　DAT-IAT 工艺流程图

污水连续地从 DAT 首端进入，并经连续曝气立即与回流的混合液和原池中的混合液充分混合，呈完全混合流态，DAT 池的作用机理与操作和传统的活性污泥曝气池基本相同。该池由于该池是连续进水，对整个反应系统起到了水力均衡作用。

经 DAT 池初步生化后的污水经两道导流墙连续不断地进入 IAT 池。第一道导流墙靠近水面处设导流孔，往后的第二道导流墙底部设导流孔，经过导流墙的混合液以很低的流速从底部进入 IAT，不会对 IAT 沉淀污泥产生搅动。按工艺计算需进行一定时间的曝气或搅拌，以达到好氧反应的目的（去除 BOD_5，硝化）。有时为了达到更好的沉淀效果，在反应工序的最后阶段进行曝气，以去除附着在污泥上的氮气。排除剩余污泥的工作也可以在该工序进行。

IAT 池停止曝气和搅拌后，活性污泥进行沉淀和上清液的分离。采用滗水器进行滗水。IAT 池底部沉降的活性污泥，一部分作为该池下个处理周期的回流污泥使用，另一部分用污泥泵打回 DAT 池，作为 DAT 池下个周期的活性污泥。剩余污泥引至污泥处理装置进行污泥处理。另外，反应池中还剩下一部分处理水，可起到循环和稀释作用。

在 IAT 池沉淀之后到下个周期开始期间，可以根据污水性质设置闲置期，在该时段内可根据需要进行搅拌或曝气，以保持污泥活性。在以脱磷为目的的装置中，剩余污泥的排放一般是在闲置工序之初和沉淀工序的最后进行。

DAT-IAT 反应池集曝气、沉淀于一体，不仅可省去初沉池、二沉池和污泥回流装置，同时，由于运行过程中，污泥已得到好氧稳定，不需消化处理，只需浓缩脱水即可，又可省去了消化池。通过调节 IAT 池的曝气和间歇时间，使污水在池中交替处于好氧、缺氧和厌氧状态，有利于去除难降解的有机物，可以方便地实现脱氮除磷，是一种很好的生物脱氮除磷工艺。由于 DAT 池连续进水，连续曝气起到了水力均衡作用，提高了工艺处理的稳定性；同时 DAT 池和 IAT 池能够保持较长的污泥龄和很高的 MLSS 浓度，对有机负荷及毒物有较强的抗冲击能力。DAT 池与 IAT 池串联设置，可减少滗水器的安装数量；由于 DAT 池为连续进水，因此不需要顺序进水的闸阀及自控装置；由于 DAT 池为连续曝气减少了曝气强度，所需鼓风机的额定能力（风量）比普通 SBR 工艺少；串联布置的 DAT 池与 IAT 池之间采用共享墙，土建费用可节省；相应的反应池控制系统也简单。

我国天津经济技术开发区污水处理厂采用了 DAT-IAT 工艺，污水主要来源于区内生活污水和工业园区的生产废水。设计规模 10 万 m^3/d，设计进水水质：$BOD_5=150mg/L$，$COD=400mg/L$，$SS=200mg/L$。出水水质为：$BOD_5=3mg/L$，$SS=30mg/L$，$COD=120mg/L$。污水经二级生化处理后排入蓟运河口入海。处理厂占地 $6.71hm^2$，使用挪威政府贷款 490 万美元。

设计中在 SBR 反应池内首次采用了虹吸式滗水器装置，该装置没有运转部件，具有耐用、无需维护、过流负荷低、出水水质稳定的特点。由于污水已在 SBR 反应池内好氧稳定，污泥处理系统采用了带式压滤机浓缩脱水。自控系统采用集中监视、分散控制的集散系统。

DAT-IAT 工艺的主要设计参数如下：

污泥负荷 $N_s=0.052kgBOD/(kgMLSS\cdot d)$；

混合液 MLSS 浓度：5000mg/L；

IAT 运行周期 $T=3h$（曝气、沉淀、滗水各 1h）；

所需总池容为 $57692m^3$，设 6 组 DAT-IAT，每组需要池容积为 $9615m^3$。设每组池 $L\times B=80m\times 32m$，则水深为 $h=3.756m$（最低水位），反应池最高水位为 4.3m。

DAT-IAT 采取变水位运行，一个周期内从最低水位到最高水位再回到最低水位。以 3h 的运行周期为例：滗水结束时，池水位处于最低水位，由于原水不断进入，水位逐渐增高，开始滗水时达到最高水位，经历时间为 2h。

根据 DAT 和 IAT 需氧量的分配和供气量的计算，确定每座 DAT 总供气量为4966m³/h，每池曝气头数量为 1419 个。每个 DAT 进气总管上设电动蝶阀和空气流量计，可根据设定的运行周期自动定时开启，根据每座 DAT 池内设置的溶解氧仪的测定值自动调节曝气量。每座 IAT 总供气量为 6606m³/h，单池曝气头数量为 1888 个，进气总管上设有电动阀、空气流量计，根据运转周期定时自动启动或关闭曝气系统，使该池处于不同的处理阶段，并根据溶解氧仪监测数据调整该池的运转周期和供气量。

为保持 DAT 内足够的混合液浓度，需从 IAT 将混合液回流到 DAT，在 IAT 两侧距导流墙 8m 处设 2 台潜污泵，每台流量 0.55～0.6m³/s。回流泵的开停由 PLC 按预设程序自动控制，停泵的时间安排在滗水阶段。回流污泥管在 DAT 内分为 4 个出口，位于池的四角，以 2.86m/s 的速度沿池底喷向池中心，起强烈搅拌作用。

污泥处理设计如下：

污泥产率系数为 1.1，泥龄为 22d，污泥产量为 13200kg/d。排泥浓度按 5.5g/L 计，污泥排泥量为 2400m³/d，每池排泥量为 400m³/d。按每周期排泥 1 次，每次排泥量为 50m³。每池设潜污泵 1 台，$Q=100\text{m}^3/\text{h}$，$H=98\text{kPa}$，每次排泥 0.5h。IAT 内还设污泥浓度计，可根据污泥浓度值随时调整开泵时间和周期，确保反应池的正常运行。

IAT 运行周期为 3h，这段时间内全池进污水量为 $3\text{h}\times694\text{m}^3/\text{h}=2082\text{m}^3$，而滗水时间为 1h，因此滗水器的能力应为 2082m³/h，选用虹吸式滗水器，每池 3 台，每台滗水能力为 700m³/h。滗水器在最高水位时自动开动，最低水位时自动停止。

3. CASS 工艺

CASS（Cyclic Activated Sludge System）或 CAST（-Technology）或 CASP（-Process）工艺全称为循环式活性污泥法。CASS 工艺是 Goronszy 教授在 ICEAS 工艺的基础上开发出来的，是 SBR 工艺及 ICEAS 工艺的一种更新变型，并分别在美国和加拿大取得专利（CASS）。CASS 的整个工艺为间歇式反应器，在此反应器中活性污泥法过程按曝气和非曝气阶段不断重复，将生物反应过程和泥水分离过程结合在一个池子中进行。随着电子计算机的日益普及，CASS 工艺由于其投资和运行费用低、处理性能高超，尤其是优异的脱氮除磷功能而越来越得到重视。该工艺已广泛应用于城市污水和各种工业废水的处理，目前全世界有 300 多座各种规模的 CASS 污水处理厂正在运行或建造中。

（1）CASS 工艺的组成

与 ICEAS 相比，CASS 的预反应区容积较小，并成为设计更加优化合理的生物选择器，CASS 设有一个分建或合建式生物选择器的可变容积。与传统的间歇反应器不同，每个 CASS 反应器由三个区域组成，即生物选择区、兼氧区和主反应区如图 5-66 所示。

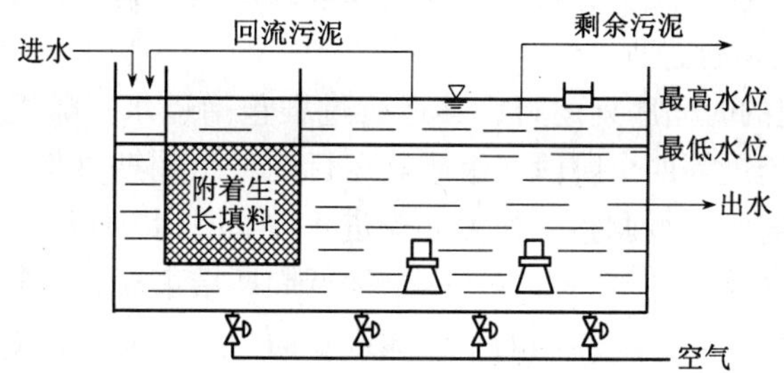

图 5-66　CASS 反应器构成

1）生物选择区

在循环式活性污泥法工艺中设有生物选择区，生物选择区设置在反应器的进水处，是一容积较小的污水污泥接触区（容积约为反应器总容积的10%）。水力停留时间为0.5～1h，通常在厌氧或兼氧条件下运行。进入反应器的污水和从主反应区内回流的活性污泥（回流量约为日平均流量的20%）在此相互混合接触。生物选择器的设置是利用活性污泥种群组成动力学的规律，创造合适的微生物生长环境并选择出絮凝性细菌。在生物选择区内，通过主反应区污泥的回流并与进水混合，不仅充分利用了活性污泥的快速吸附作用而且加速对溶解性底物的去除并对难降解有机物起到良好的水解作用，同时可使污泥中的磷在厌氧条件下得到有效地释放。生物选择区的机理和作用在20世纪70年代和80年代分别由Chudoba和Wanne进行了深入的研究。大量研究结果表明，设计合理的生物选择器可有效地抑制丝状菌的大量繁殖，克服污泥膨胀，提高系统的稳定性。所以选择器的最基本功能是防止产生污泥膨胀。在生物选择区中，污泥回流液中存在的少量硝酸盐氮（约为2mg/L）可得到反硝化，反硝化量可达整个系统反硝化量的20%左右。选择区可定容运行，亦可变容运行，多池系统中的进水配水池也可用作选择区。

2）兼氧区

CASS反应器中兼氧区不仅具有辅助厌氧或兼氧条件下运行的生物选择区对进水水质水量变化的缓冲作用，同时还具有促进磷的进一步释放和强化氮的反硝化作用。运行过程中，通常将主反应区的曝气强度以及曝气池中溶解氧强度加以控制，以使反应区内主体溶液中处于好氧状态，保证污泥絮体的外部有一个好氧环境进行硝化；同时，由于溶解氧浓度得到控制，氧在污泥絮体内部的渗透传递作用受到限制，而较高的硝酸盐浓度（梯度）则能较好地渗透到絮体的内部，活性污泥结构内部则基本处于缺氧状态，因此在絮体内部能有效地进行反硝化过程。

因为生物除磷的效果很大程度上取决于进水中所含有的易降解基质的含量，在兼氧区中活性污泥通过水解酶分解大量易降解的溶解性基质为挥发酸，这些易降解物质可促进磷的进一步释放，对整个系统的生物除磷功能起着非常重要的作用。系统中通过曝气和非曝气阶段使活性污泥不断地经过好氧和厌氧的循环，这些反应条件将有利于聚磷细菌在系统中的生长和累积，因此系统具有生物除磷的功能。

3）主反应区

主反应区则是最终去除有机底物的主场所。运行过程中，通常将主反应区的曝气强度加以控制，以使反应区内主体溶液处于好氧状态，而活性污泥结构内部则基本处于缺氧状态，溶解氧向污泥絮体内的传递受到限制，而硝态氮由污泥内向主体溶液的传递不受限制，从而使主反应区中同时发生有机污染物的降解以及同步硝化和反硝化作用。

（2）CASS工艺的运行过程

CASS工艺以一定的时间序列运行，其运行过程包括进水—曝气、沉淀（泥水分离）、上清液滗除和进水—闲置等四个阶段并组成其运行的一个周期（图5-67）。不同的运行阶段的运行方式可根据需要进行调整，如无反应进水（即进水时既不曝气也不搅拌）、无曝气进水混合、进水曝气及不进水曝气等。一个运行周期结束后，重复上一周期的运行并由此循环不止。循环过程中，反应器内的水位随进水而由初始的设计最低水位逐渐上升至最高设计水位，因而运行过程中其有效容积是逐渐增加的（即变容积运行）。曝气和搅拌阶

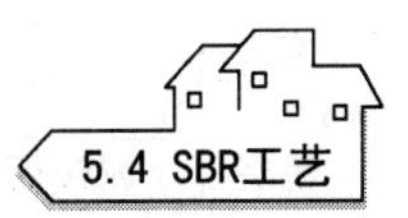

段结束后，在静止条件下使活性污泥絮凝并进行泥水分离，沉淀结束后通过移动堰表面滗水装置排出上清水层并使反应器中的水位恢复至设计最低水位，然后重复上一周期的运行。为保证系统在最佳条件下运行，必须定时排泥。

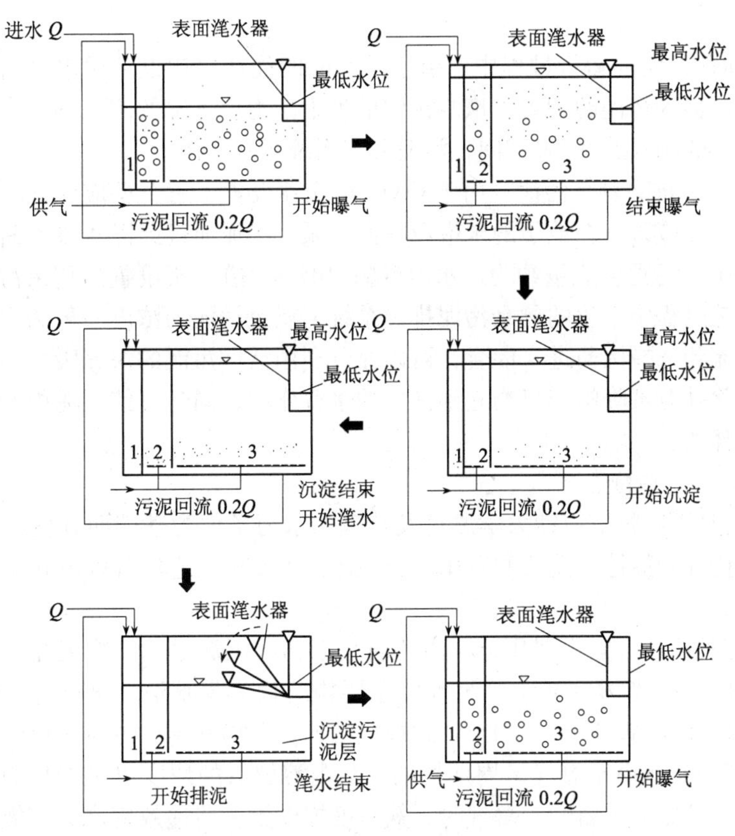

图 5-67　CASS 工艺的循环操作过程
1—生物选择器；2—兼氧区；3—主反应区

1）进水—曝气阶段。边进水边曝气，同时将主反应器区的污泥回流至生物选择器。污泥回流量约为处理废水量的 20%。

2）进水—沉淀。停止曝气，静置沉淀以使泥水分离。在沉淀刚开始时，由于曝气所提供的搅拌作用，剩余混合能使污泥发生絮凝，随后污泥以区域沉降的形式下降，因而所形成的沉淀污泥浓度较高。与 SBR 工艺不同的是 CASS 工艺在沉淀阶段不仅不停止进水，而且污泥回流也不停止。后者在沉淀期间不停止进水而可获得良好沉淀效果的原因除上所述外，还由于在此期间反应器不出水，在合理设计的条件下，反应器犹如竖流式沉淀池，而其表面负荷则要比竖流式沉淀池低得多。

3）表面滗水（上清液排除）。处于滗水阶段的 CASS 反应器需停止进水。根据处理系统中 CASS 反应器个数的不同，或者将原水引入其他 CASS 反应器（两个或两个以上 CASS 反应器），或者将原水引入 CASS 反应器之前的集水井（单个 CASS 反应器）。滗水器为移动式自动控制装置。滗水过程中，根据 CASS 反应器内水位的变化，由一浮球式水位监测仪控制滗水器的升降。排水结束后，滗水器将自动复位。滗水期间，污泥回流系统照常工作。污泥回流的目的是提高缺氧区的污泥浓度，以使随污泥回流该区内污泥中的硝态氮进行反硝化，并进行磷的释放而促进在好氧区内对磷的吸收。由于CASS反应器在运行过程中的最高水位和滗水时的最低水位是设计确定的，因而在滗水期间进行污泥回流不会影响出水水质。

4）闲置阶段。实际运行过程中，由于滗水时间往往要比设计滗水时间短，其剩余时间通常用于反应器内污泥的闲置以恢复污泥的吸附能力。正常的闲置期通常在滗水器恢复待运行状态后4min开始。闲置期间，污泥回流系统照常工作。

5）污泥回流/排除剩余污泥。由于CASS反应器设置了三个反应区，所以污泥无法自动回到第一、二反应区。在池子的末端设有潜水泵，污泥通过此潜水泵不断地从主曝气区抽送至选择器中（污泥回流量约为进水流量的20%左右），所设置的剩余污泥泵在沉淀阶段结束后将工艺过程中产生的剩余污泥排出系统，剩余污泥的浓度一般为10g/L左右。主反应区污泥回流到选择区与进水混合，可以充分利用活性污泥的快速吸附作用，加速对溶解性底物的去除并对难降解有机物起到良好的水解作用，同时可使污泥中的磷在厌氧条件下得到有效的释放。

（3）CASS工艺的特点

CASS工艺是以生物反应动力学原理及合理的水力条件为基础而开发的一种新的废水处理工艺，与传统的活性污泥法和SBR工艺相比，CASS工艺具有以下几个方面的特征和优点：

1）工艺流程简单，建设费用低，由于省去了初次沉淀池、二次沉淀池及污泥回流设备，建设费用可节省20%~30%。污水厂主要构筑物为集水池、沉砂池、CASS曝气池、污泥池，自动化程度高，同时采用组合式模块结构，布局紧凑，占地面积可减少35%。

2）运行费用省，由于曝气是周期性的，池内溶解氧的浓度也是变化的，沉淀阶段和排水阶段溶解氧降低，重新开始曝气时，氧浓度梯度大，传递效率高，节能效果显著，运行费用可节省10%~25%。

3）根据生物选择原因，在反应器入口处设一生物选择器，并进行污泥回流，保证了活性污泥不断地在选择器中经历了一个高絮体负荷阶段，从而有利于系统中絮凝性细菌的生长并提高污泥活性，使其快速地去除废水中溶解性易降解基质，进一步有效地抑制丝状菌的生长和繁殖。

4）有机物去除率高，出水水质好，不仅能有效去除污水中有机碳源污染物，而且具有良好的脱氮除磷功能。CASS工艺在不设缺氧混合阶段的条件下，能在曝气阶段创造条件有效地进行硝化和反硝化。另外，非曝气阶段沉淀污泥床也有一定的反硝化作用，通过污泥回流带回生物选择器的部分硝酸盐氮也将得到反硝化，从而使系统有良好的脱氮效果。CASS系统使活性污泥不断地经过好氧和厌氧的循环，有利于聚磷菌在系统中的生长和累积，而选择器中活性污泥（微生物）能通过快速酶去除机理吸附和吸收大量易降解的溶解性有机物，从而保证了磷的去除。

5）良好的污泥沉淀性能。CASS反应池中的混合液污泥浓度在最大水位时与传统的定容活性污泥法系统基本相同，由于曝气结束后的沉降阶段中整个池子面积均可用于泥水分离，其固体通量和泥水分离效果要优于传统活性污泥法。另外，CASS沉淀阶段不进水，保证了污泥沉降无水力干扰，取得良好的分离效果。曝气阶段结束后混合液中残余的能量用于沉淀初期的絮凝作用，又可进一步强化絮凝沉降的效果。

6）可变容积的运行提高了对水质、水量波动的适应性和操作运行的灵活性。

7）根据生物反应动力学原理，采用多池串联运行，使废水在反应器的流动呈现出整体推流而在不同区域内为完全混合的复杂流态，不仅保证了稳定的处理效果，而且提高了容积利用率。

（4）CASS 工艺的应用

北京航天城是跨世纪国家重点工程，北京航天城污水处理厂是北京航天城的配套项目，污水处理工艺采用 CASS 工艺。根据首都规划委员会和北京市环保局有关文件的指示精神，污水处理厂建在航天城北 1.4km 处，污水经二级生化处理后排入友谊渠，最终汇入南沙河。

1）设计水量、水质及处理要求

设计水量根据《北京航天工程环境评价报告书》提供的资料，污水处理厂计划分为两期建设，一期处理能力为7200m^3/d，二期处理能力为14400m^3/d。

设计水质北京航天城的污水包括工业废水、生活污水和门诊部污水，所占比例分别为18.0%、81.5%和0.5%。其中主要的是生活污水，所含污染物包括有机物、悬浮物和油类等。设计进水、出水水质及排放标准（依据北京市水污染物排放标准中的二级标准）见表5-21。

污水处理厂设计进水、出水水质及排放标准　　表 5-21

项　目	COD（mg/L）	BOD_5（mg/L）	SS（mg/L）	pH	矿物油（mg/L）
进　水	350	250	220	6.0~8.5	5.8
出　水	<50	<15	<30	6.0~8.5	<3
排放标准	60	20	50	6.0~8.5	4

2）污水处理工艺流程

北京航天城污水处理厂工艺流程见图5-68。

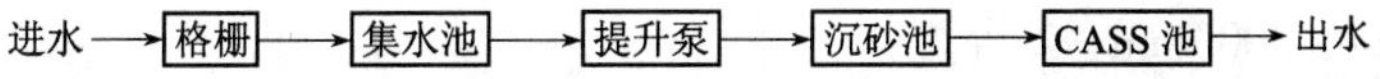

进水→格栅→集水池→提升泵→沉砂池→CASS 池→出水

图5-68　北京航天城污水处理厂工艺流程图

污水中含有大量较大颗粒的悬浮物和漂浮物，经过格栅截留，除去上述污物，对水泵机组及后续构筑物具有重要的保护作用。污水经集水池用潜污泵打至沉砂池，在沉砂池中可除去密度较大的无机颗粒，如砂等，使无机颗粒与有机污物分离，然后定期将沉砂池中的砂排入晒砂池，干化后清除。污水经沉砂池后由配水井自流进入 CASS 池，经过 CASS 池处理达标后排放，其中部分作为航天城绿化和农场浇溉用水。

3）主要处理单元及设备的设计参数

① 格栅　选用旋转式格栅除污机 SGS-1000 型 2 台，栅条间隙 15mm，栅条间设有一台电动葫芦，以方便格栅检修。

② 集水池　集水池位于泵房下部，具有调节水质水量的作用，避免负荷冲击对生化处理系统造成不良影响。集水池设计兼顾一期和二期建设需要，设计尺寸为 9.8m×7.4m×5.3m（最大水深），有效容积 384.4m^3。集水池内设立式潜污泵 3 台，两用一备，Q = 150～

$240m^3/h$，$H=15\sim20m$，$N=30kW$。在污水提升干管上设有超声波流量计，直接指示瞬时流量，还可记录累积流量。

③ 平流式沉砂池　考虑到污水处理厂的规模不大，设计采用管理简单的平流式沉砂池，沉砂定期从池底排入晒砂池，晒干后定期清理。平流式沉砂池设计尺寸为16.7m×4.2m×3.2m。

④ CASS池　CASS池是本工艺的关键构筑物，设计有效容积$2880m^3$，池体沿宽度方向分4格，每格可独立运行，主反应区和预反应区长度分别为19.25m和3.75m，池深5m，有效水深4.5m（污泥区高1.3m，缓冲区高1.7m），周期排水比1/3。污泥负荷设计为0.11kgBOD_5/(kgMLSS·d)。CASS池运行周期4h，其中曝气2.0h，沉淀1.0h，撇水0.5h，延时0.5h。

⑤ 水下曝气机　北京航天城污水处理厂分两期建设，一期工程选用水力曝气机24台，每台功率5.5kW，设计服务面积$24m^2$，向CASS池中污水充氧。该曝气机具有充氧效率高，无噪声的优点，克服了鼓风曝气机噪声大、占地面积大、管道布置复杂的缺点，而且安装维修方便，一台发生故障，单独维修，其他仍可正常运行。此外，还可以根据进水水质的变化调整泵的开启台数，在不影响处理效率的情况下达到经济运行的目的。

⑥ 滗水器　CASS工艺的特点是程序工作制，它可依据进水及出水水质变化来调整工作程序，保证出水效果。滗水器是CASS工艺中的关键设备，本工程采用的滗水器是总装备部工程设计研究院环保中心和北京四达水处理工程公司联合研制的，克服了过去关键设备依靠进口的困难，降低了成本，为CASS工艺在我国推广应用创造了条件。每次滗水阶段开始时，滗水器以事先设定的速度由原始位置降到水面，然后随水面缓慢下降，下降过程为下降10s，静止滗水30s，再下降10s，静止撇水30s……如此循环运行，直至到达设计最低排水位，上清液通过滗水器排出。滗水器排水均匀，不会扰动已沉淀的污泥层。滗水器上升过程是由最低排水位连续升至最高位置，即原始位置。滗水器在运行过程中设有线位开关，保证滗水器在安全行程内工作。

⑦ 污泥浓缩罐　根据实验结果，去除1kgCOD_{Cr}产生的剩余污泥约0.2kg，污水处理厂每天排放的污泥量约为417.6kg（干污泥），含水率以99%计，其体积为$42m^3$，污泥浓缩罐选用ϕ2600mm×3000mm，2台。

⑧ 污泥脱水机　选用上海宝山化工厂生产的GGT-1000型转鼓辊压式污泥脱水机2台，脱水能力$1.5\sim2.0m^3/h$，含水率约80%，体积$2m^3$。

⑨ 污水厂自动控制系统　CASS工艺之所以在国外得到广泛应用，得益于自动化技术发展及在污水处理工程中的应用。CASS工艺的特点是程序工作制，可根据进水及出水水质变化来调整工作程序，保证出水效果。根据北京航天城污水厂根据工艺流程和厂区设备分布情况，采用集散式分布系统。整套控制系统采用现场可编程控制（PLC）与微机集中控制，在中心监控室设有1台工控机和模拟显示屏。现场控制机可独立完成相应的参数设置（可自动或手动控制），中央控制机通过总线向现场控制机传输指令和进行数据采集，发现问题及时报警。

4）工程投资估算

工程一期投资587.1万元，其中设备部分为231.2万元，土建部分216.4万元，调试费15万元，设计费24.5万元，安装费30.0万元，综合取费50.0万元，不可预见费20.0万元。此外，征地费150万元。

5）工程实施效果

该处理工艺平面布置合理，应用于实际工程运转效果良好，自动控制先进可靠，运行管理方便，进水 COD 为 100mg/L 时，出水 COD 在 20mg/L 以下。污水厂直接运行成本 0.2 元/m^3，吨水电耗 0.28kW·h/ m^3，吨水投资 815 元/m^3。

4. UNITANK 工艺

随着城市及工业污水水质、水量的不断变化及环保法对处理要求的不断提高，而可利用的土地资源越来越少，这就要求污水处理系统不仅要有极大的灵活性，而且还需尽可能地节约用地。UNITANK 工艺正是应这些方面的要求而开发出来的一种先进的污水处理工艺。UNITANK 系统是 20 世纪 90 年代初，比利时 SEGHERS 公司提出的一种 SBR 的变型工艺，它集合了 SBR 和传统活性污泥法的优点，一体化设计，不仅具有 SBR 系统的主要特点，还可像传统活性污泥法那样在恒定水位下连续运行。该系统近似于三沟式氧化沟运行方式，为连续进水连续出水的处理工艺。经研究和应用，UNITANK 系统已成为一个高效、经济、灵活和成熟的污水处理工艺。现在世界各地已有多个工程成功地应用了该项技术，已建有 160 多个工程实例，如广东珠江啤酒厂采用了这种技术。在新加坡、马来西亚、越南等国采用该技术建成了规模不等的工业废水或城市污水处理厂。我国澳门地区的两座城市污水厂均采用该技术，其中凼仔污水厂于 1990 年 11 月建成运行，我国其他采用 UNITANK工艺的城市污水厂目前正在建设中。

（1）UNITANK 工艺的组成

UNITANK 工艺一般采用矩形混凝土池子，可以是单池、双池或三个池子。最为通用的是采用三个池子的标准系统，即在一个矩形混凝土池子里面被分割成三个相等的矩形单元池，相邻的单元池之间以开孔的公共墙相隔，以使单元池之间彼此水力贯通，无需用泵输送，如图 5-69 所示。在三个单元池内全部配有曝气扩散装置（可以是表曝也可以是鼓风曝气）。同时外面的两个池子都装有溢流堰，用于排水。这两个池子既可以用作反应区也可以用作沉淀池，每个池子都可以进水，剩余污泥也是从两个作沉淀池的池子排出的。中间池始终作曝气池使用。进入系统的污水，通过进水闸控制可分时序分别进入三只矩形池中任意一池。

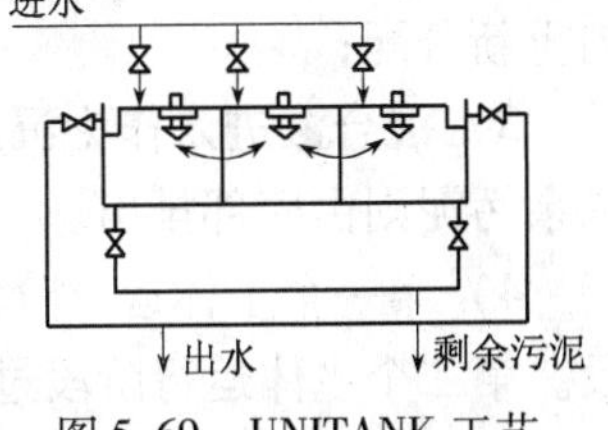

图 5-69　UNITANK 工艺

（2）UNITANK 工艺的运行

与传统活性污泥法一样，UNITANK 系统是连续运行的，但是 UNITANK 的单个池子按一定的周期运行，这个周期由两个主工序和两个较短的瞬时工序组成。单级 UNITNAK 工艺主要有两种运行方式，即单级好氧与脱氮除磷处理系统。下面以污水由左向右流动为例来说明 UNITANK 系统的运行。

污水从左侧矩形池进水，该池作曝气池，从连通管到中间矩形曝气池，再经连通管至右侧矩形沉淀池，处理水由固定堰排出；经过一定时段后，关闭左侧池进水闸，开启中间池进水闸，此时，左侧池停止曝气，而污水从中间池流向右侧池；经一个短暂的过渡段后，关闭中间进水闸，而改从右侧池进水，此时右侧池曝气，左侧池经静止沉淀后出水，水流从右向左流动，完成一个切换周期。这样周而复始，污水即达到净化目标。

由于进水侧的边池水位最高，水位差促使水流从一侧流向中间池再从另一个边池流出，并淹没了作为固定堰的出水槽，当该边池由曝气池过渡到沉淀池时，水位必定下降，残留在出水槽中的污泥污水混合液需排除，并要用清水冲洗出水槽，排出的混合液及冲洗水汇集到专门的水池，再用水泵提升后至中间水池。采用灌水器排水的系统，不存在上述问题。

单级好氧 UNITANK 工艺的每个运行周期包括两个主体运行阶段，这两个阶段的运行过程完全相同，相互对称，它们之间通过过渡段进行衔接，这样一来，不需要单独的沉淀池以及污泥回流系统仍可以保持连续运行，如图 5-70 所示。

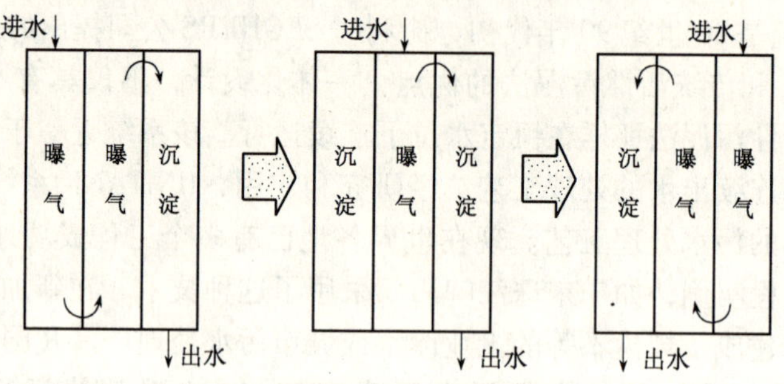

图 5-70 UNITANK 工艺的运行过程

1）原污水首先进入左侧池内，在曝气的同时去除 BOD，因该池在上个主体运行阶段作为沉淀池运行时积累了大量经过再生、具有较高吸附及活性的污泥，污泥浓度较高，因而可以高效地降解污水中的有机物；

2）混合液自左向右通过始终作曝气池使用的中间池，继续曝气，有机物得到进一步降解，同时在推流过程中，左侧池内活性污泥进入中间池，再进入右侧池，使污泥在各池内重新分配；

3）混合液进入作为沉淀池的右侧池，停止曝气，泥水分离后，出水通过溢流堰排放，剩余污泥则由底部排出。

4）第一个主体运行阶段结束后，通过一个短暂的过渡段，即进入第二个主体运行阶段。第二个主体运行阶段过程该为污水从右侧池进入系统，混合液通过中间池再进入作为沉淀池的左侧池，水流方向相反，操作过程相同。

在需要脱氮除磷的系统中，在池内除了设有曝气设备外，还有搅拌装置，必要时可以根据监测器的指示切断曝气池供氧，改为开动搅拌器，形成交替的厌氧、缺氧及好氧条件。在一个周期内，通过对系统进行灵活的时间和空间控制，适当地增大水力停留时间，形成好氧、厌氧或缺氧的状态。UNITANK 系统除保持原有经典 SBR 的自控系统以外，还具有灌水简单、池子构造简化、出水稳定、不需沉淀污泥回流等特点，并通过进水点的变化达到回流、脱 N、除 P 等目的通过可以实现污水的脱氮除磷。其运行机理如图 5-71 所示。

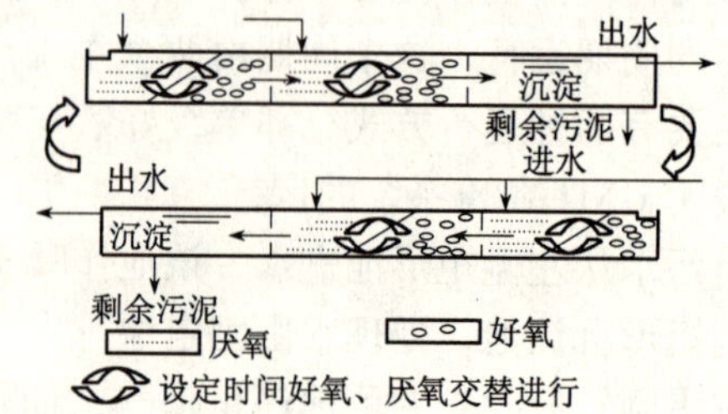

图 5-71 UNITANK 工艺脱氮除磷的运行过程

污水交替进入左侧池和中间池，在左侧池进行缺氧搅拌，以污水中的有机物作为电子供体，将在前一个运行阶段的硝态氮通过兼性菌的反硝化作用实现脱氮；并释放上一阶段运行时沉淀的含磷污泥中的磷。中间池在曝气运行时，进行去除有机物、硝化及吸收磷；在进水并搅拌时，进行反硝化脱氮，并自左向右推进污泥。右侧池作为沉淀池进行泥水分离，上清液作为出水溢出，含磷污泥的一部分作为剩余污泥排出。在进入第二个主体运行阶段前，污水只进入中间池，使左侧池中尽可能完成硝化反应。其后左侧池停止曝气，作为沉淀池。然后进入第二个主体运行阶段，污水由右向左流，运行过程相同。

（3）UNITANK 工艺的特点

1）UNITANK 系统在恒定水位下连续运行，从 UNITANK 的单个池子来看与 SBR 一致，具有 SBR 的一些特点。但从整个系统来看，它已经不属于 SBR 了，与交替运转的三沟氧化沟非常相似，更接近于传统的活性污泥法。UNITANK 工艺使集 SBR，传统活性污泥法，“三沟式氧化沟”的优点，克服了 SBR 间歇进水，“三沟式”占地大，“传统法”设备多的缺点。

2）UNITANK 系统因采用“三沟式”近似的运行工况而能连续进水，可不设初沉池，二沉池及回流污泥系统；又采用“传统法”同样的曝气装置，加深了处理构筑物的深度，使处理厂的占地面积减少，仅为“三沟式氧化沟法”的 1/3～1/2。

3）标准的 UNITANK 系统是由三个正方形池所组成，三个池子之间构成了一个级串的形式，弥补了单个反应器完全混合的缺点。

4）UNITANK 污水处理系统中设有一套简单而紧凑的生物处理监测与控制仪器，全部计算机管理，自动化程度高，且因机电设备较少，所以计算机管理也简单易行。同时可以减少管理人员，如考虑国内实情，也只需“三沟式氧化沟法”的 1/6～1/4。

（4）UNITANK 工艺的应用

自从 20 世纪 90 年代初，UNITANK 工艺推出以后，世界各地已有 160 多个工程成功地应用了该项技术。在新加坡、马来西亚、越南等均采用该项技术，建成了规模不等的工业废水或城市污水处理厂。在我国，广东珠江啤酒厂采用了该项技术，建成投产后效果良好。正在建设中的辽宁盘锦第一污水处理厂（由笔者设计）及石家庄开发区污水处理厂（设计规模均为 10 万 m^3/d）也均采用了 UNITANK 工艺。我国澳门地区，三座城市污水处理厂中有两座采用了该项技术，即凼仔污水处理厂和路环污水处理厂。现将凼仔污水处理厂介绍如下：

1）设计水量、水质

凼仔污水处理厂服务人口为 32 万人当量，处理水量为平均流量 7 万 m^3/d，高峰流量 14 万 m^3/d。BOD 负荷 17274kg/d，日处理量为 14 万 t。设计进出水水质见表 5-22。

污水处理厂设计进水、出水水质 **表 5-22**

项　目	COD（mg/L）	BOD_5（mg/L）	SS（mg/L）
进　水	440	250	240
出　水	<100	<30	<30

2）污水污泥处理工艺

设计采用平行的三条线，每条服务人口为 10 万人，矩形的池体结构十分紧凑，整厂占地仅为 100m×100m。

污水进厂后经泵站提升，通过回转式机械细格栅去除漂浮物，再经曝气沉砂池去除砂砾。曝气沉砂池采用行车式吸砂机，并带撇油脂设施。沉砂经洗砂机后外运，油脂与栅渣一并与脱水后污泥外运至垃圾焚烧厂处置。曝气沉砂池出水通过配水渠进入三单元平行的交替式生物处理池，每只池底布置微孔曝气扩散器。在两侧作为沉淀池的水池中，设有斜管以提高沉降效率。每池均有进水闸门，两侧水池有固定出水堰，并设剩余污泥排放管，水池之间由直径为600mm管道相通，可交替运作。池内设有各种监测仪表，能自动控制进出水闸门、排泥闸门及冲洗闸门等。经过交替生物池处理后出水，汇集后经计量槽外排。曝气池采用两台高速离心风机供气。

生物处理系统中的剩余污泥定期排放，排入重力式浓缩池，经浓缩后的污泥送入机械自动板框压滤机，脱水污泥外运焚烧。交替生物池及细格栅和曝气沉砂池上部均加屋盖，内设通风管道，气体被收集后进行生物脱臭处理外排。

3）主要设计参数

容积负荷为 0.58kgBOD/(m^3 · d)，污泥浓度为 4kg/m^3，污泥负荷为 0.135kgBOD/(kgMLSS · d)，反应池容积 46800m^3。水力停留时间为 16h（高峰时为 8h）。反应池分为 3 个单元，每单元由 3 池组成，每单元处理水量为 2.33 万 m^3/d，每池平面尺寸 25m×26m，水深 8m。总的平面尺寸为 80m×80m，而全厂占地面积为 100m×100m。供氧方式采用 2 台高速离心鼓风机和微气泡扩散器。边池为沉淀区，采用高度为 1.0m 斜管，与水平方向成 60°，以提高沉淀效率。处理厂单位污水耗电量为 0.35～0.4kW · h/m^3。全厂管理人员 5 人，建设费用 1995 年合同金额为 1500 万美元，其中包括三年运行费用 300 万美元。建设周期为 18 个月。

5. MSBR 工艺

MSBR 即改良型 SBR（Modified SBR），其工艺经过不断改进和发展已成为 MSBR 的第三代技术，其专利技术属于美国 Aqua Aerobic Inc 所有。MSBR 系统实质是由 A^2/O 工艺与 SBR 系统串联而成，具有生物除磷脱氮功能，可以连续进水、连续出水，与传统的 SBR 有着很大的区别。

（1）MSBR 工艺的工作原理

目前最新的工艺是第三代工艺，其工作原理如图 5-72 所示。

MSBR 系统的运行原理如下：污水进入厌氧池，回流活性污泥中的聚磷菌在此进行充分放磷，然后混合液进入缺氧池进行反硝化。反硝化后的污水进入好氧池，有机物被好氧降解、活性污泥充分吸磷后再进入起沉淀作用的 SBR 池，澄清后污水排放。此时另一边的 SBR 在 1.5Q 回流量的条件下进行反硝化、硝化，或进行静置预沉。回流污泥首先进入浓缩池进行浓缩，上清液直接进入好氧池，而浓缩污泥则进入缺氧池。这样，一方面可以进行反硝化，另一方面可先消耗掉回流浓缩污泥中的溶解氧和硝酸盐，为随后进行的缺氧放磷提供更为有利的条件。在好氧池与缺氧池之间有 1.5Q 的回流量，以便进行充分的反硝化。由

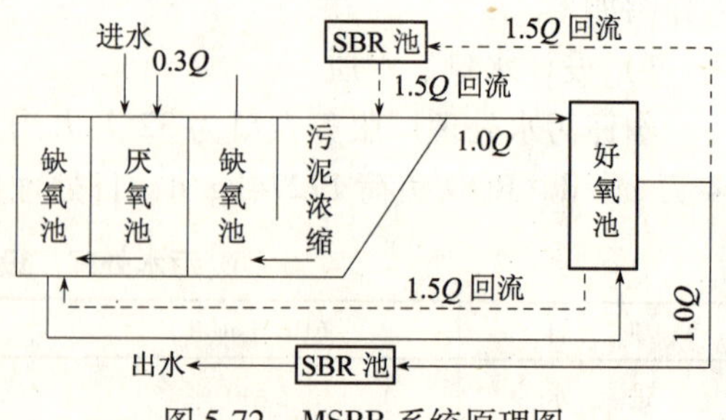

图 5-72 MSBR 系统原理图

其工作原理可以看出，MSBR是同时进行生物除磷及生物脱氮的污水处理工艺。

(2) MSBR工艺的组成

MSBR系统实质上是A^2/O工艺与SBR系统串联而成，因此具有生物除磷脱氮功能及SBR工艺运行特点。目前城市污水处理的MSBR系统通常以7单元组合系统出现，其典型的工艺流程及平面布置形式如图5-73所示。

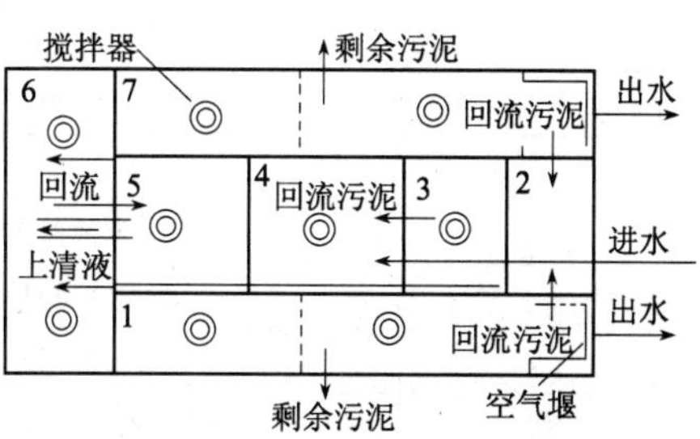

图5-73 MSBR系统平面布置示意图
1—SBR池；2—污泥浓缩池；3—缺氧池；4—厌氧池；5—缺氧池；6—好氧池；7—SBR池

单元1和7的功能是相同的，均起着好氧氧化、缺氧反硝化、预沉淀和沉淀作用；单元2是污泥浓缩池，被浓缩的活性污泥进入单元3，上清液（富含硝酸盐）则进入单元6（也可以进入单元5；单元3是缺氧池，除回流活性污泥中溶解氧在本单元中被消耗外，回流活性污泥中的硝酸盐也被微生物的自身氧化所消耗；单元4是厌氧池，原污水由本单元进入MSBR系统，回流的浓缩污泥在本单元中利用原污水中的快速降解有机物完成磷的释放；单元5是缺氧池，污水与由曝气单元6回流至此的混合液混合，完成生物脱氮过程；单元6是好氧池，其作用是氧化有机物并对污水进行充分的硝化，让聚磷菌在本单元中过量吸磷。

(3) MSBR工艺的运行

与T型氧化沟、UNITANK等SBR系统类似，MSBR也是将运行过程分为不同的时间段，在同一周期的不同时段内，一些单元采用不同的运转方式，以便完成不同的处理目的。MSBR将一个运转周期分为6个时段，由3个时段组成一个半周期，在两个相邻的半周期内，除SBR池的运转方式不同外，其余各个单元的运转方式完全一样。MSBR的运转半周期持续120min，由3个时段组成，各时段的持续时间为：时段1：40min；时段2：50min；时段3：30min。第二个半周期内各时段（即时段4~6）的持续时间与第一个半周期相同。原污水由单元4进入，流经单元5、6，在第一个半周期内从单元7出水，在第二个半周期内从单元1出水。可见，第一个半周期内起沉淀作用的是单元7，而在第二个半周期内则由单元1起沉淀池的作用。

MSBR系统的回流由两部分组成：污泥回流和混合液回流。污泥回流又有两条路径：浓缩污泥回流路径和上清液回流路径。MSBR的污泥回流情况见表5-23。而混合液回流则较为简单，在各时段均为从单元6至单元5，再由单元5回流至单元6。MSBR各单元的工作状态见表5-24。

MSBR的污泥回流 表5-23

时段	回流种类	回流途径
1	浓缩污泥回流	1→2→3→4→5→6→1
	上清液回流	1→2→6→1
2	浓缩污泥回流	1→2→3→4→5→6→1
	上清液回流	1→2→6→1
3	浓缩污泥回流	无回流
	上清液回流	无回流

续表

时 段	回 流 种 类	回 流 途 径
4	浓缩污泥回流	7→2→3→4→5→6→7
	上清液回流	7→2→6→7
5	浓缩污泥回流	7→2→3→4→5→6→7
	上清液回流	7→2→6→7
6	浓缩污泥回流	无回流
	上清液回流	无回流

MSBR 各单元的工作状态 **表 5-24**

时 段	单元1	单元2	单元3	单元4	单元5	单元6	单元7
1	搅拌	浓缩	搅拌	搅拌	搅拌	曝气	沉淀
2	曝气	浓缩	搅拌	搅拌	搅拌	曝气	沉淀
3	预沉	浓缩	搅拌	搅拌	搅拌	曝气	沉淀
4	沉淀	浓缩	搅拌	搅拌	搅拌	曝气	搅拌
5	沉淀	浓缩	搅拌	搅拌	搅拌	曝气	曝气
6	沉淀	浓缩	搅拌	搅拌	搅拌	曝气	预沉

（4）MSBR 工艺的特点

由 MSBR 的工作原理及运行方式可以看出，MSBR 与一般的 SBR 工艺比较具有如下的特点：

1）传统 SBR 及其变形工艺采用滗水器排水，系统有相当一部分时间不在高水位运行，其反应体积的使用率降低，反应池容积没有得到充分利用，而 MSBR 系统始终保持满水位、恒水位运行，得以在较小的体积内保持高的去除率。与传统 A^2/O 工艺相比，MSBR 系统各单元（包括序批池）合建为一体化处理构筑物，省略了各构筑物间的联络管道，既便于平面布置，又减小了整个处理流程的水头损失，降低了工程造价。

2）MSBR 系统是从连续运行的单元（如厌氧池）进水，而不是从 SBR 单元进水，这样就将大部分好氧量从 SBR 池转移到连续运行的主曝气池中，从而将需氧量也移到主曝气池中，改善了设备的利用率。

3）由于所有的生化反应都与反应物的浓度有关，从连续运行的厌氧池进水也就加速了厌氧反应速率。厌氧后的污水进入缺氧池，然后再进入曝气池，提高了缺氧区的反应速率及曝气区的 BOD_5 降解和硝化反应速率，从而改善了系统的整体处理效应，提高了出水水质，同时也使系统的体积效率大大提高，即系统的 F/M 值和容积负荷大大提高，从而达到缩小系统体积的目的。

4）从连续运行单元进水极大地改善了系统承受水力冲击负荷和有机物冲击负荷的能力。因为在一般情况下，连续运行曝气池容积都较大，其承受能力也较大，进水冲击负荷在经过多级处理后，对出水水质的影响也就大为降低。

5）MSBR 增加了低水头、低能耗的回流设施，从而极大地改善了系统中各个单元内 MLSS 的均匀性，即增加了连续运行单元的 MLSS 浓度（特别是提高了硝化反应的反应速率）和减少了 SBR 池的 MLSS 浓度。

6）序批池作为沉淀池使用时，池体特别的水力设计保证了污泥层的稳定及出水水质。序批池内设计有一中间碟板，改善了其水力运行状态，缺氧或好氧反应时这一碟板并不影响池体功能的发挥，但在进入沉淀之前的预沉淀阶段，该池不进水而完全处于静止沉淀过程，上层清液水质好、悬浮固体浓度低，在碟板前可形成一个稳定的污泥过滤层。在进入沉淀阶段后底部污泥层作为接触过滤层，而上层清液慢慢被置换排出，这相当于增加了一个过滤池，大大降低了出水悬浮物浓度，保证了出水水质。

7）系统运行过程中在沉淀区没有污泥回流，从而降低了沉淀区的水力及悬浮物固体负荷，减少了沉淀体积；反应和沉淀的交替运行避免了任何的老化污泥及反硝化污泥的上浮，稳定了污泥性质，排出的剩余污泥浓度比一般工艺要高许多（中试及实际运行数据测得污泥含固率>2%），可降低污泥处理的费用。所以，可认为 MSBR 反应池的沉淀过程是一种活性污泥的过滤澄清作用而不是传统的重力沉降。

8）MSBR 系统的两个序批池的运行方式及运行周期可根据水质、水量的变化及处理要求的变更随时进行自动或人工调整。序批池采用空气堰控制出水，控制灵活，而不是采用出水初期放空的形式排除已经进入集水槽内的悬浮固体，可有效防止表面浮渣及其他悬浮固体进入出水管道，出水悬浮固体量的降低是保证较低的磷酸盐浓度的重要前提。

9）最新的 MSBR 附带了一项最新的除磷工艺专利。在回流污泥进入厌氧池前增加了一个污泥浓缩区，这样就减少了硝酸盐进入厌氧区的机会，减少了 VFA 因回流而造成稀释，增加了厌氧区的实际停留时间，从而大大提高了除磷效率。上海进行的测试也证实这项技术可以将总磷从 7～8mg/L 降到 0.3mg/L 以下。

综上所述，MSBR 工艺是在生化反应动力学、生物学、工程学等基础上，结合传统的污水处理工艺研究开发而成，系统的各单元为各优势菌种的生长繁殖创造了最佳的环境条件，生化反应速率高，脱氮除磷效果好，出水水质稳定、高效，运行灵活，控制方便，在处理效率、占地及运行费用上都优于传统工艺，并有极大的净化潜力。

（5）MSBR 工艺的应用

深圳市盐田污水处理厂采用了 MSBR 工艺，其工艺设计方案及配套设备均由美国 Aqua 公司提供。MSBR 工艺应用于大中型污水处理工程在国内属首次。

盐田污水处理厂位于盐田港码头附近的一片填海区，近期占地 6.33 万 m^2，远期总占地 114 万 m^2。其中，远期占地包括深度处理、中水处理、污泥处理预留地 36 万 m^2，此工程近期（12 万 m^3/d）工程静态总投资 24045 万元，其中单套 MSBR 系统引进设备费用为 1457 万元。深圳市盐田污水处理厂近期处理规模为 12 万 m^3/d，远期规模为 20 万 m^3/d。污水性质为城市污水，进水 BOD_5＝150mg/L（200mg/L 校核），SS＝150mg/L（200mg/L 校核），TN＝35mg/L，TP＝4mg/L；出水 $BOD_5 \leqslant 20$mg/L，SS≤20mg/L，$NH_3-N \leqslant 15$mg/L，TP≤0.5mg/L。污水厂采用了 MSBR 工艺，其工艺流程见图 5-74。

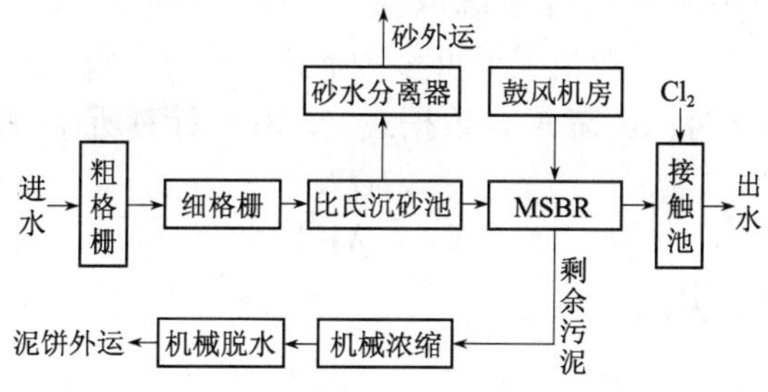

图 5-74　盐田污水处理厂 MSBR 工艺流程图

水力停留时间 HRT = 14.31h，各单元分配见表5-25。

MSBR 水力停留时间、容积 表5-25

单 元	容积（m^3）	水力停留时间（h）
1	5.033	3.02
2	1.015	0.61
3	1.094	0.65
4	1.647	0.99
5	1.367	0.82
6	8.670	5.2
7	5.033	3.02
合计	23.859	14.31

污泥设计泥龄为8～13d，根据实际运行情况调整；平均设计污泥浓度 MLSS = 2200～4000mg/L；单元1、单元6、单元7水深采用6m，其余单元水深采用8m；MSBR 混合液回流和活性污泥回流量为（1.3～1.5）Q，浓缩污泥回流量为（0.3～0.5）Q；单座 MSBR 池干污泥量为6880kg/d（BOD_5 = 200mg/L），剩余污泥提升泵流量 $Q = 115m^3/h$，含水率取99.4%；单元1或单元7供气量各为65.7～78.3m^3/min（标准状态），单元6供气量为115.22～137.50m^3/min（标准状态），氧气利用率 E_A = 22%～30%，动力效率2.5～4.0kgO_2/(kW·h)；空气出水堰负荷40m^3/(m·h)。

5.4.5 SBR 工艺的设计计算

SBR 工艺设计计算主要是确定反应周期，包括曝气反应时间的计算、反应池容积的确定以及需氧量、污泥量的计算。SBR 的设计迄今为止还没有一种可被广泛接受的标准和简单的方法，而且时间参数的选用和确定是经验的或基本上套用连续流系统的设计方法，设计者的随意性很大。目前实际应用的 SBR 工艺设计方法主要分两大类：负荷设计法、动力学模式设计法。

1. 负荷设计方法

（1）污泥负荷率法

污泥负荷率是影响曝气反应时间的主要参数，污泥负荷率的大小关系到 SBR 反应池容积的大小。

污泥负荷率与 SBR 反应池内的混合液污泥浓度是 SBR 设计与运行的重要参数。对生活污水，其反应池内的污泥浓度可考虑取值3000～5000mg/L，污泥负荷宜选用0.2～0.3$kgBOD_5$/(kgMLSS·d)。一般情况下可参考下述方法进行设计：

1）假定适当的 BOD 污泥负荷 N_s，根据式（5-61）计算所需污泥量 M，kg。

$$N_s = \frac{QS_0}{XV} \tag{5-60}$$

$$M = XV = \frac{QS_0}{N_s} \tag{5-61}$$

式中 Q——平均日污水量，m^3/d；

S_0——进水基质浓度，mg/L；

V——单个 SBR 反应池有效容积，m^3；

X——污泥浓度，mg/L。

2）设定适当的 SVI，计算出沉淀时所需的污泥体积 V_m，m^3

$$V_m = SVI \cdot M \tag{5-62}$$

3）确定 SBR 反应池的个数 n，每周期运行时间 t（一般 4.8 ~ 12h），确定每周期所需处理污水的体积 V_w。

$$V_w = \frac{Q}{n \times \frac{24}{t}} \tag{5-63}$$

4）确定 SBR 反应池单个池子有效容积 V，m^3。

$$V = V_w + V_m/n \tag{5-64}$$

（2）BOD 容积负荷法

BOD 容积负荷（N_v）定义为：

$$N_v = nQST_c/(VT_a) \tag{5-65}$$

式中 n——1 日内的周期数，周期/d；

Q——1 周期内的进水量，m^3/d；

S——平均进水水质，kgBOD/m^3；

V——曝气池有效容积，m^3；

T_c——1 个处理周期的时间，h；

T_a——1 个处理周期内反应的有效时间，h。

SBR 采用的 BOD 容积负荷在 0.1 ~ 1.3kg/(m^3 · d) 的范围内，多用约 0.5kg/(m^3 · d) 来设计。

（3）曝气时间内 BOD 负荷法

曝气时间内 BOD 负荷（N_s）为：

$$N_s = 24QS_0/(nt_RXV) \tag{5-66}$$

式中 Q——进水流量，m^3/h；

S_0——进水有机物浓度，mg/L；

n——反应周期数；

X——污泥浓度，mg/L；

V——反应器总体积，m^3；

t_R——曝气时间。

由式（5-66）可得：$t_R = 24QS_0/(nXVN_s)$

沉淀时间由经验值决定或用下式计算

$$t_s = (\lambda H + \varepsilon)/v_{max} \tag{5-67}$$

式中 t_s——沉淀时间，h；

λ——充水比（一次进入反应池内的污水量与充水结束时混合液容积的比值）；

H——反应池水深，m；

ε——沉淀污泥面至排水最低水位深度，m；

v_{max}——活性污泥界面的初期沉降速度，m/h。

一个周期内的总时间：

$$t = t_R + t_A + t_d + t_f \tag{5-68}$$

式中 t_d——排水时间，h；

t_f——充满水时间，h。

各池的周期数 $n = 24/t$，反应池容积 $V = Q/nN\lambda$（N 为反应池个数）。

一般生活污水（BOD 浓度为 200mg/L）的处理，常用的周期数为 3，每周期为 8h，其中充水时间 1～4h，反应时间 2～6h，沉淀时间 1～2h，排水时间 1～2h。这种设计方法没有考虑充水时间内的生物降解作用，因此仅适用于限制曝气法。

2. 动力学设计方法

动力学设计方法多见于理论探讨，在实际工作中应用较少，这主要是因为动力学设计方法引入了过多的假设。比如在应用 Monod 模式推导设计关系式时，有人假设半速度常数远远小于基质浓度（$K_S + S$），而有人则作出了相反的假设。动力学模式设计法进行模式推导之前，先确定与之相关的一些参数。污水水质水量情况：进水流量 Q，进水基质浓度 S_0。设定工艺运行条件：污泥浓度 X_V，进水时间 t_f。

（1）SBR 进水阶段基质变化情况

SBR 与一般间歇反应器的不同之处在于它有一个较长的进水时间，具体运行要根据污水排放的特点确定，有时长达数小时。因此进水过程基质降解不能忽略。

SBR 工艺废水中底物的降解主要发生在进水期和反应期。为了计算这两个阶段的时间分配，需要确定联系两个阶段的中间变量——进水阶段结束或反应阶段开始时的底物浓度（S_F），这是建立基本关系式的关键。

污水进入反应池过程中，污水中的有机物被菌胶团吸附，并开始生物降解，反应器内混合液的体积及基质浓度均在变化，基质降解属于非稳态的生化反应，根据物料衡算方程，此过程反应器中基质的变化情况可表示为：

$$\frac{d(VS)}{dt} = QS_0 + Vr_c \tag{5-69}$$

式中 V——t 时刻反应器中混合液体积，L；

S_0、S——分别为进水和 t 时刻反应器内基质浓度，mg/L；

Q——进水流量，L/h；

r_c——基质降解速率，mg/(L·h)。

根据 Monod 模式，

$$r_c = \frac{ds}{dt} = -v_{max}\frac{XS}{K_S + S} \tag{5-70}$$

式中 v_{max}——基质比降解速率，t^{-1}；

X——混合液中活性污泥浓度（MLSS），mg/L；

K_S——半速度常数（质量/容积）。

所以 SBR 进水阶段基质变化情况符合以下关系式：

$$\frac{d(VS)}{dt} = QS_0 - v_{max}\frac{XS}{K_S + S}V \tag{5-71}$$

为进一步推导和简化计算，根据 SBR 工艺的特点作如下假设：

假设1：进水流量不变。

假设2：SBR在进水阶段，反应器内基质浓度积累占主导地位，污水中底物浓度相对较高，Monod公式中$K_S \ll S$。

假设3：在一个周期时间内，反应器中微生物总量近似不变。

即XV=定值，或者

$$XV = X_0 V_0 \tag{5-72}$$

式中 X_0——混合液体积为V_0时污泥浓度（MLSS），mg/L；

V_0——反应器有效容积，L。

根据假设2（$K_S + S \approx S$）和假设3，式（5-71）可表示为：

$$\frac{\mathrm{d}(VS)}{\mathrm{d}t} = QS_0 - v_{\max} X_0 V_0 \tag{5-73}$$

假设4：进水开始时（$t=0$），反应器中基质浓度忽略不计。即

$$VS = (V_0 - V_F) S_e \approx 0 \tag{5-74}$$

式中 V_F——进水体积，L；

S_e——出水基质浓度，mg/L。

当进水结束时，$t = t_F$（进水时间），

$$VS = V_0 S_F \tag{5-75}$$

式中 S_F——进水结束时反应器内基质浓度，mg/L。

根据假设4及边界条件，式（5-73）积分式为：

$$\int_0^{V_0 S_F} \mathrm{d}(VS) = \int_0^F (QS_0 - v_{\max} X_V V_0) \mathrm{d}t \tag{5-76}$$

积分得进水结束（反应阶段开始）时的基质浓度：

$$S_F = \frac{(QS_0 - v_{\max} X_V V_0) t_F}{V_0} \tag{5-77}$$

（2）SBR反应阶段基质变化情况处于反应阶段的SBR，无进水和出水，曝气池内形成完全混合，此时可称之为完全混合反应器，反应器容积为V。SBR反应阶段基质降解服从一级动力学反应，根据物料平衡，可得：

$$\frac{\mathrm{d}(VS)}{\mathrm{d}t} = V\gamma_c \tag{5-78}$$

根据Monod模式，

$$\gamma_c = -v_{\max} \frac{XS}{K_S + S} \tag{5-79}$$

基质降解规律可表示为：

$$\frac{\mathrm{d}S}{\mathrm{d}t} = -v_{\max} \frac{XS}{K_S + S} \tag{5-80}$$

用反应期始、末浓度表示，式（5-80）积分可得：

$$\int_{S_F}^{S_e} \frac{\mathrm{d}S}{S} = -v_{\max} \int_0^{t_R} \frac{XS}{K_S + S} \mathrm{d}t$$

$$\ln S_e - \ln S_F = -v_{\max} \frac{X_V}{K_S + S} t_R \tag{5-81}$$

式中 t_R——反应时间，h。

其余参数意义同前。

SBR在反应阶段，反应器内基质降解占主导地位，污水中的底物浓度相对较低，Monod公式中$K_S \gg S$，即$K_S + S \gg K_S$。所以，

$$t_R = \frac{\ln S_F - \ln S_e}{\frac{v_{max}}{K_S} X_V} \tag{5-82}$$

把式（5-77）代入式（5-82），得反应时间

$$t_R = \frac{K_S}{v_{max} X_V} \ln \frac{(QS_0 - v_{max} X_V V_0) t_F / V_0}{S_e} \tag{5-83}$$

（3）其他参数的确定

1）确定沉淀时间t_1，在一个运行周期内，由于是静置沉淀，沉淀时间一般取$t_1 = 1 \sim 2$h；

2）排水时间t_D则根据处理规模和灌水器排水能力而定，闲置时间t_1可根据实际情况调整；

3）计算一个周期的运行时间$T = t_F + t_R + t_S + t_D + t_1$（h）；

4）计算每天的周期数$nn = \frac{24}{T}$；

5）确定SBR反应池个数$n = \frac{T}{t_F}$。

（4）反应池有效容积计算 SBR反应池最高水位时的池子容积为反应池的有效容积$V_{有效}$，反应池最低水位以下的池子容积为V_{min}，而且V_{min}为有效容积$V_{有效}$与周期进水量Q_0之差，所以，

$$V_{有效} = V_{min} + Q_0 \tag{5-84}$$

SBR反应池在反应结束后作为最终沉淀池。在沉淀工序中，活性污泥在最高水位（最大水量）时开始静止沉淀。沉淀结束后，若污泥界面高于最低水位时，污泥就随上清液流失。最低水位以下的池子容积、周期进水量要考虑活性污泥的沉降性能，通过计算决定。最低水位以下的池子容积按下式考虑：

$$V_{min} \geqslant \frac{\mathrm{SVI} \cdot \mathrm{MLSS}}{10^6} V_{有效} \tag{5-85}$$

所以反应池最低水位以下的池子容积为：

$$V_{min} = \frac{\mathrm{SVI} \cdot \mathrm{MLSS}}{10^6} V_{有效} \quad (\mathrm{m}^3) \tag{5-86}$$

式中 SVI——污泥指数，指活性污泥混合液中，1g干污泥所相当的30min体积毫升数。

SVI一般为80～150，MLSS一般为3000～5000mg/L。

由式（5-84）和式（5-85）可求得反应池的充水比：

$$\lambda = \frac{Q_0}{V_{有效}} = 1 - \frac{\mathrm{SVI} \cdot \mathrm{MLSS}}{10^6} \tag{5-87}$$

周期进水量按下式计算：

$$Q_0 = Q / nn \tag{5-88}$$

反应池总有效容积为：

$$V_{有效} = \frac{Q_0}{\lambda} = \frac{Q/nn}{1 - \frac{SVI \cdot MLSS}{10^6}} \tag{5-89}$$

反应池单个池子容积为：

$$V = \frac{V_{有效}}{n} \tag{5-90}$$

3. SBR设计方法的简化计算

SBR动力学设计方法大部分涉及到进水时间、反应时间等运行方面的参数，但计算复杂，应用不便。为此，综合以上的设计方法，可按反应期污泥负荷进行简化设计。对于限制曝气则为

$$N_V = \frac{nQ(S_0 - S_e)t_F}{XVt_R} \tag{5-91}$$

式中 Q——进水流量，m^3/h；

n——反应器个数；

S_0——进水有机物浓度，mg/L；

S_e——出水有机物浓度，mg/L；

X——污泥浓度，mg/L；

V——反应器总体积，m^3；

t_F——进水时间，h；

t_R——反应时间，h。

对于非限制曝气为

$$N_V = \frac{nQ(S_0 - S_e)t_F}{XV(t_R + t_F)} \tag{5-92}$$

对于半限制曝气则为

$$N_V = \frac{nQ(S_0 - S_e)t_F}{XV(t_R + t_F - t)} \tag{5-93}$$

式中 t——从进水开始到开始曝气的延迟时间，一般不超过3h。

对于连续进水的SBR系统有下列关系式：

$$\lambda V = nQt_F/24 \tag{5-94}$$

$$t_R + t_S + t_D + t_I = (n-1)t_F \tag{5-95}$$

式中 λ——充水比；

t_S——沉淀时间，h；

t_D——滗水时间，h；

t_I——闲置时间，h。

这样给出一个负荷就可以计算出进水时间、反应时间、周期以及反应器容积等。

5.5 AB 法

AB 法污水处理工艺，系吸附—生物降解（Adsorption-Biodegration）工艺的简称，是德国亚琛工业大学宾克（Bohnke）教授于 20 世纪 70 年代中期开创的。从 80 年代开始用于生产实践。由于本工艺具有一系列独特的特征，受到污水处理专家的重视。

5.5.1 AB 法污水处理工艺系统及其主要特征

AB 法污水处理工艺流程示之于图 5-75。

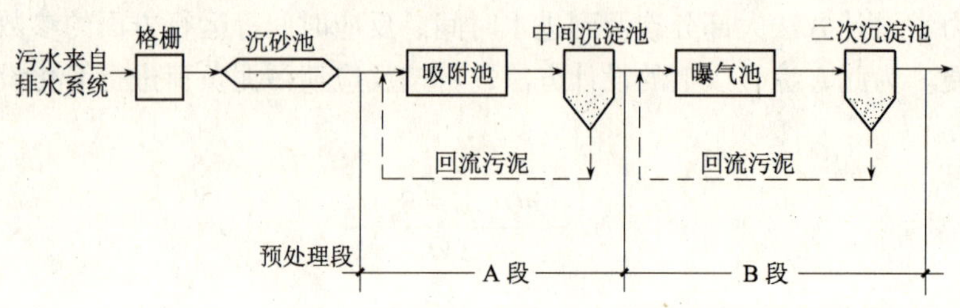

图 5-75　AB 法污水处理工艺流程

从图可见，与传统的活性污泥处理相较，AB 工艺的主要特征是：

1. 全系统共分预处理段、A 段、B 段等 3 段。在预处理段设格栅、沉砂池等简易处理设备，不设初次沉淀池。

2. A 段由吸附池和中间沉淀池组成，B 段则内曝气池及二次沉淀池所组成。

3. A 段与 B 段各自拥有独立的污泥回流系统，两段完全分开，每段能够培育出各自独特的，适于本段水质特征的微生物种群。

5.5.2 A 段的效应、功能与设计运行参数

1. A 段连续不断地从排水系统中接受污水，同时也接种在排水系统中存活的微生物种群。对此，偌大的排水系统起到“微生物选择器”和中间反应器的作用。在这里不断地产生微生物种群的适应、淘汰、优选、增殖等过程。从而能够培育、驯化、诱导出与原污水适应的微生物种群。

由于本工艺不设初沉他，使 A 段能够充分利用经排水系统优选的微生物种群，使 A 段形成一个开放性的生物动力学系统。

2. A 段负荷高，为增殖速度快的微生种群提供了良好的环境条件。在 A 段能够成活的微生物种群，只能是抗冲击负荷能力强的原核细菌，而原生动物和后生动物则不能存活。

3. A 段污泥产率高，并有一定的吸附能力，A 段对污染物的去除，主要依靠生物污泥的吸附作用。这样，某些重金属和难降解有机物质以及氮、磷等植物性营养物质，都能够通过 A 段而得到一定的去除，对此，大大地减轻了 B 段的负荷。

A 段对 BOD 的去除率大致介于 40% ~70% 之间，但经 A 段处理后的污水，其可生化性将有所改善，有利于后续 B 段的生物降解作用。

4. 由于A段对污染物质的去除，主要是以物理化学作用为主导的吸附功能，因此，对负荷、温度、pH值以及毒性等作用具有一定的适应能力。

5. 对城市污水处理的A段，主要设计与运行数据的建议值。

(1) BOD污泥负荷（N_s）——2~6kgBOD/(kgMLSS·d)，为传统活性污泥处理系统10~20倍；

(2) 污泥龄（生物团体平均停留时间)(θ_C）——0.3~0.5d；

(3) 水力停留时间（t）——30min；

(4) 吸附池内溶解氧（DO）浓度——0.2~0.7mg/L。

5.5.3 B段的效应、功能与设计、运行参数

1. B段接受A段的处理水，水质、水量比较稳定，冲击负荷已不再影响B段，B段的净化功能得以充分发挥。

2. 去除有机污染物是B段的主要净化功能。

3. B段的污泥龄较长，氮在A段也得到了部分的去除，BOD：N比值有所降低，因此，B段具有产生硝化反应的条件。

4. B段承受的负荷为总负荷的30%~60%，较传统活性污泥处理系统，曝气池的容积可减少40%左右。

应当说明的，B段的各项功能、效应的发挥，都是以A段正常运行作为首要条件的。

5. 城市污水处理的B段，设计、运行参数的建议值。

(1) BOD污泥负荷（N_s）——0.15~0.3kgBOD/(kgMLSS·d)；

(2) 污泥龄（生物固体平均停留时间)(θ_C）——15~20d；

(3) 水力停留时间（t）——2~3h；

(4) 曝气池内混合液溶解氧含量（DO）——1~2mg/L。

AB处理工艺在我国也得到应用，用于处理城市污水。日处理污水量为80000m^{3}的青岛海泊河污水处理厂便是其中的一座。该厂于1993年3月开工建造，1995年6月正式投产运行。当前，该厂运行正常，处理水水质完全符合国家规定的排放标准。

5.5.4 AB法设计要点及运行参数

1. 设计要点

(1) AB法的曝气池及沉淀池设计计算方法与普通活性污泥法相同，但设计参数不同。

(2) 当AB工艺需达到脱氮除磷目的时，B段工艺应按A_1/O或A_2/O、A^2/O工艺进行设计。

(3) 当B段主要功能是脱氮时，同时还应考虑C：N的问题，此值宜控制在3左右，否则会因碳源不足而影响硝化作用。

(4) 水温13~30℃

2. 设计参数

如无试验资料时，可采用经验数据，见表5-26。

AB 工艺设计参数　　表 5-26

项　　目	A　段	B　段
污泥负荷 N_s [$kgBOD_5/(kgMLSS \cdot d)$]	3~4 (2~6)	0.15~0.3
容积负荷 N_v [$kgBOD_5/(m^3 \cdot d)$]	6~10 (4~12)	≤0.9
混合液浓度 MLSS (g/L)	2~3 (1.5~2)	2~4 (3~4)
污泥龄 SRT (d)	0.4~0.7 (0.3~0.5)	15~20 (10~25)
水力停留时间 HRT (h)	0.5~0.75	2.0~6.0
污泥回流率 (%)	<70 (20~50)	50~100
溶解氧 DO (mg/L)	0.2~1.5 (0.3~0.7)	1~2
气水比	3~4:1	7~10:1
SVI (mL/g)	60~90	70~100
沉淀池沉淀时间 (h)	1~2	2~4
沉淀池表面负荷 q' [$m^3/(m^2 \cdot h)$]	1~2	0.5~1.0
需氧量系量 a' ($kgO_2/kgBOD_5$)	0.4~0.6	1.23
污泥增殖系数 a' ($kg/kgBOD_5$)	0.3~0.5	0.5~0.65
污泥含水率	98%~98.7%	99.2%~99.6%

注：() 中数据供参考

3. 计算公式

AB 法工艺设计公式见表 5-27。

AB 法工艺设计公式　　表 5-27

项　　目	公式 A	公式 B	符号说明
曝气池容积 V (m^3)	$V=\frac{24L_\gamma Q}{N_s X_v}$	同左	L_γ——去除 BOD_5 浓度 (kg/m^3) Q——设计流量 (m^3/h) N_s——BOD_5 污泥负荷率 [$kgBOD_5/(kgMLSS \cdot d)$] X_v——MLVSS 浓度 (kg/m^3)
水力停留时间 HRT (h)	$HRT=\frac{V}{Q}$	同左	V——曝气池容积 (m^3)
需氧量 O_2 (kgO_2/h) 总需氧量 $O_2=O_A+O_B$	$O_A=a'QL_r$	$O_B=a'QL_r+b'QN_r$	a'——需氧量系数 ($kgO_2/kgBOD_5$)，A 段一般为 0.4~0.6；B 段为 1.23 $L_r=L_a-L_t$，为各段曝气池去除 BOD_5 浓度 ($kgBOD_5/m^3$) b'——去除每千克 NH_3-N 需氧千克数，b'为 4.57$kgO_2/kgNH_3$——N N_r——需要硝化的氮量 (kg/m^3)
沉淀池面积 (m^3)	$A=\frac{Q}{q'}$	同左	q'——沉淀池表面负荷率 [$m^3/(m^2 \cdot h)$]
沉淀池高度设计	见“二沉池设计”一节		沉淀池有效水深取 2~4m
剩余污泥量 (kg/d)	$W_{(A)}=QS_r+aQL_r$	$W_{(B)}=aQL_\gamma$	$S_r=S_a-S_t$，为 A 段 SS 的去除浓度 (kg/m^3)，A 段 SS 的去除率为 70%~80% a——污泥增长系数，一般 A 段为 0.3~0.5，B 段为 0.58$kg/kgBOD_5$ (0.5~0.65)

续表

项目	公式		符号说明
	A	B	
泥污龄 θ_c（d）	$\theta_{c(A)}=\dfrac{1}{a_A\times N_{s(A)}}$	$\theta_{c(B)}=\dfrac{1}{a_B\times N_{s(B)}}$	$N_{s(A)}$——A段污泥负荷[$kgBOD_5/(kgMLSS\cdot d)$] $N_{s(B)}$——B段污泥负荷率； a_A、a_B——A、B段污泥增长系数
干污泥换算湿泥 Q_s（m^3/d）	$Q_{s(A)}=\dfrac{W_{(A)}}{(1-P_{(A)})\times10^3}$	$Q_{s(B)}=\dfrac{W_{(B)}}{(1-P_{(B)})\times10^3}$	P——污泥含水率%，A段为98%～98.7%，B段为99.2%～99.6%
回流污泥浓度 X_R（mg/L）	$X_R=\dfrac{10^6}{SVI}\cdot r$		$r=1.0\sim1.2$

5.5.5 设计计算例题

【例】 某城市污水处理厂，设计水量 $Q=2900m^3/h$；原水 $BOD_5=225mg/L$；$COD=450m/L$；$SS=280mg/L$；$NH_3-N=50mg/L$；$TN=60mg/L$。求出水达到 $BOD_5\leqslant15mg/L$；$COD\leqslant50mg/L$；$SS\leqslant15mg/L$；$NH_3\text{-}N\leqslant15mg/L$ 的设计参数？

【解】 AB法曝气池设计同普通曝气池，只是A、B段的设计参数不同。A、B段的设计参数应通过试验确定，当无试验参数时，可采用经验数据。

设：A段污泥负荷：$N_{SA}=4kgBOD_5/(kgMLSS\cdot d)$

混合液污泥浓度：$X_A=2.0kg/m^3$；污泥回流比 $R_A=0.5$。

B段污泥负荷：$N_{SB}=0.125kgBOD_5/(kgMLSS\cdot d)$。

混合液污泥浓度：$X_B=3.5kg/m^3$；污泥回流比 $R_B=1.0$。

（1）处理效率

BOD_5 总去除率应达到93%，出水 BOD_5　$L_{tB}=15mg/L$，A段去除率 E_A 应为60%，则A段出水 BOD_5　$L_{tA}=90mg/L$。B段需去除

$$E_B=\frac{L_{tA}-L_{tB}}{L_{tA}}=\frac{90-15}{90}=83.33\%$$

L_{tA}是A段出水，相当B段进水。

（2）曝气池容积计算

A段容积计算

$$V_A=\frac{24Q\cdot L_{rA}}{N_{SA}\cdot X_{VA}}$$

A段去除 BOD_5

$$L_{rA}=L_a-L_{tA}=225-90=135mg/L=0.135kg/m^3$$

式中：L_a 为原水 BOD_5 浓度（mg/L）。

$$X_{VA}=f\cdot X_A=0.75\times2=1.5kg/m^3$$

$$V_A=\frac{24\times2900\times0.135}{4\times1.5}=1566m^3$$

B 段去除 BOD

$$L_{rB}=90-15=75\text{mg/L}=0.075\text{kg/m}^3$$

$$X_{VB}=f\cdot X_B=0.75\times3.5=2.63\text{kg/m}^3$$

B 段容积计算

$$V_B=\frac{24QL_{rB}}{N_{SB}\cdot X_{VB}}=\frac{24\times2900\times0.075}{2.63\times0.125}=15878\text{m}^3$$

曝气池其他设计见 4.1 传统活性污泥法例题。

(3) 曝气时间

$$T=\frac{V}{Q}(\text{h})$$

A 段曝气时间

$$T_A=\frac{V_A}{Q}=\frac{1566}{2900}=0.54(\text{h})\qquad(符合要求)$$

B 段曝气时间（分两组）

$$T_B=\frac{V_B}{Q}=\frac{15878}{2900}=5.48(\text{h})\qquad(符合要求)$$

(4) 剩余污泥量

A 段剩余污泥量:

设 A 段 SS 去除率为 75%，$S_r=280\times75\%=210\text{mg/L}=0.21\text{kg/m}^3$

干泥量

$$W_A=QS_r=aQL_r=2900\times24\times0.21+0.4\times2900\times24\times0.135=18374.4\text{kg/d}$$

湿泥量（污泥含水率为 98.7%）

$$Q_{S(A)}=\frac{W_{(A)}}{(1-P_{(A)})\times1000}=\frac{18374.4}{(1-0.987)}=1413.42\text{m}^3/\text{d}=59\text{m}^3/\text{h}$$

B 段剩余污泥量:

干泥量

$$W_B=aQL_{rB}=0.51\times2900\times24\times0.075=2662.2\text{kg/d}$$

湿泥量（污泥含水率为 99.5%）

$$Q_{SB}=\frac{W_B}{(1-P_B)\times1000}=\frac{2662.2}{(1-0.995)\times1000}=532.44\text{m}^3/\text{d}=22.2\text{m}^3/\text{h}$$

总泥量

$$Q_S=Q_{SA}+Q_{SB}=1413.42+532.44=1945.86\text{m}^3/\text{d}$$

(5) 污泥龄 θ_c

A 段污泥龄

$$\theta_{cA}=\frac{1}{a_a\times N_{SA}}=\frac{1}{0.4\times4}=0.625\text{d}$$

B 段污泥龄

$$\theta_{cB}=\frac{1}{a_B\times N_{SB}}=\frac{1}{0.51\times0.125}=15.69\text{d}$$

（6）需氧量

A 段需氧量

$$Q_A=a'QL_r=0.6\times2900\times0.135\approx235\text{kgQ}_2/\text{h}$$

B 段需氧量

$$O_B=a'QL_r+b'QN_r=1.23\times2900\times0.075+4.57\times2900\times0.035\approx731.4\text{kg/h}$$

式中

$$N_r=50-15=35\text{mg/L}=0.035\text{kg/m}^3$$

二段总需氧量

$$O_2=O_A+O_B=235+731.4=966.4\text{kg/h}$$

（7）沉淀池设计

A 段沉淀池：表面负荷　$q'_A=1.5\text{m}^3/(\text{m}^2\cdot\text{h})$

　　　　　　沉淀时间　$T=2\text{h}$

B 段沉淀池：表面负荷　$q'_B=0.5\text{m}^3/(\text{m}^2\cdot\text{h})$

　　　　　　沉淀时间　$T=4\text{h}$

其他设计见沉淀池、二沉池设计。

（8）供气量设计见普通曝气池

5.6 曝气生物滤池

5.6.1 曝气生物滤池工艺概述

生物膜法工艺的研究一直受到西方各国研究者的重视，目前是水处理领域较为活跃的研究课题之一。近年来，水处理领域的重大进展和发展很多集中在生物膜法处理工艺上。其中最新的发展之一是曝气生物滤池（Biological Aerated Filter，简称 BAF）工艺。

曝气生物滤池是 20 世纪 80 年代末 90 年代初在欧美兴起的一种膜法生物污水处理工艺，是与我国和日本的接触氧化工艺几乎在同一时期出现的新工艺。它是在普通生物滤池的基础上，并借鉴给水滤池工艺而开发的污水处理新工艺。曝气生物滤池是普通生物滤池的一种变形形式，也可看成是生物接触氧化法的一种特殊形式，即在生物反应器内装填高比表面积的颗粒填料，以提供微生物膜生长的载体，并根据污水流向不同分为下向流或上向流，污水由上向下或由下向上流过滤料层，在滤料层下部鼓风曝气，使空气与污水逆向或同向接触，使污水中的有机物与填料表面生物膜通过生化反应得到稳定，填料同时起到物理过滤作用。

曝气生物滤池最初用于污水的三级处理，由于其良好的处理性能，应用范围不断扩大，后发展成直接用于二级处理。自 20 世纪 80 年代在欧洲建成第一座曝气生物滤池污水处理厂后，曝气生物滤池已在欧美和日本等发达国家广为流行。目前世界上已有数百多座大大小小的污水处理厂采用了这种技术。随着研究的深入，曝气生物滤池从单一的工艺逐渐发展成系列综合工艺。该技术不仅可用于水体富营养化处理，而且可广泛地被用于城市污水、小区生活污水、生活杂排水和食品加工废水、酿造和造纸等高浓度废水的处理，具有去除SS、COD、BOD、硝化、脱氮除磷、去除AOX（有害物质）的作用。其最大特点是集生物氧化和截留悬浮固体于一体，节省了后续二次沉淀池，在保证处理效果的前提下使处理工艺简化。此外，曝气生物滤池工艺有机物容积负荷高、水力负荷大、水力停留时间短、所需基建投资少、能耗及运行成本低，同时该工艺出水水质高。到20世纪90年代初得到了较大发展，在法国、英国、奥地利和澳大利亚等国已有较成熟的技术和设备产品，使用BAF的污水处理厂最大规模也已扩大到每日几十万吨，同时发展为可以脱氮除磷的工艺。

20世纪90年代初我国就已开始对曝气生物滤池工艺进行试验研究和开发，中冶集团马鞍山钢铁设计研究总院环境工程公司、北京环境保护科学研究院、清华大学等是我国研究开发该技术较早的单位。哈尔滨工业大学市政环境工程学院及清华大学环境科学与工程系对曝气生物滤池处理生活污水、啤酒废水的处理效能和处理机理进行了初步研究。上海市政设计研究院也研究开发了一种称为Biosmedi的曝气生物滤池。另外，国内的一些设计单位也尝试采用了曝气生物滤池单元处理生活污水和工业废水，并已将曝气生物滤池成功地应用于多个大、中、小型工程，随着实际工程的应用运行，曝气生物滤池的特殊优点越来越受到我国水处理界各方的关注。

5.6.2 曝气生物滤池工艺的原理与特点

1. 曝气生物滤池的工作原理

从图5-76可知，曝气生物滤池从结构上共分成三个区域，即缓冲配水区1、承托层2及滤料层3、出水区4及出水槽5。待处理污水由管道13流入缓冲配水区1，污水在向上流过滤料层时，经滤料上附着生长的微生物膜净化处理后经过出水区4和出水槽5由管道7排出。缓冲配水区的作用是使污水均匀流过滤池。在待处理污水进入滤池起，同时由鼓风机鼓风并通过管道10向池内供给微生物膜代谢所需的空气（氧源），生长在滤料上的微生物膜从污水中吸取可溶性有机污染物作为其生理活动所需的营养物质，在代谢过程中将有机污染物分解，使废水得到净化。由于生物膜生长，固着在比表面积较大的滤料表面上，这就使得池中容纳着大量微生物，从而体现出容积负荷高、停留时间短的特点，又能保证滤池在较低的污泥负荷下运行，为进一步降解污

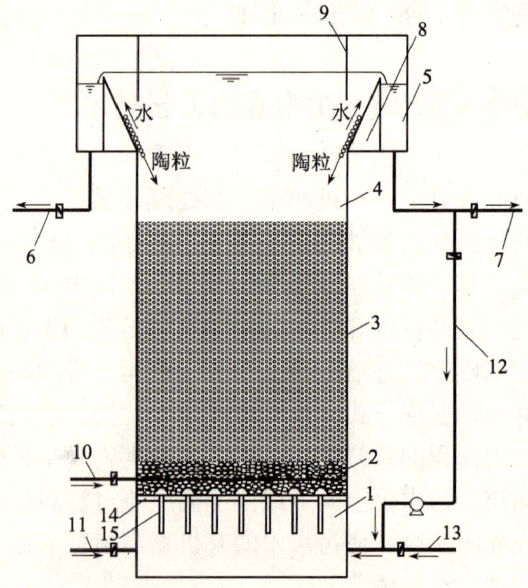

图5-76 曝气生物滤池构造图

1—缓冲配水区；2—承托层；3—滤料层；4—出水区；5—出水槽；6—反冲洗排水管；7—净化水排出管；8—料板沉淀区；9—栅型稳流板；10—曝气管；11—反冲洗供气管；12—反冲洗供水管；13—滤池进水管；14—滤料支撑板；15—长柄滤头

水中的有机污染物提供了可靠的保证，进而获得了优良的处理效果，保证了出水的稳定性。当滤池运行到一定时期，随着生物量和滤料中截留杂质的增加，滤料中水头损失增大，水位上升，需对滤料进行反冲洗。在滤池反冲洗时，较轻的滤料有可能被水流带至出水口处，并在斜板沉淀区 8 处沉降，而回流至滤池内，以保证滤池内的微生物浓度。斜板沉淀器的倾斜角度是根据实际运行经验而设定，以保证脱落的微生物膜在运行或反冲洗时能随水流被带到池外，而滤料则不会带到池外。当运行到一定程度时，由于滤料上增厚微生物膜的脱落，出水中会带有部分脱落的微生物膜，使出水水质变差，这时必须关闭进水管阀门，启动反冲洗水泵，利用储备在清水池中的处理出水对滤池进行反冲洗，反冲洗采用气、水联合反冲洗。为保证布水、布气均匀，在滤料支撑板 14 上均匀布置有曝气生物滤池专用的配水、配气滤头 15。

2. 曝气生物滤池的构造

曝气生物滤池（BAF）的构造基本上与污水三级处理的滤池相同，只是滤料不同。BAF 一般用单一均粒滤料，与普通快滤池类似，其构造见图 5-76。根据污水在滤池运行中过滤方向的不同，曝气生物滤池根据运行方式的不同可分为两种：一种是池底进水，水流与空气流同向运行，即同向流或上向流滤池；另一种是上进水，水流与空气流逆向运行，称之为逆向流或向下流滤池。除污水在滤池中的流向不同外，上向流和下向流滤池的池型结构基本相同。早期曝气生物滤池的应用形式大多都是下向流态，但随着上向流态曝气生物滤池比下向流滤池的众多优点被人们所认同，所以近年来国内外实际工程中绝大多数采用上向流曝气生物滤池结构。本节以上向流曝气生物滤池为例对其结构进行介绍。

从图 5-76 可看出，曝气生物滤池的结构形式与普通快滤池类似，曝气生物滤池主体可分为滤池池体、生物填料层、承托层、布水系统、布气系统、反冲洗系统、出水系统、管道和自控系统等八个部分组成。下面对这几部分分别进行介绍。

（1）滤池池体

曝气生物滤池池体的作用是容纳被处理水量和围挡滤料，并承托滤料和曝气装置的质量。曝气生物滤池的形状有圆形、正方形和矩形三种，结构形式有钢制设备和钢筋混凝土结构等。一般当处理水量较少、池体容积较小并为单座池时，采用圆形钢结构的池体较多；当处理水量和池容较大，选用的池体数量较多并考虑池体共壁时，采用矩形和方形钢筋混凝土结构较经济。滤池的平面尺寸以满足所要求的流态，布水布气均匀，填料安装和维护管理方便，尽量同其他处理构筑物尺寸相匹配等为原则。

（2）生物填料层

填料是生物膜的载体，同时兼有截留悬浮物质的作用，因此，载体填料是曝气生物滤池的关键，直接影响着曝气生物滤池的效能，同时载体填料的费用在曝气生物滤池处理系统的基建费用中亦占较大比重，所以填料关系到系统的合理性。

国内外通常采用的接触填料形状有蜂窝管状、束状、波纹状、圆形辐射状、盾状、网状、筒状、规则粒状与不规则粒状等，所用的材质除粒状滤料外，基本上采用玻璃钢、聚氯乙烯、聚丙烯、维尼纶等。由于制作加工和价格原因，国内目前采用的接触填料主要有玻璃钢或塑料蜂窝填料、立体波状填料、软性纤维填料、半软性填料以及不规则粒状滤料

（砂、碎石、矿渣、焦炭、无烟煤）等。玻璃钢或塑料填料表面光滑，生物膜附着力差，易老化，且在实际使用中往往容易产生不同程度填料的堵塞；软性填料中的水流流态不理想，易被微生物膜粘结在一起，产生结球现象，使其有效表面积大为减小，进而在结球的内部产生厌氧现象，影响处理效果。不规则粒状填料水流阻力大，易于引起滤池堵塞。近年来我国也开展了应用片状陶粒处理水源水的微污染研究，片状陶粒属不规则粒状填料，尽管挂膜性能良好，但存在水流阻力大、空隙率小、容易堵塞、强度差、易破碎、不耐水冲刷等缺陷，限制了它仅能应用于水源水的微污染处理，而不适合污水处理。因此选用一种好的滤池滤料非常关键。

在我国，正是由于这些传统的接触填料存在一定的缺陷，限制了曝气生物滤池在我国污水处理中的应用，所以对曝气生物滤池滤料的研究一直在进行，并对多种滤料进行了试验。表5-28是曝气生物滤池常用的几种填料的物理化学特性。该表表明，不同的颗粒其物理化学特性有一定的区别，有的甚至相差很大。生物载体填料的选择是曝气生物滤池滤料技术成功与否的关键之一，它决定了曝气生物滤池滤料能否高效运行，所以填料的选择应综合各种因素：

1）机械强度好　填料必须具有可以满足所用反应器在不同强度的水力剪切作用以及载体之间摩擦碰撞过程中破损率低的机械强度要求。因为填料破损的直接后果会导致出水水质扰动，布水布气短路。

2）比表面积大　填料一般选用比表面积大、开孔孔隙率高的多孔惰性载体，这种载体有利于微生物的吸附、持续生长和形成生物膜，附着生物量大，并有利于促进主体相和生物膜内部的溶解氧、底物及代谢产物的传质过程。

3）形状载体的形状　填料最好选用规则的球状为佳，规则填料能使布气、布水均匀，水流阻力小。过去国内生物滤池所用的滤料均为不规则状，如碎石、矿渣、焦炭、无烟煤等，不规则滤料的水流阻力大，易堵塞，布水布气不易均匀，因而限制了生物滤池在国内污水处理中的应用。

4）孔隙率及表面粗糙度　载体表面具有一定的孔隙率及粗糙度同样有利于微生物膜的附着、生长，并减少载体之间摩擦碰撞而造成固着微生物的脱落，有利于生物滤池的运行。

5）密度　填料密度过大，造成在反冲洗时载体悬浮困难或使反冲洗时能耗增加；而密度过小，又不易于载体在反应器中的运行工况，填料容易上浮，反冲洗时容易出现跑料现象，因此载体密度需在一定范围之内。

6）表面电性和亲水性　微生物一般带有负电荷，而且亲水，因此载体表面带有正电荷将有利于微生物固着生长，载体表面的亲水性同样有利于微生物的附着，使附着的生物膜数量尽可能地多，并具有良好的抗反冲洗能力。

7）生物、化学稳定性好　生物膜在新陈代谢过程中会产生多种代谢产物，某些代谢产物会对载体产生腐蚀作用，因此生物膜载体必须具有一定的化学稳定性和抗腐蚀性，同时需不参与生物膜的生物化学反应，且其本身是不可生物降解的，不含有害于人体健康和妨碍工业生产的有害杂质，以保证填料在使用中不被损坏和不对处理水产生二次污染。

当然由于不同颗粒填料的物理化学特性差异很大，填料的选择应综合各种因素，本着性能优良、价格低廉和易于就地取材的原则。

曝气生物滤池常用的填料的物理性质　　表 5-28

名称	产地	物理性质		
		比表面积（m^2/g）	总孔体积（cm^2/g）	松散密度（g/L）
活性炭	太原	960	0.9	345
黏土陶粒	马鞍山	4.89	0.39	875
页岩陶粒	北京	3.99	0.103	976
砂子	北京	0.76	0.0165	1393
沸石	山西	0.46	0.0269	830
炉渣	太原	0.91	0.488	975
麦饭石	蓟县	0.88	0.0084	1375
焦炭	北京	1.27	0.0630	587

从表 5-28 可以看出，活性炭的比表面积也远远高于其他材质颗粒，其次是黏土陶粒和页岩陶粒，其他的颗粒物质比表面积相差无几；总孔体积也以活性炭为最高，其次为黏土陶粒和页岩陶粒，其他几种颗粒的总孔体积则相对较小；颗粒的松散密度以砂子和麦饭石为最大，其他颗粒的松散容重均小于 1000g/L。各种颗粒化学组成均以 Al 和 Si 为主要成分，两者之和达 60%～80%，这些颗粒的碱性成分所构成的微环境可能有利于微生物的生长。

可见，除了活性炭之外，黏土陶粒和页岩陶粒是最佳的填料材料，其他的人工材料中焦炭和炉渣的物理性质较佳，其中砂子由于密度较大，并且颗粒较小不适宜作为曝气生物滤池的填料，其他材料主要是考虑经济上的原因而不适宜作为曝气滤池的填料。

黏土陶粒是以粉煤灰为主要原料，黏土为胶粘剂和添加少量造孔剂，经高温烧结而成的。首先需将黏土烘干，并粉碎到粒度小于 100 目。然后按配方取粉煤灰 50%、黏土粉 45%、造孔剂 5% 进行干粉混合，然后加入 20% 的水混合均匀，并造粒成型，粒度一般为 $\phi3$～$\phi6$mm 左右。湿颗粒需先在干燥室内烘干，然后放入炉内在 950～1100℃ 的高温下熔烧而成。

页岩陶粒以页岩矿土为原料，经破碎后在 1200℃ 左右的高温下熔烧，膨胀成 5～40mm 的球状陶粒，再经破碎后筛选而成。页岩陶粒外壳呈暗红色，表皮坚硬，表面粗糙、不规则，有很多大孔而不连通，开孔一般大于 0.5μm 以上，而细菌直径为 0.5～1.0μm，所以有利于细菌附着生长。黏土陶粒和页岩陶粒的详细理化学性质见表 5-29。

黏土陶粒和页岩陶粒的物理化学特征　　表 5-29

名称	物理性质			主要化学元素组成（%）					
	比表面积（m^2/g）	总孔体积（cm^3/g）	松散密度（g/L）	SiO_2	Al_2O_3	FeO	CaO	MgO	烧失量
黏土陶粒	4.89	0.39	875	69.77	14.54	4.73	0.73	2.1	15.63
页岩陶粒	3.99	0.103	976	61～66	19～24	4～9	0.5～1	1～2	5.0

填料级配对曝气生物滤池的运行有重要影响。滤料级配不但影响出水 BOD_5 和 TSS（总悬浮物）的浓度，而且影响水头损失的增长速度和反冲洗间隔时间。填料粒径越

小，出水水质越好，但是填料粒径越小，固体容量也越小，水头损失越大，反冲间隔越短。

(3) 承托层

承托层主要是为了支撑生物填料，防止生物填料流失和堵塞滤头，同时还可以保持反冲洗稳定进行。承托层常用材料为卵石，或破碎的石块、重质矿石、磁铁矿等。为保证承托层的稳定，并对配水的均匀性充分起作用，要求材料具有良好的机械强度和化学稳定性，形状应尽量接近圆形。承托层接触配水及配气系统的部分应选粒径较大的卵石，其粒径至少应比孔径大4倍以上，由下而上粒径渐次减小，接触填料部分其粒径比填料大一倍，承托层高度一般为400~600mm。承托层的级配可以参考滤池的级配。

(4) 布水系统

曝气生物滤池的布水系统主要包括滤池最下部的配水室和滤板上的配水滤头。配水室的功能是在滤池正常运行时和滤池反冲洗时使水在整个滤池截面上均匀分布，它由位于滤池下部的缓冲配水区和承托滤板组成。设置缓冲配水区目的在于使进入滤池的污水能够均匀流过滤料层，尽量使滤料层的每一部分都能最大限度地参与生物反应，使曝气生物滤池发挥其最佳的处理能力。承托滤板的作用是使进入滤池的污水先在缓冲配水区进行一定程度的混合后，依靠承托滤板的阻力作用污水在滤板下均匀、均质分布，并通过滤板上的滤头而均匀流入滤料层。在气、水联合反冲洗时，缓冲配水区还起到均匀配气作用，气垫层也在滤板下的区域中形成。

对于上向流滤池，配水室的作用是使某一短时段内进入滤池的污水能在配水室内混合均匀，并通过配水滤头均匀流过滤料层，并且该布水系统除作为滤池正常运行时布水用外，也作为定期对滤池进行反冲洗时布水用。而对于下向流滤池，该布水系统主要用作滤池的反冲洗布水和收集净化水用。

由于曝气生物滤池在正常运行时一直处于曝气阶段，曝气造成的扰动足以使得进水很快均匀分布在整个反应器截面上，所以单从进水来讲，其配水设施没有一般给水滤池那么严格。滤池在运行时生物滤料层截留部分悬浮物、生物絮凝吸附的部分胶体颗粒和微生物膜在新陈代谢过程中增殖老化脱落的微生物膜，这些物质的存在显著地增加了曝气生物滤池的过滤阻力，会导致处理能力减小和处理出水水质下降，所以运行一定时间必须对滤池进行反冲洗，将这些物质通过反冲洗随冲洗水排出滤池外，保证滤池的正常运行。如果反冲洗系统设计不合理或安装达不到要求，使反冲洗时配水不均匀，将产生下列不良后果：

1）整个生物滤池冲洗不均匀，部分区域冲洗强度大，部分区域冲洗强度小，使得曝气生物滤池冲洗周期缩短。曝气生物滤池一般冲洗周期比较长，运行7天左右才冲洗一次，在运行时将截留部分悬浮粒子，通过生物絮凝作用吸附部分胶体颗粒，同时微生物新陈代谢过程中老化的生物膜脱落后也将截留在生物填料层内。这些杂质的存在显著地增加了生物滤池的过滤能力，使处理能力下降；同时也使水溶液主体的溶解氧和生物易降解的有机物与生物膜上微生物之间的传质效率下降，影响生物滤池对有机物的去除效率。反冲洗的目的就是通过反冲洗随反冲洗水排掉，保证生物滤池正常稳定运行。

2）如果反冲洗布水不均匀，使部分区域反冲洗达不到要求，该区域的生物填料中杂质冲洗不干净，将影响生物滤池对污染物的去除效果。

3）冲洗强度大的区域，由于水流速度过大，会冲动承托层，引起生物填料与承托层的混合，甚至引起生物填料的流失，有时也会引起布气系统的松动，对曝气生物滤池造成极大危害。

除上述采用滤板和配水滤头的配水方式以外，国内也有小型的曝气生物滤池采用栅型承托板和穿孔布水管（管式大阻力配水方式）的配水形式。如采用此类配水系统，《给水排水设计手册》和相关教科书对配水系统有详细的理论分析与设计规范。曝气生物滤池一般采用的管式大阻力配水方式，其形式如图5-77所示，由一根干管及若干支管组成，污水或反冲洗水由干管均匀分布进入各支管。支管上有间距不等的布水孔，孔径及孔间距可由公式计算得出，支管开孔向下，反冲洗水经承托层的填料进一步切割而均匀分散。管式大阻力配水系统设计参数一般可参照表5-30采用。

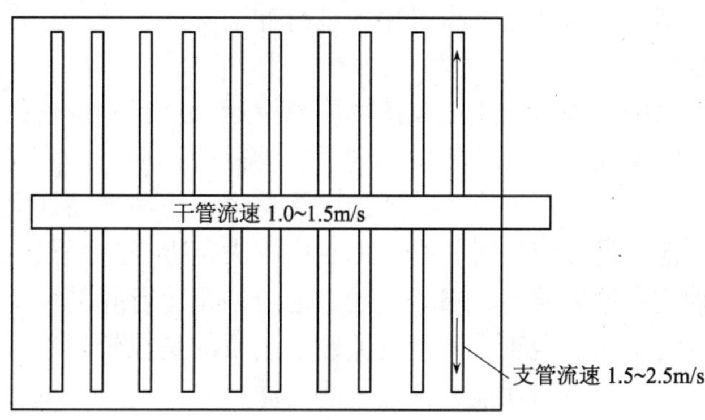

图5-77　管式大阻力配水系统

管式大阻力配水系统设计参数　　表5-30

干管进口流速	1~1.5m/s	开孔比	0.2%~0.25%
支管进口流速	1.5~2.5 m/s	配水孔径	9~12mm
支管间距	0.2~0.3m	配水孔间距	70~300mm

（5）布气系统

曝气生物滤池内设置布气系统主要有两个目的：一是保证正常运行时曝气所需；二是保证进行气—水反冲洗时布气所需。

保持曝气生物滤池中足够的溶解氧是维持曝气生物滤池内生物膜高活性、对有机物和氨氮的高去除率的必备条件，因此选择合适的充氧方式对曝气生物滤池的稳定运行十分重要。曝气生物滤池一般采用鼓风曝气形式，良好的充氧方式应有高的氧吸收率。

曝气系统的设计必须根据工艺计算所需供气量来进行。曝气生物滤池最简单的曝气装置可采用穿孔管。穿孔管属大、中气泡型，氧利用率较低，仅为3%~4%，其优点是不易堵塞，造价低。在实际应用中有充氧曝气与反冲洗曝气共用同一套布气管的形式，但由于充氧曝气需气量比反冲洗时需气量小，因此配气不易均匀。共用同一套布气管虽然能减少投资，但运行时不能同时满足两者的需要，影响曝气生物滤池的稳定运行。在实践中发现此办法利少弊多，最好将两者分开，单独设立一套曝气管，以保持正常运行；同时另设立一套反冲洗布气管，以满足反冲洗布气的要求。并且曝气管的位置往往在承托层之上30~50cm的填料层之中，这样做的优点是在曝气管之下的滤池填料层可以起到截留污水中悬浮物的作用，在有滤头的情况下可以起到预过滤的作用；在没有滤头的情况下，可以避免曝气对于填料截留层的干扰。

曝气生物滤池采用气—水联合反冲洗时气冲洗强度可取 10 ~ 14L/(m^2·s)。反冲洗布气系统形式同布水系统相似，但气体密度小且具有可压缩性，因此布气管管径及开孔大小均比布水管要小，孔间距也短一些，并且布气管与进水布水管一样，一般安装在承托层之下。

现在国内外曝气生物滤池常用生物滤池专用曝气器作为滤池的空气扩散装置，如德国 PHILLIP MijLLER 公司的 OXAZUR 空气扩散器、中冶集团马鞍山钢铁设计研究总院环境工程公司开发的单孔膜滤池专用曝气器。单孔膜滤池专用曝气器按一定间隔安装在空气管道上，空气管道又被固定在承托板上，曝气器一般都设计安装在滤料承托层里，距承托板约 0.1m，使空气通过曝气器并流过滤料层时可达到 30% 以上的氧的利用率。该种曝气器的另一个特点是不容易堵塞，即使堵塞也可用水进行冲洗。

(6) 反冲洗系统

曝气生物滤池进水中的颗粒物质或胶体物质以及运行过程中脱落的生物膜被截留在滤料间的孔隙中，在一定情况下，这些物质起到了生物截留作用。但随着处理过程的持续进行，填料的孔隙度减小，一方面加大了滤池的水头损失，另一方面加大了对水流的剪切应力。在达到或接近滤池的设计流量时，当总的水头损失接近通过曝气生物滤池所必须的水头损失或出现截留物质穿透滤层时，曝气生物滤池应停止运行并进行反冲洗。

反冲洗是保证曝气生物滤池正常运行的关键，其目的是在较短的反冲洗时间内，使滤料得到适当的清洗，恢复其截污功能，但也不能对滤料进行过分冲刷，以免冲洗掉滤池正常运行必要的生物膜。反冲洗的质量对出水水质、运行周期、运行状况的影响很大。曝气生物滤池的反冲洗系统与采用气—水联合反冲洗的快滤池相似，对运行过程中截留的各种颗粒及胶体污染物以及填料表面老化的微生物膜，可采用反冲洗的方式进行去除。目前一般采用气—水联合反冲的方式，所需冲洗强度不高，但可以达到较好的冲洗效果，使曝气生物滤池保持较理想的运行效果。采用气—水联合反冲洗的顺序通常为：先单独用气反冲洗，再气—水联合反冲洗，最后用清水反冲洗。整个反冲洗过程由计算机程序控制，通过计算机自动开启或关闭进出水管和空气管道上的自动阀门。在反冲洗过程中必须掌握好冲洗强度和冲洗时间，既要达到使截留物质冲洗出滤池，又要避免对滤料过分冲刷，使生长在滤料表面的微生物膜脱落而影响处理效果。

(7) 出水系统

曝气生物滤池出水系统有采用周边出水和采用单侧堰出水等。在大、中型污水处理工程中，为了工艺布置方便，一般采用单侧堰出水较多，并将出水堰口处设计为 60°斜坡，以降低出水口处的水流流速；在出水堰口处设置栅形稳流板，以将反冲洗时有可能被带至出水口处的陶粒与稳流板碰撞，导致流速降低而在该处沉降，并沿斜坡下滑回滤池中。

(8) 管道和自控系统

曝气生物滤池运行时既要完成降解有机物的功能，也要完成对污水中各种颗粒及胶体污染物以及老化脱落的微生物膜的截留过滤功能，同时还要完成实现滤池本身的反冲洗，这几种方式交替运行。对于小型工业废水处理中，滤池的控制可以简单些，甚至可以采用手动控制；而对于污水处理模较大的城镇污水处理厂，一般需要有若干组滤池，若干组之间的切换有大量的操作工作量。为提高滤池的处理能力和对污染物的去除效率，需要设计

必要的自控系统。

如图5-78所示为某类滤池的控制实现的方式，运行过程中可以采用控制机构定时关启各阀门。具体如下：

1）上向流关阀1，3，4，6，开阀2，5；

2）下向流关阀2，3，5，6，开阀1，4；

3）反冲洗关阀1，2，4，5，开阀3，60。

通过上述阀门关启的配合，可实现不同进水方式的运行，实行不同的功能。缺点是阀门较多，增加投资和阀门安装的难度。

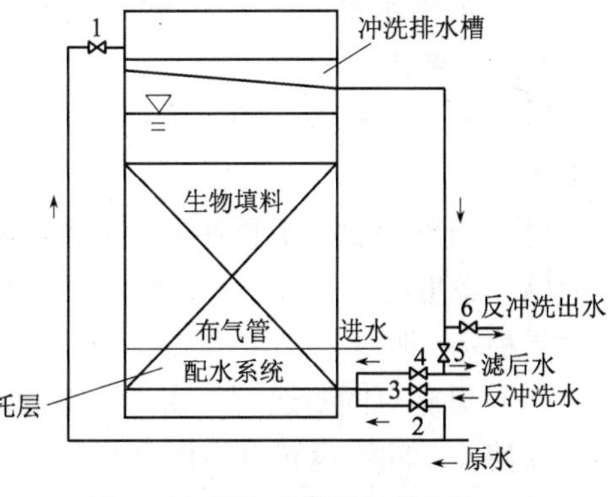

图5-78　曝气生物滤池控制方

3. 曝气生物滤池的性能特点

通过对曝气生物滤池的工作原理与结构介绍，可以发现曝气生物滤池具有以下优点：

（1）该工艺的处理装置结构紧凑，生化反应和过滤在一个单元中进行，不需设二次沉淀池，从而有利于发展高效、快速的处理工艺，同时节省了占地面积和土建费用。

（2）填料的颗粒细小，提供了大的比表面积，使滤池单位体积内保持较高生物量，同时由于填料上的生物膜较薄，其活性相对较高，因此，工艺的有机物容积负荷和去除率都较高，具有高质量的处理出水。

（3）气、水相对运动，气泡接触面积增大，增加气、水与生物膜的接触时间，从而提高处理效果。在处理水水质相同的状态下，填料的容积负荷高，还可使生物膜处于对数生长期。

（4）生物曝气滤池具有多种净化功能，除了用于有机物去除外，还能够去除NH_3-N等。

（5）曝气生物滤池在采用上向流或下向流方式运行时均有一定的过滤作用，过滤作用主要基于以下几个方面的原因：1）机械截留作用，生物陶粒滤池所用陶粒填料的颗粒粒径大小一般为5mm，填料高度为1.5～2.0m，根据过滤原理，进水中的颗粒粒径较大的悬浮状物质被截留；2）颗粒滤料上生长有大量微生物，微生物新陈代谢作用中产生的黏性物质如多糖类、酯类等起吸附架桥作用，与悬浮颗粒及胶体粒子粘结在一起，形成细小絮体，通过接触絮凝作用而被去除；3）曝气生物滤池中由于微生物作用，能使进水中胶体颗粒的Zeta电位降低，使部分颗粒脱稳形成较大颗粒而被去除。

4. 与其他生物处理工艺的比较

曝气生物滤池除了上述自身的优点外，与其他生物处理方法相比还具有非常明显的以下几个优点：

（1）占地面积小，过滤速度高，由于曝气生物滤池的处理负荷大大高于常规处理工艺，BOD_5容积负荷可达到5～6kgBOD_5/(m^3·d)，是常规活性污泥法或接触氧化法的6～12倍，所以它的池容和占地面积通常为常规处理厂占地面积的1/10～1/5，而且厂区布置紧凑节省了土建费用。

（2）总体投资省，包括机械设备、自控电气系统、土建和征地费，直接一次性投资比传统方法低1/4。

(3) 处理水质量高，在 BOD_5 容积负荷为 $6kgBOD_5/(m^3 \cdot d)$ 时，其出水 SS 和 BOD_5 可满足回用要求。

(4) 氧的传输效率高，供氧动力消耗低，处理单位污水电耗低，运行费用比常规处理低1/5。

(5) 曝气生物滤池抗冲击负荷能力强，受气候、水量和水质变化影响小，没有污泥膨胀问题，微生物也不会流失，能保证池内较高的微生物浓度，因此日常运行管理简单，处理效果稳定，便于维护。

(6) 设施可间断运行，由于大量的微生物生长在填料的内部和表面，微生物不会流失，即使长时间不运转也能保持其菌种，其设施可在几天内恢复运行。

(7) 处理设施采用全部模块化结构，便于进行后期的改扩建，可建成封闭式厂房，减少臭气、噪声和对周围环境的影响，视觉景观好。

其主要缺点是：

(1) 预处理要求较高；

(2) 产泥量相对于活性污泥法稍大，污泥稳定性稍差。

曝气生物滤池与其他常规生物处理工艺的比较见表5-31、表5-32、表5-33。

BAF、SBR、A^2/O 三种污水生物处理工艺的比较　　表5-31

项目		BAF工艺	SBR工艺	A^2/O 工艺
投资费用	土建工程	无需二沉池，土建量小	无需二沉池，池体一般较深，土建量较大	土建量很大
	设备及仪表	设备量稍大，自控仪表稍多	设备闲置浪费大，自控仪表稍多	设备投资一般
	征地费	占地最小，是传统工艺的1/10～1/5，征地费最小	占地较大，征地费较多	占地最大，征地费最大
	总投资	最小	较大	最大
运行费用	水头损失	3～3.5m	3～4m	1～1.5m
	污泥回流	不需污泥回流	不需污泥回流	100%～150%
	曝气量	比活性污泥法低30%～40%	与 A^2/O 工艺基本相同	大
	出水的消毒	消耗较小	消耗较大	消耗较大
	总运行成本	较低	较高	最高
工艺效果	出水水质	SS<15mg/L BOD<10mg/L COD<40mg/L TKN<15mg/L	SS<30mg/L BOD<15mg/L COD<100mg/L TKN<15mg/L	SS<30mg/L BOD<15mg/L COD<100mg/L TKN<15mg/L
	产泥量	产泥量相对于活性污泥法稍大，污泥稳定性稍差	产泥量与 A^2/O 工艺差不多，污泥相对稳定	产泥量一般，污泥相对稳定
	污泥膨胀	无	容易产生，需加生物选择器	容易产生，需加生物选择器
	流量变化影响	受过滤速度限制，有一定影响	受容积限制，有一定影响	受沉淀速度限制，有一定影响
	冲击负荷影响	可承受日常的冲击负荷	承受冲击负荷能力较强	承受冲击负荷能力较强
	温度变化影响	水温波动小，低温运行稳定	受低温影响较大	受低温影响较大

续表

项目		BAF工艺	SBR工艺	A^2/O工艺
运行管理	自动化程度	连续进水可实现供氧量和反冲洗的自动调节和控制，自动化程度高	序批式反应，可实现供氧量和回流比的自动调节	连续进水，可实现供氧量和回流比的自动调节
	日常维护	设备和管道布置紧密，厂区小，曝气不堵塞，维护巡视简单	设备闲置较多，膜式曝气头易堵塞，维修量大	厂区大，设备分散，微孔曝气头易堵塞，维护巡视量大
	大修	滤池数量多，可停一个滤池进行依次大修，对处理水质和水质影响很小	需停一个SBR池，对处理水量和水质影响较大	需停一条线进行大修，时间长，对处理水量和水质影响较大
	管理操作人员	很少	较多	较多
未来扩建	增加处理量	全部模块化结构，扩建非常容易，所需占地和土建工程量很小，工期短	池体为模块结构，扩建相对容易，但所需占地和土建工程量大，工期较长	非模块化结构，构筑物均需增加，所需占地和土建工程量大，工期长
	提高出水水质	现有构筑物即可实现	需新建三级处理	需新建三级处理
环境问题	臭气问题	生化部分为封闭式，臭味对周围环境影响很小	生化部分为敞开式，臭味对周围环境影响较大	生化部分为敞开式，臭味对周围环境影响很大
	噪声问题	风机、水泵等设备位于廊道内，对周围环境影响极小	对周围环境影响很大	对周围环境影响很大
	外观环境	占地小，易覆盖，视觉和景观效果好	占地面积较大，覆盖困难，视觉和景观效果一般	占地面积大，覆盖困难，视觉和景观效果差

不同处理工艺出水水质的比较 **表5-32**

处理工艺	BOD_5（mg/L）	COD（mg/L）	NH_4^+-N（mg/L）	N（mg/L）	P（mg/L）	SS（mg/L）
A/O工艺	15	75	5	18	1	10
SBR工艺	<10	<60	<2	<10	<1	<10
BAF工艺	<10	<60	<2	<10	<1	<10

不同处理工艺占地及投资运行费比较 **表5-33**

项目	A/O工艺	SBR工艺	BAF工艺
占地	100%	60%	25%
投资费	100%	90%~95%	75%
运行费	100%	85%~90%	60%

5.6.3 曝气生物滤池工艺流程

曝气生物滤池是20世纪80年代末90年代初在普通生物滤池的基础上，并借鉴给水滤池工艺而开发的污水处理新工艺，最初用于污水的三级处理，后发展成直接用于二级处理。以曝气生物滤池为基础的多种组合工艺现已不仅仅用于生活污水的处理，还可以用于工业废水以及饮用水微污染的处理。随着水体富营养化的日趋加剧，污水排放要求越来越严格，对污水排放要求除磷脱氮，在采用曝气生物滤池处理工艺时，根据其处理对象的不同和要求的排放水质指标的不同，通常有以下三种工艺流程：一段曝气生物滤池工艺；二段曝气生物滤池工艺；三段曝气生物滤池工艺。

1. 一段曝气生物滤池工艺

一段曝气生物滤池工艺，主要用于处理可生化性较好的工业废水以及对氨氮等营养物质没有特殊要求的生活污水，其主要去除对象为污（废）水中的碳化有机物和截留污水中的悬浮物，也即去除 BOD、COD、SS。单纯以去除污（废）水中碳化有机物为主的曝气生物滤池称为 DC 曝气生物滤池。DC 曝气生物滤池为 DC 曝气生物滤池处理污（废）水的流程如图 5-79 所示。

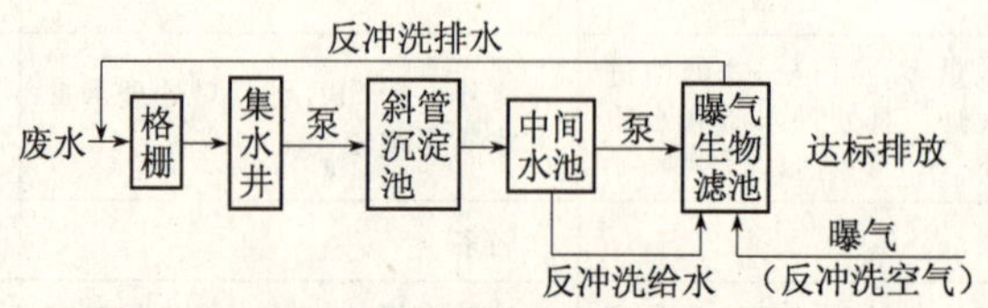

图 5-79　DC 曝气生物滤池工艺

原污（废）水先经过预处理设施，去除污（废）水中大颗粒悬浮物后进入 DC 曝气生物滤池。对于工业废水，预处理设施应包括格栅、调节池、初沉池或水解池。由于工业废水的来水水质不稳定，所以设置调节池是必要的；同时对于高浓度有机工业废水，在 COD > 1500mg/L时，建议在 DC 曝气生物滤池前增加厌氧或水解酸化处理单元，以缓解滤池的处理负荷，同时也可节省能耗，降低运行费用。对于城镇生活污水，预处理设施应包括格栅、沉砂池、初沉池或水解池。根据具体工程所采用处理工艺高程布置的要求，经预处理后的污水或自流或由提升泵送至 DC 曝气生物滤池进行处理。

由于 DC 曝气生物滤池属于生物膜法处理工艺，其去除污水中有机物的原理在于反应器内填料上所吸附生物膜中的微生物的氧化分解作用、填料及生物膜的吸附截留作用和沿水流方向形成的食物链分级捕食作用。DC 曝气生物滤池还可以将生物转化过程中产生的剩余污泥和进水带入的悬浮物进一步截留在滤床内，起到生物过滤的作用，所以在曝气生物滤池后不需要再设二沉池。另外，为避免积累的生物污泥和悬浮固体堵塞生物滤池，需定期利用处理后的出水对滤池进行反冲洗，排除增殖的活性污泥。所以当进水有机物浓度较高，同时有机负荷较大时，其生物反应的速度很快，微生物的增殖也很快，同时老化脱落的微生物膜也较多，使滤池的反冲洗周期缩短。

通过一段曝气生物滤池工艺也可达到同时去除有机物和硝化的作用。原水经过预沉，在预沉池中投加絮凝剂通过絮凝、沉淀作用去除大部分有机物，在曝气生物滤池进水端通过异养微生物进一步去除有机物。沿水流方向随着有机物浓度较低，异养微生物减少，而自养性硝化菌逐渐增加，将原水中的氧化成硝酸氮或亚硝酸氮。工艺流程如图 5-80 所示。

在一段曝气生物滤池工艺中为了实现脱氮的目的，可以将工艺流程基于 A/O 工艺思想进行改进。如图 5-81 所示。原水经过水解预处理去除 SS 等固体杂质，进入 BAF 滤池，在 BAF 滤池中去除有机污染物，同时将 NH_3-N 氧化为 NO_3^--N，BAF 滤池出水的一部分回流进人水解池，利用进水中的碳源，实现反硝化。回流比 R 一般为 100% ~300% 。

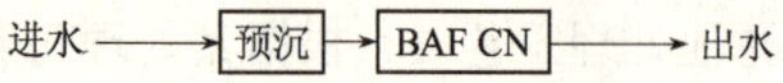

进水 → 预沉 → BAF CN → 出水

图 5-80　一段除 C、硝化 BAF 工艺

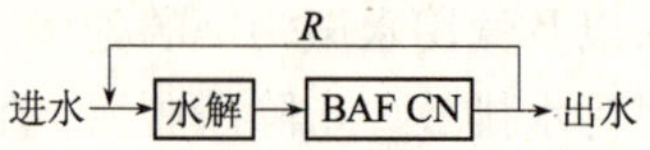

进水 → 水解 → BAF CN → 出水（回流 R）

图 5-81　一段除 C/硝化、反硝化工艺

2. 二段曝气生物滤池工艺

两段曝气生物滤池法主要用于对污水中有机物的降解和氨氮的硝化。两段法可以在两座滤池中驯化出不同功能的优势菌种，各负其责，缩短生物氧化时间，提高生化处理效率，更适应水质的变化，使处理水水质稳定达标。两段曝气生物滤池工艺流程如图5-82所示。

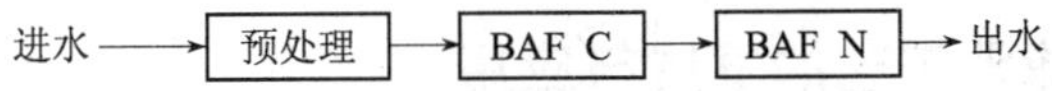

进水 → 预处理 → BAF C → BAF N → 出水

图5-82　两段除C、硝化BAF工艺

原污水先经过预处理设施，预处理设施的设计与一段DC曝气生物滤池一样，去除污（废）水中大颗粒悬浮物后进入第一段DC曝气生物滤池，DC曝气生物滤池的处理出水直接自流入第二段曝气生物滤池进行硝化处理。

第一段DC曝气生物滤池以去除污水中碳化有机物为主。在该段滤池中，异养菌为优势生长的微生物。从沿滤池高度方向从进水端到出水端有机物浓度梯度逐渐递减，其降解速率也呈递减趋势。在进口端由于有机物浓度较高，异养微生物处于对数增殖期，异养微生物膜增长很快，微生物浓度很高，BOD负荷率也较高，有机物降解速率很快，而此时自养微生物处于抑制状态。随着降解反应的进行，在滤池中有机物浓度沿水流方向不断降低，异养微生物处于减速增殖期，微生物膜增长缓慢，而自养微生物处于增殖过程，DC曝气生物滤池最终出水中的有机物浓度已处于较低水平。

第二段曝气生物滤池主要对污水中的氨氮进行硝化，称为N曝气生物滤池。在该段滤池中，由于进水中的有机物浓度较低，异养微生物较少，而优势生长的微生物为自养性硝化菌，将污水中的氨氮氧化成硝酸氮或亚硝酸氮。同样在该段滤池中，由于微生物的不断增殖，老化脱落的微生物膜也较多，所以间隔一定时间也需对该滤池进行反冲洗。

二段曝气生物滤池工艺还可以实现除有机物/硝化/反硝化作用，如图5-83所示将硝化和反硝化分别在两个滤池中进行，该工艺操作方便，运行可靠。根据原水水质情况选择预沉或水解预处理，出水进入一级BAF滤池，在滤池中实现有机物的去除，同时发生硝化反应。一级BAF滤池的出水进入二级BAF滤池前必须外加碳源（醋酸、乙醇、甲醇等有机物），因为经过一级BAF滤池后的污水中的有机物一般不能满足二级BAF进行反硝化所需的碳源。外加碳源的量必须严格控制，如果外加碳源量过少，反硝化不彻底，TN排放不能达标，如果外加碳源过多，出水COD又可能超标，因此建议适当多加碳源，但必须在出水中将DO维持在2～4mg/L以防出水COD超标。

碳源
进水 → 预沉/水解 → BAF CN → BAF DN → 出水

图5-83　后置反硝化脱氮工艺

3. 三段曝气生物滤池工艺

三段曝气生物滤池是在两段曝气生物滤池的基础上增加第三段反硝化滤池，同时可以在第二段滤池的出水中投加铁盐或铝盐进行化学除磷，所以第三段滤池称为DN-P曝气生物滤池。在工程设计中，根据需要DN-P曝气生物滤池也可前置。三段曝气生物滤池工艺流程如图5-84所示。

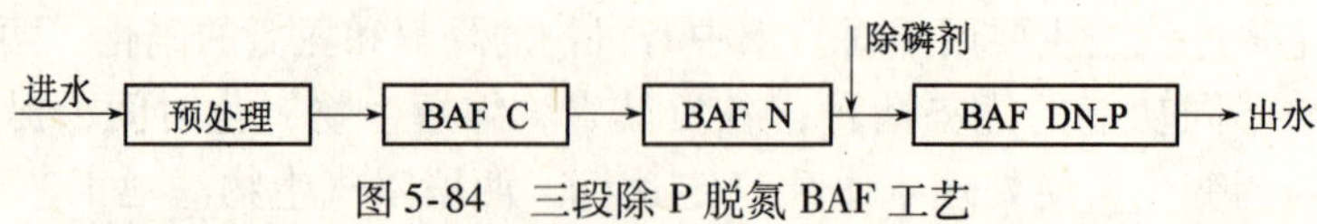

图 5-84　三段除 P 脱氮 BAF 工艺

5.6.4　曝气生物滤池工艺的发展与应用

最早的曝气生物滤池出现于20世纪初期，其发展可以追溯到早期的淹没石片滤池以及后来在德国出现的EMSCHER滤池。现代意义的曝气生物滤池在20世纪70年代末80年代初出现于欧洲大陆。与其他生物膜方法不同，曝气生物滤池将生物氧化过程与固液分离集于一体，在同一个单元反应器中完成碳源去除、固体过滤和硝化过程，并且对池结构进行改进后增加了厌氧区的生物滤池还可以进行反硝化脱氮和除磷。曝气生物滤池研究在20世纪80年代中后期经历了一个快速发展时期，出现了比较有代表性的BIOFOR、BIOSTYR和BIOPUR等反应器和工艺形式，90年代以来有关曝气生物滤池的技术方法、工艺流程不断完善，在填料的选择、反冲洗技术的改进以及提高滤速研究等方面取得了一定的进展。

目前全球范围内的以曝气生物滤池作为处理主体的污水处理厂已超过100座以上，主要分布在欧洲和北美地区。亚洲的韩国、中国台湾地区也有曝气生物滤池的实际应用，大连马栏河污水处理厂也引进了BIOFOR形式的曝气生物滤池。这些曝气生物滤池被应用于处理工业废水、生活污水以及微污染水源水的预处理中，取得了良好的处理效果，在水处理事业中发挥着越来越重要的作用。

1. BIOFOR 工艺

BIOFOR工艺（Rio-Fil-tration Oxygenated Reactor，简称BIOFOR）是由Degremont公司开发出来的，其结构示意如图5-85所示，底部为气水混合室，之上为长柄滤头、曝气管、垫层、滤料。

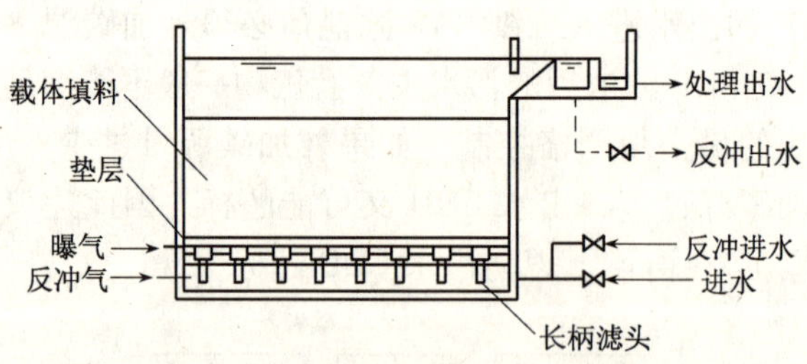

图 5-85　BIOFOR 滤池结构示意

BIOFOR工艺在欧洲已广泛用于污水处理，美国目前有5个生产性曝气生物滤池，规模为750～7570m^3/d，在法国已经运行和正在建设的有15个曝气生物滤池，服务人口范围为20000～200000人。法国OTV公司建造的第一座曝气生物滤池在法国Soissons，它呈环状，中心是清水井，储存处理过的水并用于反冲洗，服务人口数为40000人，用于处理城市污水和工业废水。表5-34和表5-35为其工艺运行性能和处理效果（均为平均数）。

BIOFOR 工艺性能 表 5-34

工艺性能参数	具体数据	工艺性能参数	具体数据
水力负荷 [m^3/ (m^2 · d)]	0.69	BOD_5 负荷 [kg/(m^3 · d)]	1.74
进水量 (m^3/d)	3460	COD 负荷 [kg/(m^3 · d)]	3.22
反冲洗水量 (进水量的百分数)(%)	33.2	NH_3-N 负荷 [kg/(m^3 · d)]	0.32

BIOFOR 工艺处理效果 表 5-35

项目 \ 指标	COD (mg/L)	BOD_5 (mg/L)	NH_3-N (mg/L)	TSS (mg/L)
进水	299	161	30	111
出水	61	10	8	10

冶金部马鞍山钢铁设计研究院用 BIOFOR 工艺处理辽河油田机械修造总厂生活污水和厂区部分工业废水。本工程所处理的污水主要由辽河油田机械修造公司生活区污水和厂区工业废水组成，设计规模为日处理污水 1500m^3，其中生活污水 900m^3/d，工业废水 600m^3/d。废水中主要污染物为 COD、BOD、SS 及石油类，根据盘锦市环境监测站对该公司的综合污水连续取样分析，其废水水质如下（作为本工程的设计进水水质）：COD = 350 ~ 500mg/L，BOD_5 = 150 ~ 250mg/L，SS = 170 ~ 200mg/L，石油为 60 ~ 80mg/L，pH 值 7.5 ~ 8.2。按照当地环保部门要求，污水处理的出水执行《辽宁省污水与废气排放标准》(DB 21-60-89）二级标准，即 COD < 100mg/L，BOD_5 < 30mg/L，SS < 150mg/L，油类 < 10mg/L，pH 值 6 ~ 9。

本小区污水，生活污水与工业废水的组成比例为 6 : 4，其 BOD_5/COD 约为 0.43 ~ 0.5，生化性较好，易采用以生化处理为主的工艺。但由于原污水中油的含量较高，为保证生化系统的高效运行，须强化预处理系统。整个工艺流程图见图 5-86。

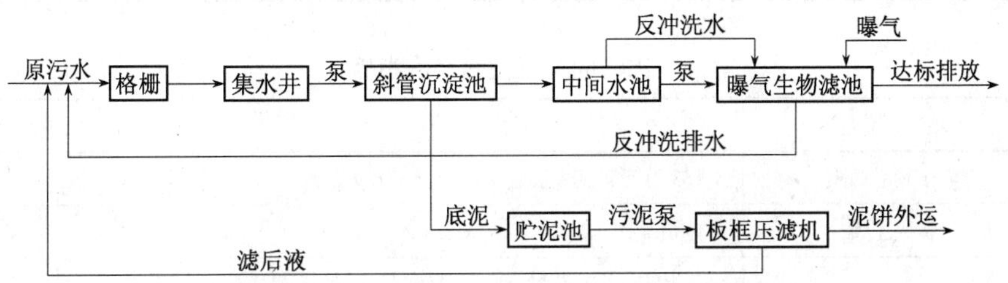

图 5-86 BIOFOR 工艺处理生活污水流程图

原污水先经过格栅去除粗大漂浮物、悬浮物后由污水泵提升至强化预处理系统。强化预处理系统为具有沉砂、除油、沉淀作用的斜管沉淀池，其处理后的出水自流至中间水池，通过泵提升至上流式曝气生物滤池进行生物降解，滤池出水即达标排放。当滤池运行一定时间后，由于微生物膜增厚，导致出水 SS 增高，这时必须进行反冲洗，反冲洗水来自中间水池。而反冲洗水排至集水井，从而进入污水处理系统。整个系统的污泥从沉淀池排出，经板框压滤机脱水后，泥饼含水率在 75% 左右，外运处置。表 5-36 为 BIOFOR 的工艺性能。

BIOFOR 的工艺性能　　表 5-36

工艺性能参数	具体数据	工艺性能参数	具体数据
滤池速度（m/h）	2～11	反硝化负荷（10℃）[kg/(m^3 滤料·d)]	2.5
空气速度（m/h）	4～15	反硝化负荷（20℃）[kg/(m^3 滤料·d)]	6
固体负荷能力（kg/m^3）	4～7	去除 AOX（%）	30～40
BOD 有机负荷［kg/(m^3 滤料·d)］	6	氧效率（%）	20～30
COD 有机负荷［kg/(m^3 滤料·d)］	12	反冲洗水（进水量的百分数）(%)	3～8
硝化负荷（10℃）［kg/(m^3 滤料·d)］	1		
硝化负荷（20℃）［kg/(m^3 滤料·d)］	1.5	污泥产量（kg/kgBOD 去除）	0.75

本工程为辽宁省盘锦市，地处东北，该地年平均气温为 8.3℃，极度最低气温达到 -28.2℃，最大冻土厚度达到 117cm，为保证污水处理设施冬天能够正常高效运行，设计中将所有构筑物建造在一房间内，从外形看整个污水处理设施相当于一座建筑物，非常美观，与小区建筑环境相协调。该工程于 1999 年底竣工投运。运行情况良好，当曝气生物滤池 BOD_5 容积负荷在 5～6kg/(m^3·d) 时，其出水 COD 平均保持在 60mg/L 以下，远低于国家《污水综合排放标准》(GB 8978—1996) 中的一级标准。表 5-37 为该工程的污水处理效果表。该工程的主要技术经济指标见表 5-38。

污水处理效果　　表 5-37

指标 项目	pH	COD (mg/L)	BOD_5 (mg/L)	TSS (mg/L)	石油类 (mg/L)	挥发酚 (mg/L)	硫化物 (mg/L)
进水	8.02	491	230.8	263	454.08	0.298	0.881
出水	8.24	57	14.3	64	1.24	未检出	0.356
去除率	—	88.4	93.8	75.7	99.73	—	59.6

工程的主要技术经济指标　　表 5-38

序号	项　目	说　明	吨水费用（元）
1	工程总投资	183 万元，其中固定资产投资 171.9 万元	
2	人工费	定员 3 人，22800 元/(人·年)	0.125
3	电费	平均运转负荷 22.5kW，每年用电 15×10^4kW·h，电费 0.42 元/(kW·h)，共计 6.3 万元/年	0.115
4	药剂费	混凝剂、絮凝剂投加量 10mg/L，2000 元/t（混凝剂）、10000 元/t（絮凝剂），年投加 5.5t，6.6 万元/年	0.120
5	折旧费	按固定资产形成率 95% 计，折旧年限 20 年，8.17 万元/年	0.150
6	大修费	按折旧费 50% 计，4.09 万元/年	0.075
7	检修维护费	按固定资产 1% 计，1.63 万元/年	0.03
8	行政管理及其他费用	按 2～7 项费用之和的 10% 计，3.36 万元/年	0.062
9	直接运行费	为 2+3+4+7+8 项之和，共计 24.73 万元/年	0.452
10	处理成本	为 5+6+9 项之和，共计 36.99 万元/年	0.677

2. BIOSTYR 工艺

Biostyr 滤池是 BAF 工艺的一种，是法国 OTV 公司的注册工艺，由于采用了新型轻质悬浮填料 Biostyrene（主要成分是聚苯乙烯，且密度小于 $1.0g/cm^3$）而得名。这种滤池采用固定床形式，充气方式几经改变，曾经报道过的有：进水预充氧的上向流滤池、底部充氧的上向流颗料滤料滤池、底部充氧的上向流塑料滤料滤池。最后改为将穿孔管曝气系统设在滤床中间，从而将滤床分为两部分：上部分为曝气的生化反应区，下部分为非曝气的过滤区，这样就省掉了二次沉淀池。其后又开发了带回流的底部不曝气的具有脱氮功能的曝气生物滤池。脱氮的 Biostyr 反应器的结构示意如图 5-87 所示。

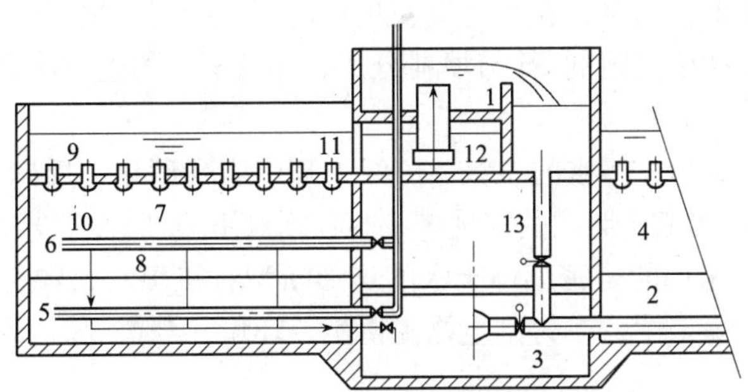

图 5-87　Biostyr 滤池结构示意

1—配水廊道；2—滤池进水和排泥管；3—反冲洗循环闸门；4—填料；5—反冲洗气管；6—空气管；7—好氧区；8—缺氧区；9—挡板；10—出水滤头；11—处理后水的储存和排出；12—回流泵；13—进水管

从图 5-87 可以看出，Biostyr 滤池与一般 BAF 工艺不同之处在于其滤头设在池子的上部，在上部挡板上均匀安装有出水滤头。挡板上部空间用作反冲洗水的储水区，其高度根据反冲洗水头而定，该区设有回流泵用以将滤池出水泵送至配水廊道，继而回流到滤池底部实现反硝化。滤池底部设有进水和排泥管，中上部是填料层，厚度一般为 2.5～3m，填料顶部装有挡板，防止悬浮填料的流失。其填料底部与滤池底部的空间留作反冲洗再生时填料膨胀之用。滤池供气系统分 2 套管路。置于填料层内的工艺空气管用于工艺曝气，并将填料层分为上下两个区：上部为好氧区，下部为缺氧区。根据不同原水水质、处理目的和要求，填料高度可以变化，好氧区、厌氧区所占比例也可有所不同。滤池底部的空气管路是反冲洗空气管。

经预处理的污水与经硝化的滤池出水按一定回流比混合后进入滤池底部。在滤池中间进行曝气，根据反硝化程度的不同将滤池分为不同体积的好氧和缺氧部分。在缺氧区，一方面反硝化菌利用进水中的有机物作为碳源，将滤池中的 NO_3^--N 转化为 N_2，实现反硝化。另一方面，填料上的微生物利用进水中的溶解氧和反硝化产生的氧降解 BOD，同时，一部分 SS 被截留在滤床内，这样便减轻了好氧段的固体负荷。经过缺氧段处理的污水然后进入好氧段，在好氧段微生物利用气泡中转移到水中的溶解氧进一步降解 BOD，硝化菌将 NH_3-N 氧化为 NO_3^--N，滤床继续截留在缺氧段没有被去除的 SS，流出滤层的水经上部滤头排出。滤池出水分为：1）排出处理系统；2）按回流比与原水混合进行反硝化；3）用作反冲洗（在多个滤池并联运行的情况下，当某一个滤池反冲洗时，反冲洗水由其他工作着的滤池出水共同提供）。

如果在 BIOSTYR 中，只需进行单独硝化或反硝化，只需将曝气管的位置设置在滤池底部即可。

随着过滤的进行，由于填料层内生物膜逐渐增厚，SS 不断积累，过滤水头损失逐步加大，其水头损失增长与运行时间成正相关。当水头损失达到极限水头损失时，设计流量将得不到保证，此时即应进入反冲洗再生以去除滤床内过量的生物膜及 SS，恢复滤池的处理能力。由于 BIOSTYR 中没有形成表面堵塞层，使得 BIOSTYR 工艺运行时间相对要长。反冲洗水自上而下，填料层受下向水流的作用发生膨胀，填料层在单独水冲或气冲过程中，不断膨胀和被压缩；同时，在水、气对填料的流体冲刷和填料颗粒间互相摩擦的双重作用下，生物膜、被截留吸附的 SS 与填料分离，冲洗下来的生物膜及 SS 在漂洗中被冲出滤池。

Biostyr 工艺最初是为在污水的二级、三级处理中实现硝化、反硝化而开发的，设计思想来自 A/O 法。在具体工艺形式的实现中，相比而言 BIOSTYR 工艺有如下优点：

（1）Biostyr 滤池采用的是密度小于水的球形新型有机填料，粒径 3.5～5mm，具有较好的机械强度和化学稳定性，在为微生物提供生长环境、截留 SS、促进气—水均匀混合等方面有一定优势。

（2）Biostyr 工艺将 BOD 降解、硝化、反硝化集于一个处理单元内，简化了工艺流程。

（3）滤头布置在滤池顶部，预处理水接触不易堵塞，便于更换。

（4）反冲洗采用重力流反冲洗无需反冲泵，节省了动力。

（5）Biostyr 工艺的处理能力高，滤池易于规范化设计，工程结构紧凑，占地省，投资少。

（6）Biostyr 工艺一般具有自动化程度较高的控制系统，运行灵活，管理方便。

Biostyr 工艺在欧美应用较为普遍，而且许多工程集中在处理厂用地紧张、出水水质要求高的地方。对于已实现有机碳降解、硝化的处理厂，该工艺可在外加有机碳源的情况下完成反硝化；也可对只进行有机碳降解的二级处理厂进行升级，达到脱氮的水平。表 5-39 为 Biostyr 滤池处理城市生活污水，同时进行硝化/反硝化的常用设计参数。

Biostyr 常用设计参数 **表 5-39**

滤速 (m/h)	COD 负荷 [kg/(m^3·d)]	NH_3-N 负荷 [kg/(m^3·d)]	单池面积 (m^2)	好氧区高度/厌氧区高度	回流比 (%)	气水比
1～2.2	2～5.5	<1.1	<100	1.5/1.0～4.0/1.0	100～300	(1～3):1

3. BIOPUR 工艺

BIOPUR 是瑞士 VA TA TECH WABAG Winterthur（原苏尔寿环境技术部）于 20 世纪 80 年代初期研究开发的一种曝气生物滤池，其填料采用规整波纹板和颗粒载体，并可根据污水类型和进、出水指标结合不同的填料类型组合成不同的工艺。表 5-40 为 BIOPUR 工艺几种类型填料的性能与应用。

BIOPUR 工艺采用的填料性能与应用 表 5-40

填 料	应用范围	特 性	优 点
规整波纹板	去除有机物（BIOPUR-C） 预反硝化（BIOPUR-DN） 硝化（BIOPUR-N）	规整填料，高 3～6m，比表面积 220～450m^2/m^3 滤速小于 25m/h，滤池反冲洗周期 24～72h，单格滤池面积 1～80m^2	过滤水头损失可忽略不计，滤池运转周期长，抗高负荷冲击的能力强
陶粒填料	去除有机物（BIOPUR-C） 预反硝化和后续反硝化（BIOPUR-DNK） 硝化（BIOPUR-NK）	颗粒状填料，高 3～6m，比表面积 600～1200m^2/m^3，滤速小于 20m/h，滤池反冲洗周期 24～48h，单格滤池面积 1～80m^2	延长了固体的停留时间，同时去除磷
石英砂	絮凝过滤 后续反硝化 去除剩余的氨和亚硝酸盐	单层或多层滤料，高度 1.2～2.5m，滤速小于 20m/h，滤池反冲洗周期 24～48h	深层过滤运行安全，反冲洗水消耗少

BIOSTYR 工艺可以处理城市污水和工业废水，也可用于废水的深度处理（硝化、脱氮、除磷）。与其他工艺一样，BIOSTYR 工艺的设计负荷应根据不同的水质和处理要求选择不同的设计负荷，具体的工艺设计负荷取值范围见表 5-41。

BIOSTYR 工艺设计负荷指标 表 5-41

条 件		BOD 负荷指标 [kg/(m^3·d)]	备 注	
去除有机物	$COD/BOD_5<1.7$	6～10	二级曝气生物滤池去除有机物	
	$COD/BOD_5>1.7$	3～6		
去除有机物＋硝化	第一级去除有机物	3～6	去除有机物	
	第二级硝化	0.5～1	BOD/TKN＝2～3	
硝化和反硝化	第一级反硝化	1.5～3	BOD/TKN＝5～6	回流比 100%～300%
	第二级硝化	0.5～1	BOD/TKN＝5～6	
除磷	出水 TP 含量＜1mg/L		BOD/TP＞10	最好加 $FeCl_3$
	出水 TP 含量＜0.5mg/L		BOD/TP＞20	

5.6.5 曝气生物滤池的设计计算

曝气生物滤池根据其在污水处理过程中去除有机物或营养物质的不同作用可分为除碳（DC）曝气生物滤池、硝化（N）曝气生物滤池、反硝化和除磷（DN-P）曝气生物滤池。

1. DC 曝气生物滤池的设计与计算

曝气生物滤池的设计与计算内容包括滤料体积、滤池总面积、滤池总高度、布水布气系统、反冲洗系统以及污水与滤料的接触时间等。

（1）滤池池体的设计与计算

滤池池体的设计与计算主要包括滤料体积的确定以及滤池各部分尺寸的确定。目前比较通用的计算方法包括有机负荷计算法和接触时间计算法。

1）BOD 有机负荷计算法　曝气生物滤池的 BOD 容积负荷 N_w 是指每立方米滤料每天所能接受并降解 BOD 的量，以 kgBOD/(m^3 滤料·d) 表示。此值的选定取决于所处理污水的类型及对处理水水质中 BOD 的要求。出于曝气生物滤池在我国的应用尚处于起步阶段，所借鉴的工程实际资料和数据不多，但根据国内已建成投产的城市二级污水处理和酿造废水处理运转实例，建议在设计时 N_w 的取值分别为 2 ~ 4kgBOD/(m^3 滤料·d) 和 3 ~5kgBOD/(m^3 滤料·d)，在进行城市污水二级处理时，当要求出水 BOD 分别为30mg/L 和 10mg/L 时，N_w 的取值分别为 4kgBOD/(m^3 滤料·d) 和≤2kgBOD/(m^3 滤料·d)。但国外有的研究者建议在进行城市污水二级处理，当出水水质指标主要为 BOD 时，N_w 的取值可高达 5 ~6kgBOD/(m^3 滤料·d)；而当曝气生物滤池除了对 BOD 降解外还对氨氮硝化有要求时，N_w 的取值一般≤2kgBOD/(m^3 滤料·d)；当进行三级处理时，采用 N_w 取值为 0.12 ~0.18 kgBOD/(m^3 滤料·d)。

在进行曝气生物滤池的计算时，首先需计算出滤池内滤料的体积，然后再计算其他部分尺寸。滤料的体积可根据 BOD 容积负荷率 N_w 按下式计算：

$$W \doteq \frac{Q\Delta S}{1000N_w} \tag{5-96}$$

式中 W——滤料的总有效体积，m^3；

Q——进入滤池的日平均污水量，m^3/d；

ΔS——进出滤池的 BOD_5 的差值，mg/L；

N_w——BOD_5 容积负荷率，kgBOD/(m^3·d)。

曝气生物滤池总面积为：

$$A = \frac{W}{H} \tag{5-97}$$

式中 A——曝气生物滤池的总面积，m^2；

H——滤料层高度，m。

一般滤池中滤料层高度 H 为 2.5 ~4.5m，但这要根据工程实际情况确定。高度过高则所需鼓风机的风压较高，能耗较大；高度过低则所需鼓风机的风压较小，能耗也较低，但滤池总面积增大。

考虑到单座滤池面积过大将会增加反冲洗时的供水、供气量，同时不利于布水、布气的均匀，所以在滤池总面积过大时必须分格。一般来说。单格滤池面积越小则布水布气越均匀、反冲洗时的供水、供气量也越少；但单格滤池截面积越小则会使整个滤池的土建工程量增加，从而使土建工程投资增加。针对中等规模的城市污水处理厂，单格滤池的截面积 a 一般应控制在≤100m^2。所以在采用 n 座（n≥2）曝气生物滤池并联时，则每座滤池的面积为：

$$a = \frac{A}{n} \tag{5-98}$$

曝气生物滤池的总高度应包括配水室、承托层、清水区、超高等高度。即曝气生物滤池的总高度为：

$$H_0 = H + h_1 + h_2 + h_3 + h_4 \tag{5-99}$$

式中 H_0——曝气生物滤池的总高度，m；

H——滤料层高度，m；

h_1——配水室高度，m；

h_2——承托层高度，m；

h_3——清水区高度，m；

h_4——超高，m。

污水流过滤料层高度的空塔停留时间 t_1（h）：

$$t_1=\frac{AH}{Q}\times 24 \tag{5-100}$$

污水流过滤料层的实际停留时间 t（h）：

$$t=\frac{AH}{Q}\times 24e \tag{5-101}$$

式中 e 为滤料层的空隙率，对于圆形陶粒滤料，一般 $e=0.5$。

在设计曝气生物滤池时，滤池的结构一般可采用圆形、正方形和矩形结构，对于圆形结构在同样的面积下，其周长比正方形少12%，但圆形结构的这一优点仅仅在采用单个池子时才成立。当建立两个或两个以上的滤池时，正方形或矩形可以采用共壁，对于公共壁的正方形或矩形滤池，池形的长宽比对造价也有影响，正方形的周长比矩形要小，所以正方形滤池所需的建筑量最少。

【例】 一日处理20000m³/d的城市污水处理厂，采用DC曝气生物滤池进行对BOD的降解，进水BOD=153mg/L，要求出水BOD=20mg/L，计算DC曝气生物滤池的尺寸。

【解】 取BOD容积负荷率 $N_w=3\text{kgBOD/(m}^3\text{滤料}\cdot\text{d)}$，则所需滤料体积为：

$$W=\frac{Q\cdot\Delta S}{1000N_w}=\frac{20000\times(153-20)}{1000\times 3}=886.7\text{m}^3$$

取滤料层高度 $H=4$m，则DC曝气生物滤池总面积为：

$$A=\frac{W}{H}=\frac{886.7}{4}=221.7\text{m}^2$$

滤池共分成4格，每格面积为：

$$a=\frac{A}{n}=\frac{221.7}{4}=55.43\text{m}^2$$

考虑到方形池最节省，所以单格滤池定为方形池，每格尺寸为7.45m×7.45m。

取配水室高度 $h_1=1.2$m，承托层高度 $h_2=0.3$m，清水区高度 $h_3=1.0$m。超高 $h_4=0.5$m，则滤池总高度为：

$$H_0=H+h_1+h_2+h_3+h_4=4+1.2+0.3+1+0.5=7\text{m}$$

污水流过滤料层的实际停留时间：

$$t=\frac{AH}{Q}\times 24e=\frac{221.7\times 4}{20000}\times 24\times 0.5=0.532\text{h}$$

2）接触时间计算法　所谓接触时间计算法就是根据微生物反应动力学关系式和进出水的水质来先求定污水与滤料的接触时间，由此进一步计算出曝气生物滤池的总面积和滤料体积。

在曝气生物滤池的处理工艺中，与一般的微生物悬浮生长和附着生长系统一样，有机物BOD的去除率与其浓度成一级反应方程式，即：

$$\frac{\mathrm{d}S}{\mathrm{d}t}=-kS \tag{5-102}$$

式中 S——滤池内任一时刻有机物BOD的浓度，mg/L；

t——接触反应时间，h；

k——反应速度常数，h^{-1}。

上式两侧积分并整理可得：

$$t = k\ln\frac{S_0}{S_e} \tag{5-103}$$

式中 S_0——原污水的 BOD 浓度，mg/L；

S_e——处理出水的 BOD 浓度，mg/L；

k——常数，与原污水的 BOD 浓度 S_0 与滤料的充填率有关。

由式（5-90）可以看出，t 与 S_0 成正比而与 S_e 成反比，即原水 BOD 浓度越高（S_0 越大），对处理出水的水质要求越高（S_e 值越低），所需的接触反应时间越长。

3）按 BOD 去除速率计算 BOD 去除的速率方程近似于一次方程，可以采用下述方程：

$$S_e/S_0 = -kt \tag{5-104}$$

$$t = 1440 \times (\varepsilon \cdot V/Q) \tag{5-105}$$

$$N_v = (S_0 Q \times 10^{-3})/V \tag{5-106}$$

式中 S_0——滤池进水 BOD 的浓度，mg/L；

S_e——在滤池中 t 分钟之后的 BOD 的浓度，mg/L；

t——停留时间，min；

k——BOD 去除的速率常数，min^{-1}，一般为 0.1～0.2，最小为 0.07；

V——滤料层的容积，m^3；

Q——进入滤池的日平均污水量，m^3/d；

ε——滤料层的空隙率，一般为 0.5。

（2）供气量的计算与供气系统的设计

在如曝气生物滤池这样的生物膜法反应器中，生物膜耗费的溶解氧总量一般为 1～3mg/L。为使滤料表面层的好氧菌膜维持良好的生物相，通过滤料层后的剩余溶解氧应该保持在 2～3mg/L（也有人建议在 3～4mg/L），这样要去污水在进入滤料层前的溶解氧为4～6mg/L左右。

1）微生物需氧量　微生物膜的需氧量包括合成用氧量和内源呼吸用氧量两部分，即：

$$R = a'\Delta BOD + b'P \tag{5-107}$$

式中 R——微生物膜的需氧量，kg/d；

ΔBOD——滤池单位时间内去除的 BOD 量，kg/d；

P——活性生物膜数量，kg；

a'、b'——系数。

从等当量的化学反应来看，每去除 1kgBOD 需要 1kg 氧气，但实际上需氧量是随着污泥负荷的变化而变化的。例如在普通的低负荷生物滤池中，由于污泥负荷低，泥龄长，氧化反应进行得比较彻底，去除 1kgBOD 的需氧量可大于 1kg，系数 a'通常为 1.46 左右；在曝气生物滤池中，由于污泥负荷高，生物膜更新快，泥龄短，氧化反应进行得不彻底，有一部分 BOD 物质未被氯化就排出系统，因此去除 1kgBOD 的需氧量往往低于 1kg，系数 a' 通常小于 1。根据埃肯费尔德（Eckenfelder）、巴恩哈特（Barnhart）等试验测定，用于生物膜内源呼吸的氧量为 0.3mg/(m^2·h) 左右，按照滤料的比表面积和生物膜的干重

（kg/m^2）可推算系数 b'。在普通生物滤池中 b'取 0.18。

随着研究的深入，最近有人提出了曝气生物滤池的需氧量可用下式计算出：

$$OR - 0.82 \times (\Delta BOD/BOD) + 0.32 \times (X_0/BOD) \tag{5-108}$$

式中　OR——单位质量的 BOD 所需的氧量，无量纲（kg/kg）；

ΔBOD——滤池单位时间内去除的 BOD 量，kg；

BOD——滤池单位时间内进入的 BOD 量，kg；

X_0——滤池单位时间内进入的悬浮物的量，kg。

2）实际所需供氧量　滤池实际所需供氧量（R_h）取决于微生物需氧量（R 或 OR）和曝气装置氧的总转移系数 K_{la}。当缺乏 K_{la}测定资料时，建议按下式计算：

$$R_h = \frac{RK}{\alpha\beta\gamma} \tag{5-109}$$

式中　K 为需氧量不均匀系数。

在实际运转系统中水量与水质是变化的，这样也就形成了需氧量的不均匀性。水量与水质高负荷时的需氧量往往比平均负荷时高出很多。在确定供气系统时必须按最大需氧量考虑才能取得预期效果。K 值按排水制度、工艺生产等实测确定。α 为氧的水质转移系数；β 为饱和溶解氧修正系数。α、β 视处理水水质而异。经试验测定，对于生活污水的 α 值为 0.8，β 值为 0.9～0.95；工业废水如印染废水的 α 值只有 0.35～0.5，β 值为 0.78。γ 值为不同温度时的充氧系数，其值可由表 5-42 查得。

不同温度及溶解氧时的充氧系数 γ 值　　　　**表 5-42**

溶解氧（mg/L）	温　度（℃）					
	5	10	15	20	25	32
0	1.04	1.03	0.97	1.0	1.04	1.02
1	0.96	0.94	0.88	0.89	0.92	0.88
2	0.88	0.85	0.78	0.78	0.79	0.75
3	0.8	0.76	0.68	0.67	0.67	0.62
4	0.72	0.68	0.59	0.56	0.54	0.48
5	0.63	0.58	0.49	0.46	0.42	0.35

根据实践经验，曝气生物滤池的微生物需氧量（R）可视为标态下的需氧量（水温 20℃，1 个大气压），实际所需供氧量（R_s）应换算至最不利水温 T 时的供氧量较为合理：

当最不利水温 T 时，曝气生物滤池实际需氧量 R_s 为：

$$R_s = \frac{RC_{sm(T)}}{\alpha \times 1.024^{T-2C}(\beta\rho C_{s(T)} - C_1)} \tag{5-110}$$

式中　α——氧的水质转移系数，对于生活污水 α 值为 0.8；

β——饱和溶解氧修正系数，对于生活污水 β 值为 0.9～0.95；

ρ——修正系数，对于生活污水 ρ 值为 1；

T——最不利水温，℃；

$C_{sm(T)}$——水温 T℃时曝气装置在水下深度处至池液面的平均溶解氧值，mg/L；

$C_{s(T)}$——在水温 T℃时清水中的饱和溶解氧浓度。mg/L；

C_1——滤池出水中的剩余溶解氧浓度，mg/L。

其中 $C_{sm(T)}$ 可按下式计算：

$$C_{sm(T)} = C_{s(T)}\left(\frac{Q_t}{42} + \frac{P_b}{2.026 \times 10^3}\right) \tag{5-111}$$

式中 Q_t——当滤池氧的利用率为 E_A 时，从滤池中逸出气体中含氧量的百分率，%；

P_b——当滤池水面压力 P 时，曝气装置安装在滤池液面下 H 深度时的绝对压力，Pa。

其中 Q_t 可按下式计算：

$$Q_t = \frac{21 \times (1 - E_A)}{79 + 21 \times (1 - E_A)} \tag{5-112}$$

式中 E_A——滤池氧的利用率，%。

P_b 可按下式计算：

$$P_b = P + 9.8 \times 10^3 \times H \tag{5-113}$$

式中 P——滤池水面压力，Pa；

H——曝气装置安装在滤池液面下的深度，Pa。

3）供气量（G_a）根据式（5-96）或式（5-97）计算出的曝气生物滤池实际需氧量 R_s 后，还需换算成实际所需的空气量 G_a。G_a 与曝气装置和滤池的总体氧的利用率 E_A 有关，按下式计算：

$$G_a = \frac{R_s}{0.3E_A} \tag{5-114}$$

根据式（5-114）计算出的空气量即为曝气生物滤池供气系统所需的供气量。

在曝气生物滤池的运行过程中，曝气不仅提供微生物所需的溶解氧，还起到了对滤料层的紊动，促进微生物膜的脱落和更新，防止滤料堵塞，有利于污水中有机物和微生物代谢产物的扩散传递。同时对于上向流生物滤池来说，出于空气的携带作用，使进水中的SS被带入滤床深处，对SS的截留起到了生物过滤作用。

4）供气系统的设计　曝气生物滤池的曝气类型为鼓风曝气，鼓风曝气系统由鼓风机、空气扩散装置（曝气器）和一系列连通的管道组成。鼓风曝气是采用曝气器在水中引入气泡的方式，经过扩散装置使空气形成不同尺寸的气泡，气泡在扩散装置出口处形成，尺寸则取决于扩散装置的形式，气泡经过上升和随水循环流动，最后在液面处破裂。鼓风机将空气输送到安装在滤料层底部的扩散装置（曝气器），这一过程中产生氧向混合液中的转移。所以供气系统的设计应包括空气扩散装置的选定并对其进行布置、空气管道的布置与计算、鼓风机型号与台数的确定三部分。

5）空气扩散装置的选定和设计　在选定空气扩散装置时要考虑下列各项因素：

① 空气扩散装置应具有较高的氧的利用率（E_A）和动力效率（E_P），具有较好的节能，每台鼓风机应单设基础，基础间距应在1.5m以上。鼓风机应设双电源，以保证安全供电，供电设备的容量应按全部机组同时启动时的负荷设计。

② 在进行鼓风机房的设计时，应采取防止噪声的措施，使其符合《工业企业厂界噪声标准》和《城市区域环境噪声标准》。

（3）配水系统的设计

曝气生物滤池的配水系统一般采用小阻力配水系统，并根据反冲洗形式以采用滤头、格栅式、平板孔式较多。这一部分的设计可参照《给水排水设计手册》第三册中有关过滤章节。

（4）反冲洗系统的设计

在曝气生物滤池运行中，生物膜渐渐增厚。膜的厚度一般应控制在300～400μm此值，此时生物膜新陈代谢能力强，出水水质好。当膜的厚度超过这一范围时，一方面氧的传递速率减小，导致溶解氧过低，影响微生物的繁殖，生物膜活性变差，同时又抑制丝状菌的生长，结果使去除能力降低，出水水质变坏；另一方面使传质速度减缓，有机物浓度过低，造成营养不足，生物膜难以形成。此外，进水中的颗粒物质被截留在滤料深处的填料空隙中，同时生长的过量微生物也被聚集在滤料深处的填料空隙中，随着处理过程的持续运行，填料的空隙度减小，这对曝气生物滤池的运行产生的不利影响。

曝气生物滤池与一般滤池的反冲洗方式大致相同，现阶段用于滤池反冲洗的工艺主要有单一水反冲洗和气—水联合反冲洗两种。气—水联合反冲洗按水、气的冲洗顺序分为先气后水和气、水同时冲洗工艺，这两种冲洗方式在曝气生物滤池上均有应用。

1）单一水反冲洗　单一水反冲洗技术已使用多年，一般认为单一水反冲洗过程难以洗掉滤料颗粒面上的污泥层，日积月累，恶性循环，逐渐将滤层发展成泥毯，最后导致整个滤层板结，使滤池丧失过滤功能。

2）气—水联合反冲洗　据文献报道，水、气的速度梯度（G）越大，颗粒碰撞接触的机会越多。另根据流体力学，G值增大，紊流应力中的附加切应力也增加，故G值增加，既有利于提高剪切力，又能提高颗粒间的碰撞机会，从而提高冲洗效果。据文献报道，气—水联合反冲洗有效提高了G值。袁志宇等人的研究表明，当气、水同时反冲洗时，根据气泡克服滤层阻力做功推算，当采用气冲洗强度10L/($m^2 \cdot s$)，水洗强度5L/($m^2 \cdot s$)，在空气通过区气泡做功产生的速度梯度为475s^{-1}时，水流产生的速度梯度为187s^{-1}，总的速度梯度G为662s^{-1}，而单一水洗时G值常在150～400 s^{-1}，因此气—水联合反冲洗较单一水反冲洗效果好得多。

曝气生物滤池进水中的颗粒物质或胶体物质以及运行过程中脱落的生物膜被截留在滤料间的孔隙中，在一定情况下，这些物质起到了生物截留作用。但随着处理过程的持续进行，填料的孔隙度减小，一方面加大了滤池的水头损失，另一方面加大了对水流的剪切应力。在达到或接近滤池的设计流量时，当总的水头损失接近通过曝气生物滤池所必须的水头损失或出现截留物质穿透滤层时，曝气生物滤池应停止运行并进行反冲洗。

反冲洗是保证曝气生物滤池正常运行的关键，其目的是在较短的反冲洗时间内，使滤料得到适当的清洗，恢复其截污功能，但也不能对滤料进行过分冲刷，以免冲洗掉滤池正常运行必要的生物膜。反冲洗的质量对出水水质、运行周期、运行状况的影响很大。采用气—水联合反冲洗的顺序通常为：先单独用气反冲洗，再气—水联合反冲洗，最后用清水反冲洗。整个反冲洗过程由计算机程序控制，通过计算机自动开启或关闭进出水管和空气管道上的自动阀门。

曝气生物滤池的反冲洗周期应根据实际运行经验或在线仪表检测的数据由计算机自动进行。滤池通常运行24～48h、反冲洗一次，滤池截面上的反冲洗水速为15～25m/h，气速为60～80m/h，冲洗后的排水中SS的浓度为800～1200mg/L。对于曝气生物滤池，控制好气—水反冲洗强度显得尤为重要，过低达不到反冲洗的目的，过高会使微生物膜过分冲刷而导致脱落，造成填料层内微生物量的减少，以至影响处理效果，并增加不必要的反冲洗耗水量、耗电量。

曝气生物滤池的反冲洗周期要根据实际运行情况在工作中摸得，国外不同作用的曝气生物滤池反冲洗周期和耗水量见表5-43。

不同作用的曝气生物滤池反冲洗周期和耗水量　　表5-43

污水处理厂	滤床运行时间（h）	冲洗水量（相对值，$Q_{冲洗}/Q_{进水}$）(%)	说　明
A	24 48	16	两段主生物处理生物滤床第一段降解有机物，第二段硝化
B	(16～24)+12①	35～50	一段主生物处理生物滤床（降解有机物、硝化、反硝化）
C	24 24	30	两段生物滤床，用于深度处理第一段降解有机物，第二段硝化
D	20～42 34～72	45	两段主生物处理生物滤床第一段降解有机物，第二段硝化

①需进行中间冲洗。

反冲洗周期的长短一方面依赖于过滤材料的粒度，另一方面依赖于进水中SS与BOD的浓度，并且也与滤池的有机负荷高低及污水水温有关。对于除碳生物滤池，由于其往往位于初沉池或水解池后面，近水中的有机物浓度较高，滤床的有机负荷也较高，所以其反应速率高，异养微生物增殖很快，相对老化的微生物膜脱落也快，再加上进水中的大量SS和胶体物质也较高，绝大部分截留在滤床中，所以需要频繁地冲洗。而对于硝化滤床，出于硝化菌的生长速率低，硝化菌的增殖慢，相对老化的微生物膜脱落也慢，且往往位于除碳生物滤池后面，截留的SS也少，所以反冲洗周期较长。另外，在进行后置反硝化的生物滤床内，外部碳源的加入可导致污泥产量的提高，运行周期也短，冲洗频率较高。

（5）曝气生物滤池污泥产量的计算

在污水生物处理过程中，污泥产量表示去除单位重量的TBOD所产生的TSS量。污泥产量与进水TSS/TBOD比值有密切关系。进水TSS/TBOD比值越大，污泥产量也就越多。污泥产量可按下式计算：

$$Y=\frac{(0.6\times\Delta SBOD+0.8X_0)}{\Delta TBOD} \tag{5-115}$$

式中 Y——污泥产量，kgTSS/kgΔTBOD；

ΔSBOD——滤池进出水中可溶性BOD浓度之差，mg/L；

ΔTBOD——滤池进出水中总的BOD浓度之差，mg/L；

X_0——滤池进水中悬浮物浓度，mg/L。

从式（5-115）可以看出，在曝气生物滤池中，进水中被去除的悬浮物有一些不能被降解。有一种观点认为，在曝气生物滤池中，悬浮物停留的时间较短，它们被过滤后只是暂时被停留在滤料层中，不像在活性污泥系统中与活性生物充分混合，而且一些被截留的悬浮物充满了滤料的小孔以及滤料之间的空隙，阻止了氧的传递和水的流动，也限制了悬浮物的降解。

曝气生物滤池的产泥量除了按照式（5-102）计算外，也可以参照表5-44进行估算。

曝气生物滤池的产泥量　　表5-44

BOD负荷［kg/(m³·d)］	1.0	1.5	2	2.5	3	3.6	3.9
污泥产量（kg/kg）	0.18	0.37	0.45	0.52	0.58	0.70	0.75

从表5-44中可以看出，由于曝气生物滤池中的污泥浓度可达10mg/L以上，因此其BOD负荷可比其他传统工艺高3~5倍，滤料上的微生物膜上除生长着真菌、丝状菌和菌胶团外，还有多种捕食细菌的原生动物和后生动物，形成了稳定的食物链，因而产泥量较少。

2. N曝气生物滤池的设计与计算

对于城市生活污水或氨氮含量较高工业废水来说。经DC曝气生物滤池对污水中90%以上的有机污染物进行处理后，虽然这种水的BOD符合同家有关排放标准，但由于其中的氨氮去除率只有20%~40%，因而出水中还残留着一定量的氨氮。这些残留的氨氮与促进富营养化的临界浓度相比高一个数量级，所以如果把这些处理水直接排放到自然水域时，必将会促进富营养化。另外，当排放水域用来作为农田灌溉用水源时，若氮含量很高就会引起水稻贪青徒长。为防止富营养化，并不影响水氮，除氮是很重要的。

N曝气生物滤池主要用来对DC曝气生物滤池出水中的氨氮进行硝化。硝化作用是指MH_4^+被氧化成NO_2^-，然后再进一步氧化成NO_3^-的过程。在N曝气生物滤池中，起到硝化作用的细菌都以膜的形式附着生长在滤料的比表面上，由于滤池中滤料的比表面积很大，附着的微生物量也很大，所以硝化效率很高。由于N曝气生物滤池进水中的BOD浓度已很低，而氨氮浓度很高，所以该滤池中的主生物反应过程主要为氨氮硝化，有机物的降解反应很弱，所以滤料上生长的优势菌为硝化菌。硝化菌主要包括硝化菌和亚硝化菌两类，两类细菌都是革兰氏阴性无芽孢杆菌，并为严格好氧的专性化能自养菌，两者的不同之处在于亚硝化菌能利用氨作为能源，而硝化菌只能利用亚硝酸盐作为能源。另外，从细胞GC百分比数值来看，硝化菌比亚硝化菌高，可见这两类菌有着明显的差异。

在处理流程上，由于N曝气生物滤池位于DC曝气生物滤池之后，硝化的自养菌在其自己适宜的环境下生长，可将它们控制在最合适的条件下运行，使反应速率提高，反应器总体积减少。同时由于对硝化菌有抑制作用的抑制物在DC曝气生物滤池中被去除，使运行可靠性将有所增加。另外，由于N曝气生物滤池位于DC曝气生物滤池之后，使N滤池进口端无需提高过高的供氧速率，总需氧量可减少。

（1）DN滤池池体的设计与计算

与DC曝气生物滤池类似，N曝气生物滤池池体的设计与计算也主要包括滤料体积的确定以及滤池各部分尺寸的确定。对于N曝气生物滤池，其计算方法一般有两种，即按滤料表面负荷计算法和容积负荷计算法。

1）滤料表面负荷计算法　N曝气生物滤池的滤料表面负荷q_{NH_3-N}是指每平方米滤料每天所能接受并降解的NH_3-N量，以gNH_3-N/(m^2滤料·d)表示。此值的选定取决于所处理污水中NH_3-N的浓度并与对处理水的温度、供氧量和滤池的水力负荷有关。Gullicks等提出了去氮与进水NH_3-N和水力负荷之间关系的曲线（图5-88）。图中的数据在作简单的修正后可用于设计。

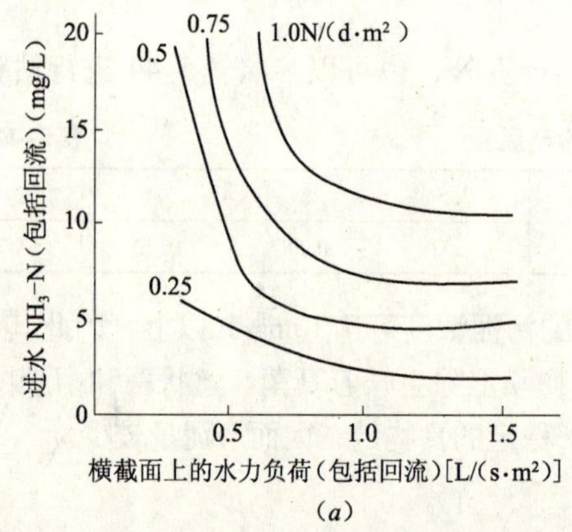

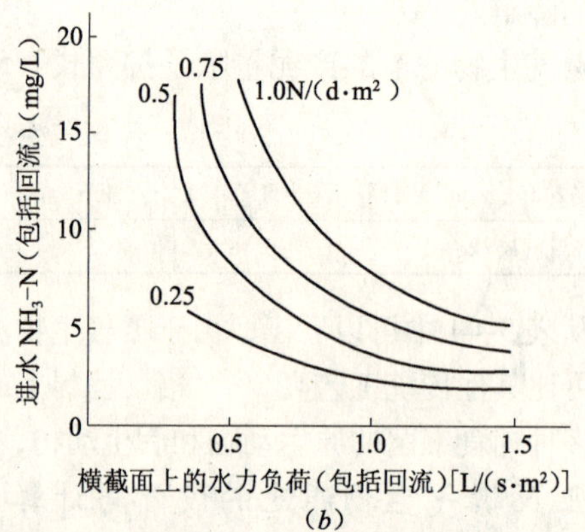

图 5-88 生物滤池进水的 NH_3-N 及水力负荷与氨氮去除率的关系

(*a*) $T = 10 \sim 14℃$；(*b*) $T > 14℃$

Boller 等根据他们的中试研究提出了对完全硝化的 N 生物滤池，滤料适宜的表面负荷为 0.4gNH_3-N/(m^2 · d)（出水 NH_3-N < 2mg/L，$T = 10℃$）。Barnes 等建议，在一般滤料（如塑料滤料）中，当温度为 10～20℃时，适宜负荷为 0.5～1.0gNH_3-N/(m^2 · d)。图 5-89 表示氮负荷对硝化作用效率的影响，该图从 Jiumm 等的中试资料得出。

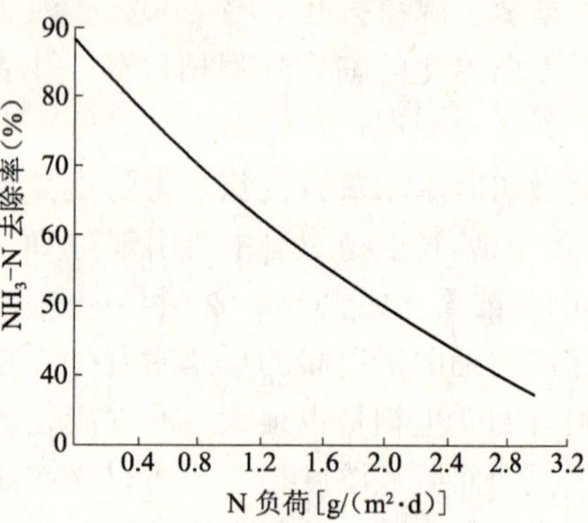

图 5-89 氮负荷对生物滤池硝化作用的影响

在进行 N 曝气生物滤池的计算时，首先需计算出滤池内滤料的体积，然后再计算其他部分尺寸。滤料体积的确定可先计算出所需滤料的总面积，然后再除以单位体积滤料的表面积而得出滤料总体积。所需滤料的总表面积按下式计算：

$$S = \frac{Q\Delta C_{NH_3\text{-}N}}{q_{NH_3\text{-}N}} \tag{5-116}$$

式中 S——所需滤料的总表面积，m^2；

Q——进入滤池的日平均污水量，m^3/d；

$\Delta C_{NH_3\text{-}N}$——进出滤池 NH_3-N 浓度的差值，mg/L；

$q_{NH_3\text{-}N}$——滤料的 NH_3-N 表面负荷，gNH_3-N/(m^2 · d)。

所需滤料的体积可按下式计算：

$$W = \frac{S}{S'} \tag{5-117}$$

式中 W——滤料的总有效体积，m^3；

S'——单位体积滤料的表面积，m^2/m^3 滤料。

所以，N 曝气生物滤池的总截面积为：

$$A = \frac{W}{H} \tag{5-118}$$

式中 A——N 曝气生物滤池的总截面积，m^2；

H——滤料层高度，m。

一般滤池中滤料层高度 H 为2.5～4.5m，但这要根据工程实际情况确定。高度过高则所需鼓风机的风压较高，能耗较大；高度过低则所需鼓风机的风压较小，能耗也较低，但滤池总面积增大。总的来说，在水力负荷一定时，增加滤料层高度将有利于硝化作用的进行。

同样，考虑到单座滤池面积过大将会增加反冲洗时的供水、供气量，同时不利于均匀布水、布气。所以外滤池总面积过大时必须分格。所以在采用 n 座（$n \geqslant 2$）N 曝气生物滤池并联时，则每座滤池的面积为：

$$a = \frac{A}{n} \tag{5-119}$$

N 曝气生物滤池的总高度与 DC 曝气生物滤池的计算方式一样，可参照式（5-99）进行。

【例】计算经 DC 曝气生物滤池处理后出水中，污水流量 $Q = 20000\ m^3/d$；进水 NH_3-N 浓度 = 24mg/L；出水 NH_3-N 浓度 = 5mg/L；$T = 10℃$；填料比表面积 $S' = 1200m^2/m^3$ 滤料时，采用 N 曝气生物滤池除氮所需滤料体积。

【解】设计取滤池中滤料的 NH_3-N 表面负荷为 $q_{NH_3-N} = 0.5gNH_3\text{-}N/(m^2 \cdot d)$，被硝化的 NH_3-N 量为：

$$Q \cdot \Delta C_{NH_3-N} = 2000 \times (24 - 5) = 380000gNH_3\text{-}N/d$$

根据式（5-116），滤池所需滤料的总表面积为：

$$S = \frac{Q \cdot \Delta C_{NH_3-N}}{q_{NH_3-N}} = \frac{380000}{0.5} = 760000m^2$$

根据式（5-117），滤池所谓滤料的总有效体积为：

$$W = \frac{S}{S'} = \frac{760000}{1200} = 633.4m^3$$

根据滤料体积并参照 DC 曝气生物滤池各部分尺寸的计算方法，可以计算出 N 曝气生物滤池的各部分尺寸。

2）硝化容积负荷计算法　N 曝气生物滤池的硝化容积负荷 q_{NH_3-N} 是指每立方米滤料每天所能接受并降解的 NH_3-N 量，以 $kgNH_3\text{-}N/(m^3$ 滤料 · d) 表示。根据国外大量工程的实际运行数据表明，对于淹没式硝化滤池，其硝化容积负荷一般在 0.1～1.5$kgNH_3\text{-}N/(m^3$ 滤料 · d)，考虑到硝化时的多种影响因素，在工程设计中一般选用设计参数范围为 0.4～0.8$kgNH_3\text{-}N/(m^3$ 滤料 · d)。已知硝化容积负荷 $q'_{NH_3\text{-}N}$ 后，滤池所需滤料体积可按下式计算：

$$W = \frac{Q\Delta C_{NH_3\text{-}N}}{1000q'_{NH_3\text{-}N}} \tag{5-120}$$

式中　W——所需滤料的体积，m^3；

Q——进入滤池的日平均污水量，m^3/d；

$\Delta C_{NH_3\text{-}N}$——进出滤池 NH_3-N 浓度的差值，mg/L；

$q'_{NH_3\text{-}N}$——滤池的硝化容积负荷，$kgNH_3\text{-}N/(m^3$ 滤料 · d)。

已知所需滤料的体积后，N 曝气生物滤池的池体设计可参照 DC 曝气生物滤池的 BOD

有机负荷计算方法进行。

(2) 供气量的计算与供气系统的设计

1) 微生物需氧量　在硝化滤池中，微生物膜的需氧量 (R) 包括降解剩余有机物的需氧量和硝化的需氧量两部分。在该级滤池中，需要降解的有机物量已很少，否则硝化作用就不会顺利进行，所以需氧量大部分是用来进行硝化作用的。

降解有机物和硝化的需氧量可估算如下:

$$R_C=(Q\Delta C_{BOD})/1000 \tag{5-121}$$

$$R_N=(4.57Q\Delta C_{NH_3\text{-}N})/1000 \tag{5-122}$$

式中　R_C——降解 BOD 的需氧量，kg/d;

R_N——NH_3-N 硝化的需氧量，kg/d;

Q——进入滤池的日平均污水量，m^3/d;

ΔC_{BOD}——进出滤池 BOD 浓度的差值，mg/L;

$\Delta C_{NH_3\text{-}N}$——进出滤池 NH_3-N 浓度的差值，mg/L;

4.57——硝化需氧量系数、$kgO_2/kgTKN$。

所以在 N 曝气生物滤池中，微生物需氧量 (R) 为:

$$R=R_N+R_C \tag{5-123}$$

2) 实际所需供氧量　N 曝气生物滤池实际所需供氧量 (R_s) 可根据微生物需氧量 (R) 参照式 (5-109) 或式 (5-110) 进行计算。

3) 供气量 (G_s)　计算出的 N 曝气生物滤池实际需氧量 R_s 后，还需换算成实际所需的空气量 G_s。G_s 可根据式 (5-114) 计算。

4) 供气系统的设计　N 曝气生物滤池的曝气类型也为鼓风曝气，其供气系统的设计与 DC 曝气生物滤池系统设计一样，再次不在复述。

(3) 硝化滤池碱需要量的计算

在硝化过程中需要消耗一定量的碱度，如果污水中没有足够的碱度，硝化反应将导致 pH 值的下降，使反应速率减缓，所以硝化反应要顺利进行就必须要使污水中的碱度大于硝化所需的碱度。一般来说，在硝化反应中每硝化 1gNH_3-N 需要消耗 7.14g 碱度，所以硝化过程中需要的碱度量可按下式计算:

$$\text{碱度}=(7.14Q\Delta C_{NH_3\text{-}N})/1000 \tag{5-124}$$

式中　Q——进入滤池的日平均污水量，m^3/d;

$\Delta C_{NH_3\text{-}N}$——进出滤池 NH_3-N 浓度的差值，mg/L;

7.14——硝化需碱量系数，$kgO_2/kgNH_3$-N。

在实际工程应用中，对于典型的城市污水，进水中 NH_3-N 浓度一般为 20～40mg/L，TKN 约 50～60mg/L，碱度约 300mg/L (以 $CaCO_3$ 计) 左右。假定部分 TKN 用于细胞合成，部分转化为氨氮，则污水中的氨氮约为 50mg/L 左右 (按大值估算)，按硝化反应氨氮去除率为 80% 计，则硝化反应消耗的碱约 $50\times7.14\times0.8=285.6$mg/L。可见对于城市污水处理厂来说，当采用硝化脱氮工艺时不需要另外补充碱度；而当采用反硝化—硝化组合工艺脱氮时，由于反硝化过程中释放出一半的碱度，所以碱度将更加富余。

对于含氨氮浓度较高的工业废水，通常需要补充碱度才能使硝化反应器内的 pH 维持在7.2～8.0之间。计算公式如下：

$$碱度 = K(7.14Q\Delta C_{NH_3-N})/1000 \tag{5-125}$$

式中 K——安全系数，一般为1.2～1.3，其他符号同前。

（4）配水系统与反冲洗系统的设计

N曝气生物滤池的配水系统与反冲洗系统的设计可参照DC曝气生物滤池进行。

3. DN＋P生物滤池的设计与计算

DN＋P生物滤池主要为反硝化生物滤池，同时根据排放标准对TP的要求，在该级滤池的进水口可投加铁盐进行化学除磷。

反硝化反应就是在厌氧条件下，一部分反硝化菌以 NO_3^- 或 NO_2^- 作氧源，对有机物进行反应，在这个过程中将物质中所含的氮素转化为 N_2O 或 N_2 从污水中去除。在反硝化过程中必须要有脱氮菌，所谓脱氮菌就是那些具有把 NO_2-N 或 NO_3^--N 还原成 N_2O 或 N_2 能力的细菌总称。在土壤微生物中约有50%具有还原硝酸能力的细菌。脱氮菌一般属异养型兼性厌氧细菌，在有氧存在的条件下，利用氧呼吸；而在厌氧条件下同时有硝酸或亚硝酸离子存在的条件下，则利用这些离子中的氧来进行呼吸，因此脱氮反应或反硝化反应也可称为硝酸呼吸。

对于反硝化生物滤池，在污水处理厂内可使用前置反硝化生物滤池和后置反硝化生物滤池，对污水中产生的硝酸盐或亚硝酸盐进行反硝化。对于前置反硝化生物滤池，由于位于反硝化生物滤池后的硝化过程需要强烈的曝气，致使来自硝化滤池出水中的溶解氧浓度较高，因此从硝化生物滤池回流至反硝化生物滤池的回流污水中的溶解氧浓度很高，含硝酸盐的回流水将大量的氧气带入前置反硝化缺氧生物滤池内。氧气将继续消耗进入反硝化生物滤池内的COD。前量反硝化生物滤池的运行经验显示，如果回流比是400%，回流水带入前置反硝化缺氧生物滤池内的氧气量为平均硝酸盐负荷的40%左右。进入反硝化缺氧生物滤池内的溶解氧一方面会导致反硝化缺氧区体积的减少，另一方面带入的氧气要消耗COD，致使反硝化所需的C/N比减少，必要时需要外加碳源，但这样同时也增加了剩余污泥的产量。在国外，较多的工程应用是采用后置反硝化滤池，并采用外加碳源，如甲醇等。采用后置反硝化滤池一方面不需要硝化后的出水进行回流，同时采用外加碳源可使反硝化速率大大提高，这样就可使反硝化滤池的池容大大减小。

（1）反硝化过程中所需碳源的计算

在反硝化滤池中的生物反硝化过程可用下面两式表示：

$$NO_2^- + 3H^+ \rightarrow \frac{1}{2}N_2 + H_2O + OH^-$$

$$NO_3^- + 5H^+ \rightarrow \frac{1}{2}N_2 + 2H_2O + OH^-$$

由上述反应方程式可以看出，将1mg的 NO_2^--N 或 NO_3-N 还原为 N_2，分别需要有机物1.71mg和2.86mg，同时还产生3.57mg碱（以 $CaCO_3$ 计）。如果进水中含有溶解氧（DO），它会使部分有机碳源用于好氧分解，此时完成反硝化所需的有机物总量（碳源）C_m 可按下式计算，即：

$$C_m = 2.86[NO_3^- - N] + 1.71[NO_2^- - N] + DO \tag{5-126}$$

式中 C_m——反硝化所需的有机物量（碳源），mg/L；

$[NO_3^- - N]$——污水中硝态氮浓度，mg/L；

$[NO_2^- - N]$——污水中亚硝态氮浓度，mg/L；

DO——污水中的溶解氧浓度，mg/L。

如果污水中的有机物足以用于反硝化反应，则不需另加有机物。如果不具备这种条件，需要另外投加有机物，一般投加甲醇。此时反硝化反应可写为：

$$NO_3^- + \frac{5}{6}CH_3OH \rightarrow \frac{1}{2}N_2 + \frac{5}{6}CO_2 + \frac{7}{6}H_2O + OH^-$$

$$NO_2^- + \frac{1}{2}CH_3OH \rightarrow \frac{1}{2}N_2 + \frac{1}{2}CO_2 + \frac{1}{2}H_2O + OH^-$$

$$O_2 + \frac{2}{3}CH_3OH \rightarrow \frac{2}{3}CO_2 + \frac{4}{3}H_2O$$

此时有机物的需氧量为：

$$C_m = 2.47[NO_3^- \text{-N}] - 1.53[NO_2^- \text{-N}] + 0.87DO \tag{5-127}$$

按式（5-114）计算得到的有机物量比理论需要量大30%。

（2）反硝化生物滤池所需滤料的计算

反硝化生物滤池所需滤料的计算可采取以下两种计算方法。

1）用反硝化负荷进行计算　用反硝化负荷进行滤料体积的计算公式如下：

$$V_{DN} = \frac{Q(N_0 - N_e)}{1000q_{DN}} \tag{5-128}$$

式中　V_{DN}——所需反硝化滤料体积，m^3；

Q——进入滤池的日平均污水量，m^3/d；

N_0——进水中硝态氮浓度，mg/L；

N_e——出水中硝态氮浓度，mg/L；

q_{DN}——滤料的反硝化负荷，$kgNO_3^-$-N/(m^3 滤料·d)。

在进行工程设计时，反硝化负荷 q_{DN} 的取值应根据不同水质情况通过经验得出，对于城市生活污水，q_{DN} 的取值范围一般为0.8～4.0$kgNO_3^-$-N/(m^3 滤料·d)。

2）按经验公式计算　反硝化池的有效容积（滤料体积）也可按经验方法计算，一般先计算出硝化滤池的有效容积（滤料体积），再按反硝化滤池与硝化滤池的容积比计算，通常假定 $V_{DN}/V_N = 1:3$，由此可计算出反硝化池的有效容积（滤料体积）。

（3）反硝化过程中产生的碱量计算

在反硝化过程中需要释放碱，根据反硝化反应方程式，将1mg的 NO_2^--N 或 NO_3^--N 还原为 N_2 要产生3.57mg的碱（以 $CaCO_3$ 计），所以反硝化过程中产生的碱量可按下式计算：

$$碱量 = (3.57Q\Delta C)/1000 \tag{5-129}$$

式中　Q——进入滤池的日平均污水量，m^3/d；

ΔC——进出滤池的 $NO_2^- - N$ 或 NO_3^--N 浓度的差值，mg/L；

3.57——反硝化产生的碱量系数，$kgO_2/kgNO_3^-$ N 或 $kgO_2/kgNO_2^-$-N。

（4）反硝化滤池各部分尺寸的确定

反硝化滤池的结构与硝化滤池几乎一样，只不过反硝化滤池不需要设置曝气，也就不需要供气系统，在确定了反硝化滤池的滤料体积后，可以参考硝化滤池的设计进行反硝化滤池各部分尺寸的确定。

(5) 曝气生物滤池对磷的去除

采用曝气生物滤池工艺进行污水处理时，磷的去除主要集中在 DN + P 曝气生物滤池中进行，若处理工艺不需要进行反硝化，磷的去除也可在 N 曝气生物滤池中进行。

水体中磷含量的升高导致水体富营养化，从而使水环境出现水质污染问题。磷的去除主要有生物处理、化学处理和物理去除三种去除技术。

生物除磷是利用污水中的聚磷菌在厌氧条件下，受到压抑释放出体内的磷酸盐，产生能量用以吸收并快速降解有机物，并转化为 PHB（聚 β - 羟下酸）储存起来。当这些聚磷菌进入好氧条件下，就降解体内储存的 PHB 产生能量，用于细胞的合成和吸收磷，形成含磷量高的污泥，随剩余污泥一起排出系统，从而达到除磷的目的。

化学除磷是通过化学沉析过程完成的。化学沉析是指通过向污水中投加无机金属盐药剂与污水中溶解性的盐类，如磷酸盐混合后形成颗粒状、非溶解性的物质，这一过程涉及的是所谓的相转移过程，实际上投加化学药剂后，污水中进行的不仅仅是沉析反应，同时还进行着化学絮凝作用。

污水沉析反应可以简单地理解为水中溶解状的物质，大部分是离子状物质转换为非溶解、颗粒状形式的过程，絮凝则是细小的非溶解状的固体物互相粘接成较大形状的过程，所以絮凝不是相转移过程。

在污水净化上艺中，絮凝和沉析都是极为重要的。如果利用沉析工艺实现相的转换，当向污水中投加了溶解性的金属盐药剂后，一方面溶解性的磷转化成为非溶解性的磷酸金属盐，同时也会产生非溶解性的氢氧化物（取决于 pH）；另一方面，随着沉析物的增加及较小的非溶解性固体物聚集成较大的非溶解性固体物，使稳定的胶体脱稳，通过速度梯度成扩散过程使脱稳的胶体互相接触生成絮凝体，最后通过固液分离以达到化学除磷的目的。

物理除磷主要采用电渗析或反渗透，由于这些处理设备都较昂贵，且磷的去除效率并不高，所以在我国使用得较少。

一般的研究认为，在曝气生物滤池内不存在厌氧和好氧的交替环境，所以在滤池中除了微生物自身生长所需的少量磷以外，不可能产生其他的生物除磷作用。但是，根据马鞍山钢铁设计研究总院环境工程公司的试验研究发现，曝气生物滤池中确实存在着生物除磷作用，而且磷的去除率达到 40% 左右，他们分析认为在 DC 或 N 曝气生物滤池中，由于多种原因导致滤料层和有一部分区域为缺氧区，而在通过对滤池进行反冲洗后该区域又可能成为好氧区域，反之亦然。由于微生物膜是附着在滤料表面的，所以实际上部分微生物的生存环境存在着厌氧和好氧的交替，所以具有释磷和聚磷的过程，滤池也就存在生物除磷的功效，当然生物除磷的效果比有些工艺要差，处理出水中的磷含量还不能达到国家所要求的排放标准，所以还必须辅以化学除磷解决磷的最终达标问题。

生物滤池中的化学除磷主要是在污水中投加金属盐，通过金属离子与污水中的磷酸根反应生成金属磷酸盐沉淀物，沉淀物在滤料层中被截留，并在反冲洗过程中被带出池外而进入污泥处理系统中被去除。化学处理效果稳定可靠，钙、铝、铁盐是化学除磷使用的三种主要金属盐，但钙盐出于处理后污泥量大，搬运困难而较少采用，而且由于其 pH 高达 11，不适合优先使用，或者在生物处理时不能使用。铝盐是非常有效的沉淀剂，但价格也最贵，此外，还因其有可能造成老年痴呆而受到公众反对。虽说铁盐不是最有效的沉淀剂，但因其价格相当低廉而日益受到人们的关注。

铁盐有二价铁和三价铁两种形式，后者用得更多一些。使用二价铁的成本效益已越来越多地引起人们的注意。当二价铁作为沉淀剂使用时，根据环境条件而具有以下两种特点：首先，二价铁有可能氧化成三价铁，与磷形成坚硬的复合体，特别是工业废水中出现凝结磷；其次，当缺氧时，二价铁不会被氧化，只会产生众所周知的细小的沉淀物。

在曝气生物滤池中，在高浓度氧环境下，二价铁迅速变为三价铁，且磷的去除率明显上升。结合曝气生物滤池的高效去氮效果，加上二价铁作为沉淀剂后的经济而高效的除磷效果，曝气生物滤池是一种理想的去除污水中富营养污染的方法。

在全流程的曝气生物滤池工艺中，化学除磷一般设计在最后一级的 DN + P 生物滤池中。由于该滤池一般在硝化滤池后面，为了保证硝化过程进行得彻底，一般在该级滤池中要强力曝气，使得滤池出水中的溶解氧高达 4 ~ 6mg/L。这么高的溶解氧量对后续的反硝化滤池很不利，因为反硝化作用是要在严格缺氧的环境下才能完成，所以在污水进入 DN + P 生物滤池前必须使水中的溶解氧降至 0.5mg/L 以下。一般情况下，在 DN + P 生物滤池中要使水中的溶解氧降低，只有通过过量消耗反硝化所需的碳源才能完成，在进行这一过程时还要占用 DN + P 生物滤池的一部分滤料体积，从而减少了反硝化所需要的滤料体积。而在配合除磷的前提下，通过在 DN + P 生物滤池前投加亚铁盐，使水中的溶解氧快速将二价铁氧化成三价铁，从而一方面迅速降低水中的溶解氧浓度，另一方面也可减少碳源的用量，一举两得。根据试验，要满足最终出水 TP < 0.5mg/L 的排放要求，若采用 $FeSO_4$ 作为除磷药剂，则需保证 P：Fe > 2.5：1 才能达到要求。

5.7 膜生物反应器

5.7.1 膜生物反应器的发展与分类

膜生物反应器最先用于微生物发酵工业。在废水处理领域中的应用研究始于 20 世纪 60 年代末的美国。但当时由于受膜生产技术所限，膜的使用寿命短，膜通量小，使其在投入实际应用的开发中遇到了障碍。70 年代中后期，日本根据国土狭小、地价高的特点对膜分离技术在废水处理中的应用进行了大力的开发与研究；进入 80 年代后，由于新型膜材料技术与制造业的迅速发展，膜生物反应器的开发研究在国际范围内才逐步成为热点。

污水处理中的膜生物反应器是指将膜分离技术中的超、微滤膜组件与污水生物处理工程中的生物反应器相互结合成的一个新系统，英文称 Membrane bioreactor，简称 MB。这种膜生物反应器综合了膜分离技术与生物处理技术的优点，以超、微滤膜组件代替传统生物处理系统的二沉池以实现泥水分离，被超、微滤膜截留下来的活性污泥混合液中的微生物絮体和较大相对分子质量的有机物，又重新回流至生物反应器内，使生物反应器内获得高浓度的生物量和延长细胞的平均停留时间，极大地提高了生物对有机构的氧化率。膜生物反应器的出水质量很高，甚至可达到深度处理出水的要求，同时系统几乎不排剩余污泥。

根据膜组件与生物反应器的组合位置可笼统地将膜生物反应器分为分置式和一体式两大类，如图 5-90 所示。分置式指膜组件与生物反应器分开设置，超、微滤膜的过滤驱动力一般靠加压泵提供，一体式是指膜组件安置在生物反应器内部，通过水头压差、真空泵或其他类型泵的抽吸得到过滤液，省掉了分置式的循环泵及循环管路系统，因而动力费较省一些。根据膜组件中膜的材料化学组成的不同可分为有机膜（如聚砜、聚丙烯腈膜等）和无机膜（如陶瓷膜等）。根据膜孔径大小的不同可分为微滤膜、超滤膜、反渗透膜。反渗透膜由于需要很高的过滤压力，动力消耗过高而在膜生物反应器中使用较少。按膜组件的形状的不同又可分为管式膜、板式膜、纤维式、螺旋式、毛细管式等；在分置式膜生物反应器工艺中，平板式和管式应用较多，在一体式膜生物反应器工艺中，中空纤维式和平板式应用较多。

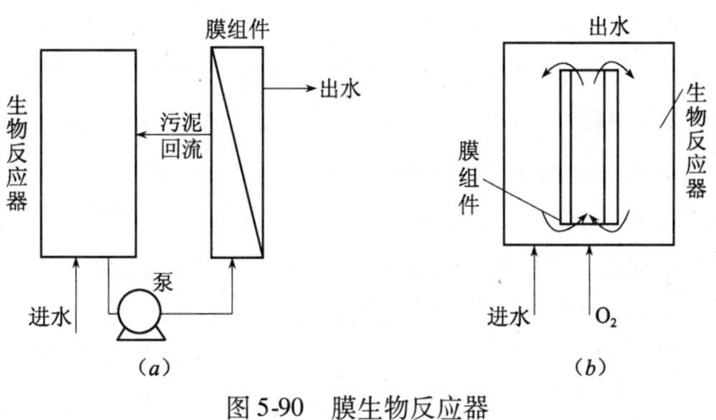

图 5-90　膜生物反应器

（*a*）分置式 MB；（*b*）一体式 MB

根据生物反比器中微生物生长需氧情况的不同，膜生物反应器也分为两大类，即好氧膜生物反应器与厌氧膜生物反应器，有文献按这一分类原则将膜生物反应器归纳为四个系统，即 RAMB 系统（Reclamation with Acidogenesis Membrane Bioreactor）、MFMB 系统（Methane Fermentation with Membrane Bioreactor）、TOMB 系统（Total Oxidation Membrane Bioreactor）和 SCMB 系统（Separation and Concentration with Membrane Bioreactor）。前两者是厌氧性的膜生物反应器，后两者是好氧性的膜生物反应器。各系统的基本持性及适用范围见表 5-45。

MB 系统的特性及适用范围　　**表 5-45**

系统名称	处理原理	处理对象	特　性	适用范围
RAMB	兼性产酸，可资源回收	高浓度有机废水（低浓度也可以）	处理的废水范围广，能回收资源，剩余污泥少，但技术上待开发的问题较多	污泥处理，屎尿处理，工业废水处理，农畜产业废水处理，大规模组合式净化槽，城市污水再生处理，固体废弃物最终处理场的浸出水处理，工业废水再生处理
MFMB	单相甲烷发酵，可资源回收	有机废水	比较容易，剩余污泥少，能回收沼气资源	与 RAMB 相同
TOMB	完全氧化	有机废水	维护管理容易，面向小规模，剩余污泥少，能量消耗较大	小规模污水及废水再生处理，小规模屎尿处理，特殊工业废水处理，一体化的净化槽
SCMB	好氧氧化，膜分离浓缩	低浓度有机废水	可与 RAMB 系统组合，适用范围广	直接采用 RAMB 系统不能进行资源回收的城市废水的处理和利用，不能进行厌氧处理的特殊废水处理与分离浓缩和再利用，给水净化处理

5.7.2 膜生物反应器的研究与应用

早期的有关膜生物反应器废水处理工艺的研究主要集中在应用的可行性，处理效果及运行的稳定性方面。许多研究都表明膜生物反应器应用于废水处理，具有污染物去除效率高，出水水质好，运行稳定可靠的特点、在这一系统中，微生物的特性如何变化以及影响该系统性能的操作因素更是人们关注的重点。在膜生物反应器中混合液悬浮固体（MLSS）浓度可以高达每升几十克以上，远远高于传统的生物反应器。MLSS 浓度的增大，其结果是系统的容积负荷提高，使得反应器小型化成为可能。由于该系统的泥水分离率与污泥的 SVI 值无关，且 MLSS 浓度高。因此，生物反应器中的 F/M 值可以很低，以致于反应器中的微生物因营养物质的限制而处于内源吸呼阶段，其比增长率几乎为零，则剩余污泥量很少或为零。由于使用了膜分离技术，该系统可以在 HRT 很短但 SRT 很长的工况下正常运行，因而对世代周期长的硝化菌的生长繁殖有利，使系统可以实现一定的脱氮功能。高膜表面流速产生的剧烈紊流及高剪切力，使原生动物等大个体的微生物的生长受到了限制，因此，膜生物反应器中的生物相不及活性污泥法丰富。

膜通量是膜生物反应器的一个重要操作参数，其影响因素有混合液悬浮固体浓度、温度、膜面流速、膜的工作压力、膜的阻力、膜吸附、膜堵塞和浓差极化等。理论和试验都证明膜的工作压力对膜通量的影响分两种情况，低压区，膜的水力阻力，包括膜阻力、膜吸附和膜堵塞引起的阻力起主导作用。当 MLSS 浓度一定时，膜通量与压力呈线性关系，工作压力越高，通量越大。当 MLSS 浓度越高，膜吸附、堵塞越严重，导致膜孔隙率越低，膜的水阻力越大，通量越小；在高压区，浓差极化形成的凝胶层助力起主导作用、通量与工作压力无关，MLSS 浓度越高，混合液黏度越大、黏度通过影响膜表面的流态和层流边界层厚度来影响膜通量。层沉状态下，浓差极化在膜表面形成的凝胶层相当于第二层膜，水透过膜的阻力主要来自于该凝胶层，阻力的增大从而降低了膜通量。膜组件内的流态由紊流变为层流有一个临界浓度，一般认为该临界浓度为 MLSS 在 30～40g/L，超过此临界浓度，流态由紊流变为层流。与此相应，对于工作压力一般认为也存在一个临界压力值。临界压力值随膜孔径的增加而减小，Saw 报道微滤膜的临界压力值在 120kPa 左右，超滤膜的临界压力值在 160kPa 左右。

膜的性质包括膜孔径大小、憎水性、电荷性质、粗糙度也对分离效果产生影响。对不同截留分子量的超滤膜的试验研究表明，截留分子量小于 300000 时，随截留分子量，即膜孔径的增加，膜通量增加。大于该截留分子量时、膜通量变化不大。而膜孔径增加至微滤范围时，膜通量反而下降，据推测这主要是细菌在微滤膜内造成不可逆的堵塞所致。

膜生物反应器的应用，目前除少数几座小水量的生产性装置在日本等国建成之外，所报道的成果大多数那还属于小试或中试研究。表 5-46 及表 5-47 分别列出了分置式和一体式膜生物反应器应用的大致情况。由此而观之，将膜生物反应器应用于工程实际时尚有许多工作要做。

分置式膜生物反应器的操作参数和处理效果　　表 5-46

废水种类	膜形式	膜材料	截留分子量	膜压（kPa）	膜面积（m^2）	膜通量[$L/(m^3 \cdot h)$]	pH	MLSS（g/L）	HRT（h）	SRT（d）	N_v[$kgCOD/(m^3 \cdot d)$]	进水 COD（mg/L）	COD 去除率（%）
合成废水	管式	聚砜	0.01②	135～260	46.8	46.8	7.2～7.6	6～40	7.6～24	1.5～8	8～50	8500～17600	99.5
生活污水	管式	聚砜	50000	100～200	—	—	—	8～10	8	100	0.45～1.5	250～550	>92
生活污水	管式	陶瓷膜	0.02～0.05②	—	75	75	7.5～8.5	17.3	5	30	3.4	100～800	>96
含油废水	—	28GTAM	10000	140～480	40	40	6	18	10	75	—	29400	>91
楼宇废水	平板式	聚丙烯腈	20000	—	130	130	5.9～7.8	6～8	—	—	—	214～1020③	>99
羊毛洗涤废水①	中空纤维	聚丙烯腈	13000	204～224	29.9～34.3	29.9～34.3	7.4	30.5	—	—	15④	102④ $\times 10^3$～400 $\times 10^3$	88～90
啤酒厂废水①	管式	聚醚砜	40000	180	10～18	10～18	3.5	30	12～19.2	—	15	6700	96～99
玉米加工废水①	管式	聚醚砜	6000	450	8～37	8～37	—	21	—	5.2	2.9	15000	97

① 该类废水是以厌氧生物处理的数据；② 膜孔径（μm）；③ BOD_5 指标；④ TOD 指标。

一体式膜生物反应器的操作参数和处理效果　　表 5-47

废水种类	膜形式	膜材料	膜孔径（μm）	膜压（kPa）	膜面积（m^2）	膜通量[$L/(m^3 \cdot h)$]	pH	MLSS（g/L）	HRT（h）	SRT（h）	N_v[$kgCOD/(m^3 \cdot d)$]	进水 COD（mg/L）	COD 去除率（%）
生活污水	管式	陶瓷膜	3① $\times 10^5$	—	—	75	7.5～8.5	8～10	5	15	—	118～761	>97
生活污水	管式	聚甘醇	3.6① $\times 10^5$	15～30	—	170	6.5～7.1	2.5～3.5	6.6	—	0.9～2.0	13～17.5②	>90
合成废水	管式	聚酯	50.19	20～250	—	400	—	19.47	—	20	7.5～4.5	500～3000	>97
生活污水	纤维	聚乙烯	0.4	17	20	17～34	—	12	4.7～14.2	—	0.25③	135③	>99
合成废水	中空纤维	聚乙烯	0.01	60～80	0.6	8.3～16.7	6.5～7.5	3	12～24	330	0.2～0.8	150～500	>85
制药废水	中空纤维	聚乙烯	0.1	20	0.3	10.8	—	5～35	10.5	62	—	1500～4500	>63
纤维素废水④	管式	陶瓷	0.1	—	0.16	—	—	13	120	—	8	47 $\times 10^3$	92
DCE 合成废水	管式	硅橡胶	—	—	—	—	7	—	0.82	—	—	2000	94.5
DCA 废水	管式	硅橡胶	—	—	—	—	6.7	—	1.5	—	—	194	99
酚合成工业废水	管式	硅橡胶	—	—	—	—	6.7	—	6	—	—	1000	98.5

① 截留相对分子质量；② COD 浓度单位 $mol \cdot mol^{-1}$；③ BOD_5 指标；④ 厌氧生物处理的数据。

5.8 其他生物处理技术

5.8.1 生物转盘

生物转盘（转盘式生物滤池）也是一种常见的生物膜法处理设备。由于具有很多优点，因此，自1954年德国建立第一座生物转盘污水处理厂以来，发展迅速。我国已在印染、造纸、皮革及石油化工等行业的工业废水处理中得到了应用，效果较好。

生物转盘去除废水中有机物的原理与生物滤池基本相同，只是构造形式与生物滤池有所不同，见图5-91所示。

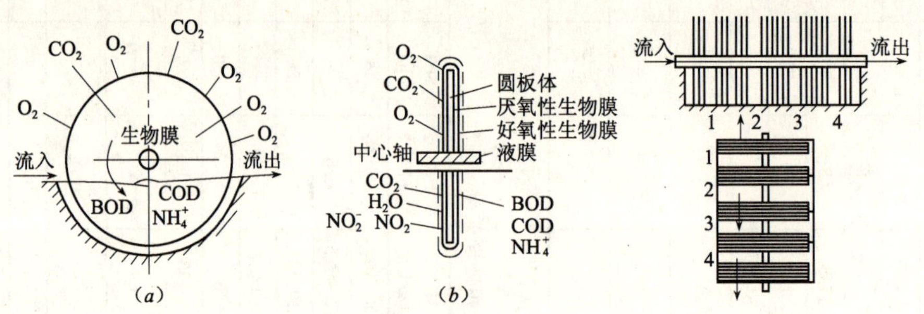

图5-91 生物转盘工作原理示意图
(a) 侧面；(b) 断面

1. 生物转盘的构造

生物转盘的主要组成部分有传动轴、转盘、废水处理槽和驱动装置等。生物转盘的核心是垂直固定在水平轴上的一组圆形盘片和一个同它配合的半圆形水槽（图5-91）。微生物生长并形成一层生物膜附着在盘片表面，约40%～50%的盘面浸没在废水中，上半部分敞露在大气中。工作时，废水流过水槽，电动机带动转盘转动，生物膜和大气与废水轮替接触，浸没时吸附废水中的有机物，敞露时吸收大气中的氧气。转盘的转动，带进空气，并引起水槽内废水紊动，使槽内废水的溶解氧均匀分布。生物膜的厚度约为0.5～2.0mm。随着膜的增厚，内层的微生物呈厌氧状态，当其失去活性时则使生物膜自盘面脱落，并随同出水泥至二次沉淀池。

盘片的材料要求质轻、耐腐蚀、坚硬和不变形。目前多采用聚乙烯硬质塑料或玻璃钢制作盘片。转盘可以是平板或由平板与波纹板交替组成。盘片直径一般是2～3m，最大为5m，轴长通常小于7.6m，盘片净间距为20～30mm。当系统要求的盘片总面积较大时，可分组安装，一组称一级，串联运行。转盘分级布置使其运行较灵活，可以提高处理效率。

水槽可以用钢筋混凝土或钢板制作，断面直径一般比转盘大20～40mm，使转盘既可以在槽内自由转动，脱落的生物膜又不至于在槽内滞留。

驱动装置通常采用附有减速装置的电机。根据情况也可以采用水轮驱动或空气驱动。

为防止转盘设备遭受风吹雨打和日光暴晒，转盘应设置在房屋或雨棚内，或用罩棚盖，罩上应开孔，开孔面积不小于0.01%。

2. 生物转盘的设计计算

生物转盘工艺设计的主要内容是计算转盘的总面积。表示生物转盘处理能力的指标是水力负荷和有机物负荷。水力负荷可以表示为每单位体积水槽每天处理的水量［m^3 水/(m^3 槽·d)］，也可以表示为每单位面积转盘每天处理的水量［m^3 水/(m^3 盘片·d)］。有机物负荷的单位是 kgBOD/(m^3 槽·d) 或 $kgBOD_5/(m^2 \cdot d)$。生物转盘的负荷率与废水性质、废水浓度、气候条件及构造、运行等多种因素有关，设计时可以通过试验或根据经验值确定。

下面以按有机负荷率进行计算为例说明生物转盘的设计计算。

（1）转盘总面积（A）

按 BOD_5—面积负荷率计算：

$$A = \frac{QS_0}{N_A} \tag{5-130}$$

式中 Q——平均日污水量，m^3/d；

S_0——原污水 BOD 值，g/m^3；

N_A——BOD—面积负荷，$g/(m^2 \cdot d)$。

按水力负荷率计算

$$A = \frac{Q}{N_q} \quad (m^2) \tag{5-131}$$

式中 N_q——水力负荷率值，$m^3/(m^2 \cdot d)$。

（2）转盘片数（M）

$$M = \frac{4A}{2\pi D^2} = \frac{0.64A}{D^2} \tag{5-132}$$

式中 D——转盘直径，m。

（3）废水处理槽有效长度（L）

$$L = m(d+b)K \tag{5-133}$$

式中 m——每台转盘盘片数；

d——盘片间净间距，m，一般进水端为 25～35mm，出水端 10～20mm；

b——盘片厚度，视材料强度确定，m；

K——系数，一般取 1.2。

（4）废水处理槽有效容积（V）

$$V = (0.294 \sim 0.335)(D-2\delta)^2 L \tag{5-134}$$

净有效容积（V'）

$$V' = (0.294 \sim 0.335)(D+2\delta)^2(l-nb) \tag{5-135}$$

当 $r/D=0.1$ 时，系数取 0.294，$r/D=0.06$ 时，系数取 0.335。

式中 r——中心轴与槽内水面的距离，m；

δ——盘片边缘与处理槽内壁的间距，m。一般取 $\delta=20 \sim 40$mm。

（5）转盘的转速

$$n'_{min} = \frac{6.37}{D}\left(0.9 - \frac{1}{N_q}\right) \tag{5-136}$$

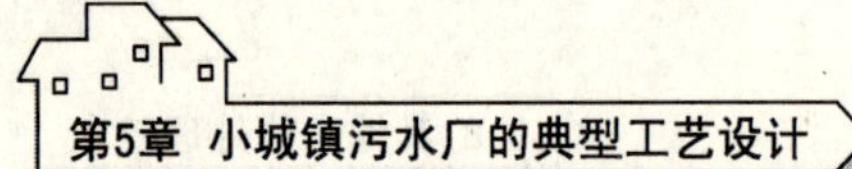

转盘的转动装置最好采用无级变速器，以便运行时可以根据污水的水质和流量进行调节。

【例】某住宅小区人口5000人，排水量标准100L/(人·d)经沉淀处理后BOD_5值为135mg/L，处理水的BOD值不得大于15mg/L。拟用生物转盘处理，试行生物转盘设计。

【解】

(1) 确定设计参数

1) 平均日污水量

$$5000 \times 0.1 = 500\text{m}^3/\text{d}$$

2) 对处理要求达到的BOD去除率

$$\eta = \frac{150-15}{150} = 90\%$$

3) 确定BOD—面积负荷率

查下图5-92得$N_A = 11\text{gBOD}_5/(\text{m}^2 \cdot \text{d})$

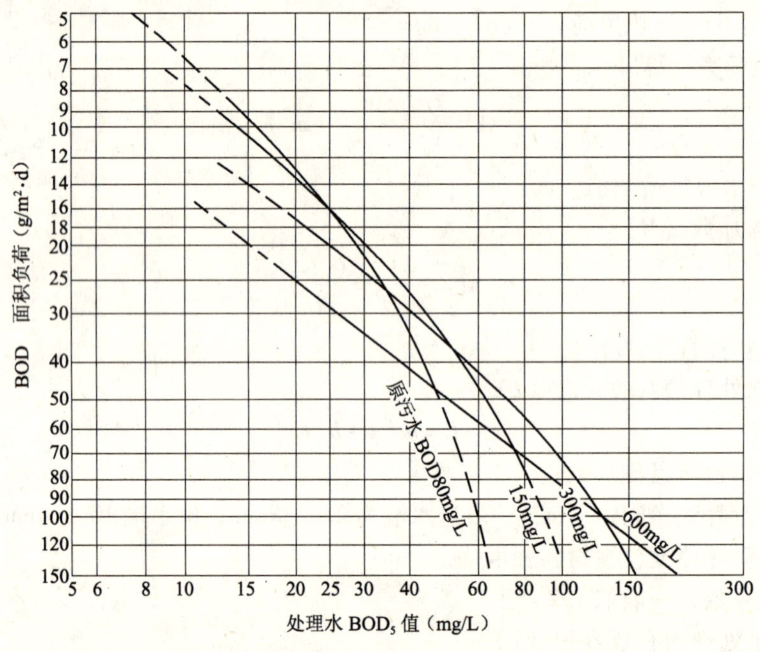

图5-92 处理水BOD值与BOD—面积负荷率之间的关系
(根据原联邦德国斯梯尔公司资料)

4) 确定水力负荷率

查图5-93得$N_q = 80\text{L}/(\text{m}^2 \cdot \text{d}) = 0.08\text{m}^3/(\text{m}^2 \cdot \text{d})$

(2) 转盘计算

1) 盘片总面积

① 按BOD—面积负荷率计算

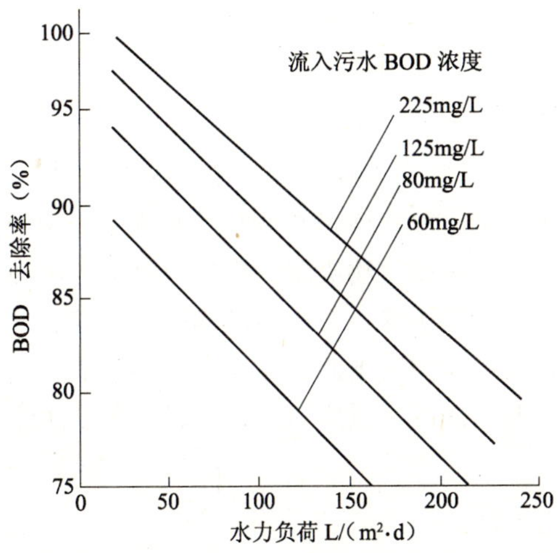

图 5-93 城市污水水力负荷与 BOD_5 去除率关系

$$A=\frac{500\times135}{11}=6136\text{m}^2$$

② 按水力负荷率计算

$$A=\frac{500}{0.08}=6250\text{m}^2$$

两者所得数值相近，为稳妥计，决定采用按水力负荷率计算所得的数据，即 6250m^2。

2）求定盘片总片数，决定采用直径为 2.5m 的盘片，按式（5-132）计算。

$$M=\frac{0.636\times6250}{2.5^2}=\frac{3975}{6.25}=636$$

3）按 4 台转盘考虑，每台盘片数为 159，即 M 值按 160 片考虑。

每台转盘按单轴 4 级考虑，首级转盘按 50 片，第二级 40 片，第三、四级则各按 35 片考虑。

4）接触氧化槽的有效长度，按式（5-133）计算。盘片间距 d 值取 25mm。采用硬聚氯乙烯盘片，b 值为 4mm，代入各值，得：

$$L=160(25+4)\times1.2=5568\text{mm}\approx5.6\text{m}$$

即，接触氧化槽全长为 5568mm，5.568m 取 5.6m。

5）接触氧化槽的有效容积，按式（5-135）计算。采用半圆形接触氧化槽。r 值取 200mm，$\frac{r}{D}$ 为 0.08，系数取 0.294～0.335 的中间值，即 0.314，δ 值取 200mm。

$$\begin{aligned}V'&=0.314(2.5+2\times0.2)^2(5.6-150\times0.004)\\&=0.314\times8.41\times5=13.20\text{m}^3\end{aligned}$$

6）确定转盘的最低旋转速度，按式（5-136）计算。

$$n'_{\min}=\frac{6.37}{2.5}\times(0.9-\frac{1}{80})=2.26\text{r/min} \qquad \text{（符合要求）}$$

7）污水在接触氧化槽内的停留时间

$$t=\frac{13.2\times4}{500}\times24=2.53\text{h}$$

5.8.2 生物接触氧化法

1. 概述

生物接触氧化法又称浸没曝气式生物滤池。图 5-94 示其基本流程。

生物接触氧化池内设置填料，填料淹没在废水的水流中，填料上长满生物膜，废水与生物膜接触过程中，水中的有机物被微生物吸附，氧化分解和转化为新的生物膜，从填料上脱落的生物膜，随水流到二沉池后被去除，废水得到净化。在接触氧化池中，微生物所需要的氧气来自水中，而废水则自鼓入的空气不断补充失去的溶解氧。空气系通过设在池底的穿孔布气管进入水流，当气泡上升时向废水供应氧气，有时并借以回流池水（图 5-95）。

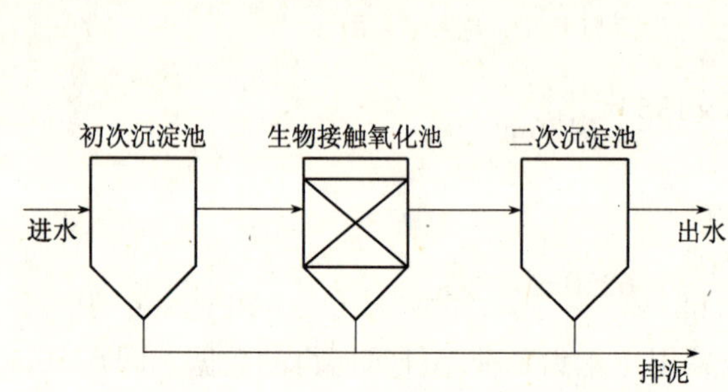

图 5-94 生物接触氧化法基本流程示意图

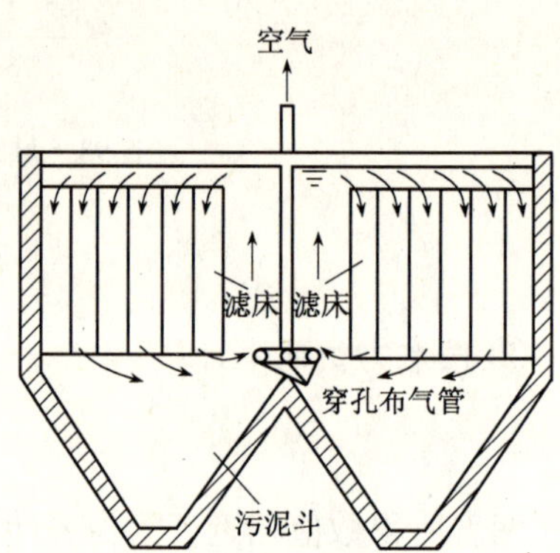

图 5-95 集中布气式浸没曝气生物滤池示意图

早在 19 世纪末人们已开始生物接触氧化法的研究，但是由于填料容易堵塞，清洗困难，管理不方便和 BOD 去除率较低等原因，长期未被广泛应用。至 70 年代，生物接触氧化法在日本逐渐被应用于生产实际。目前，生物接触氧化法已在城市污水、印染废水、食品加工废水、合成洗涤剂废水三级处理等方面得到应用，或进行不同程度的试验。结果表明效果良好。

生物接触氧化法在功能上的主要特点：污水与生物膜的接触时间长

设 V、P、N 分别表示池子的体积（m^3）、孔隙率（%）和负荷率[（$g/m^3 \cdot d$）]，S 表示进水的 BOD_5（mg/L），则

池子的容积 $= VP$（m^3）

池子的负荷 $= NV$（g/d）

每日处理的废水量 $= \dfrac{NV}{S}$（m^3/d）

因而污水的停留时间 $= VP/\dfrac{NV}{S} = \dfrac{SP}{N}(d) = \dfrac{24SP}{N}$（h）这也就是污水与生物膜接触的时间。

当 P 为 45% ~95%、N 为 500 ~ 1500g/（$m^3 \cdot d$）和 SS 为 150 ~ 300g/L 时，污水与生物膜的平均接触时间约为 1 ~ 1.35h。此数值说明，污水在生物接触氧化池中停留时间，比生物滤池中长很多。

微生物栖息在填料上，因此，不需回流污泥，不产生污泥膨胀问题，对冲击负荷的适应能力较强。

生物接触氧化法的主要缺点是填料易于堵塞和填料价格昂贵。

2. 生物接触氧化池的构造

生物接触氧化池目前虽已应用于生产，但是还没有形成比较定型的构造型式。图 5-96 为接触氧化池构造示意图。

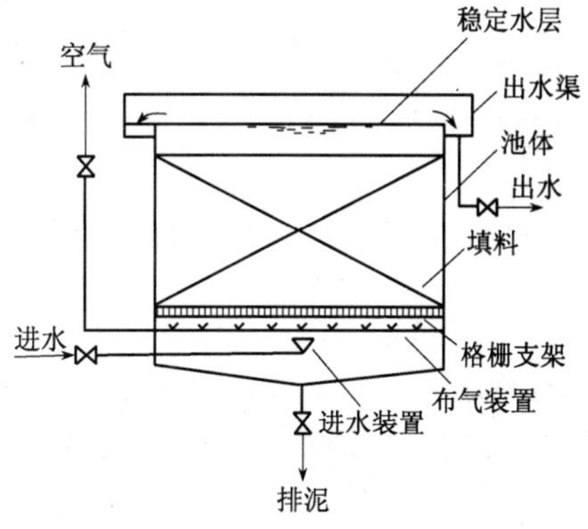

图 5-96 接触氧化池构造示意图

接触氧化池的主要组成部分有池体，填料和布水布气装置。

池体用于设置填料，布水布气装置和支承填料的栅板和格栅。池体可为钢结构或钢筋混凝土结构。由于池中水流的速度低，从填料上脱落的残膜总有一部分沉降到池底，池底可做成多斗式或设置集泥设备，以便排泥。

填料的材料，要求比表面积大，空隙率大，水力阻力小，强度大，化学和生物稳定性好，能经久耐用。目前常采用的填料是聚氯乙烯塑料、聚丙烯塑料、环氧玻璃钢等做成的蜂窝状和波纹板状填料（图 5-97）。

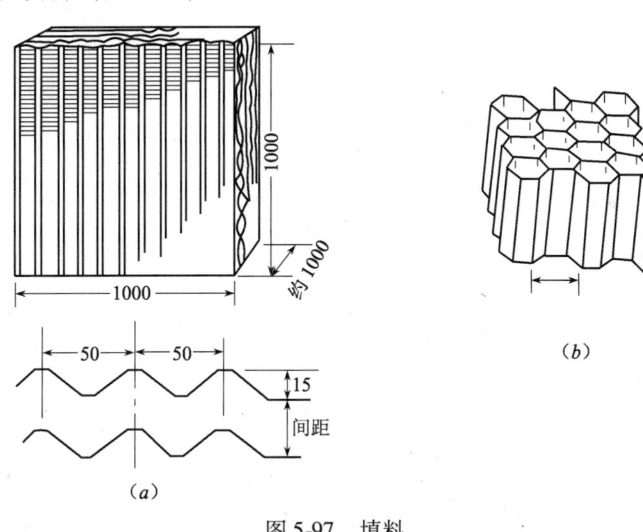

图 5-97 填料

(a) 板状填料；(b) 峰窝状填料

近年来国内外都进行纤维状填料（软性填料）的研究，纤维状填料是用尼龙、维纶、腈纶涤纶等化学纤维编结成束，呈绳状链接。为安装检修方便，填料常以料框组装，带框放入池中。当需要清洗检修时，可逐框轮替取出，池子无需停止工作。

布气管可布置在池子中心，侧面和全池（全面曝气，即整个池底安装穿孔布气管，管子相互正交，形成 0.3m 的方格）。

3. 生物接触氧化装置的设计

如表 5-48 所示，生物接触氧化池一般按日平均污水量设计，填料体积按填料容积负荷计算，而填料的容积负荷应通过试验来确定。接触氧化池的座数不应少于 2 个，并按同时工作考虑。污水在接触氧化池内的有效接触时间不应小于 2h。填料层总高度一般取 3m，采用蜂窝填料时，应分层装填，每层高 1m。

生物接触氧化池计算公式 **表 5-48**

名称	公式	符号说明
生物接触氧化池的的容积	$V=\frac{Q(L_0-L_a)}{N_W}$	V——接触氧化池有效容积，即填料容积（m^3） Q——平均日污水量（m^3/d） L_0——进水 BOD_5 值（g/m^3） L_a——出水 BOD_5 值（g/m^3） N_W——容积负荷［$gBOD_5/(m^3\cdot d)$］
氧化池总面积	$A=\frac{V}{H}$	A——氧化池总面积（m^2） H——填料层高度（m）
氧化池格数	$n=\frac{A}{f}$	n——氧化池格数（个） f——每格氧化池面积（m^2）一般 $f\leqslant 25m^2$
接触时间	$t=\frac{nfH}{Q}$	t——污水在氧化池内有效接触时间（h）

第 6 章　小城镇污水厂的运行与管理

污水处理厂的工艺涉及许多方面，设备的种类也非常多，因此为了保证处理厂的高效正常运转，每座污水处理厂必须进行相应的运行管理、安全操作和维护保养。

6.1　污水处理厂的运行操作

6.1.1　污水处理运行管理意义和内容

1. 运行管理的意义

城市污水处理厂作为城市发展的重点基础设施，是整个水污染控制系统的最重要的部分，是社会可持续发展的有力保证，也是做好节约水资源工作的重要部分。近十年来，各级地方政府投资建设了大批污水厂，但很多污水处理厂没能很好地运行起来，尤其工业污水的处理设施，这其中主要原因之一，就是运行管理工作没有搞好。

今后，国家和各级地方政府还要投资建设大批污水厂，城市污水处理事业需要一大批具有高度责任感和事业心、较高专业技能和一定法规意识、肯于奉献的技术人员、操作人员和管理人员，需要他们钻研技术、勤于管理，工作中不断创新，节能降耗，使污水厂运行起来并运行良好。

2. 运行管理的内容

城市污水厂的运行管理，同其他行业的运行管理一样，是对企业生产活动进行计划、组织、控制和协调等工作的总称，是企业各种管理活动（例如：行政管理、技术管理、设备管理、“三产”管理）的一部分，是企业各种经营活动中最重要的部分。

城市污水厂的运行管理，指从接纳原污水至净化处理排出“达标”污水的全过程的管理，其主要内容有：

（1）准备：包括物资、人力、资金、能源及组织等准备。如：污水厂运行所需的技术人员、操作工人的培训；污水厂各种处理单元所需化学药剂的准备；污水处理工艺控制及设备维护所应有的技术准备等。

（2）计划：编制污水、污泥处理的运行控制方案和阶段执行计划，以便让生产有据可依，也有利于企业节能降耗，提高管理效益。

（3）组织：合理安排运行过程中操作岗位，并做好各岗位之间的协调，制定好岗位责任制和岗位操作规程。

（4）控制：是运行计划的实施，是对运行过程实行全面控制，包括进度、消耗、成本、质量、故障等的控制。

3. 运行管理基本要求

城市污水处理厂运行管理过程中的基本要求是：

（1）按需生产　首先应满足城市与水环境对污水厂运行的基本要求，保证按处理量使水处理后污水达标。

（2）经济生产　以最低的成本处理好污水，使其“达标”。

（3）文明生产　要求具有全新素质的操作管理人员，以先进的技术文明的方式，安全地搞好生产运行。

4. 运行管理人员的要求

污水处理厂操作管理人员的任务是，充分发挥各种处理方法的优点，根据设计要求进行科学的管理，在水质条件和环境条件发生变化时，充分利用各种工艺的弹性进行适当的调整，及时发观并解决异常问题，使处理系统高效低耗地完成净化处理作用，以达到理想的环境效益、经济效益和社会效益。

（1）熟练掌握本职业务

运行管理人员对本厂的工艺流程、处理设施、设备规格、性能、技术参数必须掌握，同时对设施设备的运行要求和技术指标也必须熟悉。这就要求所有运行管理人员除了具有一定文化程度外，在物理、化学及微生物学方面的知识应具有更高的要求，也包括机械及电气方面的知识。操作人员应该明确本岗位的工作性质、目的和操作方法。对不同工种的工人都有不同级别的业务知识和能力要求。但是不论哪一个岗位、哪一个工种，所有运行管理人员，均应熟知本厂污水的水质特征，处理系统的工艺流程及各单元的原理，各岗位在系统中的作用及如何相互配合协调。

（2）遵守规章制度

为了保证污水厂稳定的运行，除了操作管理人员应具备业务知识和能力外，还应有一系列规章制度要共同遵守。除了岗位责任制以外，还包括：设施巡视制、设备保养制、交接班制、安全操作制等。

操作人员除了负责工艺反应池上和车间的正常工作外，还应按工艺流程和各池、各设施的管理要求，定时进行巡视，观察进出水流是否通畅、曝气是否均匀、活性污泥的颜色是否正常、二沉池有无污泥上浮或翻泥的现象以及各种电气设备运转部位有无异常的噪声、温升、震动、漏电等，做好交接班，为下一班介绍情况，若发现异常情况或隐患应强调指出、重点监视。

各种机械设备应保持清洁、无漏水、漏气等情况。根据不同机电设备的要求，各种机电设备定期检查、保养及维修。对于各种设备，应设专卡专门记录产地、价格、运行状况、维修次数、保养责任人等。对所有设备，应有足够的零配件、耗损材料的备件。

在运行过程中，操作人员应及时准确地填写运行记录，要求内容完整，包括当班运行数据、操作要点、测试结果、异常情况及如何处置等；并由专人检查原始记录的准确性和真实性，同时应做好收集、整理、汇总的工作。

除了以上共同的职责外，对每个岗位都应制定专门的职责范围、操作规程、奖罚条例等。

6.1.2 运行管理的重要考核指标

1. 运行管理技术指标

（1）运行指标

1）处理污水量

污水厂处理水量是运行管理中的一个主要指标，处理后达标污水的多少，一般通过巴氏计量槽测定，并应与管道流量计的测量作比较。对于污水厂，利用现有系统，在保证处理效果时，处理的污水量越多越能发挥规模效益。一般记录每日平均时流量、最大时流量、平均日流量、年流量等。目前城市污水处理厂的处理水量指标由上级主管部门根据该厂的处理能力和实际进厂的水量决定。污水处理厂应根据此安排、调整厂内的维修和技改等工作，但必须保证完成年处理量为计划指标的95%以上。

2）污染物去除指标

包括 COD_{Cr}，BOD_5、SS、TN 或 NH_3-N 等污染物指标的总去除量、去除效果，通常用百分数来表示。必要时应分析主要处理单元的污染物去除指标。

3）出水水质达标率

出水水质达标率是全年出水水质的达标天数与全年总运行的天数之比。通常要求出水水质达标率在95%以上。

4）微生物浓度指标

常用混合液悬浮固体浓度（简写为MLSS）和混合液挥发性悬浮固体浓度（简写MLVSS）两个指标表示。这两个指标都间接表示反应池内参与反应的微生物的浓度，MLVSS表示的更为准确些。两者的比值一般为MLVSS/MLSS=0.75。

5）活性污泥的沉降性能及其相关指标

常用的两个指标是污泥沉降比（简写为SV）和污泥容积指数（简写为SVI）。污泥的沉降比是指曝气池的混合液在1000mL的量筒中，静置30min后，沉降污泥与混合液的体积之比，一般用 SV_{30} 表示。SV_{30} 是衡量活性污泥沉降性能和浓缩性能的一个指标。对于某种浓度的活性污泥，SV_{30} 越小，说明其沉降性能和浓缩性越好。正常的活性污泥，其MLSS浓度为1500~4000mg/L，SV_{30} 一般在15%~30%的范围内。污泥沉降比能够反映曝气池运行过程的活性污泥量，可用以控制、调节剩余污泥的排放量。

污泥的体积指数是指曝气池混合液在1000mL的量筒中，静置30min后，1g活性污泥悬浮固体所占的体积，常用 SVI_{30}，单位为mL/g。SVI_{30} 与 SV_{30} 存在以下关系：

$$SVI_{30}=\frac{SV_{30}}{MLSS}\times 1000 \tag{6-1}$$

污泥容积指数能够反映活性污泥的凝聚、沉降性能。对生活污水及城市污水，此值介于70~100mL/g之间。SVI值过低，说明泥粒细小。无机质含量高，缺乏活性；此值过高，则说明污泥的沉降性能不好，并且有产生膨胀现象的可能。

6）活性污泥的耗氧速率（SOUR）

SOUR是衡量活性污泥的生物活性的一个重要指标。如果 F/M 较高，或SRT较小，则活性污泥的生物活性也较高，其SOUR值也较大。反之，F/M 较低，SRT太大，其SOUR值也较低。SOUR在运行管理中的重要作用在于指示入流污水是否有太多难降解物质，以及活性污泥是否中毒。一般来说，污水中难降解物质增多，或者活性污泥由于污水中的有毒物质而中毒时，SOUR 值会急剧降低，应立刻分析原因并采取措施，否则出水会超标。

7）污泥龄（SRT）

污泥龄也称生物固体平均停留时间，是活性污泥处理系统保持正常、稳定运行的一项重要条件。通过控制污泥龄可以对系统中的优势菌种进行筛选。

8）水力停留时间（HRT）

水力停留时间是指污水在系统中的平均停留时间，也是污水和微生物的反应时间，停留时间越短，处理系统在单位时间处理的水量就越大。

9）BOD 污泥负荷和 BOD 体积负荷

BOD 污泥负荷是指单位时间内，单位质量的活性污泥（MLSS）所接受的有机污染物量（BOD_5），用 kg/(kg·d) 表示。

BOD 体积负荷是指单位时间内，单位体积的反应池（曝气池）所接受的有机污染物量（BOD_5），用 kg/(m^3·d) 表示。从运行来讲，在满足出水水质的前提下，这两个指标越高，就说明反应器的生物污水处理效能越高。

10）设备完好率和设备位用率

城市污水处理厂的设备完好率是设备实际完好台数与应当完好台数之比。设备使用率是设备使用台数与设备应当完成台数之比。管理良好的城市污水处理厂的设备完好率应在95%以上，设备使用率与设计、建设时采购安装的容余程度和其后管理改造等因素有关。高的设备使用率说明设计、建设和管理合理、经济。

11）污水、渣、沼气产量及其利用指数

城市污水厂的预处理与一级处理，每天都要去除栅渣、砂及浮渣。运行记录应有各种设施或设备的渣、砂净产量及单位产量。

不论是污泥干重或湿重产量，一般都与污水水质、污水处理工艺、污泥处理工艺有关，应记录其湿、干污泥和总产量、单化产量及污泥利用产量等指标。若采用传统活性污泥法处理污水，每处理 1000m^3 污水可由带式脱水机产生湿泥、污泥饼 0.7m^3（含水率75%~80%）。

当生污泥进行厌氧消化时，均会产生沼气。一般每消化 1.0kg 的挥发性有机物可产生0.75~1.0m^3 的沼气。沼气的甲烷含量约55%~70%，其热值约为 23MJ/m^3。运行指标应包括沼气产量、单位沼气产量、沼气利用量。

（2）水质指标

1）污水的有机物浓度

污水中的有机物质充当了活性污泥系统中的食物源，因此废水特征（即 BOD 负荷）的任何变化都会影响处理系统中的微生物繁殖。

如果 BOD 负荷有效地增加，系统中就会出现大量食料，供微生物吞食。过量的食料将“刺激”新细胞的繁殖，使混合液菌群的生长速率加快，这样就会产生生长分散的菌群，以及在二沉池中沉淀性能差的未成熟污泥。且如果一些过量的 BOD 物质不能完全被微生物利用，就会流过处理系统，使出水 BOD 增高。

如果 BOD 负荷减少，微生物就不能获得足够的食物，其繁殖速率将陷入衰减状态，处理系统的生物群体就会减少。对胶体物质不起滤除作用的急速沉降的絮凝体也会在这种情况下产生，最后导致出水中悬浮固体浓度增高。

投加到系统中的食料量和系统中保持的微生物量必须维持一个适当的平衡关系。

2）营养物质

正如每个生命物质需要营养物质维持自身的生命体系一样，活性污泥中的微生物也需要营养物质。

通常生活污水中含有足够量的营养物质，而对于工业废水，则必须经常性地投加营养物质，以保持废水中有足够的氮和磷。在许多情况下，氮以氨形式，磷以磷酸形式加入废水中。细菌需要氮以产生蛋白质，需要磷以产生分解废水中有机物质的酶。

BOD：N：P 大约为 100：5：1，缺乏氮元素能够导致丝状的或分散状的微生物群体产生，使其沉降性能差。另外，缺氮使新的细胞难以生成，而老的细胞继续去除 BOD 物质，结果微生物向细胞壁外排泄过量的副产物——绒毛状絮凝物，这些絮凝物沉淀性能差。根据经验，从废水中每去除 100kgBOD 需要 5kg 氮和 1kg 磷。

一般细菌较易利用氨态氮，当在处理生活污水时，由于生活污水中含有粪便，含氨态氮量较多，氮量是足够的。可是在处理工业废水时，有的工业废水含氮量低，不能满足微生物的需要。我们还得另外加氮营养，如尿素、硫酸胺、粪水等。否则，当氮源不足时，将引起丝状菌大量繁殖、产生污泥膨胀现象。磷是微生物所需矿物质元素中的最主要者，在细胞组成元素中，它占了全部矿物元素的 50% 左右。微生物中主要以细菌对磷的要求较多，一般生活污水中的粪便中，含磷量较高，故在处理时就不必另加磷营养。可是，有些工业废水若缺磷源时，则应另外加磷营养，如磷酸钾、磷酸钠、生活污水等。否则，若磷源不足，将影响许多生物酶的活性。因此，在考虑工业废水采用生物处理时，以工业废水和生活污水合并处理，是十分理想的。故在进行整个城市的污水治理规划时，工业废水最好的出路是经过预处理，除去对微生物有害的物质后，排入城市下水运和生活污水一并进入城市污水处理厂，加以妥善处理。这从工程投资、运行管理以及土地利用来看，都是十分有利的。

3）溶解氧

在污水的好氧处理中，微生物以好氧菌为主，为了维持好氧群体，需要向曝气池中补充氧气。如果溶解氧不足，好氧微生物的活性由于得不到足够的氧，正常的生长规律将遭到影响，甚至被破坏。轻则好氧微生物的活性受到影响，新陈代谢能力降低。而同时对溶解氧要求较低的微生物将应运而生。这样，正常的反应过程将受到影响，污水中的有机物质的氧化不能彻底进行，出水 BOD 浓度将升高，处理效果下降。如若环境严重缺氧，厌氧菌特大量繁殖，好氧微生物受到抑制而大量死亡，导致厌氧微生物生长占优势。在这种情况下，曝气池中的活性污泥恶化变质，发黑发臭，出水水质显著下降。污水厂曝气池中溶解氧浓度应该维持在 1～2mg/L。当然氧供应过多，是没有必要的，这不仅是个浪费问题。而且也会因代谢活动增强，营养供应不上而使微生物缺乏营养，促使污泥老化，结构松散。故在运转过程中应该经常测定溶解氧，使得曝气池中的溶解氧控制在一个合理的水平上，以保证好氧微生物的正常生长、发育，取得较好的处理效果。

应当注意到：季节性变化将影响 BOD 的浓度。

在炎热的夏天，细菌的活性增强，因而需要更多的氧气，当废水的温度上升时，废水中的饱和溶解氧值变小。根据这两种现象，需要更多的空气充入曝气池以维持溶解氧浓度

不变。

在冬季，低温使得微生物的生物活性下降，加之废水中溶解氧饱和值增大，这样就可以减少氧气的供给量。

4）pH

微生物的生长、繁殖和环境中的 pH 关系密切。它要求一定的 pH 范围，不同的微生物有不同的 pH 适应范围。一般细菌、放线菌、藻类和原生动物的 pH 适应范围为 4～10。而在中性或偏碱性（pH＝6.5～8.5）的环境污染中，则生长繁殖最好。大多数细菌要求中性和偏碱性，但也有的细菌如氧化硫化杆菌，喜欢在酸性环境污染中生活，它的最适 pH 为 3，亦可在 pH＝1.5 的环境中生活。又如酵母菌和霉菌要求在酸性或偏酸性的环境中生活，最适 pH 为 3.0～6.0，适应范围为 1.5～10。

在污水厂曝气池中的 pH 同样应保持在一个适当的范围，以维持一个健康的有活性的菌群体系。

细菌能够在 pH＝4.0～10.0 范围内存活，而在 6.5～8.5 范围内生长旺盛。

pH 低于 6.5 时，菌群中占优势的是真菌而不是细菌。真菌将导致 BOD 去除效率低，活性污泥的正常结构遭到破坏，生物固体的沉淀性能变坏。

当 pH 太高时，像磷那样的营养元素开始形成对细菌没有用处的沉淀物，这些都导致 BOD 去除效果变差。在 pH 极高或极低条件下，污水厂生物群体将被杀死。

当 pH 达到 9.0 时，原生动物将由活跃转为呆滞，菌胶团黏性物质解体。

硝化细菌对 pH 反应很敏感，应控制 pH 在 8～9 范围内。当 pH 小于 6.0 或大于 9.6 时，硝化菌的生物活性将受到抑制并趋于停止。

低的 pH（小于 7）对反硝化的最终产物起着重要的作用，因为氧化氮特别是 N_2O 会随着 pH 的递减而增加。氧化氮 NO 为毒性很强的气体。因此，若 pH 小于 6.5 时，就要投加石灰，补充碱源不足，但实际上的运行中发现，不需外加碱源也能顺利进行反硝化反应，这是因为从反硝化反应的方程式中看出，将每克 NO_3^--N 转化成 N_2，约可产生 3.75 碱度。

5）毒物

一些有机物质可能产生对微生物的毒性，甚至高浓度的氨也会引起微生物中毒。但是通常产生毒性的物质归结于一些高浓度的重金属，如铜、铅、锌等。

可能出现的两种中毒症状：急性中毒与慢性中毒。

急性中毒将导致曝气池中的生物群体迅速死亡。因此，通常容易觉察出这种情况。慢性中毒过程则发生得很缓慢，因而往往难以识别。

当高浓度的有毒物质如氰化物和砷排入污水厂的集水系统时，就会产生急性中毒现象。

当细菌在处理系统中反复循环时，某种元素如铜，就逐渐地在微生物体内聚集起来，引起缓慢中毒。最后，当细胞内该元素浓度增加，达到中毒水准时，微生物的活性程度就不断下降，直至死亡。分析厂内剩余污泥中出现的金属浓度将有助于弄清楚潜在的慢性中毒问题。

活性污泥系统的硝比过程受许多物质的抑制，如硫化物、胺、酚、氰化物等抑制作用都很强，一些金属对硝化也有抑制作用，如当金属铜为 150mg/L 时，活性污泥受到 75%

抑制，三价铬浓度达到118mg/L时，活性污泥也受到75%抑制。

6）温度

温度是一个重要的操作因素，但是污水厂的操作者通常无法控制污水的温度。温度很大程度上影响了活性污泥中的微生物的活性程度。

污水生物处理中的反应温度与微生物的生长、繁殖有密切关系。不同的反应温度就有不同的生长规律。但各类微生物所需的温度范围是不同的。就整个微生物界来说，生长温度范围是5～80℃。在微生物可以生长繁殖的温度范围内，各类微生物大体可分成三个基点，即最低生长温度、最高生长温度和最适应生长温度。

根据运行经验，曝气池系统内的水温，以20～30℃为适宜温度，若水温超过35℃或低于10℃时，处理效果就下降。

可以调节曝气池混合液中混合液悬浮团体（MLSS）浓度，补偿不同温度下的微生物活性的变化。当冬季气温变冷时，微生物活性处于最低阶段，曝气池中的挥发性固体（MLVSS）应该提高。而夏季微生物活性很高，曝气池中的挥发性固体浓度则应该降低，因为每个细菌吸收有机物的数量将提高。

温度对硝化的影响与对异养好氧微生物的影响相似，一般在10～22℃的温度范围内硝化菌有良好的生长速率。温度较高时，如30～35℃下，生长速率恒定，在35～40℃范围内，增长速率开始递减，直至零。与其他细菌一样，硝化菌对温度变化很敏感；当温度很快升高时，增长速率很快，而当温度下降时，活性减弱也超出了预期。在实际运行当中，冬天应当适当延长污泥的泥龄，以利于硝化菌的存在，若硝化系统被破坏，就很难恢复，只有等待天气转暖。如果温度太高，如达50～60℃，硝化反应也不再发生，当然在城市污水处理厂这种情况很少。

反硝化细菌对温度变化不如硝化细菌那么敏感，但反硝化也会随着温度变化而变化，温度越高，反硝化速率也越高，在30～35℃时最大，当低于15℃时。反硝化速率将明显下降；5℃以下时，反硝化趋于停止。在冬季要保证脱氮效果，就必须增大污水的停留时间，或提高污泥浓度，减少排泥量。

2. 运行管理经济指标

（1）电耗指标

城市污水处理厂的电耗指标是指处理单位体积的污水或降解单位质量的有机物，工艺所消耗的电量。包括污水厂全天消耗的电量、每处理1t污水的电耗，各处理单元（包括污泥处理部分）的电耗。

（2）药材消耗指标

包括各种药品、水、蒸汽和其他消耗材料的总用量、单位用量指标。

（3）维修费用指标

各种机电设备检查、养护、维修费用指标。

（4）产品收益指标

沼气、污泥或再生水等副产品销售量、销售收入指标。

（5）处理成本指标

城市污水厂处理污水污泥发生的各种费用之和扣去副产品销售收益后的费用，为污水处理成本，并计算单位污水处理成本。

3. 处理过程中的监测指标

恰当地对污水处理厂的处理过程进行监测是绝对必要的。通常有两类监测方法即感官判断方法和化学分析方法。为有效地管理好活性污泥处理厂，这两种方法都必须采用。

（1）感观指标

1）颜色

混合液的颜色应该呈现黑巧克力一样的颜色。颜色能够作为不良污泥或健康污泥的指标，一个健康的好氧活性污泥的颜色应是类似巧克力的棕色。深黑色的污泥典型地表明它的曝气不足，污泥处于厌氧状态（即腐败状态），曝气池中一些不正常的颜色也可能表明某些有色物质（例如化学染料废水）进入处理厂。

2）气味

曝气混合液应具有轻微的霉烂味道。气味也能够指示污水厂运行是否正常。正常的污水厂不应该产生令人讨厌的气味，从曝气池采集到的完好的混合液样品应有点轻微的霉味。一旦污泥的气味转变成腐败性气味，污泥的颜色则会显得非常黑，污泥还会散发出类似臭鸡蛋的气味（硫化氢气味）。

3）泡沫

泡沫能够成为指示污水厂的运行情况的一条线索。泡沫可分为两种，一种是化学泡沫，另一种是生物泡沫。化学泡沫是由于污水中的洗涤剂以及倾入工厂污水系统中的化学药品中的表面活性物质在曝气的搅拌和吹脱下形成的。在活性污泥的培养初期，化学泡沫较多，有时在曝气池表面会堆成高达几米的白色泡沫山，这主要是因为初期活性污泥尚未形成，曝气池中轻微的浪花状泡沫表明污泥不成熟，随着活性污泥的生长、数量的增多，大量的洗涤剂会被微生物所吸收，泡沫也就消失了。在日常的运行当中，若在曝气池内，发现有白浪状的泡沫，应当减少剩余污泥的排放量。浓黑色的泡沫表明污泥衰老，应当增加剩余污泥排放量。生物泡沫呈褐色，也可在曝气池上堆积很高，并进入二沉池随水流走，这可能是由于诺卡氏菌引起的生物泡沫，通常原因是由于入流污水中进入了大量含油及脂类物质较多的水，如宾馆污水等。

4）藻类生长物

藻类生长物可以指出废水富营养化程度。曝气池壁上和堰壁上的藻类生长物是污水厂出水中富营养化程度的标志。藻类生长需要磷和氮，一些藻类具有从空气中获得氮肥的能力。因此，即使废水中氮的含量比较低，若磷的浓度较高，也会导致藻类生长问题。进水中氮浓度过高也会促使藻类的繁殖增长。

5）曝气器的水花式样

如果说浪花显得非常小，可能意味着曝气机浸没深度不适合。曝气池中的溶解氧浓度低，也表示叶片入水深度不适合，应注意观察叶片的浸没深度，使之达到最佳的充氧效率。

6）出水清澈程度不合适

污水厂最终目的是排出较好的出水，观察出水的情况如出水中悬浮固体的浓度，可直接反应运行状况，反应污泥的沉降性能。

7）气泡

二沉池中出现气泡表明在池中的污泥停留时间太长，应该加大污泥回流率。如果沉淀池中的污泥层太厚，底层污泥会处于厌氧状态，产生硫化氢、甲烷、二氧化碳等气体。这些气体以气泡形式逸出水面。这样一来就会引起操作问题。因为，当气泡上升时，它们是处于生物絮凝体之下，致使絮凝体与气泡一起上升，最后与沉淀池出水一起流过沉淀池出水堰。

8）悬浮浮垢

过量的浮垢表明油脂成分高或曝气过量。如果说在曝气池内的表面有悬浮物质或浮垢，表明污水厂进水的油脂偏高。这些油脂物质妨碍固体物沉淀，并使BOD去除率下降，而且容易引起泡沫问题。二次沉淀池中的浮垢可能表明大量的空气被注入到曝气池中。

9）固体积累量

在曝气池的角落或者说在曝气池中设置适当的挡板能够改进混合形式并缓解这个问题。

10）水流形式

观察水流的形式，可确定短流情况。短流是指废水从进口直接流到出水口，它导致停留的有效时间低于设计值，并使操作无法进行。有时废水流的短流形式可通过观察池中的泡沫、悬浮固体和漂浮物质的流动情况而识别。设置合适的挡板能解决这个问题。

11）触摸检查

触摸是用来检查污水厂运行情况的一个重要手段。如果水泵、风机和电机的外表温度感觉到比平常热，就应该对它们进行进一步的检查，避免产生重大事故。水泵管道的剧烈振动的现象同样能预示着潜在的设备故障，应当检查振动的原因，及时进行修理，以免日后产生严重问题。

（2）水质分析测定指标

1）BOD测定：BOD即为生化需氧量，它指的是在规定的条件下，微生物分解氧化废水中有机物所需要的氧量。BOD是一种衡量标准，不是一种污染物，而是测量污水有机物总量的一种定量。一般目前都采用20℃、培养5d的五日生化需氧量（BOD_5）作为检验指标。

2）COD测定：BOD的测定存在测定时间长和不适宜于某些工业废水有机物的测定，可采用COD测定。COD即为化学需氧量，是指用化学方法氧化废水水样的有机物过程中所消耗的氧化剂量折合氧量计。它是量度水中有机污染物质的一个重要水质指标。在一定条件下，强氧化剂能氧化有机物为二氧化碳。按氧化剂不同可分为两种，即重铬酸钾法COD_{Cr}和高锰酸钾法COD_{Mn}。高锰酸钾氧化不完全，氧化能力较重铬酸钾法弱，但实际操作中测定速度快，而且可用来测定低污染物的COD值（$COD_{Cr}<50mg/L$）。由于COD能够氧化难生物降解的有机物，因此，BOD_5/COD的比值可作为该污水是否采用生物处理的判别标准，一般认为比值大于0.3的污水，才适用于生物处理。

3）TS即为总固体，在水质分析中是指一定水量经105～110℃烘干后的残渣，以称重表示。

4）SS即为污水中的悬浮固体，是总固体中处于悬浮状态的那部分，即用滤纸滤出固体物的干重。

5）VSS为挥发性悬浮固体，指的是悬浮固体中的有机部分含量，测定时以悬浮固体重量减去悬浮固体600℃加热灼烧后的质量。

6）TN为总氮，是废水中一切含氮化合物以氮计量的总称，包括有机氮、无机氮。无机氮主要为氨氮、亚硝酸盐氮和硝酸盐氮。总氮是了解废水中含氮总量的水质指标。

7）TKN为总凯氏氮，它主要包括有机氮和氨氮。一般废水中大多只有有机氮和氨氮存在。因此，有时总凯氏氮基本上代表了总氮。也可用来判断污水在进行生物处理时，氮营养是否充足的依据。

8）TP为废水中的含磷化合物，分有机和无机两大类，废水中和一切含磷化合物都是先设法转化成正磷酸盐（PO_4^{3-}），其结果即为总磷。

9）pH也影响到生物处理系统中微生物的活性，因此，应该每天检查污水的pH值在6.5～8.5之间。

6.1.3 污水处理厂操作控制污水处理系统的运行管理

污水处理厂运行管理人员必须熟悉本厂处理工艺和设施、设备的运行要求与技术指标，运行管理人员和操作人员应按要求巡视检查构筑物、设备、电器和仪表的运行情况。各岗位应有工艺系统网络图、安全操作规程等，并应示于明显部位。操作人员应按时做好运行记录，数据应准确无误。操作人员发现运行不正常时，应及时处理或上报主管部门。

城市污水处理厂必须加强水质和污泥管理，应对各项生产指标、能源和材料消耗等准确计量，至少应达到国家三级计量合格单位的标准。

1. 预处理单元

（1）格栅间

1）格栅工作台数的确定

一般每台格栅前的渠道内都装有流量调节的阀门或起闭机，应经常检查并调节使之在各渠道内的水量分配均匀，并保证过栅流速满足污水厂的设计要求。通过污水厂前部设置的流量计、水位计可得知进入污水厂的污水流量及渠内水深，再按设计推荐或运行操作规程设计的入流污水量与格栅工作台数的关系，确定投入运行的格栅数量。也可通过最佳过栅流速的计算来确定格栅投入运行的台数。当水量增大时，过栅流速会增大，可增加格栅的投运台数；当水量偏小时，过栅流速降低，可减少投运台数。过栅流速的控制不能太大，太大会使本应拦截下来的栅渣冲走，但也不能太小，如果过栅流速小于0.6m/s，则栅前渠道内的流速就会小于0.4m/s，这样，污水中的一些较重的砂粒可能会沉积在栅前渠道内。

2）格栅控制方式

格栅控制方式目前常用的有两种，一是利用栅前栅后的液位差，即过栅水头损失来自动控制格栅的开启；另一种方式为时间控制，根据不同季节的砂量，设置格栅和自动开停时间，砂量多时，开机时间设置长一些，反之，停机时间设置长一些。

格栅前后的液位差也就是水头损失，一般应控制在0.3m内。水头损失突然增大，有两种可能的原因造成：一种为进水水量增加；一种为格栅局部堵死。

当用液位差来控制格栅的开启时，操作人员必须对水位测量仪的探头定期清洗，以保证传播数据的准确性。当用时间来控制时，记录并掌握本厂每天发生的栅渣量，通过栅渣量的变化规律。调整格栅的定时开停时间，使格栅的运行更为高效。

3）格栅的巡视检查

不管采用哪种格栅控制方式，操作人员都必须经常定时到现场巡视，观察格栅上的栅渣量，水头损失情况，检查格栅是否有局部堵塞现象，无论何种情况发生，都应尽快解决并及时地调整恢复。如果格栅间较深，必须做好格栅间的通气换气，防止中毒，并有有效的监护。平时要按时巡视，检查格栅及输送机是否有异常声音，栅条是否变形，栅齿是否脱落，定期加油润滑保养，并保持格栅间清洁。

对于用皮带输送机或螺旋输送器输送栅渣的污水厂，要检查格栅和输送机启动顺序，正常情况下，应该是只要有一台格栅机运行，输送机也要动作，若格栅全部停止，输送机应延时停止，以便清空输送带走的栅渣。

4）定期检查渠道的沉砂情况

由于污水流速的减慢，或渠道内粗糙度的加大，格栅前后渠道内可能会积砂，应定期检查清理积砂，或修复渠道。

5）做好运行测量与记录

应测定每日栅渣量的质量或容量，并通过栅渣量的变化判断格栅是否正常运行。

（2）污水泵房的运行管理

泵房应根据进水量的变化和工艺运行情况而调节水量，保证处理效果。进水量太小时，可适当提高泵外水位以减少水泵启动次数。水泵在运行中，必须严格执行巡回检查制度，并注意下列要求：

1）应注意观察各种仪表显示是否正常、稳定。

2）轴承温升不得超过环境温度35℃，总和温度最高不得超过75℃。

3）应检查水泵填料压盖处是否发热，滴水是否正常。

4）水泵机组不得有异常的噪声或振动。

5）泵站各类节门、拍门和闸阀动作灵敏可靠；正常运转时应保持在全开状态。闭水时应达到全闭状态，指示装置完好。

6）集水池水位应保持正常。

运行人员应使泵房的机电设备保持良好状态。操作人员应保持泵站的清洁卫生，各种器具应摆放整齐，应及时清除叶轮、闸阀、管道的堵塞物。泵房的集水池应每年至少清洗一次，同时对空气搅拌装置应进行检修。

泵房应至少半年检查、调整、更换水泵进出水闸阀填料一次，并定期检修集水池水标尺或液位计及其转换装置。备用泵应每月至少进行一次试运转。环境温度低于0℃时，必须放掉泵壳内的存水。

（3）沉砂池

1）沉砂池操作控制

对于沉砂池的操作最重要的是掌握排砂量，合理地安排排砂次数，及时清砂。

平流沉砂池应控制污水在池中的水平流速，并核算停留时间。水平流速应控制在0.14～0.30m/s之间，水平流速的测算可用下式：

$$v = \frac{Q}{BHn} \tag{6-2}$$

停留时间一般应控制在30s以上，可用下式计算：

$$T = \frac{BHln}{Q} = \frac{l}{v} \tag{6-3}$$

式中 Q——污水流量，m^3/h；

B——沉砂池宽度，m；

H——沉砂池的有效水深，m；

T——水力停留时间，min；

n——沉砂池投运台数；

l——沉砂池池长，m。

水平流速的控制方式是改变投入运转的台数，或通过调节出水溢流堰来改变沉砂池和有效水深。

曝气沉砂池曝气强度作为控制指标，曝气沉砂池的空气量应根据水量的变化进行调节，应准确记录曝气量，同时根据入流污水中砂粒的主要粒径分布，在运转中摸索出曝气强度与水平流速的关系，以方便运行，曝气沉砂的水平流速估算方式同平流沉砂池。

各种类型的沉砂池均应定时排砂或连续排砂，对于旋流沉砂池操作要注意各设备之间的工作顺序及工作时间控制。

如钟氏沉砂池的运行顺序如下：搅拌器在运行命令下达以后，就开始连续运行，鼓风机的运行与搅拌器的运行相互连锁，由时间继电器延迟，时间一般在0～30min，以使砂石能沉积下来。然后，鼓风机开始动作，鼓风机又和砂水分离器交叉运行，即砂水分离器的启动与鼓风机联锁，鼓风机和砂水分离器的运行时间由时间继电器控制，鼓风机和砂水分离器的运行时间均可依据污水中的砂量来调节。在鼓风机开启之前，还应首先开启自来水，进行洗砂。它的工作顺序是：洗砂——排砂——出砂。

2）排砂

各种类型的沉砂池均应定时排砂或连续排砂。排砂操作要点是根据沉砂量的多少及变化规律，合理安排排砂次数，保证及时排砂。排砂次数太多，可能会使排砂含水率太大或因不必要操作增加运行费用；排砂次数太少，就会造成积砂，增加排砂难度，甚至破坏排砂设备。应在定期排砂时，密切注意排砂量、排砂含水率、设备运行状况，及时调整排砂次数。沉砂池宜每年对沉砂颗粒进行化验分析一次，并对沉砂量进行统计。沉砂池每运行2年应彻底清池检修一次。

除砂机械应每日至少运行一次，操作人员应现场监视，发现故障及时采取处理措施。除砂机械工作完毕，应将其恢复到待工作状态。

3）清除浮渣

沉砂池上的浮渣应定期以机械或人工方式清除，否则会产生臭味影响环境，或浮渣缠绕造成堵塞设备或管道。应经常巡视浮渣刮渣出渣设施的运行状况，池面浮渣的多少。

4）清砂

沉砂池池底排除的积砂，一般含有一些有机物，容易散发臭味，沉砂池排出的沉砂应及时外运，不宜长期存放；清捞出的浮渣应集中堆放在指定地点，并及时清除。

除砂机的限位装置应每月检修一次，应保持排砂管通畅。还应保持沉砂池及贮砂场的环境卫生。

5）测量和运行记录

① 每日测量或记录的项目包括除砂量、曝气量。

② 定期测量的项目包括湿砂中的含砂量、有机成分含量。

③ 测量干砂中砂粒级配，一般应按0.1、0.15、0.2和0.3四级进行筛分测试。

6）设备保养

无论是何种沉砂池，均应定期进行润滑保养，检查设备的噪声情况，有无剧烈振动等；按时巡视做好工作记录，按时清渣，保持良好的工作环境。沉砂池上的电气设备应做好防潮湿、抗腐蚀处理。

2. 初次沉淀池

（1）初沉池操作人员根据池组设置、进水量的变化，应调节各池进水量，使各池均匀配水，负荷相等，停留时间一致，增强沉淀池水流的稳定型，提高沉淀效果。操作人员要经常巡视各沉淀池溢流流量是否相等，出水三角堰出流是否均匀，堰口是否被浮渣堵塞，并作出及时调节或修整。

（2）初淀池污泥的特性

初沉池污泥一般为灰褐色，而从腐败的污水中沉下来的污泥为暗灰色，如若污泥本身腐败，则为黑色，而且具有刺鼻的臭味。它的密度随含固量的变化而变化，一般初沉污泥含固量为3%～5%，密度为1.015～1.020 kg/L，pH一般为5.5～7.5，而且本身粘附一些油脂类物质，这些物质含量在10～20mg/L。

实际运行中，操作人员要善于观察污泥的特性，并控制好初沉池的几个重要参数。水力表面负荷不能太高。太高则去除率下降，控制太低造成浪费，而且会因停留时间太长而使污泥厌氧腐败。因此，要经常核算水力停留时间、水力表面负荷、堰板溢流负荷这三个参数，将它们控制在设计要求范围内，就能取得很好的运行效果。

（3）根据初沉池的形式及刮泥设备形式，确定刮泥方式、刮泥周期长短，避免沉积污泥停留时间过长造成浮泥，也不应刮泥频率过快，扰动已沉淀的污泥，影响沉淀效果。

（4）初沉池一般采用间歇排泥，当发现排泥浓度下降，可能的原因是排泥时间偏长，应调整排泥时间。经常测定排泥管内的污泥浓度，达到3%时，才进行排泥。最好采用自动控制方式，污泥泵的启动和关闭由安装在排泥管路上的浓度计或密度计来控制；或根据时间控制来进行排泥，时间的设定可根据本厂运行的经验来制定排泥泵的开停时间。无法自动控制时，根据经验人工控制排泥次数和排泥时间，并在可能时注意观察排泥管路上取样口泥样的颜色变化，及时调整排泥时间。当采用连续排泥时，应注意控制排泥流量，使排泥浓度符合工艺要求。

（5）初沉池运行应详尽记录每天排泥次数、排泥时间、温度、pH、刮泥机及泥泵的运转情况，排浮渣次数及渣量、排泥时间。对主要的控制参数准备记录，记录每班出泥参数。

（6）操作人员应经常检查初次沉淀池浮渣斗和排渣管道的排渣情况，注意观察浮渣斗中浮渣是否能顺利排出，并及时清除浮渣，清捞出的浮渣应妥善处理。辨听刮泥、刮渣、排泥设备是否有异常声响，是否有松动，如有则及时进行维修。

(7) 初次沉淀池应每年排空一次，彻底清理检查；排泥管路应每月冲洗一次，防止砂、油脂在管内或阀门堵塞，冬季应增加冲洗次数。刮泥机待修或长期停机时，应将池内污泥放空。采用泵房排泥工艺时，可按污水泵房要求进行管理。当剩余活性污泥排入初次沉淀池时，在正常情况下应控制其回流量。

3. 生物处理系统

(1) 运行的操作控制

1) 污泥负荷与泥龄（SRT）的控制

为了培养沉降性能好的污泥，使得BOD成分有效地去除，活性污泥系统中的微生物量和进入污水处理厂的BOD量必须维持一个适当的平衡关系，一般通过控制食料微生物比值（F/M）来维持平衡。

当采用F/M比值作为污水处理厂控制参数时，应该认识到不可能过分控制比值中的F值，因为F与进水的BOD浓度相关。在市政排水系统中，操作者无法控制进水的有机负荷。只能控制F/M比值中的M（微生物）部分。通常通过控制系统的剩余污泥排放率维持曝气池中的污泥浓度。如果F/M比值太高，为了增加系统中微生物的量（M），应当减小污泥的排放量，但此时由于食料的充足，活性污泥中的微生物增长速率较快，有机污染物被去除的也较快，活性污泥的沉降性能可能较差；如果F/M比值太低，为了减少系统中微生物量（M），应当增加排放量，但此时，由于食料不充足，微生物增长率较慢或基本不增长，甚至也可能减少，因此有机物去除得较慢，活性污泥沉降性能可能较好。简言之，操作者必须使系统中微生物量与可利用的“食料”量匹配。传统的活性污泥工艺的F/M值一般在0.2~0.4kgBOD_5/(kgMLSS·d)。运行管理中应选择合适的F/M值，在满足有机物去除的前提下，保持最佳的沉降性能。

完全的生物硝化，F/M值越低越好，SRT越高越好，生物硝化要求低负荷高泥龄，生物除磷却要求高负荷低泥龄，实际运行当中，应根据本厂的具体要求，选取合适的参数，如果说既要求脱氮，又要求除磷，则F/M应控制在0.1~0.18kgBOD_5/(kgMLSS·d)，而SRT一般应控制在15d。控制污泥龄长短是选择活性污泥系统中微生物的种类的一种方法。不同的微生物有着不同的世代期。所谓世代期就是微生物繁殖一代所需的时间，如果某种微生物繁殖一代需要两天，那么，该种微生物的世代期就是2d。如果某种微生物的世代期比活性污泥的泥龄长，则该种微生物在繁殖出下一代微生物前，就被当做剩余污泥排走，该种微生物不易在系统中繁殖起来，反之，如果某种微生物的世代期比活性污泥的泥龄短，则该种微生物在剩余污泥排出前已繁殖出了下一代，因此，该种微生物在系统内就存活下来。分解有机物的绝大多数微生物的世代期都小于3d，因此，只要控制污泥龄大于3d，活性污泥就得以生存，并能进行污水处理。硝化杆菌的世代期一般为5d，因此在发生硝化反应时，应控制污泥龄大于5d。

当SRT较大时，污泥会老化，分解能力较差，但凝聚性沉降性能好；当SRT较小时，泥龄短，污泥活性高，分解代谢有机物的能力强。

2) MLSS的控制

在进水浓度高时，通常应提高MLSS，以提高曝气池中微生物量，去处理有机污染物质。一般在曝气池内控制 MLSS 为 2000～60000mg/L，因为 MLSS 过高，妨碍充氧。

3）溶解氧的控制

厌氧段溶解氧应控制在 0.2mg/L 以下；

缺氧段溶解氧应控制在 0.2～0.5mg/L 之间；

好氧段溶解氧应控制在 2～3mg/L 之间。

与异养菌相比，硝化菌对低溶解氧更为敏感，当溶解氧小于 2.0mg/L 时，硝化将受到抑制，当 DO 小于 1.0mg/L 时，硝化将完全受到抑制，硝化菌为专性好氧菌，硝化可在高溶解氧下进行。

当 DO 低于 0.5mg/L 时，就能达到良好的脱氮效果，也就是说 DO 小于 0.5mg/L 为缺氧状态。当存在足够的 NO_3^-，而游离态的溶解氮 DO 为零时，反硝化细菌将只能利用 NO_3^- 的化合态氧分解有机物，并将 NO_3^- 中的氮转化为 N_2。当存在一定量的 DO 时，反硝化细菌将优先考虑游离态的 DO 分解有机物，只有将 DO 耗尽后，才能利用 NO_3^- 中的化合态的氧，因此对反硝化来说，DO 越低越好，脱氮效果就越高。

4）污泥排放率的控制

由于微生物的不断增长，活性污泥系统中每天要产生一部分污泥，使系统内总的污泥量增多。要使污泥量保持平衡，就必须定期排放一部分剩余污泥。排泥是活性污泥工艺控制中最重要的一项操作环节，它比其他任何操作对系统的影响都大。通过排泥量的调节，可以改变活性污泥中微生物的种类和增长速度，可以改变需氧量，可以改变污泥的沉降性能。有下列几种控制排泥的方法：

① 用 MLSS 控制排泥：首先根据实际工艺状况确定一个合适的 MLSS 值，当实际运行的 MLSS 值高于设定值时，应通过排泥来降低 MLSS 值。排泥量计算如下：

$$Q_w = (\text{MLSS} - \text{MLSS}_0) \cdot V_a / \text{RSS} \tag{6-4}$$

式中 Q_w——排泥量；

MLSS——实际运行中测定的浓度；

MLSS_0——需要维持的浓度；

V_a——曝气池容积；

RSS——回流污泥浓度。

该法用于进水水质水量变化不大的情况。

当然，实际的运行当中，不可能将计算值一次全部排完，而是在控制总量的前提下，分期排完。应尽可能连续排泥，如不可能，可每次少排勤排。

② 用 F/M 控制排泥

$$Q_w = \frac{\text{MLVSS} \cdot V_a - \text{BOD}_i \cdot Q/(F/M)}{\text{RSS}} \tag{6-5}$$

式中 Q_w——剩余污泥排放量；

MLVSS——混合液挥发性固体；

V_a——曝气池容积；

BOD_i——进水的 BOD 值；

Q——进水流量；

F/M——有机负荷；

RSS——回流污泥浓度。

该种方法是通过改变污泥浓度，使 F/M 值保持恒定。由于 F 值是进水有机负荷的量，对于一般操作人员无法改变，因此只能控制 M 值，即微生物的量。

当进水水质变化较大时，此法也能用。当然，使用该法的关键在于确定合适的 F/M 值。

在实际运用过程中，应找出 BOD 与 COD 之间的关系，用 COD 值来估算 BOD 值；找出 MLVSS 与 MLSS 之间的比例关系，用 MLVSS 估算 MLSS 的值。这样就能很快地计算出排泥量。

③用 SRT 来控制排泥量

在前面章节中已经介绍，活性污泥的泥龄为：

$$\mathrm{SRT}=\frac{\text{活性污泥系统中的活性污泥总量度}}{\text{每天从系统内排出的活性污泥量}}=\frac{M_a+M_c+M_r}{M_w+M_e} \tag{6-6}$$

式中 M_a——曝气池内的活性污泥量；

M_c——二沉池内污泥量；

M_r——回流系统的污泥量；

M_w——每天排放的剩余污泥量；

M_e——二沉池出水每天带走的污泥量。

在实际运行中，在计算剩余污泥排放量时，通常忽略曝气池内的污泥量 M_a 和二沉池内的污泥量 M_c。因此：

$$\mathrm{SRT}=\frac{M_a}{M_w+M_e} \tag{6-7}$$

若回流污泥浓度为 RSS，则 $M_w=\mathrm{RSS}\cdot Q_w$

若每天二沉池出水的悬浮物浓度为 $\mathrm{SS_e}$，则 $M_e=\mathrm{SS_e}\cdot Q$

则

$$\mathrm{SRT}=\frac{M_a}{\mathrm{RSS}Q_w+\mathrm{SS_e}Q} \tag{6-8}$$

上式中 $M_a=\mathrm{MLSS}\cdot V_a$，故污泥每天的排放量为：

$$Q_w=\frac{\mathrm{MLSS}}{\mathrm{RSS}}\cdot\frac{V_a}{\mathrm{SRT}}-\frac{\mathrm{SS_e}}{\mathrm{RSS}}\cdot Q \tag{6-9}$$

通过上述方法能够准确地计算出每天的排泥量，当然要比较准确地选择 SRT，正确地计算系统内的污泥总量。

对于硝化系统，剩余污泥的控制最好采用泥龄来控制，这是因为硝化反应通常需要较大的泥龄，而泥龄也较易于控制。泥龄大于 15d，效果好，排泥少，而对于除磷系统，也应用 SRT 来控制剩余污泥的排放，对除磷来说，泥龄最好低于 6d，但对除磷和脱氮结合考虑，可控制在 8 ~ 15d 左右，但效果都不会很高。

5）污泥回流比的控制

回流污泥系统的控制有三种方式：保持回流量 Q_r 恒定；保持回流比及恒定；定期或随时调节回流量 Q_r 及回流比 R。

不管上述哪种方式都需要确定合适的回流比，有下列几种方式调节：

① 按照二沉池的泥位调节回流比：首先，应根据具体情况选择一个合适的泥位 L_S，也就是选择一个合适的污泥层厚度 H_S。H_S 一般应控制在 0.3～0.9，且不超过泥位 L_s 的 1/3。然后调节回流污泥量，使泥位稳定在所选取的值上。一般情况下，增大回流量 Q_r，可降低泥位，减少污泥层厚度；反之，降低回流量，可增大泥层厚度。在实际操作时，应注意调节幅度每次不要太大，如调回流比，每项次不要超过 5%，如调回流量，则每次不要超过原来流量的 10%。污水厂要定期测量二沉池的泥位，掌握运行的状况。

② 按照沉降比调节回流比或回流量：

$$R=\frac{SV_{30}}{100-SV_{30}} \tag{6-10}$$

测得 SV_{30}值，并依据上式计算回流比值，再进行回流量的调节。

③ 按照回流污泥及混合液的浓度调节回流比：

$$R=\frac{MLSS}{RSS-MLSS} \tag{6-11}$$

式中　MLSS——混合液浓度；

RSS——回流污泥浓度。

该法只适用于低负荷工艺，即进水中 SS 不高的情况下，否则误差较大。

④ 依据污泥沉降曲线调节回流比：沉降性能不同的污泥具有不同的沉降曲线（图 6-1），沉降性能差的污泥达到最大浓度需要的时间长。回流比的大小，直接决定污泥在二沉池内的沉降浓缩时间。对于某种特定的污泥，如果调节回流比使污泥在二沉池内的停留时间恰好等于该种污泥通过沉降达到最大浓度所需的时间，则此时回流污泥浓度最高，且回流比最小。沉降曲线的拐点处对应的沉降比，即为该种污泥的最小沉降比，用 SV_m 表示，根据 SV_m 来确定回流比的运行，可使污泥在池中停留时间最短，而污泥浓度最高。

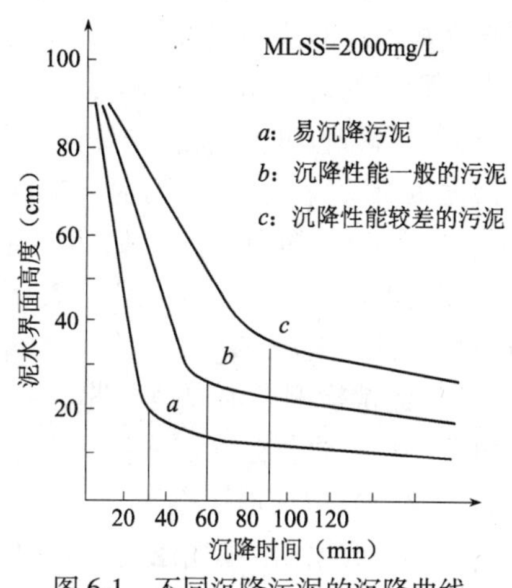

图 6-1　不同沉降污泥的沉降曲线

$$R=\frac{SV_m}{100-SV_m} \tag{6-12}$$

上述四种方法，各有其优缺点。根据泥位调节回流比，不易造成由于泥位升高而使污泥流失，出水 SS 稳定，但回流污泥浓度 RSS 不稳定。按照 SV_{30}调节回流比，操作非常方便，但当沉降性能不佳时，不易得到高浓度泥，使回流比 R 比实际需要的值大。按照 RSS 和 MLSS 调节回流比，由于要分析 RSS 和 MLSS，比较麻烦，一般可作为回流比的一种校核方法。用沉降曲线调节回流比，简单易行，可获得高 RSS，同时使污泥在二沉池内停留时间短。

在实际运行当中，生物硝化系统的回流比一般较传统活性污泥工艺大，这主要是因为生物硝化系统的活性污泥混合液中含有大量的硝酸盐，如果回流比太小，活性污泥在二沉池的停留时间就较长，容易产生反硝化，导致污泥上浮。反硝化系统中不存在大量的硝酸盐，已被转化为氮气，因而由于反硝化产生的污泥上浮可能性已不大，所以可采用小回流比，回流比可控制在60%以下运行。

对于生物除磷脱氮系统来说，回流比是个很难控制的参数，因为，对硝化来说，回流比要大，以防止二沉池内反硝化导致的污泥上浮，但回流比太大，会有过多的硝酸盐带入厌氧段，影响除磷效果，如果说厌氧段的硝酸盐浓度大于4mg/L时，就必须降低回流比。当回流比增大到一定的数值时，或100%回流时，除磷将会完全停止。因此，实际运行中，应综合考虑，在保证二沉池不产生反硝化的前提下，尽量减少回流比。

（2）生物处理系统的维护和管理

1）经常检查与调整生物反应池配水系统和回流污泥的分配系统，确保进入各系列或各池之间的污水和污泥的均匀，使各池的负荷相等，停留时间一致。

2）经常观测反应池混合液的静沉速度、SV及SVI，防止污泥发生膨胀，若活性污泥发生污泥膨胀，根据污水是否存在入流污水有机质太少、曝气池内 F/M 负荷太低、入流污水氮磷营养不足、pH偏低不利于菌胶团生长、混合液DO偏低、污水水温偏高等原因，并及时采取针对性措施进行调整，控制污泥膨胀。

3）经常观测曝气池池面沸腾情况，检查是否有空气曝气管道或气孔是否有堵塞。若见曝气池中间有成团气泡上升，表示空气曝气管道或气孔有堵塞，应及时清洗或更换；若液面翻腾不均匀，说明有死角，应注意池子边角有否积泥。

4）经常观测曝气池的泡沫发生状况，判断泡沫异常增多原因，并及时采取处理措施。在污泥负荷适当、运行正常时，泡沫量较少，外观呈新解白色泡沫；污泥负荷过高，水质变化时，泡沫量往往增多，如污泥泥龄过短以及废水中含有大量洗涤剂时即出现大量泡沫；曝气池泡沫呈茶色、灰色，表示污泥泥龄太长或污泥被打碎、吸附在气泡上所致，这时应增加排泥量。

5）经常检测出水中是否带走微小污泥絮体，造成污泥异常流失，判断其原因，如污泥负荷偏低且曝气过度、入流污水中有毒物浓度突然升高细菌中毒、污泥活性降低而解絮等，并及时采取处理措施。

6）每班应测定曝气池混合液的DO，并及时调节曝气系统的充氧量，或设置空气供应量自动调节系统。

7）及时清除曝气池边角外漂浮的部分浮渣；注意曝气池护栏的损坏情况并及时更换或修复。

8）做好分析测量与记录每班应测试项目

每日应测定项目：进出水流量、曝气量或曝气机运行台数与状况、回流污泥量、进出水水质指标、污水温度、活性污泥的MLSS、MLVSS、混合液SVI、回流污泥的MLSS、MLVSS、活性污泥生物相。

每日或每周应计算确定的指标：污泥负荷 F/M、污泥回流比 R、水力停留时间和污泥固体停留时间。

（3）生物处理系统故障例证

1）污泥膨胀：在污水处理厂可能会产生不同性质的但又常常是互相混淆的两种现象，它们被称作“污泥上浮“和“污泥膨胀”。重要的是要弄清两者之间的不同点，因为两者的起因是完全不同的；也要弄清必要的补救措施。请记住，在排除任何一种污水处理过程中出现的问题时，首先应鉴别出问题的潜在原因，而后才能着手处理。

污泥膨胀归结于污泥很松散，污泥在沉淀池底部不能形成紧密的污泥层；沉淀池上部不是清澈的上清液；除此而外，生物絮凝体仍然在沉淀池各处悬浮着，并被溢出沉淀池。由于污泥自身的沉淀性能或密实性能已经有所变化，上述情况始终存在着。当处理污水厂的污泥发生膨胀问题时，应该调查全面影响污泥性质和沉淀池性能的操作情况。情况之一是进水生物系统有机负荷过量，造成 F/M 失衡。过量的有机负荷能够导致轻的绒毛状的污泥的形成。这种污泥进入沉淀池中或在沉降性能试验中，显示出松散的状态。

在运行中应经常测定 SVI 值，当 SVI 值超过 150 时，预示着活性污泥即将膨胀，或已经膨胀，要加以重视，而且镜检发现丝状菌的丰度逐渐增大，至（d）级时，应予以重视，至（e）级时，污泥处于膨胀状态，应采取控制措施；当到（f）级时即处于严重膨胀状态。

导致污泥膨胀的原因有两大类：丝状菌膨胀和非丝状菌膨胀。当丝状菌的丰度在（d）级以下时，也会发生污泥膨胀，这就是非丝状菌膨胀。

非丝状菌膨胀是由于菌胶团细菌生理异常活动，导致活性污泥沉降性能恶化。一是由于进水中含有大量溶解性有机物，使污泥负荷 F/M 太高，而进水中又缺乏足够的氮、磷等营养物质，或者说混合液内溶解氧不足。高 F/M 时，细菌会很快把大量的有机物吸入体内，而由于氮、磷或 DO 不足，不能在体内进行正常的新陈代谢。此时，细菌会向体外分泌过量的多聚糖物质。这些物质由于分子式中含有很多氢氧基而具有较强的亲水性，使活性污泥的结合水达 400%（正常污泥的结合水达 100%），呈黏性的凝胶状，使活性污泥在二沉池内无法进行有效的泥水分离及浓缩，因此，我们称之为黏性膨胀。另一种非丝状菌膨胀是进水中含有较多的毒性，导致污泥中毒，使活性污泥不能正常地分解黏性物质，从而形不成絮体，也无法使二沉池进行泥水分离。这种污泥膨胀称之为低黏性膨胀或污泥的离散增长。

对于非丝状菌引起的污泥膨胀可针对产生的原因，以工艺运行调节的方法来加以控制。由于 DO 太低导致的污泥膨胀，可以增加充氧来解决；氮、磷不足，可以投加营养；由于高负荷引起的，可增大污泥曝气池污泥浓度，减少排泥，增大回流等。

丝状菌引起的污泥膨胀前已述及，活性污泥中应含有一定量的丝状菌，它是活性污泥絮体的骨架材料。丝状菌太少，活性污泥形不成大的絮体，丝状菌太多，就造成污泥膨胀。

对于丝状菌引起的污泥膨胀，可针对起因采用工艺运行调节的手段加以控制，也可加入助凝剂，如聚合氯化铁、硫酸铁、硫酸铝等，以增大活性污泥密度，使其在二沉池易于分离；或采用灭菌法。主要是向污泥中加入化学药剂，以抑制丝状菌的生长，如加入生石灰、漂白粉等，从而达到控制丝状茵的目的，但这种方法在杀灭丝状菌的同时也将菌胶团细菌杀死。因此，在加药的过程当中，要随时观察活性污泥的生物相并测定其 SVI 值。

2）污泥上浮：污泥上浮的情况是生物固体在沉淀池内已经沉淀，污泥层密实如常，但是污泥层的离散部分突然重新浮起。

污泥上浮的现象通常认为由于沉淀池底部的污泥层中有气泡形成而引起，这些气泡给沉淀和密实的污泥增加了浮力，引起部分污泥层浮在沉淀池表面。这种情况多半发生在已经出现腐败现象而导致硫化氢气体生成的沉淀池中。反硝化现象（即分解硝酸盐形成氮气），也能在沉淀池的污泥层中发生，引起污泥上浮的问题。在沉降试验中，上浮的污泥用玻璃棒搅拌之后，如果又沉下去，则说明是反硝化引起的污泥上浮，如果搅拌之后，污泥不下沉或下沉太慢，则说明是厌氧污泥腐败引起的污泥上浮。

污泥上浮的控制主要是保证及时排泥，使得污泥不能在二沉池内长时间停留，或是在曝气池末端增设曝气设备，增加供氧量，使得进入二沉池的混合液内有足够的溶解氧，保持污泥不处于厌氧状态。对于反硝化引起的污泥上浮，还可以增大剩余污泥的排放量，降低停留时间，以控制反硝化在二沉池内出现。

3）反絮凝现象：污泥的反絮凝现象指大块稠密的沉降性能良好的絮凝体分解成沉降性能差的细微的上浮颗粒，其结果通常表现为出水浑浊。污泥解体的典型原因有；有毒废物进入处理系统；氮、磷等营养元素不足；有机负荷冲击；出现厌氧情况，不过有时由于曝气叶轮的混合速度和水泵的流速过快而将絮凝体切碎也会引起反絮凝现象。通常采集进水及污泥样品，分析其中的重金属成分或其他被怀疑进入处理系统的有机毒物，从而证实有毒物质的存在。进行氮、磷等营养元素分析时，必须记住，应该采用过滤后的水样进行分析，才能确定适合微生物生长的可溶性氮、磷元素的水平。有机冲击负荷可由每天的进水 BOD 和 COD 监测数据判别。厌氧情况可能由于曝气池中废水混合差、池中有污泥团块形成、曝气池各处的溶解氧浓度不均匀或溶解氧浓度低等情况所致。通常只有当曝气机的尺寸太大，或者必须采用泵将污泥从曝气池输送到沉淀池时，才会出现水力剪切絮凝体现象。

4）散落状絮凝物：散落状絮凝物的特征是轻微的污泥颗粒上升到沉淀池表面，沉淀池上清液异常地清澈。这种固体沉降性能差的情况，可能是由于污泥龄低的缘故（即污泥未成熟）。解决方法是通过减小污水厂剩余污泥排放率，使得系统的污泥龄增至最佳值。每天对系统的污泥龄和 F/M 比值进行测定，有助于防止发生这种情况。

5）针状絮凝物：针状絮凝物是一种细小而密实的使得出水变混浊的污泥颗粒。针状絮凝物的形成是由于系统的污泥龄过于衰老。良好的污泥是由大块的絮凝体组成，它能在沉淀池中逐渐沉降，留下清澈的上清液，沉降到池底部的絮凝体密实性良好。针状絮凝物则分散地沉降，密实性差，在沉降过程中不能提供良好的过滤作用，因而产生含有细小针状絮凝物的浑浊上清液。通过增加剩余污泥排放率，使得污水处理厂的污泥龄减小到一个适宜的范围内，上述这种情况可以缓解。再者，污水处理厂的污泥龄的监测与控制相互配合能预防这种情况发生。

6）固体携带现象：固体携带现象的产生是由于物理学原因而不是生物学原因。通常表现为固体物沿着沉淀池的集水堰断面被冲出来。这种问题由于集水堰不平而引起。当大部分出水流过这部分集水堰时，固体物就被从池底部的污泥层中抽吸出来，携带出集水堰。其他一些原因可能是沉淀池的水力负荷过大，或是流入各个沉淀池的池流量分布不均，引起某个沉淀池接纳的水量过大，导致固体物被携带出来。在后两种情况下，固体物携带应该沿着沉淀池整个堰的长度内产生。

4. 二次沉淀池

对于一定的活性污泥来说，二沉池的水力表面负荷越小，固液分离越好，出水越清澈。另外，控制水力表面负荷在多大值取决于污泥的沉降性能，沉降性能好的污泥即使水力表面负荷较大，也能得到较好的泥水分离效果。如污泥的沉降性能恶化，则必须降低水力表面负荷，一般不超过1.0～1.5m^3/(m^2·h)；最好控制在0.5～0.7m^3/(m^2·h)之间。而二沉池的固体表面负荷则是衡量二沉池的浓缩能力的一个指标。对于一定的活性污泥来说，二沉池的固体表面负荷越小，污泥在二沉池的浓缩效果越好，即二沉池排泥浓度越高。对于浓缩性能良好的活性污泥，即使二沉池的固体表面负荷较大，也能得到较高的排泥浓度。反之，如果活性污泥浓缩性能差，则必须降低二沉池的固体表面负荷。传统活性污泥工艺的固体表面负荷最大不超过150kgMLSS/(m^2·h)。出水堰溢流负荷也不能太大，否则导致二沉池内发生短流，影响沉淀效果。另外，溢流负荷太大，导致溢流流速太大，出水中易挟带污泥絮体，影响出水效果。

在二沉池的运行中应经常检查并调整二沉池的配水设施，使进入各池的混合液均匀。经常检查并调整出水堰板的平整度，防止出水不均匀和短流，及时清除挂在出水堰板的浮渣；及时清除浮渣斗排渣情况并经常用水冲洗浮渣斗。

经常观察二次沉淀池液面，看是否有污泥上浮现象。若局部污泥大块上浮且污泥发黑带臭味，则二沉池存在死区；若许多泥块上浮又不同于上述情况，则为曝气池混合液DO偏低，二沉池中污泥反硝化。应及时采取针对措施避免影响出水水质。

一般二沉池每年应放空检修一次，检查水下设备、管道、池底与设备的配合等是否出现异常，并及时修复。

5. 消毒系统

(1) 实际运行管理过程中，应经常测定二级出水中的大肠菌群数，并根据消毒后出水的要求确定控制投加氯量。对于深度处理后作为再生回用水时，还应根据回用水管网余氯量要求进行投加量控制。

(2) 液氯氯瓶在运输过程中应注意以下几点：应由专业人员专用车辆运输；应轻装轻卸，严禁滑动、抛滚或撞击，严禁堆放；氯瓶不得与氢、氧、乙炔、氨及其他液化气体同车装运；遵守安全部门的其他规定。

(3) 液氯的贮存应注意以下事项：贮存间应符合消防部门关于危险品库房的规定；氯瓶入库前应检查是否漏氯，并作外观检查。外观检查包括瓶壁是否有裂缝或变形。氯瓶存放应按照先入先取先用的原则，防止某些氯瓶存放期过长。每班应检查库房内是否有泄漏，库房内应常备10%氨水，以备检漏使用。

(4) 氯瓶在使用时应注意以下事项：氯瓶开户前，应先检查氯瓶的放置位置是否正确，然后试开氯瓶总阀门。不同规格的氯瓶有不同的放置要求。氯瓶与加氯机紧密连接并投入使用后，应用10%的氨水检查连接处是否漏氯。氯瓶使用完毕后，应保证留有0.05～0.1MPa的余压，以避免遇水受潮后腐蚀钢瓶，同时这也是氯瓶再次充氯的需要。

(5) 加氯间应设有完善的通风系统，并时刻保持正常通风，每小时换气量一般应在10次以上。在加氯间内氯瓶周围冬季要有适当的保温措施，以防止瓶内形成氯冰。但严禁用明火等热源为氯瓶保温。加氯应在最显著、最方便的位置放置灭火工具及防毒面具。

(6) 当发生急性氯中毒事故时，设法迅速将中毒者转移至新鲜空气中，对于呼吸困难者，严禁进行人工呼吸，应让其吸氧。如有条件，也可雾化吸入5%的碳酸氢钠溶液。用2%的碳酸氢钠溶液或生理盐水为其洗眼、鼻和口。严重中毒者，立即请医务人员处理或急送医院。此前，必要时可注射强心剂。

（7）做好记录与分析：每日每班应记录好氯瓶使用件号、规格、使用时间，加氯机使用台号及运行情况。每日应分析总投氯量及单位污水加氯量。每日应分析测量出水大肠菌群数，并做好测试记录。每日应记录氯瓶进瓶和出瓶的数量瓶号和规格。定期检查贮存的氨水和碱液的数量和质量，做好记录，必要时应予以更换。

6. 污泥处理系统

（1）污泥浓缩池

1）进泥量的控制

对于某一确定的浓缩池和污泥种类来说，进泥量存在一个最佳控制范围。当进泥量太大时，使浓缩池表面固体负荷太大，超过了浓缩池的浓缩能力，将导致出水悬浮物增多，上清液浓度太高，造成污泥流失，排泥浓度太低，起不到应有的浓缩效果；进泥量太低时，不但降低处理量，浪费池容，而且污泥在池内停留时间过长，将导致污泥厌氧上浮，从而使浓缩不能顺利进行下去。另外对于一些具有除磷要求的工艺来说，厌氧环境会造成磷的释放，减小或破坏除磷效果。

进泥量的控制一般采用固体表面负荷 q_s 参数，即单位时间（d）内每平方米池面所能浓缩的固体量（kg）为：

$$q_s = Q_i \cdot C_i / A \tag{6-13}$$

式中 Q_i——泥量，m^3/d；

C_i——进泥浓度，kg/m^3；

A——池表面积，m^2；

q_s——单位，$kg/(m^2 \cdot d)$。

q_s 的大小与污泥种类、池结构以及温度有关，一般温度在 15～20℃，浓缩效果最好。从污泥来源来讲，初沉污泥利于浓缩，活性污泥较差，不宜单独浓缩。一般来说，正常运行情况下，初沉污泥和活性污泥相对比例稳定，可以摸索出一个合适的 q_s 值，从而确定参与运行的浓缩池数。另外，也应注意做好水力停留时间核算，一般控制在 12～30h，温度高取值宜小，温度低，取值可偏大，以保证污泥不酸化为前提。

2）浓缩池浓缩效果评测

浓缩池浓缩效果应经常进行评测，主要指标有浓缩比 f，即出泥浓度和进泥浓度比值；固体回收率 η，即排泥固体量和进泥固体量的百分比；以及分离率 F，即浓缩池上清液量占入流污泥量的百分比。

$$F = Q_e / Q_i = 1 - \eta / f \tag{6-14}$$

式中 Q_e——浓缩池上清液流量；

Q_i——入流污泥量。

应该说三者相辅相成，如有大的异常，应检查进泥量 q_s、温度变化等方面的原因。一般来说，浓缩初沉和剩余混合污泥 f 应大于 2.0，η 应大于 85%。

3）排泥控制

浓缩池有连续和间歇两种运行方式。连续运行是指连续进泥连续排泥，这在规模较大的处理厂比较容易实现。小型处理厂一般只能间歇进泥并间歇排泥，因为初沉池只能是间歇排泥。连续运行可使污泥层保持稳定，对浓缩效果比较有利。无法连续运行的处理厂应“勤进勤排”，使运行尽量趋于连续，当然这在很大程度上取决于初沉池的排泥操作。不能做到“勤进勤排”时，至少应保证及时排泥。一般不要把浓缩池作为贮泥池使用，虽然在特殊情况下它的确能发挥这样的作用。每次排泥一定不能过量，否则排泥速度会超过浓缩速度，导致排泥中含有一些未完成浓缩的污泥，使排泥变稀，并破坏污泥层。排泥量太小或一次性排泥历时太短，会导致污泥因停留时间太长发生厌氧，最终导致污泥上浮。

4）浓缩池的维护和管理

① 经常观察污泥浓缩池的进泥量、进泥含固率、排泥量及排泥含固率，以保证浓缩池按合适的固体负荷和排泥浓度运行。否则应该对进泥量、排泥量予以调整。

② 注意观察初次沉淀池污泥与活性污泥的混合状况，应保证两种污泥混合均匀，否则进入浓缩池会由于密度流扰动污泥层，降低浓缩效果。

③ 经常观测活性污泥沉降状况，由于浓缩池内温度较高，极易产生污泥厌氧上浮。当污水生化处理系统中产生污泥膨胀时，丝状菌会随活性污泥进入浓缩池，使污泥继续处于膨胀状态，致使无法进行浓缩。对于以上情况，可向浓缩池入流污泥中加入 Cl_2、$KMnO_4$、O_3、H_2O_2 等氧化剂，抑制微生物的活动，保证浓缩效果。同时，还应从污水处理系统中寻找膨胀原因，并予以排除。

④ 应定期检查上清液溢流堰的平整度，如不平整应予以调节，否则导致池内流态不均匀，产生短路现象，降低浓缩效果。入流挡板或导流筒是否有变形或脱落情况，此时应予以清理或修复。

⑤ 注意浮渣挡板的状况，浮渣刮板的运行情况，浮渣刮板刮至浮渣槽内的浮渣应及时清除，避免浮渣长期不排除会随水流失。无浮渣刮板时，可用水冲方法，将浮渣冲至池边，然后清除。

⑥ 浓缩池是恶臭很严重的一个处理单元，因而应对池壁、浮渣槽、出水堰等部位定期清刷，尽量使恶臭降低。

⑦ 在浓缩池入流污泥中加入部分二沉池出水，可以防止污泥厌氧上浮，提高浓缩效果，同时还能适当降低恶臭程度。

⑧ 定期（每隔半年）排空彻底检查是否积泥或积砂，并对水下部件加以防腐处理。

⑨ 浓缩池较长时间没有排泥时，应先排空清池，严禁直接开启污泥浓缩机。

⑩ 由于污泥浓缩池容积小，热容量小，在寒冷地区的冬季浓缩池液面会出现结冰现象。此时应先破冰并使之融化后，再开启污泥浓缩机。

⑪ 做好分析测量与记录。每班应分析测定的项目：浓缩池进泥和排泥含水率（含固量）、浓缩池上清液的 SS。每天应分析测定的项目：进泥量与排泥量，浓缩池溢流上清液的 BOD_5、TP 等，进泥及池内污泥的温度。应定期计算的项目：污泥浓缩池的表面固体负荷、水力停留时间等。

5）异常情况及处理：

现象一：污泥上浮，液面有小气泡逸出，且浮渣量增多。

其原因及解决对策如下：

① 集泥不及时。可适当提高浓缩机的转速，从而加大污泥收集速度。

② 排泥不及时。排泥量太小，或排泥历时太短。应加强运行调度，做到及时排泥。

③ 进泥量太小，污泥在池内停留时间太长，导致污泥厌氧上浮。解决措施之一是加 Cl_2、O_3 等氧化剂，抑制微生物活动，措施之二是尽量减少投运池数，增加每池的进泥量，缩短停留时间。

④ 由于初沉池排泥不及时，污泥在初沉池内已经腐败。此时应加强初沉池的排泥操作。

现象二：排泥浓度太低，浓缩比太小。

其原因及解决对策如下：

① 进泥量太大、使固体表面负荷 q_s 增大，超过了浓缩池的浓缩能力。应降低入流污泥量。

② 排泥太快。当排泥量太大或一次性排泥太多时，排泥速率会超过浓缩速率，导致排泥中含有一些未完成浓缩的污泥。应降低排泥速率。

③ 浓缩池内发生短流。能造成短流的原因有很多，溢流堰板不平整使污泥从堰板较低处短路流失，未经过浓缩，此时应对堰板予以调节。进泥口深度不合适，入流挡板或导流筒脱落，也可导致短流，此时可予以改造或修复。另外，温度的突变、入流污泥含固量的突变或冲击式进泥，均可导致短流，应根据不同的原因，予以处理。

（2）污泥消化

1）进排泥控制

对于特定的某一套消化系统来说，其消化能力也是一定的。常用两个指标衡量消化能力，一个是最短允许消化时间，另一个是最大允许有机负荷。最短允许消化时间系指达到要求的消化效果时，污泥在消化池内的最短允许水力停留时间，常用 T_m（d）表示。最大允许有机负荷系指达到要求的消化效果时，单位消化池容积在单位时间内所能消化的最大有机物量，常用 F_V［kg/(m^3·d)］表示。T_m 越小，F_V 越大，系统的消化能力也越大。对于中温消化来说，T_m 和 F_V 很大程度上取决于消化池的构造，以及消化温度的稳定性和混合搅拌效果。消化温度波动越小，混合搅拌越均匀充分，T_m 也就越小，F_V 就越大，系统的消化能力也就越大。一般来说，要使有机物分解率大于35%，产气量大于0.75m^3/kg，系统的 T_m 应大于20d，F_V 应小于3.0kg/(m^3·d)。处理厂在运行实践中应摸索出本厂 T_m 和 F_V 的范围。

在实际运行控制中，投泥量不能超过系统的消化能力，否则将降低消化效果。但投泥量也不能太低，如果投泥量远低于系统的消化能力，虽能保证消化效果，但污泥处理量将大大降低，造成消化能力的浪费。最佳投泥量应为低于系统消化能力的最大投泥量，可计算如下：

$$Q_i = \frac{V \cdot F_V}{C_i \cdot f_V} \tag{6-15}$$

式中 V——消化池有效容积，m^3；

F_V——消化系统的最大允许有机负荷，kg/(m^3·d)；

C_i——进泥的污泥浓度，kg/m^3；

f_V——进泥干污泥中有机分，%；

Q_i——投泥量，kg/d。

按上式算得的投泥量还应核算消化时间

$$T=\frac{V}{Q_i}\geqslant T_{\mathrm{m}} \tag{6-16}$$

式中 T——污泥消化时间，d；

T_{m}——最短允许消化时间，d；

V 和 Q_i 同式（6-15）。

2）排泥控制

排泥量应与进泥量完全相等，并在进泥之前先排泥。现有处理厂其中包括一些很有影响的大型污水处理厂的消化系统中，绝大部分采用底部直接排泥。对于这些底部直接排泥的消化系统，尤应注意排泥量与进泥量的平衡。如果排泥量大于进泥量，消化池工作液位下降、出现真空状态。真空度升至一定恒时，消化池池顶的真空安全阀破坏，空气进入池内，产生爆炸的危险。另外，对于混凝土结构不好、产生裂缝的消化池，空气会直接被抽入池内。如果排泥量小于进泥量，消化池的液位上升，污泥自溢流管溢走，得不到消化处理，如果此时溢流管路被堵塞或不畅，消化池气相工作压力会升高，破坏压力安全阀，使沼气逸入大气中，同样存在沼气爆炸的危险。目前国内有一些新建的处理厂采用底部进泥上部溢流排泥方式。这种方式可保证进泥量与排泥量自动一致，不存在工作液位变化的问题，但应注意进泥之前应先充分搅拌。如果停止搅拌静置一段时间后再排泥，则充分消化的污泥由于其颗粒密度增大而沉至底部，上部溢流排走的系未经充分消化的污泥。最佳的进排泥方式为上部进泥底部溢流排泥，该种方式可使泥位保持稳定，并保证充分消化的污泥被排走。但当进泥温度太低时，该种方式应注意热沉淀问题。所谓热沉淀，系指温度很低的冷污泥进池突然遇热后，会迅速下沉，其原因是冷污泥密度大，热污泥密度小，导致异重流现象。大型处理厂由于浓缩池较大，热容量也大，浓缩池排泥温度不会太低，因而一般不会出现热沉淀现象。另外。大型消化系统一般进泥次数多，每次进泥历时短，即使发生热沉淀，在冷污泥沉至底部以前，本次排泥已结束。一些小型处理厂在冬季应采取防止热沉淀的措施。措施之一是缩短每次进排泥时间，使上部冷污泥尚未到达底部被排走以前，排泥已经结束；措施之二是污泥入池前先进行初步预热，减小污泥与池内的温差。

3）上清液控制

采用中温二级消化时，二级消化池要排放部分上清液。通过排放上清液，可提高消化池排泥浓度，减少污泥调质的加药量。不排放上清液时，消化排泥浓度一般低于消化进泥浓度。上清液排放量与消化排泥量之和应等于每次的进泥量，否则消化池工作液位也将上升或下降。上清液一般只能由上部阀门控制，重力排放，如图 6-2 所示。操作程序应为：先确定好要排放的上清液量，然后开启相应的阀门予以排放。排放完毕之后，关闭所有上清液排放阀，边进泥边溢流排泥。如果上清液与消化污泥同时排放，则控制起来较困难。上清液的每次排放量应认真确定，排放量太少，起不到浓缩消化污泥的作用；排放量太大，会使上清液中固体物质浓度太高，回到水区的固体负荷太大。一般来说，上清液排放量不可超过进泥量的 1/4，具体取决于本厂消化污泥的浓缩分离性能，可在实际运行中调试出最合适的排放量。

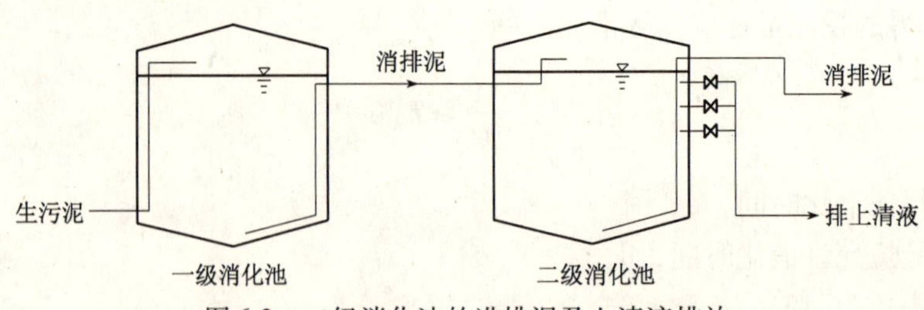

图 6-2 二级消化池的进排泥及上清液排放

4）pH 及碱度控制

在正常运行时，产酸菌和甲烷菌会自动保持平衡，并将消化液的 pH 自动维持在 6.5~7.5的近中性范围内。此时，碱度一般在 1000~5000mg/L（以 $CaCO_3$ 计）之间，典型值在 2500~3500mg/L 之间。正常运行时，挥发性脂肪酸 VFA 浓度随碱度而变化，一般在 50~500mg/L 范围内，当碱度超过 4000mg/L 时，VFA 超过 1200mg/L 也能正常运行。正常运行时，消化液的氧化还原电位 ORP 一般在 -550~ -490mV 之间。

5）毒物控制

入流中工业废水成分较高的污水处理厂，其污泥消化系统经常会出现中毒问题。中毒问题常常不易及时察觉，因为一般处理厂并不经常分析污泥中的毒物浓度。当出现重金属类型的中毒问题时，根本的解决方法是控制上游有毒物质的排放，加强污染源管理。在处理厂内，常可采用一些临时性的控制方法，常用的方法是向消化池内投加 Na_2S。绝大部分有毒重金属离子能与 S^{2-} 反应形成不溶性的沉淀物，从而使之失去毒性。

6）加热系统的控制

甲烷菌对温度的波动非常敏感，一般应将消化液的温度波动控制在 ±1.0 范围之内，如果条件许可，最好控制在 ±0.5℃范围之内。要使消化液温度严格保持稳定，就应严格控制加热量。

消化系统的加热量由两部分组成：一部分是将投入的生泥加热至要求的温度所需的热量；另一部分是补充热损失，维持温度恒定所需要的热量。这两部分热量可分别计算，总加热量系两部分之和。

7）搅拌系统的控制

良好的搅拌可提供一个均匀的消化环境，是得到高效消化效果的前提。完全混合搅拌可使池容 100% 得到有效利用，但实际上消化池有效容积一般仅为池溶的 70% 左右。对于搅拌系统设计不合理或控制不当的消化池，其有效池容会降至实际池容的 50% 以下。事实上，各地大量处理厂的运行证明，搅拌是高效消化最关键的操作。很多产气量很低的处理厂，对搅拌系统进行改造或合理控制以后，大都获得了较高的产气量。

8）维护管理

① 定期取样分析检测。定期取样分析检测，并根据情况随时进行工艺控制。与活性污泥系统相比，消化系统对工艺条件及环境因素的变化，反映更敏感。因此对消化系统的运行控制就需要更仔细地观察和严格控制。

② 经常检测挥发性脂肪酸 VFA 和碱度 ALK。VFA 升高时，预示着运行可能出现了异常，造成 VFA 积累，可能要使 pH 下降。碱度 ALK 降低时，也预示着运行可能出现了异

常，造成了 VFA 积累，可能使 pH 下降。正常运行时，VFA/ALK 一般小于 0.3。VFA/ALK 大于 0.3 并继续升高时，预示着运行出现异常，肯定造成了 VFA 积累，并将导致 pH 低于 6.5。VFA/ALK 比单纯采用 VFA 或 ALK 更具有合理性。因为当 VFA 升高时，如果 ALK 也升高，则不会导致 pH 降低；当 ALK 降低时，如果 VFA 也随之降低，也不会导致 pH 降低。

③ 在定期排放消化池上清液时，应注意检测上清液含固量，若上清液含固量升高，水质下降，同时还会使排泥浓度降低。

④ 经常观测消化液的温度，若消化液的温度偏低或偏高，尤其是温度急剧变化时，会导致消化效果降低。

⑤ 注意消化系统产气量变化，观测消化池内气压变化，防止出现负压或过高正压。

⑥ 运行一段时间后，一般应将消化池停用并泄空，进行清砂和清渣。池底积太多，一方面会造成排泥困难，另一方面还会缩小有效池容，影响消化效果。池顶部液面如积累浮渣太多，则会阻碍沼气自液相向气相的转移。一般来说，连续运行 5 年以后应进行清砂。如果运行时间不长，积砂积渣就很多，则应检查沉砂池和格栅除污的效果，加强对预处理的工艺控制和维护管理。

⑦ 搅拌系统应予以定期维护。沼气搅拌立管常有被污泥及污物堵塞的现象，可以将其他立管关闭，大气量冲洗被堵塞的立管。机械搅拌桨有污物缠绕，一些处理厂的机械搅拌可以反转，定期反转可甩掉缠绕的污物。另外，应定期检查搅拌轴穿顶板处的气密性。

⑧ 加热系统亦应定期检查维护。蒸汽加热立管常有被污泥和污物堵塞现象，可用大气量冲吹。当采用池外热水循环加热时，泥水热交换器常发生堵塞的现象，可用大水量冲洗或拆开清洗。套管式和管壳式热交换器易堵塞，螺旋板式一般不发生堵塞，可在热交换器前后设置压力表，观测堵塞程度。如压差增大，则说明被堵塞，如果堵塞特别频繁，则应从污水的预处理寻找原因，加强预处理系统的运行控制与维护管理。

⑨ 经常利用进泥、排泥、热交换器管道上设置的活动清洗口，经常用高压水清洗管道，可有效防止垢的增厚。当结垢严重时，应停止运行，用酸清洗除垢。

⑩ 消化池使用一段时间后，应停止运行，进行全面的防腐防渗检查与处理。消化池内的腐蚀现象很严重，既有电化学腐蚀也有生物腐蚀。电化学腐蚀主要是消化过程产生的 H_2S 在液相形成氢硫酸导致的腐蚀。生物腐蚀常不被引起重视，而实际腐蚀程度很严重，用于提高气密性和水密性的一些有机防渗防水涂料，经一段时间常被微生物分解掉，而失去防水防渗效果。消化池停运放空之后，应根据腐蚀程度，对所有金属部件进行重新防腐处理，对池壁应进行防渗处理。另外，放空消化池以后，应检查池体结构变化，是否有裂缝，是否为通缝，并进行专门处理。重新投运时宜进行满水试验和气密性试验。

⑪ 消化池有时会产生大量泡沫，呈半液半固状，严重时可充满气相空间并带入沼气管路系统，导致沼气利用系统的运行困难。当产生泡沫时，一般说明消化系统运行不稳定，因为泡沫主要是由于 CO_2 产量太大形成的，当温度波动太大，或进泥量发生突变等，均可导致消化系统运行不稳定，CO_2 产量增加，导致泡沫的产生。应针对以上情况，提高甲烷菌活性加速 VFA 的分解，或停止投配带大量生物泡沫的生污泥，或杀灭污水处理系统的生物泡沫等措施，解决气室产生的大量泡沫问题。

⑫ 做好分析测量与记录。消化系统正常运行的分析测量项目有：投泥量、排泥量和上清液排放量，应测量并记录每一运行周期内的以上各值；进泥、消化液排泥和上清液的

pH值，每天至少测两次。每日应检测的项目：进泥、排泥和上清液的含固量；进泥、排泥和上清液干固体中的有机分；进泥、排泥、消化液和上清液中的碱度，小型处理厂可只测消化液中的ALK；测进泥、排泥、消化液和上清液中的VFA值，小型处理厂只测消化液中的VFA；上清液中的BOD_5、SS、NH_3-N、TKN、TP；分析沼气中的CH_4、CO_2、H_2S三种气体的含量。每周应检测的项目：进泥和排泥的大肠菌群和蛔虫卵数量。

通过以上分析数据，应计算并记录以下指标，以考核消化系统进行情况：有机物分解率（%）：η（即污泥的稳定化程度）、分解单位重量有机物的产气量［q_a（m^3/kgVSS）］、有机物投配负荷：F_y［kgVSS/(m^3·d)］、消化时间、消化温度、VFA/ALK。

另外，还应记录每个工作周期的操作顺序及每一操作的历时。

（3）污泥脱水

1）药剂制配

当采用机械设备进行污泥脱水时，应选用合适的化学调节剂。化学调节剂的投加量应根据污泥的性质、消化程度、固体浓度等因素通过试验确定；同时，应按照化学调节剂的种类、有效期、贮存条件来确定备量和贮存方式。化学调节剂应现存现用，药剂的配制应符合脱水工艺的要求。

药剂投加有干投和湿投两种，污泥调质常为湿投，药剂（干粉或胶体）先投料、混合、溶解，制成一定浓度的贮备液，使用时再计量（稀释）投到泥药混合器中，因此投配药系统一般包括：干粉投料装置、溶解混合装置、贮药器、计量泵及药泥混合器等。

聚丙烯酰胺干粉易吸潮、失效，一般要贮在低温干燥环境中，干粉加入一般要求低速搅拌30min以上，保证充分溶解，溶药池最好控温在10℃以上（温度太低，PAM不易溶解，特别分子量很大时）。加药浓度一般在0.1%～1%，低一点则溶解充分均匀调质效果好，但浓度过低，药液不宜久放；过高，大分子链不能充分伸展，影响架桥作用。在混合器中泥药不易混匀，一般做法是制备浓度较高的贮备液（5‰左右），使用时再二次稀释。

另外，投药点与调质效果也有关系，投药点离脱水机不能太远，也不宜太近。太远易导致混合过度，PAM吸附作用过程不可逆，吸附了大量泥颗粒的PAM分子链，如果被打断，就不能再恢复，这样会导致调质效果下降；太近，则不易混合均匀。离心脱水投药点一般直接设在机上，采用带机脱水，投药点一般设在管道上，最好多设几个投药点，便于控制。

加药设备一般采用计量泵，应经常维护校正，保证加药计量准确。带机对加药准确性要求严格，不足常导致重力预脱水不充分，在楔形区和低压区溢泥且污泥易堵塞，不易冲洗干净；加药过量，泥饼粘在滤布上，不易剥落，影响运转。

2）污泥脱水效果评价

常有两个指标，即泥饼含固率（含水率）和固体回收率

$$\eta = C_u(C_0 - C_e)/C_0(C_u - C_e) \tag{6-17}$$

式中 C_0——进泥含固量，%；

C_u——泥饼含固量，%；

C_e——滤液含固量，%；

η——进泥经脱水后，固体转移到泥饼中的回收率，η越大表示随滤液流失的污泥越少，脱水效率越高。

这两个指标需同时使用，来评价脱水效果，有一个指标不正常，即说明系统运行有问题。

3）运行管理

① 污泥脱水机械带负荷运行前应空车运转数分钟。污泥脱水机在运行中，随污泥变化应及时调整控制装置。污泥脱水完毕，应立即将设备和滤布冲洗干净，并应定期清洗、保洁，以免产生恶臭。

② 经常检测脱水机的脱水效果，若发现分离液浑浊，固体回收率下降，应及时分析原因，采取针对措施予以解决。

对于带式压滤机可能是由于滤速太大或张力太大，导致挤压区跑料，并使部分污泥压过滤带，此时应适当降低带速或减少滤带的张力；也可能由于滤带接缝不合理或损坏，滤带老化等原因造成，此时应及时修补或更换滤带。

对于离心脱水机，则有可能是因为：进泥量太大、入流固体超负荷、转速差太大、螺旋输送器磨损严重、转鼓转速大、液环层厚度太薄等原因，应针对具体情况予以调整解决。

③ 经常观测污泥脱水效果，若泥饼含固量下降，应分析情况采取措施解决。

对于带式压滤机可能是带速太大。带速太大，泥饼变薄，导致含固量下降，应及时地降低带速，一般应保证泥饼厚度为5～10mm。调质效果不好，一般是由于当进泥泥质发生变化，加药量和加药种类不适合，导致脱水性能下降，此时应重新试验，确定出合适的干污泥投药量；有时是由于配药浓度不合适，配药浓度过高，絮凝剂不易充分溶解，虽然药量足够，但调质效果不好；也有时是由于加药点位置不合理，导致絮凝时间太长或太短。以上情况均应进行试验并予以调整。滤带张力太小，此时不能保证足够的压榨力和剪切力，使含固量降低。应适当增大张力，防止滤带堵塞。滤带堵塞后，不能将水分滤出，使含固量降低，应停止运行，冲洗滤带。

对于离心脱水机其原因及解决对策如下：转速差太大，应减小转速差；液环层厚度太大，应降低其厚度；转鼓转速太低，应增大转速；进泥量太大，应减小进泥量；调质加药过量，应降低干污泥投药量。

④ 经常观察污泥脱水装置的运行状况，针对不正常现象，采取纠偏措施，保证正常运行。

如滤带打滑，可能是由于进泥超负荷、滤带张力太小、辊压筒损坏等原因造成，应分别采取降低进泥量、增加张力、及时修复或更换辊压筒等对策予以解决。对于滤带时常跑偏现象可能是因为以下原因，并按相应办法解决：进泥不均匀，在滤带上摊布不均匀，应调整进泥口或更换平泥装置；辊压筒局部损坏或过度磨损，应予以检查更换；辊压筒之间相对位置不平衡，应检查调整；纠偏装置不灵敏，应检查修复。而每次冲洗不彻底、滤带张力太大、加药过量、黏度增加、进泥中含砂量太大等原因则可能造成滤带堵塞严重，可采取增加冲洗时间或冲洗水压力、适当减小张力、增强污水预处理系统的运行控制等办法解决。

对于离心脱水机会发生转轴扭矩太大，其原因及解决对策如下：进泥量太大，应降低进泥量；入流固体量太大，应降低进泥量；转速差太小，应增大转速差；浮渣或砂进入离心机，造成缠绕或堵塞，应停车检修，予以清除；齿轮箱出故障，应及时加油保养。如果离心机过度振动，则可能是由于润滑系统出故障；有浮渣进入机内，缠绕在螺旋上，造成转动失衡；机座松动；应采取针对措施进行检修或修复。当离心脱水机的能耗增加电流增大，其原因及解决对策如下：如果能耗突然增加，则离心机出泥口被堵塞，主要是转速差太小，导致固体在机内大量积累；可增大转速差，如仍增加，则停车修理并清除。如果能耗逐渐增加，则说明螺旋输送器被严重磨损，应予以更换。

⑤ 污泥脱水机应定期进行维护，按时加油润滑，及时更换易损件。

⑥ 注意通风，可以减轻恶臭，降低机房湿度，减少设备腐蚀。

⑦ 由于污泥脱水的泥水分离效果受污泥温度的影响，尤其在冬季泥饼含固量一般比夏季低2%～3%，因此在冬季应加强保温或增加污泥投药量。

⑧ 做好分析测量与记录。污泥脱水岗位每班监测分析以下指标：进泥的流量及含固量；泥饼的产量及含固量；滤液的流量及水质（SS、BOD_5、TN、TP可每天一次）；絮凝剂的投加量；冲洗水水量及冲洗后水质，冲洗次数和每次冲洗历时；电能消耗等。

每班应计算或测量以下指标：滤带张力、带速、转速或转速差、固体回收率、干污泥投药量、进泥固体负荷等。

⑨ 用干化场进行污泥脱水时，污泥应依次投放在干化床上，并根据污泥干化周期晾晒、起运干泥。污泥干化场在雨季应减少使用次数，其滤料应每年补充或更换。

7. 沼气利用系统

沼气中的CH_4是一种易燃易爆气体。当空气中的CH_4的含量在5%～15%范围内时，遇明火或700℃以上的热源即发生爆炸；当CH_4与两倍以上的氧气混合时，遇明火或其燃点之上的热源时，即开始燃烧，并引起火灾。另外，沼气中的H_2S是一种有毒气体，其致毒剂量如下：

2000ppm	立即致人死亡
600～1000ppm	30min内会致人死亡
500～700ppm	曝露30～60min会致人重疾
50～100ppm	曝露60min以上会致人残疾

未经脱硫的沼气中H_2S含量一般为100～200ppm，有时可高达800ppm。含有大量沼气的空气中，除H_2S造成的直接毒害以外，还常由于缺氧使人体窒息、从而加剧其毒害。

综上所述，沼气系统的运行管理中，首要问题是安全。主要应注意以下方面：

（1）定期检查沼气管路系统及设备的严密性，如发现泄漏，应迅速停气修复。检修完毕的管路系统或贮存设备，重新使用时必须进行气密性试验，合格后方可使用。沼气主管路上部不应设建筑物或堆放障碍物，不能通行重型卡车。预防沼气泄漏是运行安全的根本措施。

（2）沼气贮存设备因故需放空时，应间断释放，严禁将贮存的沼气一次性排入大气。放空时应认真选择天气，严禁在可能产生雷雨或闪电的天气放空。另外，放空时应注意下风向有无明火或热源（如烟囱）。

（3）沼气系统内的所有可能泄漏点，均应设置在线报警装置，并定期检查其可靠性，防止误报。

（4）沼气系统区域内一律禁止明火，严禁吸烟，严禁铁器工具撞击或电气焊操作。所有电气装置一律应采用防爆型；操作间内均应铺设橡胶地板，入内必须穿胶鞋。

（5）沼气系统区域内应按规定设置消防器材并保证随时可用。操作间内需配置防毒面具。

（6）沼气系统区域周围一般应设防护栏，建立出入检查制度，严禁打火机等物品的带入。

（7）沼气系统区域的所有厂房均应符合国家规定的甲级防爆要求，例如是否有泄爆天窗、门窗与墙的比例、非承重墙与承重墙的比例等均应符合防爆要求，否则应予以改造。

8. 鼓风机房

运行人员要根据曝气池氧的需要量调节鼓风机的风量。风机及其水冷却、油冷却系统发生突然断电等个正常现象时，应立即采取措施，确保风机不发生故障。长期不使用的风机，应关闭进、出气闸阀和冷却系统，将系统内存水放空。鼓风机的通风廊道内应保持清洁，严禁有任何物品。离心风机工作时，应有适当措施防止风机产生喘振。

风机在运行中，操作人员应注意观察风机及电机的油温、油压、风量、电流、电压等，并每小时记录一次。遇到异常情况不能排除时，应立即停机。通风廊道应每月检修一次。采用帘式过滤器的滤布应每月更换一次，滤布应三个月更换一次。静电除尘过滤装置应定期清洗、检修。备用的转子或风机应每周旋转 120°或 180°。鼓风机的冷却、润滑系统应定期检修与清洗。

9. 污泥脱水机房

当采用机械设备进行污泥脱水时，应选用合适的化学调节剂。化学调节剂的投加量应根据污泥的性质、消化程度、固体浓度等因素通过试验确定；同时，应按照化学调节剂的种类、有效期、贮存条件来确定备量和贮存方式。化学调节剂应现存现用，药剂的配制应符合脱水工艺的要求。污泥脱水机械带负荷运行前应空车运转数分钟。污泥脱水机在运行中，随污泥变化应及时调整控制装置。污泥脱水完毕，应立即将设备和滤布冲洗干净。

用干化场进行污泥脱水时，污泥应依次投放在干化床上，并根据污泥干化周期晾晒、起运干泥。污泥干化场在雨季应减少使用次数，其滤料应每年补充或更换。

6.2 污水处理厂的设备运行与管理

污水处理厂使用的机械设备种类较多，并且污水处理厂选样的工艺不同，其主要机械设备也有很大区别，但不论使用什么类型的机械设备，污水处理厂想取得良好的处理效果，必须使各类设备经常处于良好的工作状况和保持应有的技术性能，正确操作、保养、维修设备是污水处理厂正常运转的先决条件。以最低的费用，保持设备完好状态，实现完好率在95%以上，这是污水处理厂正常运行的一项重要任务。要做到这一点，首先要清楚地了解每台设备的构造和性能，对设备进行正确的合乎标准的安装与调试；其次，编写出详细的设备安全操作规程、维护保养规程以及润滑图表，并且要将这些内容让相关人员熟悉掌握；最后，要制订符合实际要求的设备管理模式，进行必要的设备维护评比考核，落实设备管理责任制，做到职责分明，充分调动职工积极性，形成企业管理与群众管理共同促进，共同发展的格局。最终的目的是以较少的费用和消耗，提高设备的可靠性、维修性，保持设备的精度性能，使之经常处于良好的技术状态，为企业发挥设备效率、顺利进行生产、提高效益积极创造条件。

随着我国环保事业的发展，污水处理的程度越来越深。污水处理厂的机械化自动化程度也不断提高，污水厂使用的设备越来越多，越来越复杂。污水厂不仅使用许多污水厂所特有的设备，而且还使用许多通用设备。城市污水厂使用的设备主要有：

(1) 专用设备　　表面曝气机、潜水推进器、格栅清污机、刮砂机、刮吸泥机、污泥浓缩刮吸泥机、消化池污泥搅拌设备、沼气锅炉、热交换器、药液搅拌机和污泥脱水机等。

(2) 通用设备　　各类污水泵、污泥泵、计量系、螺旋泵、空气压缩机、罗茨鼓风机、离心鼓风机、电动葫芦、桥式起重机、各种手动及电动闸阀、蝶阀、闸门启闭机和止回阀等。

(3) 电器设备　　交直流电动机、变速电机、启动开关设备、照明设备、避雷设备、变配电设备。

(4) 仪器仪表设备　　各种天平、化验室各种分析仪器、电磁流量计、液位计、空气流量计和溶解氧测定仪等。

6.2.1 污水处理厂通用机械设备

这里主要介绍闸门、阀门、泵类、和罗茨鼓风机的特点、性能和用途，以及如何进行日常维护等内容。

1. 闸门与阀门

在污水处理工程中，使用的闸门和阀门种类繁多，其中大部分选用定型产品，常用闸门种类有铸铁闸门和平面钢闸门等，阀门有闸阀、蝶阀、止回阀等。

(1) 闸门　　闸门设置在管道上和交汇处窨井、泵站、沉砂池、厌氧池、氧化沟、沉淀池等构筑物的进出水处，设置的目的是为了控制进出水量或完全截断水流或切换流道。闸门的工作压力一般小于0.1MPa。大都安装在迎水面一侧，有时也安装在背水面一侧，此时，应采用反向止水闸门。

1) 铸铁闸门

在水处理工程中广泛使用的铸铁单面密封平面闸门，分圆形闸门和矩形闸门两种形式。限于铸造工艺和闸体本身重量，圆形闸门的通水直径多在1500mm以下，最大可达2000mm。方形闸门的尺寸也多在2000mm×2000mm以下，一般最小尺寸的圆形闸门为*DN*200，方形闸门为200mm×200mm。按构造形式可有镶铜密封闸门、不镶铜密封闸门、带法兰和不带法兰几种。

如图6-3所示，铸铁闸门由七部分组成，其中最主要和复杂的部件为启闭机1、闸体7，丝杆2与连接杆6也是关键部件。

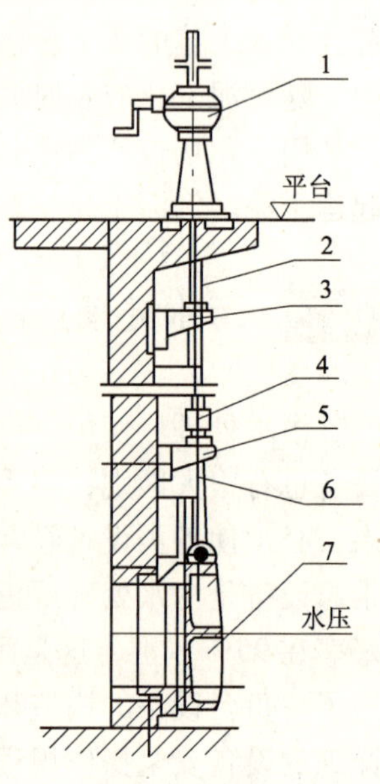

图6-3　铸铁闸门
1—启闭机；2—丝杆；
3、5—轴导架；4—轴联器；
6—连接杆；7—闸体

2) 平面钢闸门

平面钢闸门在污水处理厂使用量较少，但因其构造简单，占用空间小，便于维修，在细格栅、沉砂池以及明渠道内使用还是经济合理的。

直升式焊接钢闸门是平面钢闸门的主要形式，构造简单，占用空间小，便于维修。钢闸门一般为矩形，闸板的构造如图6-4所示，主要由面板及梁格组成，梁格及闸板框的作用是与面板形成一个具有相当刚性的整体，使整个闸板能承受水的压力。为保证闸门的活动部分上下移动时始终保持正常位置，在闸门及闸框上要设置导向装置。导向装置有滑块式及滚轮式两种，有的大型平面钢闸门既有滑块又有滚轮。滑块与滚轮使闸门沿门槽中的导轨上下滑动。制造滑块的材料是高强度酚醛树脂，又称强化胶木；制造滚轮的材料有耐腐蚀的钢材或者强化尼龙。

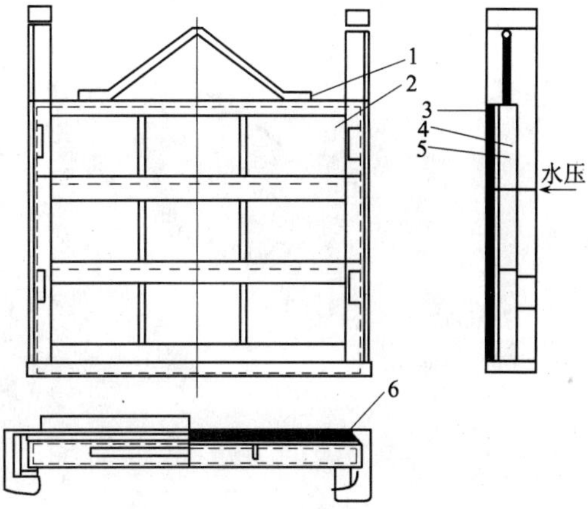

图6-4　1100×900平面钢闸门
1—吊环；2—闸门；3—止水橡胶；
4—闸门楔块；5—门槽楔；6—门槽

3）可调出水堰

可调出水堰又称堰门，从某种意义上讲，它也可算作一种闸门。可调出水堰一般安装在沉淀池、曝气池、厌氧池、配水渠道、配水井等处，用于调节水位或用于流量测量。它的工作方式为向下开启，向上关闭，堰板全部装在迎水面。可调出水堰的出水宽度一般为1～5m，水头为十几到几十厘米，在污水处理工程中最大水头不超过30cm。可调堰的堰板因安装深度较浅，受水压的影响比闸门要小得多。它除了用铸铁及钢板制造外，还广泛采用了木材及塑料，可大大减轻自身的重量。堰门对密封度要求不高。

可调出水堰结构虽然简单，但其形式也是多样的，驱动方式有手动和电动两种；堰板开启的运行形式也有区别，有的堰板平行移动实现开启目的；也有的堰板绕固定轴作回转运行实现开启目的。对于前一种运行形式，由于可调堰一般宽度较大，而与堰框之间的导向部分长度又相对较小，堰板在提升和下落时易出现歪斜甚至因歪斜而卡死的现象，因此有的堰板是靠两根螺杆牵引同步升降的。为使两根螺杆达到安全同步的目的，在两套升降机构之间安装了一个连动机构。摇动升降手柄时，连动机构使两套螺母同步转动。后一种堰板运行形式，由于堰板以其底部的固定轴作回转运动，避免卡死现象发生，升降只要一根螺栓传递动力即可，但这种形式安装空间略大。两种运动形式的可调出水堰如图6-5、图6-6所示。

(2) 阀门　在污水处理行业，阀门的使用很常见。它与闸门的区别是阀门是在封闭的管道之间安装的，用以控制介质的流量或者完全截断介质的流动。

从介质的种类分，污水处理厂使用的阀门有污水阀门、污泥阀门、加药阀门、清水阀门、低压气体阀门、高压气体阀门、安全阀、可燃气体阀门等。

从功能分，有截止阀、止回阀、流量控制阀、安全阀等。

从结构分，有蝶阀、旋塞阀、闸阀、角阀、球阀等。

阀门的种类多，因此它的启闭机构也种类繁多，例如小型的有手动阀和电磁阀，大中型的有手动、电动或者液压驱动的阀门。

图 6-5 手动可调出水堰的同步升降机构

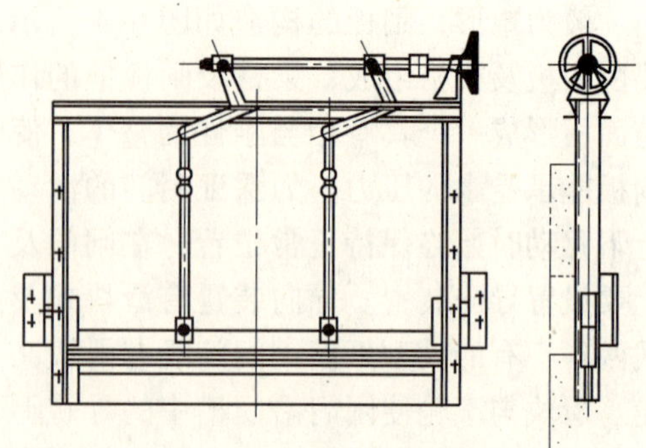

图 6-6 装有单螺杆双曲柄的可调出水堰

以下介绍几种在污水处理厂中常用的阀门。

1）闸阀

闸阀的流通介质可以是清水、污水、污泥、浮渣，也可以是油或者气。它的流通直径一般为 50～1000mm，最大工作压力可达 2～4MPa。闸阀的特点是当阀门全开时通道完全无障碍，不会发生缠绕，故特别适于在含大量杂质的污水、污泥管道中使用。

闸阀由阀体、间板、密封件和启闭装置组成。闸板启闭方式为往复运动，为了防止泄漏，间板的两个平面都必须与阀体形成良好的密封，因此为了防止阀体与闸板接触的插缝里淤积的杂质影响密封，闸板下部的弧形面大都做成楔形或者疏齿形。闸阀的启闭装置与闸门相似，也有明杆与暗杆、手动与电动或液压之分。不过阀门是密封的，即使用暗杆螺旋也无暗杆闸门的那些缺点。闸阀的缺点是密封面太长，易于外泄露，运动阻力大、体积大、密封槽易堆积杂质等。

2）蝶阀

蝶阀是污水处理行业中使用广泛的一种阀门，它的流通介质有污水、清水、活性污泥、曝气用低压气体等。其最大流通直径可超过 2m。蝶阀由阀体、蝶板及启闭机构三部分组成。阀体一般由铸铁制成，特殊的也用不锈钢及工程塑料等制作，它与管道的连接方式大部分为法兰盘。阀体内衬的主要作用是实现阀体与蝶板的密封，避免介质与铸铁阀体的接触以及法兰盘密封。内衬多使用橡胶材料或者尼龙材料制成。不锈钢蝶阀有不设置内衬的。蝶板运动方式为转动，最大的转动角度为 90°。蝶板的材质由介质来决定，有的是加防腐涂料或镀层的钢铁材料，有的是不锈钢或者铝合金。蝶板的中心轴固定于阀体上下的两个滑动轴承上。启闭机构分手动及电动两种，小型蝶阀可直接用手柄转动，大一些的要借助于蜗轮减速增力，通径大于 500mm 的除了使用蜗轮减速外，还要增加齿轮减速和螺旋减速才能使碟板转动。电动蝶阀的启闭机构由驱动电机、减速机构、开度指示器及电器保护系统组成。启闭机构与阀体之间用盘根或者橡胶油封等密封，以防介质泄露。

蝶阀的优点是与其通径相比体积较小、成本低、密封性好。缺点是阀门开启后，蝶板仍横在流通管道的中心，会对介质的流动产生阻力，介质中的杂质会在蝶板上造成缠绕。因此在浮渣管道或者介质中含浮渣较多的管道中应避免使用蝶阀。另外在蝶阀闭合时，如蝶板附近有较多泥砂淤积，泥砂会阻碍蝶板再次开启。

3）球阀

为了克服蝶阀的上述缺点，人们研制了球阀。球阀的特点是阀芯为一球形，中间有一与其通径相同的通孔，阀门的启闭方式与蝶阀一样为阀芯的转动。当通孔的轴向位置与介质流动的方向平行时，阀门为全开；当通孔的位置与介质流动的方向垂直时，阀门全闭合。因此在介质流通的管道中无任何障碍，即使在关闭时有泥砂淤积也不会阻碍重新开启。球阀的密封性好，动作灵活，适应介质广泛，一些球阀可以承受20MPa的压力。在污水处理厂，球阀常用在含杂质较多的中小型管道，如污泥、浮渣管道中。另外利用其密封性好、耐高压的特点，在污泥消化处理系统的沼气管道上也常常使用球阀。由于球阀的启闭方式是转动，启闭装置的形式与蝶阀相似。缺点是与前述两种阀门相比，相同通径的球阀的体积、质量要大，成本也要高一些。基于这一原因，大于400mm通径的球阀一般不多见。

4）止回阀

在污水处理厂的水、泥泵房和鼓风机房，往往要若干台潜污泵或者鼓风机并联工作，才能满足工艺需求。泵房或机房内的设备可以根据实际需要决定运行的台数，既可同时运行，也可单独运行。为了达到这些工况的要求，防止介质的倒流，一般在每一台潜污泵或鼓风机的出口安装一个止回阀。

止回阀是一种阻止介质逆流的阀门，其开启一般不需要外力作用，而靠进口端的介质自身的流动来冲开阀瓣形成通路，当管网工作异常，介质顺流中断或产生逆流时，阀瓣在自重或逆流的作用下马上自动关闭。

止回阀一般分为旋启式、升降式、缓闭式等多种结构形式，其密封要求一般为平面密封，常用形式为旋启式和缓闭式。旋启式止回阀，根据管径大小分为单瓣和多瓣。管径*DN*700以上，宜采用多瓣式。多瓣式止回阀在结构上采用了分流原理，以保证流通面积，减少了单片阀瓣的撞击与流阻。缓闭式止回阀在中小型泵站经常使用，用来消除管道内的水锤现象，保护泵和管道。

5）锥形泥阀

锥形泥阀多用于沉淀池或曝气池池底的排空，在静压式的吸泥机上锥形泥阀则用于控制活性污泥的流量。有的是阀板上受水压，阀板开启时操作力大；有的是阀板下受水压，闭合时操作力大。锥形泥阀的启闭方式为上下平动，阀板与螺杆相连接，一般采用明杆螺旋、电动或手动启闭。

锥形泥阀的阀板与阀体密封处，有的镶嵌了青铜，有的为橡胶。在一些对密封要求不高或者只需调节流量、不需完全关闭的部位，广泛使用无镶嵌的锥阀，如吸泥机上的锥阀就很少使用密封镶嵌。

（3）闸门与阀门的使用及保养

1）闸门的润滑部位以丝杆、减速机构酌齿轮及蜗轮蜗杆为主，这些部位每半年加注一次润滑脂，以保证转动灵活和防止生锈。有些闸门的丝杆是暴露的，应每年至少一次将暴露的螺杆清洗干净并涂以新的润滑脂。有些内螺旋式的闸门，其螺杆长期与污水接触，应经常将附着物清理干净后涂以耐水冲刷的润滑脂。

2）在使用电动闸门时，应注意手轮是否脱开，转换手柄是否在电动的位置上。如果不注意脱开，在启动电机时，一旦保护装置失效，手轮可能高速转动伤害操作者。

3）在手动开闭闸门时应注意，一般用力不超过15kg，如果感到很费劲就说明丝杆、间板有锈死、卡死或者闸柄弯曲等故障，应在排除故障后再转动。当闸门闭合后应将闸门手柄反转一两转（不包括空转），这有利于闸门再次开启。

4）电动闸门的转矩极限开关和计数器调整要合适，在闸门全闭和全开时，计数器要先一步旋转极限开关动作。一般主要在闸门全闭时调整，先调转矩极限开关整定值，其值大小略大于闸门全部关严密之值为宜。此时，计数器反向回调少许，调整时应反复调试，并且每台闸门均如此进行，不可以偏盖全。

5）应将闸门开度指示器调整到正确的位置，闸门在全关时指向“关”，全开时指向“开”。正确的指示有利于操作者掌握情况，也有助于发现故障。

6）对于丝杆与连接杆较长的闸门，在关闭时，要密切注意丝杆的弯曲现象。因闸板在向下运行时，有时因闸框两侧导轨对闸板阻力不同，闸板会发生扭转。这样丝杆与连接杆受压加大，易导致其弯曲现象发生。

7）闸门多用铸铁和钢板制成。因长期浸没在有腐蚀性污水中，做好闸板和闸框的表面防腐是保证闸门正常工作并延长使用寿命的重要工作。一般在其出厂前均已做好防腐涂料的涂布工作。但在使用过一段时期后，原有的防腐涂料会老化，磨损甚至龟裂，失去保护作用，应及时将原有涂料及铁锈除掉后重新涂布。由于污水厂的运行是连续性的，闸门的关闭和开启直接影响污水处理的运行，所以应尽量选用防腐涂料经久耐用、保护性能好的闸门。

8）对于长期不启闭的闸门，应定期运转一两次，以防止锈死。

2. 水泵

在污水处理厂，水泵类设备约占机械设备总价值的15%以上，是重要的动力设备。这些水泵担负着输送污水、砂浆、生污泥、消化污泥、活性污泥以及浮渣等任务。

由于输送的水量不同，输送的距离与扬程不同，介质不同，因此污水厂的泵类设备有各种不同的形式，主要可分为三大类：叶片泵，容积泵和螺旋泵。

叶片式水泵是利用工作叶轮的旋转运动来输送液体的。叶片泵按工作原理可分为离心泵、轴流泵、混流泵和旋流泵；按介质分又可分为清水、污水、砂泵及渣浆离心泵。

容积泵是利用工作室容积的周期性变化来输送液体的，主要有螺杆泵、隔膜泵及转子式容积泵等，主要用来输送污泥、浮渣等。

螺旋泵是利用螺旋推进的原理来输送液体的，主要输送介质有活性污泥与污水。

（1）离心泵

1）离心泵构造特点

离心泵是利用叶轮旋转而使水产生的离心力来工作的，图6-7为离心泵的基本构造图。离心泵装置主要由电机、泵壳、泵轴、叶轮、吸水管和压水管等组成。

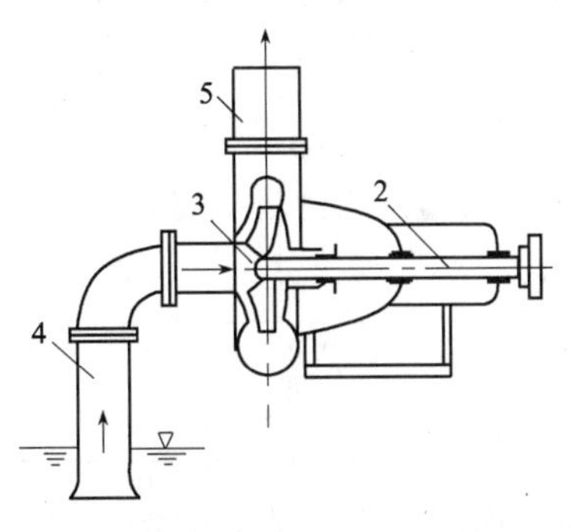

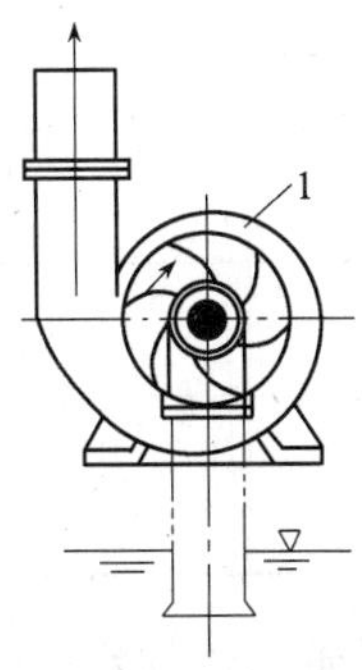

图 6-7 离心泵基本构造图
1—泵壳；2—泵轴；3—叶轮；4—吸水管；5—压水管

离心水泵在启动时，必须把泵壳和吸水管都充满水，然后驱动电机，使泵轴带动叶轮和水作高速旋转运动，水在离心力作用下甩向叶轮外缘，并汇集到泵壳内，经蜗形泵壳的流道而流入水泵的压水管路。在这同时，水泵叶轮中心处由于水被甩出而形成真空，吸水池中的水便在大气压力作用下，通过吸水管吸进了叶轮。叶轮不停地转动，水就不断地被甩出，又不断地被补充，这就形成了离心泵的连续输水。由此可见离心泵之所以能输送液体，主要是依靠高速旋转的叶轮所产生的离心力。

离心泵的种类也很多，污水处理工程的大中型泵站主要安装的是单级立式、单级卧式及潜水式离心泵。

2）离心泵的维护管理与检修

离心泵一般一年大修一次，累计运行时间未满 2000h，可按具体情况适当延长。水泵的一般维修有如下几项：

① 泵轴弯曲超过原直径的 0.05% 时，应校正。泵轴和轴套间的不同心度不应超过 0.05mm，超过时要重换轴套。水泵轴锈蚀或磨损超过原直径的 2% 时，应更换新轴。

② 轴套有规则磨损超过原直径的 3%、不规则磨损超过原直径的 2% 时，均需换新。同时，检查轴和轴套的接触面有无渗水痕迹，轴套与叶轮间纸垫是否完整，不合要求应修正或更换。新轴套装紧后和泵轴的不同心度，不宜超过 0.02mm。

③ 叶轮及叶片若有裂纹、损伤及腐蚀等情况，轻者可采用环氧树脂等修补，严重者要更换新叶轮。叶轮和轴的连接部位如有松动和渗水，应修正或者更换连接键，叶轮装上泵轴后的晃动值不得超过 0.05mm（这一数值仅供参考，因有些高速叶轮对晃动值的要求更高一些）。修整或更换过的叶轮要校验静平衡及动平衡，如果超出允许范围应及时修正，例如将较重的一侧锉掉一些等，但禁止用在叶轮上钻孔的方法来实现平衡，以免在钻孔处出现应力集中造成的破坏。

④ 检查密封环有无裂纹及磨损，它与叶轮的径向间隙不宜超过表 6-1 规定的最大允许值，超过时应该换新。在更换密封环时，应将叶轮吸水口处外径车削，原则是见光即可，车削时要注意与轴同心。然后将密封环内径按表 6-1 的配合间隙值车好尺寸，密封环与叶轮之间的轴向间隙以在 3 ~ 5mm 之间为宜。

密封环与叶轮径向间隙配合 表6-1

密封环内径（mm）	密封环和翼轮的装配间隙（mm）		允许磨损的最大间隙（mm）
80～120	0.18	0.44	0.96
120～150 150～180	0.21 0.24	0.51 0.56	1.20
180～220 220～260	0.27 0.32	0.63 0.68	1.40
260～290 290～320 320～360	0.32 0.35 0.40	0.70 0.75 0.80	1.60

⑤ 滚珠轴承及轴承盖都要清洗干净，如轴承有点蚀、裂纹或者游隙超标，要及时更换。更换时轴承的等级不得低于原装轴承的等级，一定要使用正规轴承厂的产品。更换前应用塞规测量游隙，大型水泵每次大修时应清理轴承冷却水套中的水垢及杂物，以保证水流通畅。

⑥ 填料函压盖在轴或轴套上应移动自如，压盖内孔和轴或轴套的间隙保持均匀，磨损不得超过3%，过大要嵌补或者更新。水封管路要保持通畅。

⑦ 清理泵壳内的铁锈，如有较大凹坑应修补，清理后重新涂刷防锈漆。

⑧ 对吸水底阀要予以检修，动作要灵活，密封要良好。采用真空泵引水的要保证吸水管阀无漏气现象，真空泵要保持完好。

⑨ 检查止回阀门的工作状况，密封圈是否密封，销子是否磨损过多，缓冲器及其他装置是否有效，如有损坏应及时维修或更换。

⑩ 出水控制阀门要及时检查和更换填料，以防漏水。

⑪ 水泵上的压力表、真空表，每年应由计量权威部门校验一次，并清理管路及阀门。

⑫ 检查与电机相连的联轴器是否连接良好，键与键槽的配合有无松动现象，并及时修正。

⑬ 电动机的维修应由专业电工维修人员进行，禁止不懂电的人员拆修电机。

⑭ 如遇灾难性情况，加大水将地下泵房淹没等，应及时排除积水，清洗及烘干电机及其他电器，并在证实所有电器及机械设施完好后方可试运行。

3）离心泵的故障诊断及处理方法

离心泵的故障通常是由于产品质量有问题、选型与安装不正确、操作与维护不当或因长期使用后水泵的磨损或零件的损坏而引起，离心泵常见故障及排除详见表6-2。

离心泵的主要故障原因及其排除故障 表6-2

故障	产生原因	排除方法
启动后水泵不出水或出水量少	1. 启动前没有引水或引水不足 2. 底阀堵塞或漏水 3. 吸水管路及填料函有漏气 4. 水泵转向不对 5. 水泵转速太低 6. 叶轮吸入口及流道堵塞 7. 叶轮及减漏环磨损 8. 吸水井水位下降，水泵安装高度太大 9. 水面产生漩涡，空气带入泵内 10. 吸水管路安装不当，使空气积存 11. 水泵装置总扬程超过水泵扬程	1. 重新引水 2. 清除杂物或修理 3. 堵塞管路漏气，适当压紧填料或清通水封管 4. 对换一对接线，改变转向 5. 检查电压是否太低 6. 揭开泵盖，清除杂物 7. 更换磨损零件 8. 核算及调整泵安装高度 9. 加大吸水口淹没深度或采取防止措施 10. 改装吸水管路，消除隆起部 11. 更换较高扬程水泵

续表

故　障	产生原因	排除方法
水泵开启不动或启动后轴功率过大	1. 填料压得太紧，泵轴弯曲，轴承磨损 2. 多级泵中平衡孔堵塞或回水管堵塞 3. 联轴器间隙太小，运行中二轴相顶 4. 电压太低 5. 实际液体的密度远大于设计液体的密度 6. 流量太大，超过使用范围太多	1. 松一下压盖，矫直泵轴，更换轴承 2. 清除杂物，疏通回水管路 3. 调整联轴器间隙 4. 检查电路，及时与电力部门联系 5. 更换电动机，提高功率 6. 关小出水闸阀
水泵机组振动或者噪声	1. 地脚螺栓松动或没填实 2. 基础松软 3. 安装不良，联轴器不同心或泵轴弯曲 4. 水泵发生汽蚀 5. 轴承损坏或润滑不良 6. 叶轮损坏或不平衡 7. 泵内有严重摩擦	1. 拧紧并填实地脚螺栓 2. 加固基础 3. 检查、调整同心度，矫直或换轴 4. 降低安装高度，减少水头损失 5. 更换或修理轴承，或加注润滑油 6. 修理或更换叶轮，或对叶轮进行静平衡试验 7. 检查摩擦部位
轴承发热	1. 轴承损坏 2. 轴承润滑不良（润滑油加得太多或太少） 3. 油质不良，不干净 4. 轴弯曲或联轴器没找正 5. 叶轮轴向力平衡孔堵塞，使泵轴向力不能平衡 6. 多级泵平衡轴向力装置失去作用 7. 滑动轴承的甩油环不起作用	1. 更换轴承 2. 按规定加油 3. 更换合格润滑油 4. 矫直或更换泵轴、找正联轴器 5. 消除平衡孔上堵塞的杂物 6. 检查平衡轴向力装置 7. 放正油环位置或更换油环
电动机过载	1. 转速高于额定转速 2. 水泵流量过大、扬程低 3. 电动机或水泵发生机械损坏	1. 检查电路及电动机 2. 关小闸阀 3. 检查电动机及水泵
填料函发热，漏水过少或漏水过多	1. 填料压得太紧 2. 填料函装的位置不对 3. 水封管堵塞 4. 填料函与泵轴不同心 5. 填料质量太差，劣质填料损坏轴套 6. 填料磨损过大或者轴套磨损	1. 调整松紧度，使滴水呈滴状连续渗出 2. 调整水封环位置，使它正好对准水封管口 3. 疏通水封管 4. 检修、改正不同心地方 5. 购买正规厂家，正规商店或有正式产品合格证的产品 6. 更换填料或轴套
泵轴被卡泵转不动	1. 叶轮和密封环间隙太小或不均匀 2. 叶轮和密封环的间隙被铁丝、铁片或泥沙卡住 3. 泵轴弯曲 4. 长期不用的水泵，泵轴被锈住 5. 轴承破坏进而被破坏的碎片卡住	1. 更换或修理密封环 2. 清除杂物并修理密封环 3. 校正泵轴 4. 除锈加油 5. 更换轴承

注：水泵电机故障从略。

（2）潜水式离心泵

1）潜水式离心泵的特点

潜水式离心泵是离心泵中的一种，在污水处理厂中广泛使用的有潜入式离心污水泵（简称潜污泵）及潜入式离心砂泵。大中型潜污泵可安装于污水厂的进水泵站、回流泵房等地，担负污水及活性污泥的抽升任务。中小型潜污泵在污水厂使用则更为广泛。由于机动性强，可随时调动，在维修各种设备及构筑物时用于排除各沉淀池、曝气池、渠道、管道及各个井中的积水和污泥。特别是遇到暴雨、潮汐等灾害性天气时，可集中数台大小潜水泵紧急排出低洼地、管廊及地下构筑物的积水。另外，一些中小型潜污泵还被安装于泵吸式吸泥机上，用于吸取池底的活性污泥；安装于刮泥机上，用于冲洗浮渣槽及浮渣管中的积渣。

潜水式砂泵主要使用在污水厂的除砂工序中，如桁车泵吸式除砂机一般就是使用潜水式砂泵来吸取曝气沉砂池底部的沉砂。而洗砂及砂水分离工序也要安装使用潜水砂泵。

离心式潜污泵与一般离心泵相比，全泵潜入水下工作，结构紧凑、体积小。由于这种泵安装时不需要牢固的基座，所以不需要庞大的泵房及辅助设备，不需要吸水管和吸水阀门，更不需要加水泵、真空泵等设施，在很大程度上节约了构筑物及辅助设备的费用。大部分潜水泵维护和检修时可将其泵体从水中吊出，而不需要排空吸水井中的积水。另外潜污泵不存在最大允许吸上高度，不会发生气蚀现象。潜水式电泵的缺点是，对电机的密封要求非常严格，如果密封质量不好或使用管理不善，会因漏水而烧坏电机。现在一些新型潜水泵使用较好的机械密封，加装湿度传感器和湿度传感器，可有效地保护潜水泵电机安全运转。

2）潜水式离心泵的维护管理与检修

① 应定期检查电动机相间绝缘电阻及对地绝缘电阻，其值不得低于2MΩ，同时检查电泵接地是否可靠。

② 叶轮与泵体之间有一个具有一定的密封性的减磨环，且保护蜗壳不被磨损，当减磨环磨损后应及时更换新环。

③ 每半年一次检查油室内的润滑油。如油中有水，应更换密封并且更换润滑油，如果工作条件恶劣，应经常做这项检查。

④ 在正常工作条件下电泵工作一年之后，应大修一次，更换已磨损的易损件及检查紧固件的状态，同时补充或者更换轴承润滑油脂，保证电泵在运行过程中有良好的润滑。

⑤ 潜水泵经过拆修后，原则上所有的O形圈及密封环应更换。

⑥ 拆修电泵应由机械维修人员进行，拆卸时不要猛敲猛打，以免损坏密封件，造成各种泄漏。

3）故障分析

① 流量不足或不出水：叶轮旋向错误；阀门未打开或开度不足；管道、叶轮被堵塞；磨擦环过度磨损；排水管泄漏；供应电压不正确，压头超过设计压头；转速不足；抽送液体黏度太高。

② 泵运行振动：叶轮不平衡；主轴弯曲；轴承损坏。

③ 泵开不动：动力故障；电缆受损；熔断丝烧断；热敏电阻故障；叶轮阻塞；电路开关断路；电路开关板故障；电动机接线错误；电机线圈故障。

④ 泵启动但电流过大和低速运转：反向转；过电压或欠电压；叶片障碍；轴承失效；电动机失效；电机的不正确连线。

⑤ 绝缘电阻低：电源电缆线接线端渗漏；电缆线被损；机械密封失效；其他密封失效。

（3）轴流泵与混流泵

轴流泵与混流泵与离心泵一样，都属于叶片泵。在污水处理厂，轴流泵与混流泵多用于大流量、低扬程的场合，如低扬程的污水泵站、活性污泥的回流等。

轴流泵的工作是以机翼的升力理论为基础的，其叶片与机冀具有相似形状的截面；叶片在水中旋转时，使液体围绕泵轴作螺旋状上升，在导叶的作用下将水流转为轴向流动，故称为轴流泵。轴流泵一般为立式安装，少数为倾斜安装和卧式安装，一些小型移动式轴流泵为随机安装。

混流泵是介于离心泵与轴流泵之间的一种泵，是靠叶轮旋转而使水产生的离心力和叶片对水的推力双重作用而工作的。混流泵按其结构分为蜗壳式和导叶式两种，一般中小型多为蜗壳式，大型泵为蜗壳式和导叶式。按其安装形式分可分为立式、卧式和潜水式。混流泵的特点是流量比离心泵的大，较轴流泵的小；扬程较离心泵的低，较轴流泵的高。在混流泵的性能曲线上，高效范围宽广；气蚀性能能适应水位的变化，因此这种泵近年来在国内外发展较快。

（4）螺旋泵

1）螺旋泵的特点

螺旋泵是放在倾斜的水槽中，使螺旋旋转的扬水机构，因为转速低、可靠性高而被广泛采用。污水处理厂一般使用螺旋泵作为回流污泥泵和剩余污泥泵，中小型污水厂的提水泵站内有时也采用螺旋泵。

如图 6-8 所示，螺旋泵的螺旋倾斜放置泵槽中，螺旋的下部浸入水下，由于螺旋轴对水面的倾角小于螺旋叶片的倾角，当螺旋低速旋转时，水就从叶片的 P 点进入叶片，水在重力的作用下，随叶片下降到 Q 点。由于转动时的惯性力，叶片将 Q 点的水又提升到 R 点，而后在重力作用下，水又下降至高一级叶片的底部。如此不断循环，水沿螺旋轴一级一级地往上提，最后升到螺旋槽的最高点而出流。由此看出，螺旋泵的提水原理不同于叶片泵，也不同于容积泵，是一种特殊形式的提升设备。

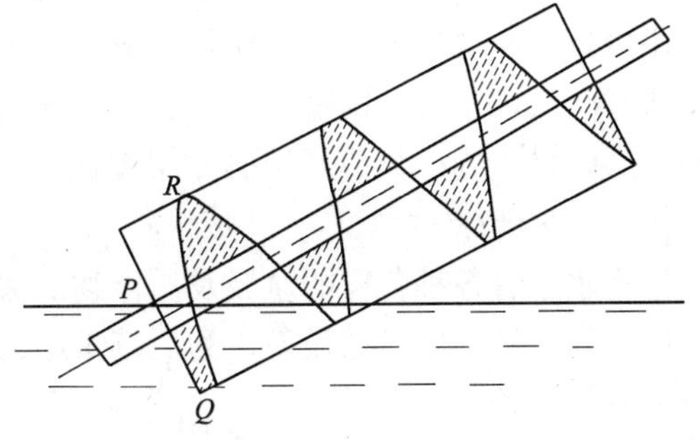

图 6-8　螺旋泵的构造

2）螺旋泵的使用与维护

螺旋泵的操作非常简单，工作时应尽量使其吸水位在设计规定的标准点。但由于某些原因，进水量达不到标准水位，或者超过标准水位时，螺旋泵仍能正常工作。螺旋泵的润滑部位是水中轴承、上轴承及变速箱。由于前述原因，水中轴承的润滑与保养就显得格外重要。

由于螺旋泵的螺旋部分比较长，并且其自重与扬水重会使螺旋发生挠曲，这种挠曲及所造成的影响一般在生产单位已得以纠正。作为操作管理人员应注意的是，当泵长期停用

时，螺旋向下的挠曲会永久化，因而影响到螺旋与水泥槽之间的间隙及螺旋部分的动平衡，所以每隔一段时间就应将螺旋旋转一个角度以抵消长期向一个方向挠曲所造成的不良影响。

螺旋泵的螺旋部分大都工作在室外。在北方冬季，启动之前应检查其吸水池内是否结冰，螺旋部分是否与泵槽冻结在一起，并提前清除积冰，以免起动时造成破坏。

螺旋泵在运行中的声响是较大的，操作者应分辨出哪些是正常运转的声响，哪些是异常的声响。例如，叶片与泵槽相干涉时，会发出如钢板在地面刮行的声响，此时应立即停泵检查故障，调整间隙。上部轴承发生故障时也会发出异常的声响且轴承外壳会发热，比较好检查。而水下轴承的故障则不太容易发现，因为螺旋泵是可以空车运行的，此时应排空池水空车运转，以便发现水下轴承的故障。

3. 罗茨式鼓风机

罗茨式鼓风机是低压容积式鼓风机，排气压力是根据需要或系统阻力确定的。与离心式鼓风机相比较，进气温度的波动对罗茨鼓风机性能的影响可以忽略不计。当进气温度从-18℃变化到38℃时，进气量的变化很小，消耗功率差别不大。当相对压力低于或等于48kPa时，罗茨鼓风机效率高于相同规格的离心鼓风机的效率。当流量小于14m^3/min时，罗茨鼓风机所需功率是离心鼓风机的一半，首次费用也是离心鼓风机的一半。

选用罗茨式鼓风机还是离心式鼓风机，最终取决于使用要求。例如，罗茨式鼓风机比较适合好氧消化池曝气、滤池反冲洗，以及渠道和均质池等处的搅拌，因为这些构筑物由于液位的变化，会使鼓风机排气压力不稳定。离心式鼓风机比较适合于大供气量和变流量的场合。

6.2.2 污水处理厂专用机械设备

污水污泥处理专用机械设备种类和规格均较多，并且因污水处理工艺不同，所采用的专用设备差异也较大，如格栅除污机就有十几种类型；除砂设备也有抓斗式、链斗式、泵吸式；曝气设备有转刷曝气机、立式表面曝气机和微孔曝气机等；污泥脱水设备有压滤式和离心式设备等。目前，这些专用设备大部分为非标准系列产品。

1. 格栅除污机

污水中有各种各样的垃圾及漂浮物。去除水中这些漂浮的垃圾，是污水处理的第一道工序。为保护其他机械设备，为后续工序的顺利进行，在污水处理流程中必须设置格栅及格栅除污设备。

格栅除污机，是用机械的方法将拦截到格栅上的栅渣耙捞出水面的设备。目前国内生产此类设备的厂家很多，部分污水处理厂还安装了从很多国家引进的各种格栅，由此其形式、种类繁多。它们互相之间的组合就更多，在不同的场合、不同的水量与水质，可有不同的组合，所以格栅除污机被列为非标准系列产品。有些系列，也只是各厂家自成的系列。甚至同一种形式的格栅，各厂家也有各自的名称，这给格栅除污机的管理、维护及配件供应造成了一定的困难。表6-3是格栅除污机的分类表。

格栅除污机分类表 表 6-3

按安装的形式分	固定式格栅除污机 移动式格栅除污机	
按格栅有效间距分	粗格栅除污机 细格栅除污机	中格栅除污机 筛网除污机
按格栅角度分	倾斜安装格栅除污机 垂直安装格栅除污机 弧形格栅除污机	
按运动部件分	臂式格栅除污机 针齿条式格栅除污机 旋转格栅 台阶式格栅除污机 螺旋输送式格栅除污机	链式格栅除污机 液压式格栅除污机 钢索牵引式格栅除污机 背耙式格栅除污机 耙齿链式格栅除污机

无论哪一种形式的格栅除污机均要具备两大功能：一是将污水中的漂浮垃圾按规定要求成功地拦截；二是将拦截到的垃圾提升出水面，实现固液分离，然后输送到易于人工或机械清运的位置。因此，我们常见的格栅除污机都分为两大部分，即格栅和除污机，这两者缺一不可。

（1）移动式格栅除污机

移动式格栅除污机又称行走式格栅除污机，一般用于粗格栅除渣，少数用于较粗的中格栅。因这些格栅拦渣量少，只需定时或者根据实际情况除边即可满足要求，数面格栅只需安置一台除渣机，当任何一面格栅需要除渣时，操作人员可将其开到这面格栅前的适当位置，然后操作除渣机将垃圾捞出卸到地面或者皮带输送机上。行走式除渣机的行走轮可以是绞轮，也可以是行走在钢轨上的钢轮。在大型污水处理厂，因粗格栅都是成平行排列设置的，为了行走式除渣机定位准确，一般采用轨道式。这种移动式除渣机有悬吊式、伸缩臂式和全液压等形式。

（2）钢绳式格栅除污机

这是国内最常见的格栅除污机，也是国内最早生产的类型，在大型污水处理厂主要用中格栅与细格栅。这种格栅除污机有倾斜安装的，也有垂直安装的。

其工作原理如下：除污机抓斗（齿耙）呈半圆形，沿侧壁轨道上、下运行。三条钢丝绳中的两条用于提升和下降，一条用于抓斗的吃入与抬起。抓斗可在旋转轴承的驱动下，以任意的角度运转，自动运行中消污动作连续且重复。在限位开关、传感器和驱动装置的操纵下，开合卷筒和升降卷筒可协调运转，使抓斗上下运行，并可在任何高度上吃入与脱开，完成一次次的工作循环。抓斗的运动分成三个过程：1）在向下运行的过程中，抓斗处于“开”的位置，向池底运行时抓斗的耙齿距格栅约 400 ~ 500mm 的距离。当抓斗到达格栅的底部时，升降卷筒停止转动，开合卷筒继续转动，使抓斗转动角度，耙齿“吃入”格栅。2）两只卷筒同时反向转动，使抓斗在“吃入”状态向上运行，将格栅上拦截的垃圾耙捞出水；抓斗还可以捞出沉积在格栅前的泥砂、石块，抓斗向上运行速度为 5 ~ 10m/min。3）当抓斗到达最上部的卸料处时，滑轨向后弯曲，抓斗沿滑轨转动。栅渣从抓斗中滑出并沿后部的滑板滑到带式输送机上，除污机开始下一个工作循环。有的除污机在上部设置卸料用小耙，将抓斗内的栅渣刮下。

钢丝绳式格栅除污机的操作与高链式的差不多。由于抓斗的耙齿是靠自重吃入格栅，所以在运行中经常会遇到的问题是耙齿吃入不深，特别是在垃圾杂物较多时耙齿插不进去。克服这个缺点的主要方法是频繁开机，勿使格栅前累积很多垃圾。另一个会遇到的问题是牵引钢丝绳在安装时必须准确校正长短，在运行一段时间后，也需要调整，否则会因为钢丝绳的长短不一，造成抓斗的歪斜，增加牵引负荷，有时会因提升钢丝绳与开合钢丝绳的工作不协调，抓斗不能在规定的部位正确地吃入或抬起。因此，需经常调整钢丝绳的长度与行程开关的工作状态。

(3) 背耙式格栅除污机

钢丝绳式格栅除污机在垃圾较多时有耙不易吃入或者提升时垃圾易脱落的缺点，而背耙式格栅除污机由于耙齿较长，且由逆水流方向插入格栅，就能克服一些除污机齿耙插不进的缺点。这种背耙式格栅除污机齿耙的驱动方式有链条驱动的，也有液压驱动的。当垃圾被捞出水面到达渣斗（或者输送带）的上方时，齿耙转动角度将垃圾卸下，再进入一个新的工作循环。

这种格栅除污机要求条栅之间不得有固定的横筋，因此对格栅片的材质有较为严格的要求。首先要求它有较好的强度和刚度，不易变形，同时对长度也有一定的限制，因此就限制了其使用深度。这种格栅除污机多用于小型污水处理厂的中格栅和细格栅。

(4) 台阶式（步进式）格栅除污机

这种格栅除污机的格栅片是做成台阶形的，分成动静两组，例如：以1、3、5、7、9……为静组，静组与边框形成一个整体；以2、4、6、8、10……为动组，动组与曲柄连杆机构形成一个整体，由驱动装置带动。动组做上下的运动，动作的幅度为一个台阶的高度。静组与动组之间的间隙为格栅的有效间距。利用动组的运动，栅渣在静组的台阶上一级一级向上移动。当栅渣到达静组的最上端时，上面安装的清污转刷将栅渣送入渣斗或者皮带输送机上、整个动作连续而协调。

国外生产的这种机型，其两组栅片均为不锈钢材料，每组格栅片之间的间隙均匀，曲柄机构分主动与从动两套，主动曲柄由驱动装置驱动，并与动组栅片连接，从动曲柄在水下与动组栅片连接。两旁曲柄使动组栅片以规定的动作运转。这种台阶式格栅及除污机的有效间隙为1~6mm，属细格栅或超细格栅，多用于工业废水的固液分离。它不适用于含砂量大的废水处理，因为砂粒会夹在动组与静组栅片之间造成较大的阻力和磨损。使用这种格栅一定要注意对水下曲柄及轴承的保养，要时刻注意调整动组栅片的位置及定组栅片的位置，保证对杂物的提升功能。

(5) 转鼓式格栅除污机

这是一种大流量的格栅除污机及输送设备一体化的清污装置。其特点是条栅装在一个直径3~8m的大型转动鼓上，水从转鼓中心流入，从两侧流出，拦截的栅渣由转鼓带到其上部。转鼓上部有一根冲洗水管，用高压水将垃圾反冲到穿过格栅的输送带上。格栅鼓的转动速度为1~3r/min。

转鼓的转动动力传输设备为：电机、减速机、齿轮、安装和在转鼓上的大齿圈。转鼓下的几个滚筒支承着转鼓的质量并维系它的转动。这种格栅除污机的优点是单机流量大、可靠性高、不易出故障、管理也简单，缺点是占地面积大、单机成本高。

(6) 回转式格栅除污机

回转式格栅除污机又称链条式除污机，其工作形式有些像链条式刮泥机，在格栅的两侧有两条环形链条，在链条上每隔一段间距安装一个齿耙（或尼龙刷）。链条在驱动装置的带动下作 1 ~ 3m/min 的转动，齿耙依次将拦截的垃圾刮到最上端的卸料处，由卸料小耙将垃圾刮到输送机上。

这种除污机结构紧凑、运转平稳、工作可靠、不易出现齿耙吃入不准的情况。缺点是水中链轮不易养护，水中链条易被腐蚀，水中链轮与链条会减小过流面积。在使用中应注意链条与链轮的调整与保养，而且格栅运转时栅渣随着运动带回水中现象。

（7）格栅除污机的控制方式

一般来讲，格栅除污机没有必要昼夜不停地运转，长时间运转会加速设备的磨损和浪费电能。有些除污机如高链式除污机和钢丝绳式除污机每次仅耙捞几片树叶或者一两只塑料袋也是一种浪费，因此积累一定数量的栅渣后间歇开机较为经济。

控制格栅除污机间歇运行的方式有以下几种：

1）人工控制：有定时控制与视渣情控制两种。定时控制是制定一个开机时间表，操作人员按规定的时间去开机与停机，也可以由操作人员每天定时观察拦截的栅渣状况，按需要开机。

2）自动定时控制：自动定时机构按预先定好的时间开机与停机。人工与自动定时控制，都需有人时刻监视渣情，如发现有大量垃圾突然涌入，应及时手动开机。

3）水位差控制；这是一种较为先进、合理的控制方式。污水通过格栅时都会有一定的水头损失，拦截的栅渣增多时，水头损失增大，即栅前与栅后的水位差增大。利用传感器测量水位差，当水位差达到一定的数值时，说明积累的栅渣已较多，除污机应立即开动除渣。这种方式自动化程度高，节省人力，也容易出现异常情况，但关键要保证传感器及控制系统的正常工作。

为了卫生条件的改善，格栅除污机一般和螺旋输送机、压榨机一并使用。

2. 除砂与砂水分离设备

去除水中的无机砂粒是污水处理的一道重要工序，它可以减少污泥中所含砂粒对污泥泵、管道破碎机、污泥阀门及脱水机的磨损，最大限度地减少砂粒特别是较粗砂粒在渠道、管道及消化池中的沉积。沉砂池可分为平流式沉砂他、曝气沉砂池和旋流沉砂池。不同类型的沉砂池所采用的除砂设备有差异。目前除砂设备主要有抓斗除砂机、链斗除砂机、桁车泵吸式除砂机和旋流沉砂池除砂机。前三种除砂机用于平流式和曝气沉砂池，而最后一种除砂机仅能用于旋流沉砂池除砂搅拌。

（1）抓斗除砂机

抓式除砂机又分门形抓斗式除砂机与单臂回转式抓斗除砂机两种，前者采用较多。图 6-9 为门形抓斗式除砂机，它实际上就是一个门式起重机，横跨于曝气沉砂池之上，并将起重吊钩换成了抓斗。该机的主要部分是行走桁架、刚性支架、挠性支架、鞍梁、抓斗启闭装置、小车行走装置、抓斗等，其中抓斗的启闭、大车及小车的行走等由操作室内的操作盘控制。

这种除砂的工作方式是：当沉砂池底积累了一部分砂子后，操作人员将大车开到某一位置，用抓斗深入到池底砂沟中抓取池底的沉砂，提出水面，并将抓斗升到储砂池或者砂

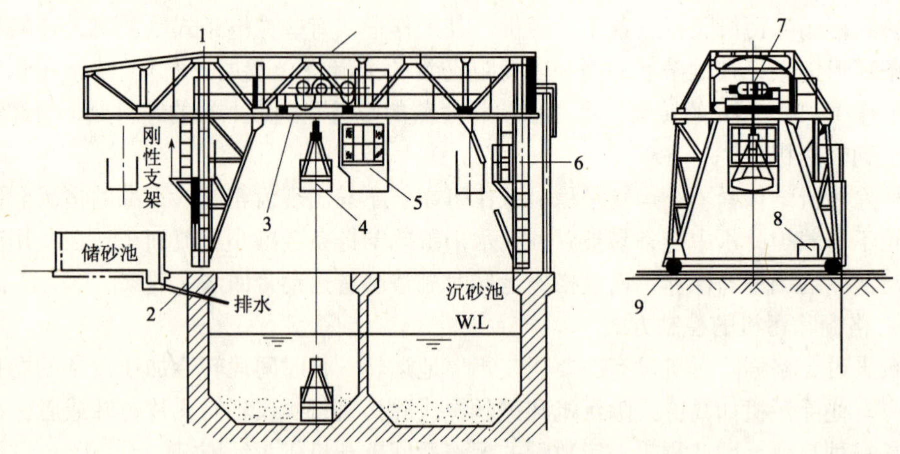

图6-9　门形抓斗式除砂机

1—大车行走桁架；2—钢轨；3—小车台架；4—抓斗；5—操作室；6—柔性支架；7—提升启闭驱动装置；8—大车驱动装置；9—大车轮

斗上方卸掉砂子。操作这种除砂机的人员要能熟练地掌握抓斗的开合，在操作中应避免抓斗对池壁的碰撞及对池底的冲击。储砂池中的砂子经进一步重力脱水，并积存到一定数量后可用人力或者抓斗装车运走；砂斗中的砂子可直接装车。

北方冬季使用这种除砂机时，应注意应及时将储砂池或者砂斗内的砂子运走，以防冻结。

（2）链斗除砂机

链斗除砂机又称多斗除砂机，在污水处理厂采用比较普遍。它实际上是一台带有多个V形砂斗的双链输送机，其结构如图6-10所示。

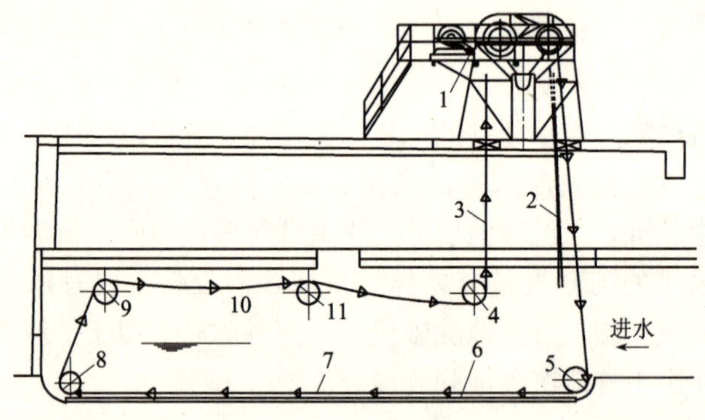

图6-10　链斗式除砂机

1—传动链；2—链机；3、7—主链；4、11—中间轴及链轮；5、8—水中轴；6—导轨；9—中间轴及链轴；10—V形砂斗

除砂机的两根主链每隔一定间距安装一个V形斗，两根主链连成一个环形。通过传动链1驱动轴带动链轮转运动，使V形斗在曝气沉砂池底砂沟中沿导轨移动，将沉砂刮入斗中，斗在通过链轮4以后改变运动方向，逐渐将沉砂送出水面。V形斗脱离水面后，斗内的水分逐渐从V形砂斗下的无数小孔滤出，流回池内。V形斗到达最上部的从动链轮处，

再次发生翻转，将砂卸入下部的砂槽中。

与此同时，设在上部的数个喷嘴向V形砂斗内喷出压力水，将斗内粘附的砂子冲入砂槽，砂槽内的砂靠水冲入集砂斗中。砂在集砂斗中继续依靠重力滤除所含的水分。砂积累至一定数量后，集砂斗可翻转，将砂卸到运输车辆上。

链斗式除砂机的主链运行速度应以不使沉砂上浮为首要条件，换句话说就是在最大流量时也有足够的提砂能力。沉砂池中如有较长时间泥砂的沉积，开动设备时一定要注意观察。如发现超负荷运转时应立即停机。链斗式除砂机由于在污水中运转，各部分特别是链条极易生锈，如果长期停用，为防止生锈也要每月开动2~3次，每次30min，以保证链节的转动灵活。

主链条在运转过一段时间后会因销轴磨损而伸长，此时应调整张紧装置，如张紧装置在水下，应将池水排空后进行调整。

各驱动轴与从动轴，凡露出水面的应每月加一次润滑脂；加脂时应通过加入的新油脂将旧的润滑脂排挤出。水下从动轴应尽量利用停水的机会加润滑脂。最好准备一套水下从动轴的备件，以便随时更换，减少停水停机的维修时间。

（3）桁车泵吸式除砂机

20世纪80年代后新建的处理厂中，很多采用了新型的桁车泵吸式除砂机。

桁车泵吸式除砂机的主要构造如图6-11所示。除砂机由两台相同的电机与减速机分别驱动两端的驱动行走轮，每台除砂机安装一台到两台离心式砂泵，用以从池底将沉积在砂沟中的砂浆一起抽出。为使砂泵通电既能工作又能免除灌水的麻烦，除砂机一般选用离心式潜水砂泵或者是把电机安装在桥架上，而泵体是在水面之下的液下砂泵。砂泵的吸砂管深入到池底砂沟中，距底100~250mm。为了防止砂泵的吸砂管在行走中由于沉入池底的大量砂子的阻挡而造成的破坏，吸砂管大部分为用橡胶制成的柔性管；若采用钢管等刚性材质，一般都装有因阻挡而停车的装置，以保证安全运行。

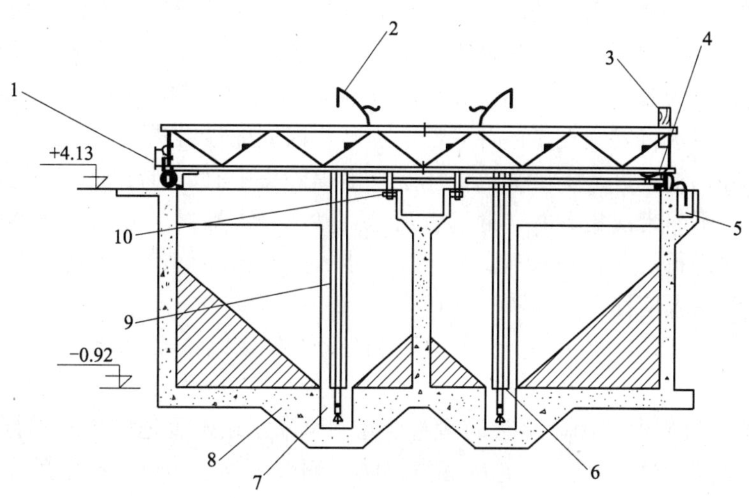

图6-11　桁车泵吸式除砂机

1—电缆鼓；2—吊车（用于起吊潜水砂泵）；3—控制柜；4—行走驱动系统；5—砂渠；6—潜水砂泵；7—池底砂沟；8—曝气沉砂池；9—泵管；10—导向轮

桁车泵吸式除砂机最常见的故障是，池底砂沟中积累的大量沉砂将泵及泵的吸口埋住，造成砂泵吸口无法与水接触，也就无法工作。同时由于吸口无法行走，整个桁车也无法行走。另外，异物被吸入泵中将泵卡死也是常见的故障。如果装有两台砂泵的除砂机其中任何一台砂泵出现上述故障，整个除砂机就会保护性停机。

造成积砂的原因无外于以下几种：

1）除砂机由于其他故障而停止运行。操作人员未及时停水或者倒换沉砂池，造成大量积砂。针对这个问题。操作人员一定要严格监视除砂机的运行，如出现停机，应立即排除故障。如短时无法排除，应立即停水，或者换池运行。

2）如出现暴雨，很可能将大量泥砂冲入下水道。如城市中有下水道及道路施工，也可能出现来水中砂粒突然增多的情况。如此时不调整停机时间，可能在停机的时间淤积大量泥砂。应付这种情况的方法是密切注意天气预报，如果上游出现大雨等情况，可将除砂机调为连续运行。

3）曝气沉砂池曝气量小或者因故障停曝，使得大量有机污泥与砂一起沉入池底，砂泵来不及抽吸而造成埋泵。

4）砂泵中吸入大块石子、水泥块、棉丝及塑料包装物等造成卡泵，继而大量沉砂埋住。如常出现此类情况，应检查前级格栅的拦污效果，如是偶然现象，可停机停水排除。处理埋砂情况要视具体设备、具体情况具体分析，如果不很严重时，应及时将桁车停住，反复开泵、停泵，并且少许往复移动桁车，使泵恢复工作。如果埋砂较为严重，可将砂泵连同吸管一起从水中吊出，然后将桁车开到进水端附近的短墙下（有时此处积砂较少），在此处开始吸砂，然后向出水端逐渐推进。

（4）旋流沉砂池除砂机

该除砂机由搅拌器和提砂系统、砂水分离器三个部分组成。这三部分均固定在圆形沉砂池上，相互位置固定不变，通过管道将三个部分连成一个整体，各具一定的功能，共同完成除砂工作，任一部位出现故障或功能不完善均影响除砂效果。搅拌器的功能是增加进入沉砂池中污水的回转速度，从而加大污水中砂粒的离心力，将砂子快速地从污水中甩到池壁上，通过砂粒的自重使砂粒沿池壁和锥形池底汇集到集砂井中。提砂系统的功能是，利用一定压力的清水将安装在集砂井底部的提砂头四周的砂粒进行清洗，并在提砂头内部形成砂水旋转层，迫使进入提砂头内低压空气沿提砂头中心的砂水管向上运动，从而将旋转层的砂水连续不断带出集砂井，通过管道送到砂水分离器内。砂水分离器的功能是，将进入机内的砂水进行沉淀，污水从上部出口流走，砂粒由螺旋带输送到运输小车内。

操作维护时主要应注意的事项：

① 经常观察自来水水压，水压较低，易造成砂粒板结，堵塞气管，引起提砂不畅或不能提砂。

② 定期检查沉砂池外围砂水管的堵塞情况，可采用敲击管道的方式进行检查。

③ 注重回转支撑和内啮合齿轮的润滑，防止润滑不当，否则搅拌器的损坏较严重。

④ 注重对罗茨鼓风机空气滤芯和安全阀的检查。

⑤ 砂水分离设备

除砂机从池底抽出的混合物，其含水量多达97%～99%以上，还混有相当数量的有机污泥。这样的混合物运输、处理都相当困难，还必须将无机砂粒与水及有机污泥分开，这就是污水处理的砂水分离及洗砂工序。常用的砂水分离设备有水力旋流器、振动筛式砂水分离器及螺旋式洗砂机。

1）水力旋流器

水力旋流器又称旋流式砂水分离器，结构很简单，上部是一个有顶盖的圆筒，下部是一个尖向下的锥体。入流管在圆筒上部从切线方向进入圆筒；溢流管从顶盖中心引出，锥体的下尖部连有排砂管。为了减轻砂粒的磨损与腐蚀，水力旋流器的内部有一层耐腐蚀耐油的橡胶衬里。

待砂水混合物经砂渠流到一个集砂井中，再用砂泵从集砂井中抽出并以5～10m/s的高速从水力旋流器的入流管沿切线冲入圆筒。砂浆顺着筒壁向下作螺旋运动，由于砂粒比重大，它所受离心力也大，被甩向筒壁，并在下旋水流推动下沿外壁向下滑动在锥顶附近浓缩，之后由排砂口排出。流体中的小颗粒及悬浮物随内层澄清水向下旋转到一定程度后改变方向，形成二次涡流，在旋流器中心作向上的螺旋运动，经溢流管排出。在二次涡流的中心，即整个水力旋流器的中心，沿轴线形成一空气柱。

从水力旋流器排砂口流出的砂浆尽管已被大大浓缩，但仍含有80%以上的水及少量有机污泥，仍无法装车运输，还需要经过螺旋洗砂机进一步处理。图6-12为水力旋流器的工作原理图。

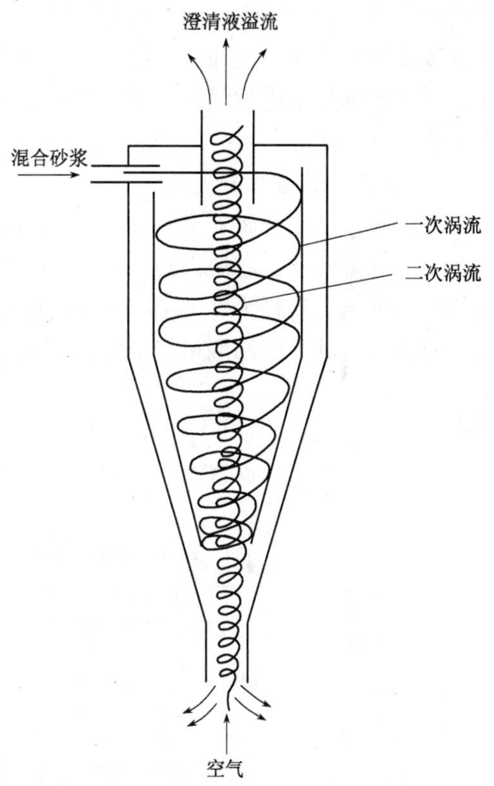

图6-12　水力旋流器的工作原理图

2）螺旋洗砂机

螺旋洗砂机又称螺旋式砂水分离器，作用有两个，一是进一步完成砂水分离及砂与有机污泥的分离，二是将分离的干砂装上运输车。螺旋式砂水分离器是由砂斗、溢流管、溢流堰、无轴螺旋带及其驱动装置等组成，如图6-13所示。

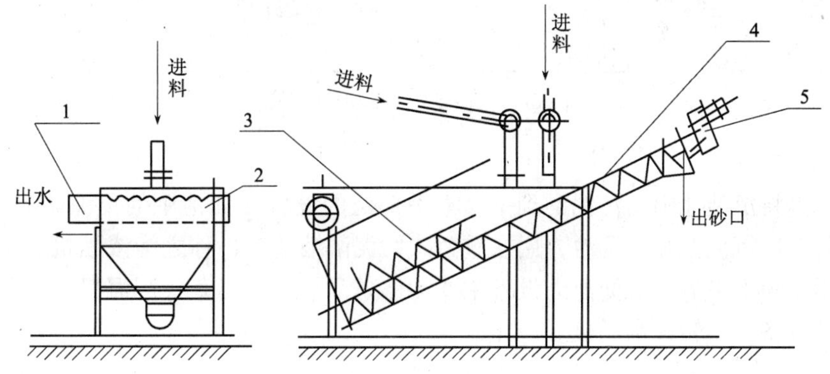

图6-13　螺旋式砂水分离器

1—出水管；2—溢流堰；3—砂斗；4—无轴螺旋带；5—电机和减速箱

这种砂水分离器工作原理很简单，其作用仅是将砂水分离。因为，洗砂工作已在提砂头内完成。其工作原理为，砂斗的形状是上大下小，容积相对于进砂水管来说较大，砂水从进水管进到砂斗后，污水中的砂子既向溢流堰运动，又在自身重力作用下向斗底运动。从进水管到溢流堰这段距离，砂子向下运动距离基本都在出水堰最低出水口之下。这样砂子就被集聚在砂斗内，在重力作用下，最终积到斗底，斗底的砂子在螺旋带的带动下，不断地被输送到运输车内。而砂斗内的污水则通过溢流堰流到溢流管排入污水池内。这样就实现了砂水分离。

螺旋洗砂机结构简单，与污水接触部分均用不锈钢制成，具有很好的耐蚀性，因此日常维护保养工作量较少。一般每周巡视检查一次，检查是否有异常噪声和振动；每半年在螺旋带转轴的填料函上加注一次油脂；每年检查减速箱润滑油，视油质情况，决定是否换油，并对电机轴承进行润滑；每半年检查一次螺旋带和螺旋带下的耐磨橡胶垫，若磨损过度，应进行更换。

3）振动筛式砂水分离器

振动筛式砂水分离器是一种电动的振动筛，如图6-14所示。整个容器悬浮在多个弹簧上，由电机带动偏心块运转，使容器发生振动，混合砂浆中的大块有机物及石子从最上部的出口排出，直径为0.1~0.2mm的砂粒从中间的出口排出，含有机污泥的水从最下边的出口排出。其上层筛网最大通径为2mm，下层筛网最大通径为0.1mm。

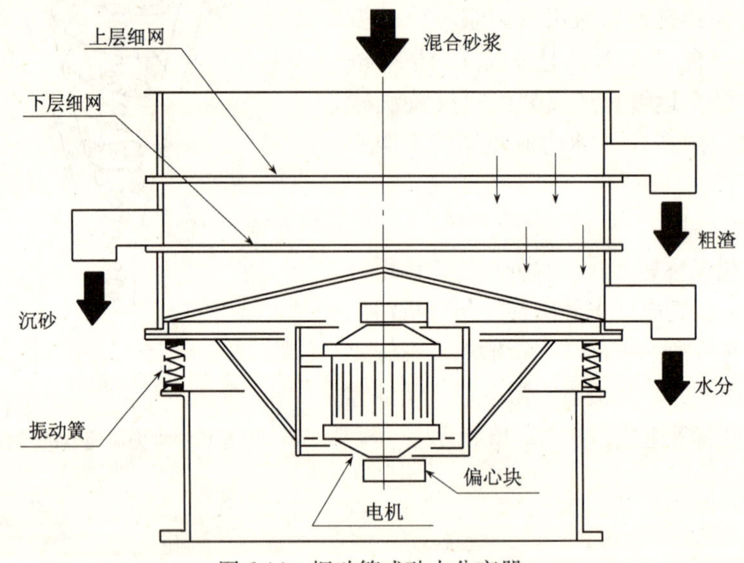

图6-14 振动筛式砂水分离器

3. 刮泥机

刮泥机是将沉淀池中的污泥刮到一个集中部位的设备（如池中的集泥斗），多用于污水处理厂的初次沉淀池和二沉池，用在重力式污泥浓缩池时，称之为浓缩机。刮泥机的品种很多，用于矩形平流式沉淀池的设备主要为链条刮板式和桁车式刮泥机，用于圆形辐流式沉淀池的设备为回转式刮泥机。

（1）链条刮板式刮泥机

图6-15是链条刮板式刮泥机的结构示意图。链条式刮泥机是在两根主链上，每隔一

定间距装有刮板，两条节数相等的链条连成封闭的环状，由驱动装置带动主动链轮转动，链条在导向链轮及导轨的支撑下缓慢转动，并带动刮泥板移动，刮板在池底将沉淀的污泥刮入池端的污泥斗，在水面回程的刮板则将浮渣导入渣槽。

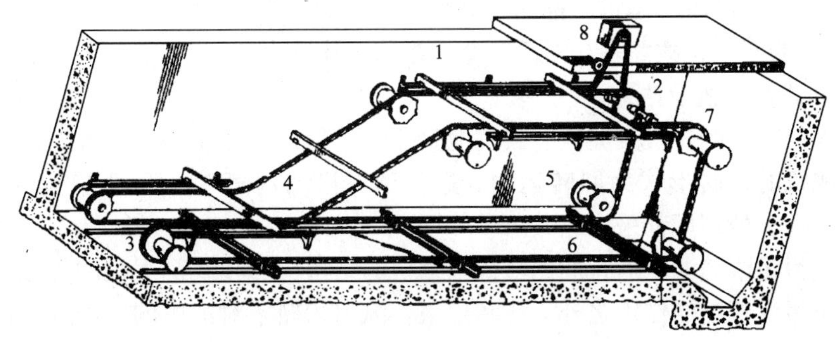

图 6-15　链条刮板式刮泥机

1—刮板；2、7—主动链轮；3、5—导向链轮；4—链条；6—链条导轨；8—驱动装置

链条刮板式刮泥机的特点是：

1）刮板移动的速度可调至很低，以防扰动沉下的污泥；常用速度为 0.6～0.9m/min。

2）由于刮板的数量多，工作连续，每个刮板的实际负荷较小，故刮板的高度只有 150～200mm，它不会使池底污水形成紊流。

3）由于利用回程的刮板刮浮渣，故浮渣槽必须设置在出水堰一端。

4）整个设备大部分在水中运转，可以在池面加盖，防止臭气污染。

缺点是单机控制初沉池宽度只有 4～7m，；水中运转部件较多，维护困难；大修设备有时需更换所有主链条，成本较高（约占整机成本的 70% 以上）。

（2）桁车式刮泥机

桁车式刮泥机安装在矩形平流式沉淀池上，运行方式为往复运动。因此，它的每一个运行周期内有一个是工作行程，有一个是不工作的返回行程（故又称往复式刮泥机或移动桥式刮泥机）。桁车式刮泥机的结构如图 6-16 所示。

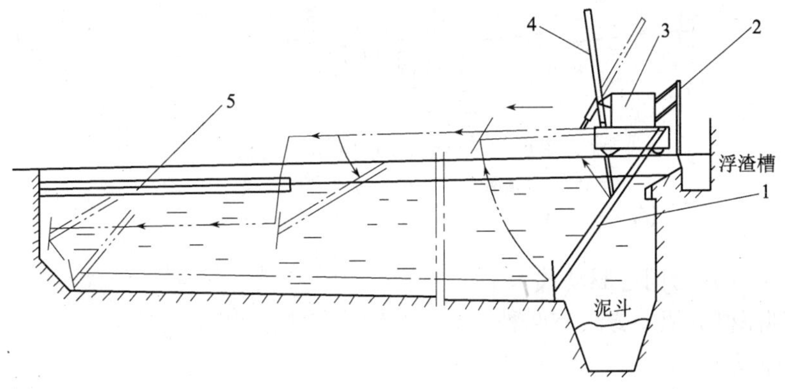

图 6-16　液压桁车式刮泥机工作示意图（带箭头的点划线为刮泥板运行路线）

1—刮泥板；2—浮渣刮板；3—桥车；4—刮泥板提升油缸；5—出水堰

这种刮泥机特点是：

1）在工作行程中，浸没于水中的只有刮泥板及浮渣刮板，而在返回行程中全机都在水面之上，这给维修保养带来了很大的方便；

2）由于刮泥与刮渣都是正面推动，故污泥在池底停留时间少，刮泥机的工作效率高；

3）运行较为复杂，故障率相对高一些，维修工作量大。

（3）回转式刮泥机及浓缩机

很多污水处理厂的初次沉淀池和二沉池是辐流式的，其形状多为圆形。在辐流沉淀池上使用的刮泥机的运转形式为回转运动。这种刮泥机结构简单，管理环节少，故障率极低，国内很多污水处理厂都采用它。

在辐流式污泥浓缩池上运行的回转式浓缩机的结构与回转式刮泥机的相似，它除了具有刮泥及防止污泥板结的作用之外，还利用很多纵向的栅条对池中的污泥进行搅拌，用以促进泥水分离。

1）全跨式与半跨式回转式刮泥机

回转式刮泥机有些在半径上布置刮泥板，桥架的一端与中心立柱上的旋转支座相接，另一端安装驱动机构和滚轮，桥架作回转运动，每转一圈刮一次泥。这种形式称为半跨式（又称单边式），其特点是结构简单、成本低、适用于直径30m以下的中小型沉淀池，如图6-17所示。一些回转式刮泥机具有横跨直径的工作桥，旋转式桁架为对称的双臂式桁架，刮泥板也是对称布置的，该种形式称为全跨式（又称双边式）。对于一些直径30m以上的沉淀池，刮泥机运转一周需30～100min，采用全跨式可每转一周刮两次泥，可减少污泥在池底的停留时间。有些刮泥机在中心附近与主刮泥板的90°方向上再增加几个副刮泥板，在污泥较厚的部位每回转一周刮四次泥，如图6-18所示。

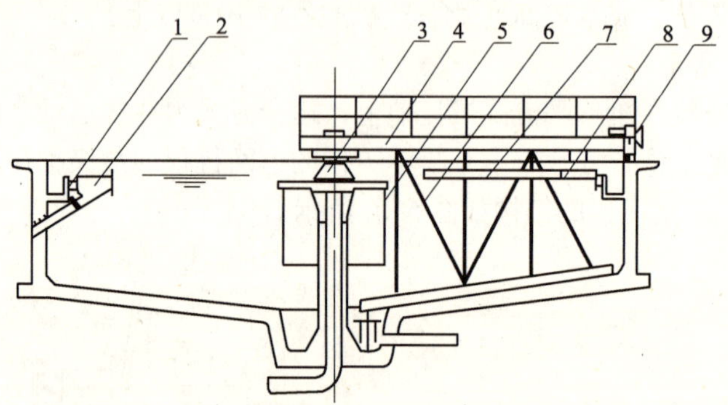

图6-17 半跨式周边驱动刮泥机

1—出水堰；2—浮渣漏斗；3—中心支座；4—桥架；5—稳流筒；6—刮泥系统；7—浮渣刮板；8—浮渣耙板；9—驱动装置

2）中心驱动式与周边驱动式

回转式刮泥机的驱动方式有两种：中心驱动式与周边驱动式。

① 中心驱动式

如图6-19所示，中心驱动式刮泥机的桥架是固定的，桥架所起的作用是固定中心架位置与安置操作，维修人员走道。驱动装置安置在中心，电机通过减速机使悬架转动。悬架的转动速度非常慢，中心驱动电机的减速比很大，通常是使用大减速比的二级摆线针轮行星减速

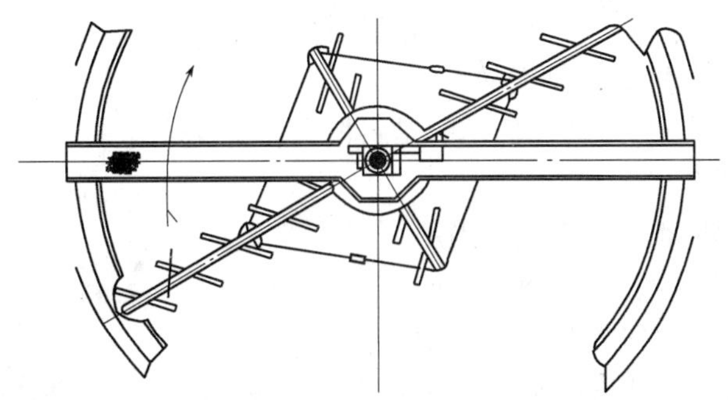

图 6-18　全跨式刮泥机俯视图

（斜板式刮泥机在中心部位每转一周刮四次泥）

器加一级蜗轮减速装置。由于减速比大，主轴的转距也非常大，为了防止因刮板阻力大引起的超扭距而造成的破坏，联轴器上都安装了剪断销。刮泥板安装在悬架下部，为了保证刮泥板与池底的距离并增加悬架的支承力，刮泥板下部都安装有支承轮（一般用尼龙制造）。

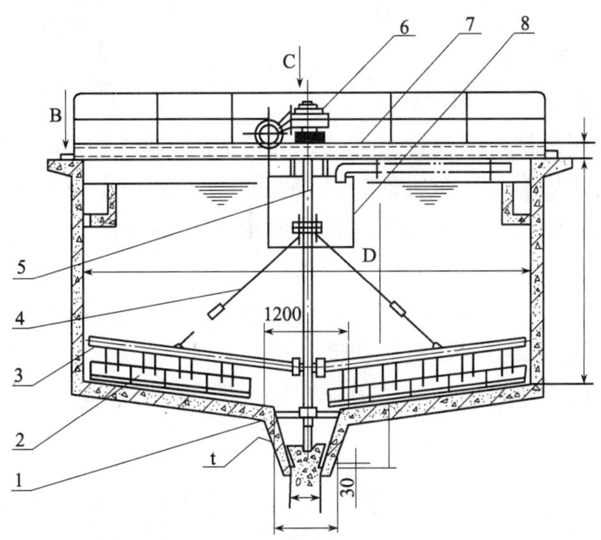

图 6-19　中心驱动刮泥机

1—水下轴承；2—刮泥板；3—刮臂；4—拉杆；
5—主轴；6—传动装置；7—工作桥；8—稳流筒

为了不使主轴转距过大，中心驱动式刮泥机的最大回转直径一般不超过 30m。

② 周边驱动式

与前者不同的是，它的桥架绕中心轴转动，驱动装置与桁车式刮泥机的相似，安装在桥架的两端（单边是一端）。这种刮泥机的刮板与桥架通过支架固定在一起，随桥架绕中心转动，完成刮泥任务。由于周边传动使刮泥机受力状况改善，因此它的回转直径最大可达 60m。图 6-17 即为周边驱动式刮泥机。

周边驱动式刮泥机需要在池边的环形轨道上行驶。如果行走轮是钢轮，则需设置环形钢轨；如果是胶轮，只需要一圈平整的水泥环形池边即可。

由于周边驱动式刮泥机的控制柜及驱动电机都安装在转动的桥架之上，它与外界动力电缆与信号电缆的连接要靠集电环；集电环装在桥架的中心，外界电缆通过池下预埋的管子从中心支座通向集电环箱，再由集电环箱引向控制柜。

3）斜板式刮泥板与曲线式刮泥板

刮泥板有多种形式，使用较为广泛的是斜板式和曲线式两种。

① 斜板式刮泥板

由多个倾斜安装的刮泥板组成，当斜板绕中心转动时，就产生了一个使污泥向沉淀池中心运动的分力，加之漏斗形的池底也使污泥的重力有一个向中心运动的分力，二力使污泥在随刮板转动时向中心流动。当污泥脱离这个刮板后，靠近中心的另一个刮板又接着刮，使污泥逐级流动，最终进入中心泥斗。不难想象，沉淀在池子最外周的泥，要经过刮泥机数圈运行，才能进入泥斗。图 6-20 为斜板刮泥工作原理图。

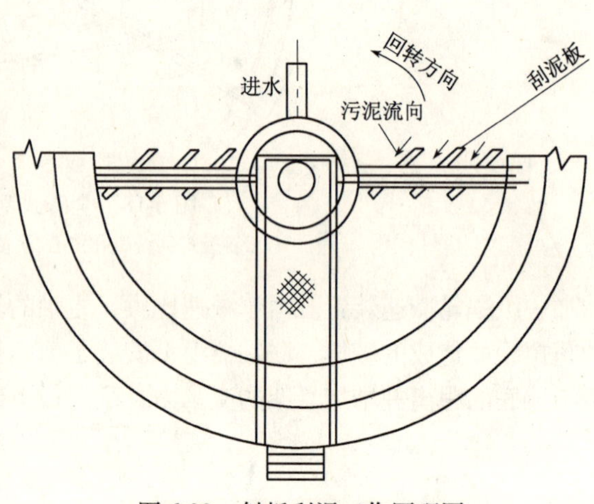

图 6-20 斜板刮泥工作原理图

斜板式刮泥板的缺点是：刮泥板与悬架钢性连接，如果池底出现板结或较大异物，会造成阻力急剧增加而引起破坏，故长时间停机后开机（特别是水中有较多沉泥时）应特别注意；另一个缺点是刮泥逐级接力进行，外圈污泥进入泥斗时间较长，可能会不同程度地发生厌氧分解。

② 曲线式刮泥板

这种刮泥板是曲线形的，常用的曲线有对数螺旋线和外摆线形，它在池底有数个小轮支承，由几根浮动的钢索牵引，随机桥转动。污泥在随刮板转动的同时，在刮板曲线的各点都可以受到一个使之向中心运动的分力，使污泥沿刮板缓慢向中心流动，最后进入中心泥斗，如图 6-21 所示。

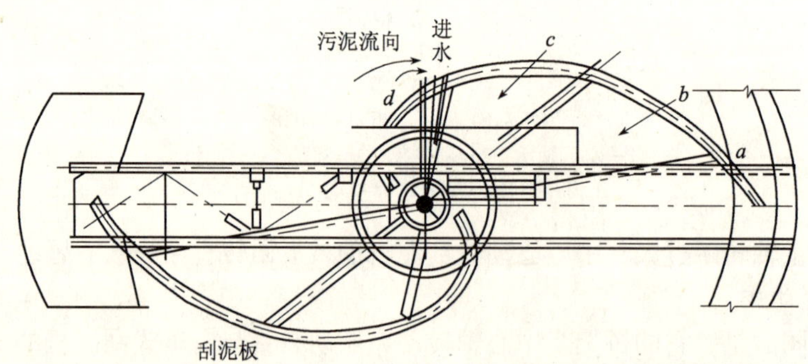

图 6-21 曲线式刮泥板（其中 *a*、*b*、*c*、*d* 四个箭头表明污泥流动的方向）

回转式刮泥机的运行管理比较简单：a. 每天巡视察看异常振动和噪声；b. 每月检查一次减速箱油位和油渗漏，清扫设备，保持清洁；c. 每半年检查紧固件，以及轴承加油脂；d. 每年更换润滑油。

主要加润滑油部位为减速箱，主要加润滑脂部位为行走轮轴承和中心回转轴承（中心驱动式的中心大齿圈也加油脂）。日常维护中要重视中心回转轴承的润滑，若其损坏，更换和维修困难较大。

周边驱动的刮泥机，集电环的保护是十分重要的；集电环全部安装在桥架的转动中心，由集电环箱来保护。箱内要保持干燥，保持电刷的良好接触，如电刷磨损，或者弹簧失灵应及时更换。因为任何一个电刷接触不良都会造成电源缺相或监控信号不通。如果监控线路与电源电路发生短路，则将把380V电压引入监控系统，就可能造成较大损失与安全事故。

对中心驱动的刮泥机，要注意剪断销的防锈工作，每月应加注一次润滑脂，防止剪断销部位锈死，以保证其有良好的过载保护功能。

4. 曝气设备

曝气设备在城市污水处理厂以及任何生物降解的污水处理厂内，是必不可少的充氧设备。污水处理厂工艺不同，所选用的曝气设备种类有所不同。虽然曝气设备种类很多，但基本上可划分为：鼓风曝气设备和表面曝气设备。鼓风曝气设备有：中粗气泡曝气器、微孔曝气器、导管式曝气机、射流曝气机；表面曝气设备有：转刷曝气机、转蝶曝气机、叶轮表面曝气机。无论哪种曝气设备都应具有：一是向沟内的活性污泥混合液中进行强制曝气充氧，以满足好氧微生物的需要；二是推动混合液在沟内保持连续循环流动；三是起到充分混合搅拌的作用，保证污水中的有机物与活性污泥絮体充分混合接触，并始终保持悬浮状态。

（1）鼓风曝气设备

这类设备的充氧主要是由压缩机产生的空气进入到曝气设备内进行的（射流曝气机除外），经过曝气设备的空气在沟底与活性污泥接触，然后向上运动，随着气泡向上运动，完成氧的传递以及对沟内混合液的混合搅拌。

1）中粗气泡曝气器

中粗气泡曝气器主要有散流式曝气器（图6-22）和盒形曝气器两种形式。

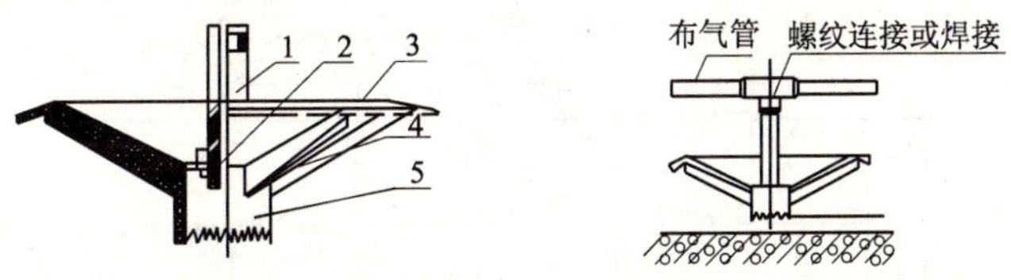

图6-22 散流式曝气器
1—中心进气管；2—固定锁紧件；3—锯齿形散气罩；
4—导流板；5—锯齿形布气头

由鼓风机送来的空气经中心进气管、锯齿形布气头进入水体时，由于受到锯齿的切割作用，形成中、小气泡。气泡沿散流罩锥面上升，断面成倍扩大，减缓了气泡上升的速度，增加了气水接触混合的时间。当气泡从散气罩锯齿及小孔溢出上升时，又一次受到切割作用而成为微小气泡，进一步增加了扩散面积。气泡继续均匀地沿着水体上升，在这一过程中，气泡反复受阻，反复受到切割而形成微小气泡，既增加了表面积又延长了气水接触混合的时间，从而增强了氧的扩散转移，使氧不断溶于水体，满足微生物的需要。同时在气泡上升过程中，带动周围水体向上流动，形成流经水体的内循环，从而使水体得到很好的混合，这种曝气器每只最佳供气量25～35m^3/h，服务面积2～3m^2/只，氧的利用率>8.5%。一般情况下，这种曝气器与水下推进器配合使用，可起到良好的节能效果。

2）微孔曝气器（图 6-23）

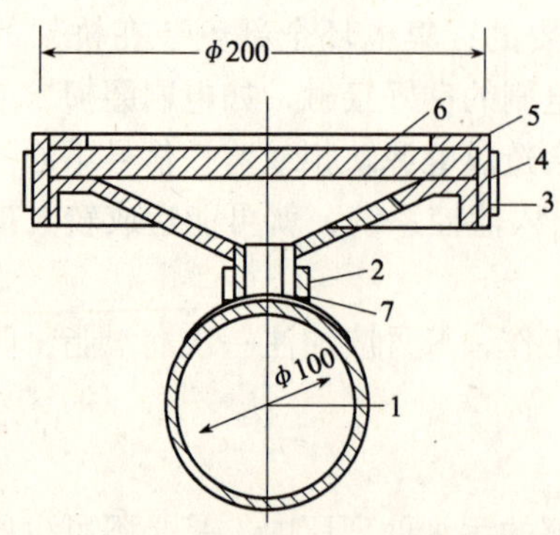

HWB—1 型微孔曝气器结构

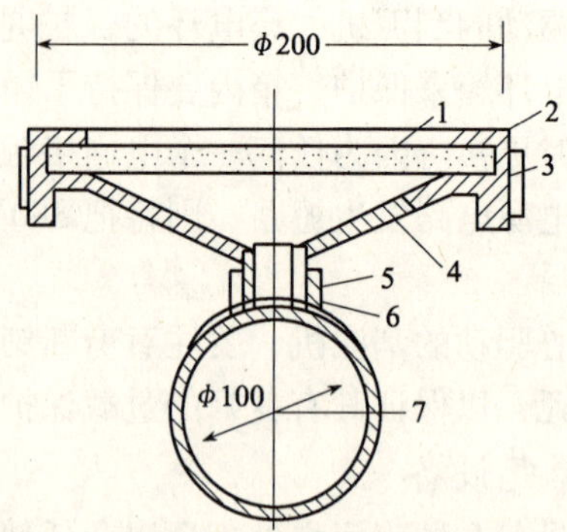

HWB—2 型微孔曝气器结构

图 6-23　HWB 型微孔曝气器结构图

1—横支管；2—连接座；3—底盘；4—胶垫；5—螺母；6—钛板；7—胶垫

1—棕钢玉曝气板；2—螺母；3—胶垫；4—底盘；5—连接座；6—胶垫；7—横支管

由鼓风机送来的空气进入曝气头内，在空气压力作用下，通过曝气板上的微孔进入到水体中，曝气板将空气分成无数个微小气泡，当气泡进入水体后，与水体的接触面积增大了很多倍，有利于氧的扩散转移，气泡在上升过程中，又与沟内水体的混合，并使活性污泥絮体保持悬浮状态。这种曝气器每只服务面积较小，为 0.3 ~ 0.75 m^2/只，曝气量 1 ~ 3m^3/(h·只)。氧利用率达 18.4% ~27.7%。

3）导管式曝气机（图 6-24）

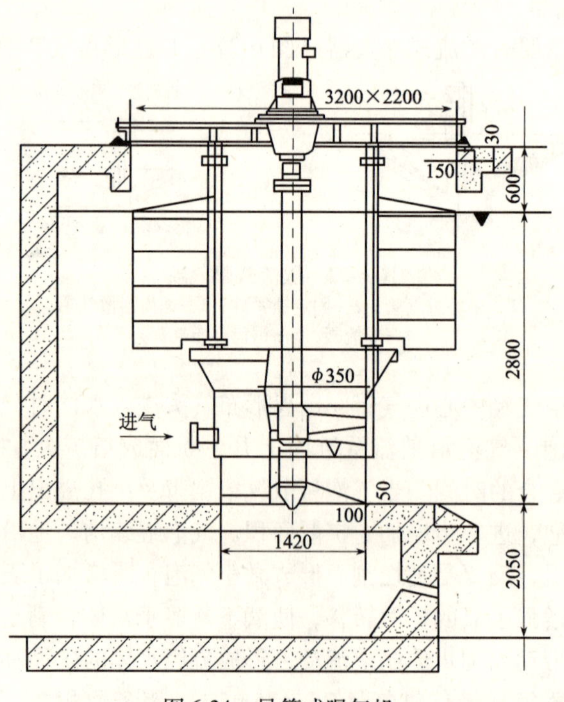

图 6-24　导管式曝气机

当主轴带动叶轮旋转时，推动水体经导流筒向下流动，同时，由鼓风机送来的空气经布气管进入水体，由叶轮旋转所产生的向下剪切作用切割为微小气泡。气水混合物被不断推向沟底，碰沟底部斜面而转向为向前流动。气泡随水流前进的同时向上升，带动其周围的液体向上流动，从而强化了混合搅拌作用。在整个过程中，气泡中的氧不断溶解于水中，如此周而复始，达到工艺所提出的水流速度、混合搅拌、充氧等综合要求，这种机理所产生的底部流速相对较大，混合搅拌效果好，氧的利用率较高，并且充氧可以方便地控制。

4）射流式曝气机

这种设备广泛用于调节池预曝气及曝气，接触氧化池充氧等场合，其结构如图6-25所示，该装置主要由：射流式曝气器、循环潜污泵、机座、吸气管及其他附件等组成。由潜污泵所压送液体，经内喷嘴混合室，吸入空气并均匀混合（负压吸气）再到扩散管水平射出，形成混合喷射流，充分起到充氧、推流、搅拌功能。

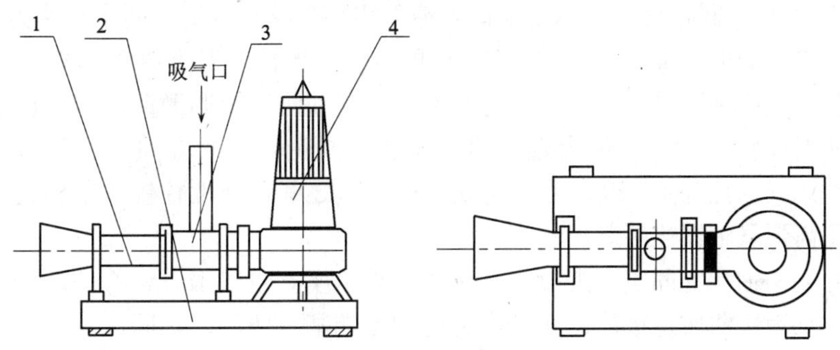

图6-25　射流式曝气机

1—扩散管；2—机座；3—射流器；4—清污泵

这种曝气机喷嘴及混合结构独特，气流粉碎彻底，有效提高了氧的利用率达到5%～20%，是鼓风曝气器的1.5～2倍；能将空气与水体完全混合并推流、搅拌，适用于标准活性污泥法，也适用于泥龄较长的高MLSS的活性污泥法和完全混合活性污泥法；其动力消耗低、运行费用小，采用整体式安装，操作简单，维护方便。

（2）表面曝气设备

表面曝气设备主要有转刷曝气机、立式表面曝气机和转碟曝气机等。每种曝气机各具特点，但其作用有二：一是向沟内活性污泥混合液中进行强制曝气充氧，以满足好氧微生物的需要；二是推动混合液在沟内保持连续循环流动，以使污水与活性污泥保持充分混合接触，并始终处于悬浮状态。

1）转刷曝气机

转刷曝气机是氧化沟工艺中普遍采用的一种卧轴式表面曝气设备，其具有曝气、推流、混合等功能。该机主要由转刷、驱动装置、混凝土桥、电气控制装置四部分组成，如图6-26所示。

① 转刷　转刷由一根直径约300～400mm的空心轴和安装在轴上的许多刷片构成。转刷的长度由氧化沟的宽度确定，但由于结构的限制，长度一般为3～12m。若长度超过8m，一般在氧化沟中心设置支墩，将驱动装置安装在支墩上，这样就将一个转刷分成了左右两段，从而避免因转刷太长及在转动中水的反作用力而发生的严重挠曲。

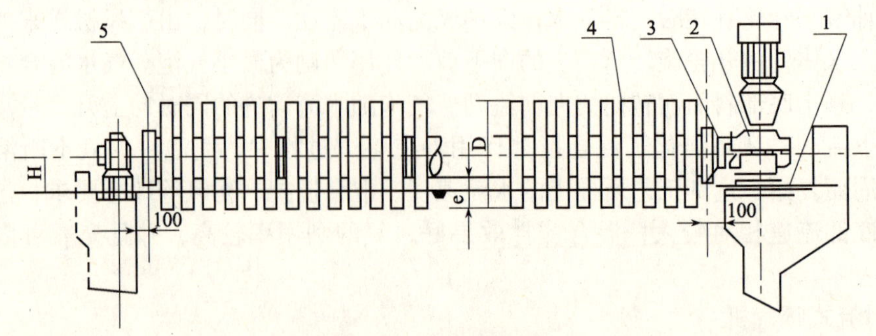

图 6-26 转刷曝气机

1—安装底板；2—电机与减速箱；3—联轴器；4—转刷；5—底座

为了使转刷更有效地发挥作用，通常在水面以下位置加装导流板，导流板一般用不锈钢或钢板焊接而成，使水流方向尽可能向下。

② 驱动装置 转刷曝气机的驱动电机普遍采用三相异步电机、同步转速为1500r/min，电机的功率由转刷的大小决定，一般直径1m的转刷每米长度需要功率5kW左右。电机多采用立式安装，主要原因是立式安装的电机易于防雨和防止转刷激起的水沫的影响。减速机内一般有两对齿轮，一对伞形齿轮，用于减速机改变转动的方向，一对斜齿的圆柱齿轮。减速机的总减速比为1∶20左右，电机与减速机之间用弹性柱销联轴器连接；减速机与转刷之间用齿形联轴器连接。

转刷另两端用轴承座固定于混凝土基座上，轴承座一般选用可调心的滚动轴承，用以抵消转刷空心轴因挠曲所造成的影响。大部分的尾端基座还可以轴间浮动，用以抵消转刷因气温变化在长度方向引起的热胀冷缩。为了调节转刷的浸水深度，曝气机两端的轴承座都安装了螺旋调节装置，使转刷可上下自由调节。

转刷曝气机的减速机用重载齿轮油润滑，而两端的轴承及螺杆则采用脂润滑。

③ 混凝土桥 转刷式曝气机在运转中要激起大量的水沫，有时还有大量污浊的气泡，这些水沫会溅到驱动电机及其他电器上，使其表面污秽不堪，加速金属的腐蚀，影响电气设备的正常工作。另外，这些水沫还随风飘扬，影响污水厂的卫生。因此，一般在转刷之上设置了一个混凝土桥，用以挡住飞溅。有时这个桥是由生产厂家随吸气机配套而来的。成为曝气机的组成部分。

④ 电气控制装置 这种设备的电气控制装置比较简单，由继电器、时间继电器、交流接触器及开关等保护装置组成，少数的带有调速装置。

转刷曝气机的操作很简单，在日常工作中应注意以下几点：

① 试运行或主电源线路检修后，应保持正确供给电压和正确的转刷转向。

② 每天巡视和观察各部位有无异常声响和振动，并记录。

③ 根据工艺要求，控制转刷的浸没深度，防止超负荷运转。

④ 每两周检查油位，每半年检查齿轮的齿面有无点蚀的痕迹，有无胶合现象，并将旧油放出清洗后加入适应季节的新润滑油。旧油经化学分析后证明可用，方可不换油。

⑤ 定期对转刷紧固件进行紧固检查，尤其是转刷轴与联轴器尾座法兰连接的紧固件。

⑥ 长时间停用的转刷，特别是尼龙、塑料及玻璃纤维增强塑料的转刷，应用篷布盖起来，以免阳光使刷片老化（在桥下安装的除外）。同时为避免长期放置的转刷因自重而

引起挠曲固定化，要定期启动和换油。

2）立式表面曝气机

立式表面曝气机规格品种繁多，主要有固定式与浮筒式两种。这里主要介绍固定安装的立式叶轮表面曝气机。图 6-27 为立式叶轮表面曝气机，在运行时曝气沟中的水流循环图，其充氧方式有以下三种。

图 6-27 立式叶轮表面曝气机运行时的水流循环图

① 水在转动叶轮叶片的作用下，不断从叶轮周边呈水状甩向水面，形成水跃，并使水面产生波动，从而裹进大量空气，使氧迅速溶入水中。

② 叶轮的喷吸作用，使污水上下循环不断进行液面更新，接触空气。

③ 负压吸氧，叶轮的一些部位（如水锥顶、叶片后侧等）因水流作用形成的负压，使大量空气被吸入叶轮与水混合。运行人员应注意在调节叶轮的浸水深度时，可能有某一深度叶轮会因吸入空气太多而产生“脱水”现象，造成水跃消失、功率及充氧量下降。如果这种现象较为严重，而调节浸水深度又达不到满意的效果，应适当减小叶轮进气孔的面积。

立式叶轮表面曝气机的驱动部分一般都安装在一个面积很大的平台上，这个平台设置在曝气池或者氧化沟的中心，叶轮在平台下面的水中运转。平台的作用有两个：一是安装、固定整个曝气机，二是防止水沫乱飞，保护驱动装置的安全。但由于风的作用，仍有一些污浊的泡沫落到电机、减速机等的上面，北方冬季还会在平台上结冰，因此，操作人员应定期将上面的污垢擦拭、清洗干净，以保证安全正常运转。

为了使曝气机工作在较高的充氧动力效率上，操作人员应经常通过调节升降机构及出水堰门来调节叶轮的浸没度，并通过观察电机的电流及“水跃”的好坏来确定，应注意叶轮的运转方向不能搞反。

3）转碟曝气机（图 6-28）

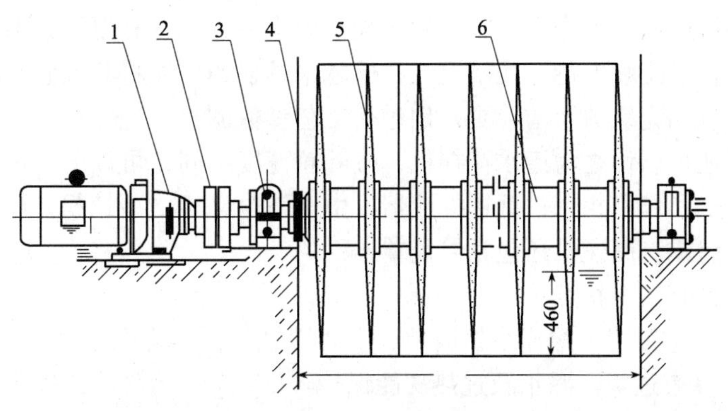

图 6-28 转碟曝气机

1—电机与减速箱；2—联轴器；3—轴承座；4—防溅板；5—转碟片；6—转轴

转碟曝气机可以说是转刷曝气机的替代产品，具有转刷曝气机的功能，但充氧动力效率要高，氧化沟最大池深可达 5m。其操作维护管理基本上与转刷吸气机相同。

转碟曝气机电机有卧式和立式两种安装形式，减速装置带动规则排列在主轴上的碟片旋转，达到充氧目的，碟片上均匀布满轮牙、泼水瓣、储氧沟、离心槽等结构。

① 轮牙：主要起推流作用。

② 泼水瓣：使水雾和氧气充分接触混合，处于饱和状态，再落入池水中它呈流线型，阻力小，泼水效果好，充分起到泼水作用。

③ 储氧沟：强制将空气泡带入水中并切割打碎，使之充分和池水混合乳化。

④ 离心槽：将停留在碟片壳处的“死”水在离心作用下沿离心槽射出和空气接触氧化。

转碟曝气机的使用与维护基本上与转刷曝气机相同，日常主要检查和维护工作是保证减速箱内齿轮的正确润滑和整机紧固件的定期检查。

5. 水下推进器（图6-29）

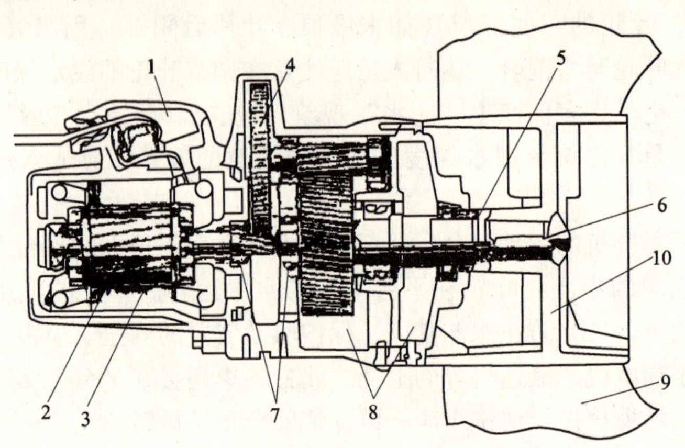

图6-29 水下推进器主体结构图

1—接线盒；2—转子；3—定子；4—减速箱内齿轮；
5—机械密封；6—平键；7—轴承；8—油室；9—叶轮；10—轮毂

水下推进器，目前在国内许多污水处理厂被采用，它主要用在厌氧池中，通过旋转叶轮，产生强烈的推进和搅拌作用，有效地增加池内水体的流速和混合，对池内半液态的污泥进行搅拌混和，推流和保持污泥不沉淀；但越来越多的厂家将其设置在曝气池内，其目的是为了解决推流和充氧的矛盾，更好地进行工艺参数调整。

水下推进器还可以称之为潜水搅拌机，按叶轮速度不同，可以分为高速搅拌机和低速推流器。两者构造和作用相似；低速推流器，由水下电动机、减速机、叶轮、支架、卷扬装置和控制系统组成。高速机还包括导流罩。

水下推进器具有以下特点：

（1）推流器结构紧凑、操作维护简单、安装检修方便、使用寿命长。

（2）电动机具有过载、漏水及过热功能保护。

（3）叶轮设计具有最优水力性能结构，工作效率高，后掠式叶片具有自洁功能，可防杂物缠绕。

水下推进器的操作保养注意事项：

（1）保证电机有正确的供给电压。接线要正确，保证叶片正确转向。

（2）减速箱和油室内有正确的油质和油位。

（3）水下推进器工作时，应保证叶片最高点至水面距离大于0.8m，无水工作时间不宜超过3min。

（4）水下推进器入水工作前应保证各紧固件正确紧固，尤其电线在电机接线盒上的入口处密封要可靠。

（5）每个月应将水下推进器提升钢丝绳上的垃圾清理干净，并检查吊环、吊环扣、钢丝绳的磨损情况，视磨损程度及时更换。

（6）水下推进器初次运行，或停用半年后再次使用时，应先用手转动叶片使其能灵活运转，方可投入正常使用，否则应进行检修。

（7）每运行一定时间（如4000～8000h）或每年检修一次，及时更换不合格零部件和易损件。其内容为：密封及油的状况和质量，电气绝缘、磨损件、紧固件、电缆及其入口、提升机构等。

（8）每三年应对水下推进器进行一次大修，除一般检修内容外，还包括：更换轴承、更换轴密封、更换O形环、更换油、更换电缆及其入口的密封，必要时更换叶轮、导流罩、提升机构。

6. 污泥浓缩机

在污水处理厂，绝大部分污泥重力浓缩池做成圆形的辐流式，浓缩机的作用是：

（1）促进污泥与水的分离，使污泥进一步沉淀、浓缩。

（2）将浓缩的污泥刮入浓缩池中心的泥斗，以协助污泥泵将泥抽到下一步工序。

（3）不停地搅拌沉入池底的污泥，保持其流动性，防止板结。

回转式污泥浓缩机与回转式刮泥机从结构上不同的是在斜板式刮泥板的上方加了一部分纵向的栅条，栅条的间隔从100～300mm不等。通过栅条缓慢转动时的搅拌作用，促进污泥与水的分离，加快污泥的沉降过程。图6-30为回转式浓缩机的结构，浓缩机的其余部分与刮泥机相同。

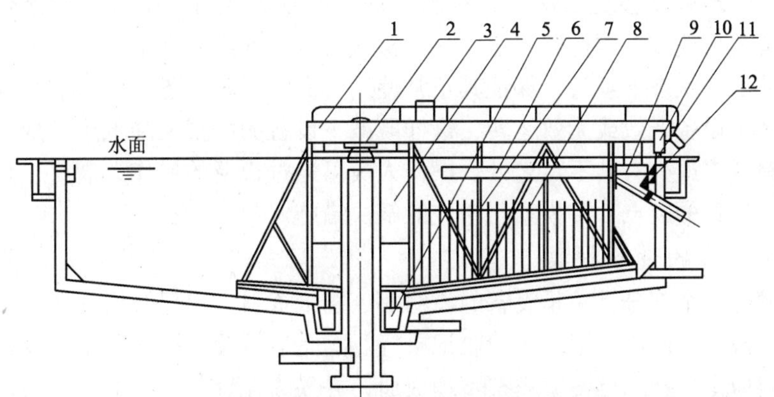

图6-30　单边式周边驱动浓缩机

1—桥架；2—中心支座及集电环箱；3—控制柜；4—稳流筒；5—搅拌器（用于搅拌泥斗中的污泥）；6—浮渣刮板；7—刮泥板支架；8—栅条；9—浮渣耙板；10—驱动装置；11—浮渣漏斗；12—溢流堰

在运行管理方面，它与刮泥机的区别是浓缩池的进泥往往是间断的，而浓缩机却应持续不断地运转，以保持泥的流动性。有时由于种种原因池内较长时间不进泥，但池中只要还有泥，浓缩机也不应停下来。如因维修等原因造成较长时间停机，在池中有泥时，重新启动应特别注意，板结在池底的泥可能造成很大的阻力。

6.2.3 污水处理机械设备的运行管理与维护

在污水处理厂，各种水泵、风机、格栅除污机、除砂设备、刮泥机、污泥浓缩机、曝气设备、水下推进器等为运行工艺上重要的机械设备。污水处理厂欲取得良好的处理效果，必须使各类设备经常处于良好的工作状况和保持应有的技术性能，正确操作、保养和维修设备是污水处理厂正常运转的先决条件。

随着污水处理事业的发展，污水厂的机械化、自动化程度也不断提高，污水厂使用的设备越来越多，越来越复杂。污水厂不仅使用许多污水处理所特有的专用设备而且使用许多通用设备，所有这些设备都应该使用好、保养好、修理好和管理好，充分发挥这些设备的工作潜能，才能使整个污水处理厂正常地运转起来。

1. 熟悉并正确使用设备

设备的正确使用，对于设备的寿命、污水厂的生产运行都至关重要，也是设备技术管理人员管理必须解决的问题。要正确使用好设备，首先要熟悉设备，设备技术管理人员要仔细阅读产品说明书，熟悉产品结构和性能、操作要领、注意事项、安全规程及加油的部位、所加油的品种、每次换油的间隔等。第二，在设备主管人员的带领下，再根据本单位的具体情况和设备操作、保养的通用标准，编制设备“安全操作规程”、“维护保养规程”和“润滑规程“及“润滑图册”。第三，设备技术人员根据厂内编制的各项规程和设备结构性能，对操作人员进行严格的培训，让操作人员清楚地了解和掌握所使用设备的结构性能、操作程序、维护要求。操作人员经考核合格后，方可进入操作岗位。第四，设备技术人员应定期对操作人员使用和维护设备情况进行了解，及时纠正不正确操作。认识了解对各种操作规范的理解将会更加深入，有利于规范的顺利执行。第五，充分有效地使用设备，减少设备的无效或低效运转。任何一种机械设备及其零部件都有一定的运行寿命。使设备在良好的工作状态下运行，保证其正常使用寿命的同时，还在不影响水处理任务的前提下，尽量减少设备低效或无效运转，这样既减少设备的磨损又降低生产成本。第六，每种设备产品都或多或少有其不足之处。操作人员可通过长期的操作、观察，积累一部分经验，逐步了解设备的缺点，并摸索出相应的解决措施。

2. 建立完善的设备档案

设备档案分三个部分。一是设备的说明书、图纸资料、出厂合格证明、安装记录、安装及试运行阶段的修改洽商记录、验收记录等。这是运行及维护人员了解设备的第一手资料。这些资料应由厂技术档案室完整整理成册，并妥为保管。

第二部分档案是对设备每日运行状况的记录，由运行操作人员填写。如每台设备的每月运行时间、运行状况、累计运行时间，每次加油（换油）的时间，加油部位、品种、数量，故障发生的时间及详细情况，易损件的更换情况等。每月作一次总结，并上报到运行管理部门。

第三部分是设备维修档案，包括大、中修的时间，维修中发现的问题、处理方法等。

这些由维修人员及设备管理技术人员填写。

根据以上三部分档案，设备管理技术人员可对设备运行状况和事故进行综合分析，据此对下一步维护保养提出要求。可以此为依据制定出设备维修（包括大、中修）计划或设备更新计划。如果与生产厂家或安装单位发生技术争执或法律纠纷，完整的技术档案与运行记录将使处理厂处于有利的地位。

3. 建立完善的巡视检查制度和交接班制度

污水处理厂的工艺设备分布分散，且大部分处于露天或者半露天位置，因此建立并严格地执行巡视检查和交接班制度十分重要。

大中型污水处理厂一般都有中心控制室，它可以对这些设备实现远距离监控。这些监控必须在24h内不间断地进行，一旦发生故障可以及时远控停机并马上到现场处理。除此以外，针对设备运行状况到运行现场巡回检查仍是必不可少的。因为远程监控的缺点是对带“病”运转的设备，如设备的异常振动和噪声，无法远程监控。为了及早发现设备故障前兆，防止故障扩大，巡视检查制度应严格遵守，一般来说，对24h不间断运行的设备，白天应每2~3h检查一次，夜间也至少安排2~3次检查。对于无远距离监控的污水处理厂，对设备巡查的密度还应适当加大。在巡查中如发现设备有异常情况，如卡死、异常声响、堵塞、异常发热等，应及时停机采取措施。

为了保障巡视的连续性和巡视记录准确性，须制定交接班制度。交班和接班人员必须将当班巡视情况说明清楚，双方签字确认后才完成交接班工作。接班人员对交班人员的不实巡视记录有权利提出批评，同时上报部门负责人或值班干部。

4. 加强设备运行方案的最佳调度

任何一种机械设备及其零部件都有一定的运行寿命。我们在使设备在良好的工作状态下运行，保证其正常使用寿命的同时，在保证完成水处理任务的前提下，尽量减少设备的无效运转及低效运转，保证大部分设备的满负荷运行，这样既减少设备的磨损又降低生产成本。如刮泥机，有些污水处理厂总是让其昼夜不停地运转，实际上操作者并不了解池底污泥沉积状况及刮泥机的负荷。经验表明，大部分初沉池刮泥机是可以调整为间歇运行的，到底运行多少时间、停多少时间是要根据来水情况长期摸索的，以不造成污泥在池底积累厌氧为宜。适当的间歇运行不但会减少刮泥机的磨损，还能节约宝贵的电力。

5. 加强设备的日常维护和保养

设备运行中由于受振动、温度和湿度的影响，总会出现一些这样或那样的小毛病，或许当时并不影响运行，但如不及时处理，则会引发大的故障而造成停机，严重时会酿成事故。如螺栓松动脱落是在运动和震动较大的部位常见的现象，应随时发现随时紧固。如不及时发现和处理，轻者会造成设备的较大损失，重者还可能造成人员伤亡。所以，在设备投入运行后，必须加强维护和保养工作。首先，设备管理部门要加大宣传力度，强化设备维护保养意识；第二，制定维护保养规程，明确操作程序，真正做到有章可循。该规程要根据设备制造厂的说明书和现场情况而制定，主要包括清洁、调整、紧固、润滑和防腐等内容，同时规定周期；第三，保养与维护工作人员，要按照规程严格执行，同时作出记录，并将发现的异常情况向管理部门反映。设备管理部门要定期检查和核实，对工作不完善或未做的项目，要督促责任人及时完成；第四，设备技术管理人员，要根据设备实际运行情况，不断完善维护保养规程，充分做到每台设备均有很强针对性的维护保养规程；第五，厂内要实行定期的设备维护保养评比工作，奖励先进、督促后进。

6. 建立设备的完好标准和修理周期

污水处理厂设备的完好程度是衡量污水厂管理水平的重要方面。设备完好程度可用设备完好率来衡量，它是指一个污水厂拥有生产设备中的完好台数，占全部生产设备台数的百分比。设备使用了一段时间以后，必须进行小修、中修或大修。有些设备，制造厂明确规定了它的小修、大修期限；有的设备没有明确规定，那就必须根据设备的复杂性、易损零部件的耐用度以及本厂的保养条件确定修理周期。

7. 保持设备良好的润滑状态

要使设备保持长期、稳定、正常的运行，就要时刻保持各运转部位良好的润滑状态。润滑油脂除了使设备在运转中减少磨擦、磨损之外，还有防腐、防漏及降温等功能。一般设备在出厂之前就规定了其加油的部位、加油量、每次加换油脂间隔的时间以及在什么样的温度条件下加什么油脂。但各个污水厂的设备工作条件不同，气候条件不同，因此还应由本单位的专业技术人员根据本单位的条件定出各个设备的加油规章。对购买来的油脂应贴上标签，分类保管，严防错用、污染、混合或进水。对一些开放式传动的部位，如齿轮副、螺杆、蜗轮蜗杆及链轮链条等，表面的润滑油脂会粘上风吹来的尘砂及水中的污物，影响润滑效果和加速磨损，应根据运转条件的不同定期清洗，更换油脂。对在较长时间内停用的设备，如备用机械或正在维修保养的设备，应保持润滑油、液压油、润滑脂的规定油位及数量，因为停用的设备更容易生锈。

6.3 污水处理厂测量仪表

在污水处理工艺中，为了确保工艺运行的科学性和稳定性，要采用多种在线式检测仪表对工艺运行过程中的主要参数进行连续不断地跟踪监测。它应用的广泛程度、水准的高低标志着污水处理过程现代化的程度。所以说在现代化的污水处理过程中，仪器仪表是工艺运行得以稳定运行的必要手段。

6.3.1 测量仪表的基本知识

1. 测量仪表种类

在污水处理过程中，需要测量的参数是多种多样的，例如污水处理厂的进、出水温度，消化池内温度、压力、液位，进入曝气池内空气流量，污水中的pH、溶解氧、污泥浓度、电导率、浊度等。对于温度、压力、液位、流量这些物理量，一般称其为热工量。诸如pH、溶解氧、浊度、污泥浓度、电导率等参数，称之为成分量。用于测量热工量的仪表一般称之为热工测量仪表；用于测量成分量的仪表一般称之为成分分析仪表，在污水处理过程中常常称之为水质分析仪表。

测量仪表种类很多，结构各异，因而分类方法也很多。例如，按仪表使用的能源和信号分类，可分为气动仪表、电动仪表和波动仪表，目前常用气动仪表和电动仪表；按安装方式分类，可分为架装仪表和盘装仪表；按组成形式分类，可分为单元组合式仪表和基地式仪表；按所测量的参数分类，可分为压力测量仪表、液位测量仪表、温度测量仪表、流量测量仪表、成分分析仪表。

2. 测量仪表的构成

测量仪表种类多、类型复杂、结构各异，但都担负着共同的任务：测量出被测参数的值。所以，它们在构成上就有明显的共性。它们大致都由测量元件（传感器）部分、中间传送部分和显示部分（包括变换成其他信号）构成。各部分之间的关系如同6-31所示。

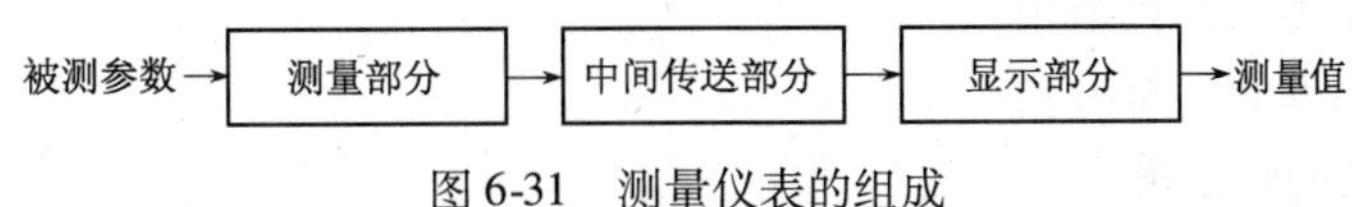

图6-31　测量仪表的组成

在实际应用中，有的仪表，如弹簧管压力表把这三部分组装在一起，也有的则把这三部分分别制成各自独立的仪表，如热电阻温度计。在这种情况下，人们又习惯于把传感器部分叫做一次仪表，把显示部分叫做二次仪表。

3. 测量误差与测量仪表性能指标

（1）测量仪表的测量误差

进行测量的目的，是希望能正确地反映客观实际，也就是要测量工艺参数的真实值。但是，人们无论怎样努力，都无法测得真实值，而只能尽量接近真实值。也就是说，测量值与真实值之间始终存在着一定差值，这一差值就是测量误差。

既然在测量过程中存在着测量误差，所以在使用测量仪表对生产过程中的工艺参数进行测量时，不仅需要知道仪表的指示值，而且还应知道测量仪表的指示值的准确程度，即所得到的测量值接近真实值的准确程度。

测量误差通常有两种表示法，即用绝对表示法和相对表示法来表示。

绝对误差，即测量值与真实值之间的误差：绝对误差 = 测量值 - 真实值

相对误差，即测量的绝对误差和真实值之比：相对误差 = 绝对误差/真实值

如前所述，任何测量仪表都不能绝对准确地测量到被测参数的真实值，只能力求使测量值接近真实值。在实际应用中，往往是利用准确度较高的标准仪表指示值来作为被测参数的真实值，而测量仪表的指示值与标准仪表的指示值之差就是测量误差。该差值越小，说明测量仪表的可靠性越高。

应该指出，在污水处理厂的实际应用过程中，对某种仪表的准确度要求就根据工艺操作的实际情况和该参数对整个工艺过程的影响程度、误差允许范围来确定，这样才能保证处理过程的经济性和合理性。

（2）测量仪表的性能指标

一台仪表的好坏，可用它的性能指标来衡量。常用的几项指标如下：

1）准确度（习惯上称精确度）

在测量中，由仪表引起的误差，叫做仪表误差，它常用绝对表示法、相对表示法来表示：

绝对误差 = 仪表的指示值 - 标准仪表的指示值

相对误差 = 绝对误差/标准仪表的指示值

评价一台仪表的准确与否，单凭绝对误差和相对误差来判断是不够的。因为每台仪表

的测量范围不同，因而，即使是有同一绝对误差也可能有不同的准确度。为了更好地反映仪表的准确度，实际应用中常常采用相对百分误差来表示，其意义为测量仪表绝对误差占仪表量程的百分比。

$$\Delta=\frac{a-b}{\text{标尺上限值}-\text{标尺下限值}}\times 100\% \tag{6-18}$$

式中 Δ——相对百分误差；

a——被测参数的测量值；

b——被测参数的标准值。

2）测量仪表的恒定度

测量仪表的恒定度常用变差来表示。它是在外界条件不变的情况下，用同一仪表对某一参数值进行正反行程测量时，仪表正反行程指示值之间存在的差值。变差用仪表测量同一参数时，正反行程指示值的最大绝对差值与仪表标尺范围之比的百分数表示，即

$$\text{变差}=\frac{\text{最大误差的绝对值}}{\text{标尺上限值}-\text{标尺下限值}}\times 100\% \tag{6-19}$$

必须注意，仪表的变差不能超过其精确度，否则应及时进行调整。

3）测量仪表的灵敏度

测量仪表的灵敏度，用仪表输出的变化量与引起此变化的被测参数的变化量之比来表示。

4）测量仪表的反应时间

用仪表进行测量时，可以看到这样一种现象：当被测参数发生变化时，仪表指示的被测值总要以过一段时间才能准确地将其表示出来，这是因为仪表本身存在着一个“反应时间”的缘故。有以下两种情形。

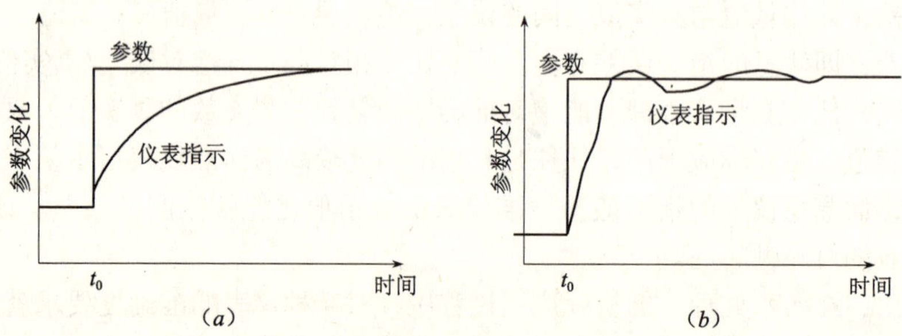

图6-32 仪表的反应时间（动态特性）
（a）第一种情形；（b）第二种情形

第一种情况是当参数在 t_0 时刻突然发生变化后，仪表不能立刻指示出被测参数，而是慢慢增加，经过足够长的一段时间后，才指示出参数的准确值，如用热电阻测温时的情况。一般用时间常数来衡量。

第二种情形是当参数在 t_0 时刻突然发生变化后，仪表指示值迅速改变，但需要经过几次摆动后，才能指示出参数的准确值，如用电流表测量电流时的情况，一般用阻尼时间来衡量。

仪表指示不能立即反应客观实际变化的上述情况，我们通常叫做仪表的滞后现象：时间常数小的仪表滞后就小，也就是反应时间短；反之，时间常数大的仪表滞后就大，仪表

的反应时间长。

6.3.2 污水处理厂常用测量仪表

1. 流量测量仪表

在污水处理工艺过程中，流量测量仪表应该说是应用最广、最多的测量仪表。污水处理厂的进出水水量、回流污泥量、曝气量以及消化池产气量等都是工艺生产所必须测量的流量参数。此外，流量是污水处理厂成本核算的关键参数量，因此流量测量在整个污水处理工艺过程中是十分重要的。

在污水处理过程中常用的流量计有差压式流量计、超声波流量计、电磁流量计、涡街流量计等。

(1) 差压式流量计

差压式流量计是基于流体流动的节流原理，利用流体经节流装置（如孔板、喷嘴、文丘里管等）产生的静压力差来实现流量测量。它是目前在生产中测量流量较成熟、应用较广的测量仪表。它通常由能将被测流体的流量转换成常压信号的节流装置和能将此差压转换成对应的流量值显示出来的差压变送器或差压计组成。

节流装置，就是在管道中放置能使流体产生局部收缩的元件。其中应用最多的是孔板，其次是喷嘴、文丘里管。在污水处理过程中，常用孔板测量流入曝气池、曝气沉砂池的空气流量，消化池内蒸汽用于搅拌的流量等。

差压式流量计使用应注意的事项：

1）节流装置的安装：节流装置的安装和使用与上、下游直管段和直管长度有直接关系，安装时必须满足要求。另外节流件端面安装时必须保持与管道轴线垂直，偏差不得超过1°，节流件截面中心应与管道中心线重合，节流件两端密封垫夹紧后不得在管道内有突出部分。

2）差压信号管路安装：差压信号管路是连接节流装置与差压变送器的部件，如果安装不正确，也会产生附加误差，所以在安装时应多加注意。

差压式流量计的日常维护：

1）每班至少两次巡回检查，内容包括：向当班人员了解仪表的运行情况；查看仪表供电是否正常；查看表体、连接管路、线路、阀门是否有泄露、损坏、腐蚀。

2）定期维护和校验，包括：每班进行一次仪表的外部清洁工作；定期进行正、负导压管排污，每六个月进行一次精度检查、校验。

(2) 电磁流量计

电磁流量计是根据法拉第电磁感应定律，即一个在磁场中运动的导体将在其两端产生一个感应电势的原理设计的。采用电磁测量原理，流体就是运动中的导体，其感应电势的强度与流体的流速成正比。再根据管道截面积的大小就可以直接计算出流体的流量。由于这种仪表的测量部分没有深入管道内部的部件，没有收缩或改变管道的截面，因此具有惰性小、反应迅速、压力损失少、也可以测量脉动流量等特点，可测量含有纤维质或固体颗粒悬浮物等具有导电性的介质。它不受被测液体的物理性质（温度、压力、黏度）变化和流动状态的影响。所以它可广泛应用于污水处理厂污水、污泥的流量计量。

由于一般电磁流量计生产厂家所使用的直流磁场是由极性交替变化的直流电流产生的，加上内装自动回零电路，确保零点的稳定，并使得测量不受流体和夹带的固体颗粒的影响。所以它可广泛应用于污水处理厂污水、污泥的流量计量。

电磁流量计也有一定的局限性和不足之处，如被测液体必须是导电的，不能测量气体流量等，另外电磁流量计的结构复杂，成本高。

电磁流量计主要由变送器和转换器组成。被测介质的流量经变送器变换成感应电势后，再经转化器把感应电势信号转换成为电流信号作为输出，以便进行远方指示、记录或作为控制信号。

电磁流量计使用时应注意的问题：

1）被测介质的含固率应小于10%，而且必须是可导电的介质。

2）电磁流量计防护等级的选择应考虑污水处理厂潮湿且容易被水淹没的实际环境条件，一般应选择 IP67 或 IP68。

3）在任何情况下管道内被测介质都必须满流。

4）电磁流量计的口径选择是非常重要的。根据被测介质选择适当的口径，以保证流速在合适的范围内，通常应选择 2～3m/s 的流速范围内。

5）对于含有固体颗粒并对电磁流量计的衬里有磨损的介质，其流速范围应在 1～2m/s。

6）除了用于测量二沉池出水外，都应选择带有电极自动清洗装置的电磁流量计。

7）电磁流量计的变送器应作可靠的接地。

8）电磁流量计安装在管道上，前后直管段长度应满足其最小要求。

电磁流量计的日常维护：

1）每班至少两次巡回检查，内容包括：向当班人员了解仪表的运行情况；查看仪表供电是否正常；查看表体、连接管路、线路、阀门是否有泄漏、损坏、腐蚀。

2）定期维护和检验，包括：每班进行一次仪表的外部清洁工作；每三个月进行一次零位调整。

电磁流量计结构复杂，非专业人员不能对其进行抢修，但是一旦设计合格，安装正确，投入使用后，日常维护量并不大。对于老式的电磁流量计，用户一般不能在现场进行调整和标定。对于近几年引进技术生产的新型电磁流量计，用户可按照其产品说明书在现场进行量程、零点的调整。

（3）超声波流量计

随着仪表技术的发展，各种类型的超声波流量计如用于渠道测量的明渠式超声波流量计、用于管道测量的管道式超声波流量计、管道钳夹式超声波流量计等被越来越多的污水处理厂所采用。在污水处理厂流量测量仪表中，若按测量仪表的安装形式来分类，实际上只有两种形式的流量计：明渠式和管道式。

1）明渠式超声波流量计

明渠式超声波流量计是一种在污水处理厂应用很广的流量计。所谓明渠，就是指非满流状态的自然水流所流经具有一定形状的开口渠道。在污水厂中常用的明渠有巴歇尔水槽、三角堰、梯形槽、矩形槽等。明渠流量计实际上是通过渠中流量液位，换算成流量显示出来。

2）管道钳夹式超声波流量计

管道钳夹式超声波流量计是利用超声波检测技术测量流量的超声波流量计，根据其作用原理，可以分为两种：一种是测量在顺流和逆流方向传递超声波的时间差；另一种是测量顺流或逆流时传递超声波时重复频率的频率差。由于此种流量计探头可直接夹紧在管道外壁上，所以安装时可以不用断开管路（不像电磁流量计那样需要断开管路安装），也不需要安装旁通管路和阀门，测量管路口径可以从几十毫米到几米，维护方便，可在对流体无任何影响下来进行流量测量，因此被许多污水处理厂采用。

管道钳夹式超声流量计的组成：管道外部的两个传感器、安装导轨及附件、转换器。

超声波流量计日常维护如下：

1）每班至少两次巡回检查，内容包括：向当班人员了解仪表的运行情况；查看仪表供电是否正常；查看表体、固定导轨、线路、是否有损坏、腐蚀。

2）定期维护和检验，包括：每班进行一次仪表的外部清洁工作；每三个月进行一次零位调整及量程的校验。

2. 温度测量仪表

温度测量也是污水处理工艺过程中需要测量的参数，如污水厂进、出水温度，消化池内温度，热交换器温度等。

温度测量仪表的分类。通常可把测温仪表分为接触式与非接触式两大类、前者感温元件与被测介质直接接触，后者感温元件不与被测介质接触。

各种温度计的特点及在污水处理厂中的应用见表6-4。

各种温度计在城市污水厂的应用特点　　表6-4

温度计种类	优　点	缺　点	在污水厂的应用情况
双金属温度计	结构简单、机械强度大、就地指示	精度低，量程使用范围有限，不能远传	应用较多，常用来测机械设备系统中的温度，如鼓风机、沼气压缩机等出口温度的就地指示
热电阻	测温广、精度高、便于远传、多点、集中测量和自动控制	不能测量高温，另配显示仪表	应用较多，如消化池温度显示及控制、热交换器温度显示，进出水温度显示
热电偶	测量元件不破坏被测物体温度场，测量范围广	需要自由端补偿，在低温段测量精度较低	应用较少，只用于高温情况下，如在沼气发电系统中发动机燃烧监视，沼气燃烧等特殊情况下使用

污水处理工艺过程中的温度不高，测温范围小。计算机控制系统在污水厂的应用、要求工艺参数远传到计算机系统作显示、控制及记录打印。尽管采用的计算机控制系统可能不同，但是目前所有的计算机控制系统都配合热电阻输入模板，无需热电阻变送器而直接将热电阻信号送入热电阻输入模板，因此热电阻已经作为污水厂的主要测温仪表。

热电阻温度计是利用导体（或半导体）的电阻随温度变化这一特性来进行温度测量的，一般由热电阻、温度变送器、记录或打印机组成。

热电阻日常维护如下：

(1) 每班至少两次巡回检查，内容包括：向当班人员了解热电阻的运行情况；检查接线盒是否盖好，保护套管、软管及穿线管是否破裂，连接处是否松动；发现问题及时处理，并做好巡回检查记录。

(2) 定期维护和校验，包括：每周进行一次热电阻的外部清洁工作；每12个月进行一次校准工作。

(3) 常见故障　带保护管的热电阻在使用过程中常见的故障是断路或短路，而前者又较后者为多。断路和短路故障非常容易检查，用一般万用表即可进行检查。另外，断路与短路在显示仪表上也有明显的故障现象。若断路，则显示仪表指示最大；若短路，则显示仪表指示最小。

3. 液位测量仪表

在污水处理工艺过程中，液位测量仪表也是污水处理厂中测量仪表的一个重要组成部分。常常通过测量格栅前后的液位差对格栅的运行进行控制；根据泵房前集水井液位对水泵进行编组控制；根据消化池、浓缩池的液位来决定进（排）泥泵的开停等。因此，液位测量在污水处理中有着十分重要的意义。

液位测量仪表种类很多，表6-5列出了在污水厂中常见的液位计及其特点。

城市污水厂常见液位计特点　　**表6-5**

种　类	工作原理	特　点	常用部位
玻璃液位计	连通器原理	结构简单、价格低廉、但容易损坏、读数不明显、不能远传	锅炉房、鼓风机房等
浮标液位计	浮标浮于液体中，随液位变化而升降	结构简单、价格低廉	集水井
压差液位计	基于液面升降时的液标差原理	敞口容器或封闭容器都适用，信号可以远传，但要注意“零点迁移”问题	消化池
沉入式液面计	利用半导体扩散硅敏感元件来感知容器底部的压力	无机械运动部件，测量准确，信号可远传	集水井，集泥井等开口容器
超声波液位计	利用测量超声波在空气中传播、遇液面而反射回来的时间来测量液位变化	精度高，信号可远传	格栅间、集水井、集泥井、消化池等

随着液位测量技术的不断发展，以及污水厂测量仪表精度、自动化程度的不断提高，老式液位计如玻璃管、浮子式等逐渐被淘汰，而测量可靠，精确度高，既可就地指示又可信号远传的液位计如压差式液位计、沉入（投入）式液位计、超声波液位计将得到广泛使用。特别是超声波液位计与被测介质不接触的优点，更得到使用者的青睐，因此在污水处理过程中使用越来越多，现已占主导地位。

根据超声波液位计的非接触式测量原理，因此从理论上讲，它适用于污水处理工艺过程中的液位测量。但在实际应用中它会受到各种因素如安装位置、温度、压力、湿度以及被测介质表面的泡沫、浪涌等的影响。因此，正确选择和使用超声波流量计有着十分实际的意义。

使用超声波液位计应注意：

（1）探头的型号应满足测量范围最大化的需要（即空罐或空池高度）；

（2）安装时应确保被测液位最大高度不得进入探头的盲区；

（3）安装环境应满足仪表技术要求，即液面是否平稳，有无泡沫或大量漂浮物堆积形成的凹凸不平的虚假液面；

（4）安装环境温度是否有较大急骤变化，如有或安装在室外，应考虑购买带温度补偿的超声探头；

（5）安装时探头至池壁距离须满足不产生干扰波的要求。

超声波液位计的日常维护如下：

（1）每班至少两次巡回检查，内容包括：向当班人员了解仪表的运行情况；查看仪表供电是否正常；查看表体、固体导轨、线路是否有损坏、腐蚀。

（2）定期维护和校验，包括：每班进行一次仪表的外部清洁工作每三个月进行一次零位调整及量程的校验。

4. 溶解氧分析仪（DO 仪）

溶解氧的测量对于污水处理厂具有十分重要的意义。溶解氧在线测量仪表是污水处理厂溶解氧自动调节系统的重要组成部分，可实时连续掌握污水处理过程中曝气池内混合液溶解氧的变化，是曝气池溶解氧自动调节控制系统的重要组成部分，对于调节系统的正常运行起着关键作用，它也是工艺运行人员调整、控制工艺运行的重要依据。

（1）溶解氧分析仪的组成

溶解氧测量仪主要由传感器（探头）、变送器和信号转换器几部分组成。若从传感器的结构形式上来分，主要由两种：覆膜电极、无膜电极。这两种电极都由阴极、阳极和电解液组成。

（2）应注意的问题

1）对于覆膜电极，被测介质中的油污、油脂及在曝气池和使用时微生物常常吸附在薄膜上，玷污了薄膜表面，这些都严重影响测量精度，因此需要定期清洗。一般几天就需要清洗一次电极，2～3 个月需要更换一次薄膜和电解液，更换后则需要重新校验、标定，另外至少半个月就要标定 1 次。因此，维修工作量较大。

2）对于覆膜电极，某些产品在进行标定时必须在无氧溶液中设置零点（常用 5% 亚硫酸钠溶液作为无氧水），造成运行成本增加，维护量增大。近些年出现某些新型的溶解氧分析仪，不需要零点标定。

3）一般早期生产的溶解氧分析仪要求被测介质的流速保持在 30～50cm/s，这种条件一般在污水厂很难满足（采用氧化沟工艺的污水处理厂除外）。目前新型溶解氧分析仪几乎在静水中都可以测量。

4）被测介质中若存在氯离子，则被当作氧来测量，使读数发生错误；若在被测介质中存在二氧化碳，则会对覆膜电极产生中和作用，使读数偏小。若被测介质中存在硫化氢 H_2S、二氧化硫 SO_2，则会影响某些金属阳电极，使读数发生偏移或导致电极报废。

（3）在污水处理厂经常遇到的实际问题

1）自动清洗装置（如旋转刮刀）和防护罩常被头发及纤维织物缠绕而不能工作。在这种水质情况下，应选用球型探头。

2）探头在几个小时内即被水中油脂或微生物形成的黏膜（黏液）糊住。

3）由于设计或安装不当，探头不能从支架或护套管中取出来。

4）由于探头同变送器（转换器）之间的距离太远，人无法看到仪表显示值，因此至少需要两个人才能对仪表标定。

5）探头放在池内形成不能被搅拌的死角，使得输出信号不能代表工艺过程的实际情况。

5. pH 在线测量仪

pH 是指被测水溶液中氢离于活度的负对数大小，pH 是污水处理厂工艺运行中需要在线连续测量的水质参数之一，常用在进（出）水水质监测和曝气池工艺控制（适用于脱磷脱氮的氧化沟工艺），在评价进（出）水有无有毒物质或毒性等方面也具有指导意义。测定水的 pH 的方法有玻璃电极法和比色法，其中玻璃电极法（即电位法）测定，可为生产工艺提供连续的 pH 测量。

pH 计的使用与维护：

（1）电极的清洗：pH 计的测量电极与参化电极之间的电子通路是通过被测介质进行的，测量电极玻璃膜上沾污油脂或滋生微生物，会直接影响测量，特别在污水处理厂使用分立式电极的 pH 计在应用时，清洗工作是十分重要的。在污水处理中使用的 pH 计建议对测量电极配置自动清洗配置（现在为水冲式清洗）。另外，对用于进水或曝气池中的 pH 计要进行人工清洗，每周 1 次；对用于出水的 pH 计，人工清洗可每月 1 次。但在实际运行中，具体的人工清洗周期应根据水质情况和实际运行经验来定。

（2）校验：随着测量电极使用，其活性逐渐退化，为了确保 pH 计的测量精度，必须要对 pH 计进行定期校验。校验周期为一个季度或半年。

6.4 污水处理厂自动控制系统

6.4.1 污水处理厂自动化基本知识

1. 污水处理过程特点与自动化要求

随着微电子技术的不断发展，人们在丰富的实践基础上，创造出层出不穷的自动控制装置或自动控制系统，用以代替操作人员的越来越多的直接劳动，使得生产在不同程度上自动地进行，这种用自动化装置来管理工艺生产过程的方法，我们称之为工艺运行自动化。

污水处理厂的生产过程的特点是：各种物料在管道、构筑物、设备、容器中不停地进行着物理的变化、化学或生物化学的反应，各种工艺参数时刻在发生变化。污水处理工艺过程中要用到大量的阀门、泵、风机及吸、刮泥机等机械设备，它们常常要根据一定的程序、时间和逻辑关系定时开、停。例如，在采用氧化沟处理工艺的污水处理厂，氧化沟中的转刷要根据时间、溶解氧浓度等条件定时启动或停止；在采用 SBR 工艺的污水处理厂，曝气、搅拌、沉淀、滗水和排泥应按照预定的时间程序周期运行；在采用活性污泥法的污水处理厂，初沉池的排泥，消化池的进、排泥也要根据一定的时间顺序进行。在自动调节系统中，这种调节、控制方式称为程序调节，又常常称其为顺序逻辑控制。另外，污水处理的工艺过程同其他工艺过程类似，也要在一定的温度、压力、流量、液位、浓度等工艺条件下进行。为了保证污水处理的运行效率高，人们常利用自动化装置进行检测和调节，如在污水处理过程中液位、流量、溶氧等。自动化装置是能实现自动控制、报警保护、操作、调节等功能的设备，如污水处理中所使用的PLC控制系统、DCS系统以及通过仪表构成的自动调节系统等装置。

2. 人工控制与自动控制

在污水处理工艺生产过程中，自动控制就是在处理系统的某一环节设备上配置一些自动化装置，来管理和操纵设备运行过程，以代替人的直接劳动。使得污水处理过程严格地按照事先预定的要求自动进行。

任何一个生产过程进行得好与坏，都可从一个或数个工艺参数上反映出来。这些工艺参数可以是流量、液位、酸碱度、氧化还原电位、溶氧、活性污泥的浓度、浊度、COD等。要使这些参数稳定在一定的范围内，或按预定的规律变化，就是自动控制的任务。

图6-33是污水处理厂的一个格栅的运转人工控制与自动控制示意图。

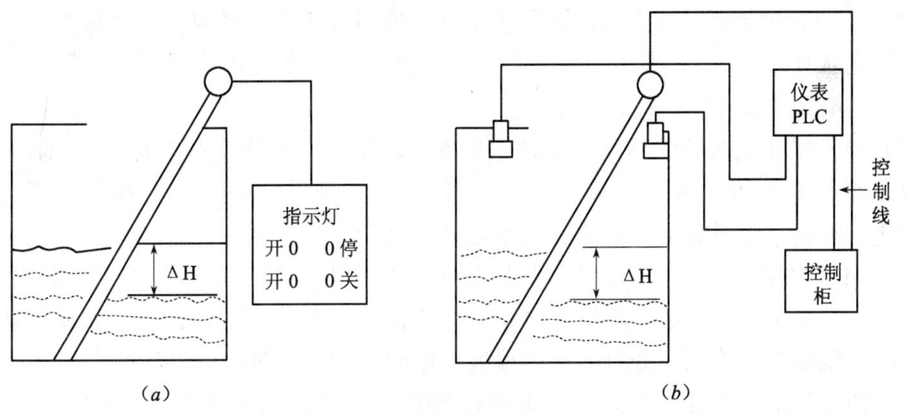

图6-33 污水处理厂的一个格栅的运转人工控制与自动控制图
(*a*) 人工控制；(*b*) 自动控制

格栅是污水处理过程中的前道工序，即用其去除污水中的粗大悬浮物和团体垃圾。设备的运行根据格栅前是否堆积垃圾，当格栅前有大量垃圾堆积，就会阻碍水的通畅，致使栅前水位抬高，这时必须启动格栅运转，将垃圾提上来，确保污水通。人工控制时，首先必须通过人眼观察格栅前是否有大量垃圾，或格栅前、后水位差是否过高，是否影响水的流通，然后操作人员根据观察的结果来作出判断，是否启动格栅。人工控制不仅劳动强度大，对于运行过程中出现垃圾量变化无常，人工控制就很难满足工艺要求。那么在此情况下，为了满足工艺要求，时常不得不将格栅始终处于运转状态，这样一来，又会带来许多新的问题，如格栅的机械磨损加剧，电力消耗增加，处理成本上升。

如果采用一些自动装置代替人工操作，使被控制的过程（格栅的运转与否）完全依据于自控装置（如格栅前后液位差检测仪、中间继电器或PLC等），并由此构成一个自动控制系统，如图6-33（*b*）所示。从图6-33可以看出，自动控制与人工控制的区别在于：使用格栅前后液位差测量仪代替人眼，控制器（仪表的状态输出或PLC）代替人脑，中间继电器代替人手的作用，从而使格栅自动地启停。很明显，使用液位差控制器控制格栅之后，不仅大大降低操作人员的劳动强度，也大大地降低了格栅不必要的机械磨损和能源浪费，同时大大提高污水通过格栅的能力。

根据污水处理工序的不同，工艺的不同，可以组成很多简单或复杂的自动控制（调节）系统。

3. 自动化系统的类型

自动化装置，就是指实现自动化的工具，归纳起来可以分为以下四类：

（1）自动检测装置和报警装置　　污水处理一般是空间或时间上的连续生产过程。各种物料在管道、处理设施和容器内不断的变化，为了控制运行，就必须随时了解各生产过程中参数的变化情况，为此，利用自动检测装置，在工艺过程中，对生产中的各个参数自动、连续地进行检测并显示出来。污水处理厂的各种测量仪表就属于自动检测装置，只有采用了自动检测，才谈得上生产过程自动化问题。

自动报警装置是指用声光等信号自动地反映生产过程的情况及机器设备运转是否正常的情形。

（2）自动保护装置　　当生产操作不正常，有可能发生事故时，自动保护装置能自动地采取措施（联锁），防止事故的发生和扩大，保护人身和设备的安全。实际上自动保护装置和自动报警装置往往是配合使用的。

（3）自动操作装置　　利用自动操作装置可以根据工艺条件和要求，自动地启动或停运某台设备，或进行交替动作。如在污水处理工艺过程控制中利用自动操作装置定时地对初沉池进行排泥，则需要定时自动启动排泥泵前阀门、排泥泵等设备。

（4）自动控制装置　　在工业过程控制中，有些工艺参数需要保持在规定的范围内，如污水处理过程中，曝气池内溶解氧含量需保持在2mg/L左右。当某种干扰使工艺参数发生变化时，就由自动控制装置对生产过程施加影响，使工艺参数回复到原来的规定值上。

上述四类自动化装置，在采用可编程控制器和计算机系统的现代污水处理过程控制中，类别界限已经不很明显，如自动报警、自动保护、自动操作和自动控制的功能都可以在可编程控制器和计算机系统中完成。因此。测量仪表、计算机监控系统和被控设备，即组成了现代污水处理厂的自动化系统。

4. 自动控制系统的分类

自动控制系统的分类方法很多，可以按被控量分类，例如污水处理工艺过程中，液位控制系统、流量控制系统、温度控制系统、溶解氧控制系统等。也可以按控制器的调节方式分类，例如比例控制系统、比例积分控制系统、比例积分微分控制系统等。也可按控制方式分为过程连续控制、顺序控制等。每一种分类方法都只反映了自动控制系统的某一方面特征。对于过程连续控制系统，可分为以下几种类型：

（1）定值控制系统

又称为闭环回路系统。其给定值是一恒定不变的或允许变化很小。工艺生产中往往要求控制系统的被控量保持在某一个恒定的指标上不变。由于多方面原因，这些数值总会发生一定变化，与要求的恒定值产生偏差。为了保证被调参数近于恒定值，就需要对工艺过程加以控制，只消除偏差，使数值回到恒定值，即定值控制。前面提到曝气池内氧含量的控制，就是一种定值控制系统。在定值控制系统中，又可分为简单的控制系统和复杂的控制系统。

（2）程序控制系统（顺序调节系统）

又称为程序调节系统，或顺序逻辑控制。这类系统的给定值是按一定时间程序变化的，但它是一个已知时间函数，工艺运行过程需按一定的时间程序来变化。例如：T 型氧化沟的工艺运行控制就是根据一定的时间、顺序和逻辑关系对一些控制阀门、出水堰及转刷进行控制，它具有典型的顺序逻辑控制的特点。同样，泵站水位控制、SBR 工艺运行控制均为顺序逻辑调节形式。

（3）随动调节系统（也称自动跟踪系统）

在这种系统中，给定值随时间而不断变化，而且预先不知道它的变化规律，但要求系统的输出即被控量跟着变化。例如污水处理污泥脱水工艺中，污泥流量、浓度与絮凝剂给进量之间的关系。在这个调节系统中絮凝剂给进量是跟随进入污泥流量和浓度的变化而改变，是一个典型的随动调节系统。

（4）自动控制系统的其他类型

在生产控制过程中，根据生产要求的不同，除采用上述几种类型的闭环系统进行控制外，还采用开环系统进行控制。与闭环系统相比，在开环系统中没有构成闭合回路的反馈通道，被控量并不反馈到输入端，在这里我们将简要讨论前馈控制系统和开环顺序控制系统。

1）前馈控制系统：前面所讨论的闭环控制系统。是按偏差来进行调节的反馈控制系统。不论是什么干扰引起被调参数的变化，调节器均可根据偏差进行调节，这是其优点。但是这种控制方式也有一些固有的缺点：对象总存在滞后惯性，从扰动作用出现到形成偏差需要时间；从偏差产生到偏差信号通过整个反馈环路产生调节去抵消扰作用的影响又需要一些时间。也就是说，调节作用总不及时，反馈控制根本无法将扰动克服在被控量偏离其给定值之前，从而限制了控制性能的进一步提高。另外，由于反馈控制构成一闭合系统，信号的传递要经过闭环中所有储能器件，因而包含着内在的不稳定因素。

前馈控制又称扰动补偿，其控制原理与反馈调节原理完全不同，它是按照引起被调量变化的干扰大小来进行调节的。在前馈控制系统中要直接测量负载干扰量的变化。当干扰刚出现，调节器就能及时发出调节信号，使调节量作相应的变化，使两者抵消于被调量发生偏差之前。因此，前馈控制对干扰的克服比反馈控制快。例如，工厂压力锅炉气泡液位控制通过蒸汽输出量的大小来提前控制调节液位主调量进水量。所以在一个较完善的控制系统中既存在闭环控制，同时也引入前馈控制，从而使系统控制既及时又平稳。

2）开环顺序控制：在生产运行中，除连续量的控制外，开关量的控制也是一个重要方面。所谓开关量，就是只有两种状态的量。例如，电机的开、停，阀门开启或关闭，自动调节器的投入或切除等都是开关量。在复杂的工艺过程中，开关量状态的改变也不是任意的，而是要在有关输入信号的控制下按一定规律改变的，这种根据生产工艺要求，对开关量实现有规律的控制就称为顺序控制。完成顺序控制功能的设备就是顺序控制装置或叫顺序控制器。

在顺序控制中，凡顺序的转换仅取决于输入信号，而与设备的动作结果无关的，称为开环顺序控制。例如，能按规定的时间，定时地发出信号去操作各种设备的时序控制装置，它发出信号的根据完全取决于预先设定的时间，而与接收信号后设备的动作结果无关。这种控制方式只适应于生产中自动保护、自动报警上。但当今随着微电子技术的发展，顺序控制大都采用高可靠性的PLC。为了使被控设备真正按规定的时间或其他相关条件约定运转，这样单纯采用开环顺序控制就不能满足整个设备相互关联的控制。在控制器发出指令以后，必须在规定的时间内将被控设备（对象）的现行状态反馈给控制器，以便使控制器产生相关动作指令，确定关联系统继续向下运行，还是就此停止。在这个过程中，控制系统接收或发出使该系统中某一关联设备完成某一操作的信号，称之为控制指令。那么我们根据控制指令的来源不同，可将顺序控制系统分为：

① 时间顺序控制系统：其控制指令是按时间顺序排列的。且每段控制指令的执行时间是严格不变的。

② 逻辑顺序控制系统：控制指令不是按时间顺序排列，而是按逻辑关系排列的：即每步控制指令的执行时间是自动变化的。

③ 条件顺序控制系统：这种控制系统不是按固定程序执行控制指令，而是根据一定条件选择执行的。

在顺序控制系统中，指令形成装置一般用有触点的继电器组成（简单系统），也可以用无触点的半导体元件组成（日常使用的可编程控制器，简称PLC系统），或者是两者都采用（多半是一个复杂的顺序控制系统）。

6.4.2 PLC在污水处理厂的应用

1. 可编程控制器（PLC）简介

污水处理工艺过程中不仅需要对某些主要参数连续进行跟踪过程控制，同时存在大量的逻辑顺序控制。过去为了实现处理过程中的控制任务，对于参数的过程控制大部分使用自动调节仪表来实现。对于逻辑顺序控制大都采用传统的继电控制。随着近年来新建污水厂日益增多，要求自动化程度越来越高，传统的控制系统不能满足工艺要求。

可编程控制器PLC（Programmable Logic Controller）的出现使自动化控制进入了一个新时代。它可以取代常规的继电器逻辑等这样硬接线的逻辑控制电路，实现了生产的自动控制，由于可编程控制器的灵活性和可扩展性，它很快被其他行业采用。随着微电子技术和计算机技术的发展，微处理器被应用到PLC中，使它更多地具有计算机的功能。现在，PLC已作为通用的自动控制设备，可以应用于单一机电设备的控制，也可以用于工艺过程的控制，而且控制的精度和可靠性都相当高，使用方便。传统的顺序控制器如继电器控制逻辑、二级管矩阵逻辑以及硬件接线的数字逻辑等，正在被可编程控制器所代替，世界上发达国家污水处理厂在自动控制领域已普遍采用可编程序控制系统。随着我国自动化技术和仪表检测技术的发展，自动调节仪表逐渐被污水处理厂所采用。近几年来，我国一些利用外资兴建的污水处理厂都已经大量应用可编程控制器系统，缩短了我国污水处理厂与世界上发达国家污水处理厂在自动控制领域的距离。

2. PLC的硬件组成

可编程控制器大都采用模块式结构，它由中央处理器模块（CPU）、电源模块、输入/输出模块及其他用途的特殊模块组成，它们通常被安装在一个机架中。

（1）中央处理器模块　　中央处理器是PLC的核心部件。它控制PLC的运行和工作。

它在结构上同计算机中的CPU相同（有些厂家的PLC就是采用的计算机CPU），一般也由控制电路、运算器和寄存器组成。这些电路都集成在一个集成电路芯片上。CPU通过地址总线、数据总线和控制总线与存储单元、输入/输出模块进行通信。可编程控制器中的CPU同计算机中的CPU工作方式不同，它是以顺序扫描方式工作的，而计算机的CPU是以中断处理方式工作的。CPU按系统程序所赋予的功能、接收并把用户程序和数据存在RAM中。系统上电后，它按扫描方式开始工作，从第一条用户指令开始，逐条扫描并执行，直到最后一条用户指令为止。它不停地进行周期性扫描，每扫描一次，用户程序就被执行一次。PLC的CPU模板的主要技术指标如下：程序扫描时间；输入/输出（I/O）点处理能力；编程方式；存储容量；最大定时器/计数器数；通信能力。

（2）电源模块　电源模块用来向CPU和输入输出模块所在的机架提供直流电源。

（3）输入/输出模块　它是可编程控制器同现场设备进行联系的通道。来自现场的输入信号可以是开关量输入信号如按钮开关、选择开关、行程开关、限位开关或代表设备状态的继电器触点，也可以是模拟量输入信号如温度、压力、液位、流量或pH、溶解氧浓度等。由PLC系统输出模块输出的信号可以用开关量信号去控制设备的启动或停车或触发某一报警装置，也可以是模拟量输出信号去控制调节阀或变频器等。总之，PLC系统通过输入、输出模块来进行数据采集和对设备进行控制。

（4）其他用途的特殊模块　许多PLC生产厂商都有各自的特殊用途的模块，如用于光纤通信的专用通信模块、用于扩展I/O机架用的适配器模块、用于闭环回路控制的PID回路控制模块、ASCII接口模块等。它们都是为了特殊用途设计的专用模块，一般同普通输入、输出模块一样安装在I/O机架中。

（5）可编程控制器的指令系统

尽管不同的PLC系统的编程语言各不相同，但是一般可以分成这样几种：梯形逻辑图（类继电器语言）、逻辑功能块图和指令式语言。美国的PLC基本都采用梯形图语言编程，并提供诸如逻辑功能块图方式编程。由于梯形逻辑图是类继电器语言，许多原来熟悉继电器逻辑电路的电气技术人员使用起来得心应手，很受电气技术人员的欢迎，这也是PLC能迅速得到推广和使用的一个重要因素。PLC的编程工具目前可以有两种，即手持式或简易编程器和个人计算机（包括便携式计算机），既可以在线编程，又可以离线编程。

3. PLC的硬件结构

随着计算机技术的发展，现代大、中型PLC大都采用模块化结构，它由中央处理器模块（CPU板）、电源模块、数字输入/输出（DI/DO）模块、模拟输入/输出（AI/AO）模块、I/O扩展模块、网络通信模块等组成。通常它们被安装在同一标准的机架中，如图6-34所示。

电源模块	CPU模块	网络通讯模块	开关量输入DI	开关量输出DO	模拟量输入AI	模拟量输出AO	系统量I/O扩展	……

图6-34　可编程序控制器的硬件组成

下面就分别对PLC组成的基本模块性能和相关注意的指标加以分析。

（1）CPU模块

CPU模块是每个PLC的核心部件，它负责PLC的各种运算、控制工作。它在结构上同计算机中的CPU基本相同（有些PLC生产厂商就采用计算机CPU作为PLC的CPU），一般都由控制器、运算器和寄存器组成。这些电路都集成在一块芯片上。CPU通过地址总线、数据总线和控制总线与存储单元、输入/输出模块进行通信，PLC中的CPU同计算机中的CPU工作方式存在着差异。PLC中的CPU主要是以顺序扫描方式工作的；而计算机中的CPU是以中断方式工作的。PLC中CPU按系统程序所赋予的功能，接收并把用户程序和数据调入CPU模块RAM中，CPU模块RAM一般分为两个区。RAM（1）区主要存储PLC的数据，包括输入、输出、辅助继电器状态的映象区，定时器、计数器、移位寄存器、状态寄存器、数据寄存器和特殊功能寄存器等的状态的映象寄存，以及上述各种寄存器的数据存储。RAM（1）区存储的各继电器或寄存器等元件的状态和数据反映了PLC控制系统的工作状态，为确保PLC控制系统的可靠性，该区设置电源突然断电故障的锂电池保持措施。当电源出现断电现象，RAM（1）区仍然保存PLC控制系统的实时数据，一旦供电恢复，系统即可继续工作。

RAM（2）区主要存储应用程序的可执行码。CPU控制单元通过监控程序将存储在EPRCM（或ELPROM）区中的应用程序进行编译，编译的结果是应用程序的可执行码，存入RAM（2）中，所以PLC在程序执行阶段实际上是运行RAM（2）区内的程序。

PLC中CPU模块上由可装载应用程序的只读存储器区EPROM（或EEPROM），EPROM为可擦除的ROM存储器，但在实际使用中比较麻烦，需要一整套的擦洗和拷录设备，对于在应用中常需要修改应用程序带来不便，现在的PLC中基本不再采用此种ROM存储器，取而代之的是EPROM，即电可擦除的ROM，给用户修改应用程序带来了很大的方便。

对于小型或微型PLC，如果需要修改用户程序，直接可通过手持式编程器来进行，首先停止系统运行，将CPU模块EEPRM种存在的用户程序读入编程器，经编辑、修改后再次写入到原EEROM单元。对于中型或大型PLC，一般可直接通过上位计算机来进行程序的修改。另外，CPU的运算速度决定了系统的扫描时间，同时决定I/O点数。

（2）电源模块

PLC控制系统的电源分两部分。一部分是PLC内部的电源，即这里所说的电源模块，它主要的任务是向PLC内部提供+5V·DC和±12V·DC电源。+5V为CPU模块提供工作电源，±12V为DI/DO、AI/AO模块提供工作电源。另一部分电源为PLC的外部电源，主要视现场运用的具体情况确定其电源类型（交流或直流）和电源规格（如+24V·DC、110V·AC或220V·AC）。

PLC的内部电源即电源模块，它的性能优劣直接影响PLC的功能和可靠性，为了确保PLC的运行可靠，降低电源模块故障，PLC的电源模块必须具备以下性能：

1）在工业生产现场供电电压的波动范围内能保持正常、稳定的供电输出。

2）能有效控制、消除交流供电电源引入的各种干扰，确保PLC不会因外部电源的干扰而引起错误动作。

3）有良好的自动保护功能。例如，过载、过压、超温保护等。

4）配置断电保护后备电源。即一旦供电中断电源模块立即发出断电控制报警信号，CPU 马上执行断电保护中断服务程序，后备电源（通常采用锂电池）立即投入运行，并把必须保护的实时数据转移到锂电池供电的 ROM 区。在供电恢复正常后，则将保护数据有效地转移到相应的寄存器中，并继续控制系统工作。

5）电源本身功耗低。电源的功耗是 PLC 机箱内部的主要热源，较低的功耗可避免内部温度过高，提高整机的稳定性、可靠性和使用寿命。

综上所述，PLC 的内部电源首先应该采用开关电源。

（3）数字输入/输出模块

数字输入/输出（DI/DO）模块是 PLC 同现场设备进行联系的通道。它可接收来自现场的开关量输入信号，如按钮开关、选择开关、行程开关、限位开关或代表设备状态的继电器触点，也可通过数字输出模块来驱动执行机构，或执行机构控制低压电路的中间继电器、接触器等。

1）数字输入（DI）模块：基本数字输入模块的典型电路如图 6-35 所示：

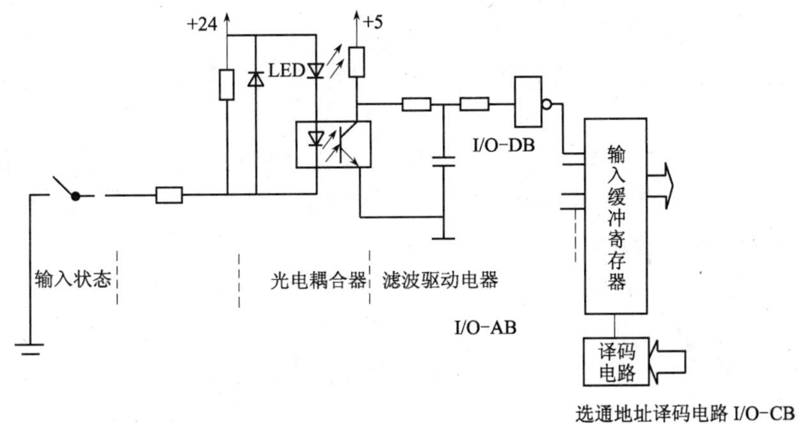

图 6-35　典型数字输入模块

数字输入模块的每个通道都由输入电路、光电耦合器、滤波驱动电路、输入信号指示、输入缓冲寄存器和选通地址译码电路等部分组成。光电耦合器沟通输入电路和输入缓冲寄存器的信号通道，并隔离两者的电源，输入电路的直接电源由输入模块提供，在输入接线端只需联接开关。输入开关的状态由 LED 指示灯显示，开关闭合时 LED 亮。为了防止输入信号过高，输入端并接电阻和浪涌吸收器。

输入点开关状态信号通过输入缓冲器中的某一寄存器与 PLC 的 I/O-DB 连接。在 PLC 扫描周期的输入采样阶段，选通输入缓冲寄存器，将输入点开关状态读入 CPU 模块的输入信号映象区。

2）数字输出（DO）模块：数字输出（DO）模块由输出锁存器、选通地址译码电路、输出信号指示、光电耦合器和驱动保护电路等部分组成；在 PLC 扫描周期的输出刷新阶段，选通输出锁存器，将 CPU 输出映象区的信号存入锁存器，并由 LED 指示输出信号状态。光电耦合器或输出继电器沟通输出锁存器和驱动保护电路的信号通道，并隔离两者的电源，输出单元的输出驱动信号由接线端与执行机构联接；执行机构的工作电源通常都由外部电路提供。

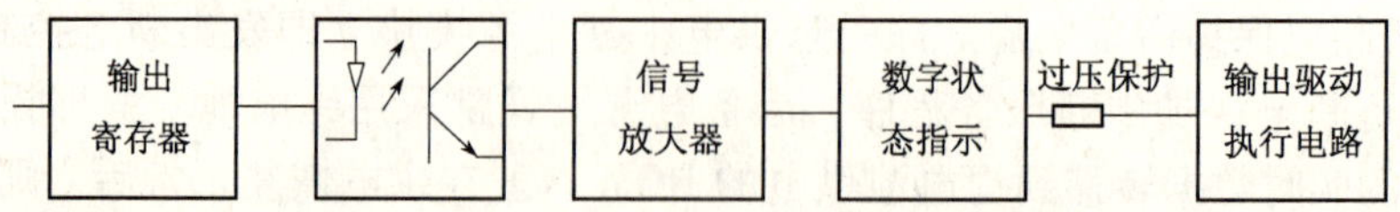

由于工业现场设备中继控制方式不一，有的采用直流控制，有的采用交流控制。为了满足现场控制的需要，节约成本，导致 PLC 数字输出、通路输出方式多种多样，如有触点继电器输出方式（适合于交、直电源的执行机构）；固态继电器输出方式（只适用于交流电源的执行机构）；晶体管输出方式（只适用于直流电源的执行机构）；场效应管输出方式（只适用于直流电源执行机构）。

（4）模拟输入输出（AI/AO）模块

在工业控制领域，为了能完全实现自动控制的目的，必须要对生产工艺中的主要工艺参数实行连续跟踪、监测和调节，这样 PLC 系统不仅要处理数字输入/输出量，而且要处理大量的工艺参数模拟量。这些模拟量必须通过模拟输入/输出模块与 PLC 的主控制单元（CPU）联接。在污水处理系统通常模拟量有压力、流量、温度、液位和相关的成分量、pH 值、浊度浓度、氧含量等。

模拟量输入、输出模块的主要任务是实现模拟量、数字量之间的转换，即 A/D 和 D/A 转换。

1）模拟量输入（AI）模块：模拟量输入模块是将现场在线仪表达来的标准信号（4~20mA）进行 A/D 转换，转换后的二进制数字量，经光电耦合器送入输入锁存缓冲器，与 PLC 内 I/O 总线挂接。

模拟量输入模块的工作电源 A/D 转换部分电源与数字信号处理部分的电源两者是互相独立的。

模拟量输入模块的主要技术参数有：模拟量输入类型和量程、输入电阻、A/D 转换精度、速度。

在模拟量输入模块的输入电路部分有两个电位器，分别用于零位和满量程调整，使 A/D 转换的信号电压与参考电压匹配。

2）模拟量输出（A/O）模块：模拟量输出模块是将经过 PLC 处理运算过的调节量（数字信号）重新转换成模拟信号输出，去调节执行器。

模拟量输出模块由锁存器和多路开关电路、选通地址译码电路、光电耦合、D/A 转换器和输出电路等组成。

在输出电路上有两个电位器，用于零位和满量程调整。

（5）网络通信模块

随着 PLC 控制技术的发展和工业系统控制对 PLC 技术的要求，不仅仅只局限于个别领域、个别设备的控制，而要求能实现 PLC 与 PLC 之间的通信、PLC 与上位计算机的通信，能实现上位计算机集中监管和下位 PLC 系统分布控制的网络系统，这就迫切要求各 PLC 生产商生产能满足 PLC 之间通信的模块。一般来说，PLC 的通信功能分为两大类，一类是 PLC 与计算机的通信，另一类就是 PLC 与 PLC 之间的网络通信。

PLC 与计算机联接，组成 PLC 和计算机的通信系统，可使 PLC 和计算机实现功能互补。在 PLC 与上位计算机的通信仅仅为了用于编程、修改参数、实时数据显示和系统管理等方面，而不直接参与控制过程。即使在正常使用中计算机发生故障也不会影响生产过程的正常运行。PLC 和上位计算机的通信一般是通过 CPU 模块上的通信口（或者是 PLC 专用计算机通信模块）进行的。二者之间的数据交换一般是通过 RS232 和 RS422，RS485 接口或由 PLC 生产厂商专门提供的通信卡（装于计算机上），并通过 PLC 生产厂商提供相应的通信软件来实现的。

对于 PLC 与 PLC 之间的通信模块，一方面能实现 PLC 之间按一定协议方式进行数据交换，另一方面能提供长距离的通信能力。另外值得注意的是由于 PLC 的通信与商用计算机通信有很大差别，计算机网络协议是固有的七层协议方式，而 PLC 则不同，由于各个不同 PLC 生产厂商所采用不同的协议方式，目前流行的（令牌总线）有 Modbus、Profibus、Genius、Linnkbus 等，而各种协议方式不可能完全兼容。但目前各 PLC 生产商正在通力协作，努力使自己的 PLC 产品是一个开放性系统（OCS）。

4. PLC 应用系统在污水处理系统中的构成类型与 PLC 选用

PLC 已广泛应用于工业控制的各个领域，近年来在城市污水处理系统也不例外。虽然 PLC 实质上也是一种工业控制计算机，但由于 PLC 本身的结构和工作方式不同于普通的计算机，因此在应用范围、设计过程、PLC 选型等方面和计算机控制系统有许多差异。

（1）PLC 具体在城市污水处理过程中的系统类型：

用 PLC 组成控制系统，最主要的首先要确定控制系统的类型，并能对控制对象的要求进行认真细致的分析和估计，才能选择合适的 PLC 产品和编写最佳的控制程序。一般而言，PLC 组成的控制系统在城市污水处理中可分为以下三种类型。

1）单机控制系统（独立控制系统）：这种控制系统主要是对单台设备或某一工序设备进行控制，如污水处理系统中的泵站、污泥脱水单元设备的控制等，一般均使用一台 PLC。根据控制规模的大小和功能的强弱，可选择小型 PLC 或者中大型 PLC。

2）低速大系统：这种控制系统主要用于运行速度要求不高的场合，如城市污水处理系统中的泵站、管网调度系统。一船使用中大型 PLC，并根据系统的实际要求，可以组成主站带远程 I/O 系统，也可以用主站带从站构成控制系统，如图 6-36 所示：

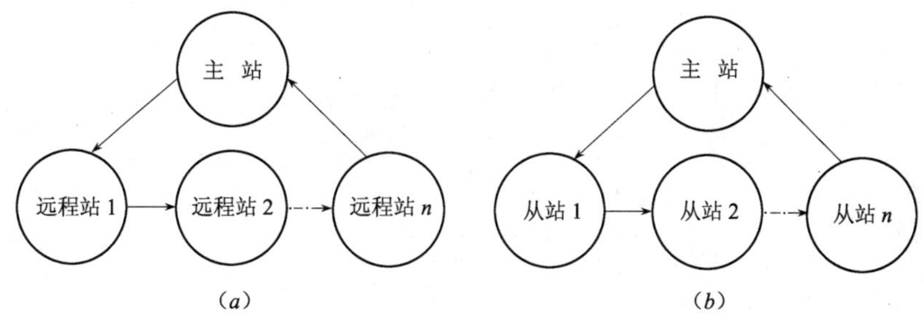

图 6-36　主站带控制系统

(a) 主站带远程站控制系统；(b) 主站带从站控制系统

二者最主要的区别是：主站带远程站控制系统的 I/O 点数由主站的 I/O 点数决定，并且远程站的 I/O 点由主站程序控制。而主站带从站控制系统，整个系统的 I/O 点数由主站的 I/O 点数和各从站的 I/O 点数相加组成，并且从站的 I/O 点由从站自身的 CPU 处理，无需再由主站的程序控制，站与站之间通过网络协议方式进行通信。

如果选用主站带远程站的控制系统，主站的 CPU 一般选用大型机、编程工作量大，调试比较麻烦，一旦发生故障，将影响整个系统的工作。对一般泵站和管网相对集中的从站系统可采用此方案以节省投资，但对于主调系统不提倡使用此种类型。选用主站带从站的控制系统，主站 CPU 一般选用中型机即可满足要求，而从站（分站）的 CPU 则根据具体 I/O 点数来定是选用小型 PLC 还是中型 PLC。由于此系统每个分站均自带 CPU，因此可将整个系统的控制分解成几个子系统，分别由各个从站控制，这样可简化每个站的处理要求，编程和调试都比较方便，如发生故障时，不会影响整个系统。一般在城市污水泵站、管网调度系统尽量选用主站带从站（分站）的控制系统。

3）具有上位计算机控制系统：这种控制系统主要用在需要实时监视控制系统，而现在新上的城市污水处理厂所采用的集中监控管理分布（分散）控制的 PLC 系统。上位计算机的作用可实现污水处理过程的实时监控，同时可向工厂级管理计算机发送工艺运行的实时数据，以及处理数据报表。这种控制系统一般均采用中、大型 PLC，上位机一般选用工业控制计算机或者是工业控制操作站系统，但在对于系统对其要求和依赖性不强的场合，也可使用商用计算机。

PLC 一般通过 CPU 模块自带的 RS232 或 RS422/S485 通信接口与上位监控计算机实现通信，也有的通过专用的计算机通信模块（如由 PLC 厂商开发的上位机专用通信模块或标准 PCMCIA 卡）和上位监控机通信。但作为 PLC 上位监控计算机一般应具备三大功能：第一能实现工艺运行实时画面监视，能够从整体到细节，对控制系统的整个过程进行最直观，最清楚的表达。第二是能实现实时操作，能够通过控制参量的改变和干预，来向下位 PLC 发送控制指令。第三能进行信息储存和报表处理。

若污水处理过程所采用的工艺比较复杂并需要采用多层 PLC 所构成的网络系统，为了更能确保整个系统的灵活性，建议在网络系统中各个 PLC 站均加上位监控计算机或人机对话操作站以构成更为可靠、灵活的 DCS 系统，如图 6-37 所示。

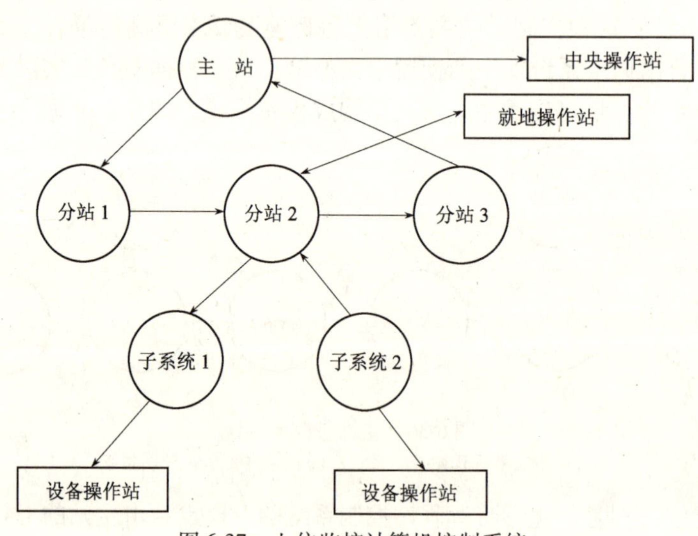

图 6-37　上位监控计算机控制系统

在子站的上位机可作设备操作站，主要功能是：设备状态监控，控制参数的验定和修改，故障报警与处理等。在分站（管理几个子站的 PLC 站）的 PLC 站中，上位机可作就地操作站，除具有设备操作站的功能外，还具有各个设备的联锁控制，数据的批处理，就地系统的过程监视，故障诊断和报表输出等。在主站（中央控制室内管理多个就地 PLC 站）的 PLC 站中，上位机可作中央操作站，除具有上述功能外，还具有：向工厂级管理计算机发送数据，并向分站发送控制指令；批量数据存储和管理，站间协调控制；数据优化处理；为工艺运行决策提供依据。

5. PLC 在城市污水处理过程中选用的依据

根据 PLC 控制系统的选用类型，一般就可确定使用 PLC 的档次。但是，不论选用什么档次的 PLC，对控制对象进行分析估计是 PLC 选用规格的主要依据，具体内容如下：

（1）控制系统有多少个开关量输入，电压等级有几级，有没有源输入。因为开关量输入电压等级低，可尽量考虑选用高密度的输入模块。反之电压等级高，应尽量考虑选用低密度的输入模块。若有源输入元件，应注意输入模块的类型匹配。

（2）有多少开关量输出，输出功率分别为多少，输出回路是否需要独立，输出点动作是否频繁，有无速度要求。在对于驱动功率较小的负载，应尽量考虑选用高密度的输出模块，驱动功率大的负载，应尽量考虑选用低密度的输出模块。若 PLC 的输出点直接驱动外部负载，并且外部负载驱动回路要求相互隔离时，应选用带继电器的输出模块。如果 PLC 的输出触点动作频繁，且要求动作迅速，应选用带有晶体管输出模块或可控硅式输出模块。

（3）有多少模拟输入和输出量，有无要求温度传感器直接输入，系统对模拟量转换有无速度要求。若运行工艺中有温度传感器如 PT100、热电偶等直接输入（且量多）时，应尽量选用带有温度传感器输入模块（以降低系统配置造价），对于测温点少的系统可考虑使用变送器的方案。若模拟量输入转换速度要求不高，并且点数较多，则可考虑配用模拟量多路切换模块以降低系统配置 A/D 或 D/A 转换芯片的造价。

（4）控制设备放置场所离现场执行元件最远距离为多少，如果控制设备离现场执行元件的距离较远时，首先应注意信号的衰减、干扰和误动作等问题。这时应尽量考虑配置主站加从站系统而应回避主站加远程 I/O 系统。若条件不具备设计时必须采用常规的放大，隔离等措施。

（5）控制系统对 PLC 的响应速度有何要求，这是选择 CPU 模块的一个重要依据，若控制系统要求响应速度快，就应选用高速的 CPU 模块。

（6）对系统的可靠性和 PLC 的可扩展性的要求。一般在污水处理系统只要求系统配置 30% I/O 冗余量设计即可满足系统正常的拓展要求。

（7）控制系统的组成形式以及对网络构架的要求。根据具体的投资情况、系统组成的档次和工艺运行过程控制的复杂程度，决定是选用集中监管分布控制系统，还是集散控制系统或者是现场总线控制系统。通信网络物理框架是单层的还是多级的，以及通信速率的要求和根据传递速率应选用何种总线方式。

6.4.3 污水处理厂自动化系统运行管理

1. 自动化系统的投运

（1）投运前的准备工作

1）技术准备工作　指了解掌握工艺过程、控制方案、系统仪表与设备等。

2）组织准备工作　成立领导和技术工作组，制订切实可行的计划方案，分工协作，全面落实各项工作。

3）物质准备工作　准备投运所需的备品、备件、零件及材料等。

（2）电气线路的检查

1）电源检查　接线是否正确，熔丝是否合乎规定，有否接入等。

2）线路查错　一是查标号是否正确，二是检查是否按接线间接在相应的端子上。

3）绝缘电阻检查　主要是检查对地电阻是否符合设计。

4）接触检查　主要检查测量系统等导线接头是否优质可靠。

（3）仪表和调节阀等的现场检查

1）测量元件和仪表的检查　在变送器或测量仪表的输入端人为地施加信号，而观察输出端的变化。一般来讲，检查三点（零点、满刻度及工作点）。若一个变送器联接几个仪表，那么应将各表的指示数值比较，是否符合精度要求。

2）调节器的现场查校　检查动力管线是否稳定可靠，偏差指示表能否正常上作，正、反作用和内、外给定开关是否放在正确位置，手动遥控旋钮能否匀滑工作。自动跟踪情况是否良好，比例、微积分调整旋钮能否产生相应的作用，手动—自动切换是否匀滑可靠。

3）调节阀的检查　检查阀杆能否在规定的数值启动，能否全程工作，有否变差和呆滞现象，阀杆位移与调节器输出是否保持线性关系，阀杆不应卡住和有松动空隙。

4）继电线路的检查　对自动报警的线路，参数超过预定的上下限时，应该发声、光信号。消除与自动解除按钮亦须考察。

（4）仪表的投运及调节器的手动操作

完成相关内容检查后，在工程投运同时应完成检测仪表的投运，要保证仪表能安全运行，能准确测出参数。然后手动操作调节器，控制工艺过程，检查调节器是否能正常手动操作，仪表是否准确指示。

（5）手动和自动切换　　在手动操控达到稳定工况后，由手动切入自动，进行自动操作。遇到被调参数控制不稳，工艺上有特大扰动或调节器发生故障时，不得不自动切入手动，进行手动操控。手动和自动间的切换，基本要求是平稳而迅速。

平稳：切换前后调节器的输出应保持不变；

迅速：在切换过程中，如有中间切换位置，不应逗留过久。

2. 自动化系统的参数整定

（1）自动化系统参数整定的意义

调节器参数整定，是自动化系统运行中相当重要的一个问题。很多城市或工业污水处理厂花费巨额投资，建成了级别较高的自动检测和控制系统，但常常是没能正常投入使用，或投入使用一段时间以后，当污水发生变化时，系统便陷入瘫痪，不能使用，除了仪表设备的维护方面问题外，便是系统参数没有根据污水的变化很好地整定。

自动化系统工程竣工之后，适当选择比例度、积（微）分时间等参数，是保证和提高调节质量的主要途径。把参数整定放在怎样的位置，存在若干不恰当的片面看法。

一种观点是：过分强调参数整定的作用，把调节器参数整定看成自动调节的核心。这当然是错误的，因为调节器参数只能在一定范围内起作用，若方案不合理，或仪表设备选型不合适，安装调校不好，参数不论如何调整，仍不可能达到理想要求；同时，调节器参数目前很难计算准确。因为计算方法繁琐，且常常缺乏足够的对象动态特征资料，实现测试也不容易。另外，对象常有非线性或变参数的情况。

另一种观点是：贬低了参数整定的作用。自动化系统运行时，不能很好地将调节器参数整定到符合处理对象的变化规律，自动化系统等于是摆设。若是较易调节的系统，比例度等参数可以在较宽的范围内调节，调节质量较易达到最优，或参数整定是很简单的工作；若自动化方案不当，不论怎样去整定参数，系统仍不能良好运行，参数整定是做无用功。但大多数情况介于两者之间，在参数整定适当时，系统可以运行得很好；反之，在整定不恰当时，调控质量就达不到要求。

（2）自动化系统参数整定的要求

对于简单调节系统，一般就做到“点、线、圆”。也就是说，在指示仪表上应保持在同一点，在条形记录纸上应画成一条直线，在圆形纸上应画成一个圆。总的要求是，调整参数应该力求保持为定值：

对复杂调节系统，一是力求主参数恒定，而副参数可在一定范围内波动，参数整定时，必须重点突出，统筹兼顾。

（3）自动化系统参数整定的方法

简单自动化系统参数整定方法主要有经验法、衰减曲线法、临界比例法和反应曲线法。

1）经验法　经验法是一种凑试法，是将调节器参数放在某些数值后，将系统闭合起来，然后观察调节过程曲线形状（亦可施加一定的干扰，例如改变给定值），如曲线还不够理想，则按某种程序将参数反复凑试，直到调节质量合格为止。

2）衰减曲线法　设定某一衰减比作为整定要求，那么，先放置某一比例度，将系统闭合，在达到稳定情况后，适当改变约定值（不应超出工艺的允许范围，也不能太小，否则衰减比不易判别，通常以5%左右为宜），观察调节过程曲线和衰减比。如衰减比高于设定值，则将比例度减小；反之，如衰减不够，则加大一些，调整至达到规定的衰减比时为止，记下此时的比例度及周期。

3）临界比例度法　本法是先定在一定衰减下的比例度和周期，再类推至其他情况、所不同的是，选的衰减比为1：1，即等幅振荡的情况。如果工艺条件容许被调参数作等幅振荡，观察起来要比4：1衰减比容易得多。将比例度自大而小，细小观察调节器输出信号和被调参数的变化情况，如果调节过程的波动是衰减的，则把比例度继续放小；如果调节过程是发散的，则把比例度放大一些。一直到参数作不衰减的等幅振荡为止，得出临界比例度和临界周期。

4）反应曲线法　在以上方法中，都不需要预先知道对象的动态特征，而是直接在闭合的系统中进行整定。同时，都需在单用比例作用的情况下，凑试出某一比例度的数值。如果掌握调节对象的特征资料，可直接按调节对象的动态特征数据定出整定参数。反应曲线法就是其中的一种。反应曲线是表达对象特性的方法之一。

如果在调节器输出端发出一个阶跃的变化（如风压或电流），则测量部分将指示出被调参数随时间的变化，可得到相关反应曲线。从曲线拐点作一条切线，从切线与曲线相关交点可得出一些参数。如：滞后时间、时间常数和放大系数。

对于复杂自动化系统的整定，可采用逐步逼近法、两步整定法等。

3. 自动化系统的日常维护和管理

自动化应用于污水处理领域相比于其他生产领域，如石油化工、冶金等要晚得多，从设计、施工、安装到日常维护管理及仪表人员的操作，维修维护水平也有待于进一步提高。许多仪表在其他领域中应用得很好，但在污水厂应用得却不好；在国外污水厂应用得很好，但引进后应用效果却不好；同一仪表在这个厂应用得很好，而在那个厂应用得却不好。这里的原因是多方面的，如被测介质的不同，设计、安装方面存在的问题等，而日常维护与管理也是一个主要原因之一。许多污水厂在自动化仪表工程交工后不久，即停止了使用，有时仅仅是因为一些小故障不能排除，或者是不能定期维护、校验，或者是没有专业化的维修人员等而停止使用的。因此，对污水处理自动化仪表的日常维护、保养、定期检查、标定调整，是保证其正常运行的重要条件。

（1）档案资料管理

一台仪表的资料、档案是否齐全，对于日常维护、故障判断有重要作用。档案资料包括以下内容：

①仪表位号；②仪表型号、生产厂；③安装位置；④测量范围；⑤投入运行日期；⑥检验、标定记录（标定日期、方法、精度校验记录）；⑦维修记录（包括维修日期、故障现象及处理方法，更换部件记录），日常维护记录（零点检查、量程调整、检查，外观核查，泄漏检查，清洗），原始资料（应包括设计、安装等资料，厂家提供的产品合格证，出厂检验记录，设计参数，孔板计算书，使用，维护说明书）。

（2）日常维护、保养及检修

对于每台具体的仪表，应按照生产厂家提供的维修与维护说明书、手册来进行。一般来说，日常维护工作分为四个部分，即：每日巡视检查；清洗，清扫；校验与标定；检修与部件更换。

1）巡视检查　检查内容主要是看仪表引压管道有无泄漏。用肥皂水检查气动仪表接头有无泄漏，就地显示值是否异常。怀疑某台仪表指示异常时，可用便携式仪表测量与其对照，或根据实际工艺情况判断。冬季检查时，应检查仪表保温拌热情况是否良好，冷凝水是否应该排放，接线是否松动，供电电源是否稳定等。

2）清洗与清扫　对于某些仪表，如溶解氧分析仪、浓度计、pH 计等，探头部分的清洗工作是十分重要的。对于需要定期清洗的仪表，应列出清洗计划，定期按照要求进行清洗。清扫应包括对仪表本体部分进行的清扫、擦除尘土、清扫仪表保温箱内的杂物。

3）校验与标定　测量仪表都应该定期对其零点、量程进行检查、校验。根据检查情况，对仪表进行零点量程的调整。调整时，应严格按照产品说明书的要求进行接线，所使用的标准仪表的精度应高于被测仪表两三个等级。如对于 1.5 级的被测仪表，应选择至少精度为 3.5 级的标准仪表来对它进行检验。

对于水质分析仪表的标定、校验，应按照其说明书要求，配制相应的溶液或试剂，按照其要求的方法进行校验工作。

校准、校验周期随仪表厂家类型的不同而不同。对于热工测量（如温度、压力、液位、流量）仪表至少应半年做一次零点回零检查，一年做一次量程检查。在每次校验调整后，都应填写校验记录，并存档。

4）故障维修及部件更换　故障维修工作是一项技术性较强的工作，应由专业人员来进行。进行故障分析时，首先应弄懂其工作原理，看懂仪表电路图，分析故障原因，确定故障部位后再作处理。切忌没搞清问题所在，又没看或没看懂图纸，盲目调整及更换部件，从而造成故障扩大，以至报废整台仪表。应该指出的是，由于污水厂内条件限制、技术等原因，某些仪表应请生产厂家专业人员进行修理或返回其生产厂修理。

（3）仪表设备的防护

污水处理过程具有易沉淀堵塞、高温易腐蚀和易燃易爆等特点，自动化仪表设备在这样的环境条件下运行，就必须采取相应措施，做好防护。

1）防尘与防堵塞　对于外部的防尘问题是比较容易解决的，通常把仪表和设备加上防护罩或密封箱，即可达到目的。

用于被测介质中，防止杂质与污泥附着、淤积是比较困难的，除按照使用手册要求加强清洗以外，亦可采用以下办法：①加粗取样管；②加设专用清洗装置；③加装吹气或液气（固）分离装置或杂物清理装置；④加装保护屏。

2）防腐蚀　仪表的一次元件要与污水、污泥或药液等介质接触，应考虑一次元件的防腐蚀问题。首先是选择耐腐蚀的材料。其次可以采用以下方法：①涂装保护屏；②应用保护管（测温度时）。

3）防热及防冻　污水处理厂的蒸汽管道，鼓风机出风管以及室外仪表，都涉及防热问题。高温会降低一些仪表设备零部件的机械强度，并会使弹性元件发生变形。当周围介质有腐蚀性时，温度越高，腐蚀越快。为防止高温的影响，可加设隔热罩，或加长取样（或引压）管路。

仪表或测量引线内的介质一般是不流动的，遇寒冷天气，液就要产生冰结。因此须采用保温和拌热措施。拌热常用蒸汽管线拌热和电拌热两种方式。

4）防振（震）　自动化仪表和设备的振动来自于两方面。其一，是内部的振功，表现为被测介质的脉动，影响测量的精度，促进仪表磨损。其二，是外部的振动，比较普遍存在，主要是动力机械的振动。采用的减振方法一般为：①加设橡皮减振器；②加弹簧减振器：③增设缓冲器或节流器。

5）防爆　污水处理厂的一些介质具有易燃性和易爆性。例如，当管道或设备中沼气外溢，且与空气中氧气混合到一定比例时，遇火即会爆炸。防爆总是涉及生产与人身安全，应在专业设计中解决。常用的防爆措施有：①选择防爆型仪表设备；②选择防爆型电气设备；③选用合适的通风方法和设备。

6）抗干扰　污水处理厂对自动化系统产生的干扰主要来自三方面：空间电磁场干扰、电源上叠加的瞬态脉冲和接地网络中的地电流共阻抗耦合干扰。此外，漏电流、接触电阻、雷电等也会对污水处理厂自控系统产生一定的干扰。为解决电磁干扰问题，除设计上优化系统和电缆布置、合理设置接地外，还可以采用以下抗干扰措施；①电磁屏蔽，例如屏蔽双绞线、同轴屏蔽电线、单独穿金属管专用敷设、采用强模拟信号或设置重发器等；②减少电源干扰和漏电流干扰。例如，大功率或变频设备及其电缆远离 PLC 自控装置和线路。往返式或旋转式电刷供电（集电环），在长期使用或阴雨潮湿条件下可能产生较严重漏电，干扰信号线的运行，应及时测试集电环的绝缘性能，定期检修电源线与信号线间的绝缘电阻。

6.5 污水处理厂安全技术管理

6.5.1 安全技术概述

安全技术是辨识和控制生产运行和工程建设过程中的危险因素，防止职工伤亡事故的工程技术和组织措施的总称。其内容是研究生产过程中物理的、化学的、生物的以及人的行为方面的危险因素及其导致伤亡事故的规律，从工程、技术、管理等方面采取措施，以创造合乎安全要求的劳动条件，防止工伤事故的发生，保障劳动安全，促进生产发展。其基本任务是：

（1）分析生产运行和工程建设过程中多种不安全因素及其导致伤亡事故的条件、机制和过程；

（2）辩论和评价危险源，采取必要的工程技术措施，改变不安全的工艺劳动环境，消除和控制危险源；

（3）掌握与积累资料，制定安全技术规程、标准和工种安全操作规程；

（4）编写对工人进行安全技术教育的资料；

（5）研究制定分析伤亡事故的办法，参与伤亡事故的调查分析。

6.5.2 安全技术管理的基本要求

安全技术管理是对安全技术工作进行的组织、计划和控制活动。主要包括：对工艺和设备的管理；对生产环境安全的管理；组织制定和实施安全技术操作规程；加强个人防护用品的管理；组织制定安全技术标准。

生产工艺过程产生的危险因素，是导致事故发生、造成人员伤亡和财物损失的主要危险源。加强生产工艺过程安全技术管理，是防止发生事故，避免或减少损失的主要环节。生产工艺过程安全技术管理主要包括工艺安全管理和设备安全管理。

1. 工艺安全管理

生产工艺是指导企业组织生产的重要文件，主要包括加工的方法、设备的选用、原材料的选择、工序的安排及加工过程中的人员组合。生产工艺的优劣直接影响生产效率和产品质量，这是不言而喻的。工艺安全内容缺乏同样也会影响甚至阻碍生产的进行。因此，必须注意几个要点：

（1）工艺方案的优选，要从技术、经济和安全上，全面评价工艺方案，优选那些技术上先进、措施上安全、经济上合理，对危险和有害因素能够有效控制的工艺方案。

（2）选择设备，遵循安全可靠、自动、高效的原则。

（3）选用材料优先选用安全、无毒、无害的材料。

（4）工序安排，应遵循科学合理、简化操作、减少危险的原则。

（5）人员组合，应分工合理、组织严密。

按照以上原则，在编制工艺方案前就必须充分了解国家和本行业有关安全技术的政策法规，掌握产品加工过程中的技术要求，同时还要对生产的全过程进行必要的安全评价，找出危险因素和危险点，在此基础上进一步分析解决生产过程中的安全技术问题。其中包括对新产品生产工艺的安全技术管理和老产品生产工艺安全技术改造这两个方面的任务。这就是工艺安全化的全过程。

2. 设备安全管理

生产设备（装置、设施）是实施生产工艺的主要技术手段，也是产生、使用、贮存能量或危险物的载体。保证生产设备符合安全卫生要求并且安全运行，是安全技术管理的繁重任务。

设备安全管理涉及到设备的研究、设计、制造、选购、安装、使用、维修、更新、改造，直到报废的全过程。对使用设备的污水处理厂及泵站来说，设备安全管理主要包括以下内容：

（1）认真执行以防为主的设备维修方针，实行设备分级归口管理，协调管、用、修关系，明确各方职责，努力把设备故障和设备事故消除在萌芽状态。

（2）正确选购设备，严格采购后的质量验收把关，保证其安全与可靠性良好，并认真进行安装调试。

（3）制定实施工艺规程和操作规程，正确合理使用设备，防止不按使用范围、不按操作规程使用设备和超负荷现象发生。

（4）做好日常的设备维护、保养工作，并认真执行设备的计划预防修理和点检定修制度。

（5）有计划、有步骤地积极进行设备的改造与更新工作，尤其是那些可靠性与安全性能不好的陈旧设备要有重点地进行更新改造，以提高设备安全化水平，改善劳动条件。

3. 生产环境安全的管理

企事业单位的环境安全，是保障生产者安全与健康的基本条件。国务院颁布了《工厂安全卫生规程》其中包括厂院、道路、坑、壕，原材料、成品、半成品和废料的堆放，及建筑物、电网等的安全卫生要求；工作场所总体布置、危险护栏、地面、墙壁、顶棚、采光、降温、采暖、防寒、供水等一般安全卫生要求；特殊环境（如气体、粉尘和危险品）的劳动条件和安全卫生要求。此外厂房设计、防火间距、仓库堆场安全、电气线路安全等也都有专门规定或标准。

安全技术管理人员要认真组织实施有益生产环境安全的规程、标准。

组织制定和实施安全技术操作规程　　安全技术操作规程是规定工人操作机器仪表的程序和注意事项的技术文件。制定安全操作规程要根据生产工艺、机械设备、仪器仪表的特性，参考安全操作经验和事故教训。安全操作规程的主要内容包括生产与安全的操作步骤和程序，有安全技术知识、注意事项，正确使用个人防护用品的方法、预防事故的紧急措施和设备维修保养事项等。这些都是从控制人的操作行为上预防伤亡事故的有效方法。

企事业单位应当根据国家的主管部门颁发的安全技术操作规程和各工种、各岗位的实际需要定出安全操作的详细要求，以进一步实施这些规程，确保操作安全。

加强个人防护用品的管理　　个人防护是为厂保护劳动者在生产过程中的生命安全和身体健康，预防工伤事故和各种职业毒害而采取的一种防护性辅助措施。

企事业单位应当根据职工工作性质和劳动条件，配备符合安全卫生要求的劳动防护用品、用具（污水处理行业除了配备一般的个人防护用品，如：防护服、防护手套、防护鞋、防护眼镜等以外，还应配备防毒面具、救生衣、救生圈等），全面指导工人正确使用。

加强个人防护用品的管理是安全措施的重要内容。个人防护用品是劳动过程中必备的生产资料，不是福利待遇，不应折发现金。

组织制定安全技术标准　　安全技术标准是保证企事业单位安全生产的基本技术准则。促进安全工作标准化，是提高安全管理水平的重要途径。安全工作标准化包括安全管理工作标准化、设备安全标准化、作业环境标准化、岗位操作标准化。

4. 防火防爆与压力容器管理

(1) 火灾与爆炸

凡是超出有效范围的燃烧都称为火灾。其中造成人身和财产的一定损失即为火灾，否则称为火警。

爆炸是指物质由一种状态迅速地变为另一种状态，并在瞬间释放出巨大能量，同时产生巨大声响的现象，可分为物理性爆炸和化学性爆炸两类。物理性爆炸，是指物质因状态或压力突变（如温度、体积和压力）等物理性因素形成的爆炸，在爆炸的前后，爆炸物质的性质和化学成分均不变。化学性爆炸，是指物质在短时间内完成化学反应，形成其他物质，并同时产生大量气体和能量的现象。

火灾是超出有效范围的燃烧。而燃烧的形成必须同时具备三个基本条件，即：有可燃物质，有助燃物质，有能导致燃烧的能源（也就是火源）。此“三要素”互相结合、互相作用，燃烧才能形成。缺少其中任何一个条件都不会发生燃烧。而灭火的基本原理就是消除其中任一条件。

火灾与爆炸是相辅相成的，燃烧的三个要素一般也是发生化学性爆炸的必要条件。而且可燃物质与助燃物质必须预先均匀混合，并以一定的浓度比例组成爆炸性混合物，遇着火源才会爆炸。这个浓度范围称为爆炸极限。爆炸性混合物能发生爆炸的最低浓度称为爆炸下限，反之为爆炸上限。物理爆炸的必要条件：压力超过一定空间或容器所能承受的极限强度。而防爆的基本原理，同样也是消除其中任一必要条件。

(2) 防火防爆的管理

污水处理厂及泵站防火防爆的管理，主要应注意以下几点：

1）全厂（站）上下必须牢固树立“安全第一，预防为主”的思想，认真贯彻执行有关法律、法规和标准。加强组织领导，落实职责。

2）学习掌握有关法规、安全技术知识、操作技能，严格训练、提高能力、持证上岗。

3）经常定期或不定期的进行安全检查，及时发现并消除安全隐患。

4）配备专用有效的消防器材、安全保险装置和设施，专人负责，确保其时刻处于良好状态。

5）消除火源：易燃易爆区域严禁吸烟。维修动火实行危险作业动火制度。易产生电气火花、静电火花、雷击火花和撞击火花处应视工作区域采取相应防护措施。

6）控制易燃、助燃物：少用或不用易燃、助燃物。加强密封，防止泄漏可燃、助燃物。加强排风，降低泄漏可燃、助燃物浓度，使之达不到爆炸极限。

(3) 介绍几种常用灭火器（表6-6）

几种常用灭火器 表 6-6

种类	二氧化碳	干粉	1211	泡沫
规格	2kg 以下 2～3kg 5～7kg	8kg 50kg	1kg 2kg 3kg	10L 65～130L
药剂	瓶内装有压缩成液态的二氧化碳	钢筒内装有钾盐或钠盐干粉，并备有盛装压缩气体的小钢瓶	铜筒内装有二氟一氯一溴甲院，并充填压缩氮	筒内装有碳酸氢钠、发泡剂和硫酸铝溶液
用途	不导电 扑救电气、精密仪器、油类和酸类火灾。不能扑救钾、钠、镁、铝等物质火灾	不导电 可扑救电气设备火灾，但不宜扑救旋转电机火灾；可扑救石油产品、油漆、天然气和天然气设备火灾	不导电 扑救油类、电气设备、化工化纤原料等引起的火灾	扑救油类或其他易燃液体火灾，不能扑救忌水和带电物体火灾

（4）压力容器的管理

锅炉、压力容器和气瓶是污水处理厂和泵站建设和运行中广泛使用的设备，其设计、制造、安装、修理、改造和使用国家都有相应的规定。

1）使用单位须向当地安全监察机构登记，取得“使用证”，设备才能投入运行。

2）必须专人负责安全技术管理、制度落实、档案真实，操作人员经安全监察机构培训合格。

3）定期检验容器，严守安全技术操作规程，经常进行外部检查，定人严把气瓶等压力容器进厂关，不超期超压使用容器。

4）及时检查、试验、校正、维护和保养安全装置和设施，确保其经常处于完好状态。

6.5.3 污水处理厂的安全生产要求

污水处理厂的工艺涉及许多方面，设备的种类也非常多，污水处理厂有高压电路、高速风机、易燃气体和压力容器等，安全生产特别重要。因此为了保证处理厂的高效正常运转，每一座污水处理厂必须有相应的运行管理、安全操作和维护保养条例。下面仅归纳了污水处理厂安全生产的一些基本要求。新建的污水可依据和参考我国相关的国家行业标准《城市污水处理厂运行、维护及其安全技术规程》(CJJ 60-94）制定更符合本企业实际情况的条例。

污水处理厂各岗位操作人员和维修人员必须经过技术培训和生产实践，在掌握了该岗位所需要的理论知识、管理知识和能力，并且掌握了岗位上的各种机电设备的性能和特点，具备操作和维护的技能，并经考试合格后方可上岗。

凡是在具有有害气体或可燃性气体的构筑物或容器进行放空清理和维修时，必须采取通风、换气等措施，待有害气体或可燃性气体含量符合规定时，方可操作。通常应将甲烷含量（体积分数，下同）控制在 5% 以下，H_2S 含量、HCN 和 CO 的含量分别控制在 4.3%、5.6% 和 12.5% 以下，同时含氧量不得低于 18%。

污泥处理区域、沼气鼓风机房、沼气锅炉房等地严禁烟火，并严禁违章明火作业；具有有害气体、易燃气体、异味、粉尘和环境潮湿的车间，必须通风，防止有害气体含量超标，危害人体健康。有电气设备的车间和易燃易爆的场所，应按消防部门的有关规定设置消防器材和消防设施，以减少发生火灾所造成的损失。

启动设备应在做好启动准备工作后进行。电源电压大于或小于额定电压5%时，启动电机会使电机过热，不宜启动电机。操作人员在启闭电器开关时，应按电工操作规程进行，各种设备维修时必须断电，并应在开关处悬挂维修标牌后方可操作。

雨天或冰雪天气，操作人员在构筑物上巡视或操作时应注意防滑。

污水处理厂各种机械设备应保持清洁，无漏水、漏气等。水处理构筑物堰口、池壁应保持清洁、完好。根据不同机电设备的要求，应定时检查、添加或更换润滑油或润滑脂。各种闸井内应保持无积水。清理机电设备及周围环境卫生时，严禁擦拭设备运转部位，冲洗水不得溅到电缆头和电机带电部位及润滑部位。

厂内各岗位操作人员应穿戴齐全劳保用品，做好安全防范工作。起重设备应有专人负责操作，吊物下方严禁站人。在处理构筑物护栏的明显位置上要安放救生圈或救生衣等，为落水人员提供救护用品。严禁非岗位人员启闭该岗位的机电设备。

当污水处理厂的变、配电装置在运行中发生气体继电器动作或继电保护动作跳闸、电容器或电力电缆的断路跳闸时，在未查明原因前不得更新合闸运行。在电气设备上进行倒闸操作时，应遵守“倒闸操作票”制度及有关的安全规定，并应严格按程序操作。变压器、电容器等变、配电装置在运行中发生异常情况不能排除时，应立即停止运行。电容器在重新合闸前，必须使断路断开，将电容器放电。如隔离开关接触部分过热，应断开断路器，切断电源，不允许断电时则应降低负荷、加强监视。在变压器台上停电检修时，应使用工作票，如高压侧不停电，则工作负责人应向全体工作人员说明线路有电，并加强监护。

所有高压电气设备应有标示牌。

由于各工段和构筑物有不同的工艺要求，因此具体的运行管理和安全要求还有所不同，一般需要针对工段和岗位制定相应的运行管理和安全操作规定或条例，以便增强可操作性，有关污水处理厂安全操作的规定见国家行业标准《城市污水处理厂运行、维护及其安全技术规程》。

参考文献

[1] 钱易．现代废水处理新技术［M］．北京：中国科学技术出版社，1992

[2] 顾夏声，李献文．水处理微生物学基础［M］．北京：中国建筑工业出版社，1991

[3] 严煦世．水和废水技术研究［M］．北京：中国建筑工业出版社，1991

[4] 于尔捷，张杰．排水工程［M］．北京：中国建筑工业出版社，1996

[5] 北京市市政工程设计研究总院．给水排水设计手册（第五册）：城镇排水［M］．北京：中国建筑工业出版社，2004

[6] 中国市政工程中南设计研究院．给水排水设计手册（第八册）：电气与自控［M］．北京：中国建筑工业出版社，2002

[7] 上海市市政工程设计研究总院．给水排水设计手册（第九册）：专用机械［M］．北京：中国建筑工业出版社，2000

[8] 姜乃昌．水泵及水泵站（第四版）［M］．北京：中国建筑工业出版社，1998

[9] 张自杰等．环境工程手册（水污染防治卷）［M］．北京：中国高等教育出版社，1996

[10] 刘灿生等．给水排水工程施工手册［M］．北京：中国建筑工业出版社，1996

[11] 王洪臣．城市污水处理厂运行控制与维护管理［M］．北京：科技出版社，1997

[12] 冯生华．城市中小型污水处理厂的建设与管理［M］．北京：化学工业出版社，2001

[13] 卜秋平，陆少鸣，曾科．城市污水处理厂建设与管理［M］．北京：化学工业出版社，2002

[14] 秦麟源．废水生物处理［M］．上海：同济大学出版社，1989

[15] 唐受印．废水处理工程［M］．北京：化学工业出版社，1998

[16] 郑兴灿，李亚新．污水除磷脱氮技术［M］．北京：中国建筑工业出版社，1998

[17] 李胜海．城市污水处理工程建设与运行［M］．合肥：安徽科学技术出版社，2001

[18] 侯立安．小型污水处理与回用技术及装置［M］．北京：化学工业出版社，2002

[19] 王放．中国城市化与可持续发展［M］．北京：科学出版社，2000

[20] 钱正英，张光斗．中国可持续发展水资源战略研究报告［R］．2000（7）

[21] 国家环境保护总局．1999 年中国环境状况公报［R］．环境保护，2007（7）

[22] 中国环境年鉴编辑委员会．中国环境年鉴（2000）［R］，2000

[23] 张自杰．排水工程下册（第四版）［M］．北京：中国建筑工业出版社，1998

[24] 周律．中小城市污水处理投资决策与工艺技术［M］．北京：化学工业出版社，2002

[25] 史惠祥，杨万东等．小城镇污水处理工程 BOT［M］．北京：化学工业出版社，2003

[26] 庞少静．小城镇水污染控制与污水利用对策［J］．中国农村水利水电，2004（2）：40～42

[27] 陈红英．小城镇污水处理厂建设模式探讨［J］．浙江工业大学学报，2003（31）：33～36

[28] 杨世捃．小城镇污水处理工程设计［J］．建设科技．2004（4）：16～17

[29] 鄢恒珍，陈向阳，何于坤．小城镇污水处理实用技术分析［J］．安全与环境工程．2003（10）：31～34

[30] 辛青，黄种买，陆其林．我国中小城镇污水处理适用工艺综述［J］．节能环保技术．2004（9）：23～25

[31] 张颖．城镇中小型污水处理厂自动化控制［M］

[32] 邓荣森等．一体化氧化沟、水和废水技术研究［M］．北京：中国建筑工业出版社，1992

[33] 邓荣森等一体化氧化沟技术的发展［J］．中国给水排水，1998，14（1）：42～44

[34] 施忠成．昆明第一污水厂氧化沟工艺运行实践及分析［J］．中国给水排水，1997．13

(3)：17～18

[35] Petersen G, et al. Second Generation Oxidation Ditch：Advanced Technology in Simple Design [J], Water Sci Tech, 1993, 27 (9)：105～113

[36] 北京水环境技术与设备研究中心等. 三废处理工程技术手册 [M]. 北京：化学工业出版社, 2000

[37] 聂梅生等. 生物膜法污水处理技术（第一版）[M]. 北京：中国建筑工业出版社, 2000

[38] 王凯军, 贾立敏. 城市污水生物处理新技术开发与应用 [M]. 北京：化学工业出版社, 2001

[39] 余淦申. 生物接触氧化法处理废水 [M]. 杭州：浙江科学技术出版社, 1983

[40] 齐兵强, 王占生. 曝气生物滤池在污水处理中的应用 [J]. 给水排水. 2000, 26 (10)：5～8

[41] 郑俊, 王晓焱. 水解酸化-曝气生物滤池处理啤酒废水 [J]. 给水排水. 2001, 27 (1)：48～49

[42] 杜茂安, 邱立平, 冯琦. 曝气生物滤池处理生活污水的试验研究 [J]. 哈尔滨建筑大学学报. 2001, 4：22～24

[43] 张智, 阳春, 邓晓莉. 复合变速曝气生物滤池深度处理城市污水研究 [J]. 中国给水排水, 2000, 16 (5)

[44] 刘建广. 水解-气浮-曝气生物滤池工艺在印染废水处理中的应用 [J]. 给水排水. 2001, 27 (2)：43～45

[45] 郑俊, 程寒飞, 王晓焱. 上流式曝气生物滤池工艺处理生活污水 [J]. 中国给水排水. 2001, 17 (1)：51～53

[46] 齐兵强, 王占生. 生物过滤氧化反应器处理生活污水中试研究 [J]. 给水排水. 2001, 27 (3)：42～45

[47] 郭天鹏, 汪诚文, 陈吕军. 升流式曝气生物滤池深度处理城市污水的工艺特性 [J]. 环境科学. 2002, 23 (1)：58～61

[48] 张忠波, 陈吕军, 胡纪萃. 新型曝气生物滤池-Biostyr [J]. 给水排水. 2000, 20 (6)：15～18

[49] 王飞际. 一种新的污水处理技术-Biopur 法 [J]. 给水排水. 2001, 27 (1)：11～14

[50] 邹伟国, 孙群, 王国华. 新型 Biosmedi 滤池的开发研究 [J]. 中国给水排水. 2001, 17 (1)：1～4

[51] P. W. Westerman, J. R. Bicudo, A. Kantardjieff. Upflow Biological Aerated Filters for the Treatment of Flushed Swine Manure [J]. Bioresource Technology. 2000, 74 (1)：181～190

[52] L. Yang, L. Chou, W. Shieh. Biofilter Treatment of Aquaculture water for Reuse Application. Water Research. 2001, 35 (13)：3097～3108

[53] Heijnen J J, et al. Development and Scale Up of . An Aerobic Biofilm Air Lift Suspension Reactor [J]. Wat Sci Tech, 1993, 27 (5～6)

[54] F. Fdz-Polanco, E. Mendez, M. A. Uruena, et al. Spatial Distribution of Heterotrophs and Nitriers in a Submerged Biofilter for Nitrification [J]. Water Research. 2000, 34 (10)：4081～4089

[55] S. Wijeyekoon, T. Mino, H. Satoh, et al. Fixed Bed Biological Aerated Filtration for Secondary Effluent Polishing -Effect of Filtration Rate on Nitrifying Biological Activity Distribution [J]. Water Science & Technology. 2000, 41 (4～5)：187～195

[56] T. ThØgersen, R. Hanson. Full Scale Parallel operation of a Biological Aerated Filter (BAF) and Activated Sludge (AS) for Nitrogen Removal [J]. Water Science & Technology. 2000, 41 (4～5)：159～168

[57] S. Zhu, S. Chen. Effects of Organic Carbon on Nitrification Rate in Fixed Film biofilter [J]. Aquacultural Engineering, 2001, 25：1～11

[58] M. Payraudeau, C. Paffoni, M. Gousailles. Tertiary Nitrification in an Upflow Biofilter on Floating Media：Influence of Temperature and COD Load [J]. Water Science & Technology. 2000, 41 (4～

5)：21~27

[59] 沈耀良．王宝贞．废水生物处理新技术—理论与应用［M］．北京：中国环境科学出版社，1999

[60] 汪大翚，雷乐成．水处理新技术及工程设计［M］．北京：化学工业出版社，2001

[61] 王凯军，贾立敏．城市污水生物处理新技术开发与应用［M］．北京：化学工业出版社，2001

[62] 张统主编．间歇式活性污泥法污水处理技术及工程实例［M］．北京：化学工业出版社，2002

[63] 王建龙．生物脱氮新工艺及其技术原理［J］．中国给水排水．2000，16（2）：25~28

[64] 郑钧，吴浩汀，程寒飞．曝气生物滤池污水处理新技术及工程实例［M］．北京：化学工业出版社，2002

[65] 李海，孙瑞整，陈振选．城市污水处理技术及工程实例［M］．北京：化学工业出版社，2002

[66] 王守中，张统等．北京航天城污水处理厂 CASS 法工艺调试及运行［J］．给水排水，1999，25（8）

[67] 葛世英，李道棠．周期循环延时曝气系统废水处理技术的比较［J］．上海环境科学，1989，8（2）

[68] 羊寿生．一体化活性污泥法 UNITANK 工艺及其应用［J］．给水排水，1998，24（11）

[69] 李探微，彭永臻，何金．UNITANK 系统及污水处琪研究方向的思考［J］．中国给水排水，1999，15（7）

[70] 杨殿海，顾国维．改进型 MSBR 工艺特点与运行效果［J］．中国给水排水，2004，20（1）

[71] 王闯，杨海真，顾国维．改进型序批式反应器（MSBR）的试验研究［J］．中国给水排水，2003，19（5）

[72] 赵忠富，付忠志．污水 MSBR 系统工艺设计［J］．给水排水，2000，26（11）

[73] 彭永臻．SBR 法的五大优点［J］．中国给水排水，19，9（2）

[74] 许吉现．DAT-IAT 工艺污水处理一体化设备的应用［J］．中国给水排水，2001，17（9）：52~53

[75] T. Kuba, M. C. M. van Loosdrecht and J. J. Heijnen. Phosphorus and Nitrogen Removal with Minimal COD Requirement by Integration of Denitrifying Dephosphatation and Nitrification in Two Sludge System［J］. Wat. Res. 1996, 30（7）：1702~1710

[76] George A. Ekama and Mark. C. Wentzel. Difficulties and Development in Biological Nutrient Removal Technology and Modelling［J］. Wat. Sci. Tech. 1999, 39（6）：1~11

[77] 王建芳，涂宝华，陈荣平．生物脱氮除磷新工艺的研究进展［J］．环境污染治理技术与设备．2003，4（9）：70~73

[78] Klangduen Pochana and Jurg Keller. Study of Factors Affecting Simutanneous Nitrification and Denitrifiction（SND）. Wat. Sci. Tech. 1999, 39（6）：61~68

[79] 黄翔峰，李春鞠，陈树斌．城市污水生物脱氮除磷技术的发展［J］．中国沼气．2000，18（4）：9~15

[80] 田淑媛，杨睿，顾平．生物除磷工艺技术发展［J］．城市环境与城市生态．2000，13（4）：45~47

[81] 郭劲松，黄天寅，龙腾锐．生物脱氮除磷工艺中的微生物及其相互关系［J］．环境污染治理技术与设备．2000，1（1）：8~15

[82] Van de Graaf A A, K. H. Schleifer, M. C. Schmid. Anaerobic Oxidation of Ammonium is a Biologically Mediated Process［J］. Appl. Environ. Microbiol. 1995, 61（4）：1246~1251

[83] K. Egli. Enhancement and Characterization of an Anammox Bacterium from a Rotating Biological Contactor Treating Ammonium-Rich Leachate［J］. Arch Microbiology. 1997, 175（2）：198~207